W0273360

Fachwissen Bekleidung

5. Auflage

VERLAG EUROPA-LEHRMITTEL · Nourney, Vollmer GmbH & Co.
Düsselberger Straße 23 · 42781 Haan-Gruiten

Europa-Nr.: 62013

Autorinnen und Autoren:

Eberle, Hannelore	Oberstudienrätin	Ravensburg
Hermeling, Hermann	Dipl.-Ing. (FH), Oberstudiendirektor	Frankfurt
Hornberger, Marianne	Diplom-Modellistin, Fachlehrerin	München
Menzer, Dieter	Dipl.-Ing. (FH), Studienrat	Wiesloch
Ring, Werner	Dipl.-Ing. (FH), Oberstudienrat	Metzingen

Lektorat und Leitung des Arbeitskreises: Roland Kilgus, Oberstudiendirektor, Metzingen

Repro- und Makroaufnahmen: Hans Mengel, Eningen

Modezeichnungen: Studio Salo-Döllel, Aufkirchen bei Erding

Bildbearbeitung: Zeichenbüro des Verlags Europa-Lehrmittel, Leinfelden-Echterdingen

Diesem Buch wurden die neuesten Ausgaben der DIN-Blätter zugrunde gelegt. Verbindlich sind jedoch nur die DIN-Blätter selbst. Verlag für die DIN-Blätter: Beuth-Verlag GmbH, Burggrafenstraße 6, 10787 Berlin.

5. Auflage 1998
Druck 5 4 3 2
Alle Drucke derselben Auflage sind parallel einsetzbar, da sie bis auf die Behebung von Druckfehlern untereinander unverändert sind.

ISBN 3-8085-6205-6

Satz und Druck: IMO-Großdruckerei, 42279 Wuppertal

Vorwort

zur 1. und 2. Auflage

Das Fachbuch wendet sich vor allem an Auszubildende der Bekleidungsberufe: Modefertiger(in), Modeschneider(in), Damen- und Herrenschneider(in). Es kann jedoch auch in Meister- oder Technikerkursen eingesetzt oder als Nachschlagewerk verwendet werden.

Kennzeichen dieses Buches ist das prägnante und kompakte Layout, eine wichtige Voraussetzung dafür, daß der umfangreiche Stoff in nur einem Band zusammengefaßt werden konnte. Jede Seite ist in sich abgeschlossen. Besonderer Wert wurde auf eine klare Gliederung und eine schülergemäße, verständliche Sprache gelegt. Die vielen mehrfarbigen Bilder erleichtern das Verständnis besonders schwieriger Sachverhalte. Charakteristische Merkmale der Abschnitte Warenkunde und Geschichte der Bekleidung werden durch die Farbabbildungen besonders gut hervorgehoben.

Für die Gliederung des Buches waren weitgehend Vorgaben der technologischen Fertigungsprozesse, aber auch didaktische Gesichtspunkte maßgebend. Das Buch ist in dreizehn Hauptabschnitte gegliedert:

> Fasern, Garne, Textile Flächen, Textilveredlung, Warenkunde, Leder und Pelze, Funktionen der Bekleidung, Bekleidungsherstellung, Organisation der Bekleidungsherstellung, Bekleidungsgrößen, Gestaltung der Bekleidung, Bekleidungsformen, Geschichte der Bekleidung.

Die inhaltliche Gestaltung richtet sich nach den Ausbildungsordnungen und nach den jeweils gültigen Rahmenlehrplänen der Bundesländer für das Unterrichtsfach Technologie. Im Freistaat Bayern deckt der Inhalt dieses Buches alle Lerninhalte der „Fachtheorie" ab und darüber hinaus Teile anderer Unterrichtsfächer. Es war jedoch auch eine wichtige Zielvorgabe, den umfangreichen Wissensstoff im Zusammenhang darzustellen. Der großen Bedeutung von Leder und Pelz in der Bekleidung wird durch ein besonderes Kapitel Rechnung getragen. Bei den behandelten Themen wurden die neuesten wissenschaftlichen Erkenntnisse und Erfahrungen aus der Betriebspraxis sowie die gültigen DIN-Normen, soweit sie für die Zielgruppen von Bedeutung sind, berücksichtigt.

An dieser Stelle wird besonders den auf Seite 268 aufgeführten Verbänden und Firmen für ihre Unterstützung bei der Klärung von Fragen und für die Überlassung von Bildmaterial gedankt. Für die Unterstützung im Abschnitt Leder und Pelze wird Oberstudiendirektor Ludwig Brauser und Studienrat Malte Lütjens besonderer Dank gesagt. Studiendirektor Erich Stürner verdanken wir wertvolle Hinweise im Abschnitt Maschenware.

Für Anregungen, die zu einer Vervollständigung und Verbesserung des Buches beitragen können, sind Autoren und Verlag jederzeit aufgeschlossen und dankbar.

Metzingen, im Herbst 1989 — Lektor und Autoren

Vorwort

zur 3. bis 5. Auflage

Aufgrund vieler Anregungen und technischer Neuentwicklungen wurde das gesamte Buch gründlich überarbeitet. Insbesondere wurden die Abschnitte Faserstoffe, Garne, Funktionen der Bekleidung und Bekleidungsherstellung erweitert und teilweise neu gegliedert. Die **Mikrofasern** und die moderne **Wetterschutzbekleidung** sowie die **Ökologie** in der textilen Kette werden entsprechend ihrer heutigen Bedeutung dargestellt. Die Fachbereiche **Produktionsplanung und -steuerung** und der **Einsatz der EDV** sind aktuelle Ergänzungen.

Die Warenkunde wurde um die Themen **Warenüberprüfung, Einlagen und Futter** erweitert. Zur schnellen und prägnanten Information sind ein **Vergleich textiler Flächen** und eine Zusammenfassung von **Fachbegriffen** der Geschichte der Bekleidung aufgenommen worden.

Neu ist der Abschnitt „Überprüfen von Kenntnissen". Anhand von über 500 Fragen, die nach drei Schwierigkeitsgraden gegliedert sind, können die Kenntnisse wiederholt und überprüft werden.

Zu besonderem Dank sind wir *Frau Professorin Tuula Salo* verpflichtet, die die **Modezeichnungen** des Abschnitts Bekleidungsformen neu gestaltet hat.

Ebenso danken wir *Frau Dozentin Sonja Langer-Korsch* für ihre wertvollen Beiträge zur Neugestaltung des Abschnitts „Leder".

Durch diese Erweiterungen und Verbesserungen ist „Fachwissen Bekleidung" auch für den Einsatz an **Modeschulen** sowie an **Fachhochschulen** und im **Textilhandel** geeignet.

Metzingen, im Frühjahr 1998 — Lektor und Autoren

Inhaltsverzeichnis

Fremdsprachliche Fachbegriffe

Mode war schon immer international. Viele Fachbegriffe, Stilrichtungen, aber auch neue Garne oder Gewebe werden von den Ursprungsländern in der Originalsprache übernommen. Deshalb gibt es heute eine große Anzahl vor allem englischer und französischer Fachbegriffe in der Textil- und Bekleidungstechnik, deren korrekte Aussprache Probleme bereitet. Nachfolgend sind einige wichtige, schwierig auszusprechende Fachbegriffe alphabetisch aufgelistet. Die Aussprache wird anhand der internationalen Lautschrift-Symbole erläutert.

Englische Fachbegriffe

Lautschrift-Symbole (Auswahl)

' Die diesem Zeichen folgende Silbe wird betont.
: bedeutet, daß der Vokal lang gesprochen wird
[ʌ] kurzes, dunkles a, im Deutschen nicht bekannt
[æ] wie ä in Ähre
[ə] flüchtiges e wie in Gelage
[ɔ] kurzer zwischen a und o liegender Laut
[ʒ] stimmhaftes sch wie J in Journal
[ʃ] stimmloses sch wie in Schnee
[θ] stimmloser Lispellaut, im Deutschen nicht bekannt
[ɫ] stimmhafter Lispellaut, im Deutschen nicht bekannt
[z] stimmhafter Zischlaut, wie in sausen

Blazer ['bleizə]
Breeches ['bri:tʃiz]
Cape [keip]
Cardigan ['ka:digən]
Carrick ['kærik]
Computer [kəm'pju:tə]
Coordinate [kəu'ɔ:dineit]
Crash [kræʃ]
Cutaway ['kʌtəwei]
Designer [di'zainə]
Double Face ['dʌbl feis]
Dufflecoat ['dʌfəlkəut]
Fully fashioned [fuli fæʃnd]
Hot pants [hɔt pænts]
Jacket ['dʒækit]
Jersey ['dʒə:zi]
Jumper ['dʒʌmpə]
Lady ['leidi]
Look [luk]
Loop [lu:p]
Lumber, ['lʌmbə],
New Look [nju: luk]
Overall ['əuvər'ɔ:l]
Oversize ['əuvəsaiz]
Petticoat ['petikəut]
Punk [pʌnk]
Riding-coat ['raiding kəut]
Sailor [seilə]
Seersucker ['siəsʌkə]
Separate ['seprit]
Shirt [ʃə:t]
Stylist ['stailist]
Sweat [swet]
T-shirt ['ti:ʃə:t]
Trenchcoat, ['trentʃkəut],
Tweed [twi:d]

Französische Fachbegriffe

Lautschrift-Symbole (Auswahl)

' Die diesem Zeichen folgende Silbe wird betont
: bedeutet, daß der Vokal lang gesprochen wird
[a] kurzes a wie in Ratte
[ɑ] a wie in Mantel
[ɑ̃] kurzes nasaliertes a (im Deutschen nicht bekannt)
[ɛ] ä wie in jäh
[ɛ̃] kurzes nasaliertes ä (im Deutschen nicht bekannt)
[e] e wie in See
[ə] e wie in rette
[ɔ] o wie in Hotel
[ɔ̃] kurzes nasaliertes o (im Deutschen nicht bekannt)
[ø] kurzes ö
[œ] ö wie in öfter
[y] ü wie in amüsieren
[ʃ] sch wie in lauschen
[z] s wie in *s*ausen
[ʒ] sch wie in *G*enie
[ɲ] n mit Mundstellung j
[u] u wie in Mut
[w] gleitendes u

Accessoires [aksɛ'swa:r]
Afghalaine [af'galɛn]
Ajour [a'ʒu:r]
Art Déco [a:r dekɔ]
Avantgarde [a'vɑ̃'gard]
Belle époque [bɛl e'pɔk]
Blouson [blu'zɔ̃]
Bouclé [bu'kle]
Bourette [bu'rɛt]
Broché, [brɔ'ʃe]
Caban [ka'bɑ̃]
Canotier [kanɔ'tje]
Charmeuse [ʃar'mœs]
Chasseur [ʃa'sœ:r]
Changeant [ʃɑ̃:ʒɑ̃]
Chiffon [ʃi'fɔ̃]
Chiné [ʃi'ne]
Cloqué [klɔ'ke]
Complet [kɔ̃'plɛ]
Composé [kɔ̃po'se]
Corsage [kɔr'sa:ʒ]
Côtelé [kot'le]
Couturier [kuty'rje]
Croisé [krwa'ze]
Crêpe Georgette [krɛp ʒeɔr'ʒɛt]
Crêpe lavable [krɛp la'vablə]
Crêpe marocain [krɛp marɔ'kɛ̃]
Crêpe de Chine [krɛp də ʃin]
Cul de Paris [ky də pa'ri]
Côtelé [kot'le]
Découpé [deku'pe]
Denier [də'nje]
Dessin [de'sɛ̃]
Detail [de'taj]
Deux-pièces [døpiɛs]
Directoire [direk'twa:r]
Drapé [dra'pe]
Duchesse [dy'ʃɛs]
Duvetine [dyv'tin]
Dékolleté [dekɔl'te] (décolleté)
Empire [ɑ̃'pi:r]
Ensemble [ɑ̃'sɑ̃:blə]
Façonné [fasɔ'ne]
Finette [fi'nɛt]
Foulard [fu'la:r]
Frisé [fri'ze]
Frottee [frɔ'te] (=frotté)
Garçonne [gar'son]
Gaufré [go:'fre]
Genre ['ʒɑ̃:rə]
Gilet [ʒi'lɛ]
Godet [gɔ'dɛ]
Jacquard [ʒa'ka:r]
Jaspé [ʒas'pe]
Justaucorps [ʒysto'kɔ:r]
Kretonne [krə'tɔn] (=cretonne)
Lamé [la'me]
Lancé [lɑ̃'se]
Leger [le'ʒe] (=léger)
Linon [li'nɔ̃]
Matelassé [mat la'se]
Matelot [mat'lo]
Melange [me'lɑ̃:ʒ]
Moiré [mwa're]
Mouliné [mulɛ'ne]
Musselin [mus'li:n] (=Mousseline)
Natté [nat'te]
Paletot [pal'to]
Panne [pan]
Piqué [pi'ke]
Plaid [plɛ]
Pompon [pɔ̃'pɔ̃]
Pongé [pɔ̃'ʒe]
Popeline [pɔ'plin]
Prêt-à-porter [prɛt a pɔr'te]
Renaissance [rənɛ'sɑ̃:s]
Renforcé [rɑ̃fɔr'se]
Reversible [revɛr'siblə]
Rouleaux [ru'lo]
Satin [sa'tɛ̃]
Schappe [ʃap]
Serge [sɛrʒ]
Signet [si'ɲɛ]
Soielaine [swa'lɛn]
Soutache [su'taʃ]
Surah [sy'ra]
Tailleur [ta'jœ:r]
Toile [twal]
Velours [və'lu:r]
Vichy [vi'ʃi]
Vigoureux [vigu'rø]
Voile [vwal]
Volant [vɔ'lɑ̃]

Die textile Kette
Bekleidungstextilien von der Faser zum Verbraucher

FASERN

Naturfasern
Chemiefasern
Fasermischungen

GARNE

Spinnfasergarne
Filamentgarne

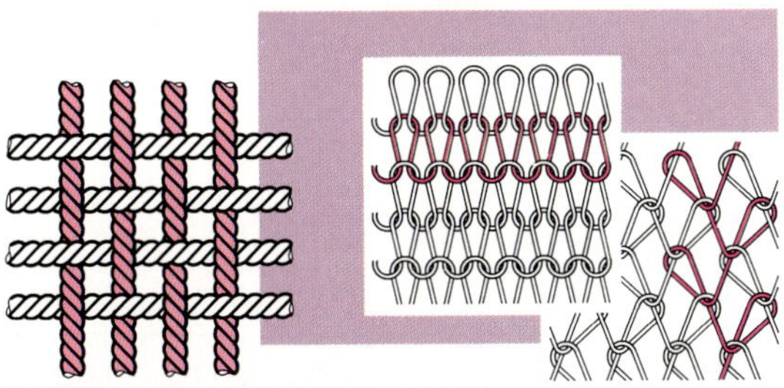

TEXTILE FLÄCHEN

Gewebe
Maschenwaren
Vliesstoffe

TEXTILVEREDLUNG

Farbgebung
Veränderung von Oberfläche und Eigenschaften

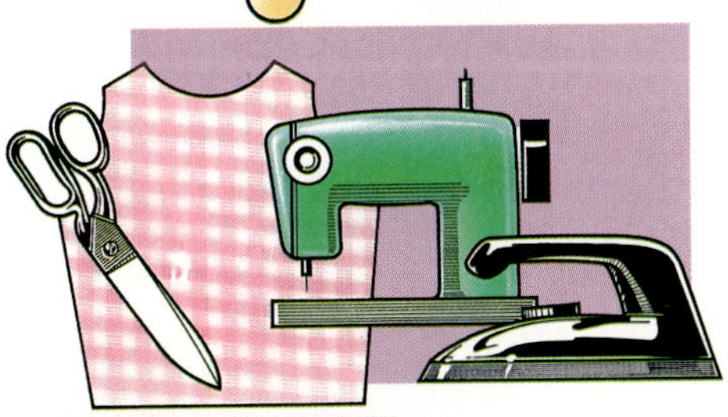

BEKLEIDUNGSHERSTELLUNG

Bekleidungshandwerk
Bekleidungsindustrie

HANDEL

Großhandel
Einzelhandel

VERBRAUCHER

Tragen
Pflegen

ENTSORGUNG/RECYCLING

Wiederverwerten
Verbrennen
Deponieren

1 Fasern

1.1 Übersicht[1] (1)

TEXTILE FASERSTOFFE

NATURFASERN

Hauptgruppe Untergruppe	Fasername bzw. Gattungsname	Kurzzeichen
Pflanzliche Fasern (Zellulose)		
Samenfasern	Baumwolle Kapok	CO KP
Bastfasern	Flachs (Leinen) Hanf Jute Ramie	LI HA JU RA
Hartfasern	Sisal Manila (Abacá) Kokos	SI AB CC
Tierische Fasern (Eiweiß)		
Wolle	Wolle Schurwolle	WO WV
Feine Tierhaare	Alpaka Lama Vikunja Guanako Kamel Kanin Angora Mohair Kaschmir Yak	WP WL WG WU WK WN WA WM WS WY
Grobe Tierhaare	Rinderhaar Roßhaar Ziegenhaar	HR HS HZ
Seiden	Seide (Maulbeerseide) Tussahseide	SE ST
Mineralische Fasern		
Gesteinsfasern	Asbest[2]	AS

CHEMIEFASERN

Hauptgruppe Untergruppe	Fasername bzw. Gattungsname	Kurzzeichen
Chemiefasern aus natürlichen Polymeren		
Zellulosische Chemiefasern	Viskose Modal Lyocell Cupro Acetat Triacetat	CV CMD CLY CUP CA CTA
Alginat	Alginat	ALG
Gummi	Gummi	LA
Chemiefasern aus synthetischen Polymeren		
Elasto	Elastan (Polyurethan) Elastodien	EL ED
Fluoro	Fluoro	PTFE
Polyacryl	Polyacryl Modacryl	PAN MAC
Polyamid	Polyamid Aramid	PA AR
Polychlorid	Polyvinylchlorid Polyvinylidenchlorid	CLF CLF
Polyester	Polyester	PES
Polyolefin	Polyethylen Polypropylen	PE PP
Polyvinylalkohol	Polyvinylalkohol	PVAL
Chemiefasern aus anorganischen Stoffen		
Glas Kohlenstoff Metall	Glas Kohlenstoff Metall	GF CF MTF

[1] Einteilung nach DIN 60 001

[2] Der Umgang mit diesen eindeutig als krebserzeugend ausgewiesenen Arbeitsstoffen erfordert besondere Vorsicht und Maßnahmen der Gesundheitsvorsorge.

1.1 Übersicht (2)

Entstehung textiler Faserstoffe

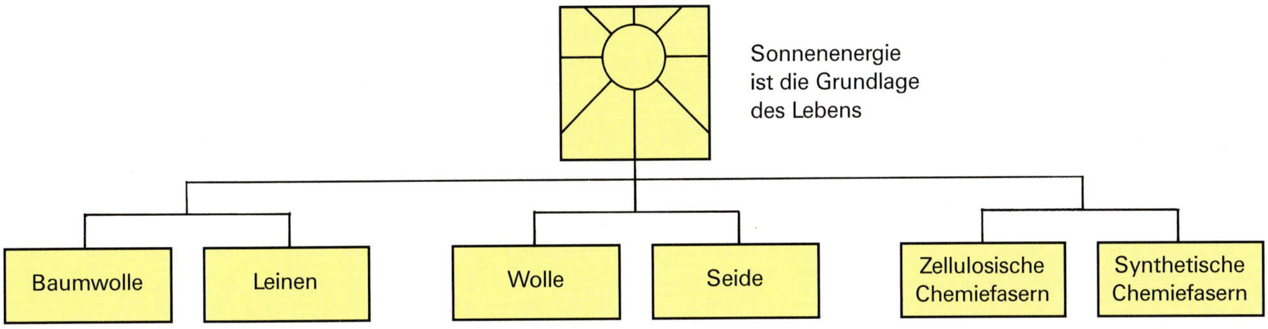

Zellulose ist das Grundgerüst aller Pflanzen. Sie entsteht durch die Fotosynthese[1].

Die von Tieren aufgenommene Nahrung wird chemisch in Eiweiß umgewandelt.

Ausgangsstoff ist aus Holz gewonnene Zellulose.

Rohstoff ist Erdöl, entstanden aus Plankton des Meeres.

Die Fasern von Pflanzen und Tieren werden als natürliche Polymere bezeichnet. Polymer bedeutet aus Groß- oder Riesenmolekülen bestehend.

Die zellulosischen Chemiefasern werden aus den natürlichen Polymeren der Pflanzen (Zellulose) gebildet. Die Zellulose wird aufgelöst und durch Spinndüsen gepreßt.

Synthetische Chemiefasern entstehen aus Produkten des Erdöls. Ihre Polymere werden synthetisch (künstlich) gebildet.

Das Gemeinsame aller Fasern ist ihr Aufbau aus aneinanderliegenden und miteinander verknäuelten Riesenmolekülen.

Bedeutung textiler Faserstoffe

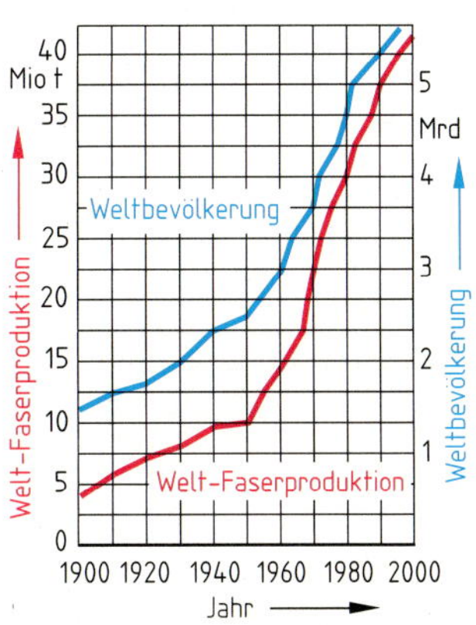

1: Weltbevölkerung und Weltfaserproduktion

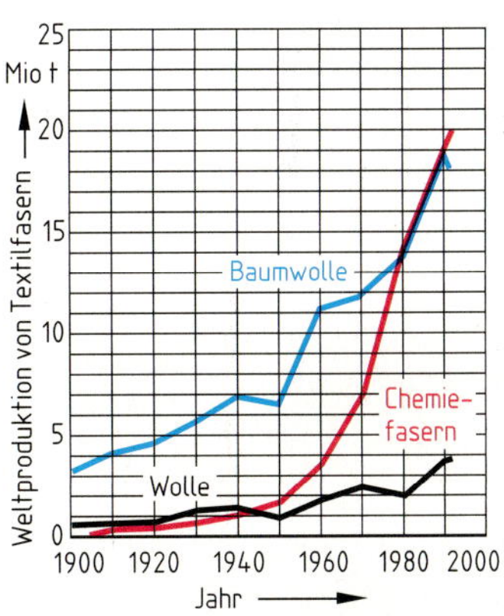

2: Weltproduktion Chemiefasern, Wolle, Baumwolle

Durch wachsenden Wohlstand in den Industrieländern und die stark zunehmende Weltbevölkerung ist der Bedarf an **Textilien** und damit auch an textilen Faserstoffen stark gestiegen **(Bild 1)**. Anbau- und Weideflächen für Naturfasern sind begrenzt, daraus erklärt sich u. a. die Erhöhung der Chemiefaserproduktion **(Bild 2)**.

Für die Deckung des Grundbedürfnisses der Menschen, sich zu bekleiden, werden **Bekleidungstextilien** benötigt.

Heimtextilien, z. B. Bett- und Tischwäsche, Dekorations-, Möbelbezugs- und Markisenstoffe, Gardinen, Bodenbeläge werden im Haus eingesetzt.

Technische Textilien werden in zunehmendem Maße für Schutzbekleidung, in der Medizin, in der Verpackungsindustrie, im Maschinenbau, im Haus- und Straßenbau sowie in der Raumfahrt benötigt.

[1] Umwandlung von Kohlendioxid zu Kohlenhydraten durch die grüne Pflanze unter Einwirkung von Licht.

1.2.1 Pflanzliche Fasern: Baumwolle (1)

Baumwolle Kurzzeichen: CO engl.: Cotton franz.: Coton

Geschichte

Textilien aus Baumwolle kleiden die Menschen schon seit mehreren tausend Jahren. In einer Höhle in Mexiko entdeckte man Baumwollkapseln und Stoffe aus der Zeit um 5800 v. Chr. In Pakistan haben Baumwollgewebe und Schnüre etwa 5000 Jahre in einer Silbervase überdauert. Auch die griechische Mode kannte Baumwollstoffe.

Araber und Sarazenen verbreiteten um 1000 n. Chr. Baumwolle in Europa. Etwa seit dem Jahr 1300 wird sie in Deutschland verarbeitet, spielte aber lange neben Leinen und Wolle eine unbedeutende Rolle.

Um 1700 begann Nordamerika, aus indischem Saatgut Baumwolle systematisch anzupflanzen. 1721 wurde vom Preußenkönig Friedrich das Tragen von Baumwollgeweben verboten, um der steigenden Einfuhr zu begegnen. Als 1764 die Spinnmaschine, 1785 die mechanische Webmaschine und dann 1792 die Entkörnungsmaschine erfunden wurden, stieg die Baumwollproduktion steil an. Um 1900 beherrschte Baumwolle den Welttextilmarkt mit einem Anteil von 80%.

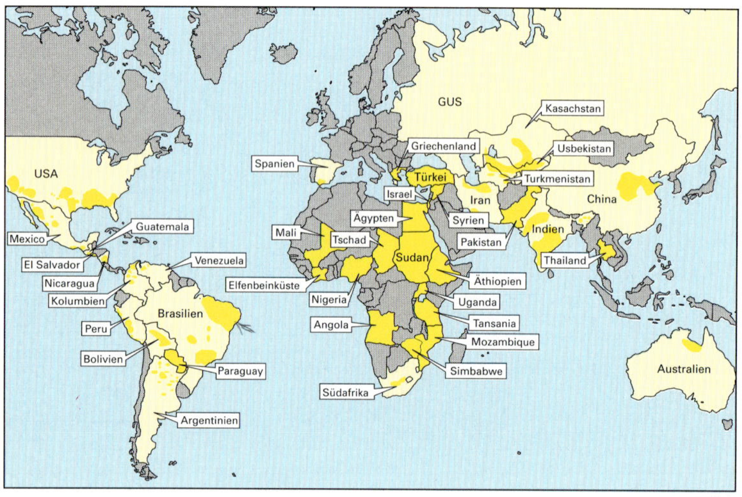

1: Baumwollanbau in der Welt

Bedeutung und Herkunft

Der Anteil der Baumwolle an der Weltfaserproduktion ist von 1960 bis 1995 von 70% auf ca. 45% gesunken. Dies ist auf eine Erhöhung der Chemiefaserproduktion zurückzuführen. Dennoch hat sich die Baumwollproduktion in dieser Zeit auf 19 Millionen Tonnen verdoppelt (1995). Dies wurde durch den Einsatz von Düngemitteln und Schädlingsbekämpfung erreicht.

Insgesamt wird die Baumwolle in rund 80 Staaten der Welt angebaut. Die Haupterzeugerländer sind in absteigender Reihenfolge:

1 USA
2 China
3 Indien
4 Pakistan
5 Usbekistan
6 Türkei
7 Australien
8 Argentinien
9 Ägypten
10 Griechenland

2: Baumwollfeld

3: Blühende Baumwolle

4: Fruchtkapsel

5: Aufgesprungene Kapsel

Die Baumwollpflanze

Die Baumwolle gehört zu der Familie der Malvengewächse. Je nach Art, Klima und Anbaumethode erreicht die Pflanze eine Höhe von 25 cm bis über 2 m. Sie wird vor allem als einjährige Strauchpflanze gezogen. In Peru und Nordbrasilien zieht man Baumwolle noch an mehrjährigen Sträuchern, die bis zu 15 Jahre alt werden können.

Von der Aussaat bis zur Reife vergehen zwischen 175 und 225 Tage. Die Pflanze benötigt bei der Aussaat und während des Wachstums viel Feuchtigkeit sowie im Reifestadium viel Wärme. Deshalb befindet sich der Baumwollgürtel der Erde in der tropischen und subtropischen Zone.

Nach der Blüte verwandelt sich der im Kelch sitzende Fruchtknoten zu einer Kapsel, die aufspringt und aus der die Samenhaare herausquellen. Die Baumwollkapsel enthält rund 30 Samenkörner, an denen jeweils 2000 bis 7000 Samenhaare, die Baumwollfasern, sitzen.

1.2.1 Pflanzliche Fasern: Baumwolle (2)

1: Handernte

2: Maschinenernte

3: Samen mit Fasern

4: Samen mit Linters (links)
Samen ohne Linters (rechts)

5: Stapellänge der Baumwolle

Wie bei allen Agrarprodukten sind auch bei der Baumwolle die Anbaumethoden in den einzelnen Ländern verschieden weit entwickelt: Im Süden der USA werden zur Bearbeitung große Maschinen eingesetzt; in ärmeren Ländern wird mit Ochsen- und Büffelgespannen und von Hand gearbeitet.

Ernte

Die Ernte erfolgt von Hand oder mit der Pflückmaschine.

Das Handpflücken erstreckt sich über mehrere Wochen. Es hat gegenüber der Maschinenernte einen Qualitätsvorsprung, weil nur die reifen, weißen Faserbüschel geerntet werden.

Die Pflückmaschine bringt die Ernte gleichzeitig ein. Dabei werden auch unreife und tote Fasern, dürre Blätter und Kapselteile erfaßt.

Nachreifen, Trocknen

Die geerntete Baumwolle wird zum Nachreifen durch warme Luft oder Lagerung getrocknet.

Entkörnen (Egrenieren)

Auf Entkörnungsmaschinen werden die Fasern vom Samen getrennt. Man erhält **Baumwollfasern** mit einer Stapellänge von rund 15 mm bis 50 mm.

Am Samen befinden sich noch ganz kurze, zum Verspinnen ungeeignete Fasern, die **Linters**. Sie bestehen aus Zellulose, deshalb verwendet man sie unter anderem zum Herstellen von zellulosischen Chemiefasern. Der **Samen** wird auch zur Ölgewinnung verwendet.

100 kg Saatbaumwolle ergeben ca. 35 kg Fasern, 62 kg Samen und 3 kg Abfall.

Weiterverarbeitung

Aus Baumwollfasern werden nach dem Dreizylinderspinnverfahren oder nach dem Rotorspinnverfahren Spinnfasergarne hergestellt.

Qualitätsmerkmale für den Handel

Im Handel wird die Baumwolle gewöhnlich nach Erzeugerland und Sorte benannt. In den Anbauländern werden unterschiedliche Sorten angebaut, in den USA allein rund 20. Dadurch stellt das Erzeugerland nur bedingt ein Qualitätsmerkmal dar. Bekannt ist Makobaumwolle aus Ägypten, womit man verschiedene langstapelige Sorten bezeichnet. Hochwertige Sorten, jedoch mengenmäßig sehr gering, sind die Sea-Island-Baumwolle aus den USA und die Pima-Baumwolle aus Peru und USA. Weltweit am häufigsten vertreten ist Upland-Baumwolle.

In jüngster Zeit wird farbige Baumwolle gezüchtet, vorwiegend in Beige- und Brauntönen.

Stapellänge (Faserlänge)	Sie ist das wichtigste Qualitätsmerkmal und liegt etwa zwischen 10 mm und 60 mm. Fasern ab einer Stapellänge von etwa 10 mm sind verspinnbar. Sea-Island kann bis 56 mm lang sein. Mako hat eine Stapellänge von etwa 40 mm, Upland ca. 30 mm.
Feinheit, Griff	Die Faserfeinheit von Baumwolle liegt zwischen 1 und 4 dtex. Baumwolle gehört damit zur Gruppe der feinen Fasern. Je länger die Faser, um so feiner ist sie im allgemeinen. Je feiner die Faser ist, desto weicher ist ihr Griff.
Gleichmäßigkeit, Reinheit	Hauptnachteil sind Verunreinigungen durch Kapselteile und Blätter, Fasern mit zu kurzem Stapel, zu hoher Gehalt an unreifen und schlecht entwickelten, „toten" Fasern.
Festigkeit	Die Baumwolle besitzt im Verhältnis zu ihrer Feinheit eine gute, hochwertige Sorten eine sehr gute Festigkeit.
Farbe und Glanz	Je nach Herkunft ist die Farbe weiß (Sea-Island), cremefarben (Mako), leicht gelblich oder bräunlich. Der Glanz ist im allgemeinen matt. Wertvolle Sorten wie Sea-Island oder Mako weisen einen seidigen Glanz auf.

1.2.1 Pflanzliche Fasern: Baumwolle (3)

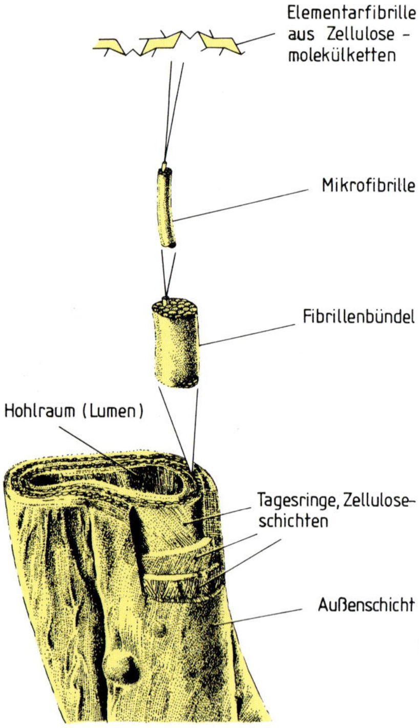

1: Modell der Baumwollfaser

Aufbau der Baumwollfaser

Baumwolle besteht aus Zellulose, dem Grundbaustoff aller Pflanzen.

Die in der Kapsel wachsende Baumwollfaser ist kreisrund. Wenn sich die Kapsel öffnet, beginnt die Faser zu trocknen, es bildet sich der nierenförmige Querschnitt. Bei sehr starker Vergrößerung im Elektronenmikroskop zeigt die Querschnittsfläche Tagesringe, vergleichbar mit den Jahresringen beim Holz. Diese entstehen durch sich täglich neu bildende Zelluloseschichten von außen nach innen. Die zuerst gebildete Außenhaut besteht aus einer besonders zähen Zelluloseart. Am Ende des Wachstums bleibt im Faserinneren ein kleiner Hohlraum, den man Lumen nennt. Die Faser dreht sich beim Trocknen um ihre Längsachse und sieht wie ein plattgedrückter, verdrehter Schlauch aus. Außen hat die Faser eine natürliche Wachsschicht.

Die einzelnen Zelluloseschichten werden aus Fibrillenbündeln (Fibrille = feines Fäserchen) gebildet, die aus einzelnen Fibrillen und diese aus Zellulosemakromolekülen (Riesenmolekülen) bestehen. Die Fibrillenbündel der einzelnen Zelluloseschichten verlaufen schräg gegeneinander. Die gitterartig übereinander angeordnete Fibrillenstruktur und der hohle Faserkern werden leicht vom Wasser durchdrungen, in den Hohlräumen wird die Feuchtigkeit gespeichert. Schweiß kann aufgesaugt und beim Waschen wieder herausgespült werden. Durch Wasseraufnahme oder Behandlung mit Natronlauge quillt die Faser auf und die einzelnen Zelluloseschichten werden fest gegeneinandergepreßt. Dadurch ist die Festigkeit der gequollenen Faser höher als die der trockenen Faser.

Der Aufbau der Baumwolle aus Zellulosemolekülketten und ihre stark geordnete Lage im Faserinneren (kristalline Bereiche) sind verantwortlich für die hohe Festigkeit, aber geringe Elastizität der Baumwollfaser.

Bekleidungsphysiologische Eigenschaften (vgl. Seite 128, 129)	
Wärmeisolation	Die relativ glatten ungekräuselten Baumwollfasern werden häufig zu textilen Flächen mit geringem Lufteinschluß (geringem Porenvolumen) verarbeitet, jedoch ist durch entsprechende Garn- und Flächenkonstruktionen und durch Aufrauhen auch die Herstellung voluminöser, warmhaltender Textilien möglich.
Feuchtigkeitsaufnahme	Baumwolle kann bis 20% dampfförmige Feuchtigkeit aufnehmen, ohne sich feucht anzufühlen. Nässe saugt sie schnell auf und kann bis zu 65% ihres Eigengewichtes an Feuchtigkeit speichern ohne zu tropfen. Sie trocknet langsam.
Hautfreundlichkeit	Wegen ihrer Feinheit und Weichheit ist sie sehr hautfreundlich.

Sonstige wichtige Eigenschaften (vgl. Seite 43, 44, 45)	
Festigkeit	Die Feinheitsfestigkeit der Baumwolle ist gut. Die nasse Faser ist noch reißfester als die trockene, Scheuer- und Strapazierfähigkeit sind gut.
Dehnung	Die Dehnbarkeit ist verhältnismäßig gering, sie liegt bei etwa 6...10%.
Elastizität	Baumwolle hat eine sehr geringe Elastizität und knittert deshalb stark.
Elektrostatische Aufladung	Sie lädt sich kaum elektrostatisch auf, weil sie ständig Feuchtigkeit enthält, die Ladungen ableitet.
Feinheit und Griff	Baumwollfasern sind fein und weich, sie haben einen angenehmen Griff.

Veränderungen der Eigenschaften durch Veredlung (vgl. Kapitel 4, Textilveredlung)	
Merzerisieren	Durch Behandeln der Baumwolle mit Natronlauge unter gleichzeitigem Spannen wird der Querschnitt rund, man erzielt Glanz und höhere Festigkeit.
Knitterarm-/Pflegeleicht-Ausrüstung	Durch Vernetzung von Zellulosemolekülen, z.B. mit Kunstharzen, erhält die Baumwolle größere Elastizität, dadurch wird das Knitterverhalten verbessert. Sie verliert jedoch dabei meist an Festigkeit und Saugvermögen, trocknet allerdings auch schneller.
Krumpfarm-Ausrüstung	Krumpfen (gewolltes Schrumpfen) vermeidet das Einlaufen bei anschließender Naßbehandlung. Diese Veredlung ist auch wichtig für die Pflege von Baumwolltextilien im Wäschetrockner.
Wasserabweisende Ausrüstung	Durch Tränken in geeigneten Chemikalien (z.B. Silikon) werden Baumwolltextilien wasserabweisend. Eine Erneuerung nach der Wäsche ist notwendig.

1.2.1 Pflanzliche Fasern: Baumwolle (4)

Fasererkennung

Mikroskopisches Bild	Brennprobe	Reißprobe	Löslichkeitsprobe
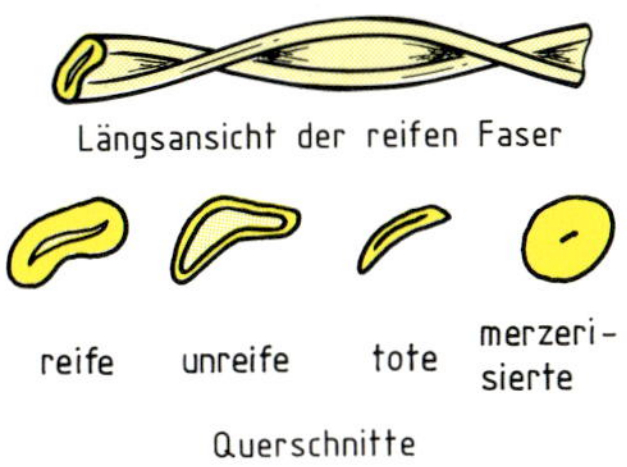	**Verbrennung:** Rasch, hell, nachglühend. **Geruch:** Nach verbranntem Papier. **Rückstand:** Hellgraue Flugasche.	**Trockenreißprobe:** Eingerissenes Gewebe zeigt an der Reißkante kurze Faserenden (vergleiche Leinen). **Naßreißprobe:** Der an einer Stelle angenäßte Baumwollfaden reißt nicht an der nassen Stelle (vergleiche Viskose).	**Schwefelsäure:** Sie löst, zerstört Baumwolle (vergleiche Wolle). **Natronlauge:** Waschlaugen greifen die Faser nicht an. Natronlauge wird zur Veredlung eingesetzt (vergleiche Wolle).

Typische Baumwollstoffe

Batist	Damast	Finette	Kattun	Oxford
Biber	Denim (Jeans)	Frottier	Kretonne	Popeline
Chintz	Doppelripp	Gabardine	Molton	Renforcé
Cord (Rippensamt)	Feinripp	Interlock	Nessel	Samt

Fasermischungen (siehe auch Seite 41)

Durch Fasermischungen sollen die negativen Eigenschaften von Faserstoffen ausgeschaltet oder besondere Effekte erzielt werden. Baumwolle wird bevorzugt mit Polyester und Polyamid sowie mit Viskose und Modal gemischt. Mischungen mit den synthetischen Chemiefasern verbessern die Pflegeeigenschaften und die Strapazierfähigkeit von Bekleidung. Baumwolle wird mit Viskose und Modal wegen der noch höheren Saugfähigkeit dieser Fasern, der gleichmäßigen Feinheit sowie aus Kostengründen gemischt. Dabei paßt Modal auch in der Festigkeit und in den Dehnungseigenschaften sehr gut zur Baumwolle. Mischungen mit anderen Fasern sind ebenfalls möglich. Üblich sind überwiegend die Mischungsverhältnisse 50%/50%, 60%/40%, 70%/30%.

Einsatzgebiete

Bekleidungstextilien	Accessoires[1]	Heimtextilien	Technische Textilien
Hemden, Blusen, Unter- und Nachtwäsche, Kleider, wasserabweisend imprägnierte Wetterbekleidung, Hosen (Jeans), Freizeit- und Berufsbekleidung	Taschentücher, Spitzen, Bänder, Borten, Schirme	Bettwäsche, Tischwäsche, Küchentücher, Dekorationsstoffe, Möbelbezugsstoffe, Handtücher, Badetücher	Arbeits- und Berufsbekleidung, Planen, Nähzwirne

Pflegeeigenschaften und Pflegekennzeichnung:

Waschbar, kochfest, langsam trocknend, bügelfähig, nicht bügelfrei

Die Kennzeichnung gilt für Maximalbelastung, Einschränkungen sind durch Flächenaufbau, Veredlung und Verarbeitung möglich.

Waschen	Chloren	Bügeln	Chemischreinigen	Trocknen
95 weiß, 60 bunt, 40 dunkelbunt Baumwolle ist kochfest. Für bunte Textilien gelten Einschränkungen.	Chlorbleiche ist möglich. In der Bundesrepublik Deutschland ist Chloren nicht üblich.	Bügeltemperatur 200 °C, das Bügelgut soll feucht sein.	Baumwolle ist nicht lösemittelempfindlich (A = allgemein übliche Mittel können verwendet werden.)	Trocknung im Wäschetrockner ist möglich. Ausnahme: einlaufempfindliche Textilien.

Textilkennzeichnung

Nach dem Textilkennzeichnungsgesetz dürfen als Baumwolle nur die Fasern vom Samen der Baumwollpflanze bezeichnet werden.

[1] franz.: Accessoires = modisches Beiwerk

Internationales Baumwollzeichen

Das international geschützte Baumwollzeichen dient der eindeutigen Kennzeichnung von Textilien aus reiner Baumwolle und garantiert gute Qualität. Bei Fasermischungen ist die Verwendung ausgeschlossen.

1: Internationales Baumwollzeichen

1.2.2 Pflanzliche Fasern: Leinen (1)

Leinen Kurzzeichen: LI engl.: Flax franz.: Lin

1: Ägypterin im feingewebten Leinengewand

Geschichte

Leinen blickt auf eine jahrtausendelange Kultur zurück. Schon 5000 bis 4000 v. Chr. wurde Flachs systematisch von Ägyptern, Babyloniern, Phöniziern und anderen Kulturvölkern angebaut.

Die ägyptischen Mumien aus den Pyramiden sind in Leinen eingehüllt, denn Baumwolle war in Ägypten lange Zeit unbekannt.

Die Römer lieferten exakte Beschreibungen der Verarbeitungsmethoden, die sich von den heutigen im Prinzip kaum unterscheiden.

Eine besondere Blüte erlebte Leinen im Mittelalter. Es hat bis heute sein hohes Ansehen als Naturprodukt bewahrt.

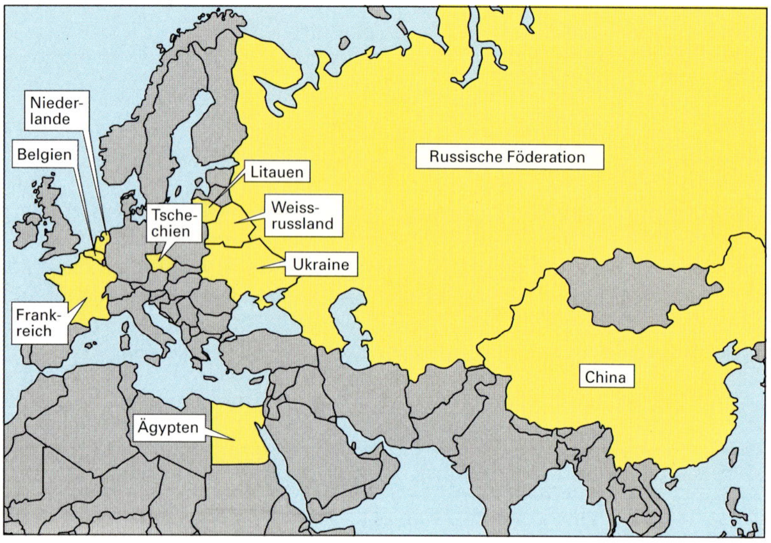

2: Flachsanbauländer

Bedeutung und Herkunft

Die Welterzeugung von Flachs ist in den letzten 25 Jahren fast konstant geblieben. Sie schwankt zwischen 600 000 und 700 000 Tonnen. Das sind etwa 1,5% der Weltfaserproduktion.

Die Haupterzeugerländer sind:

1 China
2 Russische Föderation
3 Ukraine
4 Frankreich
5 Weißrußland
6 Niederlande
7 Ägypten
8 Belgien
9 Tschechien
10 Litauen

Insgesamt wird Flachs in rund 20 Ländern angebaut.

In jüngster Zeit versucht man, Flachs wieder in Deutschland heimisch zu machen.

3: Flachspflanze

4: Blühender Flachs

5: Reifer Flachs

Die Flachspflanze

Die Leinenfasern werden aus dem Stengel der Flachspflanze gewonnen. Diese wird als Frucht- oder Faserpflanze angebaut. Zur Fasergewinnung werden langstielige, hellblau bis weiß blühende Sorten mit einer Wuchshöhe von etwa 80 cm bis 120 cm verwendet, während kürzere Sorten der Leinölgewinnung dienen.

Der Flachs ist eine einjährige Pflanze und muß jedes Jahr neu gesät werden. Er gedeiht sehr gut im gemäßigten Klima. Gebiete mit Seeklima liefern die besten Flachssorten.

Die Aussaat erfolgt von März bis April. Das Wachstum ist nach etwa 90 bis 120 Tagen beendet. Im oberen Teil der Pflanze bilden sich Verästelungen, an denen sich die Blüten entwickeln. An der reifen Pflanze haben sich aus den Blüten die etwa erbsengroßen Samenkapseln gebildet, die etwa 2 mm lange, sehr ölhaltige Samen, enthalten.

Die Ernte erfolgt im Juli und August.

1.2.2 Pflanzliche Fasern: Leinen (2)

1: Flachsernte

2: Gehechelter Flachs

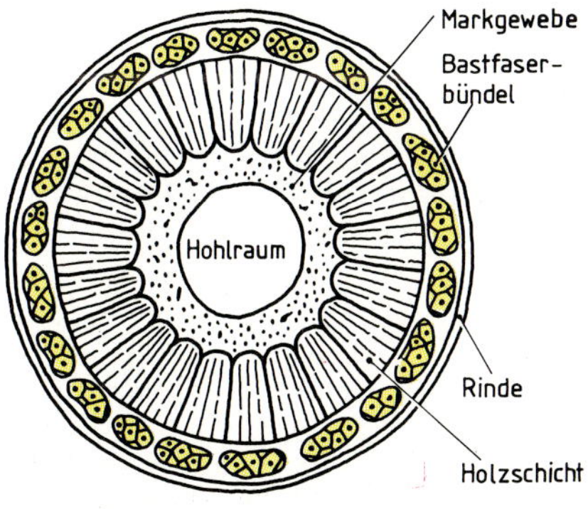

3: Flachsstengelquerschnitt

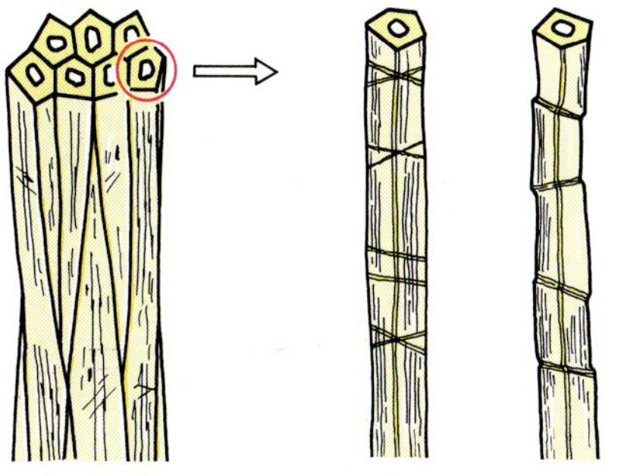

4: Faserbündel und Elementarfaser

Ernte und Fasergewinnung

Raufen nennt man das Herausreißen der Pflanze mit den Wurzeln, damit die Fasern lang bleiben. Neuerdings werden auch Mähmethoden angewendet.

Riffeln, so heißt das Abtrennen der Fruchtkapseln mit den Leinsamen vom gereiften, trockenen Flachsstengel.

Rösten oder Rotten bewirkt das Zersetzen der Kittsubstanzen (Pflanzenleim) im Stengel, damit sich die Faserbündel schonend herauslösen lassen. Der Flachs wird nach einer gängigen Methode 5 bis 8 Tage lang in warmes Wasser gelegt.

Das **Trocknen** der Flachsstengel erfolgt in Warmluftöfen.

Brechen und Schwingen: Die Verbindung der Faser mit den übrigen Stengelbestandteilen ist durch das Rösten gelockert. Das Flachsstroh wird gebrochen, die Holzteile werden durch „Schwingen" entfernt. Man erhält Langflachs von 45 cm bis 90 cm Länge und Schwingwerg von 10 cm bis 25 cm Länge.

Hecheln nennt man das Auskämmen des Bastes zu verspinnbaren Faserbündeln. Gleichzeitig werden dabei die letzten Holzteilchen und die Kurzfasern entfernt. Man erhält Hechelflachs und als Nebenprodukt das Hechelwerg.

Weiterverarbeitung

Hechelflachs wird nach dem Bastfaserspinnverfahren zu Garn versponnen.

Querschnitt durch einen Flachsstengel

Der Querschnitt eines Flachsstengels zeigt verschiedene Schichten, die entfernt werden müssen, um die Faserbündel für die Verarbeitung freizulegen. Die Faserbündel reichen bis in die Wurzeln der Pflanze. Sie bestehen aus etwa 25 mm bis 40 mm langen Einzel- oder Elementarfasern, die durch Pflanzenleim (Pflanzenbast) miteinander verklebt sind. Zellulose (ca. 70%) und Pflanzenleim (ca. 30%) geben Leinen im wesentlichen die typischen Eigenschaften.

Kotonisieren nennt man das mechanische oder chemische Auflösen der Faserbündel in Elementarfasern, die man auch Flockenbast nennt. Kotonisierte Flachsfasern lassen sich mit Baumwolle mischen (heute selten angewendet).

Aufbau der Leinenfaser

Leinenfasern sind ähnlich aufgebaut wie Baumwollfasern, sie bestehen vorwiegend aus Zellulosemolekülketten. Durch den Pflanzenleim, der die Elementarfasern zusammenhält, ist Leinen steifer. Leinenfasern sind im Vergleich zur Baumwolle in der Oberfläche glatter und dunkler.

Bekleidungsphysiologische Eigenschaften (vgl. Seite 128, 129)

Wärmeisolation: Garne und Gewebe, aus den glatten Leinenfasern hergestellt, haben kaum Lufteinschlüsse und isolieren wenig. Leinenstoffe fühlen sich frisch und kühl an, was bei Sommerkleidung als sehr angenehm empfunden wird.

Feuchtigkeitsaufnahme: Leinen ist sehr saugfähig, es nimmt Feuchtigkeit schnell auf und gibt sie auch wieder rasch an die Umgebung ab. Dies unterstützt die Klimaregelung des Körpers bei heißem Klima.

Hautfreundlichkeit: Durch den Pflanzenleim ist Leinen steifer und härter, weniger geschmeidig als Baumwolle.

Sonstige wichtige Eigenschaften (vgl. Seite 43, 44, 45)

Festigkeit: Die Feinheitsfestigkeit und Strapazierfähigkeit des Leinens sind sehr gut. Die nasse Faser ist noch reißfester als die trockene.

Dehnung: Leinen hat mit rund 2% Dehnung die geringste Dehnbarkeit aller Bekleidungsfasern.

Elastizität: Die Elastizität ist sehr gering, deshalb knittert Leinen stark.

Elektrostatische Aufladung: Sie ist praktisch nicht möglich, weil die Faser ständig Feuchtigkeit enthält.

Oberfläche, Glanz: Wegen der Glätte der Faser ist sie matt glänzend, wenig schmutzanfällig, nicht flusend.

Feinheit, Griff: Die gröberen Flachsfaserbündel geben Leinen einen festen Griff.

Veränderungen der Eigenschaften durch Veredlung (vgl. Kapitel 4)

Leinen kann wie Baumwolle pflegeleicht ausgerüstet werden (vgl. Seite 12).

1.2.2 Pflanzliche Fasern: Leinen (3)

Fasererkennung

Mikroskopisches Bild	Brennprobe	Reißprobe	Lichtprobe, Ölprobe
 Längsansicht einer Elementarfaser  Faserbündel (Querschnitt)	**Verbrennung:** Rasch, hell, nachglühend. **Geruch:** Nach verbranntem Papier. **Rückstand:** Hellgraue Flugasche.	**Trockenreißprobe:** Die Reißenden bei Leinen sind deutlich länger als bei Baumwolle. 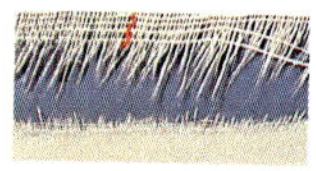 Leinen Baumwolle	Reinleinengewebe, gegen das Licht gehalten, zeigt Verdikkungen in Kette und Schuß. Ölgetränktes Leinengewebe läßt dunklen Untergrund besser durchscheinen (wirkt glasiger) als ein ölgetränktes Baumwollgewebe.

Typische Leinenstoffe (sie zeigen charakteristische Garnungleichmäßigkeiten)

Drell	Jäger- oder Schilfleinen	Klötzelleinen	Reinleinen
Halbleinen	Siebleinen	Leinenbatist	Schneider- oder Wattierleinen

Fasermischungen (vgl. Seite 41)

Leinen wird vor allem mit Baumwolle zu „Halbleinen" verarbeitet. Dabei bestehen die Kettfäden aus Baumwolle, die Schußfäden aus Leinen (siehe Textilkennzeichnung und Europäisches Leinenzeichen). Auch mit anderen Bastfasern, wie Hanf oder Ramie sowie mit zellulosischen und synthetischen Chemiefasern, z. B. mit Modal, Polyamid, Polyester oder Polyacryl wird Leinen gemischt. Der Leinencharakter (Garnstruktur, Glanz und Farbe) wird zum Teil mit Chemiefasern nachgeahmt, es fehlen dann die typischen Leineneigenschaften.

Einsatzgebiete

Bekleidungstextilien	Accessoires	Heimtextilien	Technische Textilien
Freizeit- und Sommerbekleidung: Blusen, Hemden, Röcke, Hosen, Kostüme, Einlagen zum Steifen.	Taschen, Koffer, Schuhe, Borten.	Bett- und Tischwäsche, Dekorations- und Möbelbezugsstoffe, Wandbekleidungen, Matratzendrelle.	Planen, Seilerwaren, Nähzwirne.

Pflegeeigenschaften und Pflegekennzeichnung:

Waschbar, kochfest, schnell trocknend, bügelfähig, nicht bügelfrei

Die Kennzeichnung gilt für Maximalbelastung, Einschränkungen sind durch Flächenaufbau, Veredlung und Verarbeitung möglich.

Waschen	Chloren	Bügeln	Chemischreinigen	Trocknen
weiß 95 bunt 60 Leinen ist kochfest. Für bunte Textilien gelten Einschränkungen.	Cl Chlorbleiche ist möglich.	Bügeltemperatur bis 220 °C, das Bügelgut soll feucht sein.	A Leinen verträgt allgemein übliche Lösemittel.	Trocknung im Wäschetrockner ist möglich.

Textilkennzeichnung

Nach dem Textilkennzeichnungsgesetz darf die Bezeichnung Flachs oder Leinen nur für Fasern aus dem Stengel der Flachspflanze verwendet werden. Als Reinleinen können Textilien aus 100% Leinen bezeichnet werden. Die Bezeichnung „Halbleinen" darf bei Erzeugnissen verwendet werden, die in der Kette vollständig aus Baumwolle und im Schuß ganz aus Leinen bestehen und deren Leinenanteil mindestens 40% des Gewebes ausmacht.

Leinensiegel

Die westeuropäische Leinenindustrie hat für ihre Erzeugnisse ein Leinensiegel geschaffen und weltweit als Warenzeichen eintragen lassen. Mit dem Leinensiegel dürfen Textilien aus Reinleinen und Halbleinen gekennzeichnet werden. Nach den Richtlinien der Leinenindustrie muß bei Mischungen der Leinenanteil mindestens 50% betragen.

Das Leinensiegel garantiert gute Leinenqualität.

1: Leinensiegel

1.2.3 Sonstige pflanzliche Fasern

Fasername Kurzzeichen	Pflanzenteil Herkunft	Aussehen der Rohfaser	Eigenschaften und Verwendung
Kapok KP	**Samenhaar** der Kapokfrucht **Herkunft:** Brasilien, Indien, Indonesien, Mexiko, Ost- und Westafrika		Kapokfasern haben eine sehr geringe Festigkeit und sind nicht verspinnbar. Ihre Dichte beträgt nur etwa 0,35 g/cm^3. Sie sind wasserabstoßend, fein, weich und glänzend. Kapok eignet sich als Füllmaterial für Schwimmwesten und wird als Stopf- und Füllmaterial für Polstergegenstände, z. B. Matratzen, verwendet.
Hanf HA	**Bastfaser** aus dem Stengel der Hanfpflanze **Herkunft:** Italien, Polen, ehem. Jugoslawien, ehem. UdSSR, Ungarn, Rumänien, Spanien, Algerien		Hanffasern haben eine sehr hohe Festigkeit. Dehnung und Elastizität sind mit Leinen vergleichbar. Die Fasern sind grob und hart, sie verrotten nur sehr langsam. Der Hanfanbau war lange Zeit verboten. Für die Fasergewinnung sind heute nur bestimmte Sorten erlaubt. Man verwendet Hanf in der Seilerei, für Planen und vermehrt wieder für Bekleidung.
Jute JU	**Bastfaser** aus dem Stengel der Jutepflanze **Herkunft:** Indien, Bangladesch, Pakistan		Jutefasern sind stark verholzt und ungleichmäßig, sie haben einen starken Geruch und sind fäulnisanfällig. Festigkeit, Dehnung und Elastizität sind etwa vergleichbar mit Leinen. Man verwendet Jute für Verpackungsgewebe, Wandbespannungen (Rupfen), für Gurte, Teppich-Grundgewebe und als Trägermaterial für Bodenbeläge.
Ramie RA	**Bastfaser** aus dem Stengel der Ramiepflanze („Leinen des Fernen Ostens") **Herkunft:** Ferner Osten, ehem. UdSSR, USA		Ramiefasern sind hochwertig, leinenähnlich und sehr fest. Sie sind glatt und gleichmäßig, gut anfärbbar und lichtbeständig, haben dauerhaften Glanz und sind sehr saugfähig. Der Griff ist etwas härter als bei Baumwolle. Sie werden für feine leichte, strapazierfähige Gewebe, Riemen und Bänder, kurze Fasern zur Banknotenherstellung verwendet.
Sisal SI	**Hartfaser** aus den Blättern der Sisalpflanze **Herkunft:** Brasilien, Indonesien, Mexiko, Ostafrika		Sisalfasern haben eine hohe Reiß- und Scheuerfestigkeit. Sie sind gut zu färben und sind widerstandsfähig gegen Feuchtigkeit. Die Farbe der Fasern ist weiß, sie können gut eingefärbt werden. Man verwendet Sisal in der Seilerei und für Teppiche, Netze, Matten.
Manila AB	**Hartfaser** aus den Blättern einer Bananenart **Herkunft:** Philippinen (Hauptstadt: Manila), Nordamerika		Manilafasern sind reißfester als Sisal. Gegen Meerwasser sind sie sehr widerstandsfähig. Ihre Dichte ist vergleichsweise niedrig. Man verwendet sie für Schiffstaue und andere Seilerwaren sowie für Netze und Matten.
Kokos CC	**Hartfaser** von der Kokosnuß **Herkunft:** Indien, Indonesien, Sri Lanka		Kokosfasern haben eine sehr hohe Scheuerfestigkeit, sind sehr strapazierfähig und haben eine gute Elastizität. Sie nehmen wenig Schmutz auf und isolieren gut. Kokos wird vor allem für Läufer, Bodenbeläge, Seiler- und Polsterwaren sowie für Bürsten verwendet. Sie werden oft naturbelassen verarbeitet.

1.2.4 Tierische Fasern: Wolle (1)

Reine Schurwolle

Wolle Kurzzeichen: Wolle WO, Schurwolle WV engl.: Wool franz.: Laine

Geschichte

Schon vor 7000 Jahren waren Wollfilze in China, bei den Babyloniern und in Ägypten ein Begriff. Die zunächst den Schafen ausgerupfte Wolle konnte mit der Erfindung der Schneidwerkzeuge in der Eisenzeit geschoren werden. Im 14. Jahrhundert wurde in Spanien das Schaf mit der feinsten Wolle gezüchtet, das Merinoschaf. Ende des 18. Jahrhunderts begann man in Australien mit der Schafzucht. Heute leben dort rund 160 Millionen Schafe. Das sind 14% des Weltschafbestandes.

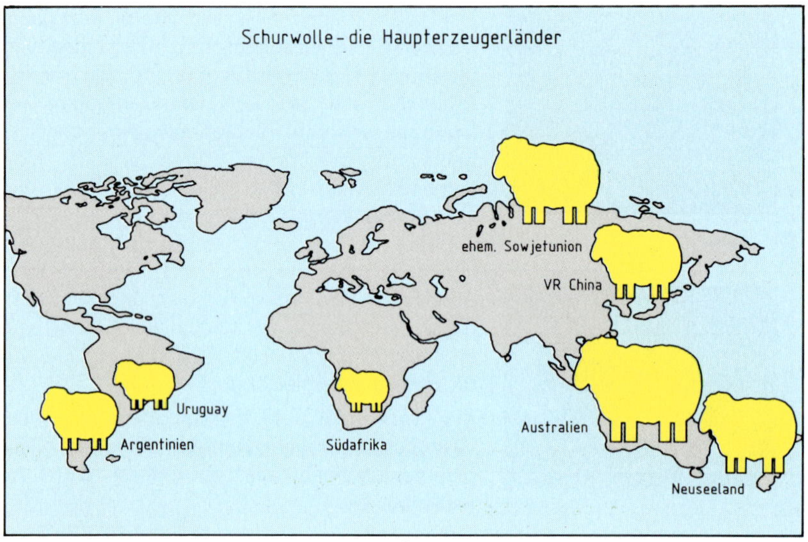

1: Wollerzeugerländer

Bedeutung und Herkunft

Die Welterzeugung von Wolle hat sich seit der Jahrhundertwende bis heute etwa verdoppelt. Die Produktion gewaschener Wolle betrug 1995 ca. 1,5 Millionen Tonnen (ungewaschen ca. 2,5 Millionen Tonnen). Das sind etwa 3% der Weltfaserproduktion. In fast allen Ländern der Erde gibt es Schafe. Die wichtigsten Wollerzeugerländer sind:

1 Australien
2 ehemalige UdSSR
3 Neuseeland
4 VR China
5 Argentinien
6 Uruguay
7 Südafrika
8 Türkei
9 Großbritannien
10 Pakistan

Wollgewinnung

Schafschur: Die Schafe werden mit elektrischen Schermaschinen geschoren, wobei darauf geachtet wird, daß keine Verletzungen entstehen und das Wollkleid zusammenhängend anfällt. Dieses Wollkleid nennt man Vlies. Die Wolle an den Beinen ist kurz und grob. Sie wird wegen ihrer geringen Qualität bereits beim Scheren vom Vlies getrennt.

2: Merinowidder

3: Prüfung der Wolle

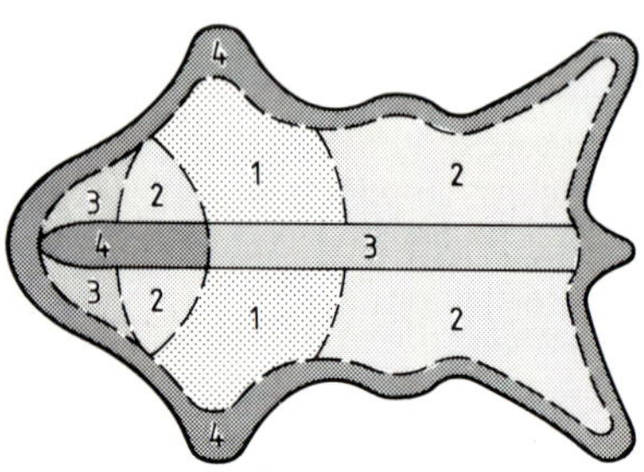

4: Vlies

5: Kammgarn- und Streichgarngewebe

Sortieren: Nach dem Scheren wird das Vlies im wesentlichen in vier Qualitätszonen aufgeteilt (1 = beste, 4 = schlechteste). Der Sortierer klassiert die Wolle nach Feinheit, Kräuselung, Faserlänge, Verunreinigungen und Farbe. Stark verunreinigte Stellen befinden sich an den Bauchpartien.

Waschen: Ein Vlies wiegt ungewaschen zwischen 1 und 6 kg, Vliese von australischen Schafen durchschnittlich 4,5 kg. Etwa 40% dieses Gewichtes sind Wollfett (Lanolin), Schmutz und Kletten. Schmutz und der größte Teil vom Wollfett werden durch eine schonende Wäsche entfernt.

Karbonisieren: Pflanzliche Verunreinigungen entfernt man mit Schwefelsäure, wenn dies erforderlich ist.

Weiterverarbeitung: Wollfasern werden nach dem Kammgarnspinnverfahren zu glatten, feinen und nach dem Streichgarnspinnverfahren zu gröberen, voluminösen Garnen versponnen.

1.2.4 Tierische Fasern: Wolle (2)

Reine Schurwolle

Einteilung der Wolle

Feinheit, Stapellänge und Kräuselung der Wolle sind ihre wichtigsten Qualitätsmerkmale, sie wird deshalb eingeteilt in Feinwollen, Mittelwollen und Grobwollen, die bevorzugt von drei Schafrassen stammen.

Wollsorte	Feinwollen	Mittelwollen	Grobwollen
Schafrassen	Merinoschafe	Crossbredschafe (Kreuzzucht)	Cheviotschafe
Feinheit, Durchmesser	feinste Wollen, 15...23 µm[1) 	mittlere Feinheit, 24...30 µm 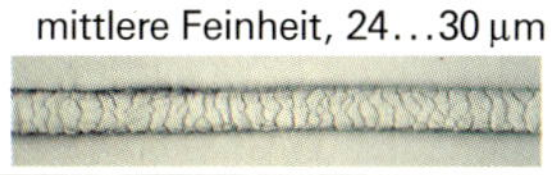	grob, über 30 µm 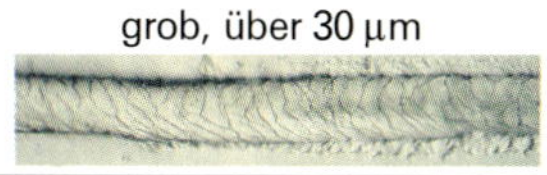
Länge	50...120 mm	120...150 mm	über 150 mm
Kräuselung, Bogigkeit	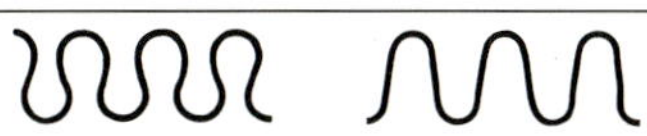 überbogig, hochbogig	 normalbogig	 feinbogig, schlicht
Herkunftsländer	Australien, Südafrika, ehem. UdSSR	Argentinien, Uruguay	Neuseeland, Großbritannien
Einsatzgebiete	feine Oberbekleidung gestrickt und gewebt, Schals, Strümpfe	gröbere, sportliche, strapazierfähige Bekleidung	Teppiche, rustikale Möbelbezugsstoffe

1) $1\ \mu m = \frac{1}{1\,000\,000}\ m = 10^{-6}\ m$

Neben der Einteilung der Wolle nach Feinheit, Kräuselung und Schafrasse kann sie auch eingeteilt werden nach:

Schur — **Lammwolle:** Von der ersten Schur nach 6 Monaten, sie ist fein weich, wenig fest und hat feine Spitzen. **Jährlingswolle:** Von der ersten oder zweiten Schur nach 10–12 Monaten. **Einschurwolle:** einmalige Schur im Jahr. **Zweischurwolle:** Zweimalige Schur im Jahr. **Achtmonatswolle:** Schur alle 8 Monate.

Herkunft — **Australwolle, Neuseelandwolle, Kapwolle** usw.

Gewinnung — **Schurwolle:** vom gesunden lebenden Tier. **Sterblingswolle:** vom kranken, verendeten, notgeschlachteten Tier. **Haut-, Gerberwolle:** vom geschlachteten Tier.

Verspinnung — **Kammwolle:** meist feine Merinowolle, die nach dem Kammgarnspinnverfahren zu feinen, glatten, gleichmäßigen Kammgarnen verarbeitet wird. **Streichwolle:** Wolle, die nach dem Streichgarnspinnverfahren zu gröberen, voluminösem Streichgarn verarbeitet wird. **Teppichwolle:** lange grobe Wolle für Teppichgarne.

Gebrauch — **Reißwolle** ist aufgerissene und wiederaufbereitete Wolle von Abfällen der Produktion und von getragenen Kleidungsstücken. Reißwollfasern sind beschädigt und von sehr geringer Qualität.

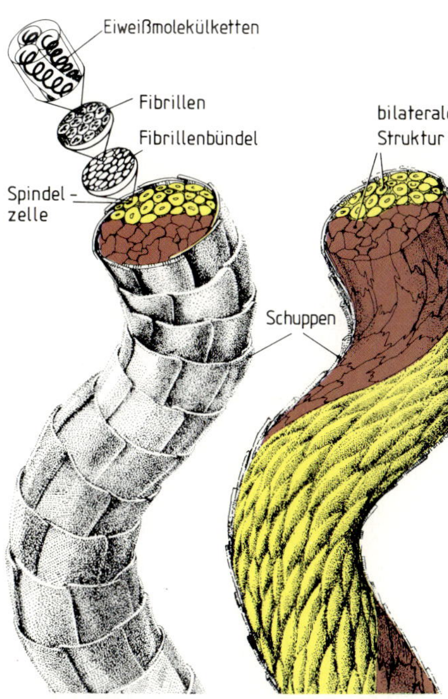

1: Modell der Wollfaser

Aufbau der Wollfaser

Die Wollfaser besteht aus Eiweißmolekülketten (**Keratin**). Sie hat große Ähnlichkeit mit dem Menschenhaar. Die Eiweißmolekülketten bilden Fibrillen, die zu Fibrillenbündeln zusammengefaßt sind und das Innere der Spindelzellen bilden. Durch diesen Aufbau ist die Wollfaser außerordentlich elastisch. Im Faserinneren winden sich spiralförmig zwei verschiedene Faserhälften umeinander, die eine verschiedenartige chemische Zusammensetzung haben (bilaterale Struktur). Die Kräuselung der Wolle ist auf diese bilaterale Struktur zurückzuführen. Einwirkung von Feuchtigkeit und Wärme bewirkt eine unterschiedliche Quellung der Faserhälften. Heißer Dampf lockert Verbindungen zwischen den Eiweißmolekülketten. Beim Abkühlen bilden sich neue Verbindungen zwischen den Molekülketten. Dadurch ergeben sich die guten Bügel- und Dressiereigenschaften der Wolle.

Wolle ist wasserdampfanziehend (hygroskopisch). Sie kann etwa 1/3 ihrer Masse an dampfförmiger Feuchtigkeit aufnehmen, ohne sich feucht anzufühlen. Die Feuchtigkeit wird nur langsam abgegeben. Trotz dieser starken Feuchtigkeitsbindung im Faserinneren ist die Oberfläche der Faser wasserabweisend (hydrophob), weil sie von einem hauchdünnen Häutchen, der Epicuticula, umhüllt ist. Dieses Häutchen läßt Wassertropfen abrollen, während es Dampf eindringen läßt.

Die **Schuppen** der Wollfasern können sich durch den Einfluß von Wärme, Feuchtigkeit und Mechanik dauerhaft ineinander verhaken, verfilzen.

1.2.4 Tierische Fasern: Wolle (3)

Reine Schurwolle

Bekleidungsphysiologische Eigenschaften (vgl. Seite 128, 129)	
Wärmeisolation	In glatten Kammgarnen sind die feinen Wollfasern fest eingebunden, sie können kaum kräuseln. Feine glatte Kammgarne schließen weniger Luft ein und haben deswegen eine geringere Wärmeisolation („Cool Wool"). Voluminöse Streichgarne haben eine lockere Garnstruktur. Die Wollfasern liegen gekräuselt im Garninneren vor und isolieren durch viele Lufteinschlüsse hervorragend gegen Kälte.
Feuchtigkeitsaufnahme	Wolle ist hygroskopisch. Sie nimmt bis zu einem Drittel ihres Gewichtes an dampfförmiger Feuchtigkeit auf, ohne sich feucht anzufühlen. Schweiß (schwache Säuren, Laugen, Salze) kann sie chemisch binden und neutralisieren. Dampfförmige Feuchtigkeit wird sehr schnell aufgenommen. Wassertropfen weist die Wollfaser zunächst ab. Sie nimmt Feuchtigkeit in Tropfenform nur sehr langsam auf. Diese Eigenschaften nennt man „hydrophob". Nasse Wolle trocknet langsam.
Hautfreundlichkeit	Die Weichheit der Wollfasern ist von der Feinheit abhängig. Lammwolle und feine Merinowolle sind besonders weich. Gröbere Wollen ab ca. 30 µm können Hautreizungen verursachen.

Sonstige wichtige Eigenschaften (vgl. Seite 43, 44, 45)	
Festigkeit	Wolle hat eine ausreichende Festigkeit. Sie ist jedoch geringer als die der übrigen Bekleidungsfasern, deswegen sind Textilien aus Wolle nicht besonders scheuerfest.
Dehnung	Die Fasern besitzen eine sehr gute Dehnbarkeit, die bei nasser Wolle noch größer ist als bei trockener. Wegen der Gefahr der Verformung soll tropfnasse Wollkleidung liegend getrocknet werden.
Elastizität	Elastizität und „Sprungkraft" sind ausgezeichnet. Knitterfalten in Wollkleidung erholen sich (besonders gut bei der Einwirkung von Dampf).
Formbarkeit	Bei Einwirkung von Dampf orientieren sich die Molekülketten im Faserinneren neu. Dadurch ist Wolle durch Dampfeinwirkung bedingt dauerhaft formbar.
Filzbarkeit	Wenn Feuchtigkeit, Wärme und Bewegung auf Wolle einwirken, verhaken sich die Schuppen an der Faseroberfläche, sie verfilzt. Dies ist bei der Filzherstellung gewollt, die Wollfasern werden „gewalkt" und verfilzen zu einer textilen Fläche. Bei der Pflege von Bekleidung aus Wolle ist das Verfilzen nicht erwünscht.
Feinheit, Griff	Wollfasern sind je nach Sorte fein bis grob, der Griff ist weich bis rauh. Als Super 100 wird superfeine Merinowolle, feiner als 16 µm (nach einer alten englischen Feinheitsbezeichnung) bezeichnet. Sie wird auf speziellen Auktionen versteigert und zu extrem feinen weichen Wollstoffen verarbeitet.
Elektrostatische Aufladung	Die Wollfaser lädt sich elektrostatisch nur gering auf, weil sie ständig Feuchtigkeit enthält, welche die elektrischen Ladungen ableitet.
Entflammbarkeit	Wolle ist schwer entflammbar. Dadurch ist sie für Brandschutztextilien geeignet.

Veränderungen der Eigenschaften durch Veredlung (vgl. Kapitel 4. Textilveredlung)	
Dauerfixierung	Chemikalien, Druck und Dampf fixieren gebügelte Falten dauerhaft (Siroset-Verfahren).
Dekatieren	Textile Wollflächen werden durch Druck und Dampfbehandlung geglättet, fixiert, verarbeitungsfertig, „nadelfertig", sie bekommen Glanz und einen angenehmen Griff.
Filzfreiausrüstung (Antifilzausrüstung)	Durch Behandlung mit Chemikalien kann die Filzfähigkeit verringert werden, Wolle wird waschmaschinenwaschbar.
Flammhemmende Ausrüstung	Chemikalien, die an die Eiweißmoleküle der Wolle chemisch gebunden werden, verbessern die Schutzwirkung gegen Flammen und Hitze.
Karbonisieren	Entfernen pflanzlicher Verunreinigungen durch Schwefelsäure.
Mottenecht-Ausrüstung	Durch Behandeln der Wolle mit Eulan oder Mitin wird sie vor Mottenfraß geschützt.
Rauhen	Fäserchen werden aus der textilen Fläche herausgerissen. Das Bindungsbild verschwindet (wird häufig nach dem Walken durchgeführt).
Walken	Gewolltes Verfilzen von Wollartikeln. Wollartikel laufen beim Walken ein.
Wasserabweisende Ausrüstung	Durch Behandeln mit Silikon werden Wolltextilien wasserabweisend.

1.2.4 Tierische Fasern: Wolle (4)

Reine Schurwolle

Fasererkennung

Mikroskopisches Bild	Brennprobe	Reibprobe	Löslichkeitsprobe
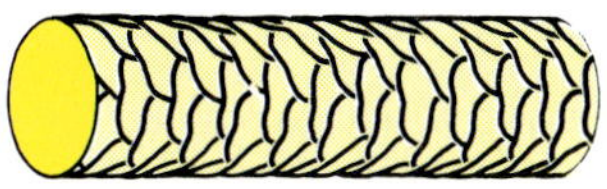 **Querschnitt:** rund **Längsansicht:** dachziegelartig angeordnete Schuppen	**Verbrennung:** brodelnd, kleine Flamme, verlöschend **Geruch:** nach verbranntem Horn (Haar) **Rückstand:** dunkle, zerreibbare Schlacke	Nimmt man eine Wollfaser zwischen Daumen und Zeigefinger (parallel zu den Fingern) und reibt die beiden Finger übereinander, so bewegt sie sich in eine Richtung. Dreht man sie um, so bewegt sie sich entgegengesetzt.	**Schwefelsäure:** Kalte, konzentrierte Schwefelsäure greift Wolle kaum an (vergleiche Baumwolle). **Natronlauge:** Kochende 5%ige Natronlauge sowie Lithiumhypochlorid lösen Wolle auf (vergleiche Baumwolle).

Typische Wollstoffe

Afghalaine	Charmelaine	Diagonal	Flanell	Filz	Loden	Shetland	Tuch
Bouclé	Cheviot	Donegal	Flausch	Fresko	Mousseline	Trikotine	Tweed

Fasermischungen

(vgl. Seite 41)

Die Mischung von Wolle mit synthetischen Chemiefasern wie Polyester, Polyacryl und Polyamid ist eine gute und bewährte Partnerschaft, die sich sinnvoll ergänzt. Durch die Beimischung dieser Fasern wird die Filzfähigkeit gemindert und die Pflegeeigenschaften werden verbessert. Außerdem erhöht das Zumischen dieser Fasern die Scheuerfestigkeit erheblich. Die guten bekleidungsphysiologischen Eigenschaften der Wolle dominieren, wenn der Wollanteil über 50% beträgt. Üblich sind Mischungen 55%/45%, 50%/50%, 60%/40%, 70%/30%. Neben den genannten synthetischen Chemiefasern wird Wolle auch mit Seide, Baumwolle, vor allem aber mit feinen Tierhaaren gemischt.

Einsatzgebiete

Bekleidungstextilien	Accessoires	Heimtextilien	Technische Textilien
Anzüge, Kostüme, Pullover, Westen, Mäntel, Kleider, Winterblusen	Krawatten, Schals, Hüte, Strümpfe, Socken	Decken, Teppiche, Dekorationsstoffe, Möbelbezugsstoffe	Brandschutztextilien, technische Filze

Pflegeeigenschaften und Pflegekennzeichnung:

Beschränkt waschbar, sehr langsam trocknend, gut bügelfähig, nicht bügelfrei

Die Kennzeichnung gilt für Maximalbelastung, Einschränkungen sind durch Flächenaufbau, Veredlung und Verarbeitung möglich.

Waschen	Chloren	Bügeln	Chemischreinigen	Trocknen
30 Filzfrei veredelte Wolle ist maschinenwaschbar. Wollwaschmittel verwenden.	Nicht Chloren.	Bügeltemperatur 150 °C, mit Dampf oder einem feuchten Tuch bügeln.	P Wolle kann mit Perchlorethylen chemisch gereinigt werden.	Nicht im Wäschetrockner, nicht in der Sonne oder auf der Heizung trocknen.

Textilkennzeichnung

Nach dem TKG[1] ist **Schurwolle** die vom lebenden Schaf geschorene Wolle. Schurwollerzeugnisse müssen aus Wollfasern bestehen, die noch nie in einem Fertigerzeugnis enthalten waren und nur dem zur Herstellung des Erzeugnisses erforderlichen Verarbeitungsprozeß unterlegen haben. Textilien aus **100% Schurwolle** dürfen mit **REINE SCHURWOLLE** gekennzeichnet werden, dabei sind bis 0,3% Fremdfasern für Faseranflug während der Produktion und bis 7% für sichtbare Ziereffekte eingeräumt. In **Mischungen** darf die Bezeichnung „Schurwolle" nur verwendet werden, wenn die gesamt enthaltene Wolle Schurwollqualität hat und der Anteil mindestens 25% beträgt. Es darf neben Schurwolle nur **eine** weitere Faser verwendet werden. Die Bezeichnung **Reine Wolle** darf auch für ein Erzeugnis verwendet werden, welches z. B. aus Reißwolle besteht.

REINE SCHURWOLLE

1: Wollsiegel

SCHURWOLLE MIT BEIMISCHUNG

2: Combiwollsiegel

[1] TKG = Textilkennzeichnungsgesetz

Wollsiegel und Combiwollsiegel

Das **Wollsiegel (Bild 1)** wird bei reiner Schurwolle vergeben. Bei Wollsiegel-Produkten werden neben der Rohstoff-Reinheit auch bestimmte Qualitätsmerkmale garantiert: Mindestechtheiten der Farben, Mindestreißfestigkeit und Dimensionsstabilität. Das **Combiwollsiegel (Bild 2)** wird bei Mischung mit einer anderen Faser und einem Schurwollanteil von mindestens 60% vergeben, es garantiert die Einhaltung der gleichen Qualitätsrichtlinien, die an das Wollsiegel gestellt werden. Wollsiegel und Combiwollsiegel werden streng und regelmäßig überwacht.

IWS - Internationales Woll Sekretariat

1.2.5 Tierische Fasern: Haare

Feine Tierhaare

Fasername, Kurzzeichen	Aussehen	Beschreibung
Alpaka WP **Lama** WL **Vikunja** WG **Guanako** WU 	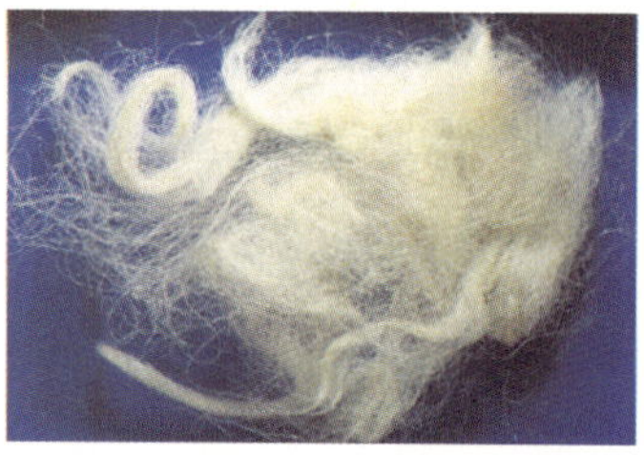	Alpaka, Lama, Vikunja und Guanako sind Lamaarten, die in den südamerikanischen Anden leben. Die Tiere werden alle zwei Jahre geschoren. Ihre Haare werden nach Feinheit und Naturfarbe sortiert. Sie sind fein, weich und leicht gekräuselt und haben eine ausgezeichnete Isolationsfähigkeit. Man stellt aus ihnen hochwertige Strickwaren, Jacken, Mäntel und Decken her.
Kamel WK 		Kamelhaar ist das Flaumhaar der zweihöckrigen Kamele. Die Tiere werfen es jährlich büschelweise ab. Es ist sehr fein, weich, leicht gekräuselt und beigebraun. Junge Kamele bis zum Alter von einem Jahr sind „naturblond", fast weiß; ihr „babyhair" ist besonders weich und wertvoll. Kamelhaar wird für Oberbekleidung verwendet. Das Haar des einhöckrigen Kamels ist grob und nur für technische Zwecke zu verwenden.
Kaschmir WS 		Die Kaschmir-Ziege lebt in der Mongolei und im Himalaja in extremer Höhe bis 5000 m. Um der Kälte zu widerstehen, hat sie ein außergewöhnlich feines Unterhaar. Beim jährlichen Pelzwechsel werden die feinen Unterhaare aus den groben Grannen- und Deckenhaaren ausgelesen und nach Farben sortiert. Textilien aus Kaschmir sind fein, weich, leicht, sehr geschmeidig und glänzend. Kaschmir ist das teuerste Naturhaar.
Mohair WM **Yak** WY 		**Mohair** ist die Bezeichnung für die Haare der Angora- oder Mohairziege. Das Tier wird zweimal jährlich geschoren. Die beste Schur kommt von Ziegen aus Texas, Südafrika und der Türkei. Die Haare sind langstapelig, leicht gelockt und seidig glänzend. Ihre Farbe ist weiß, sie filzen kaum und lassen sich ausgezeichnet färben. Man stellt aus Mohair Oberbekleidung und Decken her. **Yak** sind die Haare des Ziegenochsens.
Angora WA **Kanin** WN 	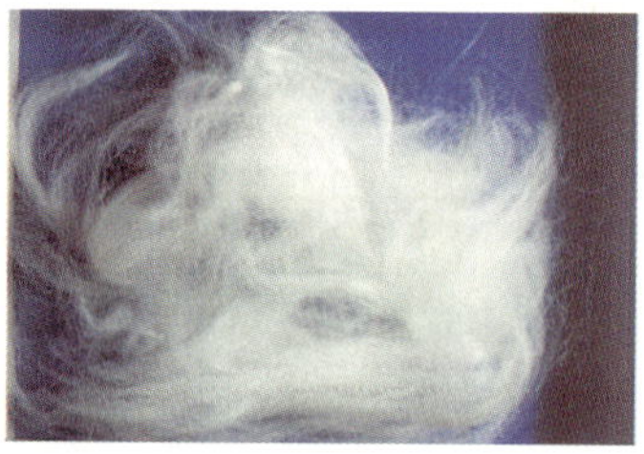	Angorahaare stammen vom Angora-Kaninchen, die in Europa und Ostasien gezüchtet werden. Der Name ist abgeleitet von Ankara. Die Kaninchen werden bis zu viermal im Jahr geschoren. Ihre feinen, sehr leichten Haare nehmen Wasserdampf sehr gut auf. Man stellt aus ihnen Rheuma- und Skiunterwäsche her. Einzelne gröbere Grannenhaare geben Oberbekleidungsstoffen den typischen Stichelhaareffekt.

Innerhalb der Wollsiegel-Richtlinien und dem Textilkennzeichnungsgesetz sind die feinen Tierhaare der Wolle vom Schaf gleichgestellt, weil sie ähnliche Eigenschaften wie Schafwolle besitzen. Erzeugnisse aus feinen Tierhaaren können, bei Einhaltung der Wollsiegel-Qualitätsrichtlinien, mit dem Wollsiegel gekennzeichnet werden.

Grobe Tierhaare

Die groben Tierhaare werden in der Bekleidungsherstellung vor allem für elastische und formbeständige Einlagestoffe verwendet. Die wichtigsten sind **Roßhaar, Kamelhaar (Grannenhaare), Rinderhaar** und **Ziegenhaar**.

1.2.6 Tierische Fasern: Seide (1)

Seide Kurzzeichen: Maulbeerseide SE, Tussahseide ST engl.: Silk franz.: Soie

Geschichte

Nach der Sage soll die chinesische Kaiserin Si Ling Schi (oder auch Lei Zu) vor fast 5000 Jahren eine Seidenraupe beim Einspinnen beobachtet haben. Sie haspelte den Faden ab und stellte daraus ein Gewebe her.

Die Römer zahlten für ein Pfund chinesischen Seidenstoff 1 Pfund Gold. Um 550 n. Chr. sollen Schmuggler Eier von Seidenraupen nach Europa gebracht haben. Von dieser Zeit an konnte Seide im Mittelmeerraum hergestellt werden.

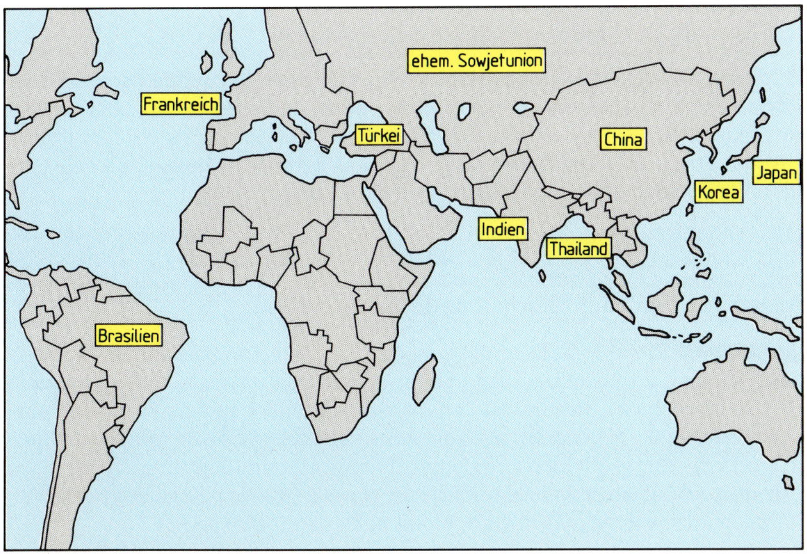

1: Erzeugerländer für Seide

Herkunft und Bedeutung

Die Welterzeugung Rohseide betrug 1995 ca. 70 000 Tonnen. Das sind weniger als 0,2% der Weltfaserproduktion.

Seide kann nur dort gezüchtet werden, wo Maulbeerbäume wachsen.

Die Haupterzeugerländer für Seide sind:

1 China	4 ehem. UdSSR	7 Thailand
2 Indien	5 Brasilien	8 Türkei
3 Japan	6 Korea	9 Frankreich

2: Eierlegendes Weibchen

3: Entwicklung der Raupe

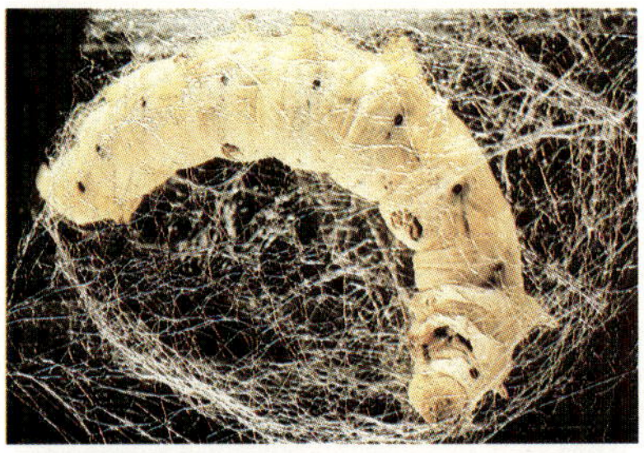

4: Raupe beim Einspinnen

5: Kokons, mit Flockseide befestigt

6: Geschlüpfter Schmetterling

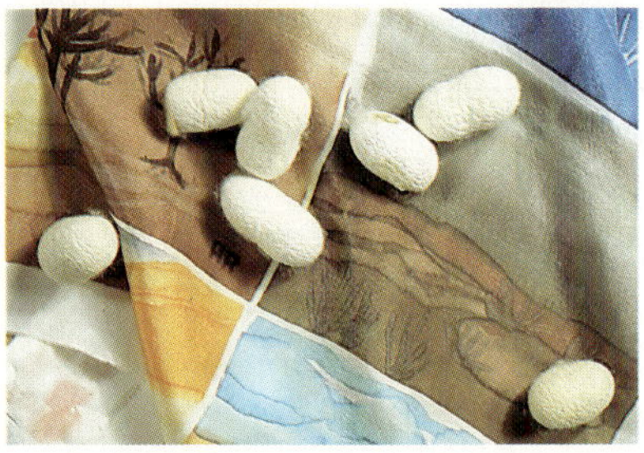

7: Kokons auf Seidengewebe

Der Maulbeerspinner

Der Maulbeerspinner, so heißt die gezüchtete Seidenraupe, ist nach dem Schlüpfen aus dem Ei etwa 2 mm groß. Sie ernährt sich von einer großen Menge Blätter des Maulbeerbaumes.

Nach ca. 30 Tagen und vier Häutungen hat sie etwa die Größe eines Mittelfingers und beginnt sich zu verpuppen. Dazu legt der Züchter sogenannte „Spinnhütten" an. Aus einer Spinnwarze an der Unterlippe, gespeist von zwei Drüsen, preßt sie die Seidenflüssigkeit (**Fibroin**, das ist tierisches Eiweiß), die vom Seidenleim (**Serizin** oder Seidenbast) umgeben ist. Drei Tage lang spinnt die Raupe einen etwa 3000 m langen Doppelfaden. Sie bewegt dabei den Kopf in Form einer Acht und baut so eine etwa taubeneigroße Hülle, den **Kokon**. Das Seidengewirr, mit dem der Kokon in der Spinnhütte befestigt ist, wird **Flockseide** genannt.

Nach etwa 14 Tagen hat die Umwandlung von der Raupe zum Schmetterling stattgefunden. Der Schmetterling löst die Kokonwand auf und schlüpft aus. Die Tiere paaren sich, das Weibchen legt Eier und beide sterben ab.

Als „Ernte" von 50 000 Raupen kann man ca. 1000 kg Seidenkokons erwarten, die einen Ertrag von etwa 120 kg Rohseide ergeben.

Der Tussahspinner

Neben dem Maulbeerspinner gibt es viele frei lebende Seidenraupen. Die wichtigste wild lebende Seidenraupe ist der Tussahspinner. Eine Zucht dieser Seidenraupen in Europa ist bisher nicht gelungen.

1.2.6 Tierische Fasern: Seide (2)

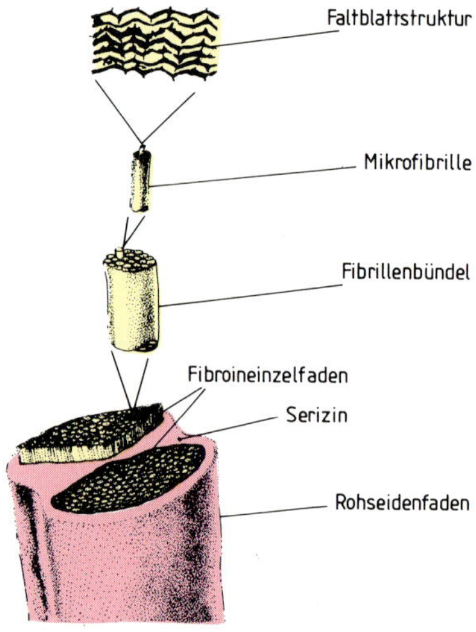

1: Modell des Rohseidenfadens

Aufbau des Seidenfadens

Die Fasersubstanz **Fibroin** besteht aus Eiweißmolekülketten, ähnlich wie die Wolle. Jeder der beiden Fibroineinzelfäden wird aus Fibrillenbündeln gebildet. Das sind kleinste Fäserchen in der Faser, die wiederum aus Mikrofibrillen bestehen. Mikrofibrillen bestehen aus Eiweißmolekülketten.

Die Molekülketten und ihre Anordnung im Faserinnern — man spricht von der Faltblattstruktur — sind für die physikalischen, chemischen und die bekleidungsphysiologischen Eigenschaften der Seide verantwortlich. Durch die innere Struktur erklären sich vor allem die hohe Festigkeit und die gute Elastizität.

Der Seidenbast, Seidenleim, das **Serizin**, umhüllt die zwei Fibroinfäden und klebt sie zusammen. Er besteht aus einer durchsichtigen, wasserlöslichen Eiweißsubstanz und ist stets mehr oder weniger mit Farbpigmenten behaftet. Er gibt damit dem Kokon seine Naturfarbe, die bei Maulbeerseide von naturweiß bis gelb oder orange-gelb und bei Tussahseide von rötlich bis hellbraun und dunkelbraun reicht.

Gewinnung der Zuchtseide (Maulbeerseide)

Haspelseide (Reale Seide): Der Seidenraupenzüchter braucht die unbeschädigten Kokons. Er tötet die Tiere in Heißdampf oder trockener Hitze ab. In heißem Wasser, das den Seidenleim löst, werden die Fadenanfänge gesucht und die Fäden von den Kokons abgehaspelt (abgespult). Weil ein einzelner Kokonfaden zu fein ist, werden fortlaufend 7 bis 10 Kokonfäden zu einem **Rohseidenfaden (Grège)** zusammengefaßt. Haspelseide ist die etwa 1000 m lange „endlose Seide" vom Kokonmittelteil. An der Rohseide, die meist gezwirnt wird, haften noch der Seidenleim.

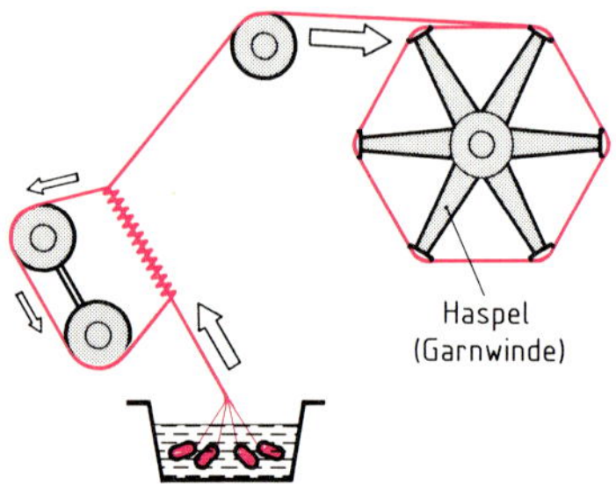

2: Abhaspeln der Kokons

Schappeseide nennt man die längeren Seidenfasern von nicht mehr abhaspelbaren Kokonteilen. Sie werden nach dem Kammgarnspinnverfahren zu feinen, glatten, gleichmäßigen Schappeseidengarnen verarbeitet.

Bouretteseide nennt man die bei der Schappeseidenverarbeitung anfallenden kurzen Seidenabfallfasern (Kämmlinge). Sie werden nach dem Streichgarnspinnverfahren zu gröberen, ungleichmäßigen noppigen Bouretteseidengarnen verarbeitet.

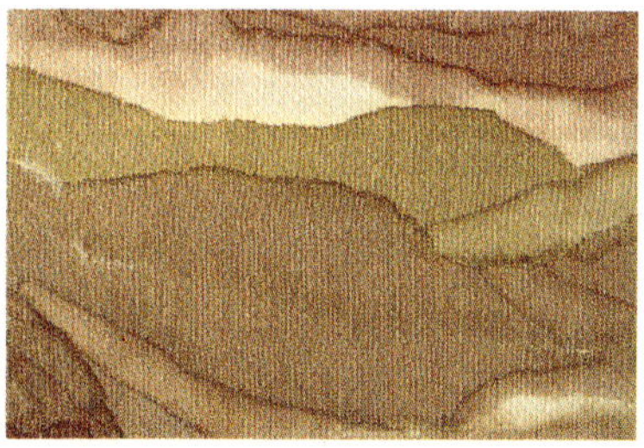

3: Gewebe aus Haspelseide

4: Maschenware aus Schappeseide

5: Gewebe aus Bouretteseide

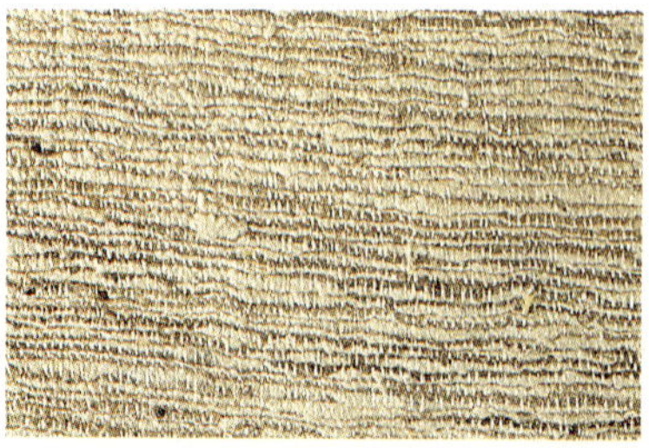

6: Gewebe aus Wildseide

Gewinnung der Wildseide (Tussahseide)

Die Kokons der wild lebenden Tussahspinner werden von Bäumen und Sträuchern gesammelt. Wildseide ist meist nicht abhaspelbar und läßt sich schlecht entbasten. Sie behält darum ihre bräunliche oder rötliche Naturfarbe. Die Fäden der Wildseide haben Feinheitsschwankungen, die wie ungleichmäßige Bleistiftstriche wirken.

Der Faserquerschnitt von Wildseide unterscheidet sich vom Faserquerschnitt der Zuchtseide (vgl. Seite 26).

1.2.6 Tierische Fasern: Seide (3)

Bekleidungsphysiologische Eigenschaften (vgl. Seite 128, 129)	
Wärmeisolation	Seide wird als kühl und zugleich als warmhaltend bezeichnet. Seidenfilamente ergeben feine Gewebe mit geringem Lufteinschluß, sie liegen glatt auf der Haut auf und wirken deshalb kühlend. Trotzdem sind solche feinen Seidengewebe warmhaltend, weil die zwischen Körper und dem feinen, dichten Gewebe vorhandene warme Luft nicht so leicht entweichen kann.
Feuchtigkeitsaufnahme	Seide kann ähnlich wie die Wolle etwa 1/3 ihres Gewichtes an dampfförmiger Feuchtigkeit aufnehmen und speichern, ohne sich feucht anzufühlen. Nässe saugt sie schnell in die Hohlräume im Faserinneren auf.
Hautfreundlichkeit	Wegen ihrer Feinheit und Weichheit ist Seide sehr hautfreundlich und angenehm auf der Haut.

Sonstige wichtige Eigenschaften (vgl. Seite 43, 44, 45)	
Glanz, Feinheit, Griff	Der typische Seidenglanz, die hohe Feinheit und der angenehme Griff entbasteter Haspelseide sind die wichtigsten Seideneigenschaften.
Festigkeit	Die Feinheitsfestigkeit der Seide ist sehr gut.
Dehnung	Die Dehnbarkeit ist sehr gut, sie liegt etwa zwischen 10% und 30% der Ausgangslänge.
Elastizität	Seide hat eine ausgezeichnete Elastizität. Sie knittert deshalb nicht so stark, Knitter erholen sich (Ausnahme: sehr feine, glatte sowie erschwerte Seidengewebe).
Elektrostatische Aufladung	Sie lädt sich kaum elektrostatisch auf, weil sie ständig Feuchtigkeit enthält, die Ladungen ableitet.
Empfindlichkeit	Schweiß, Deosprays und Parfum können Farbtonänderungen hervorrufen und die Seide brüchig machen, deshalb sollte man Armblätter und Futter einnähen.
Seidenschrei	Beim Zusammendrücken der Seide ergibt sich ein Geräusch, das wie Auftreten in frisch gefallenen Schnee klingt.

Veränderungen der Eigenschaften durch Veredlung	
Entbasten	Gewebe und Maschenwaren aus Rohseidengarnen sind durch den Seidenleim hart und spröde. Durch schonendes Abkochen in schwacher Seifenlauge wird der Seidenleim (Bast) entfernt.
Erschweren (Beschweren)	Der beim Entbasten entstandene Massenverlust kann durch Metallsalze oder andere Chemikalien ganz oder teilweise ausgeglichen werden.

Eigenschaften der unterschiedlichen Seidenarten (Zusammenfassung)

Neben den oben genannten Eigenschaften, die im wesentlichen für entbastete Haspelseide gelten, sind die Eigenschaften der Seide von der Raupenart (Maulbeerseide, Wildseide), von der Faserart und ihrer Verarbeitung (Haspelseide, Schappeseide, Bouretteseide) und von der Verarbeitungsstufe (Rohseide, entbastete Seide, erschwerte Seide) abhängig. Die Tabelle gibt eine Übersicht über wesentliche Unterschiede.

Entbastete Maulbeerseide	Erschwerte Maulbeerseide	Wildseide
• knittert wenig • geschmeidig • edler Glanz **Haspelseide:** • glatt, größte Feinheit **Schappeseide:** • fein, glatt, gleichmäßig **Bouretteseide:** • gröber, noppig, ungleichmäßig	• füllig • schwer • steif • knitteranfällig • verminderte Haltbarkeit • stärkerer Glanz Man erkennt bei der Brennprobe, wenn ein Seidenstoff mit Metallsalzen erschwert wurde (vgl. Seite 26).	• grob (dickere Faser, andere Querschnittsform) • wird selten entbastet • harter Griff • schwerer als Maulbeers. • dunklere, matte Farben • mattglänzend • nicht so gleichmäßig • schweißunempfindlicher

Über die genannten Unterschiede hinaus beeinflussen wie bei allen textilen Faserstoffen Warendichte, Bindung und Verarbeitung die Wareneigenschaften.

1.2.6 Tierische Fasern: Seide (4)

Fasererkennung

Mikroskopisches Bild		Brennprobe	Aussehen, Griff	Löslichkeitsprobe
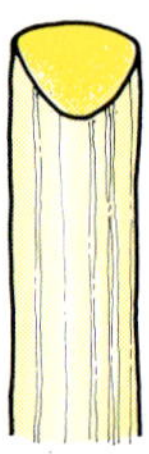 Maulbeerseide entbastet	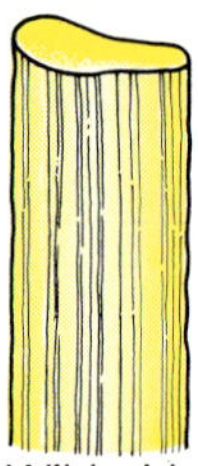 Wildseide entbastet	**Verbrennung:** kleine Flamme, langsam verlöschend **Geruch:** nach verbranntem Horn, Haar **Rückstand:** dunkle, zerreibbare Schlacke, gitterartiges Gerüst bei erschwerter Seide	Entbastete Maulbeerseide ist glänzend, glatt und geschmeidig. Haspelseide: sehr fein Schappeseide: fein Bouretteseide: noppig, grob Erschwerte Seide: glatt, steif Wildseide: unregelmäßig, fest	**Schwefelsäure:** Sie löst und zerstört damit Seide (vergleiche Wolle) **Lithiumhypochlorid** löst ebenfalls Seide auf.

Typische Seidenstoffe

Bourette(seide)	Crêpe Georgette	Duchesse	Satin	Aus Wildseide: Doupionseide
Chiffon	Crêpe Satin	Organza	Taft	Honan(seide)
Crêpe de Chine	Damassé	Pongé	Twill	Shantung(seide)

Fasermischungen (vgl. auch Seite 41)

Seide wird bevorzugt rein verarbeitet. Sie kann, vor allem in Form von Stapelfasern, mit fast allen Bekleidungsfasern gemischt werden. Beliebt sind Mischungen mit Wolle sowie mit feinen (edlen) Tierhaaren.

Einsatzgebiete

Bekleidungstextilien	Accessoires	Heimtextilien	Technische Textilien
Kleider, Blusen, elegante Damenwäsche, Skiunterwäsche, Gesellschaftskleidung	Schals, Tücher, Handschuhe, Krawatten, Hüte, Kunstblumen, Handtaschen, Schirme	Dekorationsstoffe, Tapeten, Teppiche, Lampenschirme, Bettwäsche	Nähzwirne, Knopflochseide, Farbbänder für Schreibmaschinen, Rennfahrradreifen

Pflegeeigenschaften und Pflegekennzeichnung:

Beschränkt waschbar, bügelfähig, nicht bügelfrei, chemisch reinigen ist vorteilhaft

Die Kennzeichnung gilt für Maximalbelastung, Einschränkungen sind durch Flächenaufbau, Veredlung und Verarbeitung möglich.

Waschen	Chloren	Bügeln	Chemischreinigen	Trocknen
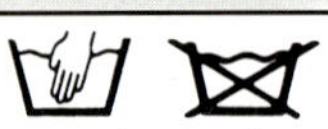 Feinwaschmittel verwenden, nicht reiben, kalt spülen, einen Schuß weißen Essig ins letzte Spülbad.	 Nicht chloren.	 Von links bei 120 °C bis 150 °C bügeln. Nähte nicht durchdrücken. Wasser und Dampf können Flecken verursachen.	 Bunte Artikel und besonders empfindliche Artikel soll man chemisch reinigen lassen.	 Nicht im Wäschetrockner und nicht in der Sonne trocknen.

Textilkennzeichnung

Nach dem Textilkennzeichnungsgesetz dürfen als Seide nur diejenigen Fasern bezeichnet werden, die aus dem Kokon seidenspinnender Insekten (Seidenraupen) gewonnen werden. Wortverbindungen wie „Kunstseide", „Chemieseide" sowie „Seidenjersey" und „Seidendamast" für Baumwollstoffe sind unzulässig.

Seiden-Signet[1]

Das international anerkannte Seiden-Signet ist vom Europäischen Sekretariat für Seide herausgegeben. Es bürgt für reine Seide und gute Qualität.

[1] franz.: Signet = Zeichen

Seide
Silk
Soie
Seta

1: Seiden-Signet

1.3.1 Aufbau textiler Faserstoffe

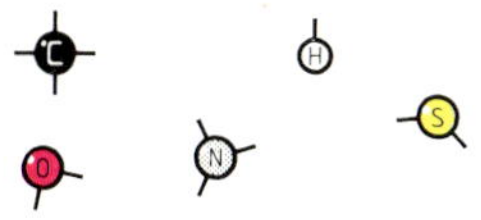

1: Atome verschiedener Elemente

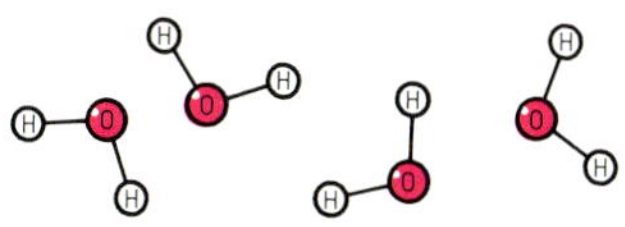

2: Wassermoleküle

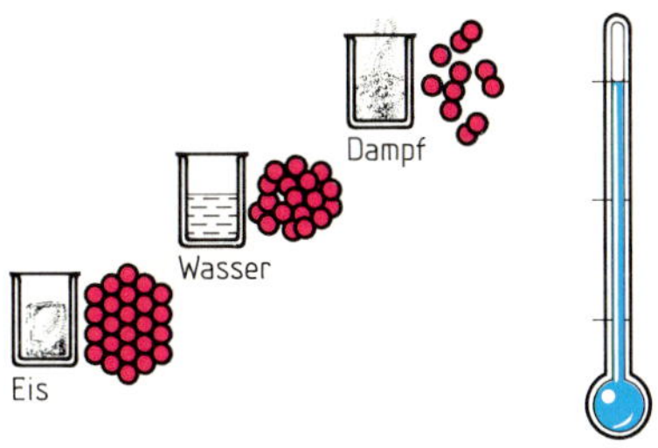

3: Die Aggregatzustände des Wassers

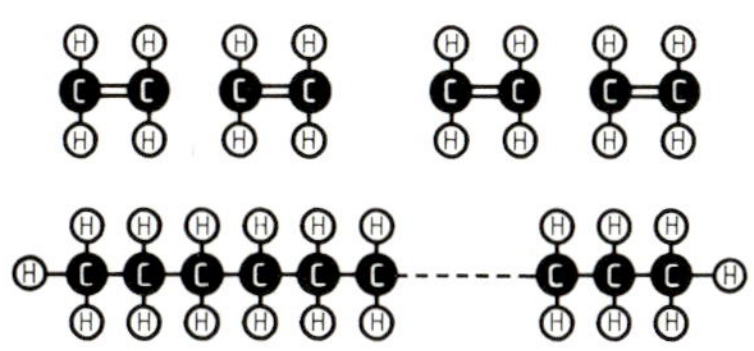

4: Aufbau der Molekülketten aus Kleinmolekülen

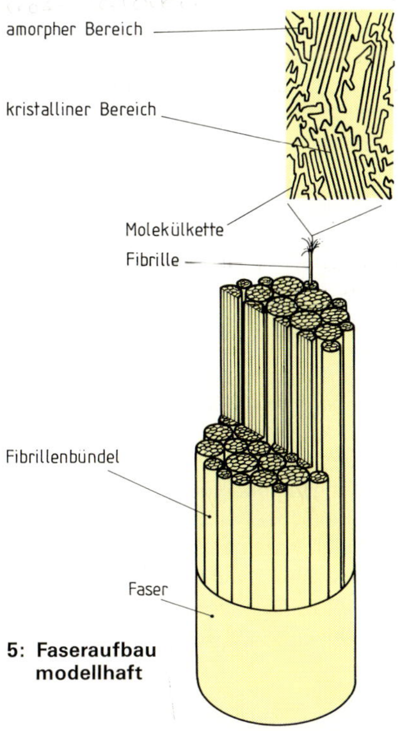

5: Faseraufbau modellhaft

Chemische Grundstoffe — Bausteine aller Stoffe

Aus etwas mehr als 100 chemischen Grundstoffen (Elementen) sind alle Stoffe der Erde aufgebaut (hier ist nicht textiler Stoff, sondern der allgemeine Stoffbegriff gemeint). Die kleinsten Teilchen der Grundstoffe sind **Atome**, die man chemisch nicht mehr in andere Stoffe zerlegen kann. Sie sind die Bausteine chemischer Verbindungen. Für den Aufbau der Faserstoffe wichtige Grundstoffe sind Kohlenstoff (C), Wasserstoff (H), Sauerstoff (O), Stickstoff (N) und Schwefel (S) **(Bild 1)**.

Chemische Verbindungen

Atome verbinden sich zu Molekülen, den kleinsten Teilchen einer chemischen Verbindung. Eine bekannte und wichtige Verbindung ist Wasser (H_2O), dessen **Moleküle** aus zwei Wasserstoffatomen und einem Sauerstoffatom bestehen **(Bild 2)**.

Der Aufbau einer chemischen Verbindung wird **Synthese** genannt.

Die Zerlegung einer chemischen Verbindung nennt man **Analyse**.

Aggregatzustände der Stoffe

Die verschiedenen Zustandsformen der Stoffe nennt man Aggregatzustände **(Bild 3)**.

Fest: z. B. bei Eis, die Moleküle sind in einem Kristallverband geordnet und unbeweglich.

Flüssig: z. B. bei Wasser, die Moleküle halten noch als Flüssigkeit zusammen, sind aber beweglich, amorph (amorph = formlos)

Gasförmig: z. B. bei Wasserdampf, die Moleküle sind einzeln frei beweglich.

Kleinmoleküle und Riesenmoleküle

Nach der Molekülgröße unterscheidet man Kleinmoleküle und Riesen- oder Makromoleküle[1] **(Bild 4)**. Das Gemeinsame aller pflanzlichen und tierischen Fasern sowie der Chemiefasern ist das Prinzip des Aufbaus aus aneinanderliegenden und miteinander verknäuelten Makromolekülen. Weil die Makromoleküle kettenförmig angeordnet sind, nennt man sie auch Kettenmoleküle oder **Polymere**[2].

Textile Faserstoffe sind aus Makromolekülen aufgebaut, die entweder durch natürliches Wachstum oder durch Synthese entstanden sind.

Aufbau und innere Struktur von Fasern

Das Faserinnere **(Bild 5)** wird aus Fibrillenbündeln[3] gebildet. Die einzelnen Fibrillen bestehen aus Makromolekülen (Molekülketten). Bei den Pflanzenfasern bestehen diese Molekülketten überwiegend aus Zellulose, bei den tierischen Fasern bestehen sie vorwiegend aus Eiweiß. Pflanzliche Zellulose ist das Ausgangsmaterial für die Herstellung der zellulosischen Chemiefasern. Bei den synthetischen Chemiefasern werden die Molekülketten aus synthetisch hergestellten Ausgangsstoffen aufgebaut, die vor allem aus Erdöl gewonnen werden. Die verschiedenen Grundsubstanzen, Zellulose, Eiweiß und synthetische Polymere, erlauben eine Einteilung der Faserstoffe nach ihrer Fasersubstanz. Viele Fasereigenschaften gehen auf die gemeinsame Grundsubstanz zurück.

Amorphe und kristalline Bereiche im Faserinneren

Die Kettenmoleküle im Faserinneren bilden amorphe[4] und kristalline[5] Bereiche **(Bild 5)**. Amorphe Bereiche verleihen der Faser Beweglichkeit, während ihr die kristallinen Bereiche Festigkeit geben. In die amorphen Bereiche können kleine Moleküle, z. B. Wasser oder Farbstoffe, eindringen, in die kristallinen Bereiche nicht. Die Art der Molekülketten, ihre Anordnung im Faserinneren und die amorphen und kristallinen Bereiche bestimmen die Eigenschaften eines textilen Faserstoffes.

[1] Makros = groß
[2] Poly = viele, meros = Teilchen
[3] Fibrille = feines Fäserchen
[4] amorph = gestaltlos, ungeordnet
[5] kristallin = geordneter Aufbau

Eis – kristallin
Dampf – amorph
Wasser: dazwischen

1.3.2 Spinnmassen

Das Prinzip der Chemiefaserherstellung läßt sich auf folgende grundsätzliche Arbeitsgänge zurückführen: Ein fester Ausgangsstoff wird gelöst oder geschmolzen, die Spinnmasse wird durch die Spinndüse gepreßt und dann verfestigt.

Spinnmassen für zellulosische Chemiefasern

Für die Herstellung zellulosischer Chemiefasern werden natürliche Polymere verwendet. Ausgangsstoff für ihre Herstellung ist Zellulose, die in Pflanzen vorkommt. Die Natur hat hier bereits Makromoleküle gebildet, die man entweder unverändert beläßt oder chemisch abwandelt. Um die Zellulose verspinnbar zu machen, muß sie chemisch zur Spinnmasse aufgelöst werden. Dies kann durch vier unterschiedliche Verfahren erfolgen:

- **Viskoseverfahren**
- **Kupferoxidammoniakverfahren**
- **Acetatverfahren**
- **Lösemittelverfahren**

Spinnmassen für synthetische Chemiefasern

Die Herstellung der synthetischen Chemiefasern erfolgt in zwei Teilschritten:

1. Synthese von reaktionsfähigen Vorprodukten. Diese bestehen aus einzelnen Kleinmolekülen, die **Monomere**[1] genannt werden. Für ihre Herstellung ist Erdöl der Hauptrohstoff.
2. Verknüpfung tausender Kleinmoleküle zu Makromolekülen (Riesenmolekülen). Weil die Makromoleküle aus vielen Einzelmolekülen (Monomeren) entstanden sind, nennt man sie **Polymere.** Man unterscheidet bei der Polymerbildung von synthetischen Chemiefasern drei verschiedene chemische Reaktionen: Polymerisation, Polyaddition und Polykondensation.

Polymerisation

Bei der Polymerisation verbinden sich gleichartige, reaktionsfähige Monomere zu langkettigen Polymeren. Nach diesem Verfahren werden die Spinnmassen von Polyamid (Nylon 6), Polyacryl, Polyvinylchlorid und Polypropylen hergestellt.

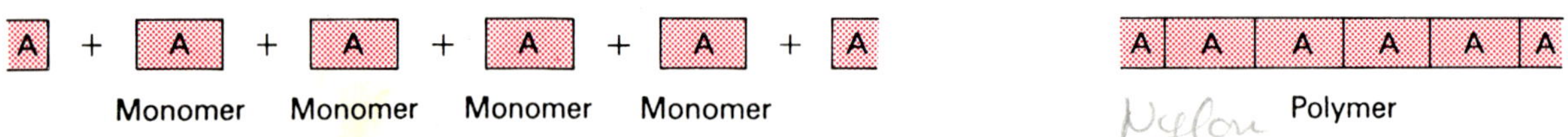

Polykondensation

Bei der Polykondensation verbinden sich verschiedenartige Monomere unter Abspaltung eines Nebenproduktes (meist Wasser) zu Polymeren. Dieses Prinzip wird für die Herstellung der Spinnmassen von Polyester und Polyamid (Nylon 6.6) angewendet.

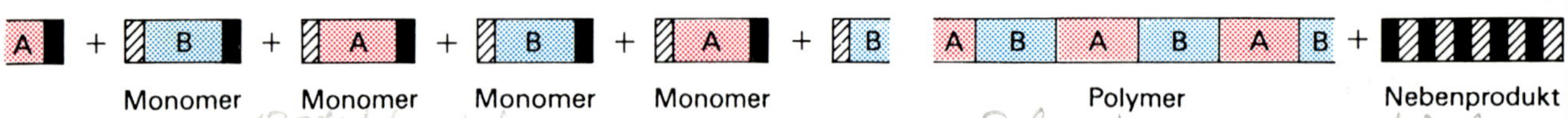

Polyaddition

Bei der Polyaddition verbinden sich zwei verschiedene Arten von Monomeren zu Polymeren. Durch Polyaddition werden die Ausgangsstoffe für Elastanfasern hergestellt.

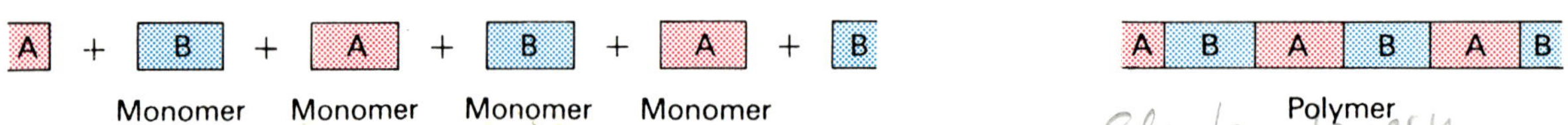

Das Verstrecken

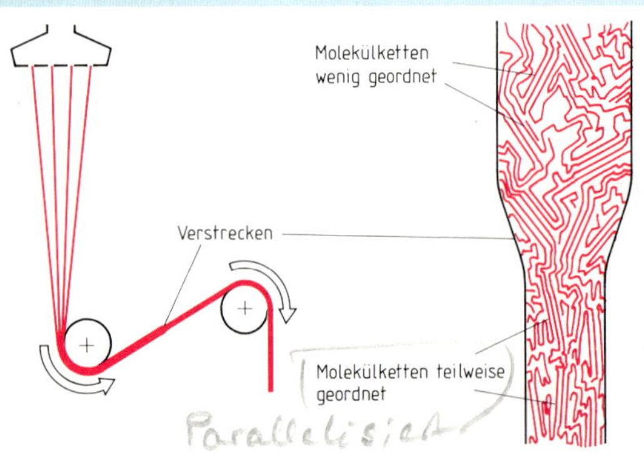

1: Orientierung der Molekülketten beim Verstrecken

Die aus der Düse austretende Spinnmasse verfestigt sich zur Faser. Im Inneren dieser Fasern liegen die Molekülketten noch ungeordnet vor. Durch das Verstrecken werden die Chemiefasern dünner und die Kettenmoleküle, die im Faserinneren noch wirr liegen, werden dabei in Faserlängsrichtung ausgerichtet. Es bilden sich neben den amorphen Bereichen auch kristalline Bereiche sowie Querbrücken zwischen den einzelnen Molekülketten. Die in Längsrichtung ausgerichteten Kettenmoleküle und die Querbrücken geben der Chemiefaser die erforderliche Festigkeit.

Das Verstrecken ist möglich beim Erspinnen und bei einem separaten Arbeitsgang.

[1] Griech.: mono = eins

1.3.3 Erspinnen von Chemiefasern

Verfahren zur Erspinnung von Chemiefasern

Man unterscheidet drei verschiedene Spinnverfahren zur Herstellung von Chemiefasern. Sie haben grundlegende gemeinsame Elemente: den Behälter mit der Spinnmasse, die Spinnpumpe zum Dosieren der Spinnmasse, die Spinndüse, ein Medium, in dem sich die endlosen Fasern (Filamente) bilden und eine Vorrichtung, welche die Filamente abzieht und aufwickelt.

Naßspinnverfahren	Trockenspinnverfahren	Schmelzspinnverfahren
Die Ausgangsstoffe werden durch Lösen zur Spinnmasse verflüssigt		Die Ausgangsstoffe werden geschmolzen

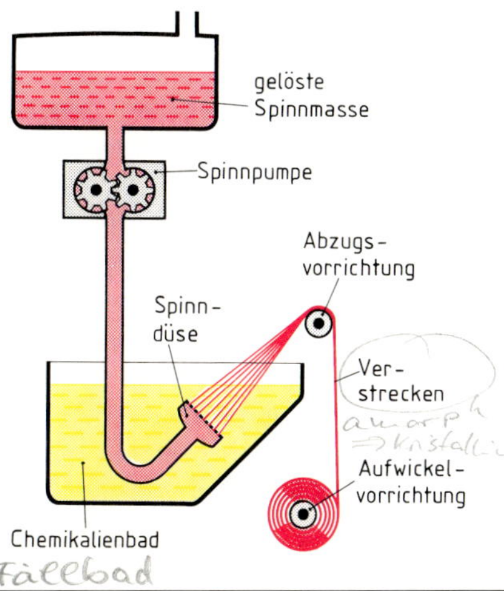

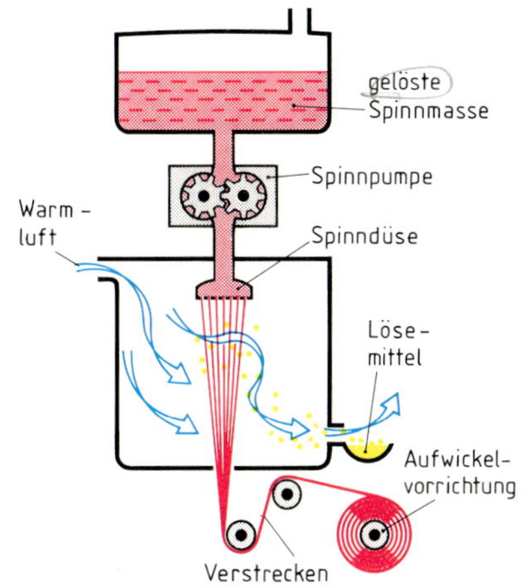

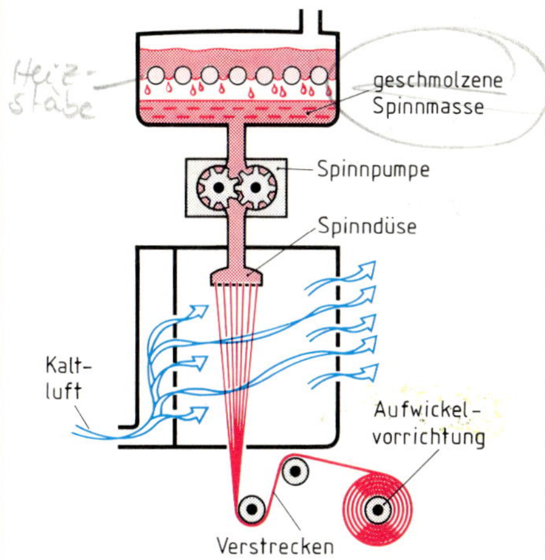

Naßspinnverfahren	Trockenspinnverfahren	Schmelzspinnverfahren
Die Spinnmasse wird in ein Chemikalienbad ausgesponnen. Die Chemikalien neutralisieren das Lösemittel, die Faser verfestigt sich.	Die Spinnmasse wird in einem Warmluftstrom ausgesponnen. Das leicht flüchtige Lösemittel verdampft, die Faser verfestigt sich.	Die Spinnschmelze wird in einem Kaltluftschacht ausgesponnen, kühlt sich ab und die Fasern verfestigen sich.
Faserbeispiele: Viskose, Polyacryl	Faserbeispiele: Polyacryl, Acetat	Faserbeispiele: Polyamid, Polyester

Nach dem Austritt der Filamente aus der Spinndüse und ihrer Verfestigung erfolgt das Verstrecken durch Abziehen mit höherer Geschwindigkeit oder in einem nachgeschalteten Verfahren. Düsenlochgröße und Verstreckung beeinflussen die Faserfeinheit.

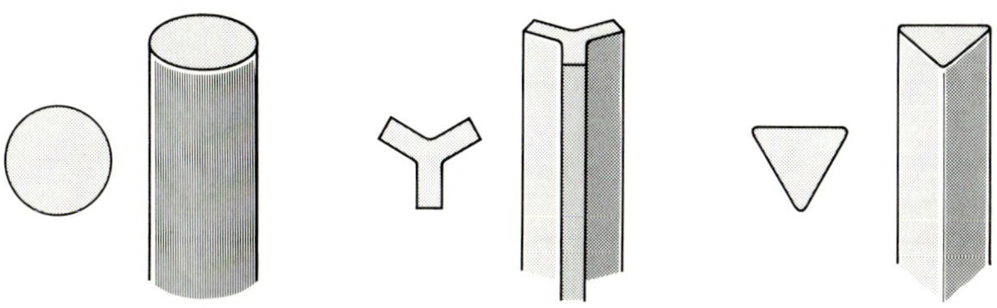

1: Düsenquerschnittsformen und Faserquerschnitte

Die Austrittsöffnungen der Spinndüse können nach Bedarf rund oder in anderen Querschnittsformen hergestellt werden. Dadurch lassen sich die Faserquerschnitte unterschiedlich gestalten.

Je nach Faserquerschnitt und eventuellem Zusatz von Mattierungsmitteln werden der **Glanz** und der **Griff** beeinflußt.

Es ist auch möglich, zwei in ihren Eigenschaften unterschiedliche Polymere in einer Düse zu erspinnen **(Bikomponentenfasern)**.

Bezeichnungen von Fasern aus der Spinndüse

Die „endlos" lang ersponnenen Chemiefasern werden als **Filamente** bezeichnet.
Hat die Spinndüse nur eine Düsenöffnung, entsteht ein **Monofil** (mono = allein, einzeln).
Die Filamente einer Mehrlochdüse zusammen werden als **Multifil** bezeichnet (multi = viele).
Thermoplastische Multifile können **texturiert** (= dauerhaft gekräuselt) werden.

Filamente mehrerer Spinndüsen können zu einem Kabel zusammengefaßt und zu **Stapelfasern** gerissen oder geschnitten werden. Je nach Stapellänge und Kräuselung unterscheidet man z. B. **W-Type** (Woll-Type) und **B-Type** (Baumwoll-Type). Chemiespinnfasern werden allein oder in Mischung mit anderen Chemie- oder Naturfasern zu Spinnfasergarnen zusammengedreht (versponnen).

1.3.4 Chemiefasern aus natürlichen Polymeren: Übersicht [1)]

Chemiefasern aus natürlichen Polymeren werden nach DIN 60 001 eingeteilt in Zellulosische Chemiefasern, Alginatfasern und Gummifasern. **Zellulosische Chemiefasern**, hergestellt aus natürlicher Zellulose, sind davon die einzige Faserstoffgruppe mit wirtschaftlicher Bedeutung. Deshalb wird der Einfachheit halber bei der Gruppe der Chemiefasern aus natürlichen Polymeren nur von ihnen gesprochen. **Alginatfasern**, aus Algen hergestellt, sind nicht beständig und bereits in Seifenlauge löslich. **Gummifasern** stellt man aus Kautschuk (Latex) her, sie sind von den Elastanfasern weitgehend verdrängt worden.

Geschichte der zellulosischen Chemiefasern

1: Werbung für Textilien aus „Kunstseide" (1928)

Der Wunsch, den teuren Faserstoff Seide zu ersetzen, ist schon alt. Vor rund 100 Jahren gelang es Wissenschaftlern und Chemikern, künstlich seidenähnlich aussehende Filamente herzustellen.

1845 wurde die erste lösliche Zelluloseverbindung mit fadenziehenden Eigenschaften, das Zellulosenitrat, entdeckt. Zellulosenitrat läßt sich in einer Mischung aus Alkohol und Äther auflösen. Man erhält so die Spinnmasse für „Nitratseide". 1884 meldete der Franzose Graf Chardonet sein Patent zur Herstellung „künstlicher Seide" an und stellte 1889 in Paris während der Weltausstellung zum erstenmal Garne und Gewebe aus Zellulosenitrat vor. In seiner Fabrik in Besançon begann er 1891 mit der Herstellung von „Nitrat-Kunstseide" und einer Produktion von Chemiefasern für textile Zwecke.

1857 gelang es, Zellulose mit Hilfe von Kupferoxid-Ammoniak zu verflüssigen. 1897 wurde dieses Verfahren so weit vervollkommnet, daß man es zur Faserherstellung nutzen konnte. 1904 begann man in Wuppertal mit der Produktion von „Kupfer-Kunstseide"[2)].

Zwischen 1892 und 1898 wurde in England die Faserherstellung nach dem Viskoseverfahren entwickelt. Man entdeckte, daß Baumwolle, die mit Natronlauge und Schwefelkohlenstoff behandelt wird, eine gelbliche, zähflüssige (viskose) Masse ergibt, die sich in einem Bad zur Faser erspinnen läßt.

1864 gelang es, labormäßig Zelluloseacetat herzustellen, wodurch ein weiterer Weg zur Herstellung von Chemiefasern auf Zellulosebasis vorbereitet wurde. Für die Herstellung von Acetatfasern wurde das Trocken-Spinnverfahren 1904 zum Patent angemeldet.

Die Zeit um 1900 kann man als den Beginn der Chemiefaserindustrie bezeichnen. Die „Kunstseidenstrümpfe", die nach dem ersten Weltkrieg aufkamen, ermöglichten die Mode der kurzen Röcke in den „Goldenen Zwanzigern". Geradezu revolutionierend wirkte sich die „Chemieseide" bei Damenwäsche aus. Geschmeidige, seidigweiche, farbige und hochelastische Charmeusewaren schufen einen neuen Wäschestil. Während ursprünglich die zellulosischen Chemiefasern nur als „Chemieseide" (Filamente) hergestellt wurden, kam in den zwanziger Jahren als deutsche Entwicklung die „Zellwolle"[3)], die Viskosespinnfaser, hinzu. Durch die Weiterentwicklung des Viskoseverfahrens ist es möglich, Fasern herzustellen, die in ihren Eigenschaften mit der Baumwolle fast vergleichbar sind. In jüngster Zeit wurde ein umweltfreundliches Lösemittelverfahren für Zellulose entwickelt.

Einteilung der zellulosischen Chemiefasern

Die zellulosischen Chemiefasern lassen sich nach Lösungsverfahren, die heute für den Ausgangsstoff Zellulose angewendet werden, einteilen:

Zellulosische Chemiefasern

Herstellung nach dem **Viskoseverfahren**	Herstellung nach dem **Kupferoxid-Ammoniak-Verfahren**	Herstellung nach dem **Acetatverfahren**	Herstellung nach dem **Lösemittelverfahren**
Viskose, Modal	**Cupro**	**Acetat, Triacetat**	**Lyocell**
100% Cellulose	Cupresa, Bemberg ("seide") Cupro	(2/3 Viskose (1/2) 1/3 Essigsäure (1/2))	100% Zellulose (wie Viscose)

Bedeutung der zellulosischen Chemiefasern

Seit der Erfindung der zellulosischen Chemiefasern war ihr Anteil am Faseraufkommen nie sehr hoch. 1995 lag die Weltproduktion bei etwa 3 Millionen Tonnen, das waren 7% vom Weltverbrauch aller Fasern.

Unter den zellulosischen Chemiefasern hat Viskose die größte Bedeutung.

1) Das internationale Chemiefasersignet steht für die Produkte der in der Industrievereinigung Chemiefaser e.V., zusammengeschlossenen Chemiefaserhersteller.
2) Kunstseide, Reyon = frühere Bezeichnung für Filamente aus zellulosischen Chemiefasern
3) Zellwolle = frühere Bezeichnung für Viskosespinnfasern

1.3.5 Chemiefasern aus natürlichen Polymeren: Viskose, Modal (1)

Viskose, Modal

Kurzzeichen: Viskose CV, Modal CMD

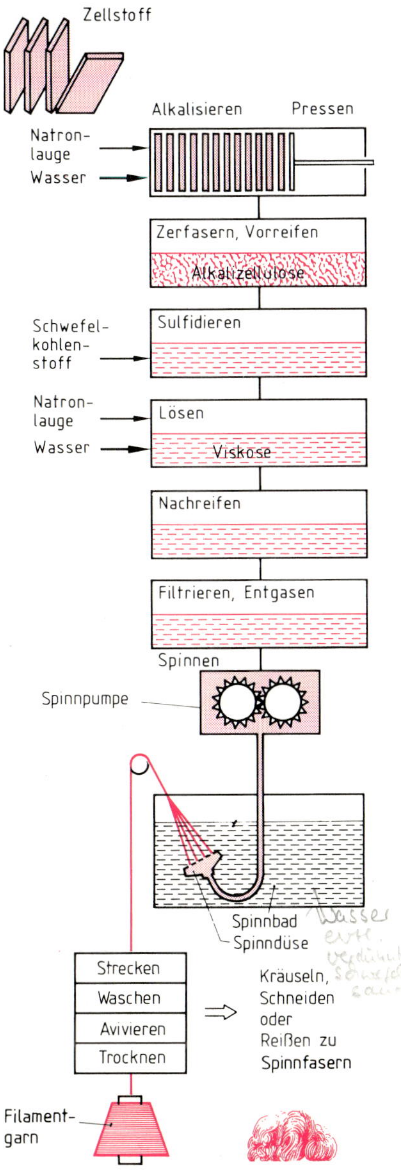

1: Herstellungsschema für das klassische Viskoseverfahren

Herstellung

Den Rohstoff für Viskose liefert Eukalyptus-, Pinien- und Buchenholz, welches entrindet und in streichholzlange Stücke zerkleinert wird. Harze und andere Fremdstoffe werden in einem aufwendigen Prozeß ausgekocht. Gereinigt und gebleicht, wird die Zellulose zu festen Zellstoffplatten gepreßt.

Für die Faserherstellung muß der Zellstoff wieder verflüssigt werden. Nach dem rund 100 Jahre alten Viskoseverfahren **(Bild 1)** werden dazu die Zellstoffplatten in Natronlauge getränkt. Diese dringt in das Innere des Molekülverbandes und lockert sein Gefüge. Nach dem Abpressen wird die nun entstandene Alkalizellulose zu Flocken zerfasert. In der anschließenden Vorreife werden die langen Zellulosemolekülketten verkürzt, damit die Masse später verspinnbar ist. Die Alkalizellulose wird durch Einwirkung von Schwefelkohlenstoff (Sulfidieren) laugenlöslich. Unter Zusatz verdünnter Natronlauge entsteht dann die Spinnlösung, die Viskose, die wie flüssiger Honig aussieht. Der Spinnlösung können je nach Wunsch Mattierungsmittel oder Farbstoffe zugesetzt werden. Dann wird entlüftet und filtriert und die so vorbereitete Spinnmasse durch die feinen Spinndüsen in das Spinnbad gepreßt. Die Zellulose erstarrt im Spinnbad zu Filamenten, die verstreckt und als Filamentgarn zusammengefaßt und auf Spulen aufgewickelt werden. Um alle produktionsbedingten Begleitstoffe zu entfernen, wird abschließend gründlich gewaschen, aviviert (durch Ölen geschmeidig gemacht) und getrocknet. Durch Schneiden der Filamente auf eine bestimmte Stapellänge erhält man Spinnfasern.

Faseraufbau

Viskose: Die beim Viskoseverfahren zur Spinnmasse gelöste Zellulose erfährt chemisch nahezu keine Veränderung. Sie liegt nach der Verfestigung zur Faser wiederum als Zellulose vor **(Bild 3)**. Man bezeichnet die Fasersubstanz als **regenerierte** (erneuerte) **Zellulose**. Damit ist die Viskose in ihrer chemischen Zusammensetzung mit der Baumwolle vergleichbar. Allerdings sind die Zellulose-Molekülketten im Faserinneren kürzer als bei Baumwolle, was eine wichtige Ursache für die geringere Festigkeit gegenüber Baumwolle ist.

Modal wird nach dem gleichen Prinzip wie Viskose hergestellt. Die Spinnbedingungen sind jedoch verändert und das Spinnbad enthält weitere Zusätze an Chemikalien (modifiziertes Viskoseverfahren). Dadurch werden die Länge der Zellulose-Molekülketten und ihre Lage im Faserinneren, die amorphen und die kristallinen Bereiche, beeinflußt. Man erreicht dadurch vor allem eine höhere Festigkeit im trockenen und im nassen Zustand und dadurch verbesserte Gebrauchseigenschaften.

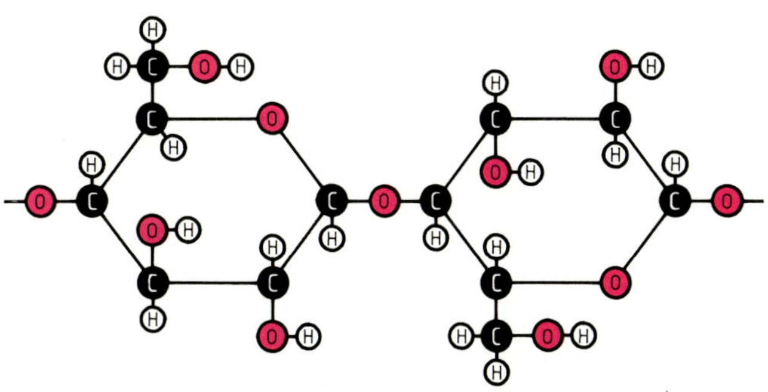

2: Ausschnitt aus einer Zellulosemolekülkette

Bekleidungsphysiologische Eigenschaften (vgl. Seite 128, 129)	
Wärmeisolation	Viskosefilamentgarne werden zu glatten textilen Flächen mit geringem Lufteinschluss (geringem Porenvolumen) verarbeitet. Spinnfasergarne aus Viskose oder Modal erlauben Flächenkonstruktionen mit mehr oder weniger Porenvolumen und dadurch beeinflußbarer Isolation.
Feuchtigkeitsaufnahme	Viskose und Modal haben eine sehr gute Feuchtigkeitsaufnahme. Bei Normalklima nehmen sie 11% bis 14% dampfförmige Feuchtigkeit auf. Aufgrund des hohen Quellvermögens können sie absolut 80…120% Wasser speichern. Sie sind saugfähiger als Baumwolle.
Hautfreundlichkeit	Viskose- und Modalfasern sind fein und weich, deshalb angenehm auf der Haut zu tragen.

1.3.5 Chemiefasern aus natürlichen Polymeren: Viskose, Modal (2); Lyocell

Sonstige wichtige Eigenschaften (vgl. Seite 43, 44, 45)

Festigkeit	Viskose hat eine deutlich geringere Trockenfestigkeit als Baumwolle. Die Naßfestigkeit von Viskose ist gering, sie liegt bei 40 bis 70% der Trockenfestigkeit.
Dehnbarkeit	Die Höchstzugkraftdehnung ist mit 15 bis 30% mehr als doppelt so hoch wie bei Baumwolle.
Elastizität	Wie alle Fasern aus Zellulose haben Viskose und Modal geringe Elastizität und knittern deshalb.
Elektrostatische Aufladung	Sie ist sehr gering, weil die Faser ständig Feuchtigkeit enthält.
Feinheit, Griff	Je nach Faserfeinheit und Flächenkonstruktion sind die Stoffe fein und weich bis steif.
Färbbarkeit	Stoffe aus Viskose und Modal lassen sich sehr gut färben und bedrucken. Farben wirken sehr brillant.
Glanz	Je nach Faserquerschnitt und Zusatz von Mattierungsmittel sind die Fasern seidig glänzend bis matt.

Veränderungen der Eigenschaften durch Veredlung

Knitterarm-/ Pflegeleicht-ausrüstung	Bei Naßbehandlung quillt die Viskosefaser, sie geht in die Breite und verkürzt sich in der Länge, sie krumpft. Um sie einlaufsicherer zu machen, wird sie mit Kunstharz veredelt. Dadurch wird sie krumpfecht und ist weniger knitteranfällig, jedoch wird ihre Feuchtigkeitsaufnahme vermindert. Modalfasern haben einen geringeren Naßschrumpf als Viskosefasern, deshalb sind Stoffe aus Modalfasern auch ohne Veredlung formbeständiger.

Einsatzgebiete

Viskosefilamente werden zur Herstellung von glänzenden Stoffen, für Glanzeffekte in Geweben und Maschenwaren und für Kreppgewebe verwendet. Mehr als die Hälfte aller Futterstoffe bestehen aus Viskose. Weitere Einsatzgebiete sind Blusen-, Hemden-, Kleider- und Dekostoffe, Damenwäsche, Bänder und Posamenten.

Viskosespinnfasern werden bevorzugt mit anderen Fasern gemischt, weil sie eine hohe Saugfähigkeit haben und glänzend sein können. Es lassen sich Stoffe mit Woll-, Baumwoll- und Leinencharakter herstellen.

Modal wird fast ausschließlich zu Spinnfasern verarbeitet. Diese werden wegen ihrer guten Saugfähigkeit, Festigkeit und Gleichmäßigkeit vor allem mit Baumwolle oder Polyester gemischt. Diese Mischungen verwendet man für Wäsche und Oberbekleidung.

Fasererkennung

Mikroskopisches Bild: Querschnitt meist zahnradförmig, abhängig von der Düsenform.

Brennprobe: Verbrennung: rasch, hell, nachglühend. Geruch: nach verbranntem Papier. Rückstand: helle Flugasche.

Naßreißprobe: Der an einer Stelle angenäßte Faden reißt an der nassen Stelle (vergleiche Baumwolle).

Löslichkeitsprobe: Schwefelsäure löst Viskose und Modal.

Pflegeeigenschaften und -kennzeichnung

Viskose und Modal sind waschbar, gut bügelfähig, nicht bügelfrei.

Die Kennzeichnung gilt für Maximalbelastung, Einschränkungen sind durch Flächenaufbau, Veredlung und Verarbeitung möglich.

Waschen Viskose	Waschen Modal	Chloren	Bügeln	Chemischreinigen	Trocknen Viskose	Trocknen Modal
40	60			P		

Textilkennzeichnung

Die Bezeichnung **Viskose** wird für regenerierte Zellulosefasern, die nach dem Viskoseverfahren hergestellt sind, verwendet. Mit **Modal** bezeichnet man regenerierte Zellulosefasern mit definiert hoher Reißkraft im nassen Zustand. Markennamen sind z.B.: Enka-Viskose®, Lenzing Viskose®, Danufil®.

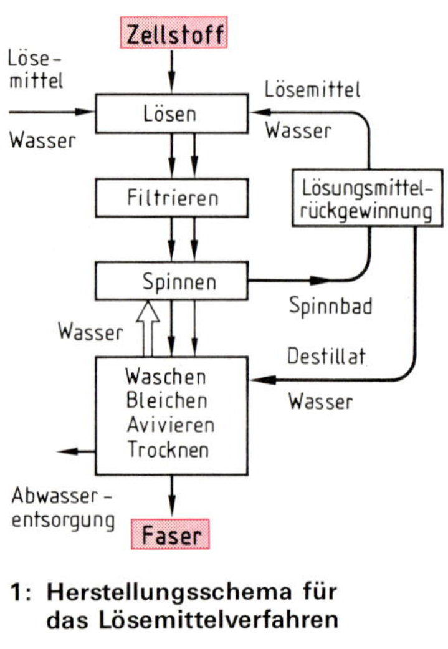

1: Herstellungsschema für das Lösemittelverfahren

Lyocell   Kurzzeichen: CLY

In jüngster Zeit wurde ein neues Verfahren zur Viskoseherstellung entwickelt. Dabei wird ein Aminoxid als Lösemittel verwendet, welches zusammen mit Wasser in einem Arbeitsgang den Zellstoff zur Spinnmasse löst **(Bild 1)**. Neben dem Vorteil eines einfachen, kurzen Verfahrens ist dieser Herstellungsprozeß auch **umweltfreundlicher** als das klassische Viskoseverfahren. Der Gattungsname dieser neuen Zellulosefaser ist **Lyocell**.

Die besonderen **Fasereigenschaften** sind die hohe Festigkeit bei vergleichsweise geringer Dehnung. Die Trockenfestigkeit liegt bei 32...38 cN/tex, die Naßfestigkeit bei 26...36 cN/tex, die Dehnung bei 10...16%; die Elastizität ist wie bei allen Zellulosefasern gering (vgl. Tabelle Seite 45). Die Feuchtigkeitsaufnahme ist geringer als bei Viskose, aber höher als bei Baumwolle.

Die **Einsatzgebiete** sind ähnlich wie bei Modal.

Markennamen sind z.B. Tencel®, Lenzing Lyocell® und NewCell®.

1.3.6 Chemiefasern aus natürlichen Polymeren: Cupro, Acetat, Triacetat

Cupro

Kurzzeichen: CUP

Herstellung und Faseraufbau

Kupferoxid und andere Kupferverbindungen lösen sich in wäßrigem Ammoniak zu einer blauen Flüssigkeit. Darin kann Zellulose aufgelöst werden. Durch starkes Verdünnen fällt diese wieder aus (verfestigt sich). Das Verfahren zur Herstellung der Spinnmasse bezeichnet man als Kupferoxid-Ammoniak-Verfahren, das Spinnverfahren heißt Naßstreckspinnverfahren. Aus Kosten- und Umweltschutzgründen wird das Verfahren in der Bundesrepublik Deutschland nicht mehr angewendet, Cuprofasern werden heute nur noch importiert. Die Fasersubstanz von Cupro ist regenerierte (erneuerte) Zellulose.

Eigenschaften, Einsatzgebiete, Erkennung

Da Cupro aus Zellulosemolekülketten aufgebaut ist, sind wesentliche Fasereigenschaften mit denen von Viskose vergleichbar. Besonders geschätzt wird bei Cupro der angenehm weiche Griff und die gute Saugfähigkeit.
Die Faser hat eine geringe Bedeutung. Cuprofilamente werden vor allem zu Futterstoffen verarbeitet.
Waschseiden charakter

Pflegeeigenschaften und -kennzeichnung

Cupro ist waschbar, bügelfähig, nicht bügelfrei.

Die Kennzeichnung gilt für Maximalbelastung, Einschränkungen sind durch Flächenaufbau, Veredlung und Verarbeitung möglich.

Waschen	Chloren	Bügeln	Chemischreinigen	Trocknen

Textilkennzeichnung

Die Bezeichnung **Cupro** wird für regenerierte Zellulosefasern, die nach dem Kupferoxid-Ammoniak-Verfahren hergestellt sind, verwendet.

Acetat, Triacetat

Kurzzeichen: Acetat CA, Triacetat CTA

Herstellung und Faseraufbau

Acetat: Zelluloseacetat, eine chemische Verbindung von Zellulose mit Essigsäure, ist eine trockene, körnige Substanz, die in Aceton zur Spinnmasse gelöst und im Trockenspinnverfahren ersponnen werden kann. Zelluloseacetat hat andere Eigenschaften als Viskose, Modal und Cupro. Dies äußert sich unter anderem in der Brenn- und in der Löslichkeitsprobe.

Triacetat: Bei der Herstellung der Spinnmasse wird das körnige Zelluloseacetat nicht in Aceton, sondern in Dichlormethan aufgelöst. Dadurch ergeben sich in den Fasereigenschaften Unterschiede gegenüber Acetat.

Man bezeichnet die Fasersubstanzen von Acetat und Triacetat als **Zellulosederivate** (Abkömmlinge der Zellulose), weil die Zellulose mit Essigsäure eine chemische Verbindung eingegangen ist.

Eigenschaften, Einsatzgebiete

Acetat besitzt einen edlen, mattschimmernden Glanz, fülligen Griff und eleganten Fall. Es ist der Naturseide am ähnlichsten. Die Elastizität und die Formbeständigkeit von Acetat sind größer als bei Viskose. Acetat ist thermoplastisch, jedoch empfindlich gegen trockene Hitze. Durch die geringe Wasseraufnahme trocknen die Fasern rasch, laden sich dadurch aber leichter elektrostatisch auf.

Triacetat hat eine höhere Temperaturbeständigkeit als Acetat, es nimmt weniger Feuchtigkeit auf. Wie Acetat ist es thermoplastisch, man kann es texturieren, Plissees und Bügelfalten lassen sich fixieren. Die übrigen Eigenschaften von Triacetat sind vergleichbar mit den Eigenschaften von Acetat.

Acetat und Triacetat werden als Filamente und Spinnfasern hergestellt, die man zu Kleider-, Blusen- und Futterstoffen verarbeitet.

Fasererkennung

Löslichkeitsprobe: Zelluloseacetate sind in Aceton, Essig- und Ameisensäure, sowie in Dichlormethan löslich. Neben der Empfindlichkeit gegen Säuren sind sie auch laugenempfindlich.

Brennprobe: Acetate schmelzen in der Flamme, sie brennen rasch mit säuerlichem Geruch. Der Rückstand ist schwarz und hart.

Pflegeeigenschaften und -kennzeichnung

Acetat ist beschränkt waschbar, bügelempfindlich, nicht bügelfrei.
Triacetat ist waschbar, bügelfähig, weitgehend bügelfrei.

Die Kennzeichnung gilt für Maximalbelastung, Einschränkungen sind durch Flächenaufbau, Veredlung und Verarbeitung möglich.

Waschen Acetat	Waschen Triacetat	Chloren	Bügeln Acetat	Bügeln Triacetat	Chemischreinigen	Trocknen
				 ohne Dampf		

Textilkennzeichnung

Nach dem Textilkennzeichnungsgesetz werden die Bezeichnungen **Acetat** und **Triacetat** für Fasern verwendet, die aus Zelluloseacetat hergestellt sind.

Beispiele für Markennamen sind:
Arnel® (Acetat), Tricel® (Triacetat).

1.3.7 Chemiefasern aus synthetischen Polymeren: Übersicht

Geschichte der synthetischen Chemiefasern

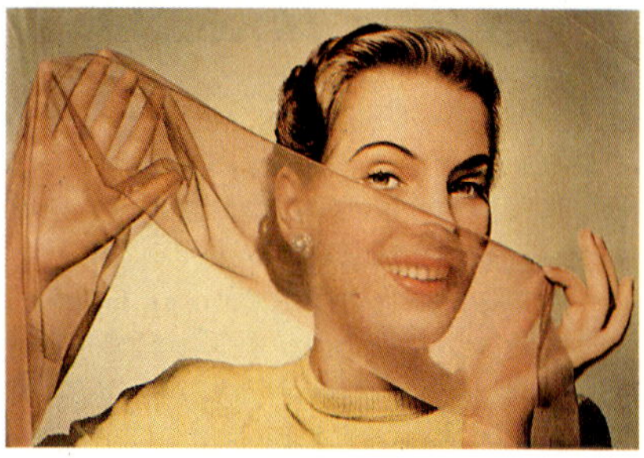

1: Hauchdünner Damenstrumpf aus Nylon (1952)

1925 erkannte der deutsche Chemiker Professor Staudinger, daß textile Faserstoffe aus vielen Kleinmolekülen bestehen, die zu Makromolekülen (Riesenmolekülen) zusammengebaut sind. Bei den Naturfaserstoffen ist dieses System der Großmoleküle von Natur aus vorhanden. Durch Staudingers Entdeckung konnte man gezielt versuchen, Molekülketten synthetisch herzustellen.

Zwischen 1931 und 1941 wurden Polyvinylchlorid, Polyacrylnitril, Polyamid und Polyurethan entwickelt. 1941 wurde das Patent zur Herstellung von Polyester, dem heute wichtigsten synthetischen Faserstoff, angemeldet. Sichtbares Zeichen für den wirtschaftlichen Durchbruch der synthetischen Chemiefasern war Anfang der 50er Jahre der weltweite Siegeszug des Nylonstrumpfes. Bis dahin hatte vor allem die feine Gesellschaft Strümpfe aus Naturseide und „Kunstseide" getragen. Einige Jahre später kam das gewirkte, pflegeleichte Nylonhemd auf den Markt. Lycra, die erste Elastanfaser, wurde 1959, von USA kommend, in den Markt eingeführt. Im Bekleidungssektor (Deutschland) haben Chemiefasern heute einen Anteil von über 50%.

Die zellulosischen Chemiefasern bezeichnet man als Chemiefasern der ersten Generation. Die synthetischen Chemiefasern werden Chemiefasern der zweiten Generation genannt. Neue Faserentwicklungen der letzten 20 bis 25 Jahre, die Aramid-, Kohlenstoff- und Silicatfasern, werden als Chemiefasern der dritten Generation bezeichnet.

Einteilung der synthetischen Chemiefasern

Entsprechend der Entstehung der Makromoleküle aus Kleinmolekülen lassen sich die synthetischen Chemiefasern in Fasern, die aus Polymerisationsprodukten, Polykondensationsprodukten und Polyadditionsprodukten entstehen, einteilen.

Synthetische Chemiefasern

- *(handschriftlich: unters. Monomere)* **Polykondensatfasern**
  - Polyamid (Polyamid 6.6) *(handschriftlich: Nylon*)*
  - Polyester
- *(handschriftlich: gleiche Monomere)* **Polymerisatfasern**
  - Polyamid (Polyamid 6) *(handschriftlich: Nylon**)*
  - Polyacryl
  - Polyolefin
  - Polychlorid
  - Polyvinylalkohol
  - Fluoro
- *(handschriftlich: unterschiedl.)* **Polyadditionsfasern**
  - Elasto

*(handschriftlich: * 12 Kohlenstoffatome (erhöhte Reißfestigkeit); ** 6 Kohlenstoffatome)*

Bedeutung der synthetischen Chemiefasern

1995 betrug der Weltverbrauch von Natur- und Chemiefasern rund 43 Millionen Tonnen. Davon waren 19 Millionen Tonnen synthetische Chemiefasern und 3 Millionen Tonnen zellulosische Chemiefasern.

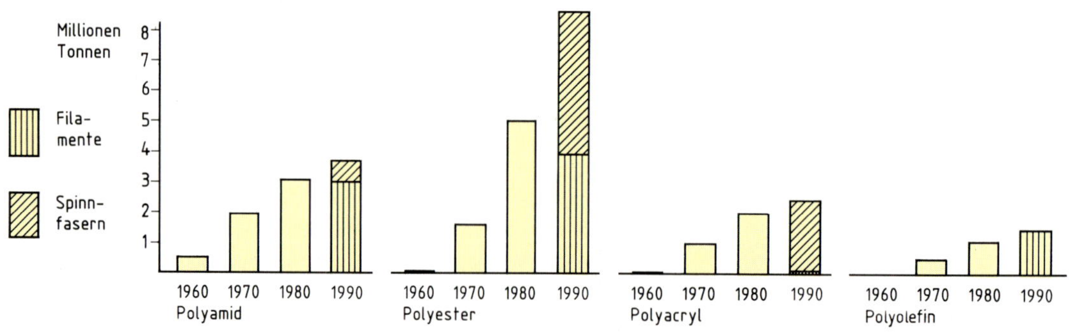

2: Entwicklung der Weltproduktion synthetischer Chemiefasern in Millionen Tonnen

1.3.8 Chemiefasern aus synthetischen Polymeren: Polyacryl, Modacryl

Polyacryl, Modacryl

Kurzzeichen: Polyacryl PAN, Modacryl MAC

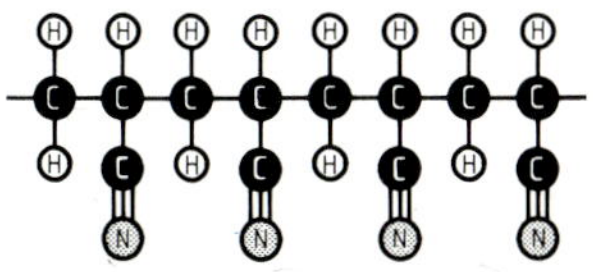

1: Ausschnitte aus einem Polyacrylmakromolekül

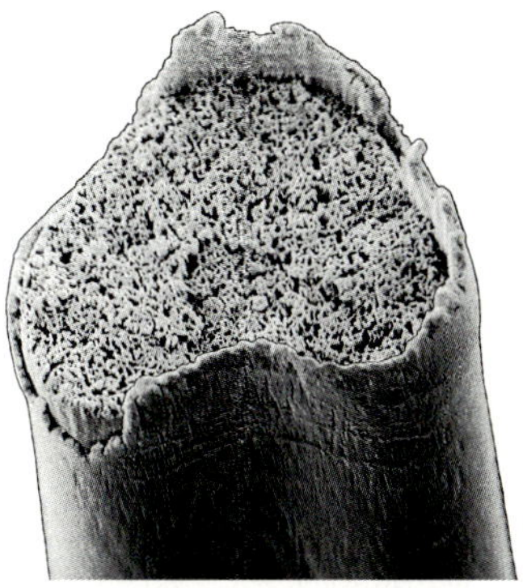

2: Aufbau der porösen Polyacrylfaser

3: Wärmende Kleidung aus Polyacryl

Herstellung

Das aus Propylen und Ammoniak gewonnene Acrylnitril polymerisiert zu pulverförmigem Polyacrylnitril. Es wird in Dimethylformamid oder Dimethylacetamid aufgelöst und im Naß- oder Trockenspinnverfahren zu Polyacrylfasern ersponnen. Acrylnitril kann auch direkt im Lösungsmittel polymerisiert und dann versponnen werden.

Faseraufbau

Polyacryl-Molekülketten sind aus CH_2-CHCN Monomeren aufgebaut **(Bild 1)**. Im wesentlichen lassen sich drei Fasertypen unterscheiden: Normale Polyacrylfasern, die schwer entflammbaren Modacrylfasern (modifizierte=veränderte Polyacrylfasern) und die poröse Acrylfaser Dunova® **(Bild 2)**.

Eigenschaften (vgl. S. 43, 44, 45)

Aus Polyacryl werden fast ausschließlich Spinnfasern hergestellt. Diese weisen einen wollähnlichen Griff, niedrige Dichte, gute Licht- und Chemikalienbeständigkeit auf. Sie sind wie alle synthetischen Chemiefasern pflegeleicht (allerdings in feuchter Wärme leicht deformierbar) und thermofixierbar.

Aus Polyacrylspinnfasern lassen sich füllige Garne herstellen, die besonders weich und warmhaltend sind und einen wollähnlichen Charakter aufweisen **(Bild 3)**. Ihr starker Hitzeschrumpf kann dazu ausgenutzt werden, schrumpfende mit nichtschrumpfenden Fasern zu verspinnen. Bei einer Wärmebehandlung schrumpft dann der eine Faseranteil und bauscht das Garn auf. Infolge der niedrigen Dichte sind die Garne besonders leicht.

Einsatzgebiete

Polyacryl wird zum größten Teil als Spinnfasern verarbeitet. Diese werden rein, aber auch in Mischungen, vor allem mit Wolle, zu Maschenwaren, Oberbekleidungsstoffen, Decken, Pelzimitationen, Deko- und Möbelbezugsstoffen, Bodenbelägen und Markisen verarbeitet.

Modacrylfasern sind veränderte, abgewandelte Acrylfasern. Sie haben unter anderem flammhemmende Eigenschaften. Einsatzgebiete sind Schutzbekleidung und Dekostoffe.

Poröse Acrylfasern haben eingebaute Hohlräume, in denen sie Feuchtigkeit speichern können. Aus ihnen wird vor allem saugfähige und wärmende Unterwäsche hergestellt.

Fasererkennung

Brennprobe:
Polyacryl schrumpft in der Flamme, schmilzt (schmort), brennt, tropft und rußt stark. Der Geruch ist stechend, der Rückstand unzerreibbar, hart.

Löslichkeitsprobe:
Dimethylformamid, Dimethylacetamid und Salpetersäure lösen Polyacryl.

Pflegeeigenschaften und -kennzeichnung

Polyacryltextilien sind pflegeleicht, d.h., waschbar in der Waschmaschine, schnell trocknend, weitgehend bügelfrei (sie sind hitzeempfindlich).

Die Kennzeichnung gilt für Maximalbelastung, Einschränkungen sind durch Flächenaufbau, Veredlung und Verarbeitung möglich.

Waschen	Chloren	Bügeln	Chemischreinigen	Trocknen
40		ohne Dampf	P	

Textilkennzeichnung

Nach dem Textilkennzeichnungsgesetz werden Fasern, die aus mindestens 85% Acrylnitril aufgebaut sind, als **Polyacryl** bezeichnet. Auf Etiketten muß der Gattungsname Polyacryl verwendet werden. Zusätzlich dürfen Markennamen angegeben sein, z.B. Dolan®, Dralon®, Dunova®, Wolpryla®. Bei **Modacryl** muß der Anteil Acrylnitril mehr als 50% und weniger als 85% Acrylnitril betragen.

1.3.9 Chemiefasern aus synthetischen Polymeren: Polyamid (1)

Polyamid Kurzzeichen: PA

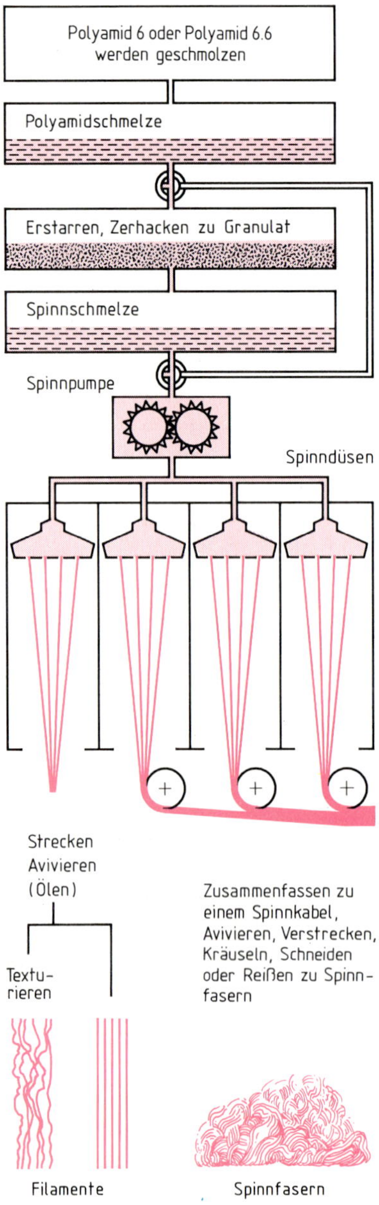

1: Herstellungsverfahren für Polyamid

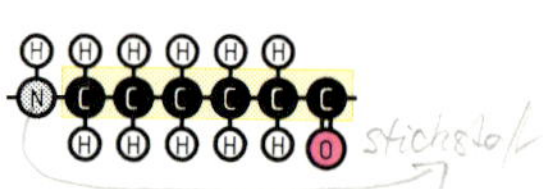

2: Ausschnitt aus dem Makromolekül von Polyamid 6

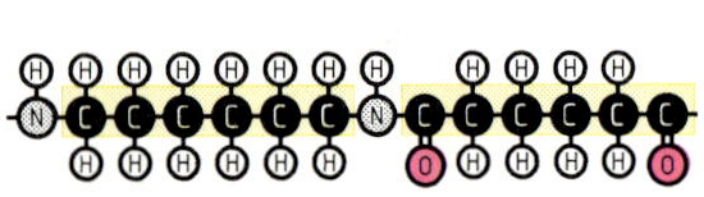

3: Ausschnitt aus dem Makromolekül von Polyamid 6.6

Herstellung

Die wichtigsten Polyamide sind Polyamid 6 und Polyamid 6.6. Polyamid 6 entsteht durch die **Polymerisation** von Caprolactam (aus bestimmten Aminosäuren entstehendes Amid) zu Polycaprolactam, dem Polyamid 6. Polyamid 6.6 entsteht durch Reaktion von Diaminen mit Dicarbonsäuren zum AH-Salz (adipinsaures Hexamethylendiamin, „Nylonsalz“) und anschließender **Polykondensation** des AH-Salzes zum Poly-AH-Salz, dem Polyamid 6.6.

Polyamid 6 oder Polyamid 6.6 werden geschmolzen. Die Schmelze wird entweder direkt durch die Spinndüse gepreßt oder zu Polyamidgranulat verarbeitet, um später zur Spinnmasse geschmolzen zu werden. Nach dem Austritt der Spinnmasse aus der Spinndüse erfolgt die Abkühlung im Kaltluftstrom und eine Verstreckung auf die drei- bis vierfache Länge **(Bild 1)**.

Faseraufbau

Polyamide sind makromolekulare Verbindungen, in deren Kohlenwasserstoffketten regelmäßig Amidgruppen (-CO-NH-) eingebaut sind. Die verschiedenen Polyamid-Typen werden durch die Anzahl der in den Kleinmolekülen der Ausgangsstoffe enthaltenen Kohlenstoffatome gekennzeichnet. Polyamid 6 weist 6 C-Atome auf **(Bild 2)**, Polyamid 6.6 enthält zweimal 6 C-Atome **(Bild 3)**.

Arten

Polyamid 6 und Polyamid 6.6 werden für Bekleidungs-, Heim- und technische Textilien eingesetzt. Besondere Polyamidfasertypen gibt es für spezielle Einsatzgebiete, z. B. hochgekräuselte, antistatische, hochglänzende Polyamidfasern. In den letzten Jahren kam eine weitere Gruppe, vor allem für den Einsatz in technischen Textilien, auf den Markt: die **Aramide**. Das sind aromatische Polyamide, das heißt, in den Molekülketten sind Aromate durch Amidgruppen zu Kettenmolekülen verbunden. Dieser Faseraufbau mit weitgehend gestreckten Molekülketten und vielen kristallinen Bereichen bewirkt eine höhere Festigkeit und Temperaturbeständigkeit.

Bekleidungsphysiologische Eigenschaften (vgl. Seite 128, 129)	
Wärmeisolation	Die Wärmeisolation richtet sich danach, ob Polyamide als glatte Filamente, texturierte Filamente oder als Spinnfasern verarbeitet werden. Glatte Filamente schließen kaum Luft ein, sie isolieren sehr wenig. Durch das Texturieren entsteht Porenvolumen, das heißt isolierende Luft wird eingeschlossen. Spinnfasern können zu feinen, glatten, aber auch zu voluminösen Garnen verarbeitet werden.
Feuchtigkeitsaufnahme	Polyamid hat eine geringe Feuchtigkeitsaufnahme. Sie liegt bei etwa 3,5 bis 4,5%. Durch Texturieren entstehen im Garn Hohlräume (Kapillaren), Feuchtigkeit wird dann durch die Kapillarwirkung gut transportiert.
Hautfreundlichkeit	Für Bekleidungstextilien werden überwiegend feine, weiche Polyamidfasern verwendet.

1.3.9 Chemiefasern aus synthetischen Polymeren: Polyamid (2)

1: Sportbekleidung aus Polyamid

2: Fechtkleidung aus der Aramidfaser Kevlar®

Sonstige wichtige Eigenschaften (vgl. Seite 43, 44, 45)	
Festigkeit	**Polyamid** hat eine sehr hohe Reiß- und Scheuerfestigkeit. Die Naßfestigkeit beträgt 80...90% der Trockenfestigkeit. Bei **Aramiden** für technische Textilien ist die Festigkeit etwa 5mal so hoch wie bei Bekleidungsfasern.
Dehnbarkeit	Die Höchstzugkraftdehnung ist im trockenen und nassen Zustand sehr hoch. Sie liegt je nach Fasertype und Verstreckungsgrad bei 20...80%.
Elastizität	Polyamidfasern sind sehr elastisch, sie knittern wenig.
Elektrostatische Aufladung	Sie ist stark, kann aber durch Einlagerung antistatischer Substanzen reduziert werden.
Feinheit, Griff	Die Faserfeinheit reicht von Mikrofasern bis Grobfasern (vgl. Seite 44). Je nach Faserfeinheit, Flächenkonstruktion und Veredlung sind auch die Stoffe fein und weich bis steif.
Glanz	Je nach Faserquerschnitt und Zusatz von Mattierungsmittel ist der Glanz von hoch glänzend bis matt.
Formbarkeit	Da Polyamid thermoplastisch ist, läßt es sich unter Einwirkung von Hitze dauerhaft verformen. Diese Eigenschaft wird beim Texturieren und Thermofixieren ausgenützt.
Chemikalienbeständigkeit	Die Beständigkeit von Polyamid gegenüber Alkalien und vielen Lösungsmitteln ist sehr gut, unbeständig ist es gegenüber konzentrierten Säuren.
Lichtbeständigkeit	Bei intensiver Lichteinstrahlung altern Polyamidfasern, verlieren an Festigkeit, vergilben. Durch Einschmelzen spezieller Stoffe können sie beständiger gemacht werden.
Biologische Beständigkeit	Polyamid ist beständig gegen Pilze und Fäulnisbakterien, es verrottet nicht.
Hitzebeständigkeit	Gegen Einwirkung trockener Hitze ist Polyamid empfindlich.

Einsatzgebiete

Polyamidfilamente, die überwiegend texturiert werden, haben einen Anteil von etwa 80%. Sie werden verwendet für Feinstrümpfe, Damenwäsche, Miederwaren, Bade-, Sport- und Freizeitbekleidung **(Bild 1)**, Futter-, Kleider- und Blusenstoffe, Stoffe für Wetterschutzbekleidung und Schirme, zur Verstärkung von Maschenwaren sowie für Teppichböden; Monofilamente verwendet man als Nähgarn.

Polyamidspinnfasern mischt man für Bekleidungstextilien meistens mit Wolle, Baumwolle oder anderen Chemiefasern. Man verwendet sie für Maschenwaren, Plüsche, Teppichflor und Dekorationsstoffe. Außerdem werden sie bei der Vliesstoffherstellung eingesetzt.

Aramide dienen vor allem zur Verstärkung bei Kunststoffen. Sie eignen sich aber auch für die Herstellung von Schutzbekleidung, z.B. für schußsichere Westen, Fecht- **(Bild 2)**, Waldarbeiter-, Rennfahrer-, Feuerwehrschutzbekleidung.

Fasererkennung

Mikroskopisches Bild: Meist kreisrund, abhängig von der Düsenform.

Brennprobe: Polyamid schrumpft und schmilzt in der Nähe der Flamme. Die Schmelze ist fadenziehend, sie tropft. Der Rückstand ist unzerreibbar hart.

Löslichkeitsprobe: 80%ige Ameisensäure und konzentrierte anorganische Säuren zerstören Polyamid. Verdünnte organische Säuren verursachen eine geringe Schädigung.

Besondere Molekülgruppen / PA 6. / PA 6.6 / Aromastoffe als zusätzl. Verbund – höhere Festigkeit u. Temperaturfest.

Pflegeeigenschaften und -kennzeichnung

Polyamidtextilien sind pflegeleicht, also waschbar in der Waschmaschine, schnell trocknend, weitgehend bügelfrei (sie sind hitzeempfindlich).

Die Kennzeichnung gilt für Maximalbelastung, Einschränkungen sind durch Flächenaufbau, Veredlung und Verarbeitung möglich.

Waschen	Chloren	Bügeln	Chemischreinigen	Trocknen
40		ohne Dampf	P	

Textilkennzeichnung

Nach dem Textilkennzeichnungsgesetz wird der Gattungsname **Polyamid** ohne Ziffernzusätze verwendet. Zusätzlich dürfen Markennamen der Herstellerfirmen angebracht werden. Markennamen von Polyamid sind z.B. Antron®, Bayer-Perlon®, Enka-Perlon®, Tactel®, Rho-Sport®, für **Polyamid-Aramide** z.B. Kevlar® und Nomex®.

1.3.10 Chemiefasern aus synthetischen Polymeren: Polyester (1)

Polyester Kurzzeichen PES

1: Polyestergranulat

2: Glatte Filamente

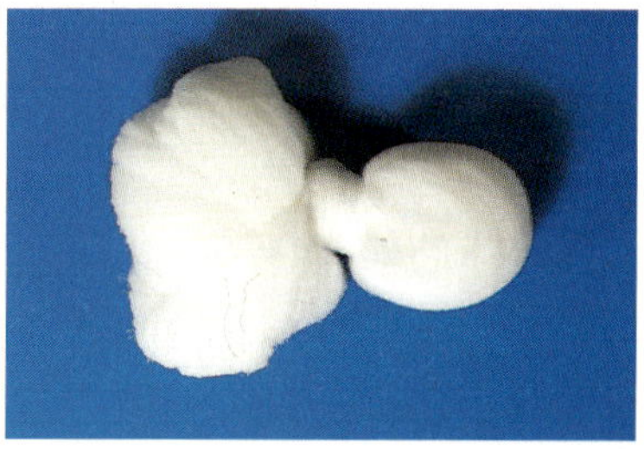

3: Texturierte Filamente

4: Spinnfasern

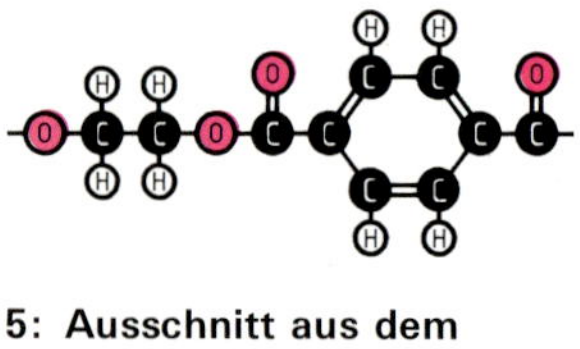

5: Ausschnitt aus dem Polyestermakromolekül

Herstellung

Organische Terephthalsäure verbindet sich mit Ethylenglykol zum Diglykolterephthalat. Durch **Polykondensation** bei hoher Temperatur im Vakuum entsteht Polyethylenterephthalat, Polyester. Das entstandene Granulat **(Bild 1)** wird bei Temperaturen von etwa 280 °C geschmolzen und dann ersponnen (Schmelzspinnverfahren). Nach dem Verstrecken werden die glatten Filamente **(Bild 2)** meist texturiert **(Bild 3)** oder zu Spinnfasern geschnitten **(Bild 4)**.

Faseraufbau

Kennzeichnend für Polyester sind die Estergruppen (-CO-O-) in den Makromolekülen **(Bild 5)**. Ester entstehen durch die chemische Reaktion von organischen Säuren mit Alkoholen unter Abspaltung von Wasser.

Arten

Neben normalen Polyester-Fasertypen unterschiedlicher Feinheit gibt es Spezialtypen, z.B. hochfeste, schwerentflammbare, hochtemperaturbeständige, hochschrumpfende, hochgekräuselte, antistatische, pillarme, tiefschmelzende Bindefasern und Profilfasern. Diese Fasertypen haben spezielle Einsatzgebiete.

Bekleidungsphysiologische Eigenschaften (vgl. Seite 128, 129)	
Wärmeisolation	Glatte Filamente schließen kaum Luft ein, texturiert sind sie isolierend. Spinnfasern werden zu feinen glatten, aber auch zu sehr voluminösen Garnen verarbeitet. Entsprechend ist die Isolierfähigkeit gering bzw. gut.
Feuchtigkeitsaufnahme	Polyester nimmt kaum Feuchtigkeit auf. Der Feuchtigkeitstransport ist gut, wenn durch Hohlräume zwischen den Fasern Kapillarwirkung entsteht.
Hautfreundlichkeit	Für Bekleidungstextilien werden überwiegend feine, weiche Polyesterfasern verwendet.

Sonstige wichtige Eigenschaften (vgl. Seite 43, 44, 45)	
Festigkeit	Polyester und Polyamid haben die höchste Reiß- und Scheuerfestigkeit aller Faserstoffe. Die Naßfestigkeit ist etwa gleich hoch wie die Trockenfestigkeit.
Dehnbarkeit	Die Höchstzugkraftdehnung liegt zwischen 15% und 50%, sie ist geringer als bei Polyamid.
Elastizität	Die Elastizität ist sehr hoch, die Knitterneigung gering.
Elektrostatische Aufladung	Sie ist hoch, kann aber durch Einlagerung antistatischer Substanzen reduziert werden.
Feinheit, Griff	Die Faserfeinheit reicht von Mikro- bis Grobfasern (vgl. Seite 44). Je nach Faserfeinheit, Flächenkonstruktion und Veredlung sind auch die Stoffe fein und weich bis steif.
Glanz	Je nach Querschnittsform und Zusatz von Mattierungsmittel sind die Fasern hochglänzend bis matt.
Formbarkeit	Polyester ist thermoplastisch, es läßt sich texturieren.
Chemikalien	Die meisten Säuren, Laugen und Lösemittel greifen Polyester nicht an. Stark konzentrierte Säuren und Laugen und wenige Lösemittel können die Faser zerstören.
Lichtbeständigkeit	Die Lichtbeständigkeit ist sehr gut.
Biologische Beständigkeit	Polyester ist beständig gegen Pilze und Fäulnisbakterien, es verrottet nicht.
Hitzebeständigkeit	Polyesterfasern weisen von allen synthetischen Chemiefasern, die für Bekleidung eingesetzt weden, die höchste Temperaturbeständigkeit auf.

1.3.10 Chemiefasern aus synthetischen Polymeren: Polyester (2)

1: Wetterschutzbekleidung aus Polyester-Mikrofasergewebe

2: Funktionsprinzip moderner Wetterschutzbekleidung

3: Fleece (engl.: Vlies) aus Polyester-Mikrofasern

4: Texturiertes Polyestergarn als Nähgarn (Bauschgarn)

5: Segel aus hochfesten Polyester-Filamentgarnen

Einsatzgebiete

Polyester zeigt die vielseitigsten Eigenschaften und nimmt deshalb die Spitzenposition unter den Chemiefasern ein. Es wird etwa zu 60% als Spinnfasern (B- oder W-Type) verwendet.

Polyesterspinnfasern werden hauptsächlich zu Mischgarnen verarbeitet, wobei sich je nach Verwendungszweck bestimmte Mischungsverhältnisse und -partner bewährt haben: 70/30, 65/35, 55/45, 50/50 Prozent Polyester, mit Wolle, Baumwolle, Viskose- und Modalspinnfasern, aber auch andere Mischungsverhältnisse und Mischungspartner sind möglich. Die wichtigsten Artikel, die daraus hergestellt werden, sind Anzug-, Kostüm- und Kleiderstoffe, Stoffe für Oberhemden und Blusen, Freizeit-, Wetter- und Berufsbekleidung sowie Bettwäsche. Polyesterspinnfasern rein werden zu hochfesten Nähgarnen versponnen sowie zu Vliesstoffen verarbeitet, die z. B. als Einlage- und Füllmaterial in Steppjacken Verwendung finden.

Filamentgarne für Bekleidungszwecke werden meistens texturiert. Man stellt daraus Stoffe für Kleider und Blusen, Krawatten und Schals, Wetterschutzbekleidung und Futter her. Bauschgarne werden zur Kantenversäuberung verwendet, weil sie die Kante gut abdecken. Im Gardinenbereich sind Filamentgarne absolut marktbeherrschend.

Schwerentflammbare Fasertypen werden z. B. für Hotelwäsche, Kindernachtwäsche, Polster- und Dekorationsstoffe in Theatern und Verkehrsmitteln eingesetzt.

Hochfeste Fasertypen verwendet man z. B. für Planen, Zeltdächer, in Autoreifen, im Behälterbau und bei einer Vielzahl weiterer technischer Einsatzgebiete.

Fasererkennung

Mikroskopisches Bild:
Meist kreisrund, auch andere Querschnittsformen, abhängig von der Düsenform, sind möglich. Profilfasern besitzen Dreieck- bzw. Fünfsternquerschnitt. Sie ergeben veränderten Glanz, Griff und Schmutzhaftung.

Brennprobe:
Polyester schmilzt in der Nähe der Flamme zu einem bräunlichen Klümpchen, welches zum Abtropfen neigt. Die Schmelze ist fadenziehend, kalt ist der Rückstand unzerreibbar hart.

Löslichkeitsprobe:
Polyester löst sich nur in konzentrierter Schwefelsäure und konzentrierter Kalilauge sowie in Tetrachlorethan und Phenolen.

Pflegeeigenschaften und Pflegekennzeichnung

Polyestertextilien sind pflegeleicht, also waschbar in der Waschmaschine, schnell trocknend, weitgehend bügelfrei

Die Kennzeichnung gilt für Maximalbelastung, Einschränkungen sind durch Flächenaufbau, Veredlung und Verarbeitung möglich.

Waschen	Chloren	Bügeln	Chemischreinigen	Trocknen

Textilkennzeichnung

Zur Kennzeichnung wird der Gattungsname **Polyester** verwendet. Zusätzlich dürfen Markennamen der Herstellerfirmen angebracht werden. Aus der Vielzahl der Markennamen verschiedener Hersteller werden beispielhaft aufgeführt: Dacron®, Diolen®, Tergal®, Trevira®.

1.3.11 Sonst. Chemiefasern aus synth. Polymeren
1.3.12 Chemiefasern aus anorganischen Stoffen

Chemiefasern aus synthetischen Polymeren: Elasto, Fluoro, Polychlorid, Polyolefin, Polyvinylalkohol

Hauptgruppe	Untergruppe	Kurzz.	Lieferform	Besondere Eigenschaften	Einsatzgebiete	Markennamen (Beispiele)
Elasto	**Elastan** Elastan besteht aus mindestens 85% **Polyurethan**. (**Elastodien** hat für den textilen Einsatz praktisch keine Bedeutung)	EL ED	Filamentgarn	sehr hohe elastische Dehnung (bis 800%), gut anfärbbar, im Vergleich zu Gummi dünner herzustellen, oxidations- und lichtbeständiger, gut waschbar	Meist in Verbindung mit anderen Fasern zu Badebekleidung, Miederwaren, Strümpfen, Stretchbekleidung	Dorlastan® Elastan® Enkaswing® Lycra®
Fluoro	**Fluoro**	PTFE	Filamentgarn Spinnfasern Folie	wasserabweisend, äußerst chemikalienbeständig, hitzebeständig, kaum anfärbbar	als Folie (Membran) mit Mikroöffnungen für Wetterschutzbekleidung	Teflon®, Hostaflon® (Membranen in Gore-Tex®-Wetterschutzbekleidung)
Polychlorid	**Polyvinylchlorid** (**Polyvinylidenchlorid** hat nur für technischen Einsatz Bedeutung)	CLF	Filamentgarn Spinnfasern	gut warmhaltend bei entsprechend voluminöser Verarbeitung, hohe Chemikalienbeständigkeit	Rheumawäsche, Schutzbekleidung (heute sehr selten)	Clevyl®, Rhovyl® Leavil®
Polyolefin	**Polyethylen**	PE	Monofile Folienbändchen	niedrige Dichte, niedriger Erweichungsbereich, keine Wasseraufnahme	Technische Textilien (Seile, Taue, Netze, Filter)	Vestolan®
	Polypropylen	PP	Filamentgarn Spinnfasern	keine Wasseraufnahme ins Faserinnere, gute Kapillarwirkung	Funktionelle Sportunterwäsche (guter Schweißtransport)	Meraklon®, Vegon®
Polyvinylalkohol	**Polyvinylalkohol**	PVAL	Filamentgarn Spinnfasern	wasserlösliche Fasertypen wasserunlösliche Typen	Stickgrund, Trennfäden, Techn. Textilien	Kuralon®

Chemiefasern aus anorganischen Stoffen: Glas, Kohlenstoff, Metall

Hauptgruppe	Untergruppe	Kurzz.	Lieferform	Besondere Eigenschaften	Einsatzgebiete	Markennamen (Beispiele)
Glas	**Glas**	GF	Filamentgarn Spinnfasern	nicht brennbar, geringe Feuchtigkeitsaufnahme geringe Dehnbarkeit, spröde	Dekostoffe, Wandbespannung, Kunststoffverstärkung	Fiberglas® Fibreglass®
Kohlenstoff	**Kohlenstoff**	CF	Filamentgarn Spinnfasern	hohe Hitzebeständigkeit, hohe Festigkeit, steif	Kunststoffverstärkung (Maschinen, Sportgeräte)	Sigrafil® Tenax®
Metall	**Metall**	MTF	Runddrähte Flachdrähte Filamentgarn Spinnfasern metallisierte Folienbändchen	Runddrähte sind fein ausgezogenes Metall, Flachdrähte (Lahne) sind bandartig. Bei Lurex handelt es sich um eine sehr feine dünne Metallschicht zwischen Acetat- oder Polyesterfolien	Metallfäden und Lurex werden als Effektgarn z.B. für Brokate und Posamenten verwendet. Beimischungen von Metallfasern verhindern elektrostatische Aufladungen.	Lurex®

1.4 Mischungen von Faserstoffen

Beim Mischen von Faserstoffen sollen nachteilige Eigenschaften eines bestimmten Faserstoffes zur Qualitätsverbesserung ausgeschaltet bzw. bestimmte Effekte im Aussehen erzielt werden. Außerdem haben Mischungen Einfluß auf die Verarbeitungseigenschaften, die Garnfeinheit und die Wirtschaftlichkeit.

Gründe für das Mischen von Faserstoffen

- **Qualitätsverbesserung**
  - **Verbesserung der Gebrauchseigenschaften,** z. B. Scheuerfestigkeit, Strapazierfähigkeit, Knitterverhalten
  - **Verbesserung der bekleidungsphysiologischen Eigenschaften,** z. B. Wärmeisolation, Feuchtigkeitsverhalten, Hautfreundlichkeit
  - **Verbesserung der Pflegeeigenschaften,** z. B. Waschverhalten, Trocknen, Bügelverhalten
- **Optik**
  - **Veränderung des Aussehens,** z. B. Farbeffekte, Glanzeffekte, Ziereffekte
- **Rentabilität**
  - **Erhöhung der Wirtschaftlichkeit,** z. B. Faserpreise, Faserangebot, Garngleichmäßigkeit, Garnfeinheit

Typische Mischungen und Mischungsverhältnisse

Die Mischung von Faserstoffen ist in zwei Stufen der textilen Fertigung möglich:

Bei der Garnherstellung lassen sich verschiedene Stapelfasern mischen und zu Spinnfasergarnen verarbeiten.

Bei der Herstellung textiler Flächen können Garne aus unterschiedlichen Faserstoffen verwendet werden. Es lassen sich Naturfasern miteinander sowie Naturfasern mit Chemiefasern und Chemiefasern untereinander mischen.

1: Mischung Natur- mit Naturfaser

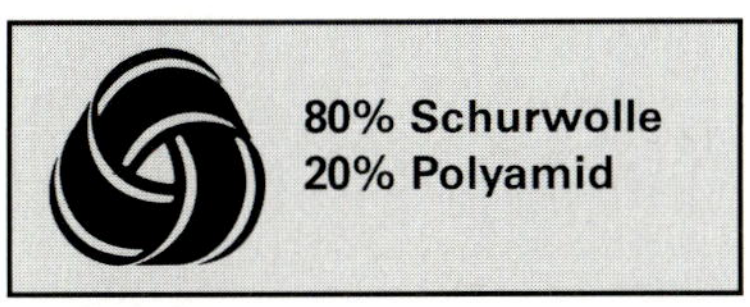

2: Mischung Natur- mit Chemiefaser

Durch besonders vorteilhafte Eigenschaften zeichnen sich Mischungen von Natur- und Chemiefasern aus. Hier werden die positiven Eigenschaften beider Fasergruppen ergänzt, während negative Eigenschaften nahezu ausgeschaltet werden.

Bewährt haben sich vor allem Mischungen von Wolle mit Polyester, Polyamid und Polyacryl sowie die Mischung von Baumwolle mit Polyester, Polyamid, Viskose und Modal. Die hohe Reiß- und Scheuerfestigkeit, die gute Elastizität und das günstige Pflegeverhalten synthetischer Chemiefasern, gepaart mit dem ausgezeichneten bekleidungsphysiologischen Verhalten der Naturfasern, führt zu fast optimalen Eigenschaften. Die Weichheit und hohe Saugfähigkeit zellulosischer Chemiefasern sowie die Möglichkeit, die Fasern in Feinheit und Stapellänge optimal auf die Herstellung feiner Garne abzustimmen, machen diese Faserstoffgruppe ebenfalls zu einem sehr begehrten Mischungspartner.

Besondere **Effekte** ergeben sich bei den Chemiefasern durch die Möglichkeit, sie matt oder glänzend und teilweise schrumpfend und nichtschrumpfend herzustellen. Eine optimale Fasermischung erreicht man, wenn die Faserstoffe möglichst gut in Festigkeit, Dehnung, Elastizität, Stapellänge und Feinheit zusammenpassen.

Die wichtigsten Mischungsverhältnisse sind 70% / 30%, 60% / 40% und 50% / 50%.

Pflege

Grundsätzlich muß sich die Pflege nach den Eigenschaften des schwächsten Partners richten. Jedoch bei nicht filzfrei ausgerüsteter Wolle kann durch einen hohen Anteil synthetischer Chemiefasern Maschinenwaschbarkeit erreicht werden.

Kennzeichnung von Mischungen nach dem TKG

3: Etikett mit Kennzeichnung nach dem TKG

Nach dem Textilkennzeichnungsgesetz sind die Mischungspartner und die Mischungsverhältnisse in absteigender Reihenfolge anzugeben. Naturfasern werden mit ihren Namen angegeben. Bei Chemiefasern müssen die Gattungsnamen, z. B. Polyester, Polyamid usw. angegeben werden. Zusätzlich zu den Gattungsnamen dürfen Warenzeichen und Markennamen der Hersteller verwendet werden (vgl. Seite 46).

Die Verwendung der Pflegesymbole ist freiwillig.

1.5 Textilpflege

Pflegeeigenschaften von Bekleidungstextilien

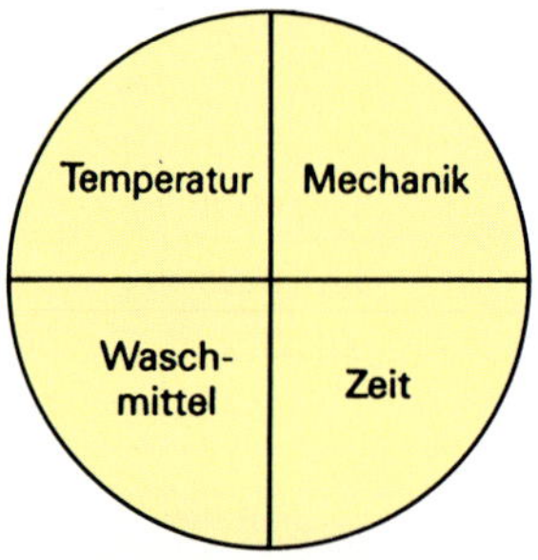

1: Wasch- und Reinigungsfaktoren nach Sinner

Zum Gebrauchswert von Textilien gehören die Pflegeeigenschaften. Arbeitsintensive und teure Pflege setzt den Wert der Bekleidung herab. Pflege erfolgt durch Auslüften, Waschen, eventuell Chloren, Chemischreinigen, Trocknen (liegend, hängend oder im Wäschetrockner) und Bügeln.

Beim Wasch- und Reinigungsvorgang sind vier Faktoren beteiligt: Temperatur, Zeit, Waschmittel und Mechanik (Bild 1). Sie müssen insgesamt ausgeglichen sein.

Die Textilpflege wird vor allem durch die Faserart und ihre Fasereigenschaften wie Festigkeit, Chemikalienbeständigkeit und Temperaturverhalten bestimmt. Außerdem begrenzen Garn- und Flächenaufbau sowie Veredlung die Pflegemaßnahmen. Gefütterte Bekleidung mit Einlage muß im allgemeinen chemisch gereinigt werden. Dies sind z. B. Kostüme, Anzüge, Jacken und Mäntel. Durch Pflegetests werden die Pflegeeigenschaften ermittelt.

Pflegesymbole

Die Verwendung der Pflegesymbole ist freiwillig. Sie stellen eine Empfehlung dar und bieten dafür Gewähr, daß das Textilerzeugnis bei der empfohlenen Behandlung keinen Schaden nimmt. Sie geben immer die maximal zulässige Behandlungsart an. Bei Fasermischungen muß sich die Pflege nach dem empfindlichsten Faseranteil richten. Die Reihenfolge der Symbole ist Waschbottich, Dreieck, Bügeleisen, Reinigungstrommel, Trocknertrommel.

 **Waschen** (Symbol: Waschbottich)

Das Symbol bedeutet, daß Naßwäsche möglich ist. Es gilt sowohl für Hand-, als auch für Maschinenwäsche. Die Zahlen entsprechen den maximalen Waschtemperaturen. Der Balken verlangt nach einer milderen Behandlung und geringerer Maschinenbefüllung **(Schonwaschgang)**. Der geteilte Balken weist auf besonders schonende Behandlung hin **(Spezialschonwaschgang)**.

Vollwaschmittel enthalten waschaktive Substanzen (Tenside), Wasserenthärter, Bleichmittel, optische Aufheller und Füllstoffe. **Feinwaschmittel** sind geringer alkalisch, sie enthalten keine optischen Aufheller und keine Bleichmittel. Ihre volle Waschwirkung entfalten sie schon bei geringeren Temperaturen. Man verwendet sie bei empfindlichen Textilien. Bei **Waschmittelbaukästen** sind waschaktive Substanzen und Wasserenthärter getrennt erhältlich. Die Dosierung kann nach Verschmutzungsgrad der Wäsche und Wasserhärte getrennt erfolgen. Die Umwelt wird durch geringere Mengen geschont. **Kompaktwaschmittel** enthalten keine Füllstoffe und sie entfalten wie Feinwaschmittel ihre volle Waschwirkung schon bei geringen Temperaturen. Das spart Energie und das Abwasser wird nicht durch Füllstoffe, die keine Reinigungswirkung besitzen, belastet.

 **Chloren** (Symbol: Dreieck)

Das Symbol für die Chlorbleiche ist bei der Fleckentfernung im Haushalt und bei der Behandlung in gewerblichen Wäschereien mit Bleichmitteln zu beachten. In der Bundesrepublik ist Chloren nicht üblich.

 **Bügeln** (Symbol: Bügeleisen)

Die im Bügeleisensymbol enthaltenen Punkte geben die Maximaltemperatur an: ••• 200 °C, •• 150 °C, • 110 °C.

 **Chemischreinigung** (Symbol: Reinigungstrommel)

Die Buchstaben geben Hinweise für die Verwendung von Reinigungs- und Fleckentfernungsmitteln. Der Strich unter der Reinigungstrommel bedeutet eine Beschränkung in der mechanischen Beanspruchung, Feuchtigkeitszugabe und Temperatur.

 **Trocknung im Wäschetrockner** (Symbol: Trocknertrommel)

Die in der Trocknertrommel enthaltenen Punkte geben die Trocknungsstufen an: •• Normale Trocknung, • Schonende Trocknung. Das Symbol gibt keinen Hinweis auf Schrumpf im Trockner.

Pflegehinweise

	Kochwäsche: Baumwolle, Leinen, kochecht gefärbt bzw. bedruckt
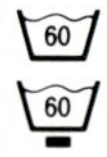	60 °C-Buntwäsche: nicht kochechte Buntwäsche und Wäsche aus Baumwolle, Modal, Lyocell, Polyester sowie ihrer Mischungen
	40 °C-Buntwäsche: dunkelbunte Artikel aus Baumwolle und Polyester
	40 °C-Feinwäsche: Feinwäsche aus Modal, Viskose, Lyocell, Polyacryl, Polyester, Polyamid
	30 °C-Feinwäsche: filzfrei ausgerüstete Wolle, Acetat
	Handwäsche: nicht filzfrei ausgerüstete Wolle, Seide
	Nicht waschen: sehr empfindliche Woll- und Seidenartikel
	Chlorbleiche ist möglich
	Chlorbleiche nicht möglich
	Baumwolle, Leinen
	Wolle, Seide, Polyester, Viskose
	Polyacryl, Polyamid, Acetat
	Nicht bügeln: Polypropylen
	A = Die Verwendung allgemein üblicher Lösemittel ist ohne Einschränkung möglich
	P = Perchlorethylen und Fluorkohlenwasserstoff. Sie sind die gebräuchlichsten Reinigungsmittel für Normalfälle.
	F = Fluorkohlenwasserstoff und Schwerbenzin. Sie werden bei empfindlichen Artikeln verwendet.
	Nicht Chemischreinigen
	Die Einteilung erfolgt etwa wie beim Waschen und Bügeln. Nicht trocknergeeignet sind Wolle, Seide, Polyacryl und einlaufempfindliche Maschenwaren ohne besondere Kennzeichnung.
	Nicht im Wäschetrockner trocknen.

1.6 Fasereigenschaften, Fasererkennung (1)

Einfache **Prüfmethoden** sollen es bei fehlender Kennzeichnung ermöglichen, den Faserstoff zu erkennen.

Mikroskopisches Bild: Es wird ein gutes Mikroskop benötigt. Typische Längsansichten (Baumwolle, Wolle) sind gut erkennbar.

Brennprobe: Mit einer Pinzette hält man Fasern, Garn oder Stoff waagrecht in die Flamme. Man beobachtet das Verhalten in der Nähe der Flamme, Verbrennung, Geruch und Rückstand.

Trockenreißprobe: Ein eingeschnittenes Gewebe wird mit der Hand weitergerissen und die Länge der Faserenden beurteilt.

Naßreißprobe: Man benetzt einen Faden mit Wasser und beobachtet beim Reißen die benetzte Stelle.

Löslichkeitsprobe: Zur Erkennung vor allem von Mischungen läßt man Chemikalien einige Stunden einwirken. Säuren werden konzentriert angewendet.

		Faserstoff **Kurzzeichen**	**Faser-substanz** Aufbau der Makro-moleküle	**Mikroskopisches Bild** Faserquerschnitt und Längsansicht der Faser	**Brennprobe** (unbehandelte Fasern) V = Verbrennung G = Geruch R = Rückstand	**Sonstige Erkennungs-methoden** L = Löslichkeitsprobe Rt = Trockenreißprobe Rn = Naßreißprobe
NATURFASERN	pflanzliche	**Baumwolle** CO	Zellulose	 nieren-, bohnenförmig	V: rasch, hell, nachglühend G: nach verbranntem Papier R: hellgraue Flugasche	L: Schwefelsäure löst Zellulose Rt: kurze Faserenden, vgl. LI Rn: hohe Naßfestigkeit, vgl. CV
		Leinen LI	Zellulose	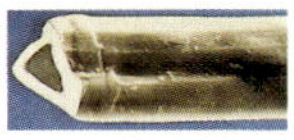 unregelmäßige Vielecke	V: rasch, hell, nachglühend G: nach verbranntem Papier R: hellgraue Flugasche	L: Schwefelsäure löst Zellulose Rt: lange Faserenden, vgl. CO
	tierische	**Wolle** WO	Keratin (Eiweiß)	 rund bis oval	V: langsam, brodelnd G: nach verbranntem Horn R: zerreibbare Schlacke	L: Lithiumhypochlorid löst tierisches Eiweiß L: Starke Lauge löst WO
		Seide entbastet SE	Fibroin (Eiweiß)	 abgerundete Dreiecke	V: langsam, brodelnd G: nach verbranntem Horn R: zerreibbare Schlacke	L: Lithiumhypochlorid löst tierisches Eiweiß L: Schwefelsäure löst SE
CHEMIEFASERN	zellulosische	**Viskose, Modal** CV CMD	Zellulose (regeneriert)	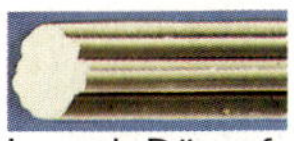 je nach Düsenform	V: rasch, hell, nachglühend G: nach verbranntem Papier R: hellgraue Flugasche	L: Schwefelsäure löst Zellulose L: Salzsäure löst CV weitgehend Rn: geringe Naßfestigkeit, vgl. CO
		Acetat CA	Zellulose-acetat	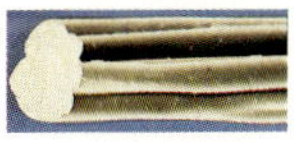 je nach Düsenform	V: schmilzt, brennt, tropft G: stechend essigsauer R: kalt unzerreibbar hart	L: Aceton und Essigsäure löst CA L: Dichlormethan löst CTA
	synthetische	**Polyester** PES	Polyethylen-therephthalat	 je nach Düsenform	V: schrumpft, schmilzt, brennt, tropft, Schmelze fadenziehend R: kalt unzerreibbar hart	L: Dichlorbenzol und Schwefel-säure PES
		Polyamid PA	Polycapro-lactam; AH-Salz	 je nach Düsenform	V: schrumpft, schmilzt, brennt, Schmelze fadenziehend R: kalt unzerreibbar hart	L: Ameisensäure und Salzsäure PA
		Polyacryl PAN	Polyacryl-nitril	 je nach Düsenform	V: schrumpft, schmilzt, brennt, tropft, rußt R: kalt unzerreibbar hart	L: Dimethylformamid und Salpetersäure lösen PAN
		Polypropylen PP	Polypropylen	 je nach Düsenform	V: schrumpft, schmilzt, brennt, tropft R: kalt unzerreibbar hart	L: Xylol löst PP
		Elastan EL	Polyurethan	 fibrillenartig	V: schrumpft, schmilzt, brennt, tropft R: kalt unzerreibbar hart	L: Cyclohexanon und Dichlor-benzol lösen EL

1.6 Fasereigenschaften, Fasererkennung (2)

Faserfeinheit (Titer)

Die Faserfeinheit (der Titer) ist die auf die Länge bezogene Masse einer Faser. Maßeinheit ist tex oder dtex (Decitex).

tex	= die Fasermasse (Garnmasse) in Gramm, bezogen auf eine Faserlänge (Garnlänge) von 1 km
dtex	= die Fasermasse (Garnmasse) in Gramm, bezogen auf eine Faserlänge (Garnlänge) von 10 km

Je kleiner der Zahlenwert, desto feiner ist die Faser. Z. B. Faserfeinheit 2 dtex bedeutet, daß 10 km Faser eine Masse von 2 Gramm haben.

Faserstoff	Feinheitsbereich in dtex	Mikrofasern	Feinstfasern, Feinfasern (1 2 3 4 5 6 7) / Grobfasern (8 9 10 11 12 13 14 15 16 17 18 19) – Faserfeinheit in dtex
Baumwolle	1…4		
Leinen	10…40		
Wolle, Haare	2…50		
Seide	1…4		
Viskose, Modal	1…22		
Acetat	2…10		
Polyester	0,6…44		
Polyamid	0,8…22		
Polyacryl	0,6…25		
Polypropylen	1,5…40		
Elastan	20...5000		

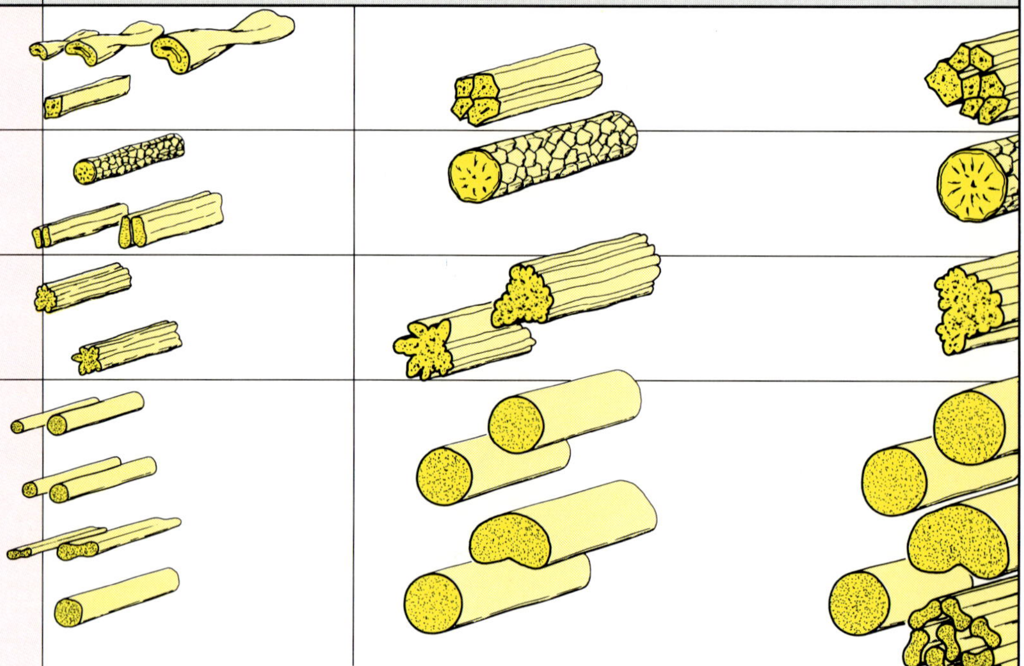

Vergrößerung 250 fach

1: Gewebe aus Polyamid-Filamentgarn 78 dtex, 98 Filamente, Einzeltiter 0,8 dtex

2: Gewebe aus Polyamid-Filamentgarn 78 dtex, 23 Filamente, Einzeltiter 3,4 dtex

Die textilen Faserstoffe können nach ihrer Feinheit in Gruppen eingeteilt werden: **Grobfasern, Feinfasern, Feinstfasern** und **Mikrofasern**. Für Bekleidungstextilien finden vor allem Feinfasern, Feinstfasern und in jüngster Zeit die Mikrofasern Verwendung. Je feiner die Fasern sind, um so weicher, hautfreundlicher und dichter **(Bilder 1 und 2)** sind die Stoffe und um so schöner ist ihr Fall.

Mikrofasern sind im allgemeinen Chemiefasern mit einem feineren Titer als 1 dtex. Es handelt sich dabei vor allem um Filamente und Spinnfasern aus Polyamid und Polyester. Mit Garnen aus Mikrofasern lassen sich feine dichte Gewebe herstellen.

Einsatzgebiete für Mikrofasergewebe sind Wetterschutzbekleidung und Oberbekleidung mit weichem, fließendem Charakter. Es können verschiedenartige Oberflächenstrukturen erreicht werden: samtig, kreppartig, flauschig.

Markennamen für Mikrofasergewebe sind z. B.: Belseta®, Diolen Mikro®, Meryl®, Setila®, Tactel 24 Carat®, Tactel Mikro®, Trevira Finesse®, Trevira Micronesse®.

1.6 Fasereigenschaften, Fasererkennung (3)

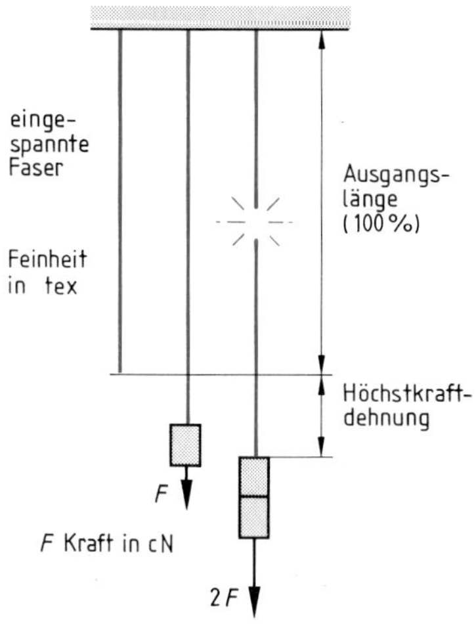

1: Bestimmung der Feinheitsfestigkeit und Höchstzugkraftdehnung

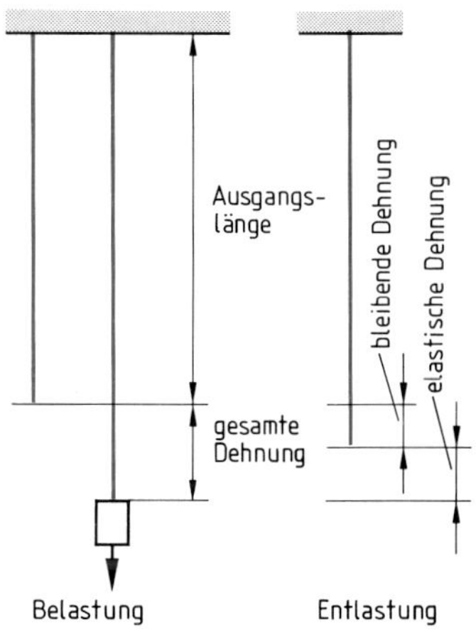

2: Bestimmung der Elastizität

Fasereigenschaften können nur vergleichend beurteilt werden. Sie sind deshalb tabellarisch zusammengefaßt. Von den vielen Faserdaten sind nur diejenigen aufgeführt, die für Bekleidungstextilien von Bedeutung sind.

Faserlänge (Stapel)

Aus langen Fasern lassen sich Garne mit wenig abstehenden Fasern herstellen. Je kürzer die Fasern sind, um so mehr Faserenden weist das Garn auf.

Faserdichte

Die Faserdichte beeinflußt das Gewicht von Textilien. Aus Fasern mit geringer Dichte lassen sich voluminöse, leichte Textilien herstellen.

Feuchtigkeitsaufnahme

Die meisten Fasern nehmen ständig mehr oder weniger Feuchtigkeit aus der Luft auf, bei hoher Luftfeuchtigkeit mehr als bei trockener Luft. Die in der Bekleidung enthaltene Luftfeuchtigkeit leitet elektrostatische Aufladung ab.

Biologische Beständigkeit

Zellulose- und Eiweißfasern verrotten, synthetische Chemiefasern nicht.

Feinheitsfestigkeit

Sie ist die auf die Feinheit von 1 tex bezogene Höchstzugkraft und wird in cN/tex angegeben (cN = 1/100 Newton). Je höher der Wert, um so besser sind Festigkeit und damit Strapazierfähigkeit einer daraus hergestellten Fläche.

Höchstzugkraftdehnung und Elastizität

Dehnbarkeit und Elastizität der Faserstoffe sind neben der Art des Flächenaufbaus maßgebend für den Tragekomfort, für die Formbarkeit, Formbeständigkeit, Knittererholungsfähigkeit der Bekleidung.

Die Höchstzugkraftdehnung wird in Prozent, bezogen auf die Ausgangslänge, angegeben.

Von Elastizität spricht man, wenn sich eine Faser nach einer Belastung wieder zusammenzieht. Fasern gehen nie völlig in ihre Ausgangslänge zurück, sie bleiben je nach Belastung mehr oder weniger verdehnt.

Faserstoff	Faserfeinheit	Faserlänge	Faserdichte	Feuchtigkeitsaufnahme		Biologische Beständigkeit	Feinheitsfestigkeit		Höchstzugkraftdehnung		Elastizität
	in dtex	in mm	in g/cm³	bei Normalklima[1] in %	bei hoher Feuchte[2] in %		bei Normalklima in cN/tex	nasse Faser in % vom Trockenwert	bei Normalklima in %	nasse Faser in % vom Trockenwert	
Baumwolle	1...4	10...60	1,50...1,54	7...11	14...18	gering	25...50	100...110	6...10	100...110	gering
Leinen	10...40	450...900	1,43...1,52	8...10	...20	gering	30...55	105...120	1,5...4	110...125	gering
Wolle	2...50	50...350	1,32	15...17	25...30	gering[3]	10...16	70...90	25...50	110...140	gut
Seide	1...4		1,25[4]	9...11	20...40	gering	25...50	75...95	10...30	120...200	sehr gut
Viskose	1...22	38...200	1,52	11...14	26...28	gering	18...35	40...70	15...30	100...130	gering
Modal	1...22	38...200	1,52	11...14	26...28	gering	35...45	70...80	15...30	120...150	gering
Acetat	2...10	40...120	1,29...1,33	6...7	13...15	gut	10...15	50...80	20...40	120...150	gut
Polyester	0,6...44	38...200	1,36...1,38	0,2...0,5	0,8...1	sehr gut	25...65	95...100	15...50	100...105	sehr gut
Polyamid	0,8...22	38...200	1,14	3,5...4,5	6...9	sehr gut	40...60	80...90	20...80	105...125	sehr gut
Polyacryl	0,6...25	38...200	1,14...1,18	1...2	2...5	sehr gut	20...35	80...95	15...70	100...120	sehr gut
Polypropylen	1,5...40	38...200	0,90...0,92	0	0	sehr gut	15...60	100	15...200	100	gut
Elastan	20...4000		1,15...1,35	0,5...1,5	0,5...1,5	gut	4...12	75...100	400...800	100	höchste

[1] 20 °C und 65% relative Luftfeuchtigkeit [2] 24 °C und 96% relative Luftfeuchtigkeit [3] Mottenfraß [4] entbastet

Die Werte sind der Denkendorfer Fasertabelle entnommen.

1.7 Textilkennzeichnung

Textilkennzeichnung nach dem Textilkennzeichnungsgesetz

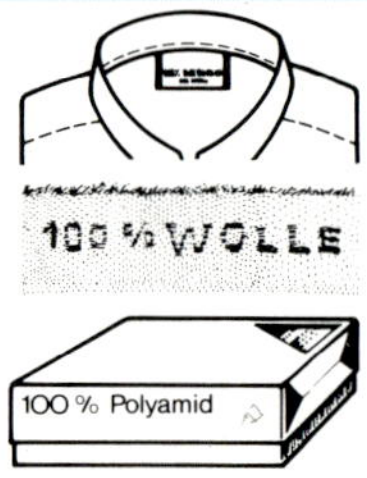

1: Anbringung der Kennzeichnung

2: Beispiel für ein Etikett

100% Seide

Reine Seide

3: Ganz Seide

4: 80% Polyamid
20% Elastan

5: 85% Seide Mindestgehalt

6: 60% Seide
25% Wolle
Viskose

7: 85% Baumwolle
15% sonstige Fasern

8: Oberstoff: 100% Schurwolle
Futter: 100% Seide

Das Textilkennzeichnungsgesetz (TKG) verpflichtet Industrie und Handel in der Europäischen Gemeinschaft, Textilerzeugnisse mit Angaben über die Rohstoffzusammensetzung zu versehen. Der Verbraucher soll beim Kauf von Textilien wissen, aus welchen Rohstoffen ein Erzeugnis besteht. Das Gesetz schreibt vor, welche Bezeichnungen für die verschiedenen Faserarten zu verwenden sind, wie die Gewichtsanteile anzugeben sind und welche sonstigen Angaben notwendig oder zulässig sind. Zu kennzeichnen sind neben den Textilien auch Muster, Proben und Abbildungen in Katalogen, nicht jedoch Zeitungsanzeigen. Rohstoffangaben müssen bei Bekleidung auf eingenähten Etiketten angebracht sein, bei Stoffen können sie an der Webkante eingewebt sein. Wird in einer Verpackung verkauft (Feinstrumpfhosen), so darf die Rohstoffangabe auf der Verpackung stehen **(Bild 1)**.

Neben dem Rohstoff dürfen, deutlich abgesetzt, auch Markennamen, Warenzeichen oder Firmennamen angegeben sein. Nicht vorgeschrieben, aber sehr sinnvoll, ist die Angabe der Pflegekennzeichnung **(Bild 2)**.

Das Textilkennzeichnungsgesetz legt die Rohstoffbezeichnungen fest, die verwendet werden dürfen. Sie sind in der Faserstoffübersicht Seite 8 aufgeführt. Bei Chemiefasern werden die Gattungsnamen verwendet, z. B. Polyester, Viskose. Die besonderen Bestimmungen für Leinen, Wolle, Seide sind bei den Beschreibungen der jeweiligen Faserstoffe angegeben.

Faserstoffe, die zu 100% aus demselben Rohstoff bestehen, dürfen mit „rein" oder „ganz" bezeichnet werden, sichtbare Ziereffekte bis 7% sind zulässig **(Bild 3)**. Formgebende Einlagen brauchen nicht gekennzeichnet zu werden.

Bei Mischungen sind die Gewichtsanteile der verwendeten textilen Rohstoffe in Prozenten anzugeben. Die Reihenfolge der aufgeführten Fasern erfolgt absteigend nach den prozentualen Anteilen **(Bild 4)**.

Bei Textilien aus mehreren Faserstoffen, bei denen ein Faserstoff 85% erreicht, genügt die Angabe „85% Mindestgehalt" **(Bild 5)**.

Erreicht keine der Fasern einer Mischung einen Anteil von 85%, so ist eine prozentuale Angabe bei den beiden Fasern mit dem höchsten Gewichtsanteil erforderlich. Die übrigen Fasern werden in absteigender Reihenfolge mit oder ohne Prozentangabe aufgeführt.

Als „sonstige Fasern" dürfen textile Rohstoffe bezeichnet werden, die keine 10% erreichen **(Bild 7)**.

Bei gefütterter Bekleidung muß der Faserstoff des Hauptfutters angegeben werden **(Bild 8)**.

Markennamen, Gütezeichen, Warenzeichen

9: Beispiele für geschützte Waren- und Gütezeichen

Um dem Verbraucher einen Hinweis auf Produkte besonders hochwertiger Qualität zu geben, werden von den Herstellern **Markennamen** (Herstellermarken) verwendet. Daneben gibt es **Gütezeichen**, bei denen verschiedene Hersteller bestimmte nachprüfbare Qualitätsvorschriften einhalten.

Markennamen und Symbole kann man beim Deutschen Patentamt in München eintragen lassen. Sie heißen dann **„eingetragene Warenzeichen"**, was meist durch ein hochstehendes R im Kreis gekennzeichnet wird. In der Bundesrepublik regelt das Warenzeichengesetz die Eintragung in die Zeichenrolle beim Patentamt. Sie bewirkt Schutz gegen Mißbrauch.

Beispiele für Markennamen sind z. B.: Dolan, Dunova, Trevira. Beispiele für Gütezeichen sind das Baumwoll- und Leinenzeichen, das Wollsiegel, das Seiden- sowie das Chemiefaser-Signet **(Bild 9)**.

2.1 Grundlagen

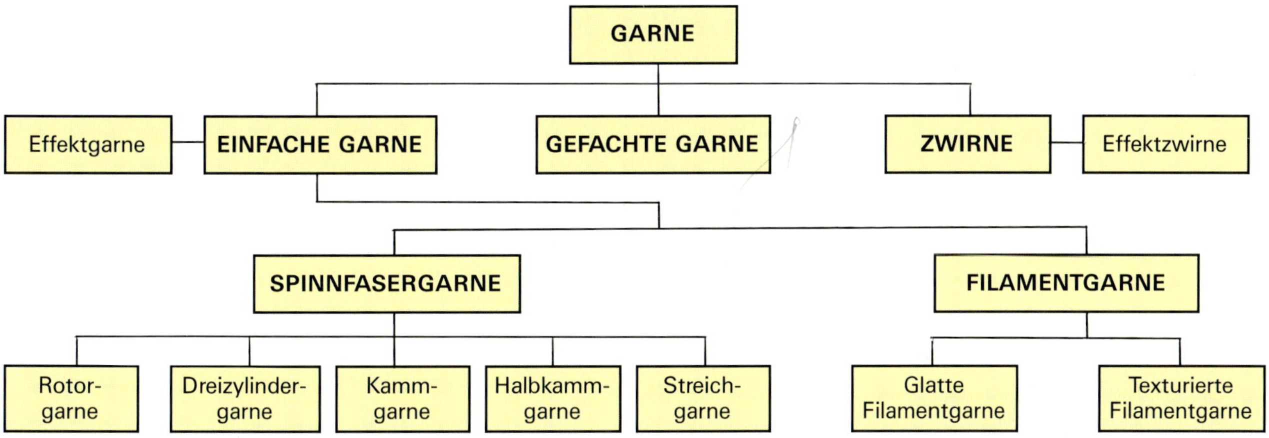

Definition nach DIN 60900

Das Wort **„Garn"** wird im Sprachgebrauch vielfach als Sammelbegriff für alle nachstehend beschriebenen linienförmigen textilen Gebilde benutzt. Im engeren Sinne bedeutet „Garn" dagegen **„einfaches Garn"** im Gegensatz zu **„Zwirn"**. Deshalb wird die Benutzung des Ausdrucks „einfaches Garn" empfohlen, wenn eine eindeutige Abgrenzung gegenüber gefachten Garnen oder Zwirnen notwendig ist. Einfache Garne können Spinnfaser- oder Filamentgarne sein.

Das Wort „Faden" wird zur Bezeichnung von linienförmigen textilen Gebilden wie Vorgarn, einfache Garne, Zwirne, Schnüre usw. benutzt, wenn damit die Erscheinungsform (z. B. Kettfaden) und nicht die Art des Erzeugnisses gekennzeichnet werden soll.

Begriffe

	**Spinnfasergarne** entstehen auf mechanischem Wege durch Zusammendrehen von Stapelfasern (Verspinnen).
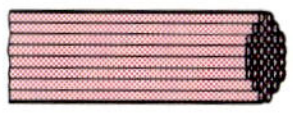 Multifil ungedreht  Multifil gedreht  Monofil	**Filamentgarne** sind Garne aus Endlosfasern (Filamente), die von der Seidenraupe oder auf chemisch-technischem Wege aus Spinnmassen ersponnen werden. Ein **Multifilgarn** ist ein Filamentgarn (Endlosgarn), das aus mehreren Filamenten besteht, die mit oder ohne Drehung zusammengefaßt sind. Ein **Monofil(garn)** besteht aus nur einem einzigen Filament.
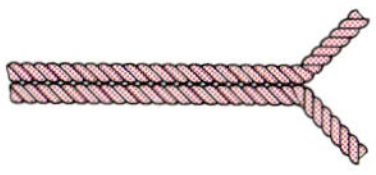	Zwei oder mehr Garne, die lediglich zusammen gespult, jedoch nicht miteinander verdreht sind, bezeichnet man als **gefachte Garne**.
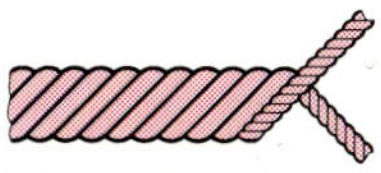	**Zwirn** ist der Sammelbegriff für alle linienförmigen textilen Gebilde, die durch Zusammendrehen einfacher Garne (oder/und Zwirne) gleicher oder verschiedener Art entstanden sind.

Entstehung

Spinnfasergarne	Filamentgarne	
	Multifil(garn)	**Monofil(garn)**
Aus Stapelfasern wie: Baumwolle, Leinen, Wolle, Schnappe- und Bourette-seide, gerissene und geschnittene Chemiefasern 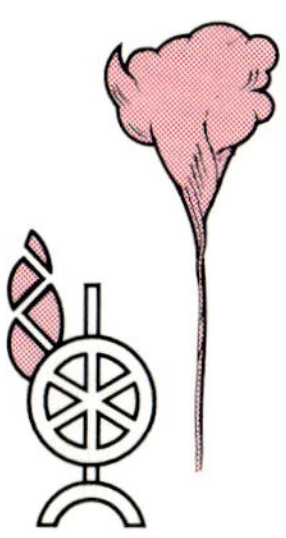	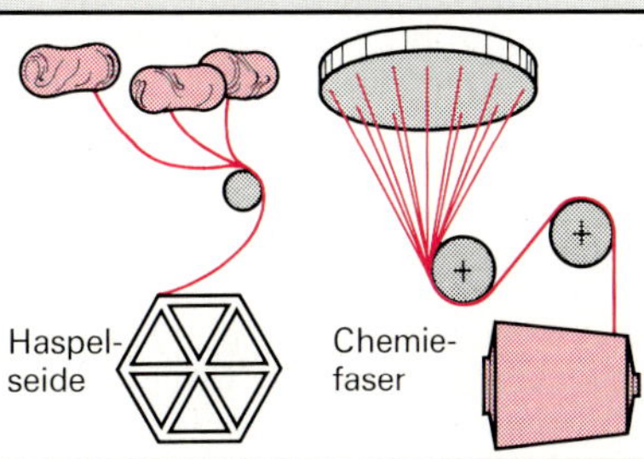	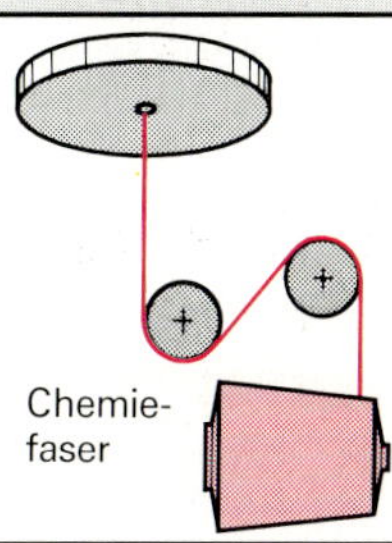

2.1 Grundlagen

Herstellung von Spinnfasergarnen

Die zu Ballen gepreßten Fasern werden zunächst aufgelockert und dann nach folgendem Herstellungsprinzip versponnen:

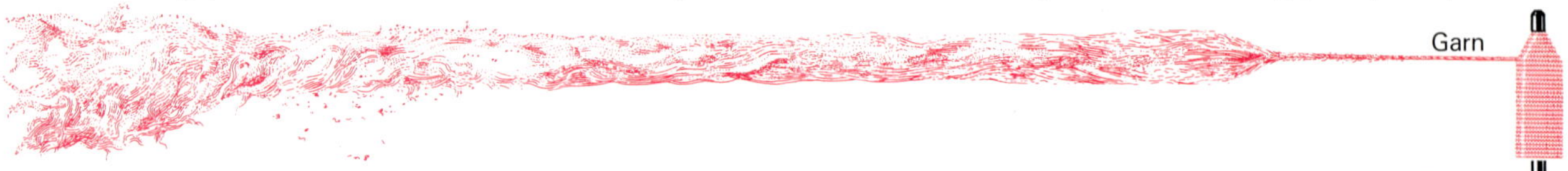

1: Prinzip des Spinnens

Je nach vorliegendem Fasergut und gewünschter Garneigenschaft kann die Vorgarnbildung durch Teilen des Faserflors **(Bild 2)** oder durch mehrmaliges Doppeln und Verstecken der Faserbänder **(Bild 3)** erfolgen.

Bildung des Vorgarnes durch Florteilung

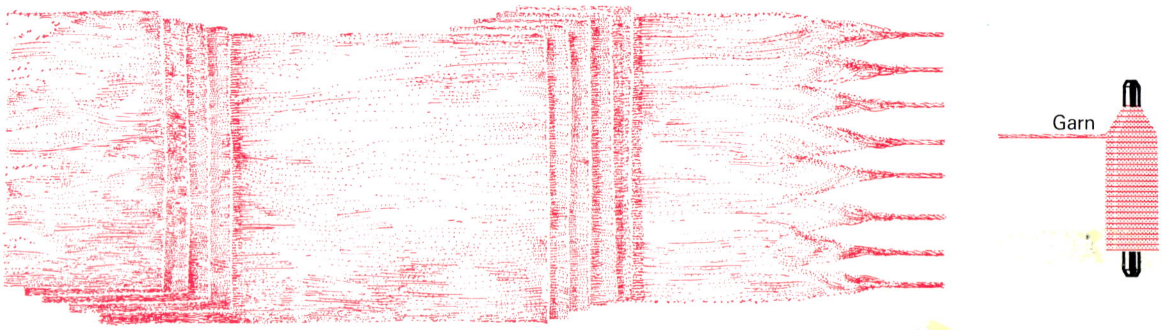

2: Prinzip des Streichgarnspinnverfahrens

Bildung des Vorgarnes durch Doppeln und Verstrecken von Faserbändern

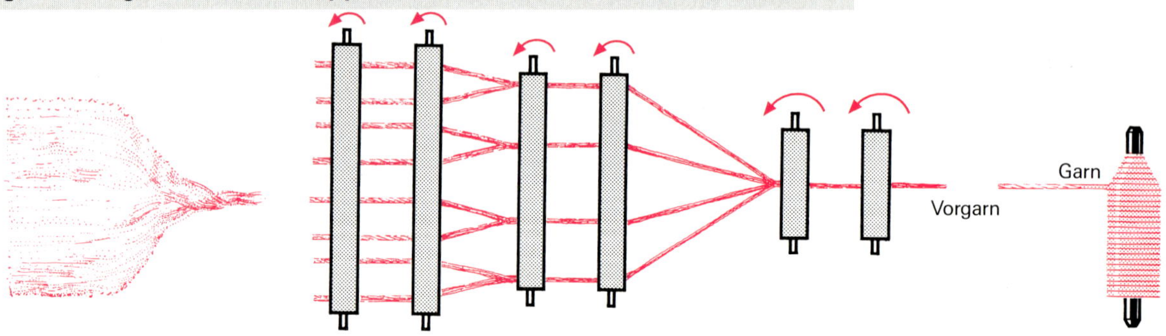

3: Prinzip des Dreizylinderspinnverfahrens, Kammgarnspinnverfahrens

Mit dem Feinspinnen sind die Arbeitsgänge der Spinnerei abgeschlossen. In der Regel werden in den Spinnereien die Garne von den Kopsen auf Kreuzspulen umgespult. Dadurch ist eine Garnkontrolle gewährleistet und man erhält größere Garnträger.

Drehung

Der Begriff Drehung umfaßt die Drehrichtung und die Drehungszahl von Garnen und Zwirnen.

Die **Drehrichtung** gibt die Steigungsrichtung der Fasern im Garn oder der Garne im Zwirn an.

Man bezeichnet die Drehrichtung mit dem Buchstaben Z, wenn die Fasern im Garn (oder die Garne im Zwirn) bei senkrecht gehaltenem Faden in Richtung des Schrägstrichs des Buchstaben Z verlaufen.

Man bezeichnet die Drehrichtung mit dem Buchstaben S, wenn die Fasern im Garn (oder die Garne im Zwirn) in Richtung des Schrägstriches des Buchstaben S verlaufen.

Die **Drehungszahl** gibt die Anzahl der Drehungen von Garnen und Zwirnen, bezogen auf die Länge von 1 m, an. Stark gedrehte Garne/Zwirne ergeben eine glatte, dichte und geschlossene textile Fläche. Wenig gedrehte Garne/Zwirne sind voluminöser und ergeben somit rauhere und dickere Textilien.

2.2.1 Übersicht
2.2.2 Wollspinnerei

Zuordnung verschiedener Faserarten zu bestimmten Spinnverfahren

Gruppe	Spinnverfahren	Faserart	Faserlänge
Wollspinnerei	Streichgarnspinnerei Halbkammgarnspinnerei Kammgarnspinnerei	Wolle und wollähnliche Chemiefasern (W-Typen)	18… 60 mm 60…120 mm
Baumwollspinnerei	Zweizylinderspinnerei (ähnlich Streichgarnspinnerei) Dreizylinderspinnerei Rotorspinnerei	Baumwolle und baumwollähnliche Chemiefasern (B-Typen) vorwiegend Baumwolle	10… 20 mm 20… 50 mm 10…100 mm
Bastfaserspinnerei	Flachsspinnerei Hanfspinnerei Jutespinnerei	Flachs Hanf Jute	bis 1000 mm
Seidenspinnerei	Schappespinnerei Bourettespinnerei	Seide	bis 250 mm bis 60 mm
Chemiefaserspinnerei	Konverterspinnerei Direktspinnerei	Chemiefasern	endlos

Streichgarnspinnerei

Nach dem Streichgarnspinnverfahren können fast alle spinnfähigen Stoffe verarbeitet werden. Die gewaschene und sortierte Rohwolle, die Reißwolle oder sonstige Faserstoffe werden der Streichgarnspinnerei als gepreßte Ballen angeliefert. Die Rohstoffe werden schichtweise von den Ballen abgenommen und dem Krempelwolf vorgelegt.

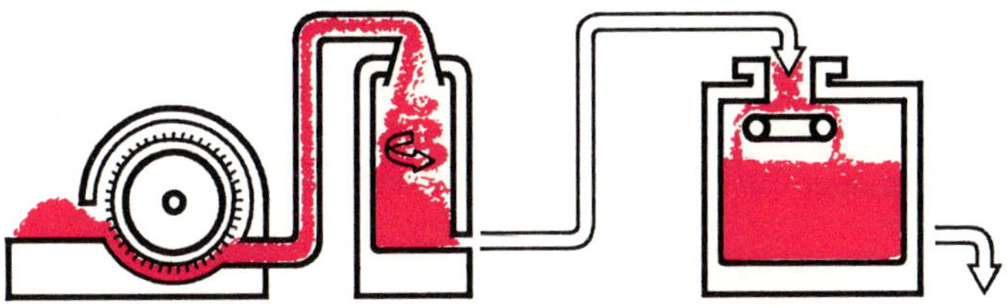

1. Wolfen	2. Mischen und Schmälzen
Auflösen und Reinigen der Faserflocken	Mischen verschiedener Faserarten und -farben. Zusammenstellen einer Spinnpartie. Schmälzen (Nachfetten) zur Rückgewinnung der Geschmeidigkeit.

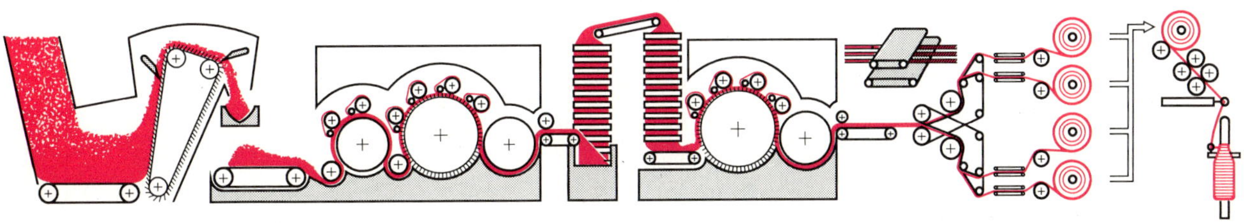

3. Wiegen	4. Krempeln	5. Florteilen und Nitscheln	6. Feinspinnen
Auflösen des Fasermaterials. Zuführung gleichmäßiger Portionen zur Krempel.	Auflösung bis zur Einzelfaser. Ordnen der Fasern. Beseitigen von Unreinigkeiten. Herstellung eines Faserflores.	Teilen des Faserflores zu Bändchen. Herstellung eines Vorgarnes im Nitschelwerk durch gegenläufig hin- und herrollende Bänder.	Verstrecken bis zur endgültigen Feinheit. Verdrehen, Aufwickeln

Streichgarne haben ein grobes, rustikales Aussehen mit abstehenden Fasern.

2.2.2 Wollspinnerei

Kammgarnspinnerei

Will man glatte, gleichmäßige Wollgarne erhalten, müssen längere Wollfasern nach dem Kammgarnspinnverfahren versponnen werden.

Die Rohwolle wird zunächst in der Wollkämmerei gewaschen, gekämmt und bis zu einem Streckenband verarbeitet.

Kämmerei

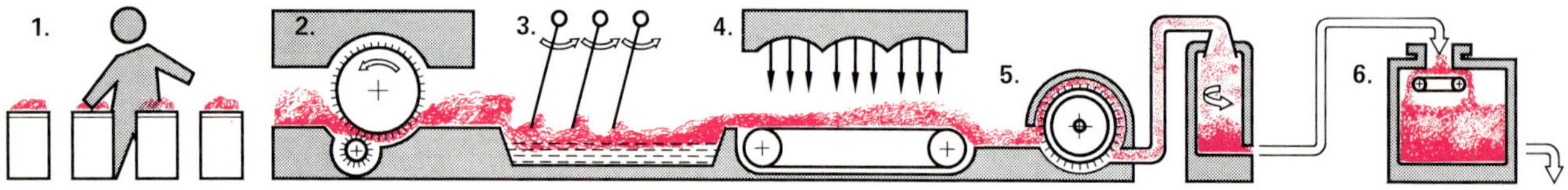

1. Sortieren	2. Öffnen	3. Waschen	4. Trocknen	5. Wolfen	6. Mischen und Schmälzen
Sortieren des Wollvlieses nach Faserqualitäten	Auseinanderziehen der Wolle zu Flocken und Ausscheiden grober Verunreinigungen	Entfernen von Schmutz und Wollfett mit Wasser, Seife und Soda	Trocknen mit Warmluft	Auflösen und Reinigen der Faserflocken	Mischen verschiedener Faserarten und -farben. Zusammenstellen einer Spinnpartie. Schmälzen (Nachfetten) zur Rückgewinnung der Geschmeidigkeit

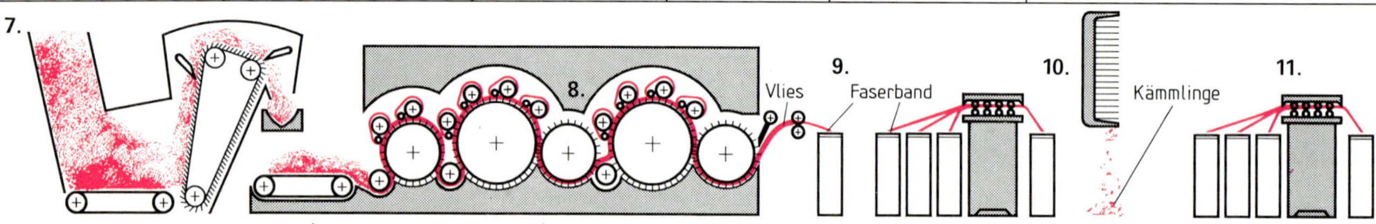

7. Wiegen	8. Krempeln	9. Strecken	10. Kämmen	11. Strecken
Auflösen des Fasermaterials Zuführung gleichmäßiger Portionen zur Krempel	Auflösung bis zur Einzelfaser Ordnen der Fasern Beseitigung von Unreinigkeiten	Vergleichmäßigung der Faserbänder durch Doppeln und Verziehen Mischen verschiedener Faserarten und -farben	Auskämmen der kurzen Faseranteile	Weitere Vergleichmäßigung Der Inhalt einer Streckenkanne wird zusammengepreßt und als sog. Bump[1] an die Kammgarnspinnerei geliefert.

Spinnerei

Die von der Wollkämmerei angelieferten Bumps werden in der Kammgarnspinnerei den Strecken vorgelegt.

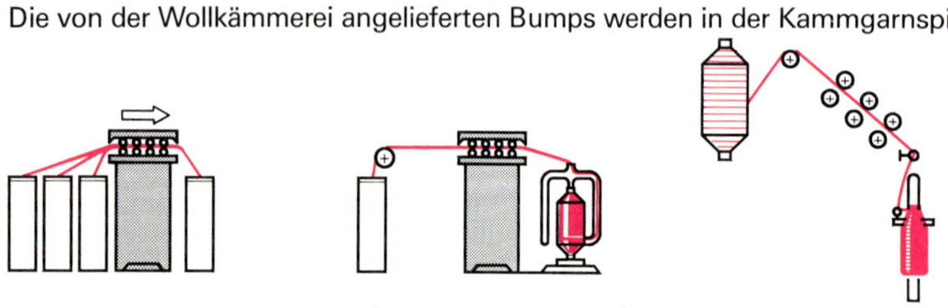

12. Strecken	13. Vorspinnen	14. Feinspinnen
Weitere Vergleichmäßigung und Mischen verschiedener Fasern	Verstrecken und Vordrehen zum Vorgarn	Verstrecken bis zur endgültigen Feinheit Verdrehen Aufwickeln

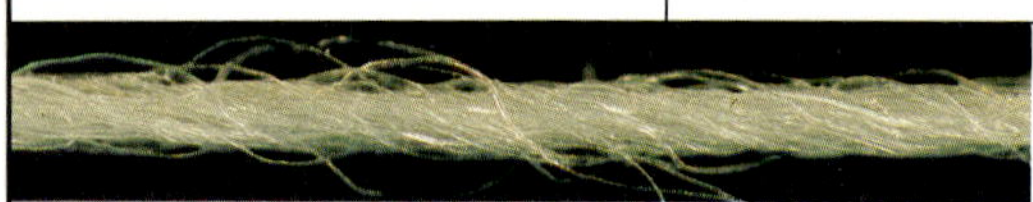

Kammgarne sind durch das mehrmalige Doppeln und Verstrecken und durch das Herauskämmen der kurzen Faseranteile besonders glatt und gleichmäßig.

Halbkammgarnspinnerei

Der Ausdruck „Halbkammgarnspinnerei" ist eigentlich irreführend. Es wird nicht „halbgekämmt", sondern der Kämmvorgang entfällt ganz. Anstelle eines gekämmten Bandes wird der Strecke ein Krempelband vorgelegt.

Für Halbkammgarne werden in der Regel grobe Fasern verwendet. Die Garne haben ein haariges Aussehen und liegen auf Grund der Streckpassage in ihren Eigenschaften zwischen Kammgarn und Streichgarn.

[1] engl. bump = Beule, Höcker

2.2.3 Baumwollspinnerei

Das häufigste Spinnverfahren für Baumwollgarne ist das **Dreizylinderspinnverfahren**. Diese Bezeichnung kommt daher, daß das Streckwerk der Ringspinnmaschine hier aus drei übereinanderliegenden Walzenpaaren (Zylindern) besteht.

Im Streckwerk wird ein Faserband durch die unterschiedliche Geschwindigkeit der Walzenpaare verfeinert, oder besser gesagt verzogen. Wenn z. B. bei gleichem Walzendurchmesser die Einzugswalzen eine Umdrehung und die Ausgangswalzen acht Umdrehungen machen, wird das Faserband auf die achtfache Länge verzogen.

Die Gleichmäßigkeit des entstandenen Garnes ist dabei abhängig von der Anzahl der Streckpassagen und der Entscheidung, ob Kämmaschinen eingesetzt werden.

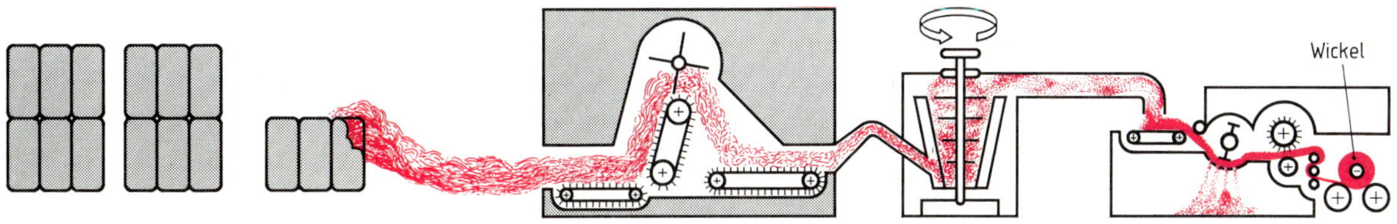

1. Ballenlager, Mischerei	2. Ballenbrecher	3. Öffner	4. Schlagmaschine[1]
Zusammenstellung einer größeren Anzahl von Baumwollballen zu einer Spinnpartie, um eine bessere Mischung des Fasergutes zu erhalten.	Erstauflösung der Ballen	Auflösung zu Flocken, Reinigung	weitere Auflösung und Reinigung; pneumatische[2] Beförderung der Faser zur Karde oder Bildung eines Wickels.

[1] Wird in modernen Anlagen nicht mehr verwendet [2] durch Luft bewegt

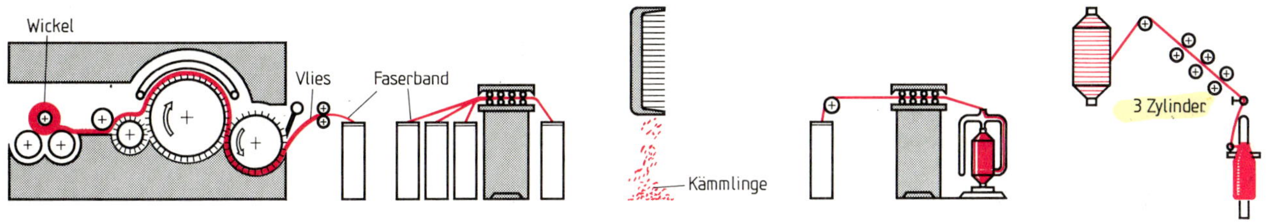

5. Karde	6. Strecke	7. Kämmaschine	8. Flyer	9. Ringspinnmaschine
Auflösen der Flocke zu Einzelfasern Reinigen Parallelisieren Bandbilden	Vergleichmäßigung durch 1 bis 3 Streckvorgänge ggf. Mischen	Herauskämmen kürzerer Faseranteile (bis 25%) Reinigung (nur für hochwertige Garne)	Verstrecken zu Vorgarn Vordrehen	Verstrecken zur endgültigen Feinheit Verdrehen Aufwickeln

Dreizylindergarne sind relativ glatte und gleichmäßige Garne **(Bild 1)**. Die Gleichmäßigkeit kann durch das Herauskämmen der kürzeren Faseranteile noch verbessert werden. Man spricht dann von gekämmten Baumwollgarnen **(Bild 2)**.

1: Baumwollgarn kardiert

2: Baumwollgarn gekämmt

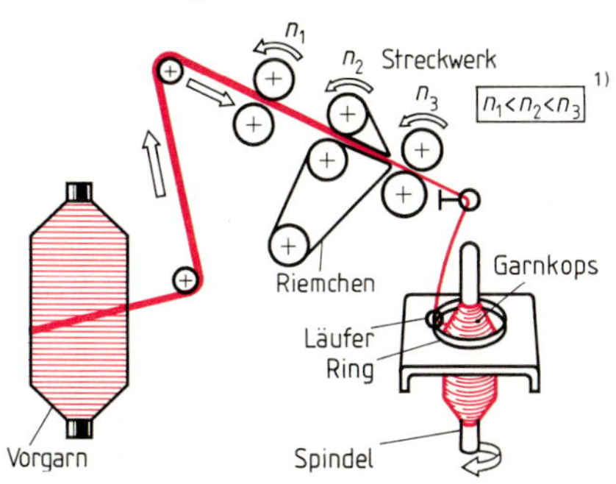

3: Prinzip des Ringspinnens

[1] n = Drehzahl

Das Ausspinnen des Vorgarns zur endgültigen Feinheit erfolgt in der Kammgarn-, Streichgarn- und Baumwollspinnerei vorwiegend nach dem Prinzip des Ringspinnens.

Das Fasermaterial wird dem auf der Spindel sitzenden Garnträger (Kops) mit gleichbleibender Geschwindigkeit vom Streckwerk zugeführt und dort aufgewickelt. Das Garn erhält seine Drehung durch den Ringläufer, der auf einer Gleitschiene, dem Ring, sitzt. Er wird vom Garnkops mitgenommen und überträgt so die Drehung der Spindel auf das Garn.

Die Drehungszahl des Garnes kann durch die Spindeldrehzahl oder durch die Liefergeschwindigkeit des Streckwerkes verändert werden.

Mit der Ringspinnmaschine lassen sich besonders feine Garne herstellen.

2.2.4 Sonstige Spinnverfahren

Rotorspinnerei

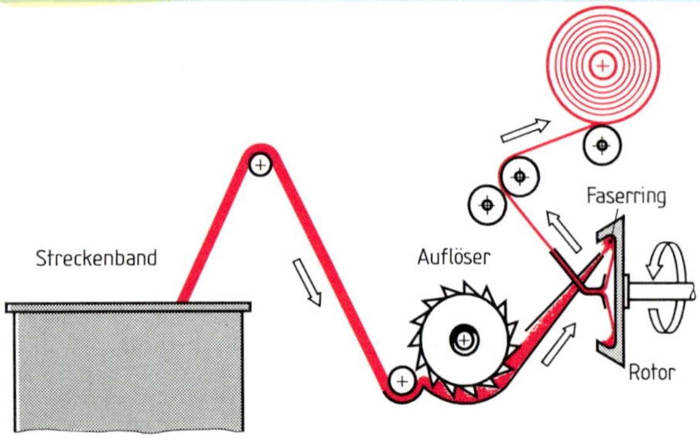

1: **Prinzip des Rotorspinnens**

2: **Rotorgarn**

Ein heute häufig angewandtes Verfahren ist das Rotorspinnen **(Bild 1)**. Bei diesem Verfahren entfällt der Vorgang des Vorspinnens. Außerdem ist die Produktion pro Spinnstelle bis zum siebenfachen höher als auf der Ringspinnmaschine.

Auf der Rotorspinnmaschine wird das zugeführte Karden- oder Streckenband bis zur Einzelfaser aufgelöst und gereinigt. Im Rotor wird durch die Zentrifugalkraft ein Faserring bestimmter Stärke gebildet. Das offene Ende des fertigen Fadens spinnt sich an den Faserring an und zieht ihn heraus. Man nennt das Rotorspinnverfahren deshalb auch Offen-End- oder OE-Verfahren.

Rotorgarne **(Bild 2)** haben einen anderen Charakter als Ringspinngarne. Da die Fasern nicht so parallel liegen, sind die Garne stärker strukturiert und haben eine geringere Festigkeit als vergleichbare Ringspinngarne. Außerdem können Rotorgarne nicht so fein ausgesponnen werden.

Bastfaserspinnerei

Der gehechelte Flachs bzw. Hanf wird auf der Anlegemaschine zu einem Band geformt. Dieses wird dann in mehreren Streckpassagen auf der Nadelstabstrecke durch Doppeln und Verziehen weiter vergleichmäßigt. Auf der Vorspinnmaschine wird dann ein leicht gedrehtes Vorgarn erstellt. Dieses wird auf der Feinspinnmaschine naß oder trocken versponnen.

Trocken versponnen werden mittlere und gröbere Garne, da ein feines Verziehen der Vorgarne infolge der Verklebungen durch den Pflanzenleim nicht möglich ist.

Beim Naßspinnen werden die Fasern durch heißes Wasser gezogen. Dadurch löst sich der Pflanzenleim und die Vorgarne können zu größerer Feinheit verzogen werden.

Seidenspinnerei

Schappespinnerei

Nicht abhaspelbare Kokons und Abfälle aus der Haspelseidengewinnung werden sortiert, gewaschen, entbastet und nach einem dem Kammgarnspinnverfahren ähnlichen Verfahren in der Schappespinnerei zu hochwertigen Garnen (Schappeseide) versponnen.

Bourettespinnerei

Abfälle der Schappespinnerei, in geringem Maße auch gerissene Seidenlumpen, werden nach Art der Streichgarnspinnerei zu relativ groben, ungleichmäßigen Garnen (Bouretteseide) versponnen.

Chemiefaserspinnerei

In der Chemiefaserspinnerei können Chemiefasern im Kurzspinnverfahren versponnen werden, da die vorbereitenden Arbeitsgänge wie Auflösen bis zur Einzelfaser und Reinigen entfallen.

Konverterspinnverfahren

In der Konverterspinnerei wird das Spinnkabel am Konverter[1] durch Reißen und/oder Schneiden in ein aus Stapelfasern bestehendes Band umgewandelt. Die im Spinnkabel vorhandene Parallel-Lage der Fasern bleibt im Faserband erhalten und kann ggf. durch Verzugsvorgänge nochmals verbessert werden.

Die so entstandenen Faserbänder können dann rein oder in Mischungen mit anderen Faserstoffen nach den zuvor beschriebenen Spinnverfahren versponnen werden.

Direktspinnverfahren

Bei diesem Verfahren werden die Spinnkabel in einem einzigen Arbeitsgang durch Verstrecken und Zerreißen auf Spezialstreckwerken und anschließendem Drallgeben und Aufwickeln zu Garnen versponnen.

Mischungen mit anderen Fasern sind bei diesem Verfahren nicht möglich.

[1] Konverter (engl.) = Umwandler

2.3 Zwirne

1: Zwirn

Zwirne entstehen durch das Zusammendrehen von mindestens zwei Garnen, um

- die Reißfestigkeit zu erhöhen,
- unregelmäßige Garne weiter zu vergleichmäßigen,
- gröbere Strukturen zu erzielen,
- besondere Effekte zu erreichen.

Wie auch bei den Garnen wird die Drehrichtung mit den Buchstaben S und Z definiert. Dabei ist die Drehrichtung des Zwirns in der Regel entgegengesetzt zur Drehrichtung der vorausgehenden Gespinste.

Die Drehung wird je nach Anzahl der Drehung pro Längeneinheit als lose, normal oder scharf bezeichnet.

Je nach Herstellungsart unterscheidet man einstufige und mehrstufige Zwirne.

Einstufige Zwirne

Bei einstufigen Zwirnen werden je nach Fachungszahl 2, 3 oder mehr Garne gefacht, d. h. zu einem Garnkörper zusammengefaßt und dann in einem Arbeitsgang zu einem Zwirn zusammengedreht.

2: Zweifachzwirn

3: Dreifachzwirn

4: Vierfachzwirn

Mehrstufige Zwirne

Fach = Ausgangsgarne

Bei mehrstufigen Zwirnen werden zunächst Garne zu Zwirnen zusammengedreht. Danach werden wiederum mehrere Zwirne zu einem Zwirn zusammengedreht.

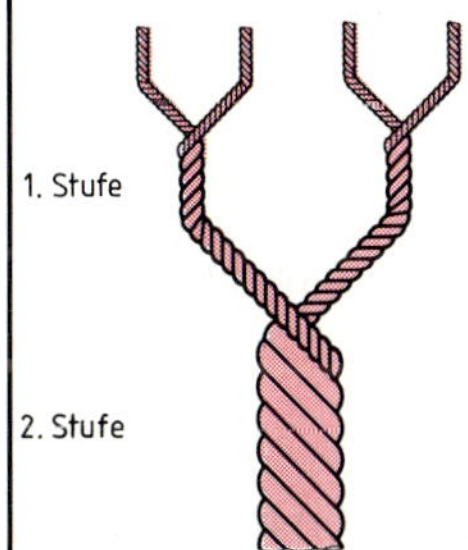

5: Zweistufiger Zwirn vierfach

6: Zweistufiger Zwirn sechsfach

7: Zweistufiger Zwirn sechsfach

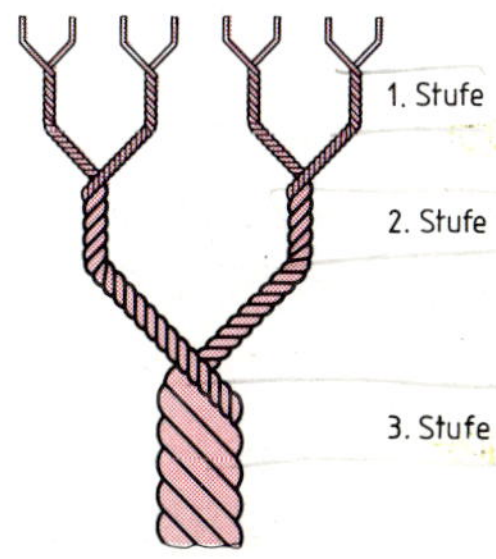

8: Dreistufiger Zwirn achtfach

Umspinnungszwirne

Umspinnungszwirne bestehen aus einem Kern, der auch als Seele bezeichnet wird, und einem Garn, das um den Kern herumgezwirnt wird und ihn verhüllt.

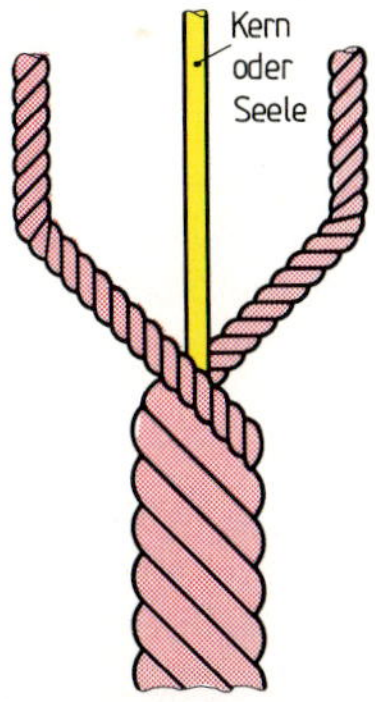

9: Umspinnungszwirn

Bei Ausbrennerwaren haben Umspinnungszwirne seit jeher Bedeutung. Das Umspinnungsgarn besteht aus einem anderen Material als der Kern und kann nach dem Weben mustermäßig weggeätzt werden.

Zur Herstellung elastischer Waren verwendet man heute häufig Umspinnungszwirne mit einem elastischen Kern (z. B. Elastan) und einer Umzwirnung aus Naturfasern.

Umspinnungsgarne entstehen durch Umspinnen eines Kernfadens mit Fasern.

Nähgarne werden häufig als Umspinnungszwirne oder Umspinnungsgarne (Core-Garne) hergestellt. Der Kern mit einem synthetischen Monofilgarn bringt die Festigkeit, die Umspinnung oder Umzwirnung bringt die Nadelkühlung.

Seele idR Polyester (PES) / Core
Außen idR Baumwolle (Co) / Garne

2.4 Effektgarne

Garne für die Textilerzeugung werden zunächst nach technologischen Gesichtspunkten wie Festigkeit, Dehnung, Elastizität usw. ausgewählt. Ein weiterer Gesichtspunkt für die Auswahl von Garnen können physiologische Eigenschaften wie Luftdurchlässigkeit, Feuchtigkeitstransport usw. sein. Die technologischen und physiologischen Eigenschaften werden im wesentlichen durch Rohstoffart, Faserlänge und Spinnverfahren bestimmt.

Garne und Zwirne können auch als gestalterisches Element eingesetzt werden. Dabei lassen sich durch den Einsatz spezieller Garne und Zwirne besondere Effekte erzielen.

Farbeffekte

Melangegarne entstehen durch Mischung verschiedenfarbiger Fasern beim Verspinnen. Sie ergeben in der textilen Fläche eine farblich verfließende Mehrtonwirkung. Stoffbeispiel: Marengo

Vigoureuxgarne erhalten ihren Farbeffekt durch streifenweises Bedrucken von Kammzügen bei der Kammgarnherstellung. Die Wirkung ist der Melangetönung ähnlich.

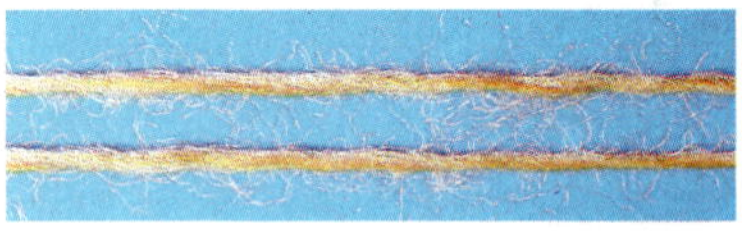

Jaspégarne entstehen durch gemeinsames Verspinnen verschiedenfarbiger Vorgarne bei geringer Drehung. Die Farbwirkung ist ähnlich, aber weniger kontrastierend als bei Mouliné.

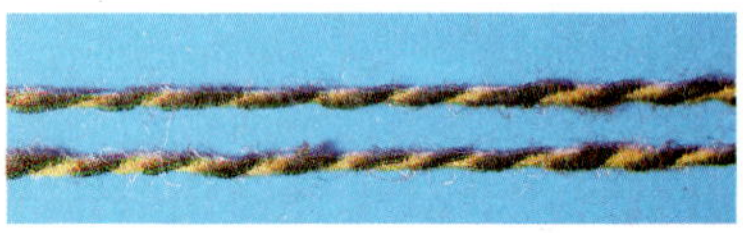

Moulinézwirne erhält man durch das Verdrehen zweier oder mehrerer verschiedenfarbiger Garne oder durch das Verzwirnen von Mischfasergarnen, deren Rohstoffe ein unterschiedliches Färbeverhalten aufweisen. Sie ergeben in der Fläche eine gesprenkelte Farbwirkung. Stoffbeispiel: Fresko

Struktureffekte

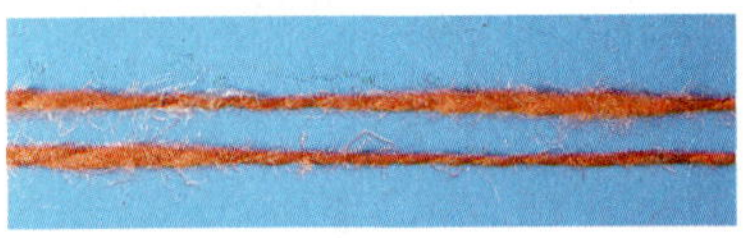

Flammengarne bzw. -zwirne weisen langgezogene Verdickungen auf in regelmäßiger oder unregelmäßiger Anordnung. Der Flammeneffekt kann beim Verspinnen oder beim Verzwirnen erreicht werden. Textile Flächen erhalten einen Leinen- oder Wildseidencharakter, der besonders bei Dekorationsstoffen beliebt ist.

Noppengarne bzw. -zwirne kennzeichnen kurze, knotige Verdickungen. Sie entstehen durch Einstreuen der oft bunten Noppen beim Verspinnen oder durch spezielles Verzwirnen. Textilen Flächen verleihen sie eine strukturierte Oberfläche. Stoffbeispiele: Donegal, Tweed i.d.R. 3fädig

Schlingenzwirne weisen Schlingen, Locken oder Knoten auf; sie entstehen durch besondere Zwirntechniken. Textile Flächen erhalten mehr oder weniger einen körnigen Griff und eine strukturierte Oberfläche. Stoffbeispiele: Bouclé, Frisé, Frotté, Loop i.d.R. 2 fädig

Chenille- oder Raupenzwirne haben eine samtartige Oberfläche, sind voluminös und weich. Die raupenähnlichen Bändchen können durch Spinn-, Web- oder Kettenwirktechnik hergestellt werden. Man verwendet sie z. B. als Schußgarne bei Dekorationsstoffen. 2 Bindefaden 1 Legefaden

Kräuselgarne bewirken bei textilen Flächen eine krause, unruhige Oberfläche und einen sandigen Griff. Sie entstehen durch Überdrehen **(Kreppgarn)** oder durch Zusammendrehen hartgedrehter Zwirne **(Kräuselzwirne)**. Stoffbeispiele: Chiffon, Crêpe de Chine, Crêpe Georgette, Crêpe lavable, Crêpe marocain, Crêpe Satin

Glanzeffekte

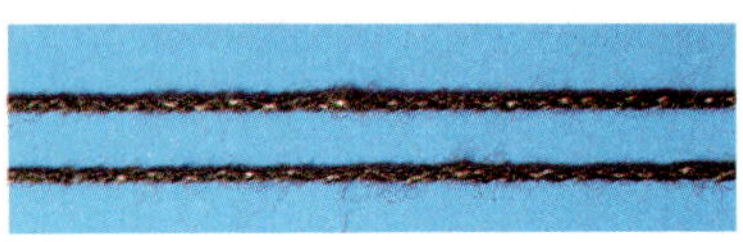

Matt/Glanz-Effekte erreicht man durch Mischen von matten und glänzenden Fasern beim Verspinnen. **Glanz- und Glitzereffekte** entstehen durch den Einsatz von Metallfäden (heute selten), von metallähnlichen Folien (z. B. Lurex), von farblosen Folien, von Chemiefasern mit besonderem Querschnitt. Stoffbeispiele: Brokat, Lamé

2.5 Texturierte Garne

Texturieren

Thermoplastische (durch Wärme verformbare) glatte Filamentgarne aus Chemie-Endlosfasern können durch verschiedene Verfahren dauerhaft gekräuselt werden. Diesen Vorgang nennt man Texturieren. Man erhält dadurch

- Hohes Porenvolumen und Bauschkraft
- höhere Dehnbarkeit und Elastizität
- ein matteres Oberflächenbild
- ein gutes Wärmerückhaltevermögen durch den höheren Lufteinschluß
- höhere Luftdurchlässigkeit und verbesserten Feuchtigkeitstransport
- ein angenehmeres Tragegefühl und einen weicheren Griff

Wichtige Texturierverfahren

Falschdrallverfahren

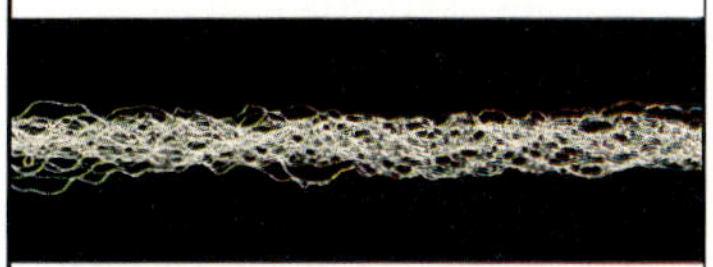

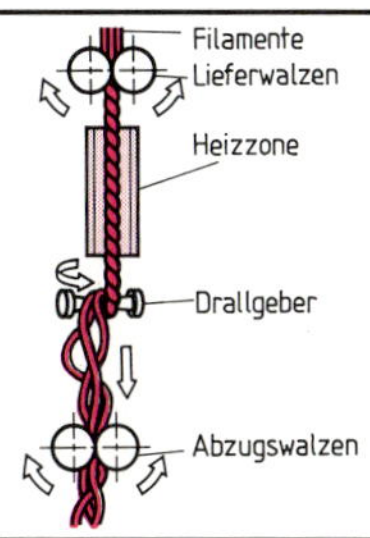

Das Garn wird durch eine beheizte Zone geführt, an deren Ende ein Drallgeber mit hoher Drehzahl die gewünschte Drehung erzeugt. Durch die Wärmebehandlung und Abkühlung wird die Drehung fixiert. Anschließend wird das Garn wieder aufgedreht, die Kräuselung bleibt jedoch erhalten.

Dieses Verfahren ist das preiswerteste und wird deshalb am häufigsten eingesetzt.

Blasverfahren

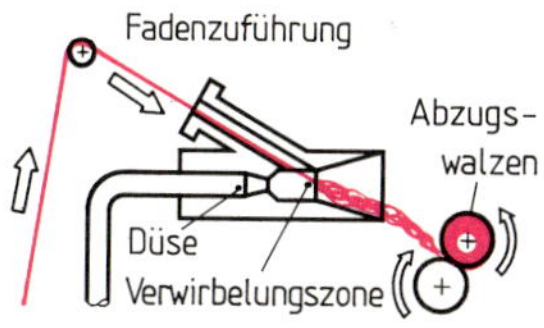

Das Garn wird an einer Düse vorbeigeführt, wobei in der Regel durch kalte, seltener durch heiße Luft oder durch Dampf die einzelnen Filamente verwirbelt werden.

Es entsteht ein hochbauschiges Garn mit dauerhafter Kräuselung und Schlingenstruktur.

Stauchkräuselverfahren

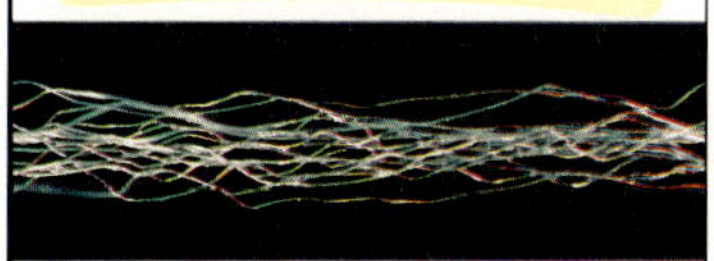

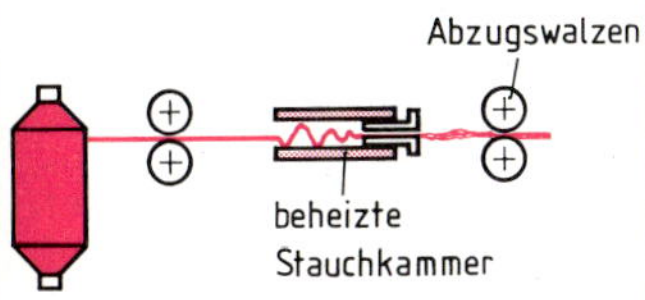

Das Garn wird in einer beheizten Kammer gestaucht und geknickt. Das zickzackförmige Zusammenpressen der Filamente in Längsrichtung mit anschließender Abkühlung bewirkt die dauerhafte Kräuselung. Durch den wirren Verband der Fasern entsteht ein fülliges Garn.

Strickfixierverfahren
(Knit-deknit-Verfahren)

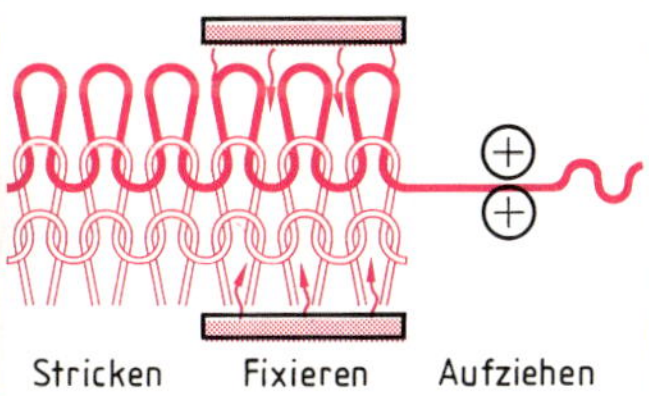

Das Garn wird auf einer Rundstrickmaschine zu einem Schlauch verstrickt. Die entstandene Maschenware wird einer Wärmebehandlung unterzogen, abgekühlt und anschließend wieder aufgezogen. Durch die einfixierte Maschenverformung entsteht ein sehr elastisches Garn mit Bouclécharakter (Crinkle-Garn).

Typen texturierter Garne

Unabhängig vom Texturierverfahren unterteilt man texturierte Garne in drei Gruppen:

HE-Garne (Stretchgarne): Hochelastische texturierte Garne mit einer Kräuseldehnung von 150% bis 300%.

Set-Garne: Texturierte Garne mit verminderter Elastizität und einer auf 35% bis 45% reduzierter Dehnbarkeit.

Bauschgarne: Sehr voluminöse Kräuselgarne mit geringer bis mittlerer Dehnbarkeit und Elastizität.

Hochbauschgarn (HB-Garn)
Im Gegensatz zu texturierten Bauschgarnen handelt es sich bei Hochbauschgarnen um Spinnfasergarne mit hohem Porenvolumen. Sie bestehen meistens aus Polyacryl. Fasern mit unterschiedlichem Schrumpfverhalten werden miteinander versponnen. Bei der anschließenden Wärmebehandlung schrumpft der eine Faseranteil und die nichtschrumpfenden Fasern bauschen sich auf.

Einsatzgebiete texturierter Garne

Strümpfe und Strumpfhosen, Bade- und Sportbekleidung, Oberbekleidung, Unterwäsche, Teppichböden, Nähgarne zum Nähen und Versäubern elastischer Stoffe.

2.6 Numerierung

In der Textilerzeugung und in der Bekleidungsfertigung werden je nach Verwendungszweck feine, mittlere und grobe Garne benötigt. Unterschiedliche Feinheiten wirken sich auf Aussehen und Eigenschaften der daraus hergestellten Flächen aus. Die Feinheit eines Garnes wird durch eine Zahl angegeben, die sich aus dem Verhältnis von **Fadenlänge** und **Fadenmasse** ergibt.

Diese Art der Feinheitsangabe bezeichnet man als Numerierung.

Numerierungssysteme			
Massennumerierung[1]		**Längennumerierung**	
Sie gibt an, welche Masse ein Einfach- oder Mehrfachgarnstück mit einer bestimmten Länge hat.		Sie gibt an, welche Länge ein Einfach- oder Mehrfachgarnstück mit einer bestimmten Masse hat.	
Titer[2] tex Tt	**Titer denier Td (den)**	**Nummer metrisch Nm**	**Nummer englisch Baumwolle Ne_B**
Masse in Gramm (g) Länge = 1 km	Masse in Gramm (g) Länge = 9 km	Masse = 1 Gramm (g) Länge in Meter (m)	Masse = 1 pound Länge in hanks[3]

Tex-System

Wenngleich die oben aufgeführten Numerierungssysteme (und andere darüber hinaus) heute noch angewandt werden, ist das Tex-System die eigentliche international verbindliche Feinheitsangabe.

Das Tex-System gibt die Masse eines Fadens in Gramm bezogen auf die Länge von 1 km an. Die Einheit $\frac{g}{km}$ wurde zur Einheit tex vereinfacht.

20 tex bedeutet, daß 1 km Garn 20 g Masse hat.
50 tex bedeutet, daß 1 km Garn 50 g Masse hat.

$$Tt\ (tex) = \frac{Masse\ (g)}{Länge\ (km)}$$

Je feiner das Garn desto kleiner der Zahlenwert

Beispiel: Ein Garn mit einer Länge von 2,5 km hat 40 g Masse.

$$Tt\ (tex) = \frac{Masse\ (g)}{Länge\ (km)} = \frac{40\ g}{2{,}5\ km} = 16\ \frac{g}{km} \rightarrow 16\ tex$$

Für sehr feine oder sehr grobe Garne können die Zahlenvorsätze **Dezi** oder **Kilo** eingesetzt werden.

Beispiele: 50 dtex bedeutet, daß 1 km Garn 50 dg Masse hat. $Tt = \frac{50\ dg}{1\ km} = 50\ dtex$

50 ktex bedeutet, daß 1 km Garn 50 kg Masse hat. $Tt = \frac{50\ kg}{1\ km} = 50\ ktex$

Bei **Zwirnen** werden im Tex-System die Feinheiten der einzelnen Garne mit dem Multiplikationszeichen × und der Fachungszahl versehen. **Beispiele:**

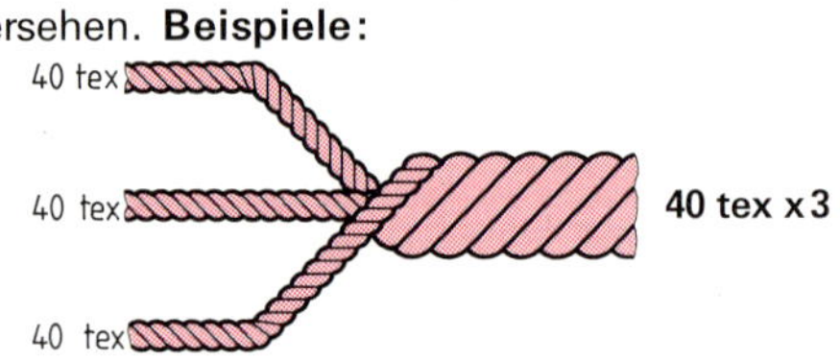

1: Einstufiger Zwirn aus drei Garnen mit der Garnfeinheit von je 40 tex

2: Zweistufiger Zwirn aus sechs Garnen der Garnfeinheit von je 20 tex

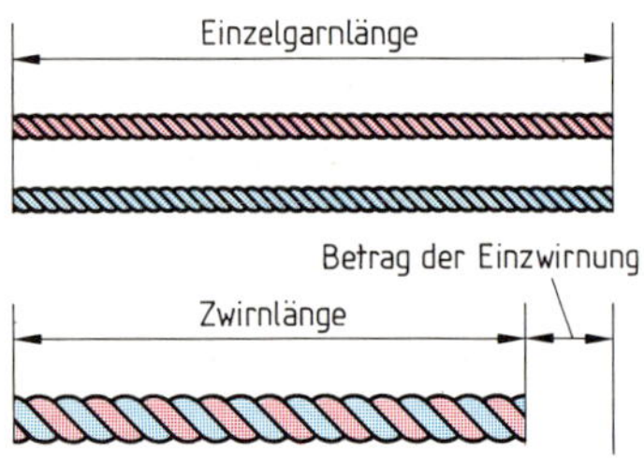

3: Einzwirnung

Beim zweiten Beispiel wäre 20 tex × 3 × 2 = 120 tex der rechnerische Endtiter des Zwirnes. Diese Zahl gibt jedoch nicht die endgültige Feinheit des Zwirnes an, da durch die Einzwirnung der Zwirn kürzer ist als die jeweiligen Einzelfäden. In Abhängigkeit von der Drehzahl könnte die endgültige Feinheit z. B. 132 tex sein. Dies müßte dann durch den Buchstaben R (Resultierende Feinheit) gekennzeichnet werden. Hier also R 132 tex/3/2.

[1] Wird oft auch als Gewichtsnumerierung bezeichnet
[2] Titer = Feinheit von Fasern bzw. Garnen
[3] 1 hank = 840 yards; 1 yard = 91,44 cm

2.6 Numerierung

Titer denier (Td)

Für Filamente (z. B. Strumpfgarne) wird auch heute noch häufig der sogenannte Seidentiter verwendet.

Td gibt die Masse (g) eines Fadens bezogen auf die Länge 9 km an. Td 12 bedeutet, daß 9 km Garn 12 g Masse haben.

$$\text{Td} = 9 \, \frac{\text{Masse (g)}}{\text{Länge (km)}}$$

oder $\text{Td} = 9 \cdot \text{Tt (tex)}$

Je feiner das Garn, desto kleiner der Zahlenwert

Beispiel: Ein Garn mit einer Länge von 3 km hat 5 g Masse

$$\text{Td} = 9 \cdot \frac{\text{Masse (g)}}{\text{Länge (km)}} = 9 \cdot \frac{5\,\text{g}}{3\,\text{km}} = 15 \, \frac{\text{g}}{\text{km}} \rightarrow \text{Td 15 oder 15 den}$$

Metrische Nummer (Nm)

Die metrische Nummer ergibt sich aus dem Verhältnis der Länge in m zur Masse in g.

$$\text{Nm} = \frac{\text{Länge (m)}}{\text{Masse (g)}}$$

Je feiner das Garn, desto größer der Zahlenwert

Nm 40 bedeutet, daß 40 m Garn 1 g Masse haben, Nm 100 bedeutet, daß 100 m Garn 1 g Masse haben.

Bei **Zwirnen** wird in der Regel die Einzelgarnnummer mit der Fachungszahl hinter einem Schrägstrich versehen. **Beispiele:**

1: Einstufiger Zwirn aus zwei Garnen mit der Garnfeinheit von je Nm 60

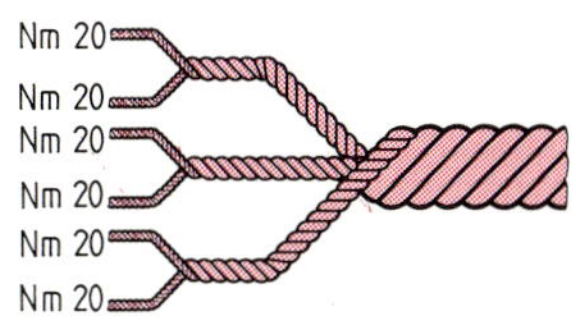

2: Zweistufiger Zwirn aus sechs Garnen mit der Garnfeinheit von je Nm 20

Englische Baumwollnummer (Ne_B)

Sie baut auf der Garnlänge in hanks, das entspricht einer Stranglänge von 840 yards und der Masse in pounds (lbs) auf.

$$Ne_B = \frac{\text{Länge (hanks)}}{\text{Masse (pounds)}}$$

Bei Zwirnen wird auch hier die Einzelgarnnummer mit der Fachungszahl hinter einem Schrägstrich versehen.

Numerierung von Nähgarnen und -zwirnen

Leider hat sich bei der Numerierung von Nähgarnen und Zwirnen noch kein einheitliches und vereinfachtes System durchgesetzt.

Nähgarne aus Seide, synthetischen Fasern und Umspinnungsgarne werden meistens in der metrischen Numerierung angegeben (Nm 70/3; Nm 80/3; Nm 120/3; Nm 120/2). Ist der Nähzwirnstärke keine Fachungszahl hinzugefügt, so handelt es sich immer um den vorherrschenden Dreifachzwirn.

Bei Baumwollnähzwirnen wird die englische Numerierung angegeben (Ne_B 50/3, Ne_B 40/3). Die Fachungszahl wird in der Regel nicht angegeben, ist jedoch meistens dreifach. Liegt eine andere Fachungszahl vor, ist die Einzelgarnstärke so gewählt, daß die Zwirnendnummer einem Dreifachzwirn entspricht, z. B.:

3: Nähgarnetiketten

Etikettnummer	Garnnummer	Zwirnendnummer
Nr. 60	Ne_B 60/3	ca. Ne 20
Nr. 60/4	Ne_B 80/4	ca. Ne 20
Nr. 60/2	Ne_B 40/2	ca. Ne 20

2.7 Übersicht über Garnarten

	Garnart, Faserstoffe	Merkmale, Eigenschaften	Einsatzgebiete
Spinnfasergarne			
	**Kammgarn** Wolle, feine Tierhaare, Mischungen (längere Fasern)	fein, glatt, gleichmäßig, Kurzfasern sind ausgekämmt, härter gedreht, geringes Porenvolumen, reißfest	hochwertige, elegante Anzug-, Kostüm- und Kleiderstoffe, z.B. Gabardine, Cool Wool, Mousseline; feine Maschenwaren
	**Streichgarn** Wolle, feine Tierhaare, Mischungen (kürzere Fasern)	rauh, ungleichmäßig, abstehende Fasern, gröber, weniger geordnete Faserlage, weicher gedreht, voluminös, enthält auch kurze Faseranteile	rustikale Kostüm- und Anzugstoffe, voluminöse Mantel-, Jackenstoffe, z.B. Loden, Flausch, Shetland, Tweed; Grobstrickwaren
	**Dreizylindergarn, gekämmt** Baumwolle und Mischungen	fein, glatt, gleichmäßig, Kurzfasern sind ausgekämmt, fester gedreht, geringes Porenvolumen, hochwertig	hochfeine und feine Kleider-, Blusen- und Wäschestoffe, z.B. Batist, Damast, Satin, Zefir; feine Maschenwaren
	**Dreizylindergarn, kardiert** Baumwolle und Mischungen	weniger fein, relativ gleichmäßig, voluminös, weicher gedreht, matt, weniger geordnete Faserlage, enthält auch kurze Faseranteile	mittelfeine bis gröbere Stoffe für Wäsche, Berufskleidung, Dekorationen, z.B. Kattun, Kretonne, Renforcé; Maschenwaren
	**Rotorgarn** Baumwolle und Mischungen	strukturierte Oberfläche durch weniger geordnete Faserlage, gröber, voluminös, härter gedreht, matt, enthält kurze Faseranteile	mittelfeine bis grobe Baumwollwaren, z.B. Jeansköper, Denim
	**Schappegarn** längere Abfallstücke der Haspelseidengewinnung (5...10 cm)	ähnlich Kammgarn: langstapelige Faseranteile, gleichmäßig, fein, glänzend, reißfest	feine bis gröbere Seidengewebe für Hemden, Blusen, Nacht-, Unter- und Bettwäsche, z.B. Toile; Nähgarne (Nähseide)
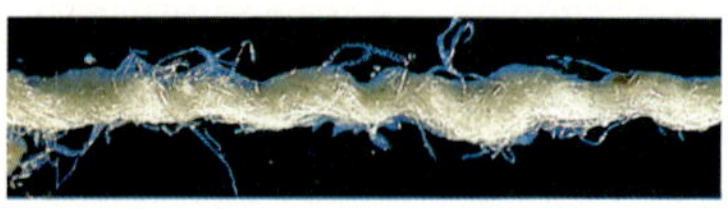	**Bourettegarn** Kämmlinge der Schappeseidenherstellung (Abfälle)	ähnlich Streichgarn: unregelmäßig, rauh, noppig, stumpf, kurzfaserig, voluminös	grobe und noppige Seidengewebe für Oberbekleidung und Dekorationen, z.B. Bourette
Filamentgarne			
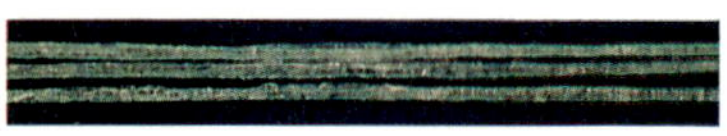	**Haspelseide** „endlose" Seide vom Mittelteil des Kokons; mehrere Kokons werden miteinander abgehaspelt (Multifil)	sehr fein, glatt, absolut gleichmäßig, wenig gedreht (stark glänzend) bis überdreht (matt); viele feine Endlosfasern	feine Stoffe für Kleider, Blusen, Tücher, Krawatten; z.B. Pongé, Organza, Taft, Satin, Twill; gezwirnt zu Knopflochseide
	**Monofilgarn** aus Einlochdüse ersponnenes Filament, vor allem aus Polyamid, Polyester und Elasto	hart, steif, glatt, fein bis grob (je nach Düsenöffnung), meist farblos (transparent), glänzend; eine einzige Endlosfaser	transparente Nähgarne, Drähte, Borsten, Netze, Filtertücher, Siebgewebe
	**Multifilgarn, glatt** aus Mehrlochdüse ersponnene Filamente, düsenweise zusammengefaßt; zellulosische oder synthetische Chemiefasern	glatt, dicht, geschlossen, gleichmäßig, wenig gedreht (glänzender) bis überdreht (matter); viele feine Endlosfasern	Futter, Kleider- und Blusenstoffe, Krawatten, Tücher, Damenwäsche, Gardinen; z.B. Taft, Satin, Charmeuse, Duchesse, Twill, Voile
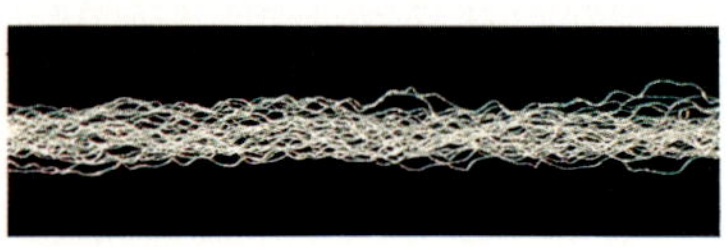	**Multifilgarn, texturiert** thermoplastische Filamente aus synthetischen Chemiefasern und Triacetat	mehr oder weniger gekräuselt, bauschig, voluminös, griffig, elastisch, matt; viele feine Endlosfasern	Stretchgarne, Bauschgarne für Versäuberungsnähte, Socken, Strumpfhosen, Kleider- und Blusenstoffe, Badebekleidung

2.8 Garneigenschaften
2.9 Nähgarne

Garneigenschaften

Die Eigenschaften der Garne haben einen wesentlichen Einfluß auf die aus ihnen hergestellten textilen Flächen und Kleidungsstücke. Außerdem sind sie bestimmend für ihren Einsatz als Nähgarne.

Gleichmäßigkeit Glatte Flächen lassen sich nur mit sehr gleichmäßigen Garnen herstellen. Diese wiederum erhält man bei Spinnfasergarnen durch häufiges Doppeln und Verstrecken und durch Auskämmen der kurzen Faseranteile.

Festigkeit Die Festigkeit von Garnen wird durch die Qualität der verwendeten Fasern und durch die Anzahl der Drehungen beeinflußt. Durch Zwirnung kann die Festigkeit weiter erhöht werden.

Härte/Drehung Die Anzahl der Drehungen beeinflußt die Härte eines Garnes und damit den Griff und das Aussehen daraus hergestellter Textilien.

Dehnbarkeit/Elastizität Dehnbarkeit und Elastizität von Garnen haben für die spätere Verwendung große Bedeutung. Sie können durch das Fasermaterial und entsprechende Herstellungsverfahren beeinflußt werden.

Nähgarne und -zwirne

Garnart	Merkmale	Einsatzgebiete
Baumwoll-Nähzwirn	Meist aus hochwertiger gekämmter Baumwolle hergestellte Zwirne, die gebleicht, gefärbt, gesengt, merzerisiert und mit einer Gleitausrüstung versehen wurden. Gängige Feinheiten Ne_B 7...80.	Für fast alle Näharbeiten an Baumwollwaren.
Haspelseide (Reale Seide)	Doublierte und verzwirnte Seidenfilamente, die gefärbt und mit Gleitausrüstung versehen wurden. Feinheiten Nm 11...70.	Ziernähte, Knopflöcher.
Schappeseide	Nach dem Schappespinnverfahren versponnene und verzwirnte Garne, die gefärbt und mit Gleitausrüstung versehen wurden. Feinheiten Nm 30...120.	Für fast alle Näharbeiten an Seiden- und Wollwaren.
Polyester-Nähzwirne	Aus Polyester-Stapelfasern versponnene und verzwirnte Garne, die thermofixiert, gefärbt und mit Gleitausrüstung versehen wurden. Feinheiten Nm 30...140.	Für Näharbeiten an fast allen Waren.
Monofile Nähgarne	Diese meist aus Polyester bestehenden Monofile sind in der Regel transparent. Feinheiten Nm 10...140.	Blindstichnähte
Texturierte Nähgarne	Texturierte und mit Gleitausrüstung versehene Filamente, die gefärbt sind. Feinheiten Nm 250.	Versäuberungs- und Überdecknähte.
Umspinnungsgarne oder -zwirne	Hochwertige Nähgarne mit einer „Seele" aus endlosem Polyester, die mit Baumwolle umsponnen oder umzwirnt wurden. Polyester dient als Festigkeitsträger und die Baumwolle dient im wesentlichen der Nadelkühlung. Feinheiten Nm 30...150.	Für nahezu alle Näharbeiten. Besonders bei hohen Nähgeschwindigkeiten.

Aufmachung

Die Nähgarne werden in verschiedenen Aufmachungsformen angeboten. Je nach Verwendungszweck und Einsatzgebiet (Haushalt, Handwerk, Industrie) gibt es Aufmachungen in verschiedenen Formen und Längen von 20 m bis zu 20000 m.

Scheibenspulen

Zylindrische Kreuzspulen bis 1000

Kegelige Kreuzspulen

Fußspulen oder Kingspulen bis 20.000

3 Textile Flächen

3.1 Übersicht

Textile Flächen sind Erzeugnisse, die auf der Basis von Fasern durch unterschiedliche Herstellungsverfahren entstehen.

Textile Flächen

- **aus Garnen**
  - Gewebe
  - Maschenwaren
  - Geflechte
  - Durchbrochene Flächen
  - Nähgewirke (Fadenlagennähgewirke)
- **aus Fasern**
  - Faserverbundstoffe (Filze, Vliesstoffe)
- **Kombinationen**
  - Nähgewirke (Faservliesnähgewirke)
  - Kaschierte Flächen

1: Gewebe

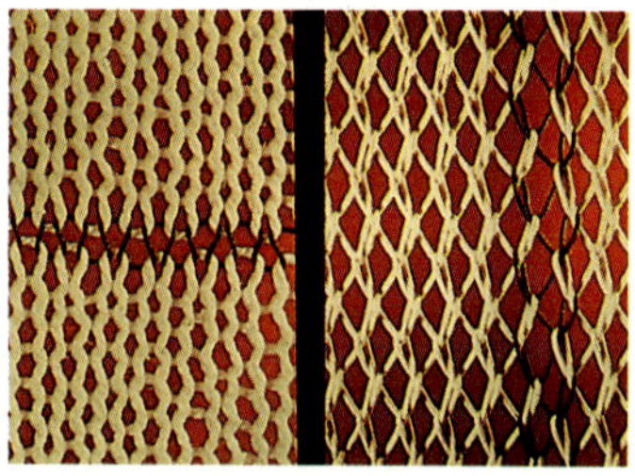

2: Maschenware

Gewebe entstehen durch rechtwinkelige Verkreuzung zweier Fadensysteme (Kette und Schuß).

Maschenwaren bestehen aus ineinanderhängenden Fadenschleifen, die aus einem oder mehreren Fäden gebildet werden. Man unterteilt nach der Anzahl der Fäden in Einfadenware und Kettfadenware.

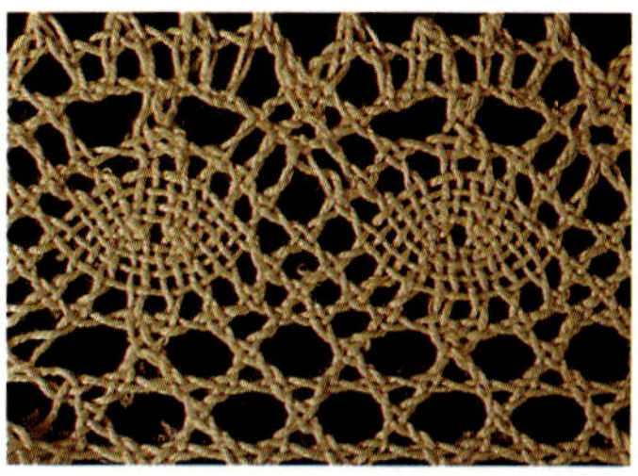

3: Durchbrochene Fläche

4: Geflecht

Durchbrochene textile Flächen wie Spitzen und Tülle entstehen durch verschiedene Herstellungstechniken, z. B. Dreher-, Bobinet- und Kettenwirktechnik.

Bei **Geflechten** werden mindestens drei Garne durch diagonales Verkreuzen zu einer Fläche zusammengefügt.

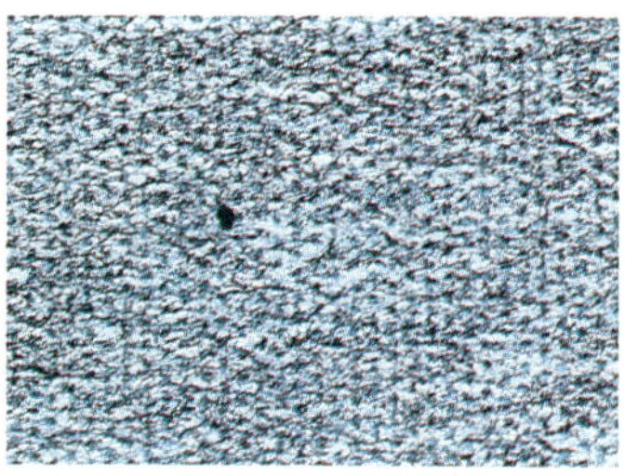

5: Vliesstoff

6: Filz

Faserverbundstoffe werden unter Umgehung der Garnbildung direkt aus Fasern gebildet.

Vliesstoffe sind durch chemische, mechanische oder chemische und mechanische Behandlung verfestigt.

Filze werden durch Walken von Wolle oder anderen Tierhaaren bzw. durch Vernadeln von Fasern zu einer Fläche verdichtet.

7: Nähwirkware

8: Kaschierte textile Fläche

Bei **Nähwirkwaren** werden Faservliese oder Fadenlagen durch Vernähen zu textilen Flächen zusammengefügt.

Kaschierte textile Flächen entstehen durch das Verbinden zweier oder mehrerer Flächen miteinander oder durch die Verbindung textiler Flächen mit Schaumstoff, Folie oder Papier.

3.2.1 Gewebeherstellung

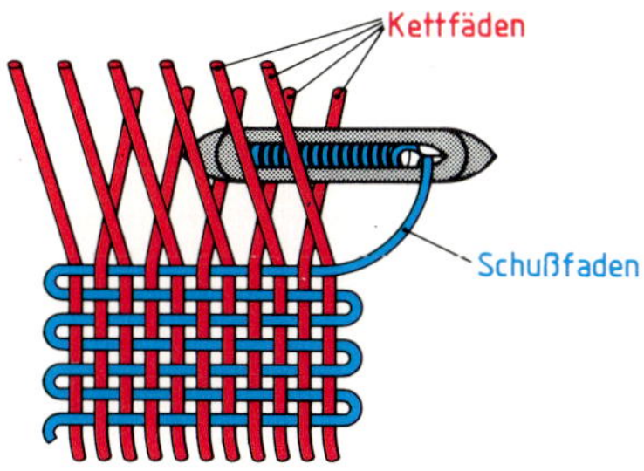

1: Webprinzip

Weben ist die Bezeichnung für das rechtwinklige Verkreuzen von Kett- und Schußfäden.

Kette ist die Gesamtheit der Fäden, die bei der Herstellung eines Gewebes in Längsrichtung (Warenlaufrichtung) verlaufen.

Schuß (Eintrag oder Einschlag) nennt man die Gesamtheit der Fäden, die bei der Herstellung in Querrichtung liegen.

Weil Kettfäden beim Weben stärker beansprucht werden, sind sie in der Regel fester als die Schußgarne.

Prinzip des Schaftwebens

Die Kettfäden werden vom Kettbaum über Streichwalze, Teilstäbe, Schäfte, Riet, Brustbaum zum Warenbaum geführt. Die Litzenaugen eines Schaftes nehmen immer bestimmte Kettfäden auf **(Bild 2)**, z.B. den 1., 3., 5., 7., 9., usw. bzw. 2., 4., 6., 8., usw. Durch Heben und Senken der Kettfäden entsteht das Webfach, in das der Schußfaden eingetragen wird. Zur Fachbildung benötigt man mindestens zwei Schäfte. Nach dem Schußeintrag schlägt das Riet den noch lose liegenden Schußfaden an das Warenende an. Da sich auf einer Webmaschine nur eine begrenzte Anzahl von Webschäften unterbringen läßt, ist beim Schaftweben die Musterungsmöglichkeit eingeschränkt.

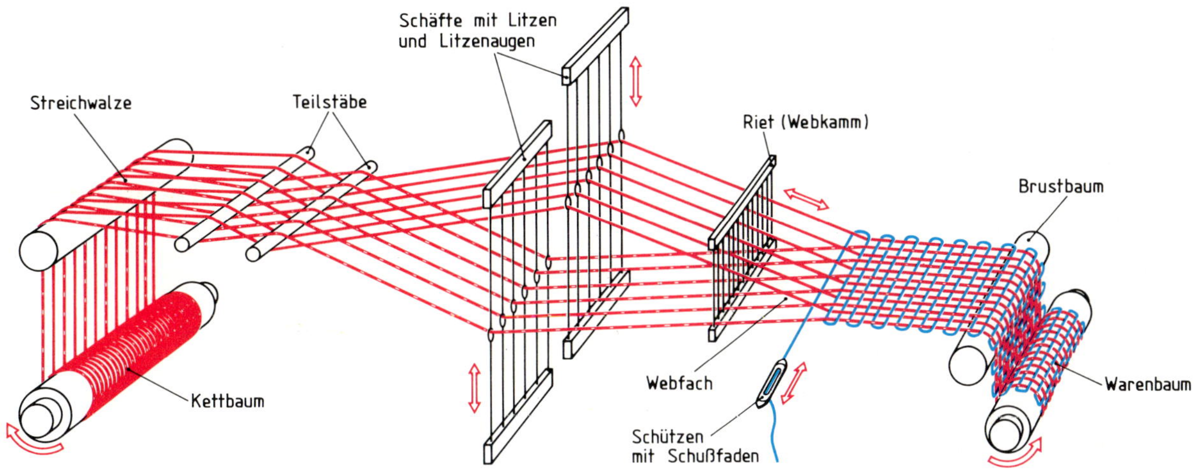

2: Schema des Schaftwebens

Prinzip des Jacquardwebens

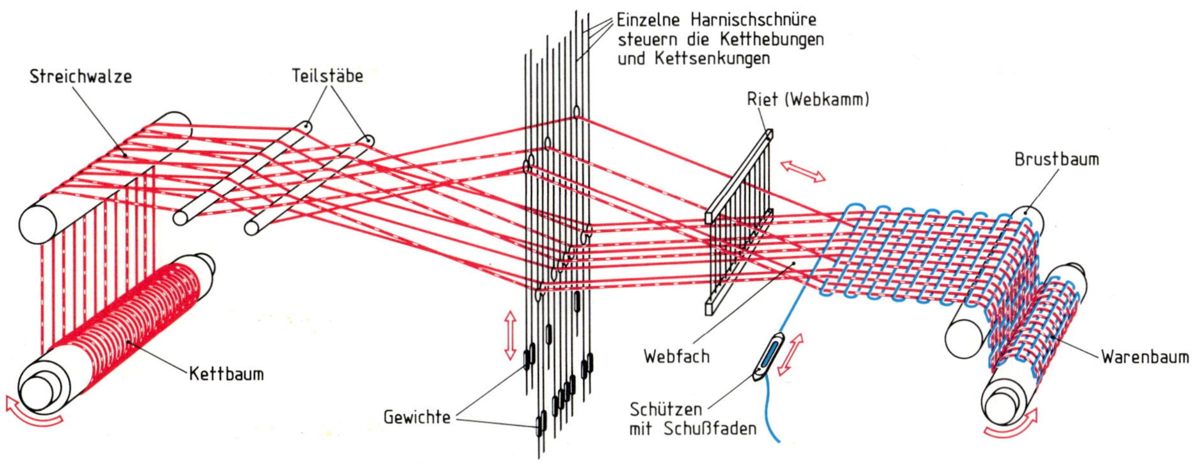

3: Schema des Jacquardwebens

Jeder Kettfaden kann einzeln gehoben bzw. gesenkt werden. Dies wird über eine Lochkartensteuerung oder durch elektronische Steuerungen ermöglicht, von der die zur Fachbildung notwendigen Hebungs- bzw. Senkungsbefehle ausgehen.

Diese Webtechnik ist nach ihrem Erfinder J. M. Jacquard (1755—1834), einem Seidenweber aus Lyon, benannt. Die Bezeichnung „jacquardgemustert" steht heute für alle textilen Flächen mit einer formenreichen Musterung.

3.2.1 Gewebeherstellung

Webereivorbereitung

Bevor Kett- und Schußfäden zu einem Gewebe verarbeitet werden, müssen sie für den Webvorgang vorbereitet werden.

Spulen	Schären bzw. Zetteln	Schlichten	Einziehen
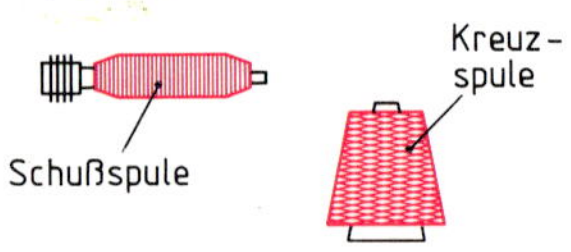	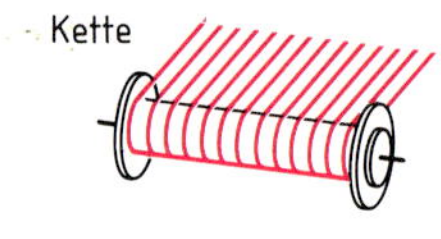	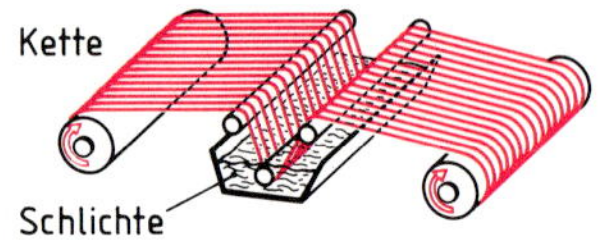	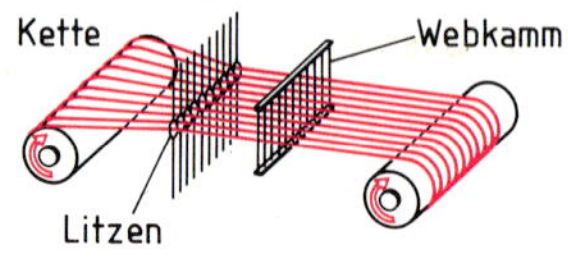
Die Kreuzspulen werden in der Webereivorbereitung hergestellt, falls sie nicht schon von der Spinnerei so angeliefert werden. Für die Schützenwebmaschine werden Schußspulen gespult.	Eine bestimmte Anzahl (Schar) von Kettfäden wird zu einer Webkette mit bestimmter Breite und Fadendichte aufgewickelt. Je nach Arbeitstechnik spricht man von Schären oder Zetteln.	Um die Webkette vor hohen mechanischen Beanspruchungen beim Webvorgang zu schützen, kann man sie mit einer stärkehaltigen Lösung behandeln. Dadurch werden die Kettfäden glatter, fester und widerstandsfähiger.	Die Kettfäden werden durch die Litzenaugen der Schäfte, bzw. beim Jacquardweben durch die Litzenaugen der Harnischschnüre sowie den Webkamm (Riet) gezogen.

Schußeintragsverfahren

Der Schuß kann mit Schützen, Projektil, Greifer, Luft oder Wasser in das Webfach eingetragen werden.

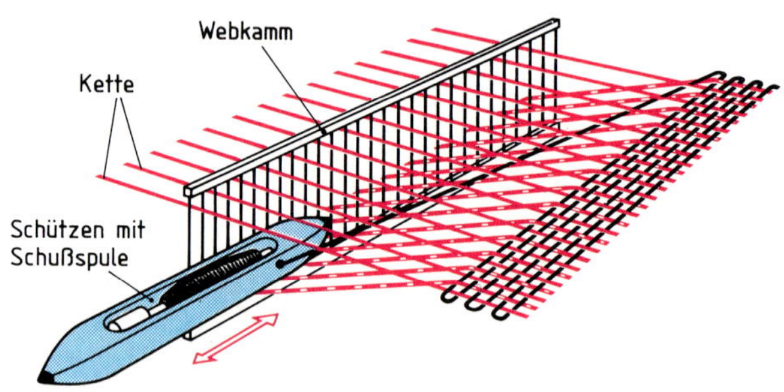

1: Schußeintrag durch Schützen

Der auf eine Schußspule gewickelte Schußfaden wird mit Hilfe eines Schützens durch das Webfach geführt, dieser kehrt an den Seiten um und bildet so eine feste Webkante.

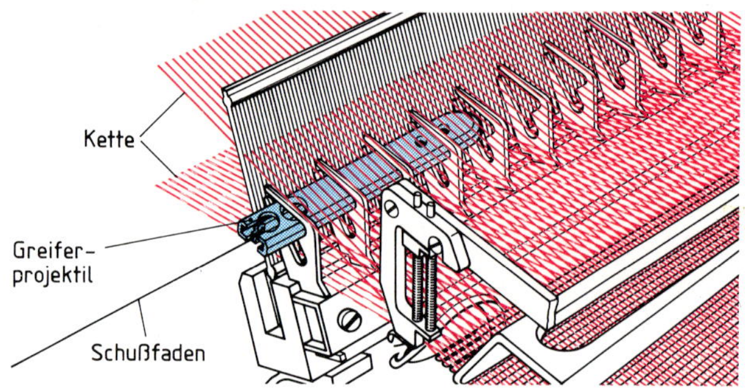

2: Schußeintrag durch Projektil

Umlaufende Greiferprojektile tragen den von einer Kreuzspule abgezogenen Schußfaden in das Webfach ein. Das abgeschnittene Schußfadenende muß an den Kanten gesondert gesichert werden. Die niedrige Webfachhöhe und die Verringerung der zu bewegenden Masse erlauben hohe Produktionsgeschwindigkeiten.

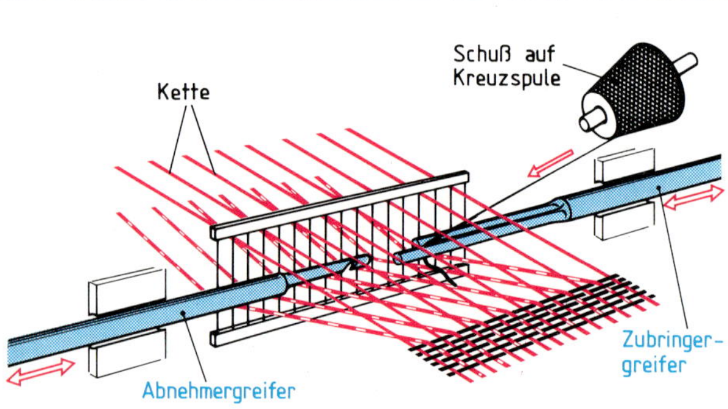

3: Schußeintrag durch Greifer

Ein Zubringergreifer nimmt den Schußfaden von der Kreuzspule ab und bringt ihn zur Gewebemitte, ein Abnehmergreifer zieht den Faden durch das Webfach zur gegenüberliegenden Kante. Das Fadenende muß wie beim Projektilweben gesondert gesichert werden.

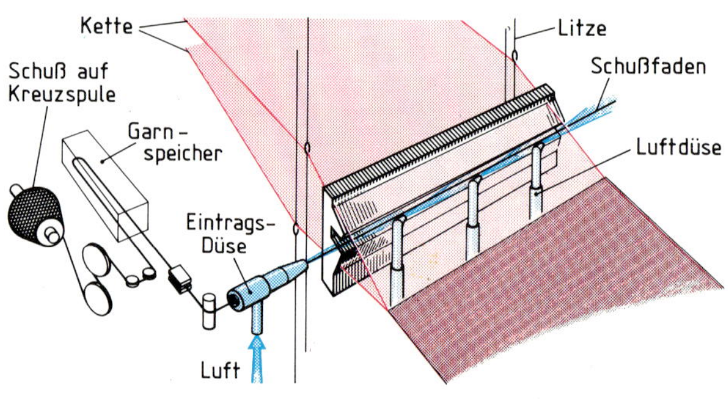

4: Schußeintrag durch Düsen

Bei diesem Eintragsprinzip wird die benötigte Schußfadenlänge vor dem Eintrag lose gespeichert und durch einen Luftstrahl oder einen Wasserstrahl in das Webfach eingeschossen. Beim Lufteintrag unterstützen mehrere hintereinander angeordnete Düsen den Fadeneintrag.

3.2.2 Grundlagen der Bindungslehre

Die Art der Verkreuzung von Kett- mit Schußfäden in einem Gewebe nennt man **Bindung**.

Die zeichnerische Darstellung einer Bindung nennt man **Patrone.** Sie wird von links unten beginnend nach oben gezeichnet und gelesen. Die senkrechten Kästchenreihen entsprechen den Kettfäden, die Schußfäden werden zeichnerisch in waagrechten Kästchenreihen dargestellt. Durch Auszeichnen eines Kästchens wird ein Kettfaden dargestellt, der über einem Schußfaden kreuzt **(Ketthebung)**. Liegt der Kettfaden unter einem Schußfaden, so wird dieser Kreuzungspunkt nicht dargestellt **(Kettsenkung)**. Die Stelle, an der ein Kettfaden mit einem Schußfaden eine Verkreuzung bildet, nennt man **Bindungspunkt**. Die kleinste Anzahl von Kett- und Schußfäden die man für eine Bindungseinheit benötigt, ist der **Rapport**. Eine Patrone setzt sich aus mehreren Rapporten zusammen. Eine Zeichnung, die die Verkreuzung eines Kett- oder Schußfadens von der Schnittseite des Gewebes gesehen darstellt, nennt man **Gewebeschnitt.** Ein Fadenstück, welches über eine größere Strecke nicht durch Bindungspunkte gehalten ist, nennt man **Flottierung** oder Flottung.

Grundbindungen

	Leinwandbindung Jeder Kettfaden liegt abwechselnd über bzw. unter einem Schußfaden. Die Bindungspunkte berühren sich nach allen Seiten.	**Köperbindung** Sie ist am diagonalen Kötergrat zu erkennen. Er entsteht dadurch, daß die Bindungspunkte seitlich versetzt sind und aneinanderstoßen.	**Atlasbindung** Bei der Atlasbindung berühren sich die Bindungspunkte nicht und sind gleichmäßig verteilt.
Flechtbild	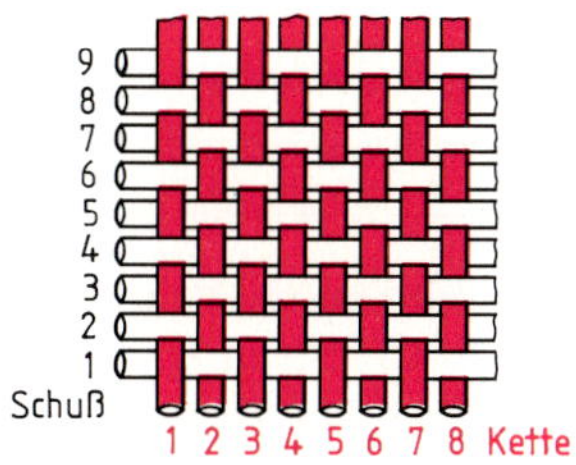		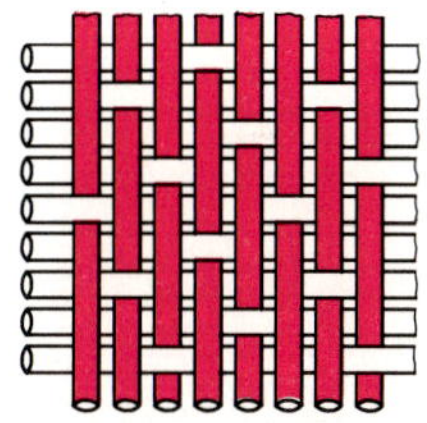
Patrone Rapport	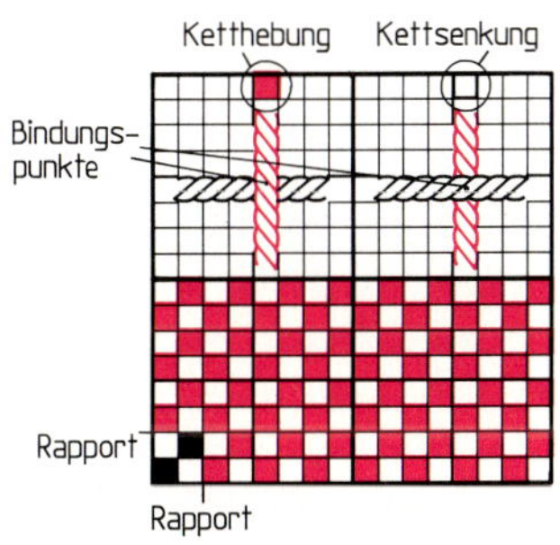	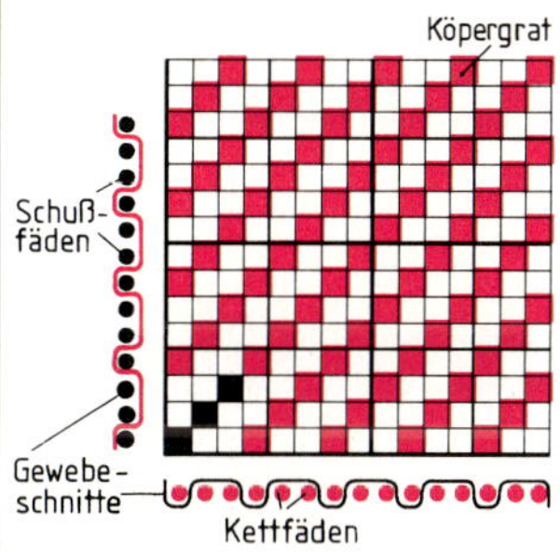	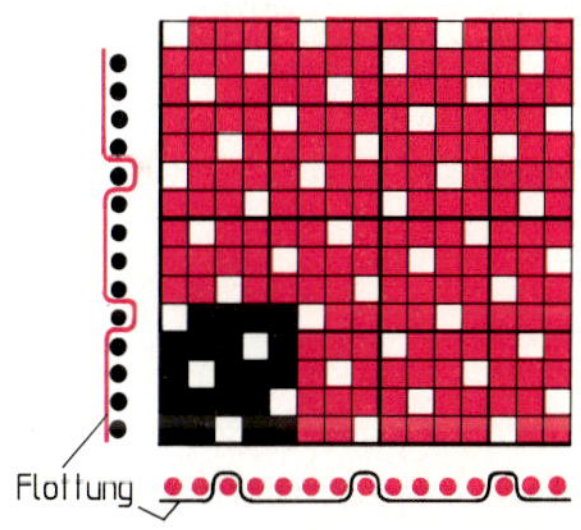

neue Bindungskurzzeichen nach DIN 61 101 (EDV-gerecht)

Der Aufbau einer Patrone kann durch Kurzzeichen ausgedrückt werden. Neue Bindungskurzzeichen sind eine nach Bindungsart, Ketthebungen bzw. Kettsenkungen, Fädigkeit und Versatzzahl gegliederte Zusammenfassung von Nummernteilen.

10 – 01 01 – 01 – 00

- **Bindungsart** (10): 10 Leinwand, 20 Köper, 30 Atlas
- **Ketthebungen** und **Kettsenkungen** des 1. Kettfadens (01 01)
- **Fädigkeit.** Sie gibt die Anzahl der nebeneinander gleichbindenden Kettfäden an. (01)
- **Versatzzahl.** Sie gibt an, um wieviel Schußfäden die Ketthebungen und Kettsenkungen von Kettfaden zu Kettfaden zu versetzen sind, jeweils von links unten nach rechts oben. (00)
  00 bedeutet entgegengesetzt bindend.

alte Bindungskurzzeichen

$L\frac{1}{1}$ $K\frac{1}{2}Z$ $A\frac{4}{1}(3)$

Alte Bindungskurzzeichen beinhalten einen Kennbuchstaben für die Bindungsart, z. B. L = Leinwandbindung, K = Köperbindung, A = Atlasbindung. Die Zahlen über einem Querstrich sind Ketthebungen, entsprechend sind die Zahlen unter diesem die Kettsenkungen. Bei der Köperbindung gibt ein Kennbuchstabe die Richtung des Köpergrates an, z. B. Z-Grat. Die Atlasbindung ist durch die Steigungszahl ergänzt. Sie gibt an, um wieviel Schußfäden ein Bindungspunkt auf der nächsten Kettfadenlinie hochrückt.

3.2.3 Grundbindungen und Abwandlungen

Leinwandbindung

10 - 01 01 - 01 - 00

1: Patrone

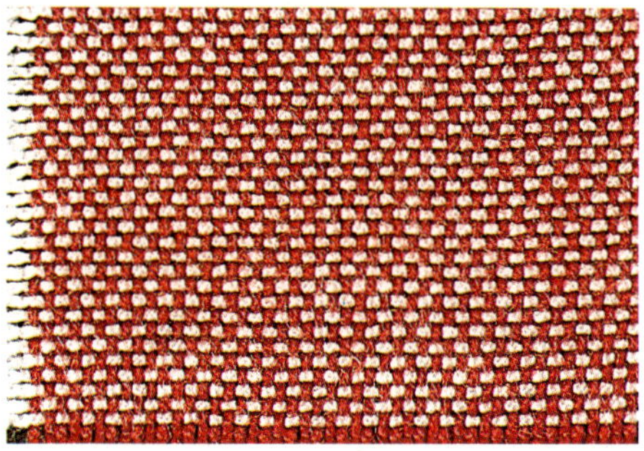

2: Gewebe in Leinwandbindung

Die **Leinwandbindung**[1] ist die einfachste und zugleich auch engste Verkreuzung von Kette und Schuß. Jeder Kettfaden liegt abwechselnd über und unter einem Schußfaden. Die Bindungspunkte berühren sich nach allen Seiten. Der Bindungsrapport umfaßt zwei Kettfäden und zwei Schußfäden. Rechte und linke Warenseite sind bindungsgleich.

Je nach Faser- und Garnart, Fadendichte und Ausrüstung ergibt die Leinwandbindung durch die höchstmögliche Anzahl von Bindungspunkten Gewebe mit hoher Scheuer- und Schiebefestigkeit. Leinwandbindige Gewebe sind z.B.: Batist, Donegal, Fresko, Honan, Mousseline, Nessel, Taft, Toile, Voile.

[1] Veraltete Begriffe: bei Wollgeweben Tuchbindung, bei Geweben aus Filamentgarnen Taftbindung.

Ableitungen der Leinwandbindung

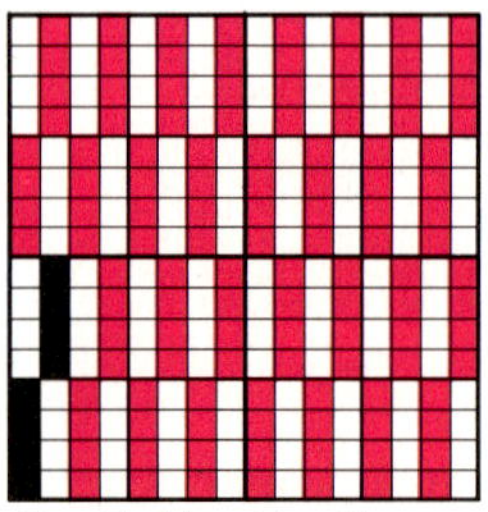

10 - 04 04 - 01 - 00

3: Patrone

4: Querrips

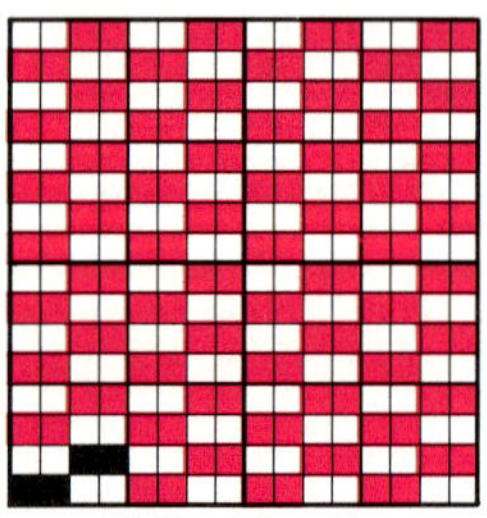

10 - 01 01 - 02 - 00

5: Patrone

6: Längsrips

10 - 02 02 - 02 - 00

7: Patrone

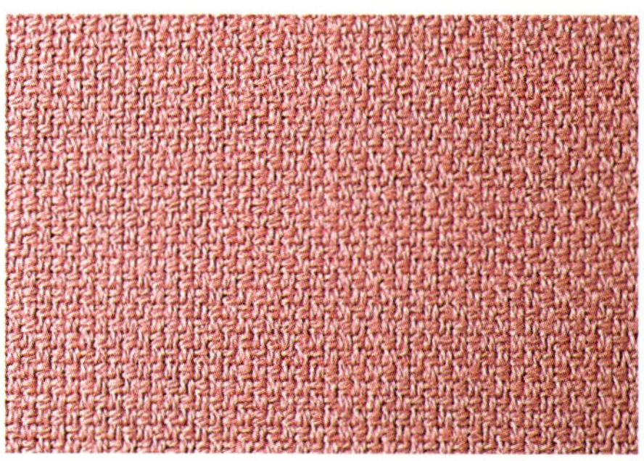

8: Panama

Ripsbindung

Die Ripsbindung ist dadurch gekennzeichnet, daß die Gewebe Rippen zeigen.

Querrips (Kettrips)

Die Querrippung erreicht man durch eine hohe Kettdichte, die jeweils zwei oder mehr in das gleiche Fach eingetragene Schußfäden verdeckt **(Bild 3)**. Da die meist feinen Kettfäden das Oberflächenbild bestimmen, nennt man Querrips auch Kettrips **(Bild 4)**.

Ein ripsartiges Aussehen kann man auch durch das Eintragen von dicken Schußfäden in eine feinfädige Kette erreichen. Dieser unechte Querrips ist leinwandbinding.

Eigenschaften und Aussehen sind abhängig von der Faser- und Garnart der Kettfäden, da diese auf beiden Warenseiten vorherrschend sind.

Handelsbezeichnungen: Ottomane, Rips.

Längsrips (Schußrips)

Die Längsrippung erreicht man durch eine hohe Schußdichte, die jeweils zwei oder mehr gleichbindende Kettfäden überdeckt **(Bild 5)**. Durch die hohe Schußdichte erreicht man bei der Herstellung von Längsrips nur eine geringe Produktivität. Aus diesem Grund wird der Längsrips seltener hergestellt.

Eigenschaften und Aussehen sind abhängig von Art und Beschaffenheit der Schußfäden **(Bild 6)**.

Panamabindung

Die Panamabindung hat ein würfelartiges Aussehen. Dieses entsteht, wenn zwei oder mehr Kettfäden nebeneinander gleich binden und gleichzeitig zwei oder mehr Schußfäden in das gleiche Fach eingetragen werden **(Bild 7** und **Bild 8)**.

Handelsbezeichnungen: Panama, Natté.

3.2.3 Grundbindungen und Abwandlungen

Köperbindung

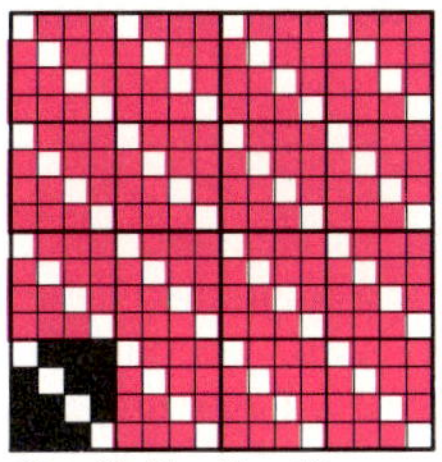
20 - 03 01 - 01 - 03

1: Patrone

2: Kettköper

20 - 01 03 - 01 - 01

3: Patrone

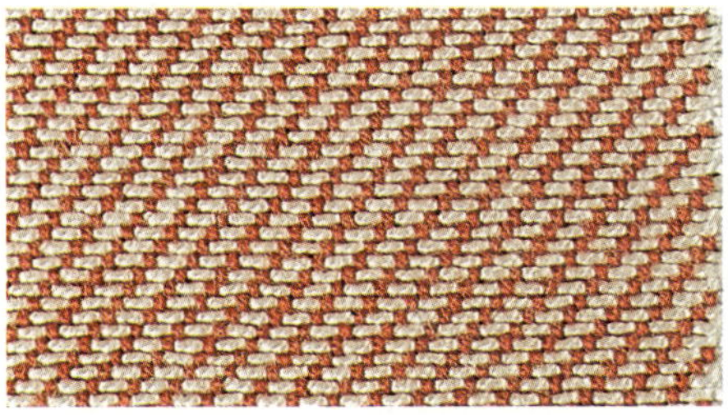
4: Schußköper

Die **Köperbindung** erkennt man an den diagonal aneinandergereihten Bindungspunkten die einen Köpergrat bilden. Verläuft die Gratlinie von links unten nach rechts oben, ist die Bezeichnung Z-Köper zutreffend, von links oben nach rechts unten verläuft der Köpergrat des S-Köpers.

Die kleinste Köperbindung umfaßt im Rapport mindestens 3 Kett- und 3 Schußfäden. Zwischen den Bindungspunkten entstehen Flottungen, d.h. die Kett- und Schußfäden sind über mehrere Fäden hinweg nicht eingebunden.

Kettköper zeigen auf der rechten Warenseite mehr Kett- als Schußfäden.

Schußköpergewebe sind durch überwiegende Schußfäden gekennzeichnet.

Köperbindige Gewebe können je nach Bindung und Fadendichte weich und locker sein, aber auch glatt, dicht und strapazierfähig.

Köperbindige Gewebe sind z.B.: Croisé, Cheviot, Denim, Drell, Gabardine, Finette, Serge, Surah, Shetland, Twill, Trikotine, Whipcord.

Erweiterungen der Köpergrundbindung

20 - 02 02 - 01 - 01

5: Patrone

6: Gleichgratköper

20 - 01 02 03 01 - 01 - 01

7: Patrone

8: Mehrgratköper

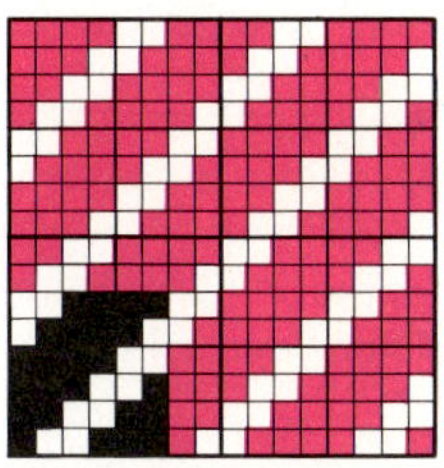
20 - 04 02 - 01 - 01

9: Patrone

10: Breitgratköper

Gleichgratköper

(Doppelköper, Gleichseitiger Köper)

Beim Gleichgratköper sind Ketthebungen und Kettsenkungen gleichmäßig verteilt. Vorder- und Rückseite eines Gewebes unterscheiden sich nur in der Richtung des Grates. Gleichgratköper haben auf beiden Warenseiten gleichlange Flottungen und werden deshalb als gleichseitig bezeichnet.

Handelsbezeichnungen sind z.B.: Croisé, Finette, Shetland.

Mehrgratköper

Ein Mehrgratköper entsteht, wenn innerhalb eines Rapportes mindestens zwei unterschiedlich breite Köpergrate vorhanden sind. Ein Mehrgratköper kann ein Schußköper, Kettköper oder gleichseitiger Köper sein.

Handelsbezeichnungen sind z.B. Surah, Diagonal.

Breitgratköper

Bei diesen Köpergeweben liegen sehr breite Grate vor. Die Gratlinien werden von jeweils mindestens zwei Ketthebungen und -senkungen gebildet. Breitgratköper können gleich- oder ungleichseitig sein.

3.2.3 Grundbindungen und Abwandlungen

Ableitungen der Köperbindung

Weit zahlreicher und vielfältiger als die Ableitungen der Leinwandbindung sind die Möglichkeiten der Veränderung der Köpergrundbindung. Der Köpergrat als typisches Merkmal kann in seiner Form abgewandelt werden, durch Farb- und Materialunterschiede kommen die Köpergrate besonders zur Wirkung.

20 - 05 01 01 02 - 01 - 02

1: Patrone

2: Steilgratköper

Steilgratköper

Die bisher behandelten Köperbindungen haben bei etwa gleicher Kett- und Schußdichte einen Gratverlauf von ca. 45°. Einen steileren Verlauf des Grates kann man durch eine im Verhältnis zum Schuß besonders hohe Kettdichte erreichen, oder durch die Abwandlung eines Breitgratköpers mit der Steigungszahl zwei oder durch spezielle Bindungen.

20 - 02 02 - 02 - 01

3: Patrone

4: Flachgratköper

Flachgratköper

Einen flachen Köpergrat erreicht man durch gratbildende Schußflottierungen, die um 1 größer sind als der seitliche Versatz. Flachgratköper sind Schußköper, d.h. auf der Gewebeoberfläche flotten die Schußfäden und verdrängen die Kettfäden auf die Warenrückseite.

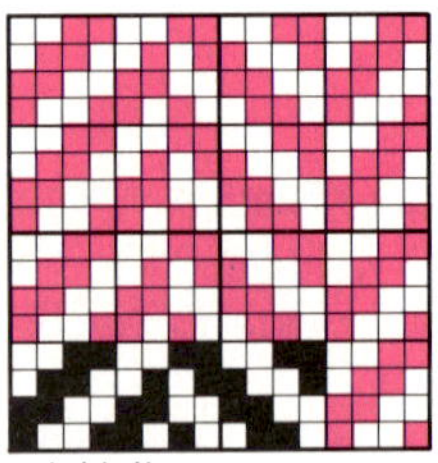

entwickelt aus
20 - 02 02 - 01 - 01

5: Patrone

6: Fischgratköper

Fischgratköper

Er entsteht durch einen Wechsel der Gratrichtung. Beim Fischgratköper werden beim Gratwechsel die Bindungspunkte um einen oder mehrere Schußfäden verschoben, so daß die Grate nicht spitz zusammenlaufen. Unterschiedliche Farbwerte von Kette und Schuß heben die Bindung hervor.

entwickelt aus
20 - 02 02 - 01 - 01

7: Patrone

8: Querspitzgratköper

Spitzköper (Zick-Zack-Köper)

Diagonal ansteigende und absteigende Gratformen ergeben entweder Querspitzgratköper, Längsspitzgratköper oder Spitzkaroköper. Die Grate laufen an der Umkehrstelle des Kögergrates spitz zusammen.

entwickelt aus
20 - 02 02 - 01 - 01

9: Patrone

10: Kreuzköper

Kreuzköper

Er entsteht, wenn man den Rapport sowohl in Kettrichtung (Bild 9 und 10) oder in Schußrichtung halbiert und die erste Hälfte der Fäden in Z-Richtung, die zweite Hälfte in S-Richtung binden läßt. Bei dieser Bindeweise erhält das Oberflächenbild keine Grate.

3.2.3 Grundbindungen und Abwandlungen

Atlasbindung

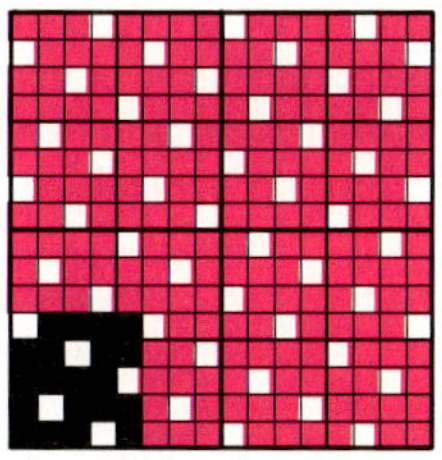

30 - 04 01 - 01 - 02

1: Patrone

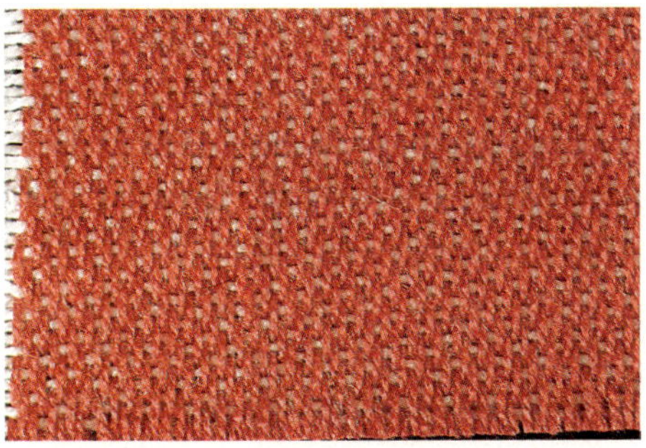

2: Kettatlas

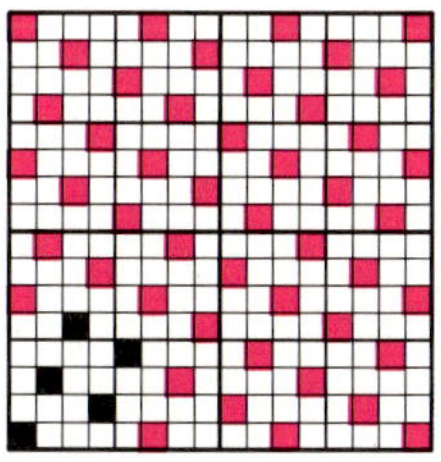

30 - 01 04 - 01 - 02

3: Patrone

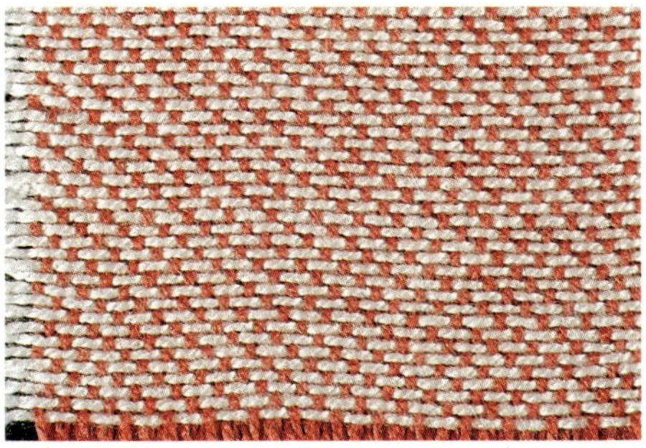

4: Schußatlas

Das Merkmal der **Atlasbindung** ist eine gleichmäßig verstreute Anordnung der Bindungspunkte, sie berühren sich an keiner Stelle des Rapportes. Zu einem Rapport zählen mindestens 5 Kett- und 5 Schußfäden. Jeder Kettfaden bindet im Rapport nur einmal ab, dadurch entstehen lange Flottungen, die auch das Warenbild und die Eigenschaften prägen. Durch die Art der Einbindung von Kette und Schuß entstehen unterschiedliche Warenseiten.

Kettatlas wird durch das Vorherrschen des Kettfadensystems auf der rechten Warenseite bestimmt.

Beim selteneren **Schußatlas** bestimmen die Schußfäden die rechte Warenseite.

Durch die geringe Anzahl von Bindungspunkten und die dichte Fadenstellung sind atlasbindige Gewebe glatt, gleichmäßig und glänzend. Eine lose Einbindung begünstigt weichen Fall und allgemeine Geschmeidigkeit.

Atlasbindige Gewebe sind z. B.: Satin, Duchesse, Moleskin, Charmelaine.

Ableitungen der Atlasbindung

Die Abwandlungsmöglichkeiten der Atlasbindung sind dadurch, daß sich die Bindungspunkte nicht berühren dürfen, verhältnismäßig gering. Die Gestaltung der Gewebe mittels der Atlasbindung erfolgt oft durch einen Wechsel von Kett- zu Schußatlas, oder atlasbindige Muster werden in andere Grundbindungen eingewebt. So entstehen z. B. Façonné, Satin façonné, Damassé. Auch bei Jacquardgeweben wechseln häufig Kett- und Schußatlas.

5: Streifensatin

6: Buntsatin

7: Damast

8: Changeant-Damassé

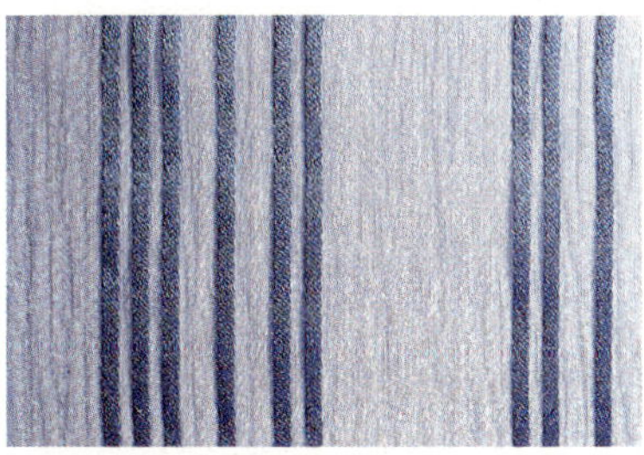

9: Chiffon mit Satinstreifen

10: Satin façonné

3.2.4 Buntgewebe

Buntgewebe weisen Musterungen auf, die durch Wechseln farbiger Kett- und oder Schußfäden oder durch Kombination von beiden entstehen. Verschiedenfarbige Schußfäden ergeben Querstreifen, farbige Kettfäden Längsstreifen. Die Kombination ergibt Karos oder Kleinmuster.

1: Changeant

2: Fil-à-fil

Changeant

Die gesamte Kette ist andersfarbig als die Schußfäden. Bei Verwendung von Filamentgarnen ergibt sich ein schillernder Effekt.

Fil-à-fil

In Kette und Schuß wechseln sich je ein heller und ein dunkler Faden ab. Bei der Doppelköperbindung (2/2) entsteht eine treppchenförmige Kleinmusterung.

3: Nadelstreifen

4: Oxford

Nadelstreifen

Einzelne andersfarbige Kettfäden auf einfarbigem, meist dunklem Grund ergeben nadelfeine Längsstreifen.

Oxford

Die Kettgarne binden paarweise mit einem andersfarbigen Schußfaden und ergeben so ein kleingewürfeltes Aussehen.

5: Schottenkaro

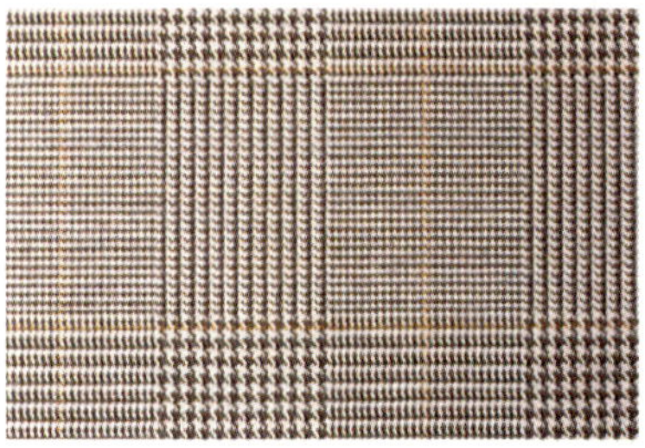

6: Glencheck

Schottenkaro

Großzügige Farbkaros entstehen durch garngefärbte Kett- und Schußfäden. Die Musterung und Farbzusammenstellung ist der schottischen Nationaltracht nachgeahmt.

Glencheck

Bei einem Glencheck müssen Grund- und Überkaro zusammentreffen.

7: Pepita

8: Hahnentritt

Pepita[1)]

Gewebe mit kleinen, hell-dunklen Blockkaros, die nicht zackig erscheinen. Üblich ist Doppelköperbindung mit einem Farbwechsel 4 : 4 in Kette und Schuß.

Hahnentritt[1)]

Die Hahnentrittmusterung zeigt im Gegensatz zu Pepita Verlängerungen an den Karoecken. Das Musterbild entsteht z. B. durch Leinwandbindung mit Farbwechsel 2 : 2 in Kette und Schuß.

[1)] Definitionen nach: Textil-Lexikon Koch-Sattlow (Deutsche Verlagsanstalt Stuttgart) und Webereifachschule Sindelfingen.

3.2.5 Kreppgewebe

Wesentliches Merkmal der Kreppgewebe ist die körnige, krause Oberfläche, welche auf verschiedene Arten entstehen kann. Man unterscheidet Garn-, Bindungs- und Ausrüstungskreppe. Eine Kombination der Herstellungsverfahren ist möglich.

Garnkreppe

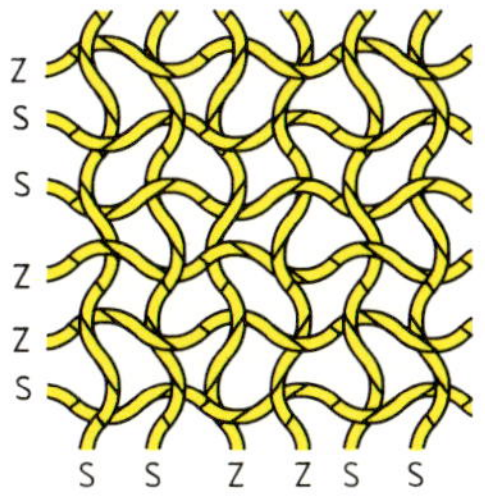

1: Garnanordnung beim Vollkrepp

2: Crêpe Georgette (Wollgeorgette)

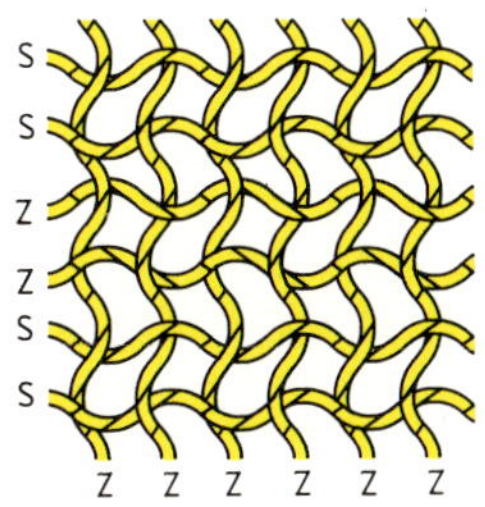

3: Garnanordnung beim Halbkrepp

4: Crêpe marocain

Garnkreppe entstehen durch die Verwendung von überdrehten Garnen (Kreppgarne). Man nennt die so hergestellten Kreppgewebe echte Kreppe. Die Gewebe zeigen eine unruhige, fein strukturierte Oberfläche, sind weich fließend und haben einen sandigen Griff.

Vollkrepp ist ein Gewebe mit Kreppgarnen in Kette und Schuß **(Bild 1)**. Man verwendet sowohl die Leinwand- als auch die Kreppbindung. Handelsbezeichnungen: Crêpe Georgette **(Bild 2)**, Crêpe Chiffon.

Halbkrepp ist ein Gewebe mit Kreppgarnen in nur einem Fadensystem.

Einen Kreppeffekt mit feinen Streifen in Querrichtung erreicht man mit jeweils zwei S- und zwei Z-gedrehten Kreppgarnen im Schuß **(Bild 3)**. Handelsbezeichnungen: Crêpe de Chine, Crêpe Satin, Crêpe marocain **(Bild 4)**.

Eine narbige Längsstruktur ergeben Kreppgarne in der Kette. Handelsbezeichnung: Crêpe lavable.

Abwechselnd blasige Längsstreifen neben glatten Längsstreifen erreicht man durch unterschiedliche Kettfadenspannungen, eventuell unterstützt durch gruppenweise Kreppgarne. Dieser Effekt kann auch durch schrumpfende und nicht schrumpfende Kettfäden erreicht werden. Handelsbezeichnung: Seersucker.

Bindungskreppe

5: Beispiel einer Kreppbindung

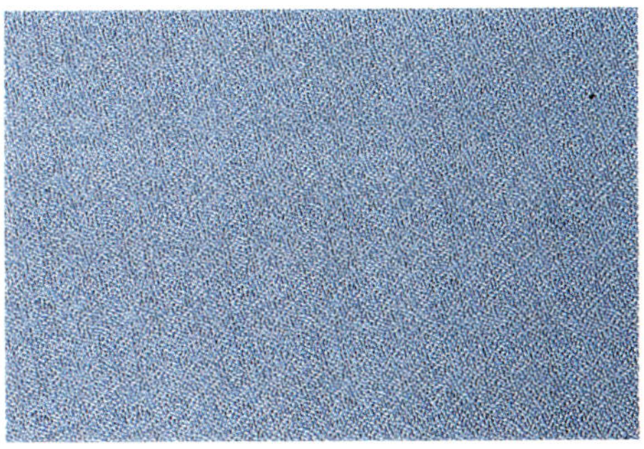

6: Sandkrepp

Bindungskreppe haben ein körniges, unregelmäßiges Aussehen. Dieses kann mit bindungstechnischen Maßnahmen erreicht werden. Durch Hinzusetzen oder Weglassen und durch Neuordnungen lassen sich aus fast allen Bindungen Kreppbindungen entwickeln. Es dürfen keine Streifen, Bindungsgrate oder zu lange Flottungen entstehen. Ein Rapport ist nicht erkennbar **(Bild 5)**.

Handelsbezeichnungen: Sandkrepp, Mooskrepp, Eiskrepp.

Ausrüstungskreppe

7: Borkenkrepp

8: Kräuselkrepp

Ausrüstungskreppe erhalten ihr blasiges, kreppiges Aussehen in der Textilveredlung. Im Laugierverfahren druckt man punktuell oder streifenweise Natronlauge auf Baumwollgewebe. Die bedruckten Stellen schrumpfen und lassen im Gewebe blasige, aufgeworfene Muster entstehen. Handelsbezeichnungen: Kräuselkrepp, Blasenkrepp, Borkenkrepp.

Mit dem Prägekalander lassen sich ebenfalls Kreppstrukturen einpressen (vgl. Seite 94).

Handelsbezeichnungen: Gaufré, Crash, Prägeseersucker.

3.2.6 Gewebe mit drei Fadensystemen

Gewebe erhalten durch ein drittes Fadensystem z.B. größere Festigkeit und Widerstandsfähigkeit, mehr Fülle, eine zusätzliche Musterung oder eine besondere Oberfläche.

1: Reversible, Vorder- und Rückseite

2: Lancé, Vorder- und Rückseite

3: Broché, Vorder- und Rückseite

4: Frottiergewebe

Verstärkte Gewebe

Kettverstärkte Gewebe haben neben der Grundkette ein zweites Kettsystem. Dieses zusätzliche Fadensystem beeinflußt die Schauseite des Gewebes nicht. Es lassen sich Gewebe mit unterschiedlich aussehenden Warenseiten erzeugen.

Handelsbezeichnungen: Reversible, Charmelaine.

Schußverstärkte Gewebe haben neben Grundkette und Grundschuß ein zweites Schußsystem. Die Anbindestellen des Unterschusses sind rechts nicht erkennbar. Für Rauhgewebe wird weiches fülliges, wenig gedrehtes Garn für die Schußverstärkung verwendet.

Handelsbezeichnung: Molton.

Lancierte Gewebe

Durch zusätzliche Fadensysteme lassen sich in glatter Leinwand, Köper- oder Atlasbindung stickereiähnliche Kleinmuster einbringen. Die Musterfäden heben sich durch Farbe, Materialart, Bindung und Glanz deutlich vom Grundgewebe ab.

Beim **Schußlancé** sind zusätzliche Lancierfäden quer im Gewebe, während beim **Kettlancé** zusätzliche musterbildende Fäden in Längsrichtung des Gewebes den gewünschten Effekt ergeben. Eine Kombination beider Arten ist möglich.

Das zusätzliche Fadensystem erscheint auf der rechten Warenseite mustermäßig. Auf der Geweberückseite liegen die Musterfäden, wenn es Material, Dichte und Verwendungszweck erlauben, zwischen den Musterstellen ungebunden. Bei größeren Musterabständen, oder wenn ein Durchschimmern vermieden werden soll, werden die Fadenflottungen abgeschnitten.

Handelsbezeichnungen: Lancé, Lancé découpé.

Broschierte Gewebe

Broschierte Gewebe haben zusätzliche musterbildende Fäden in Schußrichtung. Für jede Musterstelle ist ein Broschierschützen erforderlich, der am Musterrand wendet. Es entstehen stickereiähnliche Kleinmuster. Diese sehr aufwendige Webtechnik wird selten angewandt, meistens werden nach dem Weben Muster aufgestickt.

Handelsbezeichnung: Broché.

Frottiergewebe

Schlingen- oder Frottiergewebe bestehen aus einer straff gespannten Grundkette und einer locker geführten Schlingen- oder Polkette. Zunächst werden drei oder vier Schüsse eingetragen, die dann gemeinsam an das Warenende angeschlagen werden. Dabei rutschen sie über die straff gespannte Grundkette, und die Polkette schiebt sich zu Schlingen zusammen. Verschiedene Polgarnfarben sowie einseitige, beidseitige oder unterschiedliche Schlingen ergeben eine vielseitige Musterung.

Veloursfrottier erhält durch nachträgliches Aufschneiden der Schlingen und Bürsten ein samtähnliches Aussehen.

Walkfrottier wird durch eine Walkbehandlung dicht und strapazierfähiger. Die Polkette besteht aus einfachen Garnen.

Zwirnfrottier, die Polkette besteht aus Zwirnen.

Frotté ist ein Zweifadensystemgewebe mit frottierähnlichem Aussehen durch Schlingenzwirne in Schußrichtung.

3.2.6 Gewebe mit drei Fadensystemen

Florgewebe

Bei **Florgeweben** bildet ein drittes Fadensystem auf der rechten Warenseite einen Faserflor. Florgewebe mit einer Florhöhe bis 3 mm werden als **Samt** bezeichnet, mit einem höheren Flor als **Plüsch**.

Nach der Herstellungstechnik unterscheidet man zwischen Kett- und Schußsamt. Bei Kettsamtgewebe wird der Flor durch eine zusätzliche Kette und beim Schußsamt durch zusätzliche Schußfäden gebildet.

Qualitätsmerkmale der Samte sind Dichte des Grundgewebes sowie Dichte und Höhe der Flordecke. Die Gebrauchstüchtigkeit ist abhängig von der Art der Einbindung der Flornoppen in das Grundgewebe.

Samtimitate, z. B. Duvetine und Velveton, erhalten ihre Flordecke durch Rauhen und Schmirgeln.

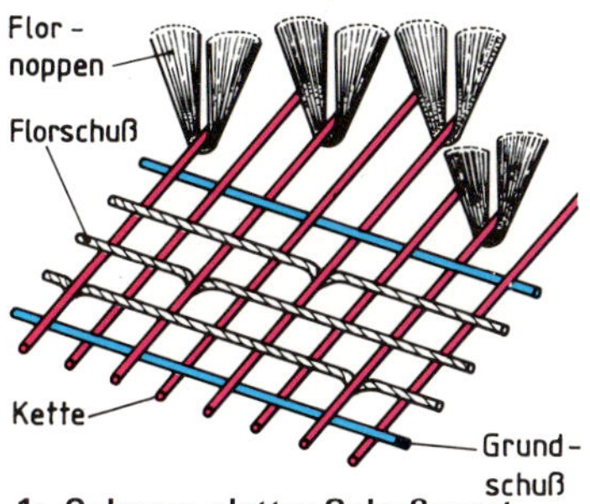

1: Schema glatter Schußsamt

2: Glatter Schußsamt (Velvet)

Beim **Schußsamt** bindet ein Florschuß so in das Grundgewebe ein, daß auf der rechten Warenseite Flottungen entstehen. Man erkennt Schußsamt daran, daß die Flornoppen am Kettfaden hängen.

Grund- und Florbindung beeinflussen Dichte und gewünschte Florhöhe des Gewebes. Nach dem Weben werden in einem gesonderten Arbeitsgang die Flottungen aufgeschnitten, hochgebürstet und auf eine gleichmäßige Höhe geschoren.

Binden die Florschüsse gleichmäßig versetzt ein, entsteht ein **Glattsamt**.

Handelsbezeichnung: Velvet.

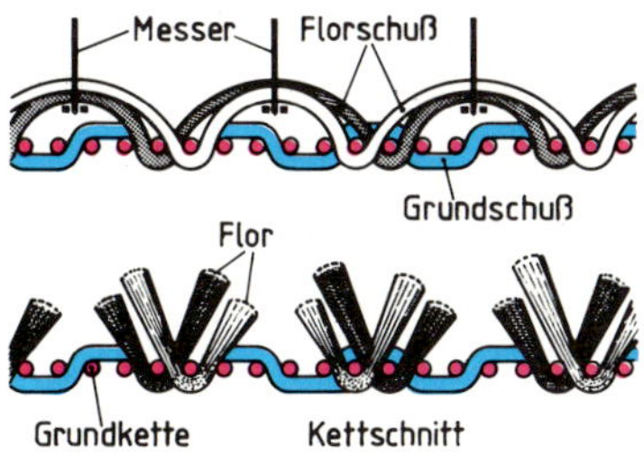

3: Schema Rippensamt (Schußsamt)

4: Rippensamt, Rohgewebe teilweise aufgeschnitten

Binden die Florschüsse immer an den gleichen Kettfäden an und bilden dazwischen Flottungen, entsteht nach dem Aufschneiden **Rippensamt** mit Längsrippen.

Die Rippen können fein, mittel, stark ausgeprägt oder verschieden sein.

Handelsbezeichnungen: z. B. Babycord (weich, ganz feine Rippen), Feincord (feine Rippen), Manchester bzw. Genuacord (fest, mittlere Rippenstärke), Kabelcord und Trenkercord (breite Rippen), Fancycord (unterschiedliche Rippen).

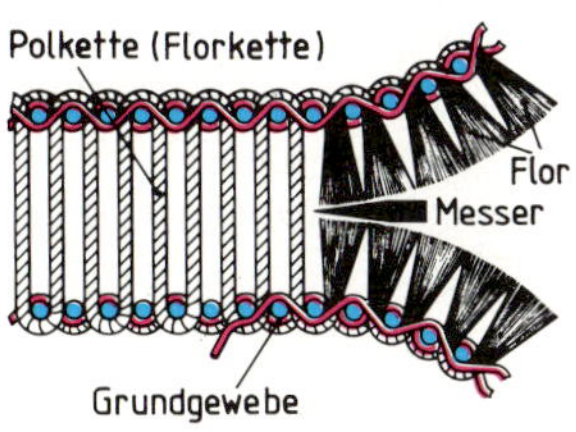

5: Schema Doppelsamt (Kettsamt)

6: Velours

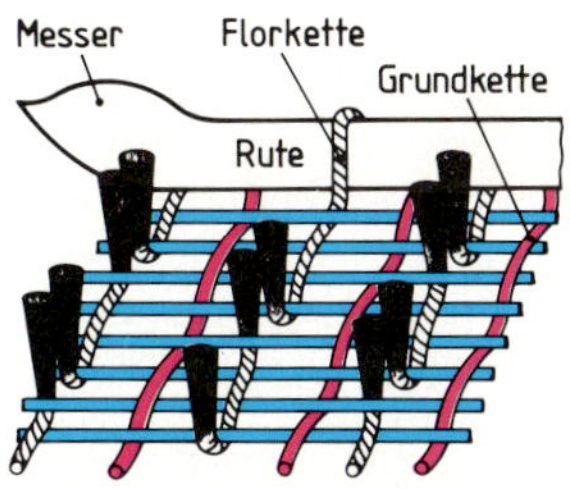

7: Schema Rutensamt (Kettsamt)

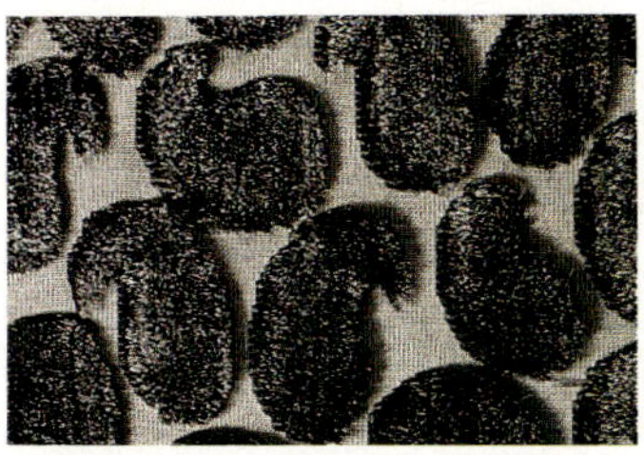
8: Ätzsamt

Beim **Kettsamt** bindet eine zusätzliche Florkette in das Grundgewebe ein, die Flornoppen binden am Schuß an.

Je nach Herstellung unterscheidet man zwischen **Rutensamttechnik** und **Doppelsamttechnik**. Wirtschaftlich vorrangig ist das Doppelsamtverfahren. Auf einer Spezialwebmaschine entstehen zwei Gewebe übereinander, sie sind durch eine gemeinsame Polkette verbunden. Mittels eines hin- und herbewegten Messers wird der Polfaden in der Mitte durchgeschnitten. Mit fünf Fadensystemen entstehen zwei Gewebe mit je drei Fadensystemen.

Beim **Rutensamt** wird die locker gespannte Florkette über Zug- oder Schneidruten geführt. Durch Zurückziehen der Ruten werden die Schlingen aufgeschnitten.

Der Flor wird anschließend auf eine gleichmäßige Höhe geschnitten, gebürstet und gedämpft.

Bei **Ätzsamt** ist der Flor mustergemäß mit Chemikalien weggeätzt.

Handelsbezeichnungen: z. B. Velours (franz. = Samt), Velours chiffon (kurzer Filamentflor), Panne (niedergepreßter Filamentflor).

3.2.7 Gewebe mit vier und mehr Fadensystemen

Gewebe mit vier und mehr Fadensystemen **(Doppelgewebe)** bestehen aus zwei übereinanderliegenden Geweben, die durch verschiedene Bindungstechniken während des Webens an einigen Stellen fest miteinander verbunden werden. Man erreicht z. B. größere Dichte, höheres Volumen, größere Festigkeit, unterschiedliche Warenseiten und ein plastisches Oberflächenbild.

1: 4-Fadensystem-Doppelgewebe rechte Warenseite

2: 4-Fadensystem-Doppelgewebe linke Warenseite

Doppelgewebe mit An- oder Abbindung

Sie werden aus vier Fadensystemen hergestellt. Bindet die Unterkette an den Oberschuß spricht man von Anbindung. Von Abbindung spricht man, wenn die Oberkette mit dem Unterschuß bindet. Die Verbindung beider Gewebe ist sehr eng und kann nicht gelöst werden. Diese Doppelstofftechnik ist typisch für Jacken- und Mantelstoffe mit angewebtem Innenfutter. Die Gewebeseiten weichen meist im Aussehen voneinander ab.

3: Doppelgewebe mit Bindekette

4: Doppelgewebe mit Bindeschuß

Doppelgewebe mit Bindekette oder Bindeschuß

Zwei Gewebelagen sind durch ein fünftes Fadensystem verbunden. Eine lockere Einbindung des zusätzlichen Bindefadens ermöglicht ein Auseinanderziehen der beiden Gewebelagen. Diese Gewebe erlauben eine Verarbeitung für Wendebekleidung.

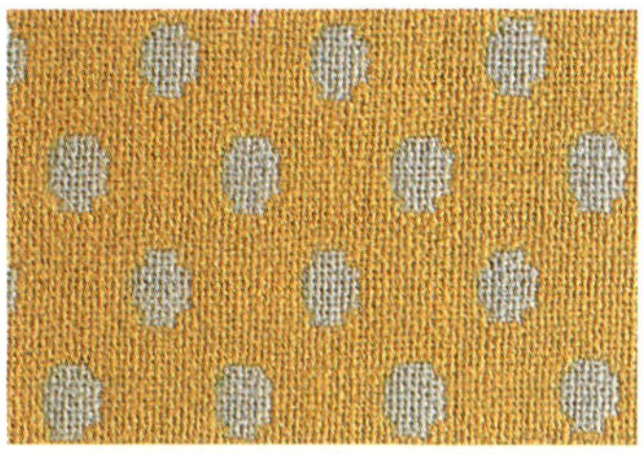

5: Hohlgewebe rechte Warenseite

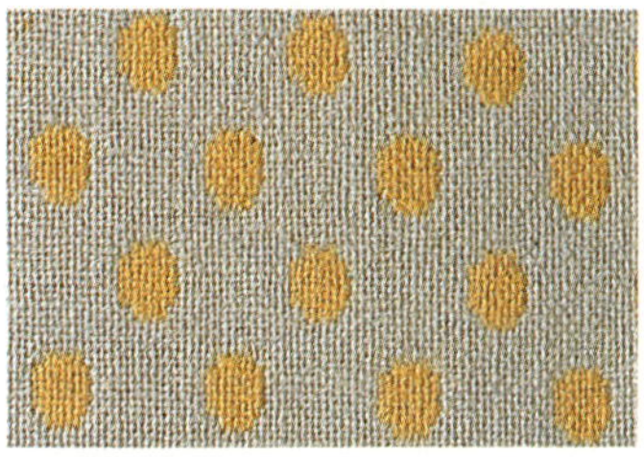

6: Hohlgewebe linke Warenseite

Doppelgewebe mit Warenwechsel

Sie sind gemustert und bestehen aus vier Fadensystemen. Am Motivrand wechseln die beiden Gewebelagen miteinander und verbinden dadurch Ober- und Untergewebe. Zwischen den Motiven entstehen Hohlräume. Die Muster sind auf beiden Seiten gleich, es entstehen aber gegensätzlich gemusterte Warenseiten. Diese beidseitig verwendbaren Gewebe werden auch Hohlgewebe genannt. Verwendung für Überwürfe, Gartentischdecken, usw.

7: Cloqué rechte Warenseite

8: Cloqué linke Warenseite

Cloqué

Doppelgewebe mit blasigen Aufwerfungen auf der rechten Warenseite bezeichnet man als Cloqué. Ein feinfädiges Obergewebe aus normalgedrehten Garnen ist mustermäßig mit einem Kreppuntergewebe verbunden. Durch eine Naßbehandlung tritt eine Schrumpfung des Kreppuntergewebes ein und das Obergewebe wirft anschließend Blasen. Durch Hochschrumpffasern nur im Untergewebe kann der gleiche Effekt erzielt werden.

9: Matelassé rechte Warenseite

10: Matelassé linke Warenseite

Matelassé

Doppelgewebe mit einer formenreichen, plastischen rechten Warenseite bezeichnet man als Matelassé. Die Rückseite ist grobfädig. Erreicht wird das Aussehen durch eine Unterkette, die figurenartig in das Obergewebe einbindet, und durch zusätzliche Füllschüsse, die Erhöhungen und Vertiefungen formen.

3.2.8 Pikeegewebe

Pikeegewebe zeigen ein plastisches Oberflächenbild, das wie gesteppt wirkt.

1: Piqué rechte Warenseite

2: Piqué linke Warenseite

3: Streifenpiqué, Vier-Faden-system, rechte Warenseite

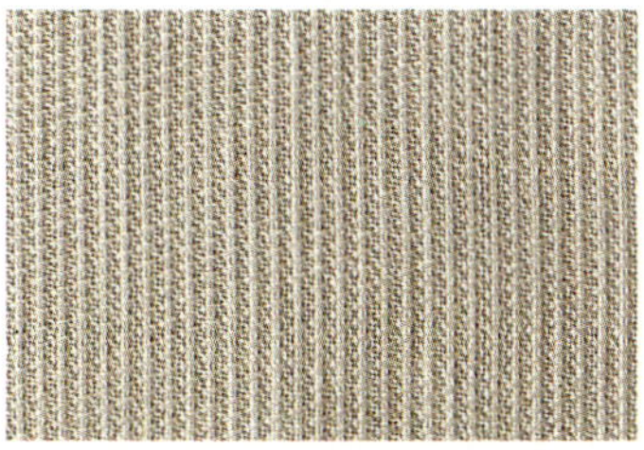

4: Streifenpiqué, Vier-Faden-system, linke Warenseite

Piqué

Im allgemeinen wird Pikee mit vier Fadensystemen als echter Piqué bezeichnet, dann wird üblicherweise die französische Schreibweise angewandt.

Piqué ist ein Doppelgewebe mit feinem, leinwandbindigem Obergewebe und einem gröberen Untergewebe. Dadurch, daß das Obergewebe nach einer bestimmten Regel mit dem Untergewebe durch Einbinden verbunden ist, entstehen kleine Figuren und Streifen, die wie gesteppt erscheinen. Zur plastischen Formung der rechten Seite werden Füllschüsse eingewebt, die uneingebunden zwischen Grundgewebe und Steppkette liegen. Die Steppkette, die in das Obergewebe einbindet und die Füllschüsse an das Obergewebe andrückt ist fein und straff gespannt **(Bild 1** und **Bild 2)**.

5: Streifenpikee, Zwei-Faden-system, rechte Warenseite

6: Streifenpikee, Zwei-Faden-system, linke Warenseite

Streifenpikee

Das Gewebe zeigt auf der rechten Warenseite schmale Längsrippen.

Diese entstehen entweder mit vier Fadensystemen durch Grundgewebe, Füllkette und Steppschüsse **(Bild 3** und **Bild 4)**, oder durch eine Hohlschußbindung **(Bild 5, Bild 6)**, durch die auf der linken Warenseite Schußfäden flotten und regelmäßig einbinden **(Bild 6)**.

7: Waffelpikee rechte Warenseite

8: Waffelpikee linke Warenseite

Waffelpikee

Es handelt sich hierbei um ein Zweifadensystemgewebe mit waffelartigem Aussehen. Dies wird durch Schuß- und Kettfadenflottungen, die nach innen verkürzend verlaufen, erreicht. Diese regelmäßigen Fadenflottungen ergeben quadratische Reliefmuster **(Bild 7, Bild 8)**. Beide Warenseiten zeigen das gleiche Aussehen.

9: Côtelé rechte Warenseite

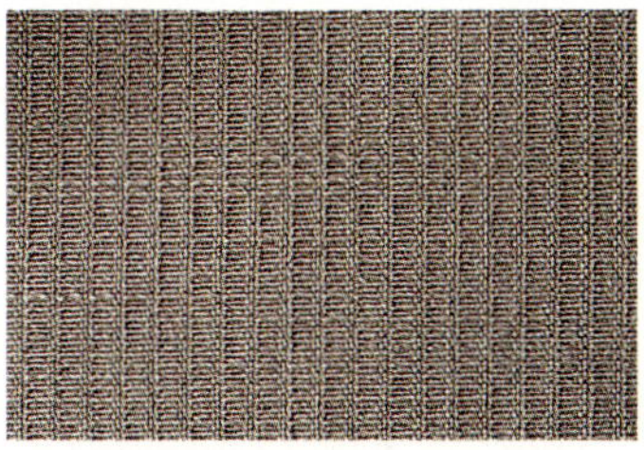

10: Côtelé linke Warenseite

Côtelé

Mit einer Cordbindung wird eine erhabene Längsmusterung der Gewebeoberfläche erreicht, ohne zusätzliches Fadensystem. Da die Kette das festere Material ist, liegt sie auf der rechten Warenseite vorherrschend und ist sehr dicht eingestellt. Einen Teil der Schüsse auf der Geweberückseite läßt man flottieren. Die Flottierungen sind regelmäßig eingebunden und so entstehen leichte Rippen in Längsrichtung, sog. Hohlschußbindung **(Bild 9** und **Bild 10)**.

3.3.1 Einteilung der Maschenwaren

Definition und Einteilung nach DIN 62050

Maschenwaren entstehen durch ineinanderhängende Fadenschleifen, die aus einem oder mehreren Fäden gebildet werden.

Man unterteilt nach der Anzahl Fäden, aus denen die Maschenware hergestellt wird, in Einfadenware[1] und Kettfadenware.

MASCHENWARE

Gestricke und Einfadengewirke
Strickware, Kulierwirkware

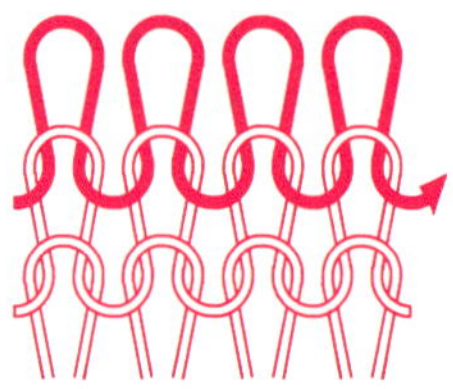

Merkmale

- Die Maschenbildung erfordert mindestens einen Faden.
- Der Fadenverlauf erfolgt in Warenquerrichtung.
- Einfadenware kann aufgezogen werden und Fallmaschen bilden.
- Sie läßt sich durch Stricken oder Wirken herstellen.

Kettengewirke
Kettenwirkware, Raschelware

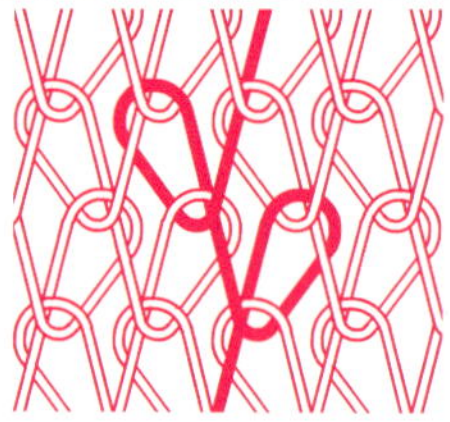

Merkmale

- Die Maschenbildung erfordert mindestens ein Kettfadensystem.
- Maschenbildende Fäden verlaufen in Längsrichtung überwiegend im Zickzack durch die Ware.
- Die Ware läßt sich nicht aufziehen, ist weitgehend laufmaschenfest.
- Kettfadenware ist immer gewirkt.

Herstellung

Gestricke	Einfadengewirke
Stricken: Gestrickt wird mit einzeln bewegten (Zungen-) Nadeln. Zur Herstellung dienen Flach- und Rundstrickmaschinen.	**Kulierwirken:** Kulierwirkware entsteht mit gemeinsam bewegten (Spitzen-) Nadeln oder die Nadeln stehen fest und der Stoff wird bewegt. Man arbeitet mit Flachkulierwirk- oder Rundwirkmaschinen.

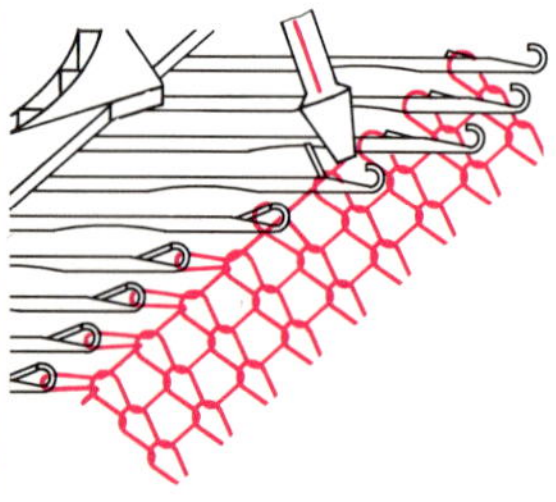

1: Maschenbildung auf der Flachstrickmaschine

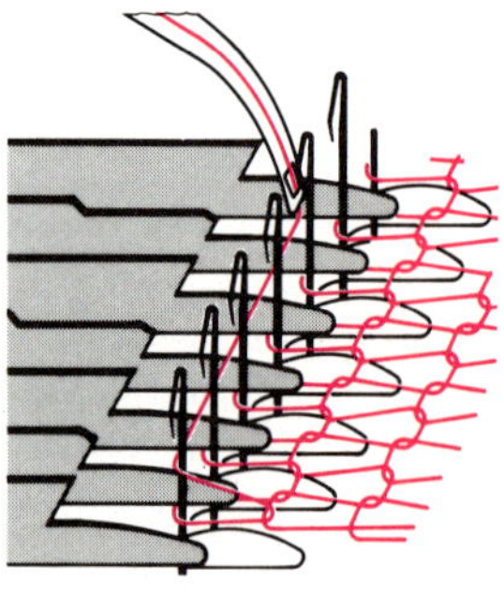

2: Maschenbildung auf der Kulierwirkmaschine

Kettengewirke
Kettenwirken: Beim Kettenwirken arbeitet man mit einer oder mehreren Fadenketten. Bei der Maschenbildung werden die einzelnen Kettfäden um die Spitzen-, Zungen- oder Schiebernadeln herumgelegt. Die Nadeln werden gemeinsam bewegt. Kettenwirkmaschinen mit Zungen- oder Schiebernadeln bezeichnet man als Raschelmaschinen, die darauf hergestellte Ware als Raschelware.

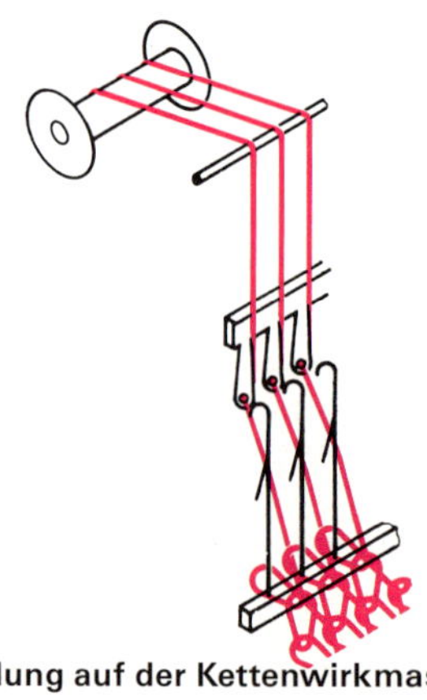

3: Maschenbildung auf der Kettenwirkmaschine

[1] Einfadenware wird fälschlich auch als Kulierware bezeichnet.

3.3.2 Gestricke und Einfadengewirke (1)

Die Maschenbildung

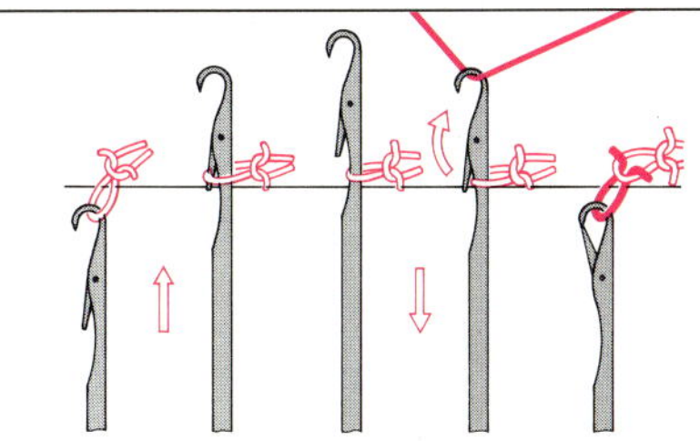

1: Maschenbildung mit Zungennadeln

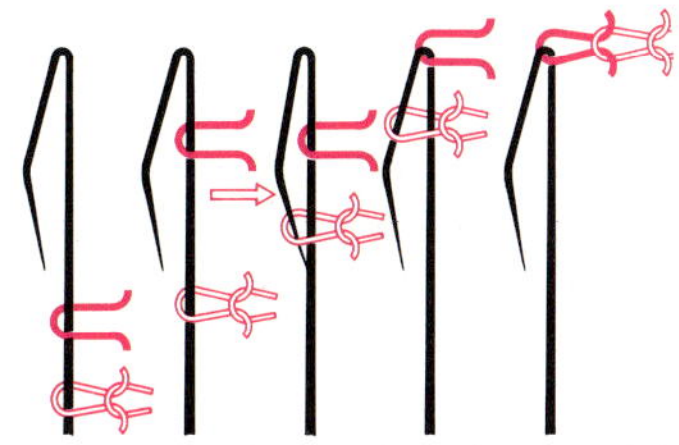

2: Maschenbildung mit Spitzennadeln

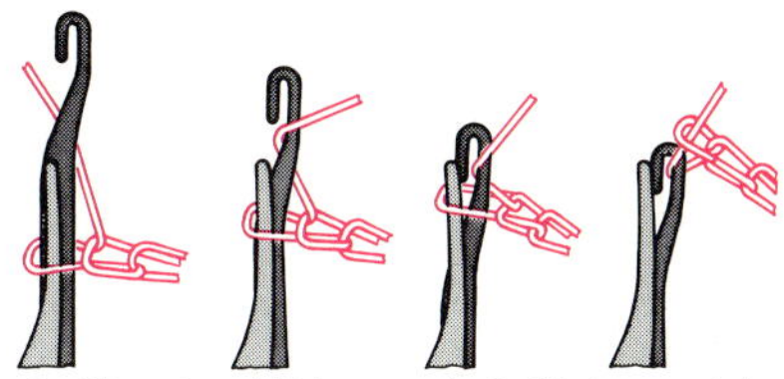

3: Maschenbildung mit Schiebernadeln

Begriffe der Einfadenware (Strick- und Kulierwirkware)

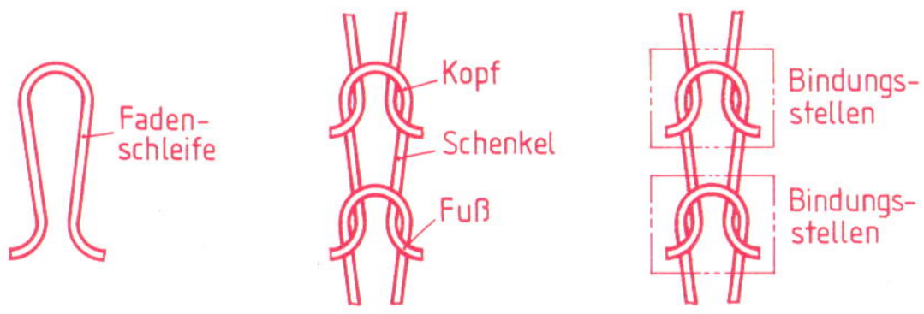

4: Die Masche mit ihren Merkmalen

Das Bindungselement Masche

Die Masche ist eine Fadenschleife, die in andere Maschen eingehängt ist und dadurch ihren Halt bekommt.

Sie besteht aus einem **Maschenkopf, zwei Maschenschenkeln** und **zwei Maschenfüßen**. Die ineinanderhängenden Maschen sind durch vier Fadenverkreuzungen, den Bindungsstellen, miteinander verbunden. Jede Masche hat **zwei obere** und **zwei untere Bindungsstellen**.

5: Linke Maschenseite

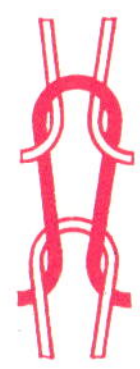

6: Rechte Maschenseite

Die Maschenseiten

Die beiden unteren Bindungsstellen bestimmen, ob es sich um eine rechte Maschenseite oder eine linke Maschenseite handelt. Auf der **linken Maschenseite** („linke Masche") liegen die Maschenschenkel unter dem Kopf der darunterliegenden Masche. Auf der **rechten Maschenseite** („rechte Masche") liegen die Schenkel über dem Kopf der darunterliegenden Masche. Die oberen Bindungsstellen sind für die Festlegung der Maschenseite nicht maßgebend.

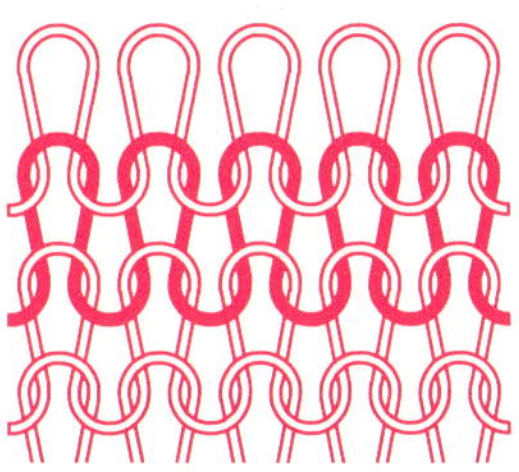

7: Maschenreihe

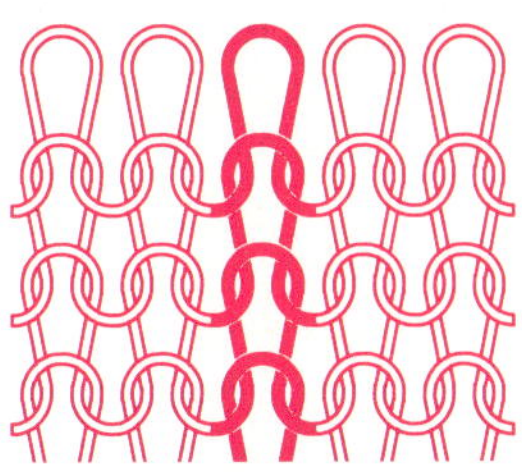

8: Maschenstäbchen

Maschenreihe, Maschenstäbchen

Nebeneinander angeordnete Maschen in Warenquerrichtung bilden eine **Maschenreihe**.

Übereinander angeordnete Maschen in Warenlängsrichtung bilden ein **Maschenstäbchen**.

Die Feinheit einer Maschenware hängt von der Anzahl Reihen und Stäbchen pro cm bzw. dm ab und wird von der Feinheit der maschenbildenden Maschine bestimmt.

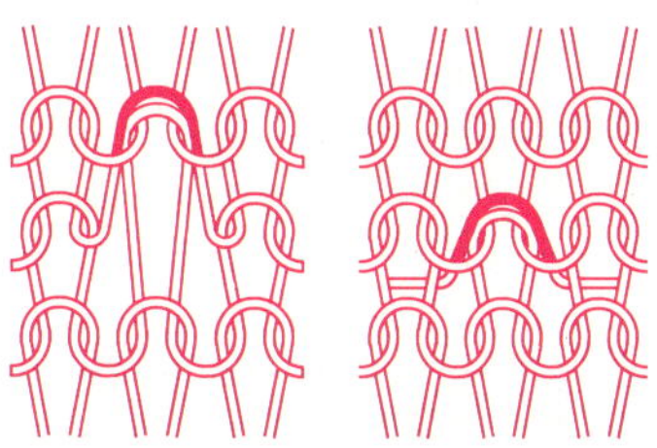

9: Der Henkel hat zwei obere Bindungsstellen

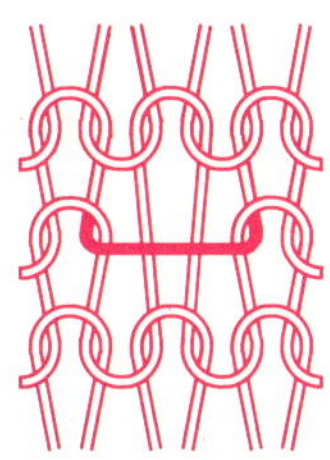

10: Die Flottung hat zwei untere Bindungsstellen

Die Bindungselemente Henkel und Flottung

Der **Henkel** ist eine Fadenschleife, die zusätzlich zu der in der Reihe vorher an dieser Nadel gebildeten Masche in den Nadelkopf gelegt wird. Die zuvor gebildete Masche wird deshalb in die Länge gezogen.

Flottungen entstehen, wenn Nadeln ganz oder vorübergehend außer Tätigkeit sind. Der Faden läuft unverarbeitet vorbei. Falls Maschen in den Nadeln hängen, werden diese in die Länge gezogen. Flottungen vermindern die Querelastizität. Sie werden seitlich durch Maschen und Henkel begrenzt.

3.3.2 Gestricke und Einfadengewirke (2)

Grundbindungen von Strick- und Kulierwirkware

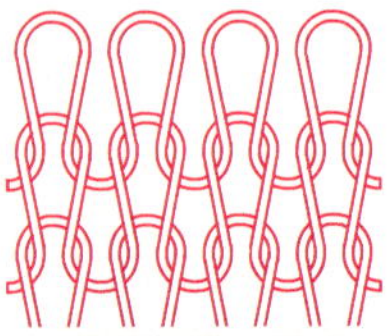

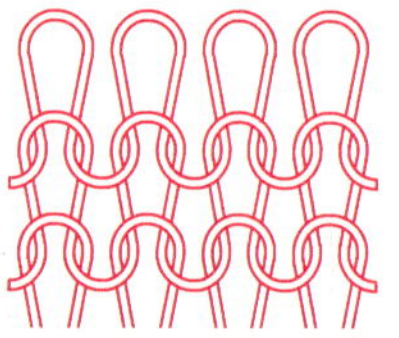

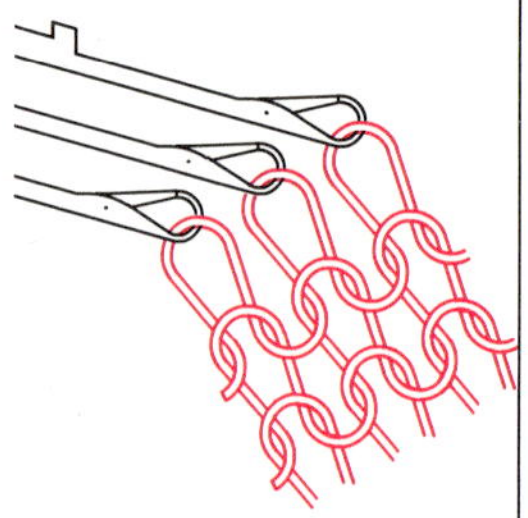

1: Rechts/Links, rechte Seite — linke Seite — Herstellung

Rechts/Links (RL); Single-Jersey

Diese Ware wird nur an einer Nadelreihe hergestellt. Man bezeichnet sie als einflächig oder Single-Jersey[1].

Sie hat zwei verschieden aussehende Warenseiten. Eine Seite zeigt nur „rechte Maschen", die andere zeigt nur „linke Maschen".

Die Ware ist in Querrichtung wenig elastisch und neigt an den Rändern zum Einrollen.

Man stellt aus Rechts/Links-Ware je nach Warenfeinheit dünne Pullover, Hemden, Blusen, Kleider, T-Shirts und Unterwäsche her.

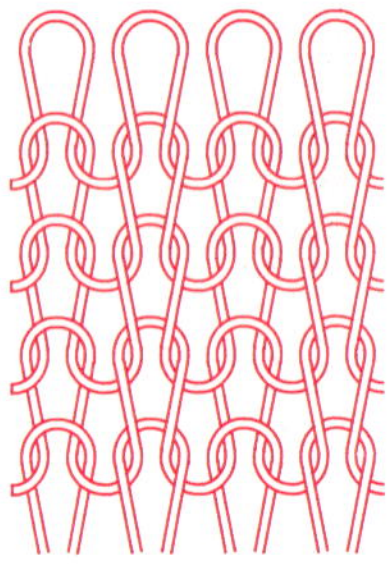
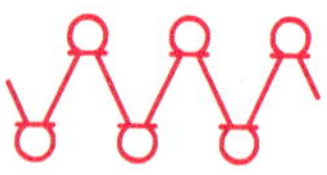

Aufziehkante

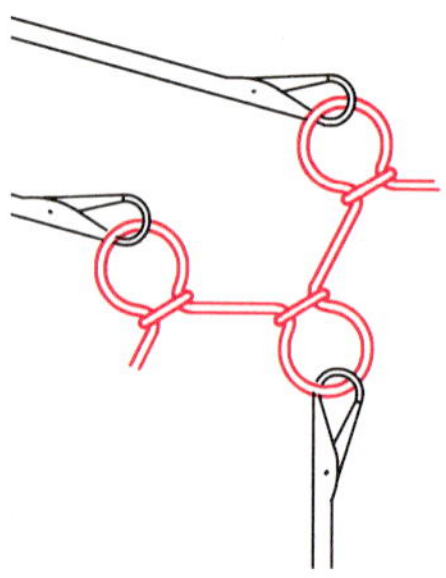

2: Rechts/Rechts — Herstellung

Rechts/Rechts (RR)

RR wird an zwei Nadelreihen hergestellt, an denen sich die Nadeln versetzt gegenüberstehen. Dadurch sind auch die Maschen der Vorder- und Rückseite gegeneinander versetzt. In einer Reihe wechseln rechte und linke Maschen. Beide Warenseiten zeigen rechte Maschen. Wird die Ware quergespannt, erkennt man zwischen den rechten Maschenstäbchen jeweils linke Maschenstäbchen. RR-Ware ist querelastisch.

Verwendung: Pullover, Westen, Unterwäsche, Socken. Bei Unterwäsche wird RR als Feinripp bezeichnet.

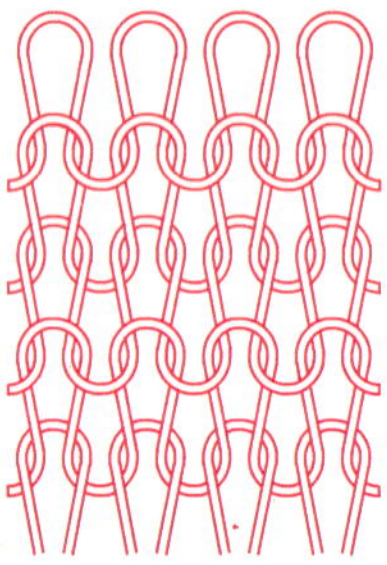
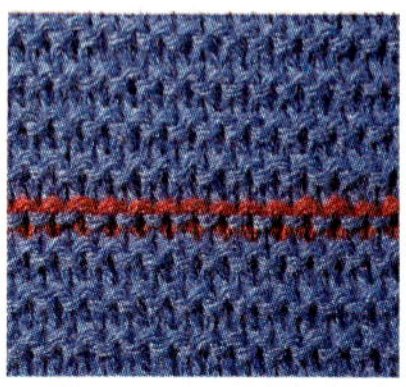
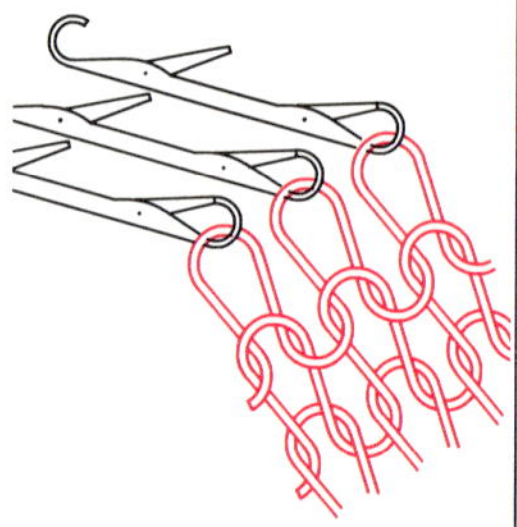

3: Links/Links — Herstellung

Links/Links (LL)

LL wird in der Regel mit Doppelzungennadeln hergestellt. Diese Ware kann auch mit Zungennadeln durch Maschenumhängen hergestellt werden. Beide Warenseiten sehen gleich aus und zeigen die Bogen der Maschenfüße und der Maschenköpfe. Es wechselt eine rechte mit einer linken Maschenreihe. Die rechte Maschenreihe erkennt man, wenn die Ware längsgespannt wird.

Links/Links-Ware ist längselastisch.

Man stellt in dieser Bindung Strampelhosen, Pullover und Strickjacken her.

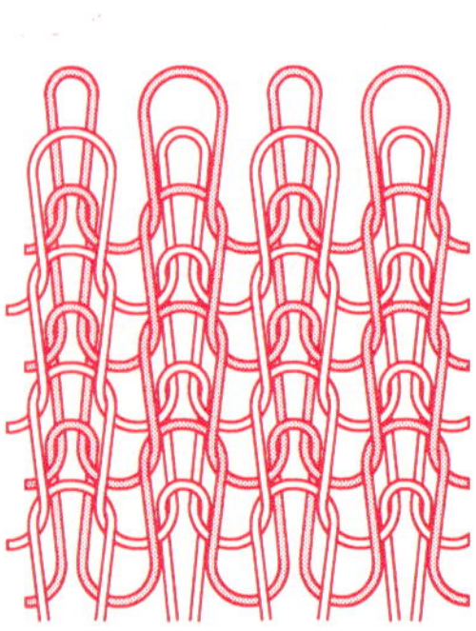
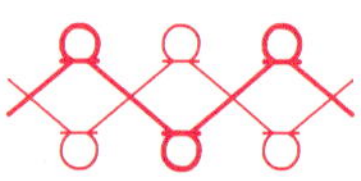

Aufziehkante

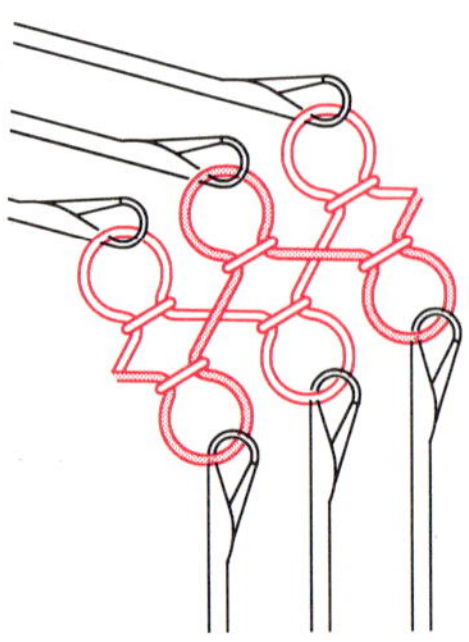

4: Interlock — Herstellung

Rechts/Rechts/Gekreuzt (RRG); Interlock

Interlock wird an zwei Nadelreihen hergestellt, an denen sich die Nadeln genau gegenüberstehen und im Wechsel arbeiten.

In der Ware stehen sich die Maschen der Vorder- und Rückseite gegenüber. Durch diese Herstellung sind die Nachbarmaschen um eine halbe Maschenhöhe versetzt.

Interlock hat eine geschlossene Oberfläche. Ware in dieser Bindung ist dehnfähig, aber nicht sehr elastisch.

Verwendung: T-Shirts, Blusen, Unterwäsche, Sport- und Freizeitbekleidung.

[1] Jersey ist eine Sammelbezeichnung für Maschenware, die aufgrund der Bindung wenig Dehnung aufweist.

3.3.2 Gestricke und Einfadengewirke (3)

Ableitungen der Rechts/Links-Bindung

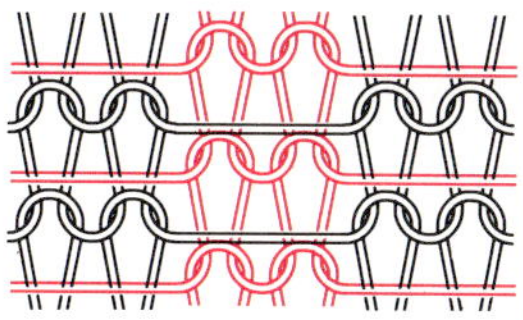

1: Hinterlegware, schematisch

2: Hinterlegware, Vorderseite

Rückseite

RL-hinterlegt; Hinterlegware

Mustermäßig ausgewählte Nadeln stricken mit einem farbigen Faden. In darauffolgenden Maschenreihen arbeiten Nadeln, die zuvor ausgesetzt haben, mit anderen Farben. Jeweils nichtstrickende Nadeln bilden auf der Warenrückseite Fadenflottungen.

Man erhält Maschenware mit modischen Buntmusterungen, die durch die Fadenflottungen in Querrichtung wenig Elastizität aufweisen.

Verwendung: Modische Pullover und Westen.

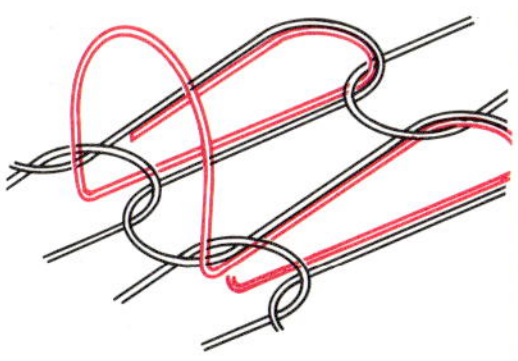

3: Henkelplüsch, schematisch

4: Henkelplüsch

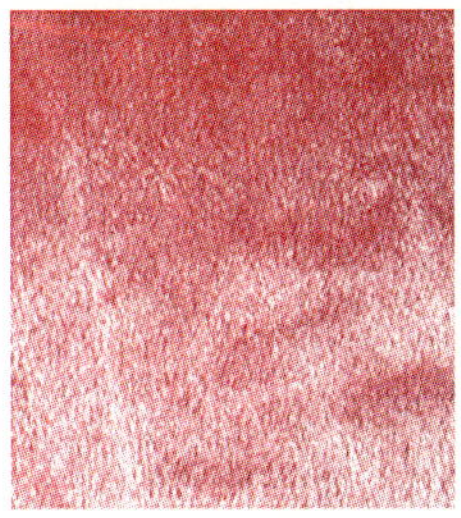

Nicki, Scherplüsch

RL-Plüsch; Henkelplüsch, Nicki

Henkelplüsch entsteht dadurch, daß in RL-Ware ein zusätzlicher Faden eingearbeitet wird, der an der Warenoberfläche Schlingen bildet. Der zusätzliche Faden kann ganzflächig oder mustermäßig eingebunden sein.

Bei Scherplüsch werden die Schlingenköpfchen abgeschnitten. Dadurch entsteht eine samtartige Oberfläche (Nickiplüsch).

Verwendung: Freizeit- und Kinderbekleidung, Socken, warme Unterwäsche.

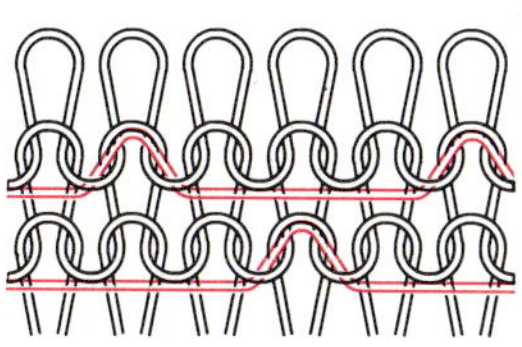

5: Futterware, schematisch

6: Futterware, Vorderseite

Rückseite ungerauht

RL-Futter; Futterware

In einer RL-Grundware wird auf der linken Warenseite ein zusätzlicher, meist dicker Futterfaden eingebunden.

Futterware hat eine feine Oberseite und eine voluminöse, oft aufgerauhte Unterseite.

Man verwendet die Futterseite auch als rechte Warenseite.

Aus Futterware stellt man Freizeitbekleidung, Trainingsanzüge und Sweat-Shirts her.

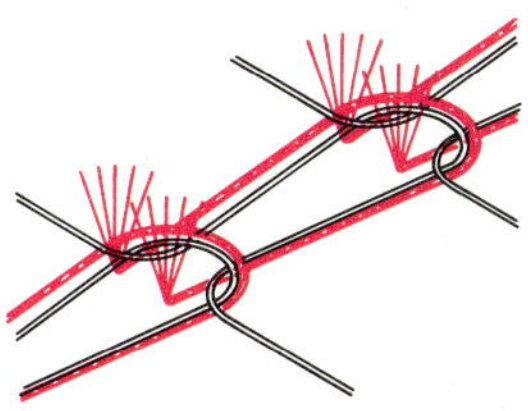

7: Plüsch, schematisch

8: Plüsch, Fellimitation, Vorderseite

Rückseite

RL-Luntenflor; Plüsch, Fellimitation

Fasern werden als Faserband (Lunte) zugeführt und während der Maschenbildung eingebunden. Sie bilden an der Warenoberseite einen Faserflor.

Mit Tierfellmustern bedruckt, dient solche Ware als Fellimitation.

Man verwendet sie als Pelzersatz und Winterfutter (Borg-Futter) für Mäntel und Schuhe.

9: Pikee, Vorderseite

Rückseite

RL-Pikee; Pikee

Pikeemusterung (Kleinmuster mit Erhebungen und Vertiefungen) kann von den Grundbindungen RL und RRG abgeleitet werden. Wegen des niedrigeren Warengewichtes stellt man diese Musterung meist als Ableitung von RL her.

Es wechseln RL-Maschenreihen mit mehreren Maschenreihen, in denen mustermäßig versetzt Henkel gearbeitet werden.

Diese Bindung wird für Polohemden verwendet.

3.3.2 Gestricke und Einfadengewirke (4)

Ableitungen der Rechts/Rechts-Bindung

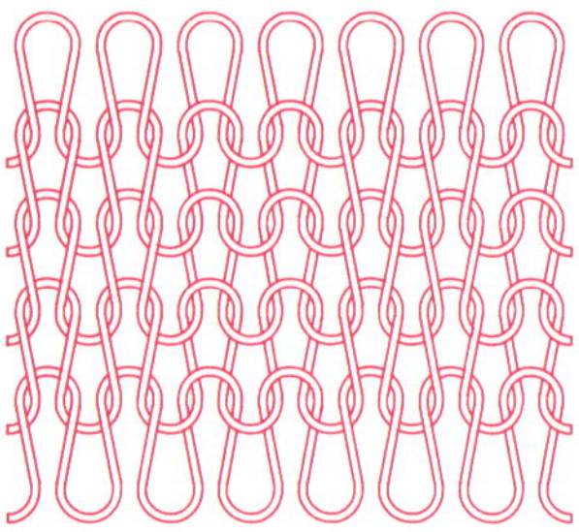

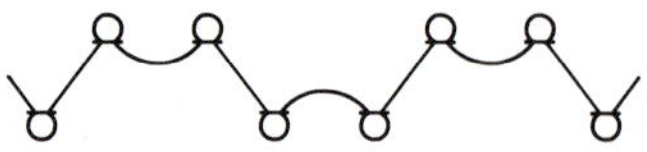

b) Aufziehkante

1: Rippware

RR-gerippt; Rippware

Bei der Herstellung gerippter Ware stricken nur ausgewählte Nadeln. Am häufigsten wird 2:1-Rippware, auch 2:1-Patent genannt, hergestellt. Dazu wird im vorderen und hinteren Nadelbett jeweils die dritte Nadel ausgeschaltet.

Beide Warenseiten von 2:1-Patent sehen gleich aus. Zieht man die Ware in die Breite, so erkennt man in einer Maschenreihe jeweils abwechselnd zwei rechte und zwei linke Maschen. Rippware ist außerordentlich querelastisch.

Verwendung: Bündchen, modische Pullover und Kleider.

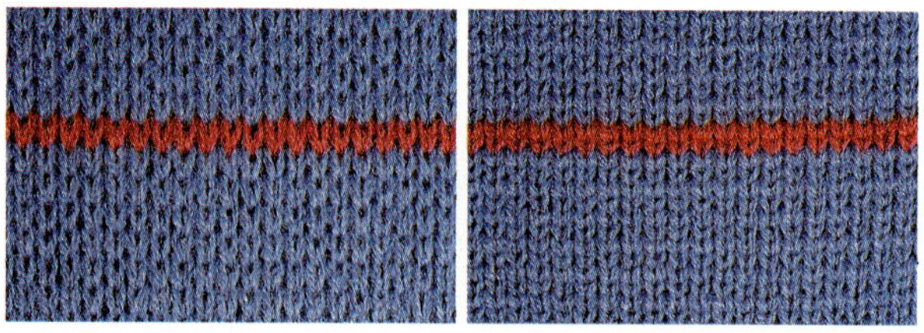

2: Halbschlauch Vorderseite Rückseite

RR/RL; Halbschlauch, Relief

Bei Halbschlauch stricken in der ersten Maschenreihe alle Nadeln (RR), in der zweiten Maschenreihe nur die hinteren (RL). Auf den nichtstrickenden vorderen Nadeln werden die Maschen langgezogen und bekommen ein ausgeprägtes Aussehen. Die Querelastizität ist durch die RL-Reihe eingeschränkt.

Wenn nach einer Reihe RR mehrere Reihen RL vorn oder hinten folgen, entstehen Reliefmuster. Die RL-Reihen schieben sich reliefartig hervor (ohne Musterdarstellung).

Man verwendet beide Musterungen bei Pullovern und Westen.

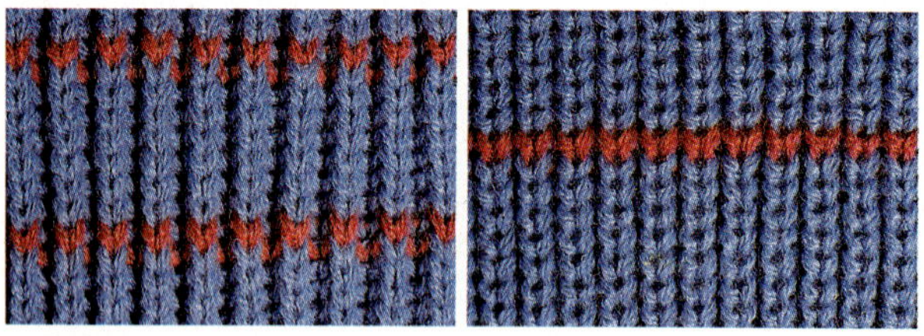

3: Fang Perlfang

RR-Fang, RR-Perlfang

Bei Fang werden in der ersten Reihe vorne Henkel, hinten Maschen gearbeitet. In der zweiten Reihe ist es umgekehrt. Die Fanghenkel lassen die Maschen hervortreten. Fang ist schwerer als RR und neigt zur Ausweitung.

Bei Perlfang wechselt eine Reihe, in der alle Nadeln stricken, mit einer Reihe Maschen vorn, Henkel hinten. Auf der Vorderseite erkennt man ausgeprägte Rechtsmaschen. Die Rückseite sieht wie bei Fang aus. Voluminöse Fang- und Perlfangwaren werden vor allem verwendet für dicke Winterpullover, Schals und Mützen.

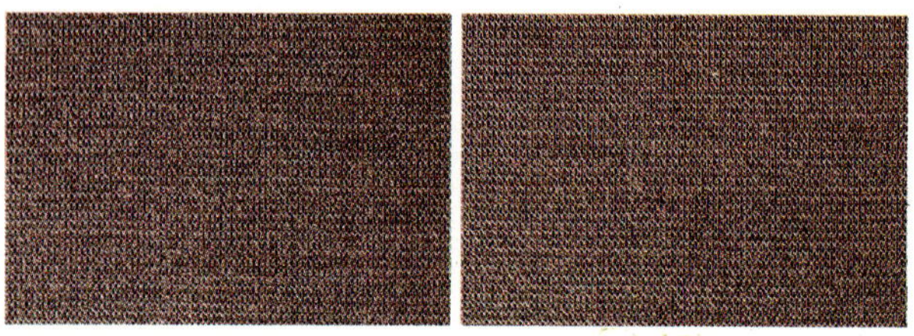

4: Webstrick, Vorderseite Rückseite

Webstrick

RR-ähnliche und RL-ähnliche Strickreihen mit Fadenflottungen wechseln ab. Die Fadenflottungen schränken die Querelastizität stark ein. Dadurch läßt sich die Ware wie ein Gewebe verarbeiten, ohne die angenehmen Trageeigenschaften einer Maschenware zu verlieren.

Ungefütterte Ware neigt zum Ausbeulen.

Eine bekannte Handelsbezeichnung ist Wevenit.

Verwendung: Damenmäntel, Hosen, Röcke, Kostüme.

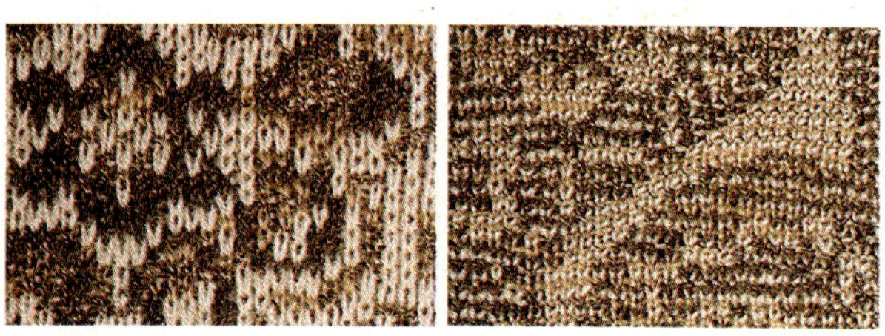

5: Jacquard, Vorderseite Rückseite

Jacquard

Jacquardgestricke sind gemustert und werden auf zwei Nadelreihen hergestellt. Beim Jacquardstricken kann jede Nadel der Strickmaschine mit dem Befehl „Stricken", „Nichtstricken" und „Fanghenkel bilden" angesteuert werden. Dadurch lassen sich fast unbegrenzte Musterungen erzielen. Im Gegensatz zu hinterlegter RL-Ware, wo die zur Musterung nicht benötigten Fäden flott laufen, werden sie bei Jacquardware gleichmäßig abgebunden.

Aus Jacquardware werden Pullover, Kleider und Jacken hergestellt.

3.3.2 Gestricke und Einfadengewirke (5)

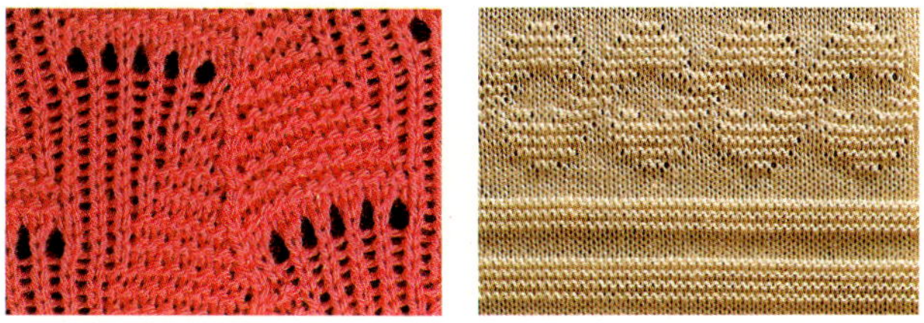

1: LL-gemustert

Ableitungen der LL-Bindung

Links-Links-Bindungen sind durch das Vorkommen von linken und rechten Maschen in Stäbchenrichtung gekennzeichnet. Diese Musterung wird durch die Verwendung von Doppelzungennadeln ermöglicht, die durch entsprechende Steuerung Maschen auf den vorderen oder hinteren Nadeln bilden können. Durch entsprechende Nadelverteilung auf die beiden Nadelbetten und zusätzliche Mustereinrichtungen lassen sich vielfältige Musterungen herstellen, die vor allem bei Damenpullovern und -westen Anwendung finden.

2: Interlockware mit unterschiedlichen Warenseiten
Baumwollseite Polypropylenseite

Ableitungen der Interlockbindung

Maschenware in Interlockbindung hat im allgemeinen eine außerordentlich hohe Feinheit. Diese feinen Stoffe werden häufig in der Veredlung gemustert, z. B. bedruckt. Trotzdem lassen sich auch von der Interlockbindung andere Bindungen ableiten. Als Beispiel ist eine Interlockware für Sportbekleidung abgebildet. Bei dieser Ware ist auf der Außenseite überwiegend Baumwolle und auf der Innenseite Polypropylen verarbeitet. Dadurch ergeben sich besonders günstige bekleidungsphysiologische Eigenschaften (vgl. Seite 129).

Verarbeitung von Einfadenware zu Bekleidungstextilien

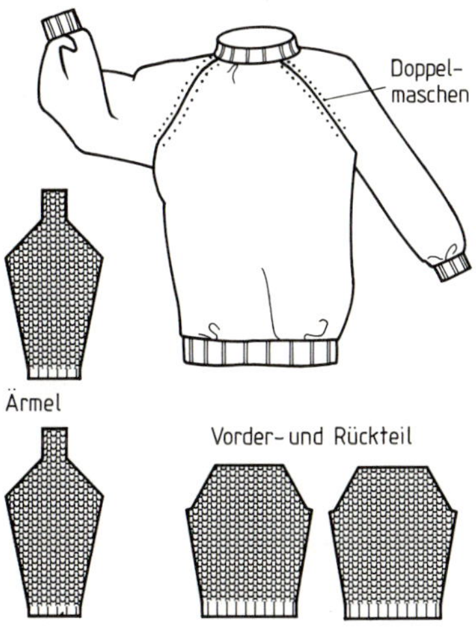

3: Reguläre Ware

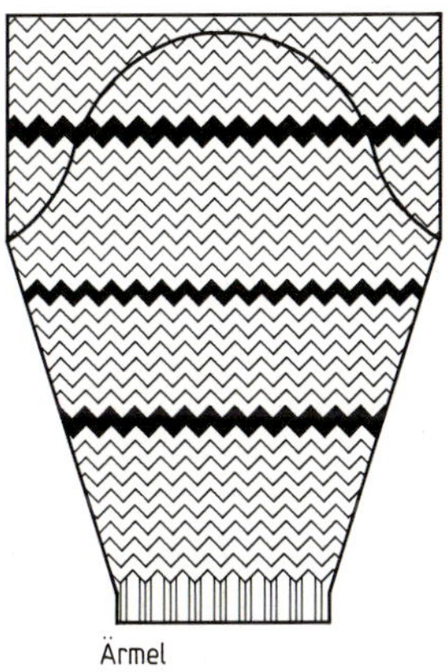

4: Halbreguläre Ware

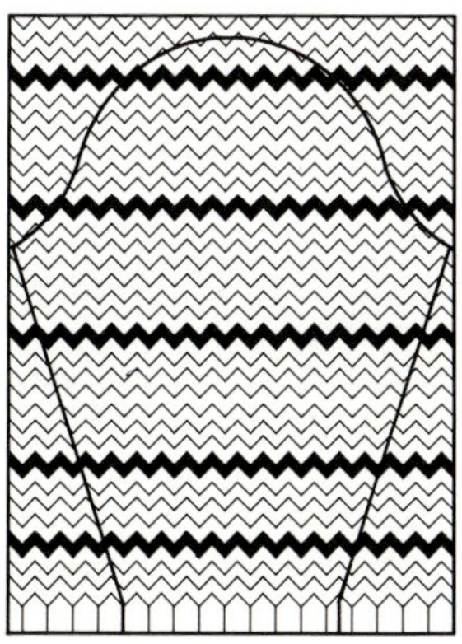

5: Schnittware

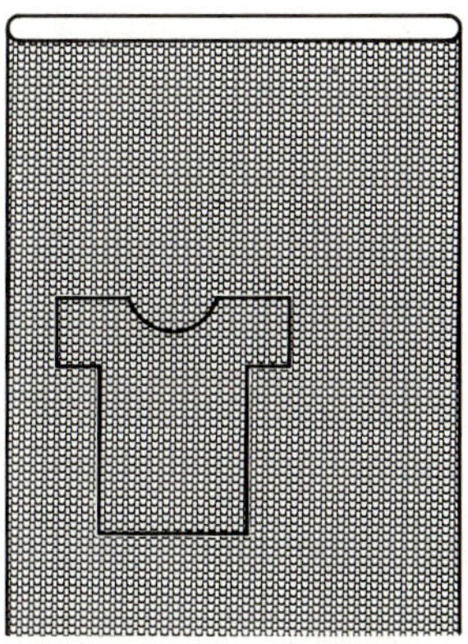

6: Meterware

Reguläre Ware

Als reguläre Ware **(Fully fashioned[1])** wird Maschenware bezeichnet, wenn die Einzelteile formgerecht hergestellt werden. Dadurch wird Material gespart. Bei Pullovern und Westen in dieser Herstellungstechnik erkennt man Doppelmaschen an den Stellen der Formgebung.

Halbreguläre Ware

Halbreguläre Ware ist teilweise vorgeformt.

Schnittware mit festem Anfang

Die einzelnen Schnitt-Teile werden aus Strickstücken von bestimmter Länge und Breite ausgeschnitten und weisen einen festen Anfang auf.

Meterware

Sie wird im allgemeinen auf Rundstrickmaschinen hergestellt und liegt schlauchförmig vor. Der Schlauch wird aufgeschnitten und wie Webware weiterverarbeitet.

Ketteln

Das maschengenaue Zusammennähen auf speziellen Einfachkettenstichnähmaschinen (Kettelmaschinen) wird als Ketteln bezeichnet.

Maschenschäden (Maschensprengschäden)

Maschenbeschädigungen können beim Eindringen der Nähnadel in das Nähgut entstehen. Sie haben im wesentlichen vier Ursachen: Fehlerhafte Warenausrüstung, beschädigte Nadelspitze, zu dicke Nadel und ungeeignete Nadelspitzen. Durch beschädigte Maschen können Fallmaschen entstehen (vgl. Seite 171).

[1] engl.: fully fashioned = formgerecht

3.3.3 Kettengewirke (1)

Herstellung und Begriffe

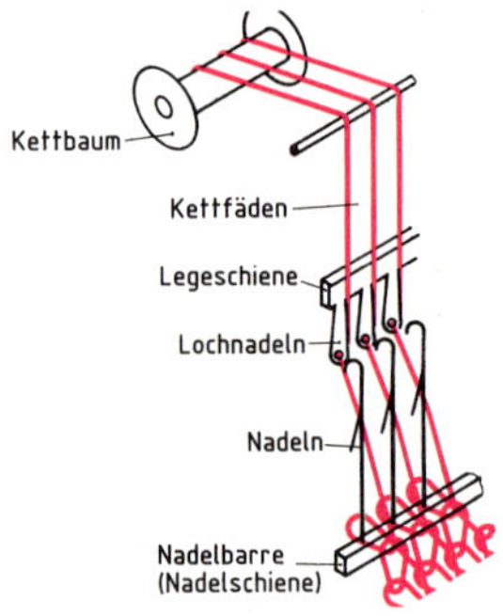

1: Prinzip des Kettenwirkens

Kettfadenware wird mit mindestens einem Kettfadensystem hergestellt.

Jeder einzelne Kettfaden wird von einer Lochnadel geführt, die sich in einer Legeschiene befindet. Die Lochnadeln der Legeschienen legen die Kettfäden um die Nadeln (Zungen-, Spitzen-, Schiebernadeln) herum. Nach dieser Fadenlegung werden durch die Bewegung der Nadelbarre auf allen Nadeln gemeinsam Maschen gebildet, so daß eine Maschenreihe entsteht.

Anschließend wird die Legeschiene seitlich um eine oder mehrere Nadeln versetzt. Dann werden die Kettfäden erneut um die Nadeln herumgelegt und es wird wieder eine Maschenreihe gebildet.

Die Versatzbewegung der Legeschiene bestimmt die Art der Legung.

Bei der **offenen Masche** kreuzen sich die Maschenfüße nicht.

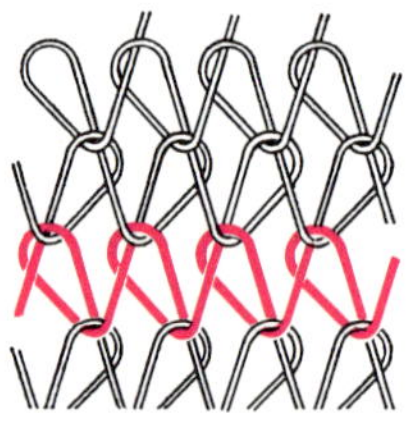

Maschen nebeneinander bilden **Maschenreihen**.

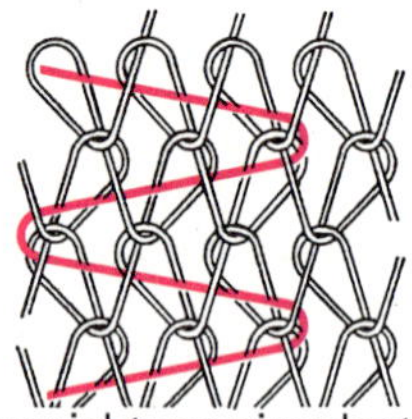

Ein in Querrichtung eingelegter von Maschen gehaltener Faden heißt **Schußfaden**.

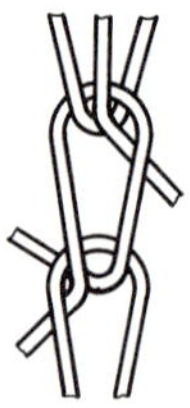

Bei der **geschlossenen Masche** kreuzen sich die Maschenfüße.

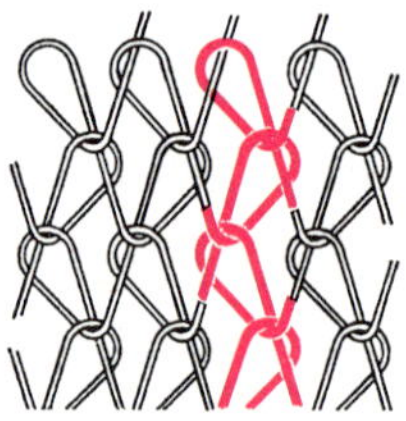

Maschen übereinander bilden **Maschenstäbchen**.

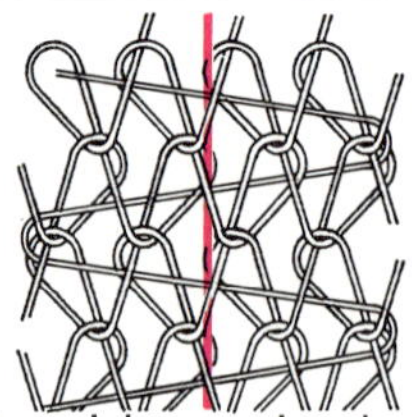

Ein in Längsrichtung eingelegter von Maschen gehaltener Faden heißt **Stehfaden**.

Ausgewählte Legungen der Kettenwirkware

Fransenlegung	Trikotlegung	Tuchlegung	Atlaslegung
	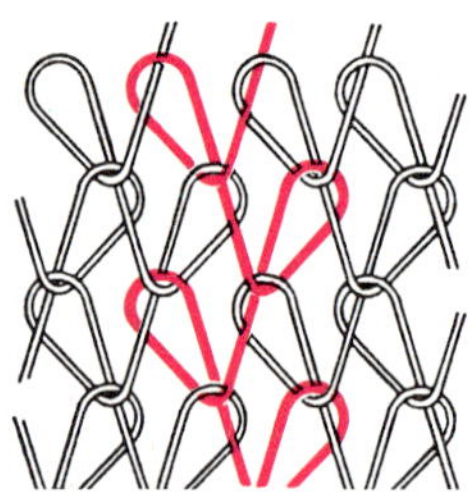	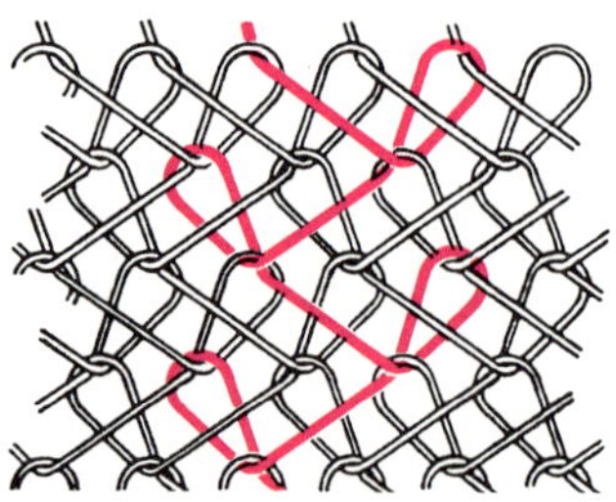	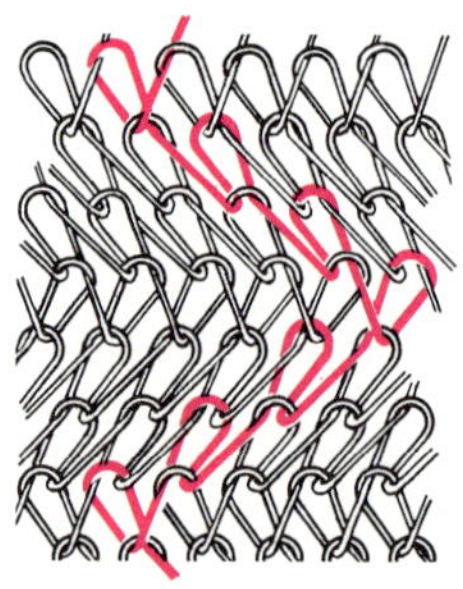
Zu Nachbarmaschen bestehen keine Querverbindungen. Durch Kombination mit anderen Legungen oder Schußfäden können diese erreicht werden.	Jeder maschenbildende Kettfaden verläuft im Zickzack in Längsrichtung durch die Ware und bindet zwischen zwei Nachbarstäbchen.	Die Tuchlegung bindet ähnlich wie die Trikotlegung, jedoch überspringt jeder maschenbildende Kettfaden ein Maschenstäbchen.	Jeder maschenbildende Kettfaden verläuft treppenförmig bis zu einem Umkehrpunkt und wechselt dann seine Richtung.

3.3.3 Kettengewirke (2)

Kombinierte Kettenwirklegungen

Für viele kettengewirkte Maschenwaren werden Grundbindungen miteinander kombiniert. Das heißt, es wird dann mit mehr als einer Fadenkette gearbeitet.

Im Bekleidungsbereich haben Kettenwirkwaren nur begrenzte Einsatzgebiete. Die wichtigsten sind: Freizeit- und Badebekleidung, Miederwaren, Damenunterwäsche, elastische Futterstoffe und Wirkspitzen, Borten und Bänder.

Bei Heimtextilien werden Kettenwirkwaren vor allem für Gardinen, Bettwäsche und Dekostoffe verwendet. Das größte Anwendungsfeld für Kettengewirke sind technische Textilien.

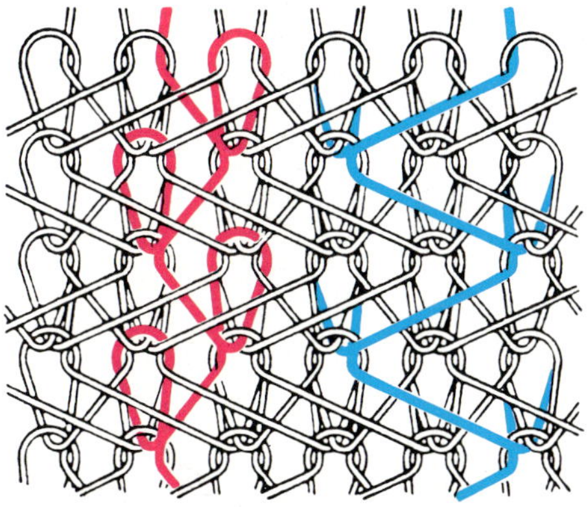

1: Charmeuse schematisch

2: Charmeuse Vorderseite

3: Charmeuse Rückseite

4: Kettenwirkfrottier

5: Wirkplüsch

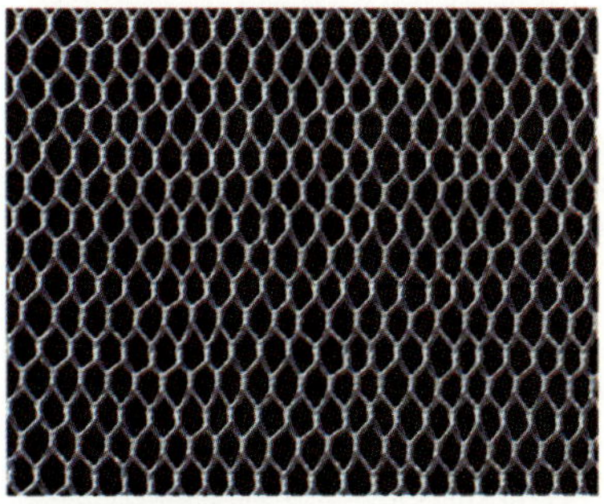

6: Rascheltüll

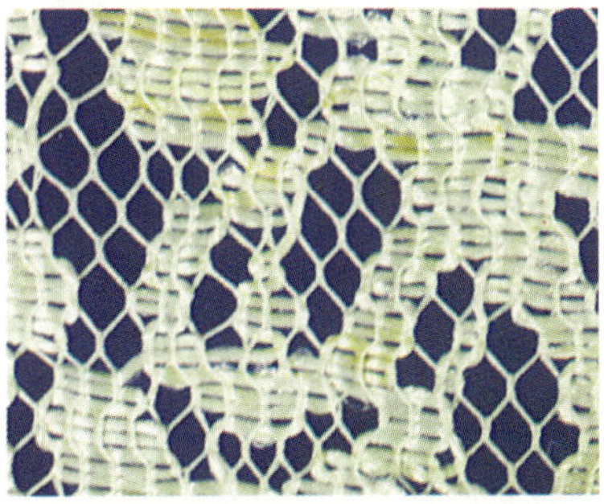

7: Raschelspitze

Charmeuse

Charmeuse ist eine Kettenwirkware, bei der die Trikotlegung und Tuchlegung miteinander kombiniert sind. Auf einer Seite zeigt Charmeuse kleine Rechtsmaschen, auf der anderen Seite einen zickzackförmigen Verlauf der Kettfäden. Zur Herstellung werden Filamentgarne verwendet. Einsatzgebiete sind z. B. elastische Futterstoffe und Unterröcke **(Bild 1, Bild 2, Bild 3)**.

Kettenwirkfrottier

Er wird mit einer zusätzlichen Polkette hergestellt, mit der in einer Grundware Schlingen gebildet werden. Einsatzgebiete sind z.B. Dekostoffe und Bettwäsche **(Bild 4)**.

Wirkplüsch

Bei Wirkplüsch werden die Polschlingen aufgeschnitten. Man erhält eine flauschige Oberfläche. Einsatzgebiete sind z.B. Strand-, Freizeit- und Sportbekleidung **(Bild 5)**.

Rascheltüll

Tüll wird heute überwiegend nach der Raschelwirktechnik hergestellt. Es wird Fransenlegung mit Trikotlegung kombiniert. Rascheltüll findet vor allem bei der Brautmode Verwendung **(Bild 6)**.

Raschelspitze

Raschelspitzen sind Kettfadenwaren, die häufig einen Tüllgrund aufweisen, in den Musterfäden eingearbeitet sind. Raschelspitzen werden für Miederwaren, Damenwäsche, Braut- und Abendmode und als Ausputz verwendet **(Bild 7)**.

3.4.1 Faserverbundstoffe (1)

Faserverbundstoffe sind, wie der Name schon sagt, textile Flächen, die unter Umgehung der Garnbildung direkt aus Fasern gebildet werden. Je nach Art der Verfestigung unterscheidet man zwei Gruppen von Faserverbundstoffen.

FASERVERBUNDSTOFFE

- **FILZE[1)]**
  - Walkfilze
  - Nadelfilze
- **VLIESSTOFFE[2)]**
  - Trockenvliesstoffe
  - Naßvliesstoffe
  - Spinnvliesstoffe

Voraussetzung für die Herstellung von Faserverbundstoffen ist immer die Bildung eines Faserflores (vgl. Kapitel Garne, Seite 48), der anschließend verfestigt werden muß. Bei Filzen erfolgt die Verfestigung mechanisch. Bei Vliesstoffen kann die Verfestigung chemisch (Binder oder Lösemittel), thermisch (Schmelzfasern oder Verschweißungspunkte) oder mechanisch (Vernadeln, Wasserstrahlverfahren) erfolgen. Eine Kombination mehrerer Verfahren ist in Einzelfällen möglich.

Walkfilze

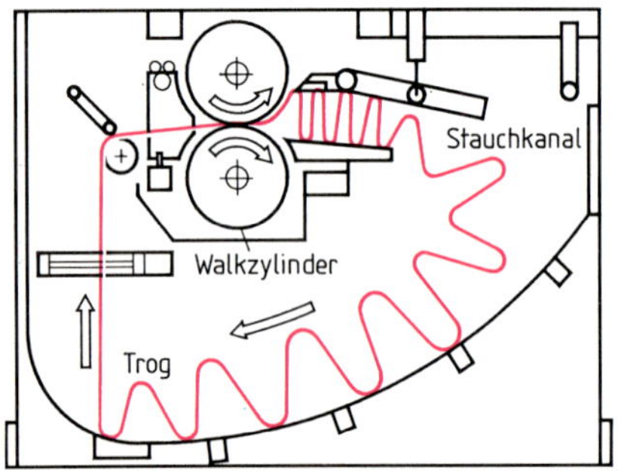

1: Funktionsprinzip der Walke

2: Walkfilz

Herstellung

Bei der Filzherstellung macht man sich die Fähigkeit der Wolle oder anderer Tierfasern zunutze, unter Einwirkung von Laugen, Wärme, Bewegung und Druck zu filzen.

Bei echten Filzen wird ein Faserflor hergestellt, der auf Filzmaschinen zwischen beweglichen Platten verdichtet und anschließend auf der Walkmaschine durch Stauchen, Klopfen und Pressen bis zur endgültigen Dichte verfilzt wird **(Bild 1)**.

Unechte Filze, wie z. B. Loden, werden zunächst gewebt und anschließend auf der Walkmaschine verfilzt.

Eigenschaften und Einsatzgebiete

Die Eigenschaften von Filzen richten sich nach der Art der eingesetzten Wolle oder anderer Tierhaare wie z. B. Kamel-, Ziegen-, Kaninchenhaare und ggf. auch nach der Menge der Beimischung nichtfilzender Fasern.

Filze besitzen gute Isolierfähigkeit und damit ein gutes Warmhaltevermögen, werden jedoch bei uns selten für Bekleidungszwecke eingesetzt.

Haupteinsatzgebiete sind: Hüte, Unterkragen an Sakkos und Mänteln, Dekomaterialien, Trachtenmoden, Walzenbezüge, Dämmaterial, Billardtischbezüge, Transportbänder in der Papierherstellung.

Nadelfilze

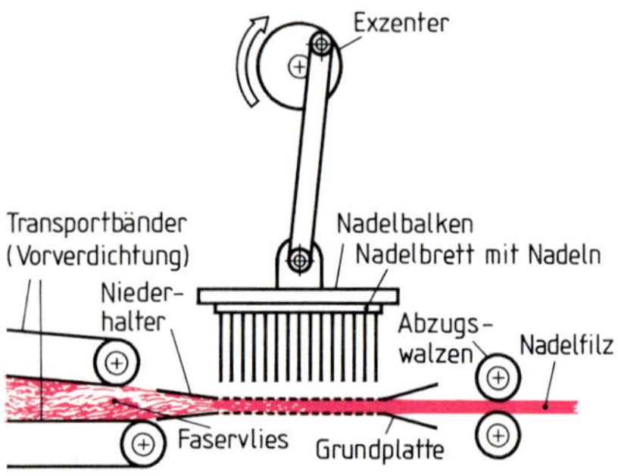

3: Funktionsprinzip der Nadelung

4: Nadelfilz

Herstellung

Zur Herstellung von Nadelfilzen können nahezu alle Fasern verwendet werden. Meistens werden jedoch Synthesefasern eingesetzt.

Ein bauschiges Faservlies wird von Nadeln mit Widerhaken, die an einem Nadelbalken befestigt sind, durchstochen. Dabei zieht jede Nadel eine bestimmte Anzahl von Fasern an die Unterseite des Faservlieses, was zu einer Verschlingung der Fasern führt. In der Regel werden Nadelfilze zusätzlich chemisch verfestigt.

Eigenschaften und Einsatzgebiete

Nadelfilze sind elastisch und haben ein geringes Gewicht. Sie werden vor allem für Bodenbeläge eingesetzt, aber auch für Einlagen, Wattierungen, Polstermaterial, Matratzenschoner, Bezüge und Filter.

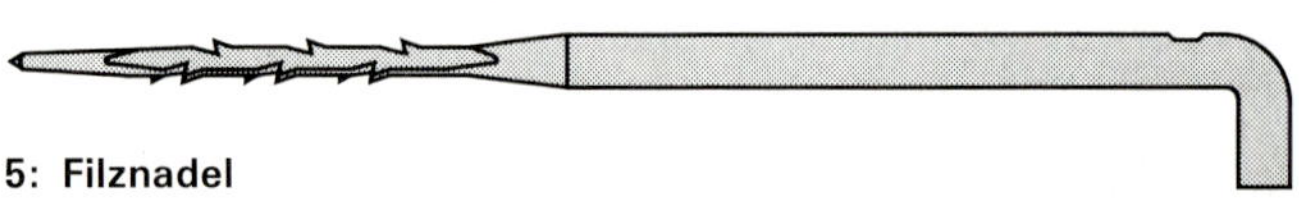

5: Filznadel

1) DIN 61 205   2) Einteilung nach Herstellungsverfahren (DIN 61 210)

3.4.1 Faserverbundstoffe (2)

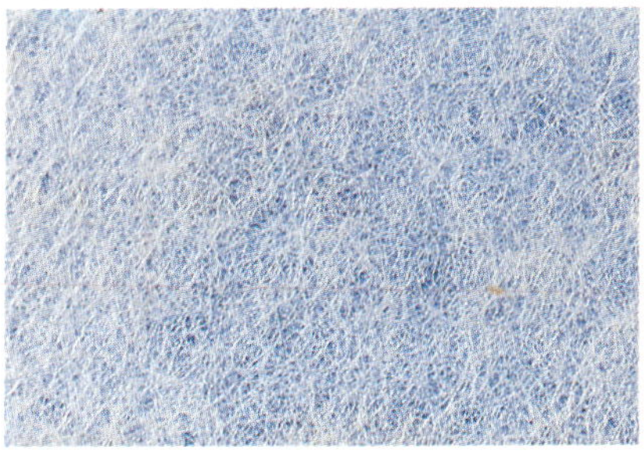

1: Wirrfaservlies

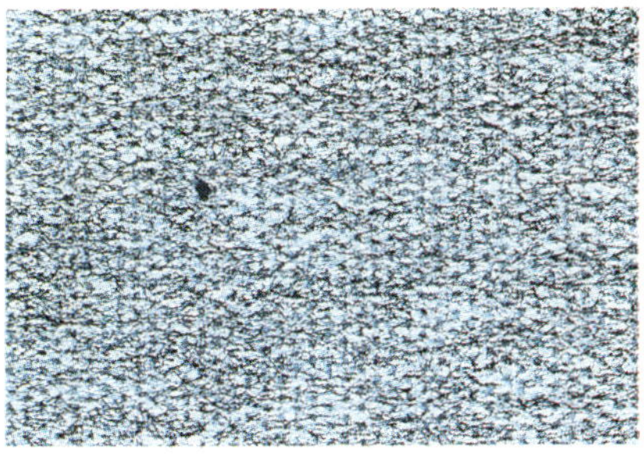

2: Richtungsorientiertes Vlies

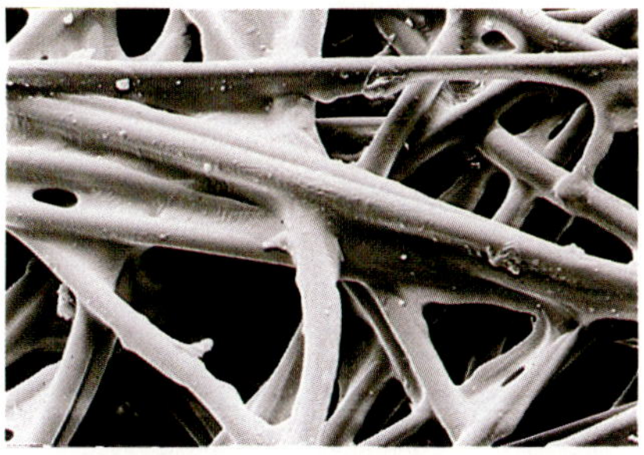

3: Vliesstoff mit Bindemittel

4: Vliesstoff mit Bindefaserverschweißung

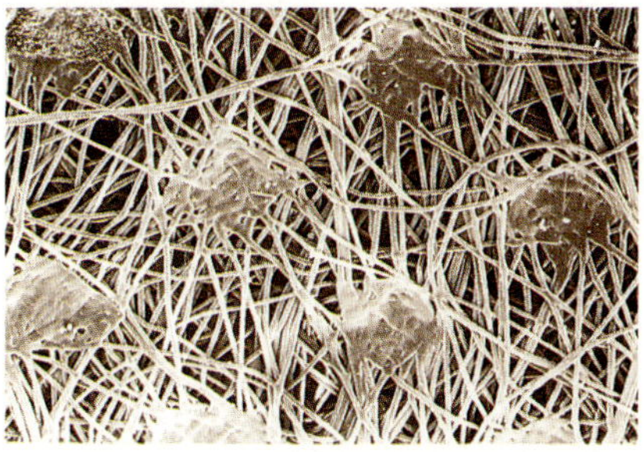

5: Vliesstoff mit Punktschweißung

Vliesstoffe

Vliesstoffe sind flexible textile Flächengebilde, die durch chemische, mechanische oder thermische Verfestigung direkt aus Fasern hergestellt werden.

Herstellung

Zunächst muß ein Faservlies hergestellt werden. Dies kann, wie im Kapitel Garne (Seite 48 und 49) beschrieben, geschehen, oder es können Fasern auf eine Siebtrommel aufgesaugt werden. Bei diesen beiden Verfahren entstehen sogenannte Trockenvliese. Eine andere Möglichkeit ist, ähnlich wie bei der Papierherstellung, das Anschwemmen von Fasern auf ein Sieb. Dabei entstehen Naßvliese. Bei der Herstellung von Spinnvliesen werden Spinnmassen direkt auf ein Laufband ausgesponnen.

Bei den verschiedenen Herstellungsverfahren können Vliese mit unterschiedlicher Richtungsorientierung der Fasern und damit unterschiedlichen Dehnungseigenschaften und unterschiedlicher Festigkeit entstehen. Je nach Faserlage spricht man von **Wirrfaservlies (Bild 1)** oder **richtungsorientiertem Vlies (Bild 2)**.

Vliesstoffe für die Bekleidung werden vorwiegend durch Krempeln gewonnen. Je nach Ablage des Faserflores können längsorientierte, querorientierte oder in beide Richtungen orientierte Vliesstoffe entstehen, die dann in die verschiedenen Richtungen unterschiedliche Festigkeit und Dehnung aufweisen.

Das von der Krempel kommende Vlies, meist in mehreren Lagen übereinandergelegt, hat noch keinerlei Festigkeit und könnte einfach auseinandergezogen werden. Die notwendige Verfestigung kann auf verschiedenen Wegen erfolgen. Häufig erfolgt eine mechanische Vorverfestigung durch Nadeln, oder in einem relativ neuen Verfahren durch feine Wasserstrahlen unter hohem Druck. Die anschließende chemische **Verfestigung** kann folgendermaßen durchgeführt werden:

- Die Fasern werden mit Klebemitteln besprüht, getaucht, beschäumt und durch anschließenden Druck chemisch verfestigt **(Bild 3)**.
- Die Faseroberfläche wird durch Lösemittel zeitweilig angelöst, so daß sich benachbarte Fasern an ihren Berührungspunkten verbinden können.
- Thermoplastische Fasern werden erhitzt. Unter Druck verschweißen dann die Kreuzungspunkte.
- Ein Faseranteil mit niedrigem Schmelzpunkt verschweißt den Hauptanteil der Fasern beim Erhitzen **(Bild 4)**.
- Bikomponentenfasern (Chemiefasern aus zwei Spinnmassen, die durch eine Düse gepreßt wurden) lassen unter Hitzeeinwirkung einen Teil der Faser schmelzen, wodurch der andere Teil verschweißt wird.
- Thermoplastische Fasern werden punktverschweißt **(Bild 5)**.

Eigenschaften und Einsatzgebiete

Vliesstoffe werden in der Bekleidung vorwiegend als Einlagen verwendet. Dazu werden folgende Eigenschaften erwartet:

- Luftdurchlässigkeit,
- Formbeständigkeit,
- gutes Knitterverhalten,
- Wasch- und Reinigungsbeständigkeit,
- Einlauffestigkeit und einfache Verarbeitung.

Je nach Faserlage im Vliesstoff muß beim Zuschnitt auf eine Richtungsorientierung geachtet werden.

Häufig sind Einlagestoffe einseitig mit einem Schmelzkleber in verschiedenen Formen wie Punkte, Rauten, Streifen usw. versehen, die bei Temperaturen zwischen 120 °C und 180 °C schmelzen und somit auffixiert werden können.

3.4.2 Nähwirkwaren und Tufting

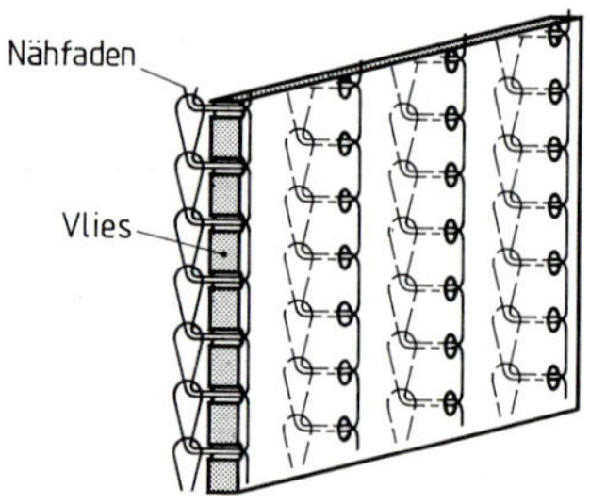

1: Faservlies-Nähgewirk (Darstellung)

2: Faservlies-Nähgewirk (Muster)

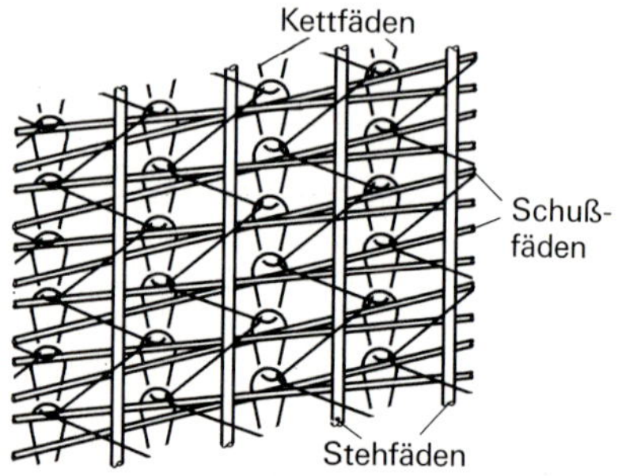

3: Fadenlagen-Nähgewirk (Darstellung)

4: Fadenlagen-Nähgewirk (Muster)

5: Tuftingware

6: Tuftingware (Querschnitt mit Rückenbeschichtung)

Nähwirkwaren

Bei Nähwirkwaren werden **Faservliese** oder **Fadenlagen** durch Vernähen zu textilen Flächen zusammengefügt. Die Bezeichnung Nähwirkware weist darauf hin, daß die Nähte durch Maschenbildung, ähnlich wie auf der Kettenwirkmaschine, entweder durch Fransen- oder durch Trikotlegung entsteht.

Eine Kombination aus Vliesstoff und Fadengelege entsteht, wenn ein Wattevlies vernäht wird. Das Vlies erhält so die notwendige Festigkeit, und es entsteht ein wärmendes Füllmaterial für Winterbekleidung (**Bild 1** und **Bild 2**).

Fadenverbundwaren erhält man durch Vernähen von Kettfäden, Schußfäden oder Kett- und Schußfäden. Kett- und Schußfäden werden gespannt und aneinandergelegt. Eine Verkreuzung oder Verschlingung untereinander findet nicht statt. Das Nähfadensystem verbindet die einzelnen Fäden zu einer Fläche (**Bild 3** und **Bild 4**).

In eine vorgefertigte textile Fläche können auch Polfäden durch den Nähwirkvorgang eingearbeitet werden, wodurch eine dem Frottier ähnliche Ware entsteht.

Der Vorteil der Nähwirktechnik liegt vorwiegend in der sehr schnellen Produktion und einem geringeren Investitionsaufwand. Der Einsatz von Nähwirkwaren beschränkt sich bei uns jedoch vorwiegend auf den Dekobereich und Putzartikel.

Tufting

Bei der Tuftingtechnik werden in eine vorhandene textile Fläche (meist Webware oder Vlies) Fäden eingestochen, ohne vernäht zu werden **(Bild 7)**. An der Oberfläche bilden sich Schlingen, die auch zu einem Plüsch aufgeschnitten werden können. Auf der Rückseite wird der Tuftingfaden jedoch lediglich durch das Einstichloch festgehalten. Daraus kann der Faden sehr leicht wieder herausgezogen werden. Um den Tuftingfaden zu fixieren, muß die Ware mit einer Rückenbeschichtung versehen werden (**Bild 5** und **Bild 6**).

Tuftingwaren werden vorwiegend als Teppichböden verwendet. In der Bekleidung können sie auch mit aufgerauhter oder aufgeschnittener Oberfläche als wärmende Futter eingesetzt werden.

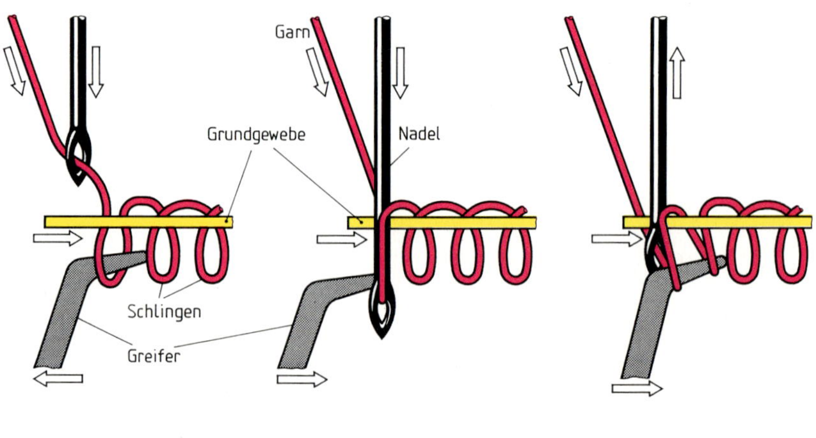

7: Schema der Tuftingherstellung

3.4.3 Durchbrochene textile Flächen

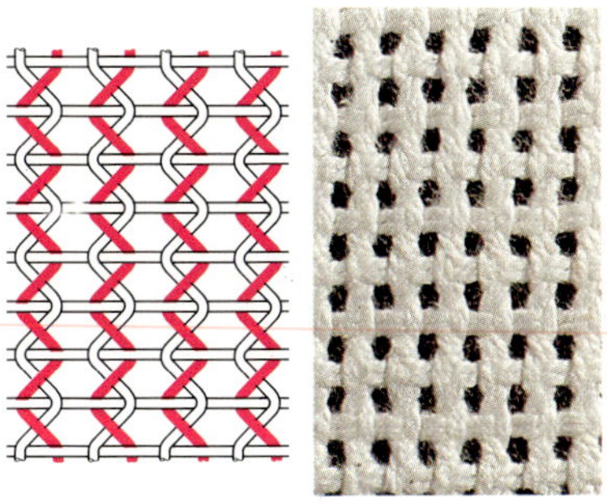

1: Dreherbindung

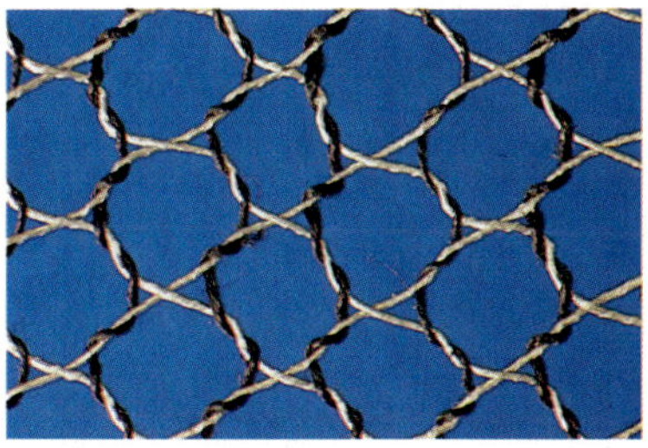

2: Bobinettüll

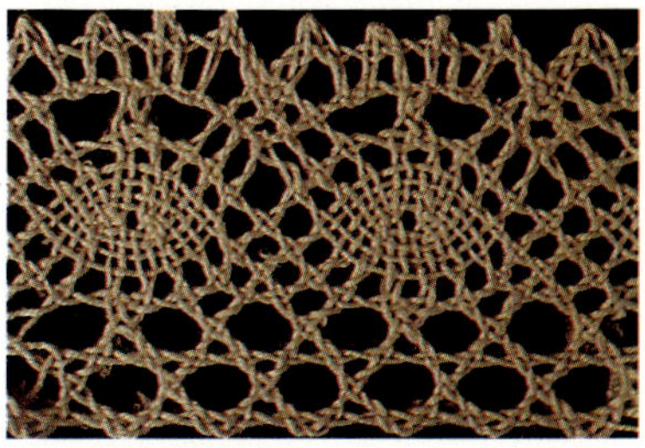

3: Klöppelspitze

4: Stickereispitze

5: Raschelspitze

Durchbrochene textile Flächen weisen mehr oder weniger starke offene Stellen auf, die durch verschiedene Herstellungstechniken wie Häkeln, Klöppeln, Nähen, Sticken, Wirken oder Weben in Handarbeit oder maschinell hergestellt werden. Heute können die meisten von Hand hergestellten Waren, wie z. B. Spitzen, durch maschinelle Herstellung imitiert werden.

Durchbrochene Flächen können auch durch Ausrüstung hergestellt werden. Dabei werden Teile einer textilen Fläche mustermäßig mit einer Ätzpaste bedruckt, die an den bedruckten Stellen den Faserstoff ganz oder teilweise zerstört. Wenn z. B. ein Gewebe unterschiedliche Rohstoffe aufweist, kann durch die Ätzpaste ein Faseranteil zerstört werden, und an der entsprechenden Stelle wird die Ware durchscheinend. Derartige Waren nennt man **Ausbrenner** (siehe Seite 99).

Drehergewebe

Bei Drehergeweben **(Bild 1)** führen nebeneinanderliegende Kettfäden oder Kettfadengruppen eine gegenseitige Umschlingung aus. Dadurch können ganzflächig oder mustermäßig durchbrochene Flächen entstehen, die trotz geringer Fadendichte eine hohe Schiebefestigkeit aufweisen. Handelsbezeichnungen sind z. B. Etamine und Marquisette.

Einsatzgebiete: Kleiderstoffe, Gardinen, Siebtücher, Handarbeitsstoffe.

Bobinetwaren[1]

Auf der Bobinetmaschine können glatte Tülle **(Bild 2)** oder Jacquard-Tülle hergestellt werden. Die Kettfäden werden von Bobinenfäden, die die Funktion des Schußfadens übernehmen, spiralförmig umschlungen und bilden regelmäßige Öffnungen, die durch das Spannen der Ware ein wabenförmiges Aussehen erhalten. Durch die Jacquardtechnik oder nachträgliches Besticken lassen sich vielfältige Muster herstellen.

Einsatzgebiete: Gardinen, Schleier, Spitzen.

Spitzen

Die Spitze als Schmuckelement fand in der Bekleidung schon früh Verwendung. Erste Vorläufer als einfache Durchbrucharbeiten sind schon aus dem 3. und 4. Jh. v. Chr. bekannt. Als echte Spitze für Besätze und Borten sowie als flächiger Spitzenstoff entwickelte sie sich verstärkt ab dem 15. bis 16. Jahrhundert.

Spitzen finden Verwendung an Blusen, Kleidern, Damenwäsche, Bett- und Tischwäsche, Kissenbezügen, Taschentüchern usw. Als selbständige textile Flächen werden sie zu Blusen, Kleidern, Tischdecken, Gardinen usw. verarbeitet.

Klöppelspitzen (Bild 3) sind Flechtspitzen, bei denen 4 bis 400 Flechtfäden, die auf Klöppeln (Holzspulen) aufgespult sind, nach einer Mustervorlage (Klöppelbrief) auf dem Klöppelkissen geklöppelt (verflochten) werden.

Bekannte Klöppelspitzen sind: Brüsseler Spitzen, Brabanter Spitzen, Flandrische Spitzen, Valenciennes Spitzen.

Stickereispitzen (Bild 4) entstehen durch Besticken einer textilen Fläche von Hand oder maschinell. Nach dem Sticken wird der Stickgrund ganz oder teilweise entfernt. Wurde er durch Chemikalien entfernt, nennt man die Spitze Ätz- oder Luftspitze, wurde der Stickgrund weggeschnitten, wird die Spitze Spachtelspitze genannt.

Raschelspitzen (Bild 5) werden auf Kettenwirkmaschinen mit Zungennadeln (vgl. Seite 74 und 81) hergestellt. Die meisten Handspitzen lassen sich mit der Kettenwirktechnik gut imitieren. Da das Herstellungsverfahren rationeller ist als die aufwendige Bobinettechnik, werden heute die meisten Spitzen in Rascheltechnik hergestellt.

[1] engl.: Bobin = Spule, Klöppel; engl.: net = Netz

3.5 Vergleich textiler Flächen[1]

Art	Herstellung	Grundlegende Eigenschaften	Einsatzgebiete
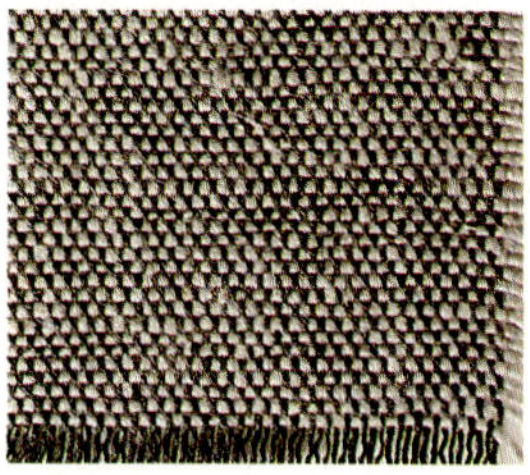	**Gewebe** Ein Längsfadensystem (Kette) und ein Querfadensystem (Schuß) verkreuzen sich rechtwinklig.	haltbar, formstabil, wenig dehnfähig, wenig elastisch, geringes Porenvolumen, Schnittkanten fransen	Jacken und Mäntel, Kostüme, Anzüge, Kleider, Hemden und Blusen, Futter, Einlagen, Bett-, Tisch- und Haushaltswäsche, Vorhänge, Polsterbezüge
	**Gestricke und Einfadengewirke** Mindestens ein querlaufender Faden bildet Maschenreihen, die senkrecht ineinanderhängen.	weich, schmiegsam, hohes Porenvolumen, sehr dehnfähig, sehr elastisch, knitterarm, mögliche Laufmaschenbildung	Unterwäsche, Nachtwäsche, Babywäsche, Socken und Strümpfe, Pullover, Strickjacken, Mützen und Schals, Sport- und Freizeitbekleidung
	**Kettengewirke** Ein längslaufendes Fadensystem bildet Maschen, die sich in Warenlängsrichtung zickzackförmig verbinden.	haltbar, formstabil, glatt, eingeschränkt dehnfähig, eingeschränkt elastisch, maschenfest, knitterarm	Damenwäsche, Spitzen, Tülle, Borten, elastisches Futter, Bade- und Sportbekleidung, Miederwaren, Gardinen, Bettwäsche, Technische Textilien
	**Geflecht** Die Garne eines zickzackförmig verlaufenden Längsfadensystems verkreuzen sich diagonal zu den Warenkanten.	dehnfähig, schmiegsam, formbar, Schnittkanten fransen stark	Posamenten (Tressen, Litzen, Soutache), Bänder, Spitzen, Hüte
	**Walkfilz** Ein Faservlies aus wirr zusammenhängenden Wollfasern bzw. Tierhaaren wird durch mechanische Bearbeitung unter Einwirkung von Feuchtigkeit und Wärme verfestigt (verfilzt).	formstabil, formbar unter Einfluß von Feuchtigkeit und Wärme, gut isolierend, hygroskopisch, Schnittkanten fransen nicht	Hüte, Unterkragen (Haka), Dekorationen, Pantoffeln, Dämmaterial
	**Vliesstoff** Ein Faservlies aus mehr oder weniger geordneten Fasern wird durch Vernadeln und/oder Verkleben, Anlösen oder Verschweißen verfestigt.	eingeschränkt formstabil, Schnittkanten fransen nicht, geringes Gewicht, porös	Einlagen, Einweg-Textilien (Tischdecken, Servietten, Slips, Tücher), Wischtücher

[1] Beim Vergleich textiler Flächen können nur grundsätzliche Gesichtspunkte berücksichtigt werden, da die Eigenschaften durch Faserrohstoff, Bindung, Dichte und Veredlung in weiten Bereichen verändert werden können.

4 Textilveredlung

4.1 Grundlagen

Definition

Unter dem Begriff Textilveredlung faßt man alle textilen Arbeitsprozesse zusammen, die außerhalb der Fasergewinnung, Garnerzeugung und Flächenbildung geeignet sind, Textilien zu veredeln, z. B. zu verschönern und zu verbessern.

Textilveredlung wird häufig auch als **Ausrüstung** bezeichnet.

Zweck der Textilveredlung

In der Regel ist eine textile Rohware aus der Weberei, Strickerei oder Wirkerei noch nicht gebrauchsfertig. Das heißt, daß verschiedene Verfahren notwendig sind, bevor textile Flächen weiterverarbeitet werden können. Beispielsweise muß eine im Herstellungsprozeß aufgebrachte Präparation[1] oder Schlichte[2] entfernt sowie Fehler und Schmutz beseitigt werden. Ein wichtiger Grund für die Textilveredlung liegt auch in der **Verschönerung** von Textilien durch Färbung, Druck, Prägung usw. Außerdem rüstet man aus, um Textilien Eigenschaften zu verleihen, die sie von Natur aus nicht besitzen. So können die **Trageeigenschaften** verbessert werden oder die **Pflegeeigenschaften** positiv beeinflußt werden. Besonders in der Textilveredlung muß großer Wert auf den **Umweltschutz** gelegt werden. Farb- und Ausrüstungsflüssigkeiten dürfen nicht ungereinigt in das Abwasser geleitet werden. Schädliche Abluft, wie z. B. Lösemitteldämpfe, dürfen nicht an die Umwelt abgegeben werden.

[1] Präparation = Vorbereitung [2] Schlichte = Klebflüssigkeit zum Glätten und Verfestigen der Kettfäden

Veredlungsstufen

Veredlung ist immer eine Kombination verschiedener Arbeitsabläufe mit chemischen, mechanischen oder chemisch-mechanischen Verfahren. Die Verfahren können rohstoffunabhängig sein, häufig richten sie sich jedoch nach der chemischen Zusammensetzung und der Oberflächenbeschaffenheit der verwendeten Fasern.

Die Vielzahl der verschiedensten rohstoffabhängigen und rohstoffunabhängigen Ausrüstungsvorgänge kann folgendermaßen gegliedert werden:

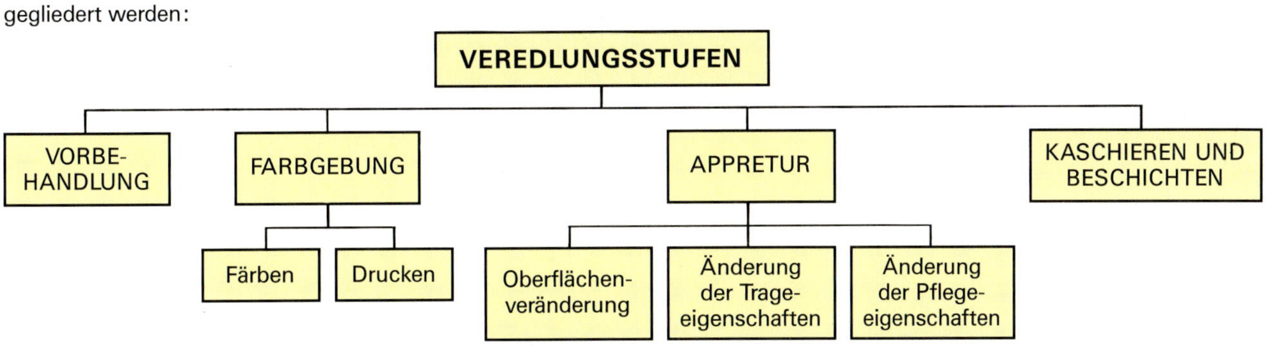

Verarbeitungsstadien in der Textilveredlung

Am rationellsten werden Textilien in der Fläche als Stückware veredelt. Häufig muß die Textilveredlung jedoch zu einem anderen Zeitpunkt vorgenommen werden. Bei Buntgeweben z. B. muß schon in der Flocke oder im Garn gefärbt werden.

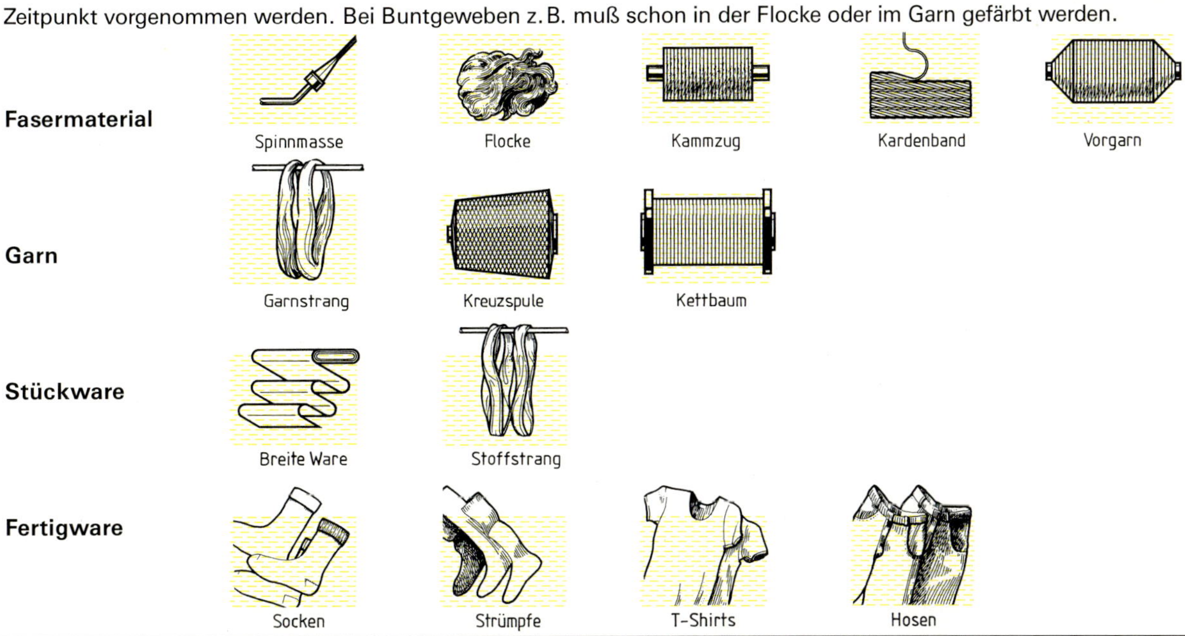

4.2 Vorbehandlung

In der Vorbehandlung werden die zu veredelnden Materialien für das Färben, Drucken oder Appretieren vorbereitet. Hier müssen die beim Spinnen, Weben, Stricken oder Wirken verwendeten Hilfsmittel, wie z.B. Schmälzen, Präparationen, Schlichten usw. wieder entfernt werden. Noch vorhandene natürliche oder im Herstellungsprozeß entstandene Verunreinigungen müssen beseitigt werden, damit für die nachfolgenden Veredlungsprozesse der erforderliche Reinheitsgrad entsteht. Eine gute Vorbehandlung ist Voraussetzung für gute Veredlungsergebnisse.

Vorbehandlungsverfahren	Vorbehandlungsvorgang
Entschlichten	Entfernen der für den Webvorgang nötigen Präparation der Webkette (Webschlichte).
Sengen	Abbrennen kurzer, abstehender Fasern (vgl. unten).
Waschen	Beseitigen wachstums- oder herstellungsbedingter Verunreinigungen.
Bleichen	Beseitigung der Naturfarben und Verbesserung des Weißgrades (vgl. unten).
Beuchen	Beseitigen von Verunreinigungen bei Baumwolle durch Abkochen unter Druck mit Natronlauge.
Merzerisieren	Behandeln von Baumwolle mit Natronlauge unter gleichzeitiger Streckung der Ware (vgl. unten).
Karbonisieren	Zerstörung zellulosehaltiger Verunreinigungen in der Wolle durch Behandlung mit Säuren.

Sengen

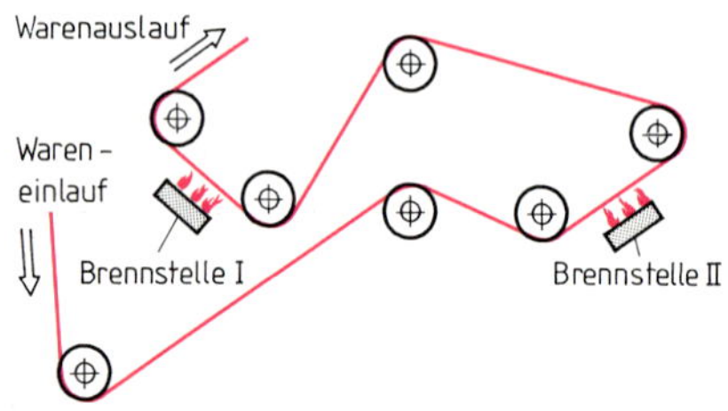

1: Schematischer Durchlauf an einer Gassenge

Sengen ist ein Verfahren, das vorwiegend bei Baumwolle, jedoch auch bei anderen Faserstoffen angewandt wird.

Durch den Vorgang des Sengens werden abstehende Faserenden durch Gasflammen oder andere Heizkörper weggebrannt. Dadurch erhält man eine glatte Oberfläche und ein klares Warenbild.

Bleichen

2: Baumwollware roh und gebleicht

Für reinweiße Textilwaren oder für Waren, die in hellen Farbtönen gefärbt oder bedruckt werden sollen, ist das Bleichen der Textilrohware unbedingt erforderlich.

Durch den Bleichvorgang werden die vorhandenen natürlichen Färbungen der Naturfasern beseitigt.

Bei der Baumwolle ist das Bleichen als Vorbehandlung allgemein üblich. Man bleicht mit oxidativen (selten reduktiven) Bleichmitteln. Verwendet werden Natrium-Hypochlorit, Natrium-Chlorit und Peroxidverbindungen.

Durch die Oxidation werden die Naturfarbstoffe in farblose wasserlösliche Verbindungen umgewandelt, die ausgespült werden können.

Man kann stationär bleichen, d.h. daß der gesamte Bleichvorgang schrittweise in einer Maschine abgewickelt wird. Man kann aber auch ein kontinuierliches Bleichverfahren anwenden.

Merzerisieren

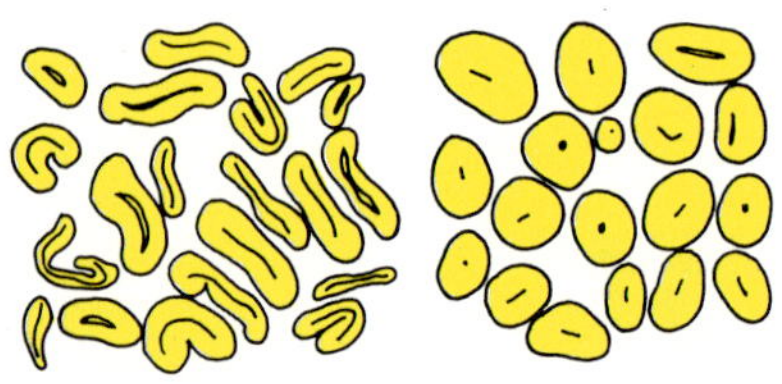

3: Baumwolle roh und merzerisiert

Merzerisieren ist die Bezeichnung für die Behandlung von Baumwollgarnen und -stoffen mit kalter konzentrierter Natronlauge. Dabei müssen Garne oder Stoffe gespannt sein.

Durch das Merzerisieren erhalten die Fasern einen nahezu runden Querschnitt. Dadurch erhält die Ware einen höheren Glanz, eine bessere Anfärbbarkeit, einen weichen, voluminösen Griff und eine höhere Reißfestigkeit.

4.3.1 Färben

Um ein Textilgut zu färben, behandelt man es mit wäßrigen Farbstofflösungen oder mit Farbstoffdispersionen[1] unter Zusatz verschiedener Stoffe wie Salz, Alkalien, Säuren und sonstiger Hilfsmittel. Die in der Farbflotte[2] gelösten oder dispergierten Farbstoffe müssen auf das Textilgut aufziehen bzw. in das Faserinnere eindringen können.

Färbeverfahren und Maschinen

Die Auswahl der Färbemaschinen und -apparate muß auf das zu färbende Textilgut (Gewebe, Maschenwaren, Vliese usw.) abgestimmt sein. Auch spielt das zu färbende Fasermaterial eine Rolle, da z. B. Synthesefasern z. T. nur bei Temperaturen von über 100 °C den Farbstoff aufnehmen. Dafür werden Maschinen benötigt, die mit Überdruck arbeiten.

Man unterscheidet diskontinuierliche, kontinuierliche und halbkontinuierliche Färbeverfahren:

Diskontinuierliches Färbeverfahren

Bei diesem Verfahren, das auch als Ausziehverfahren bezeichnet wird, ziehen die Farbstoffe aus der Farbflotte auf eine begrenzte Stoffmenge auf und werden in späteren Arbeitsgängen fixiert.

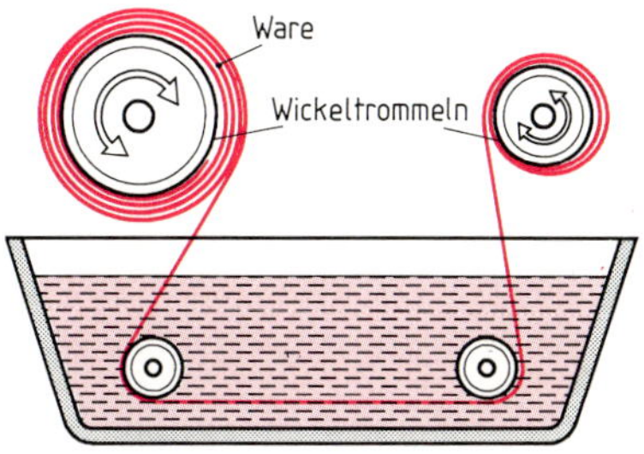

1: Jigger

Das Färbegut wird in gespanntem, faltenfreiem Zustand durch die Farbflotte geführt.

Vorteil: Gleichmäßige Farbverteilung über die ganze Warenbreite.

Einsatz: Mittlere bis schwere Webwaren.

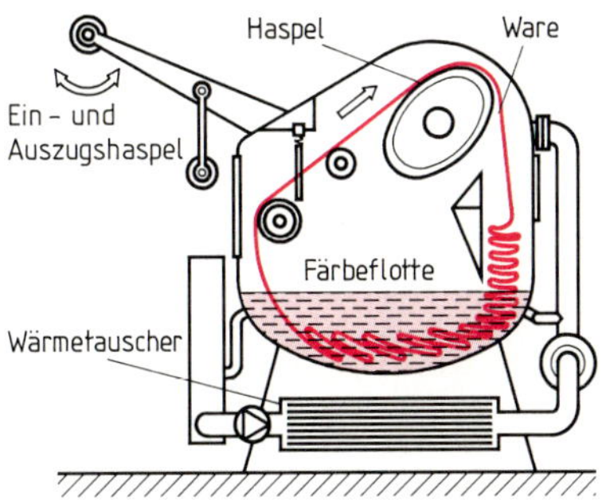

2: Haspelkufe

Das Färbegut wird ohne Spannung breit oder im Strang durch die Farbflotte geführt.

Vorteil: Keine Spannung und dadurch kein Verziehen.

Einsatz: Strick- und Wirkwaren, leichtes Baumwollgewebe.

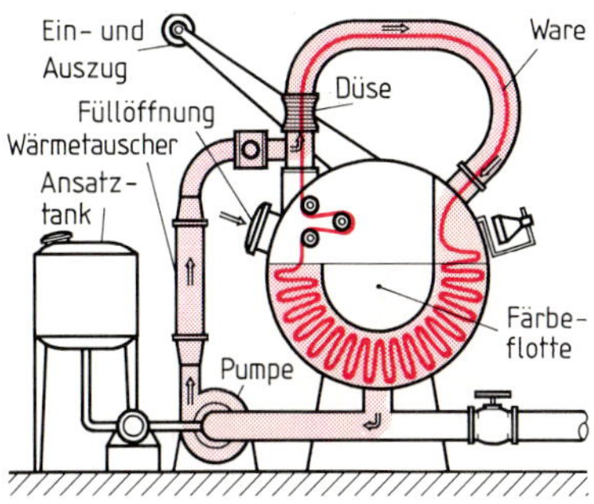

3: Düsenfärbemaschine

Sowohl Färbegut als auch Farbflotte bewegen sich durch ein Rohr mit einer Engstelle (Düse), in die die Farbflotte eingespritzt wird und das Färbegut mitreißt.

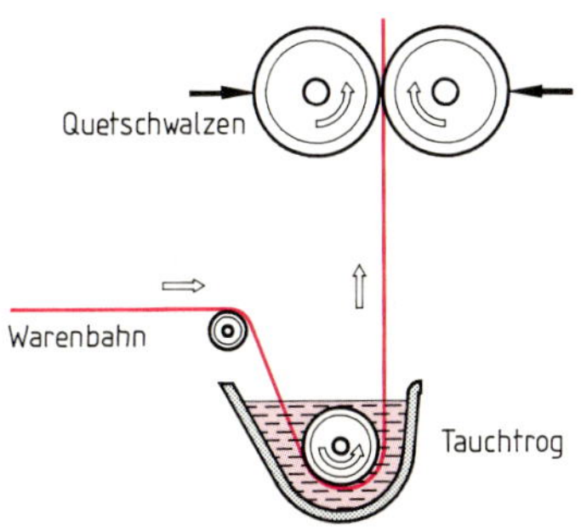

4: Foulard

Kontinuierliches Färbeverfahren

Mit diesem Verfahren, das man auch Foulard- oder Klotzverfahren nennt, wird die Farbstofflösung bzw. Farbstoffdispersion im Tauchtrog auf das Textilgut übertragen und durch gummierte Quetschwalzen in die Ware eingepreßt. Durch die Quetschwalzen wird die überschüssige Behandlungsflotte gleichmäßig über der gesamten Breite abgequetscht. Im Anschluß an das Foulardieren kann kontinuierlich fixiert werden.

Der Foulard ist Bestandteil aller kontinuierlichen Veredlungsprozesse. Er ist eine Breitbehandlungsmaschine für Stückwaren, die vorwiegend zum gleichmäßigen Auftragen konzentrierter Behandlungslösungen wie Farbflotten oder Imprägnierungen dient.

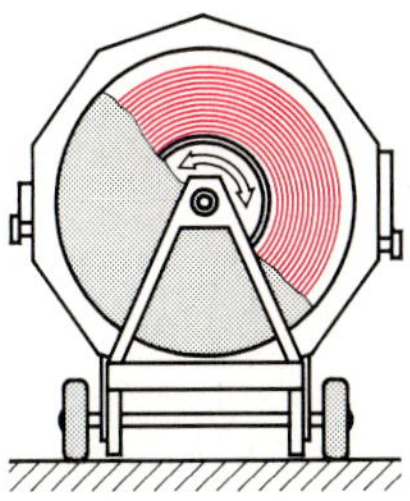

5: Warendocke

Halbkontinuierliches Färbeverfahren

Bei diesem Verfahren wird die Farbflotte kontinuierlich mit einem Foulard aufgebracht. Anschließend wird dann der Farbstoff diskontinuierlich entwickelt oder fixiert, z. B. durch Aufwickeln auf eine Warendocke und entsprechende Verweildauer in warmer oder kalter Umgebung bis zur endgültigen Fixierung.

[1] Dispersion = feinste Verteilung zweier Stoffe ineinander (z. B. Farbstoff in Wasser)
[2] Flotte = Flüssigkeit, in der Textilien gebleicht, gefärbt und veredelt werden

4.3.2 Drucken

Drucken kann man auch als örtlich begrenztes Färben von Textilien beschreiben. Wie auch beim Färben muß zunächst der Farbstoff in Form einer Druckpaste aufgebracht und fixiert werden. Danach müssen überschüssige, nicht fixierte Farbreste ausgewaschen werden.

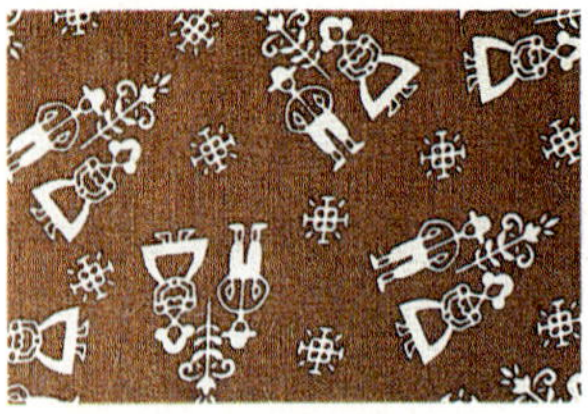

1: Direktdruck (Vorderseite)

2: Direktdruck (Rückseite)

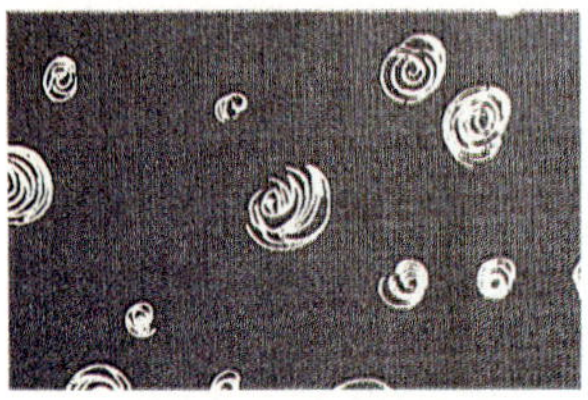

3: Ätzdruck (Vorderseite)

4: Ätzdruck (Rückseite)

5: Reservedruck (Vorderseite)

6: Reservedruck (Rückseite)

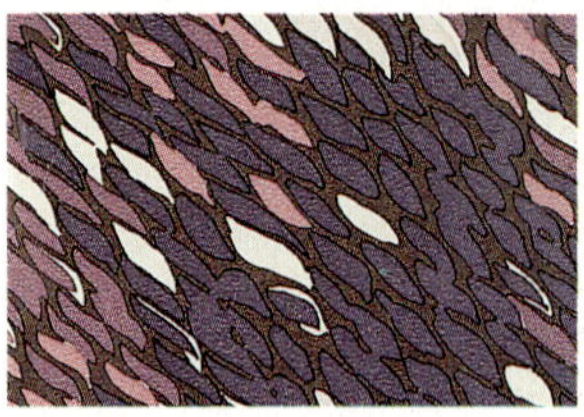

7: Transferdruckpapier

8: Transferdruck

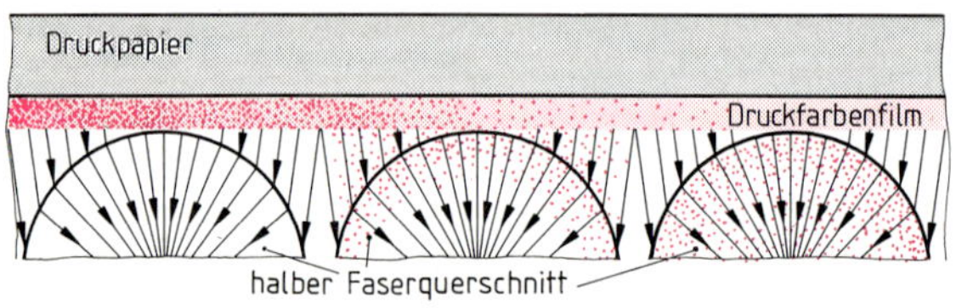

9: Schematische Darstellung des Transferdrucks

10: Flockdruck

11: Pigmentdruck

12: Lackdruck

13: Kettdruck

Unabhängig von Druckverfahren unterscheidet man verschiedene **Druckprinzipien**.

Direktdruck und Aufdruck

Beim Direktdruck wird die Farbpaste direkt auf die vorbehandelte Ware gedruckt. Beim Aufdruck werden dunklere Farben auf hell vorgefärbte Textilien gedruckt.

Ätzdruck

Bei diesem Druckprinzip wird auf eine vorgefärbte Ware Ätzpaste gedruckt, wodurch der Farbstoff an den bedruckten Stellen zerstört wird. Erscheint danach das ursprüngliche Weiß, so spricht man von Weißätze. Wird aber gleichzeitig an der geätzten Stelle ein neuer Farbstoff aufgebracht, nennt man es Buntätze.

Reservedruck

Bei diesem Druckprinzip wird eine ungefärbte Textilie mit einer farbabweisenden Paste bedruckt. An den bedruckten Stellen wird beim nachfolgenden Färbevorgang eine Anfärbung verhindert. Auch hier unterscheidet man Weiß- und Buntreserven.

Transferdruck

Beim Transferdruck wird das Muster mit besonderen Farbstoffen auf ein Spezialpapier gedruckt. Diese bedruckten Papiere sind im Handel erhältlich. Die Druckmuster lassen sich relativ einfach mit Hilfe eines Kalanders auf textile Flächen übertragen. Durch Druck und Hitze geht der Farbstoff vom festen in den gasförmigen Zustand über (sublimiert) und zieht auf die Faser auf. Vereinfacht ausgedrückt kann man sagen, daß das Muster aufgebügelt wird. Dieses Verfahren wird vorwiegend bei Textilien aus Synthesefasern angewandt. Bei entsprechender Vorbehandlung können auch Textilien aus Naturfasern oder Mischungen so bedruckt werden.

Neben diesen Druckprinzipien gibt es noch **besondere Druckarten.**

Flockdruck

Beim Flockdruck wird die Ware mustermäßig mit einem Kleber bedruckt. An den Klebestellen bleiben auf die Ware gestreute Fasern haften. Damit die Beflockung samtartig wirkt, werden die Fasern bei der Beflockung durch elektrostatische Aufladung in eine Richtung orientiert.

Pigmentdruck

Die Farbstoffpigmente werden mit Hilfe eines Klebers an der Oberfläche fixiert. Die Druckpaste enthält sowohl Farbstoffpigment als auch Kleber.

Lackdruck

Ähnlicher Vorgang wie bei Pigmentdruck. Hier wird jedoch eine Lackschicht aufgetragen.

Kettdruck

Vor dem Weben wird ein Muster auf die Kette gedruckt. Durch die Spannungsunterschiede beim Weben werden die Konturen verwischt, wodurch ein besonderer Effekt entsteht.

4.3.2 Drucken

Druckverfahren

1: Druckmodel

2: Handdruck

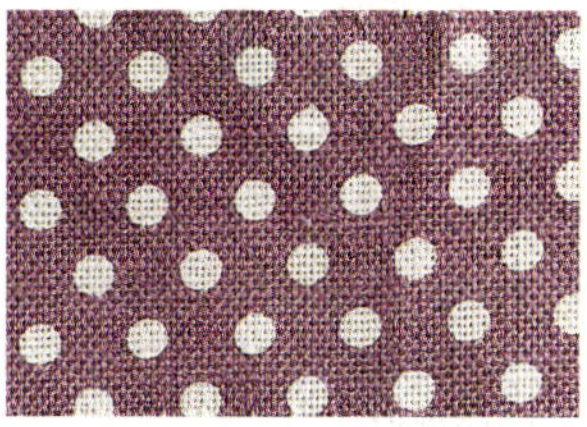
3: Rouleauxdruck (Vorderseite)

4: Rouleauxdruck (Rückseite)

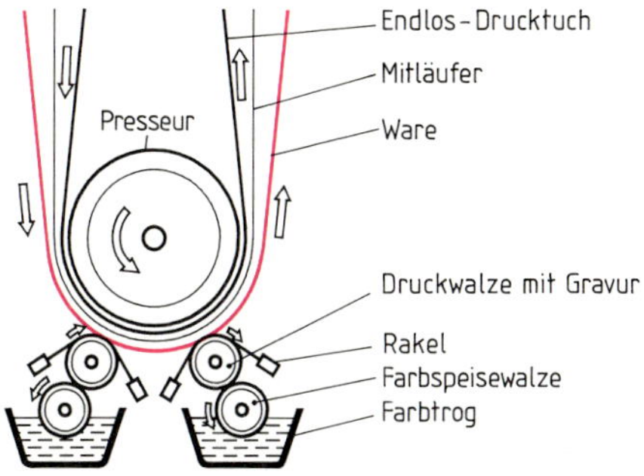

5: Prinzip des Rouleauxdrucks

6: Filmdruck

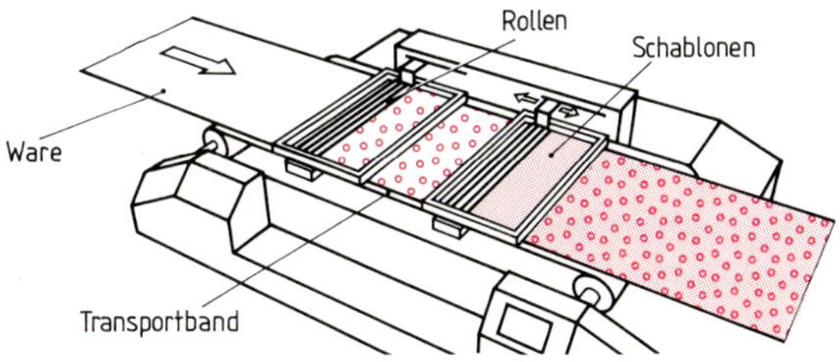

7: Prinzip des Flachfilmdrucks

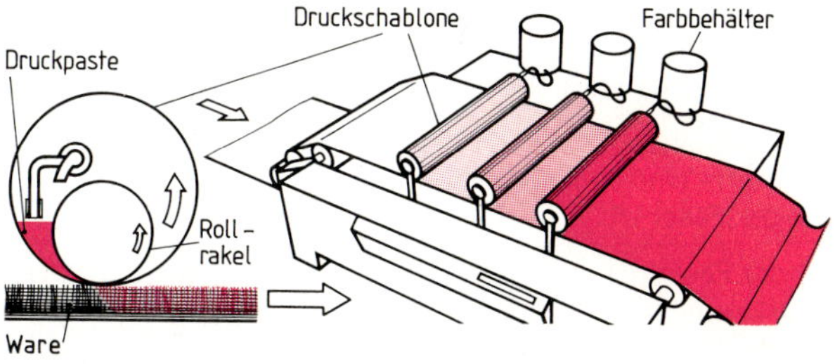

8: Prinzip des Rotationsfilmdrucks

Hochdruck (Handdruck)

Mit diesem ältesten, heute jedoch kaum mehr angewandten Druckverfahren bringt man den Farbstoff mit einem Model (Druckstock) oder einer Schablone auf die textile Fläche.

Tiefdruck (Rouleaux- oder Walzendruck)

Der Rouleauxdruck[1] ist das älteste maschinelle Druckverfahren, das auch heute noch erhebliche wirtschaftliche Bedeutung hat. Durch seine kontinuierliche Arbeitsweise gestattet der Rouleauxdruck Geschwindigkeiten bis zu 100 m/min. Bei Hochleistungsmaschinen können bis zu 16 Farben gedruckt werden. Ein besonderer Vorzug des Rouleauxdrucks sind die scharfen Druckkonturen, die besonders bei kleinen Mustern vorteilhaft sind.

Das Druckmuster ist in Kupferwalzen eingraviert. Für jede Farbe ist eine Walze nötig. Beim herkömmlichen Verfahren sind alle Druckwalzen einem Druckzylinder (Presseur) zugeordnet. Bei neueren Drucktechniken ist jeder Druckwalze ein Presseur zugeordnet.

Die Druckpaste wird mit einer Speisewalze aus dem Trog auf die Druckwalze übertragen. Überschüssiger Farbstoff wird durch die Rakel abgestreift. Die in der Gravur befindliche Farbe geht beim Andruck an den Presseur auf das Textilgut über. Der Mitläufer hat die Aufgabe, durchgeschlagene Farbanteile aufzunehmen, damit sie auf der Rückseite der Druckware nicht verschmieren.

Siebdruck (Film- oder Schablonendruck)

Dieses Druckverfahren erhielt seine Bezeichnung von der Herstellungstechnik des Druckträgers (Schablone). Auf fototechnischem Wege werden die Farbauszüge des Druckmusters auf die Schablone übertragen. Die nicht zu bedruckenden Teile bleiben dabei bedeckt, damit keine Farbe durchgepreßt werden kann.

Für jede Farbe ist eine Schablone notwendig. Mit dem Filmdruck lassen sich großrapportige Muster herstellen.

Flachfilmdruck

Beim maschinellen Flachfilmdruck ist die Druckware auf Transportbänder aufgenadelt oder aufgeklebt. Während des Warenstillstandes wird mit allen Schablonen gleichzeitig gedruckt. Danach bewegt sich das Transportband um eine Schablonenbreite weiter. Die Druckfarbe wird mittels Rollen durch die Schablonen auf das Textilgut gepreßt.

Rotationsfilmdruck

Der Rotationsfilmdruck ist eine Weiterentwicklung des Flachfilmdruckes zum kontinuierlichen Produktionsablauf. Die Druckpaste wird aus den Farbbehältern in die Druckschablonen gepumpt und mittels einer Rollrakel durch die Öffnungen der Schablone auf die Ware gepreßt.

[1] franz.: Rouleaux = Walze

4.3.3 Farbstoffe, Farbechtheiten

Der Wunsch, Textilien farbig zu gestalten, ist so alt, wie die Fertigkeit des Spinnens und Webens. Jahrtausende hindurch war man dabei auf natürliche Farbstoffe aus Mineralien (Ocker, Rötel, Zinnober), aus Pflanzen (Indigo, Lackmus, Rotholz) oder von Tieren (Schildlaus, Purpurschnecke) angewiesen. Erst im 19. Jahrhundert wurden synthetische Farbstoffe entwickelt, die heute die Naturfarbstoffe fast vollständig verdrängt haben. **Umweltschutz** und **Hautverträglichkeit** sind heute wichtige Aspekte.

Nicht alle Farbstoffe sind gleichermaßen für jeden textilen Rohstoff geeignet, da eine physikalische oder chemische Bindung des Farbstoffes an die Faser von der chemischen Struktur und dem physikalischen Aufbau der Faser abhängen. Jedoch können bei Verwendung unterschiedlich anfärbbarer Faserstoffe Farbeffekte erzielt werden.

Für die verschiedenen Faserarten und Fasermischungen stehen eine Vielzahl von Farbstoffen in unzähligen Nuancen und mit den verschiedensten Farbechtheiten zur Verfügung.

Als **Farbechtheit** bezeichnet man die Widerstandsfähigkeit von Färbungen gegen verschiedene Einwirkungen, denen Textilien in Fertigung und Gebrauch ausgesetzt sind. Die Echtheit einer Färbung ist abhängig vom verwendeten Farbstoff und dem zu färbenden Rohstoff. Universelle Farbstoffe mit gleichen Farbechtheiten für alle Rohstoffe gibt es nicht. Zudem sind für verschiedene Einsatzgebiete unterschiedliche Echtheiten gefragt. So sind z. B. die Anforderungen bezüglich der Färbung bei Leib- und Tischwäsche anders als bei Dekorationsstoffen.

Es gibt eine Vielzahl von Farbechtheiten, deren Überprüfung durch Normvorschriften geregelt ist. Von besonderer Bedeutung sind die nachfolgend beschriebenen Echtheiten:

Reibechtheit Sie beschreibt die Widerstandsfähigkeit von Färbungen und Drucken gegen Reibung. Man unterscheidet Naß- und Trockenreibechtheit. Auch „echte" Färbungen geben bei kräftigen Farben und bei Naßreibung oft etwas Farbe ab.

Waschechtheit Sie gibt an, ob und ggf. gegen welche Waschverfahren Färbungen beständig sind. Eine Beständigkeit gegen Waschlaugen mit Temperaturen von 90 °C oder mehr wird vorwiegend bei Baumwoll- und Leinenwaren erwartet.

Schweißechtheit Sie beschreibt die Beständigkeit gegen Schweißabsonderungen und ist bei Unter-, Ober- und Sportbekleidung wichtig.

Weitere Echtheiten sind: Wetterechtheit, Meerwasserechtheit, Lösungsmittelechtheit, Bügelechtheit usw.

Farbstoffe und ihre Abhängigkeit vom Rohstoff

Farbstoff	Anwendungsgebiet	Färbevorgang	Echtheit
Direktfarbstoff (Substantivfarbstoff)	Baumwolle, Viskose, Seide	Der Farbstoff zieht direkt auf die Faser auf.	In der Regel geringe Licht-, Wasch- und Schweißechtheit. Kann durch Nachbehandlung verbessert werden.
Reaktivfarbstoff	Baumwolle, Viskose, Wolle, Seide	Der Farbstoff geht mit der Faser eine chemische Verbindung ein.	Hohe Echtheiten.
Küpenfarbstoff	Baumwolle, Viskose	Der wasserunlösliche Farbstoff wird durch Reduktion in der Küpe[1] gelöst. Nach der Färbung wird er dann durch Oxidation wieder in einen unlöslichen Farbstoff umgewandelt.	Sehr hohe Wasch-, Chlor-, Koch-, Licht-, Wetter-, Reib- und Schweißechtheit.
Schwefelfarbstoff	Baumwolle, Leinen	Wasserunlöslich (vgl. Küpenfarbstoff).	Waschecht, nicht licht- und chlorecht. Nur stumpfe Farbtöne.
Entwicklungsfarbstoff	Baumwolle, Viskose, Polyester	Zwei verschiedene Chemikalien entwickeln sich auf der Faser zum Farbstoff.	Gute Echtheiten.
Metallkomplexfarbstoff	Wolle, Polyamid, Polyester	Wasserunlöslich; die Farbpartikel werden dispergiert, d.h. gleichmäßig in der Farbflotte verteilt.	Gute Echtheiten.
Säurefarbstoff	Wolle, Seide, Polyamid	Anfärbung in saurer Flotte.	Je nach Farbstoffaufbau und Rohstoff unterschiedliche Echtheiten.
Dispersionsfarbstoff	Acetat, Polyester, Polyamid	Die Farbpartikel sind in der Flotte dispergiert[2] und werden in das Faserinnere aufgenommen („lösen" sich in der Faser).	Gute Echtheiten.
Basische oder kationische Farbstoffe	Polyacryl (PAN), Baumwolle, Viskose	Anfärbung durch basische Reaktion. Bei PAN gehen die Farbstoffe eine chemische Verbindung mit der Faser ein.	Bei Polyacryl sehr gute Echtheiten, sonst geringe Echtheiten.
Chrombeizenfarbstoff	Wolle, Synthesefasern	Die Farben werden auf der Faser mit Metallsalzen in einen wasserunlöslichen Lack umgewandelt.	Geringe Reibechtheit, sonst gute Echtheiten.

[1] Alte Bezeichnung für Färbebottich oder Färbebad; [2] fein verteilt.

4.4 Zwischen- und Nachbehandlung

Nach dem Färben, Drucken oder anderen Veredlungsvorgängen sind verschiedene Zwischen- oder Nachbehandlungsarbeiten nötig, um die Ware für den nächsten Ausrüstungsgang oder die Endbearbeitung vorzubereiten.

Fixieren

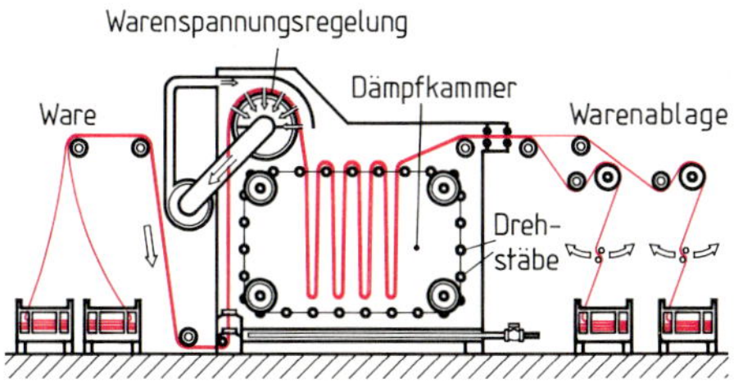

1: Hängeschleifendämpfer

Die durch Färben oder Drucken aufgebrachte Farbe muß fixiert werden, d.h. dauerhaft mit der Faser verbunden werden. Dies geschieht meistens durch Dämpfen (z.B. am Hängeschleifendämpfer, **Bild 1**). Die Ware wird schnell aufgeheizt und durch den kondensierenden Dampf benetzt, somit kann die Farbe in die Faser eindringen.

Bei textilen Flächen aus Polyester und deren Mischungen werden die Dispersionsfarbstoffe durch eine Wärmebehandlung am Spannrahmen bei 180 °C bis 220 °C thermofixiert (vgl. unten).

Waschen

Sowohl in der Vor-, als auch in der Zwischen- und Nachbehandlung sind Waschvorgänge zur Beseitigung von Verunreinigungen, Präparationen, Schlichteresten usw. notwendig. Außerdem müssen nicht fixierte überschüssige Farbreste und Druckhilfsmittel ausgewaschen werden. Dies geschieht mit verschiedenen Maschinen, deren Bauart sich nach der zu waschenden Warenart richtet (**Bild 2** und **Bild 3**). Durch Mehrfachnutzung kann der hohe Wasserverbrauch eingeschränkt werden. So werden z.B. bei der Rollenkufen-Breitwaschmaschine mehrere Flottenabteile hintereinander angebracht. Die Waschflotte läuft im Gegenstromprinzip.

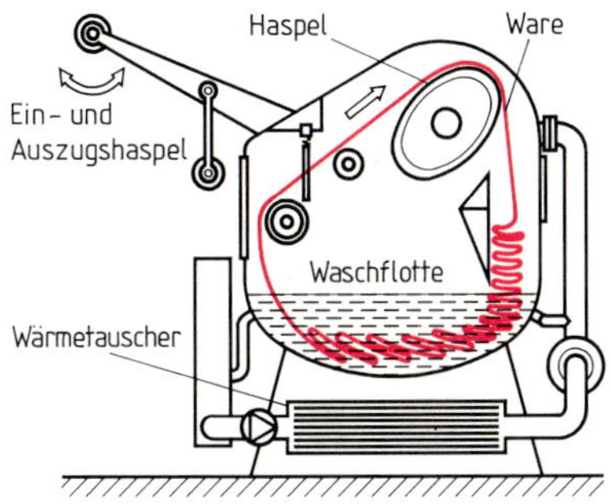

2: Strangwaschmaschine

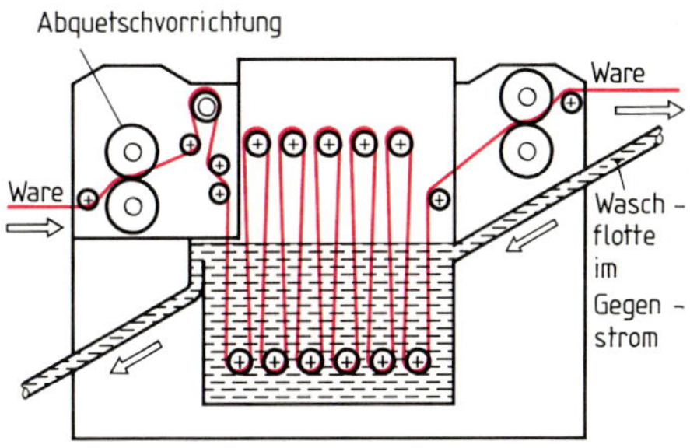

3: Rollenkufen-Breitwaschmaschine (1 Segment)

Entwässern und Trocknen

Nach einer Naßbehandlung und vor weiteren thermischen Behandlungen muß die Ware entwässert werden. Dies geschieht durch Schleudern (Zentrifugieren), Absaugen oder Abquetschen. Die nach dem Entwässern verbliebene Restfeuchte muß thermisch getrocknet werden. In der Textilveredlung wird am häufigsten auf dem Spannrahmen bzw. Plantrockner **(Bild 4)** getrocknet.

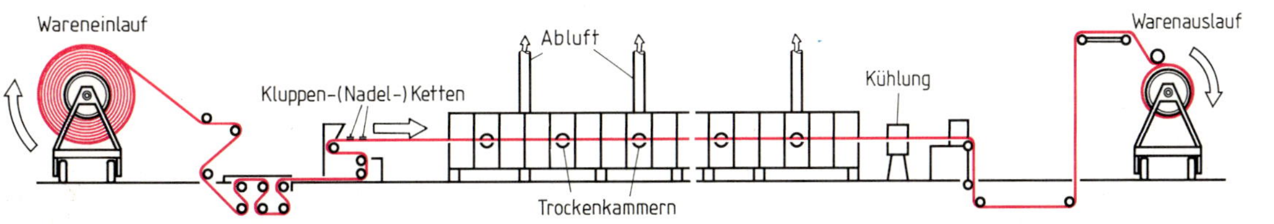

4: Plantrockenanlage

Verzüge, die durch vorhergehende Arbeitsgänge an der Ware entstanden sind, können beim entsprechenden Wareneinlauf ausgeglichen werden. Die Warenbahn wird beidseitig mit Nadeln oder Kluppenketten erfaßt und in der gewünschten Breite durch die Trockenkammern geführt. Durch Wärmerückführung können die Energiekosten gesenkt werden (Umweltschutz).

Thermofixieren

Für Synthesefasern ist das Fixieren einer der wichtigsten Ausrüstungsvorgänge. Durch das Fixieren werden Spannungen im Faserinneren, die bei der Fasergewinnung und der Verarbeitung bis zur Fläche entstanden sind, ausgeglichen. Die Fixierung kann als Vor-, Zwischen- oder Endfixierung vorgenommen werden. Durch eine Hitzebehandlung der thermoplastischen Synthesefasern und anschließendes kontrolliertes Abkühlen wird die Faser im Zustand der geringsten Spannung fixiert. Dadurch werden die textilen Flächen formstabil, laufen nicht ein und bleiben nach der Wäsche glatt.

4.5.1 Trockenappretur (1)

Bei der Appretur[1] handelt es sich um ein weit verzweigtes Aufgabengebiet in der Textilveredlung. Unter Appretur versteht man das Zurichten des Textilgutes für den gewünschten Verwendungszweck. In der Regel handelt es sich bei der Appretur um eine Endbehandlung. Deswegen wird auch oft vom „Finish" gesprochen. **Appretieren** im engeren Sinne bedeutet auch Stärken von Baumwollwaren.

Im wesentlichen werden durch die Appretur folgende Ziele erreicht:

- **Veränderung der Oberfläche** (Rauhen, Glätten, Prägen usw.)
- **Verbesserung der Trageeigenschaften** (Fleckschutz, Knitterarmut usw.)
- **Verbesserung der Pflegeeigenschaften** (Bügelfreiheit, Krumpfechtheit usw.)

Bei der Trockenappretur wird der gewünschte Effekt auf physikalischem Wege erreicht. Bei der Naßappretur müssen zum Erreichen des Effektes Chemikalien eingesetzt werden.

Die Endausrüstung ist oft eine Kombination verschiedener Ausrüstungsgänge, die sich jedoch nicht beliebig miteinander verbinden lassen. So würden sich z.B. eine Steifappretur und eine Knitterarmausrüstung gegenseitig aufheben. Neue Anforderungen an die Trage- und Pflegeeigenschaften sowie ein geändertes Verbraucherverhalten fordern eine ständige Anpassung sowohl der chemischen als auch der technischen Verfahren.

Trockenappretur

Verfahren	Vorgang
Spannen	Behandlung des Textilgutes auf dem Spannrahmen zur Erzielung einer gleichmäßigen Breite und Glätte.
Rauhen	Erzeugung einer flauschigen Oberfläche, um einen weichen Griff und ein höheres Warmhaltevermögen zu erzielen (vgl. Seite 95).
Scheren	Entfernen herausstehender Fäserchen bei Glattwaren. Erzielen eines gleichmäßigen Faserflors bei Rauhwaren, Samten und Plüschen mittels Spiralmesser auf der Schermaschine.
Ratinieren	Erzielen örtlicher Muster wie Knötchen, Streifen usw. bei dichten Rauhwaren durch Bürsten oder Reibescheiben **(Bild 1)**.
Kalandern	Glätten und Verdichten von Textilwaren mittels Walzen (vgl. Seite 95).
Prägen (Gaufrieren)	Einprägen eines plastischen Musters mittels gravierter Walzen. Damit die Prägung dauerhaft ist, muß fixiert werden. Bei synthetischen Fasern ist die Prägung durch Hitzeeinwirkung dauerhaft **(Bild 2)**.
Schleifen, Schmirgeln	Leichtes Anrauhen einer textilen Fläche mit Schleifwalzen.
Plissieren	Dauerhaftes Einpressen von Falten. Bei Synthetiks ist dies durch Thermofixieren möglich. Bei Naturfasern ist für dauerhafte Falten eine Spezialbehandlung nötig **(Bild 3)**.
Krumpfen	Vorwegnahme des Einlaufens von Textilien (vgl. Seite 95).
Pressen	Glätten von Textilien mittels Preßplatten. Dieses Verfahren wird vorwiegend bei Wolle angewandt.
Dekatieren	Beseitigen des Preßglanzes, Verhindern des Einlaufens, Verbesserung des Griffs und der Tropfenfestigkeit durch Dampf und Druck bei Wollstoffen.

1: Ratiné
Gewebe mit ratinierter Oberfläche

2: Gaufré
Gewebe mit Prägemuster

3: Plissé
Gewebe mit dauerhaft gepreßten Falten

[1] franz.: appreter = fertigmachen, steifen, pressen

4.5.1 Trockenappretur (2)

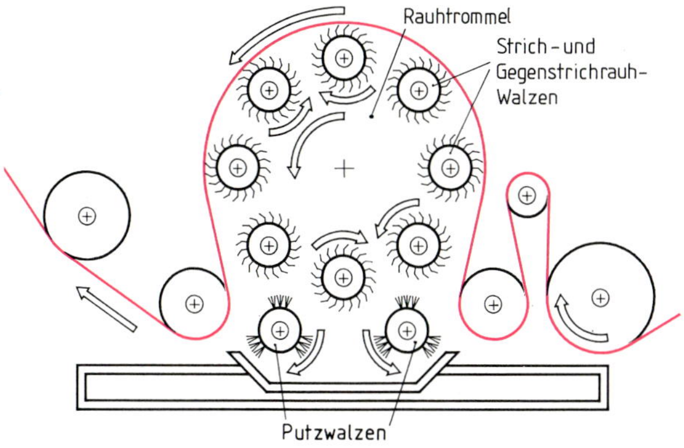

1: Prinzip des Rauhens

2: Futterware ungerauht

3: Futterware gerauht

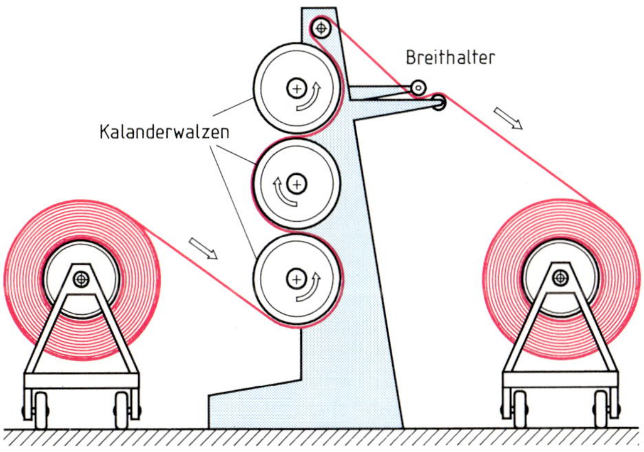

4: Prinzip des Kalanderns

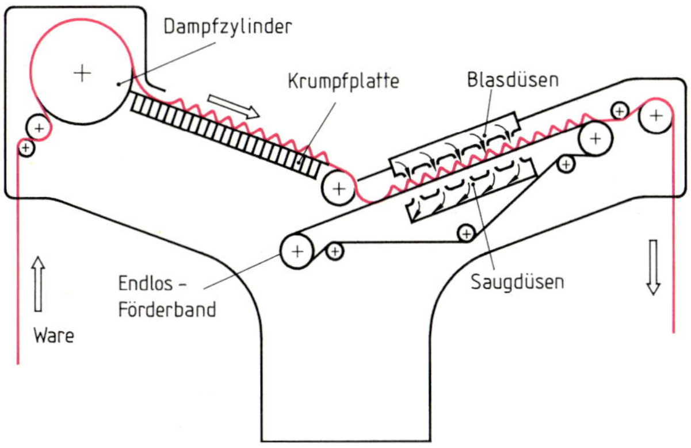

5: Prinzip des Krumpfens

Rauhen

Auf der Rauhmaschine werden die Stoffe mit Metallkratzen oder Disteln aufgerauht **(Bild 1)**. Dabei werden durch die Häkchen Fasern aus dem Gewebegrund an die Oberfläche gezogen, ohne von der Ware getrennt zu werden. Dadurch entsteht ein Faserflor, der das Bindungsbild ganz oder teilweise verdeckt. Ein zu starkes Rauhen kann zu einer Warenschädigung führen.

Rauhwaren zeichnen sich durch einen weichen, flauschigen Griff aus. Durch den höheren Lufteinschluß wird das Wärmerückhaltevermögen erheblich gesteigert (**Bild 2** und **Bild 3**).

Kalandern

Der Kalander **(Bild 4)** spielt als Schlußbehandlung in der Textilveredlung eine besondere Rolle. Er hat folgende Aufgaben:

- Glätten der textilen Fläche
- Verdichten der Ware durch Druck
- Erzeugung von Glanz
- ggf. Einprägen von Mustern.

Beim Kalandern wird das Textilgut zwischen Walzen, die unter Druck stehen, hindurchgeführt. Je nach Beschaffenheit der Walzenoberfläche, der Walzentemperatur, der Walzenanordnung und unterschiedlicher Geschwindigkeit einzelner Walzen lassen sich verschiedene Effekte erzielen, die jedoch in der Regel nicht waschbeständig sind.

Besondere Formen des Kalanderns sind:

Chintzen Der hohe Glanz entsteht durch die Wirkung des Kalanders, unterstützt durch eine Kunstharzausrüstung.

Moirieren Die typische Wasserzeichnung eines Moiré entsteht, wenn ein doppelt gelegter Rips kalandert wird (vgl. Seite 109).

Gaufrieren Die Prägemusterung entsteht durch gravierte Walzen. Bei thermoplastischen Synthesefasern kann die Prägung durch beheizte Walzen dauerhaft sein.

Krumpfen

Durch Krumpfen soll das Einlaufen von Textilien verhindert werden.

Während des Herstellungsprozesses wurden die Textilien mehr oder weniger starken Zug- und Streckkräften ausgesetzt. Die dabei entstandenen Spannungen neigen dazu, sich bei einer späteren Naßbehandlung zu lösen. Darüber hinaus neigen zellulosische Fasern zur Quellung und damit zum Einlaufen. Diese möglichen Maßänderungen müssen vorweggenommen werden. Diese kann durch ein „kontrolliertes Krumpfen" nach verschiedenen Methoden erfolgen. Bei dem in **Bild 5** dargestellten System wird die Ware spannungsfrei gedämpft. Die dabei entstehende Faserquellung läßt die Fläche in Länge und Breite schrumpfen. Durch Übertrocknen auf der Krumpfplatte und anschließendes Abkühlen wird das Einlaufen bei einer späteren Naßbehandlung verhindert.

Markenzeichen wie „Krumpex®" oder „Sanfor®" garantieren eine bestimmte Maßstabilität.

4.5.2 Naßappretur

Während die Aufgabe der Trockenappretur im wesentlichen darin besteht, die Oberfläche zu verändern, erhalten die Textilien in der Naßappretur neue Eigenschaften, die eine Verbesserung gegenüber den Eigenschaften der einzelnen Faserstoffe darstellen.

Verfahren	Beispiele von Markenzeichen	Anwendungsgebiet	Vorgang und Zweck
Imprägnieren	Hydrophobol	alle Rohstoffe für Bekleidung, vor allem bei Wetterbekleidung, Zelten, Planen.	Tränken oder Besprühen von Textilien mit wasserabweisenden Chemikalien (z. B. Silikon). Je nach Anforderung kann die Maßnahme koch-, wasch- oder reinigungsbeständig sein.
Fleckschutzausrüstung	Scotchgard® Fleckschutz im Stoff	alle Rohstoffe für Bekleidung und Tischwäsche	Aufbringen von fleckabweisenden Substanzen. Für wasserlösliche Flecken (Tee, Tinte, Fruchtsäfte) meist silikonhaltige Produkte, für fetthaltige Flecken Kunstharzprodukte. Die Fleckenschutzausrüstung hat meistens auch eine wasserabweisende Wirkung.
Antistatische Ausrüstung		Synthesefasern für Bekleidung und bei Bodenbelägen	Erhöhung der elektrischen Leitfähigkeit an der Oberfläche der Fasern, um eine elektrostatische Aufladung bei geringer Luftfeuchtigkeit zu verhindern.
Flammschutzausrüstung		alle Rohstoffe, vorwiegend jedoch bei Zellulosefasern für Dekostoffe in öffentl. Gebäuden	Aufbringen von Substanzen, die Textilien schwer entflammbar oder nicht brennbar machen.
Hygieneausrüstung (Antibakterielle, antimykotische Ausrüstung)	Sanitized®	alle Rohstoffe für Bekleidung, Krankenhauswäsche, Bodenbeläge	Ausrüstung zur Verhinderung der Ausbreitung von Mikroorganismen auf Textilien und der menschlichen Haut.
Verrottungsschutz (Antimikrobielle Ausrüstung)	antimikrobiell EULAN ASEPT Bayer Leverkusen	Naturfasern, vorwiegend technische Artikel	Schützen der Fasern vor fäulnisverursachenden Mikroorganismen.
Antipilling-Ausrüstung		Synthesefasern, Wolle	Verhinderung der Pillingneigung (Bildung kleiner Faserknötchen an der Warenoberfläche) durch filmbildende Substanzen oder durch Lösungsmittel.
Pflegeleicht-Ausrüstung (Wash and wear)		Baumwolle, Viskose	Sammelbegriff für eine Hochveredlung, die meist durch Aufbringen von Kunstharzen die Wasseraufnahme und damit die Quellung herabsetzt. Dadurch werden die Textilien knitterbeständiger, formstabiler und trocknen schneller.
Walken (Filzen)		Wolle, z. B. Loden, Tuch	Durch die Walke erreicht man ein kontrolliertes Verfilzen von Wolltextilien. Durch Einwirkung von Chemikalien, Wärme und Feuchtigkeit sowie Walkbewegung erhält die Ware auf Grund der Filzneigung der Wollfaser ein verfilztes Warenbild. Durch das Einlaufen in Kett- und Schußrichtung wird der Wollstoff verdichtet und die Zug- und Scheuerfestigkeit erhöht. Der Grad der Verfilzung richtet sich nach der Dauer des Filzvorgangs.
Filzfreiausrüstung	Reine Schur-Wolle Pure New Wool Pure Laine Vierge – mit Spezialausrüstung filzt nicht	Wolle	Das Filzen kann durch zwei Verfahren verhindert werden: • durch Erweichen der Schuppenkanten auf oxidativem Wege • durch Umhüllen der Schuppenschicht mit einem Kunststoffilm.
Mottenecht-Ausrüstung	Mottenecht durch Eulan Bayer; ®Mitin	Wolle	Tränken von Textilien in Chemikalien, die die Wolle für die Motten dauerhaft ungenießbar machen. Bei der Behandlung mit Eulan bezeichnet man dies als Eulanisieren.
Transparentieren		Baumwolle, z. B. Glasbatist, Organdy	Ausrüstung feiner Baumwollbatiste zur Erzielung einer glasigen, steifen Ware durch Merzerisieren, anschließende Säurebehandlung und nochmaliges Merzerisieren.
Opalisieren		Baumwolle, z. B. Opalbatist	Opalisieren unterscheidet sich vom Transparentieren dadurch, daß der zweite Merzerisiervorgang ohne Spannung stattfindet. Dadurch wird der Batist nicht durchsichtig, sondern milchig trüb.

4.6 Beschichten und Kaschieren

Beschichten

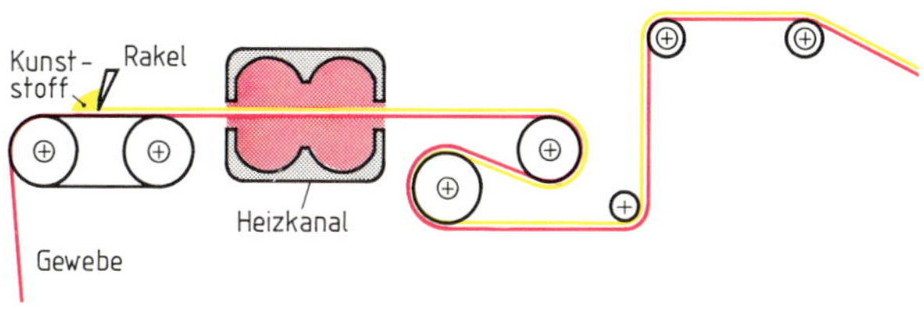

1: Prinzip der Direktbeschichtung

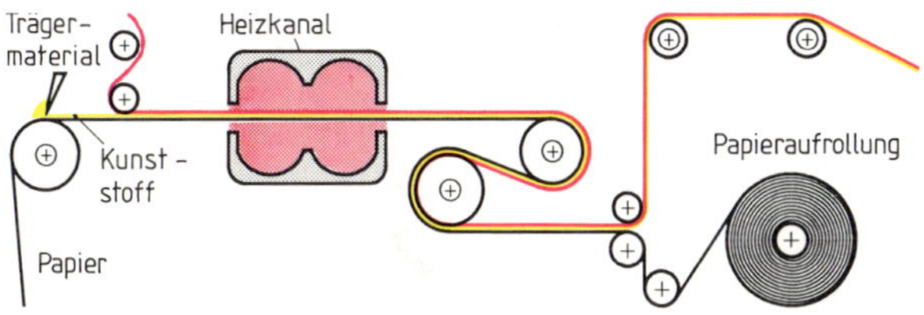

2: Prinzip der Umkehrbeschichtung

3: Beschichtete Ware

4: Schutzkleidung

Unter Beschichten versteht man das Aufbringen natürlicher oder synthetischer Substanzen auf eine textile Fläche mit anschließender Verfestigung in einem Heizkanal.

Die Beschichtung kann durch direkten Auftrag **(Bild 1)** auf das Textilgut erfolgen. Häufig wird jedoch bei flüssiger Beschichtungsmasse und offenem Trägermaterial die Kunststoffschicht zunächst auf ein Papier aufgetragen und von dort durch Umkehrbeschichtung **(Bild 2)** auf die textile Fläche übertragen.

Durch die Beschichtung entsteht eine textile Fläche mit neuen Eigenschaften, die sich aus den Eigenschaften des Trägermaterials (Gewebe, Maschenwaren, Vliesstoffe, Nähwirkwaren) und der Beschichtungsmasse (Polyurethan, Polyvenylchlorid) ergeben.

Beschichtete Textilien (**Bild 3** und **Bild 4**) haben von der Bekleidung bis zu technischen Textilien ein weites Anwendungsgebiet. Für Bekleidungstextilien ist es wichtig, daß die Kunststoffoberfläche so porig ist, daß ein Luft- und Feuchtigkeitstransport gewährleistet ist.

Einsatzmöglichkeiten

- Sport-, Schutz-, Warn- und Arbeitskleidung;
- Schuhobermaterialien, synthetisches Leder;
- in der Täschnerindustrie für Handtaschen und Reisegepäck;
- in der Polsterindustrie für Polstermöbel sowie für die Automobilinnenausstattung;
- für Bucheinbände, Mappen, Alben;
- Fensterrollos, Duschvorhänge, Lamellenstoffe;
- versiegelte Tischdecken, Zeltstoffe, Markisen;
- Boden- und Wandbeläge;
- technische Artikel, wie Förderbänder, Planen- und Abdeckstoffe, Traglufthallen, Schlauchboote, Überdachungen usw.

Kaschieren

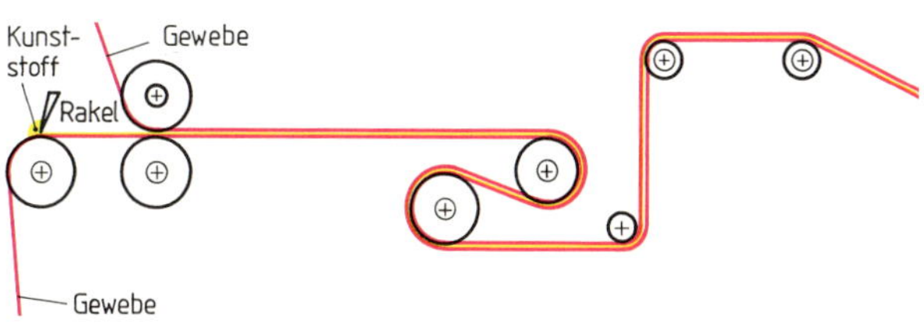

5: Klebekaschierung

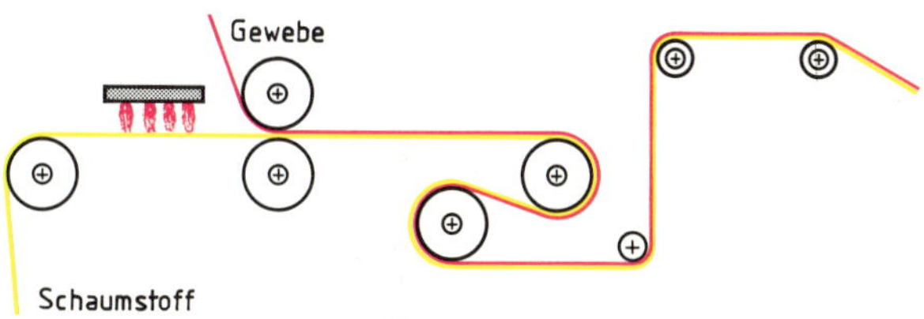

6: Schaumstoffkaschierung

Kaschieren ist die Verbindung zweier oder mehrerer textiler Flächen miteinander oder auch die Verbindung textiler Flächen mit Papier, Folien oder Schaumstoffen.

Die Verbindung kann durch einen Kleber **(Bild 5)** erfolgen oder durch thermisches Kaschieren **(Bild 6)**, wobei eine Kunststoffolie oder eine Schaumstofffläche an der Oberfläche angeschmolzen und die aufzukaschierende Ware dann angepreßt wird **(Bild 7)**.

7: Schaumstoffkaschierte Ware

5 Warenkunde

5.1 Warenüberprüfung

Um eine gleichbleibende Qualität textiler Produkte zu erzielen, müssen Prüfungen durchgeführt werden. Prüfverfahren, Prüfgeräte und Umfang der Prüfungen sind branchen- bzw. firmenspezifisch.

Die Materialprüfung zum frühestmöglichen Termin trägt nicht nur zur **Qualitätssicherung** und damit zur **Kundenzufriedenheit** bei, sondern auch zur **Kosteneinsparung**.

Wareneingangskontrolle

Die Wareneingangskontrolle ist eine Überprüfung auf die geforderten Wareneigenschaften, um eine etwaige Mängelrüge bei den Lieferanten rechtzeitig geltend machen zu können.

Sie umfaßt z.B. die Überprüfung von Artikelart, Farbe, Dessin (Musterung), Warenlänge und Warenbreite, Rapport, Flächengewicht, Flächendichte, Porenvolumen sowie die Überprüfung auf Fehlerfreiheit.

Warenfehler können entstehen bei der Garnherstellung, bei der Herstellung textiler Flächen und während der Textilveredlung. Mögliche Fehler sind z.B. Feinheitsschwankungen, Noppen, Knoten, Dickstellen, Fadenflottierungen, Fadenbrüche, Bindungsfehler, Streifenbildung, Farbunterschiede, Flecken, Löcher, Risse, Querverzug (Schrägverzug der Schußfäden).

Materialinformationen

Die Ermittlung der technischen Materialinformationen dient zur Weitergabe an die einzelnen Betriebsabteilungen, um Produktionsstörungen und -verzögerungen zu vermeiden.

Überprüfung des Faserrohstoffes (Faseranalyse)	Prüfmethoden können z.B. sein: Griff, Einzelfaseruntersuchung, Brenn-, Reiß-, Löslichkeits-, Netz-, Saugprobe, Mikroskopisches Bild (vgl. S. 43).
Kennzeichnung der rechten Warenseite (Schau-, Oberseite)	Sie ist in der Regel glatter, gleichmäßiger, bindungsklarer; Druckmotive sind deutlicher, der Faserflor ist eventuell richtungsorientiert (Strichflor).
Ermittlung der Zuschneiderichtung („Fadenlauf")	Im allgemeinen werden alle Schnitteile in Längs- bzw. Kettrichtung zugeschnitten. Man erkennt sie z.B. an den stärker gedrehten, glatteren und oft dichter gestellten Garnen und an der Webkante. Auch Strichflor und richtungsorientierte Muster (Kopfmuster) verlaufen in Kettrichtung.
Überprüfung des Nähverhaltens und der Nahtfestigkeit	Nahtkräuseln (Transport-, Verdrängungs- und Spannungskräuseln) und Nähgutbeschädigungen können frühzeitig erkannt werden (vgl. Seite 170). Die Nahthaltbarkeit bei Trage- und Pflegebeanspruchung wird getestet.
Überprüfung des Bügel- und Fixierverhaltens sowie der Haftfestigkeit	Unter Einwirkung von Hitze, Druck und Feuchtigkeit verhalten sich Materialien unterschiedlich. Es kann z.B. zu Schrumpfung, Glanzbildung, Schmelzung, Verbrennung kommen. Die Haltbarkeit der Verbindung von Fixiereinlage und Oberstoff darf z.B. durch die Textilpflege nicht beeinträchtigt werden.

Trage-, Gebrauchs- und Pflegeverhalten

Bei Bekleidungstextilien wird die Qualität in zunehmendem Maße durch die bekleidungsphysiologischen Eigenschaften (vgl. S. 129) bestimmt. Deshalb dienen neben technologischen Prüfverfahren auch Trage- und Pflegeversuche zur Ermittlung von Trageverhalten, Gebrauchstüchtigkeit und Pflegemöglichkeit.

Wasserdurchlässigkeit	Es wird geprüft, bei welchem Wasserdruck die textile Fläche wasserdurchlässig wird.
Wasserdampfdurchlässigkeit	Prüfung der Durchlässigkeit von Dampf (Schweiß) in einer bestimmten Zeit.
Winddichtheit	Prüfung der Luftdurchlässigkeit
Dauerhaftigkeit (Verschleißfestigkeit)	Prüfung der Scheuer-, Einreiß-, Weiterreiß-, Knickbruchfestigkeit sowie der Schiebefestigkeit (Widerstandsfähigkeit der Kett- und Schußfäden gegen Verschieben).
Formbeständigkeit	Prüfung der Formveränderungen durch Ermittlung der Elastizität (Rücksprungvermögen), Formbarkeit, Knitterbildung, Knittererholung.
Pillresistenz pills (engl.) = Faserknötchen	Prüfung der Widerstandsfähigkeit gegenüber Knötchen- und Noppenbildung, die durch Reibung an der Textiloberfläche entstehen.
Farbechtheit	Prüfung der Widerstandsfähigkeit von Färbungen und Drucken, z.B. Reib-, Wasser-, Wasch-, Licht-, Wetter-, Meerwasser-, Bügel-, Lösungsmittelechtheit.
Maßhaltigkeit, Krumpfechtheit	Prüfung der Maßveränderungen (Schrumpfung) in Kett- und Schußrichtung durch Einwirkung von Wärme, Feuchtigkeit und Mechanik.

5.2 Handelsbezeichnungen (1)

Handelsbezeichnungen von Stoffen geben Auskunft über ihr Aussehen, ihre Eigenschaften und ihre Verwendung. Allerdings sind sie und die dazugehörigen Stoffmerkmale nicht genormt und daher häufig nicht eindeutig definiert. Trotzdem haben sich für bestimmte Stoffe entsprechende Handelsbezeichnungen durchgesetzt.

Die Beurteilungskriterien für eine Ware beziehen sich auf den Faserstoff, die Garnart, den textilen Flächenaufbau sowie auf die Veredlungsarbeiten. Es lassen sich einerseits optische Merkmale feststellen, z.B. bezüglich Musterung, Glanz, Oberflächenstruktur, andererseits bestimmte Materialeigenschaften ableiten, z.B. bezüglich Fall, Knitterverhalten, Wärmerückhaltevermögen.

Handelsbezeichnungen können Phantasienamen sein oder sie ergeben sich beispielsweise aus

- dem Rohstoff (Cheviot, Makosatin);
- der Garnart (Bouclé, Loop);
- der Bindung (Croisé, Gabardine);
- der Herstellungsart (Broché, Samt);
- der Verwendung (Futtertaft, Wäschebatist);
- dem Ursprungsort oder -land (Shetland, Honanseide);
- der Stoffoptik (Changeant, Moiré).

Die typischen Merkmale der alphabetisch aufgeführten Stoffe lassen sich nicht immer auf fototechnischem Wege exakt wiedergeben und können eine Stoffsammlung nicht ersetzen.

Afghalaine

Mittelfeiner Wollstoff für Kleider und Blusen in Leinwandbindung. Durch paarige Anordnung von S- und Z-gedrehten Garnen erhält er ein leicht perliges Aussehen.

Ajour
franz.:
à jour =
durchbrochen

Sammelbezeichnung für durchbrochene Web- und Maschenwaren. Die hohlsaumähnliche Musterung entsteht meistens durch Bindungstechnik, z.B. Dreherbindung, Aidabindung, Aussparen von Kett- und/oder Schußfäden.

Alcantara

Synthetisches Veloursleder-Imitat aus ultrafeinen Fasern (Mikrofaservlies aus Polyester und Polyurethan). Alcantara ist griffig wie feines Leder, hat jedoch eine geringere Dichte und ist pflegeleicht.

Ausbrenner

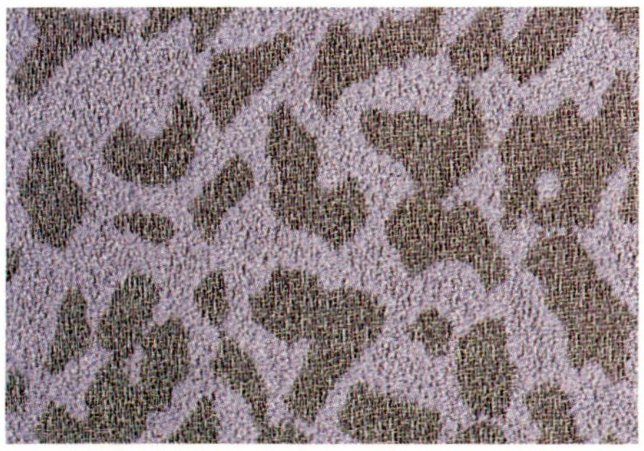

Allgemeinbezeichnung für Gewebe aller Art aus Mischfasergarnen, bei denen ein Faseranteil mustermäßig herausgeätzt wird. Es entstehen dichte Muster auf durchscheinendem Grund.

Ätzspitze

Plastisches, schweres Spitzengewebe. Ein Grundgewebe wird maschinell bestickt, anschließend wird der Stickgrund zerstört.

Batist

Feines, leinwandbindiges Gewebe aus Baumwolle, Leinen, Wolle oder Baumwolle/Polyester. Verwendung für Kleider, Blusen, Wäsche und Einlagen. „Schweizer Batist" weist eine Lochstickereimusterung auf, die meist bordürenartig angeordnet ist.

5.2 Handelsbezeichnungen (2)

Biber

Kräftiges, beidseitig gerauhtes Baumwollgewebe; sehr voluminöse und weiche Ware für Bettwäsche.

Borkenkrepp

Gewebe mit baumrindenartiger Oberflächenstruktur, die durch Laugieren, Prägen (Gaufrieren) oder seltener durch Verwendung von Kreppgarnen im Schuß erreicht wird. Verwendung für Blusen, Kleider, Hemden.

Bouclé
franz.: bouclé = gelockt

Gewebe mit noppiger, knotiger Oberfläche, die durch Schlingenzwirne entsteht. Verwendung als Kleider-, Kostüm- und Mantelstoff.

Bougram

Stark appretiertes Baumwollgewebe in loser Leinwandbindung. Es wird als Steifeinlage verwendet, z. B. für Kragen und Manschetten, für Stützpolster.

Bourette

Mattes, noppiges Gewebe aus Bouretteseide in Leinwand- oder Körperbindung. Verwendung in der Damenoberbekleidung und als Dekorationsstoff.

Broché
franz.: broché = durchwirkt

Gewebe, das mit einem Figurenschuß gemustert ist. Der zusätzliche Musterfaden bindet nur an der Musterstelle ein und bildet am Musterrand Umkehrschlingen. Verwendung z. B. als Trachtenstoff, Schmuckband oder Borte.

Brokat

Schweres jacquardgemustertes Gewebe, häufig mit Glanzfäden durchsetzt. Es wird für festliche Kleidung und Dekostoffe verwendet.

Changeant
franz.: changer = wechseln, ändern

Gewebe, das durch verschiedenfarbige Kett- und Schußfäden ein schillerndes Aussehen erhält. Es besteht meist aus Filamentgarnen und wird als Kleider-, Blusen- und Futterstoff verwendet.

5.2 Handelsbezeichnungen (3)

Charmelaine
franz.:
charme =
Reiz, Zauber
laine = Wolle

Weicher Kammgarnstoff in Atlasbindung mit einer glänzenden und einer matten Gewebeseite. Die Glätte wird durch Scheren und Pressen erreicht. Verwendung in der Damenoberbekleidung.

Charmeuse

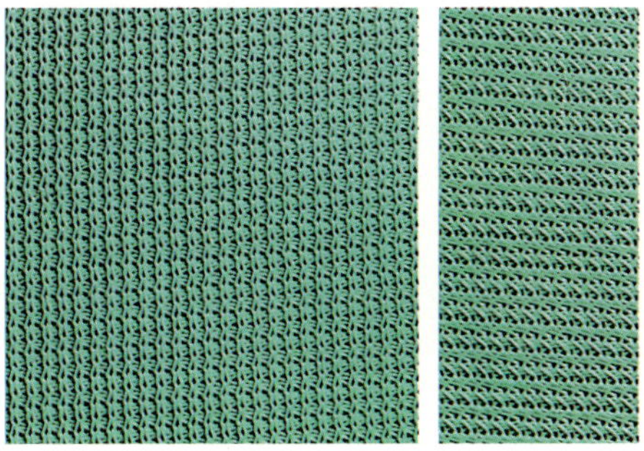

Glatte, querelastische und maschenfeste Kettenwirkware aus Filamentgarnen in kombinierter Trikot- und Tuchlegung. Man verwendet sie für Futter, Damenwäsche, Kleider und Blusen.

Cheviot

Strapazierfähiges Streichgarn- oder Kammgarngewebe in Köperbindung. Verwendung für Anzüge, Kostüme und Mäntel.

Chiffon (Crêpe Chiffon)
franz.:
chiffon =
Lumpen,
Lappen

Hauchzartes, schleierartiges Gewebe mit Kreppgarnen in Kette und Schuß, leinwandbindig, oft mit Gaufrage (Prägung). Verwendung für Blusen, Kleider, Tücher und Abendkleidung.

Chiné
franz.:
chiné =
bunt

Gewebe mit unscharfen, verschwommenen Musterkonturen, die durch Bedrucken der Kette vor dem Weben entstehen. Meistens aus Filamentgarnen, für Kleider- und Dekostoffe.

Chintz

Stark glänzendes Baumwollgewebe, die Oberfläche wirkt gewachst. Weitgehend schmutzunempfindlich und wasserabweisend durch Imprägnieren und Kalandern. Verwendung für sportliche Bekleidung und Dekostoffe.

Cloqué
franz.:
cloque =
Blase

Doppelgewebe mit reliefartiger, blasiger Oberseite und einem Kreppuntergewebe. Verwendung in der Damenoberbekleidung.

Cordsamt

Ein Rippensamt (Schußsamt), meistens aus Baumwolle. Je nach Rippenbreite unterscheidet man verschiedene Arten. Verwendung hauptsächlich für Freizeit- und Berufsbekleidung.

5.2 Handelsbezeichnungen (4)

Côtelé
franz.:
côtelé =
gerippt

Gewebe in Hohlschußbindung mit Längsrippen. Leichte Qualitäten werden in der Damenoberbekleidung verwendet, stärkere Qualitäten für Hosen und Dekostoffe.

Crash
engl.:
crash =
Bruch,
Zusammenstoß

Gewebe mit bewegter Oberfläche. Unregelmäßige Fältchen werden in den Stoff gepreßt und fixiert. Verwendung für modische Oberbekleidung.

Crêpe de Chine
franz.:
crêper =
kräuseln

Fließender, leichter Seidenstoff in Leinwandbindung mit Kreppgarnen im Schuß und wenig gedrehter Kette. Verwendung für Blusen, Kleider, Tücher.

Crêpe Georgette

Kreppgewebe in Krepp- oder Leinwandbindung, sandig im Griff durch Kreppzwirne in Kette und Schuß; aus Seide, Polyester, Wolle, Baumwolle, Viskose. Verwendung in der Damenoberbekleidung.

Crêpe lavable
franz.:
lavable =
waschecht

Kreppgewebe aus Filamentgarnen in Leinwandbindung mit Kreppgarnen in der Kette, wenig gedrehtem Schuß. Verwendung für Kleider, Blusen.

Crêpe marocain

Leinwandbindiges Gewebe aus Filamentgarnen mit stark gedrehtem Schuß. Durch Gaufrage kann die Schußrippigkeit verstärkt werden. Verwendung für Kleider und Blusen.

Crêpe Satin

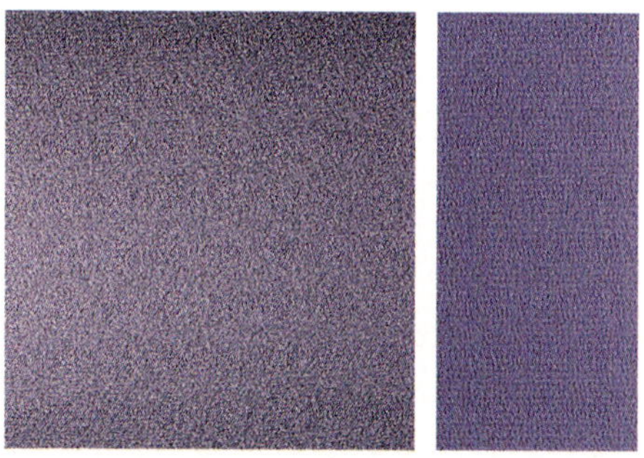

Weichfallender, fließender Stoff in Kettatlasbindung. Stark gedrehte Filamentgarne im Schuß und glatte Filamente in der Kette ergeben eine glänzende und eine matte Gewebeseite. Verwendung für Blusen und Kleider.

Croisé
franz.:
croisé =
gekreuzt

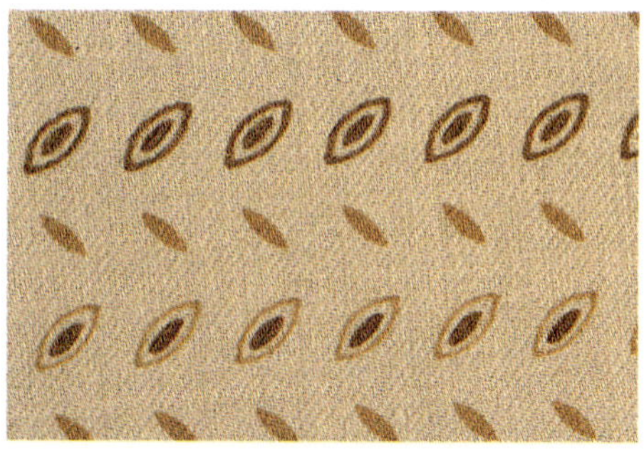

Gewebe in vierbindigem, gleichseitigem Köper mit weichem Griff und Fall. Croisé aus Baumwolle oder Mischungen verwendet man für Hemden und Nachtwäsche. Croisé-Futter wird in der Haka verarbeitet, z. B. als Westen- und Ärmelfutter.

5.2 Handelsbezeichnungen (5)

Damast

Gewebe aus hochwertiger, merzerisierter Baumwolle für Bett- und Tischwäsche. Die Musterung wird durch Wechsel von Kett- und Schußatlas erreicht. Bei Verwendung von Filamentgarnen spricht man von Damassé (vgl. Seite 67).

Découpé (Lancé découpé)
franz.: découpé = abgeschnitten

Durch Lancétechnik gemustertes Gewebe. Die Fadenflottungen sind abgeschnitten. Verwendung für Blusen und Kleider.

Denim

Strapazierfähiges Baumwollgewebe in Kettköperbindung. Ursprünglich mit garngefärbter, blauer Kette und weißem Schuß (Blue Denim). Für Jeans, Sport-, Freizeit- und Arbeitskleidung.

Donegal

Ein Streichgarngewebe mit fülligen, noppigen Schußgarnen in Leinwandbindung. Kette und Schuß sind in den Farben unterschiedlich. Verwendung für sportliche Anzüge, Kostüme und Mäntel.

Doppelripp

Extrem querelastische Maschenware in abgeleiteter Rechts-Rechts-Bindung (Rippbindung). Verwendung für Bündchen, Strickjacken.

Double face
engl.: double = doppelt, face = Gesicht

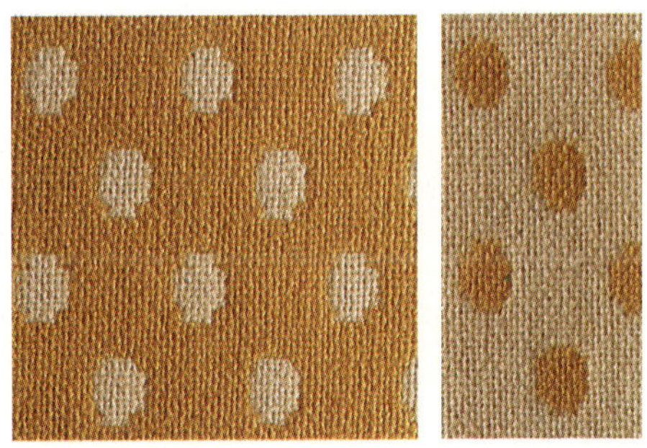

Allgemeinbezeichnung für beidseitig verwendbare Doppelgewebe mit verschiedenen oder konträren Warenseiten. Verwendung für Jacken, Mäntel, Kleider, Dekostoffe.

Doupion
Französische Bezeichnung für Shantung

Leinwandbindiges Seidengewebe mit starken Garnunregelmäßigkeiten durch nicht entbastete Wildseidenfäden. Verwendung für Damenbekleidung, Dekorationen.

Duchesse
franz.: duchesse = Herzogin

Sehr dichtes, stark glänzendes Gewebe in Kettatlasbindung aus Filamentgarnen. Verwendung für festliche Kleider und Ausputz, Duchesse-Futter für Jacken und Mäntel.

5.2 Handelsbezeichnungen (6)

Duvetine

Schußatlasgewebe aus Baumwolle, das durch Aufrauhen und Schmirgeln eine velourslederartige, stumpfe Oberfläche erhält. Verwendung vor allem für Hosen und Jacken.

Drapé

franz.: drap = Tuch

Sehr feiner, atlasbindiger Stoff für Gesellschaftsanzüge. In der Kette werden Kammgarne und im Schuß Streichgarne verwendet. Die rechte Seite zeigt eine leichte Strichappretur.

Drell

Besonders dichtes und strapazierfähiges Gewebe durch zwirnverstärkte Kette, Köper- bzw. Fischgratbindung. Verwendung für Arbeitskleidung.

Etamine

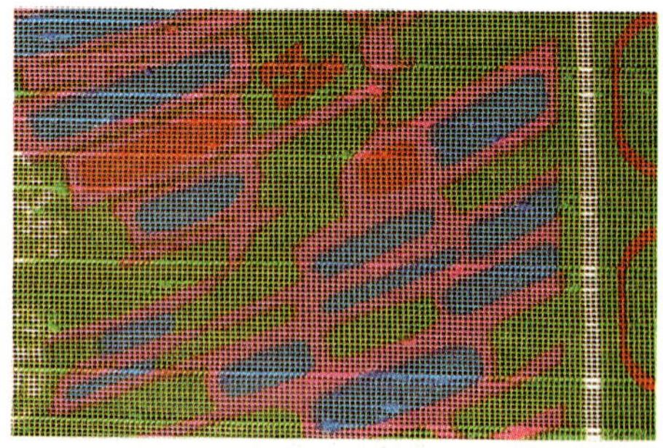

Leichtes, gitterartiges Gewebe in Dreherbindung. Verwendung für Kleider, Blusen, Hemden.

Façonné

franz.: façonner = formen, gestalten

Allgemeinbezeichnung für Stoffe mit kleinen Schaftmustern, die sich durch Bindungswechsel von der Grundfläche abheben. Verwendung für Kleider, Blusen und als Futterstoff.

Feinripp

Feine, dehnfähige und elastische Maschenware in Rechts-Rechts-Bindung aus Baumwolle. Verwendung für Unterwäsche.

Fil-à-fil

franz.: fil-à-fil = Faden an Faden

Gewebe in Doppelköperbindung mit einer treppchenförmigen Kleinmusterung, die durch Wechsel heller und dunkler Kett- und Schußfäden entsteht. Verwendung für Anzüge und Kostüme.

Finette

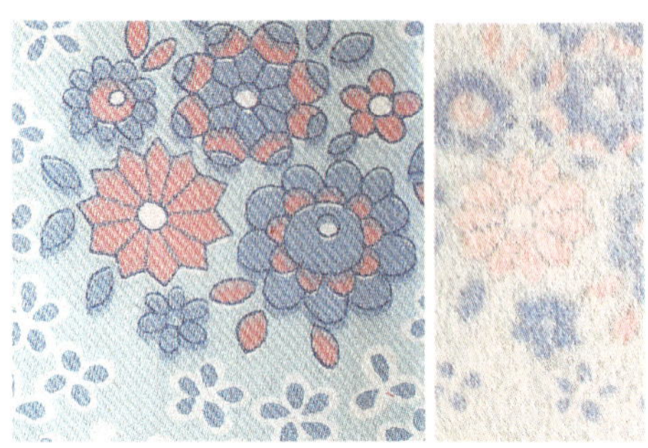

Linksseitig gerauhter Baumwollstoff in Köperbindung, oft bedruckt. Verwendung für Nachtwäsche und Hemden.

5.2 Handelsbezeichnungen (7)

Fischgrat

Allgemeinbezeichnung für Stoffe mit abgesetzter Spitzköperbindung und oft unterschiedlichen Farben in Kette und Schuß. Verwendung für Kostüme, Anzüge, Mäntel.

Flanell

Leichte bis mittelschwere Gewebe in Leinwand- oder Köperbindung, oft aus Melangegarnen, ein- oder beidseitig leicht gerauht. Baumwollflanell wird für Hemden, Nacht- und Bettwäsche, Wollflanell für Oberbekleidung verwendet.

Flausch

Voluminöses Streichgarngewebe mit langem Strichflor, aus drei bis fünf Fadensystemen hergestellt. Verwendung für Jacken und Mäntel.

Flockprint
engl.:
print =
bedrucken

Die samtartige, plastische Musterung entsteht durch Aufdrucken von Klebemittel und anschließendem Beflocken. Verwendung für Kleider und Blusen.

Fresko

Strapazierfähiges Kammgarngewebe in Leinwandbindung. Hartgedrehte, einfarbige oder moulinierte Mehrfachzwirne ergeben einen harten Griff. Verwendung für Herrenanzüge.

Frisé
franz.:
frisé =
gekräuselt

Kleiderstoff aus sehr feinen Schlingenzwirnen, die einen leicht körnigen Griff ergeben. Verwendung für Kleider.

Frotté
franz.:
frotter =
reiben

Gewebe mit Knoten- und Schlingenzwirnen im Schuß, die eine unebene, krause Oberfläche und einen körnigen Griff ergeben. Häufig fälschliche Bezeichnung für Frottierwaren.

Frottier

Voluminöses, weiches Schlingengewebe aus Baumwolle. Die Schlingen entstehen durch eine zusätzliche Schlingenkette beim Weben. Verwendung für Bademäntel, Handtücher, Sport- und Freizeitkleidung.

5.2 Handelsbezeichnungen (8)

Gabardine

Dichte Gewebe mit ausgeprägtem Steilköpergrat. Die rechte Seite ist durch Scheren und Pressen glatt. Verwendung für Anzüge, Kostüme und Mäntel.

Glasbatist

Feines, leinwandbindiges Baumwollgewebe, das durch Transparentieren glasartig, durchscheinend, glänzend und steif wird. Verwendung für Blusen, Garnituren, Abendbekleidung.

Glencheck

engl.: glen = kleines Tal; check = Karo

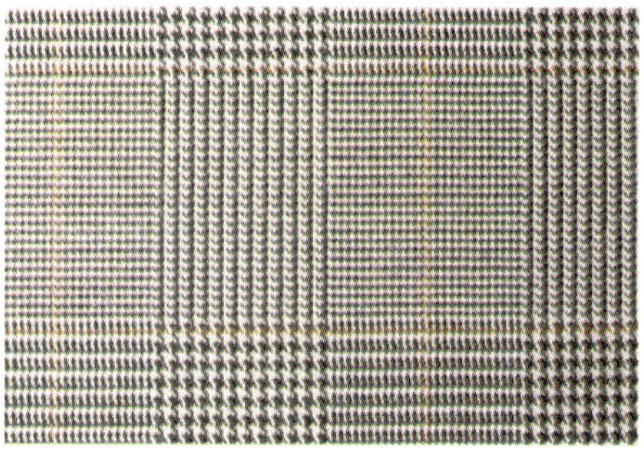

Buntgewebe mit Grund- und Überkaros in verschiedener Musterwirkung, Ton in Ton oder farblich markant. Verwendung für Anzüge und Kostüme.

Hahnentritt

Bezeichnung für Stoffe mit einer Musterung, für die kurze diagonale Verlängerungen an den Karoecken typisch sind. Die Muster können buntgewebt (Seite 68), gestrickt oder aufgedruckt sein. Verwendung für Kostüme und Anzüge.

Henkelplüsch

Weiche Maschenware mit zusätzlichem Plüschfaden, der auf einer Seite gleichmäßige Schlingen ergibt. Verwendung für Babywäsche, Bettwäsche, Freizeit- und Badebekleidung.

Honanseide

Feinfädiges Wildseidengewebe mit knirschendem Griff. Fadenunregelmäßigkeiten in Kette und Schuß, einfarbig oder bedruckt. Für Kleider, Blusen und Dekostoffe.

Inlett

Strapazierfähiges Baumwollgewebe in Köperbindung. Die Kettfäden sind dicht eingestellt und garngefärbt, der Schuß wird ungefärbt verarbeitet. Verwendung für Bett- und Kisseneinschütte.

Interlock

Feine, sehr dehnfähige, doppelflächige Maschenware. Die Bindung ist Rechts-Rechts-gekreuzt. Verwendung für Kleider, Blusen, T-Shirts, Unterwäsche.

5.2 Handelsbezeichnungen (9)

Jacquardgewebe

Gewebe mit formenreicher Musterung. Der Wechsel von Kett- und Schußatlas unterstützt die Musterwirkung, durch verschiedene Garne kann die Musterung hervorgehoben werden. Verwendung für Dekostoffe, Gesellschaftskleidung.

Jacquardmaschenware

Vielfältige Muster auf der rechten Seite, die Musterfäden sind links eingebunden, meistens werden Farbgarne verwendet. Verwendung für Maschenoberbekleidung, wie z. B. Sakkos, Röcke, Pullover, Strickjacken.

Jägerleinen

Leinwandbindiges, grün meliertes Gewebe aus Leinen, Halbleinen oder Baumwolle. Verwendung für Anzüge, Kostüme. Wird auch als Schilfleinen bezeichnet.

Kattun

Eine Baumwollgrundware in Leinwandbindung, mittelfeine Stärke. Verwendung z. B. für Bettwäsche, Schürzen, leichte Sommerbekleidung.

Käseleinen

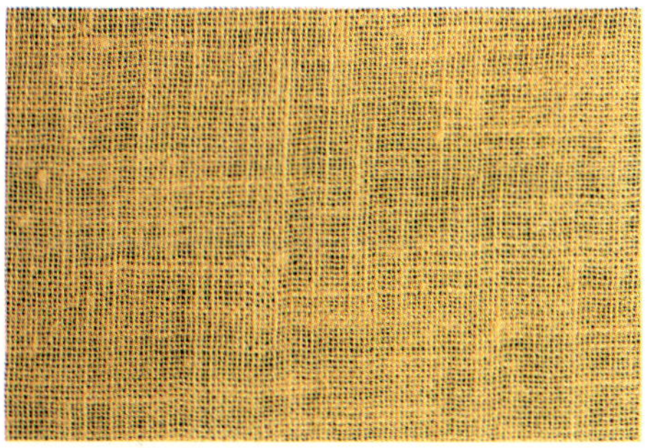

Weiches, leichtes Baumwollgewebe in Leinwandbindung mit geringer Kett- und Schußdichte. Verwendung für Kleider, Blusen, Tücher.

Klötzelleinen

Eine steife, leinwandbindige Einlage aus Leinen, im Gegensatz zum Schneider- oder Wattierleinen ungeleimt. Verwendung in der klassischen Hosenverarbeitung und für Unterkragen in der HAKA.

Kräuselkrepp

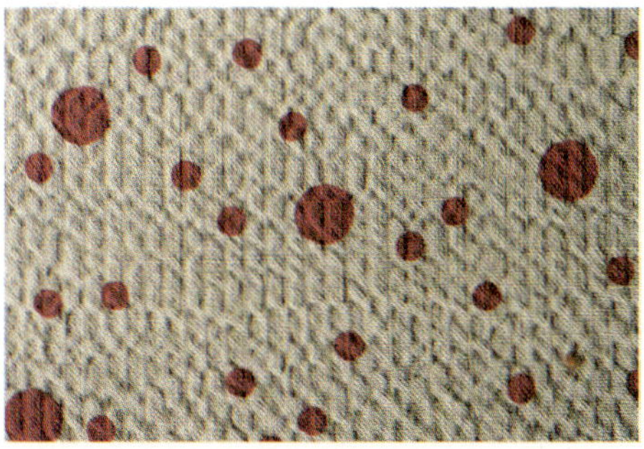

Baumwollgewebe, die durch örtliches Einwirken von Natronlauge ein blasiges Aussehen erhalten. Verwendung für Blusen und Kleider.

Kretonne

Gröbere Baumwollware in Leinwandbindung, einfarbig oder bedruckt. Verwendung für Sommerkleider, Dirndl, Schürzen.

5.2 Handelsbezeichnungen (12)

Kreidestreifen

Dunkler Wollstoff mit hellen Längsstreifen. Durch leichtes Rauhen werden die Konturen verwischt. Verwendung für Kostüme, Anzüge.

Lamé
franz.: lame = Blech

Gewebe mit Metallfäden im Schuß. Dadurch erhält das Gewebe ein glänzendes, schillerndes Aussehen. Die Kette besteht aus Seide oder Baumwolle. Verwendung für festliche Damenoberbekleidung.

Lancé
franz.: lancer = werfen

Das Gewebe ist webtechnisch mit einem zusätzlichen Fadensystem in Kett- und oder Schußrichtung bordürenähnlich gemustert. Verwendung für Kleider, Blusen, Dirndl, Dekostoffe. Beim Lancé Decoupé entstehen abgegrenzte Mustergruppen.

Liberty
engl.: Freiheit

Kleinblumig bedruckte Baumwollgewebe in Leinwandbindung. Feine bis mittlere Qualitäten. Verwendung für Blusen, Kleider. Liberty ist auch eine Bezeichnung für einen achtbindigen Kleider- oder Futtersatin.

Linon

Stark kalandertes, leinwandbindiges Baumwollgewebe. Glänzend ausgerüstet, um einen Leineneffekt zu erreichen. Der Glanz ist nicht dauerhaft. Verwendung für Hauskleider, Schürzen, Bettwäsche.

Loden

Mittelschwere bis schwere Streichgarngewebe, oft meliert, mit oder ohne Strichausrüstung. Durch starkes Walken sind sie dicht und strapazierfähig. Verwendung für Mäntel, Kostüme, Anzüge.

Loop
engl.: loop = Schlaufe, Schlinge

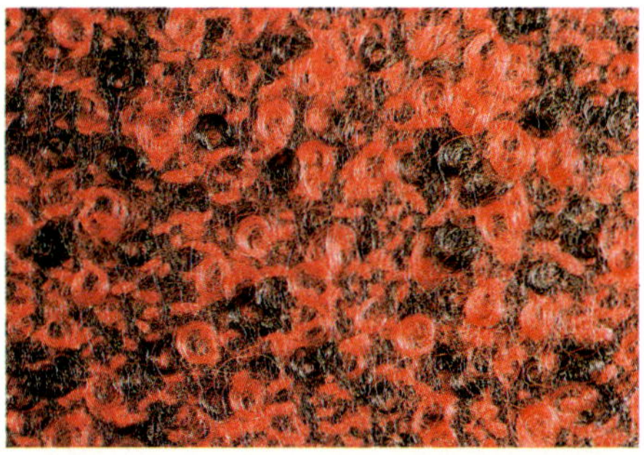

Lockeres, leinwandbindiges Gewebe mit einer Oberfläche die große Schlingen aufweist. Die Schlingenoberfläche entsteht durch Loopzwirne im Schuß. Verwendung für Jacken, Kostüme.

Lüster

Leichtes Kammgarngewebe in Leinwandbindung. Durch Mohair- oder Alpakagarne hat es ein glänzendes Aussehen und ist weitgehend knitterresistent. Verwendung für Sommeranzüge, Schwesterntrachten.

5.2 Handelsbezeichnungen (11)

Madras
= Indische Stadt

Feinfädige Baumwollgewebe in Leinwandbindung mit großzügigen Farbkaros ohne hellen Grund. Verwendung für Hemden, Blusen, Kleider.

Marengo

Dunkles Wollgewebe mit 2% bis 5% weißem Faseranteil, der den Stoff flusenunempfindlich macht. Verwendung für Anzüge, Mäntel, Kostüme.

Matelassé
franz.: matelasser = polstern

Doppelgewebe mit einer großzügig gemusterten und durch Füllschüsse aufgepolsterten rechten Warenseite. Verwendung für Damenmäntel, Abendkleidung, Dekostoffe.

Moiré
franz.: moiré = Wasserglanz

Die wellenförmige Maserung entsteht durch Pressen zweier übereinandergelegter Querripsgewebe oder durch Prägewalzen. Verwendung für Kleider, Blusen, Futter.

Moleskin

Ein kräftiger Futterstoff aus Baumwolle in Schußatlasbindung. Durch Appretieren und Kalandern erreicht man Glätte und Dichte. Verwendung für Hosentaschenfutter, Bundfutter in der HAKA.

Molton

Dichtes, leinwandbindiges Baumwollgewebe, beidseitig stark gerauht, schwerer als Biber. Verwendung für Unterlagen, Bügeldecken, Bettücher.

Mull

Leinwandbindiges, weiches Baumwollgewebe mit sehr loser Einstellung der Kett- und Schußfäden. Verwendung für Blusen, Tücher.

Mousseline, Musselin

Leichter, fließender Kleiderstoff in Leinwandbindung, vornehmlich aus Wollkammgarnen, uni oder bedruckt. Verwendung für Blusen, Kleider, Röcke, Tücher.

5.2 Handelsbezeichnungen (10)

Natté
franz.:
natter =
flechten

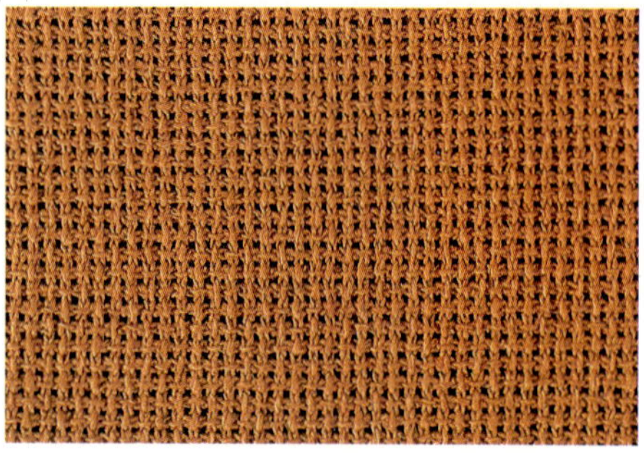

Poröses Gewebe mit körnigem Aussehen in Aida- oder Panamabindung. Verwendung für Hemden, Blusen, Kleider.

Nadelstreifen

Kammgarngewebe mit feinen, hellen Streifen in Kettrichtung. Verwendung für Kostüme, Anzüge.

Opalbatist

Baumwollbatist mit weichem Griff und durchscheinend milchigweißem Aussehen. Verwendung für Blusen, Nachtwäsche.

Organdy

Gefärbter, bedruckter oder bestickter Glasbatist. Durch Ausrüstung durchsichtig und steif (Transparentieren). Verwendung für Garnituren, Kleider, Blusen.

Organza

Transparentes, steifes Gewebe aus Filamentgarnen in Leinwandbindung. Verwendung für festliche Kleider und Blusen sowie als Zwischenfutter und leichte Steifeinlage in der DOB.

Ottoman

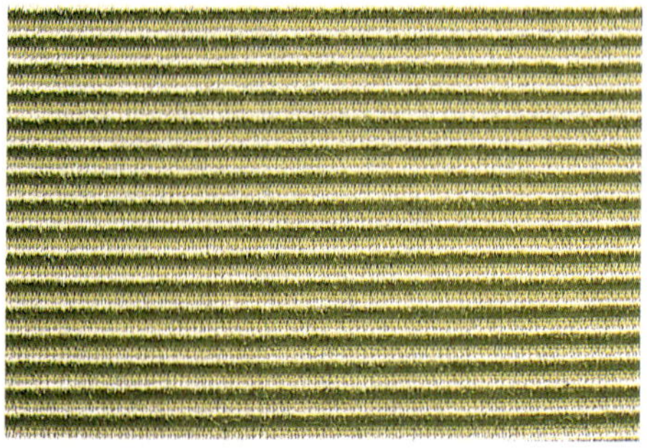

Querripsgewebe mit 3 bis 10 Rippen/cm. Verwendung für Mäntel, Jacken, Dekorationsstoff.

Oxford

Hemdenstoff aus Baumwolle in abgeleiteter Leinwandbindung. Die Kettgarne binden paarweise mit einem andersfarbigen Schuß und ergeben so ein kleingewürfeltes Aussehen. Verwendung für Hemden, Blusen.

Panama

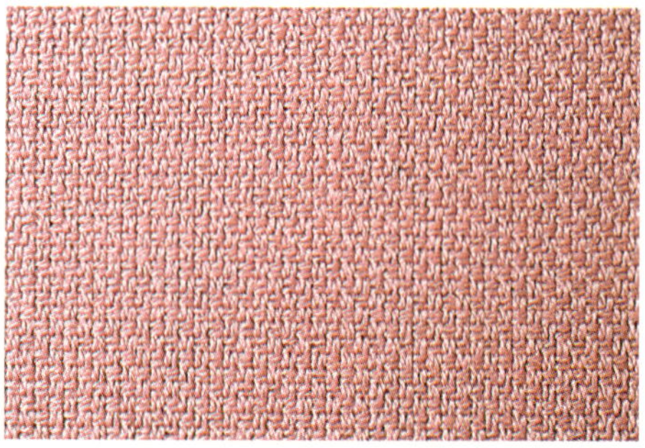

Allgemeinbezeichnung für Stoffe in Panamabindung und mit schachbrettartig gewürfeltem Erscheinungsbild. Aus Baumwolle für Hemden, Sport- und Freizeitkleidung, aus Wolle für Kostüme und Anzüge.

5.2 Handelsbezeichnungen (13)

Pannesamt

Stark glänzender Samt aus Filamentgarnen mit niedergepreßtem Flor. Verwendung für elegante Damenbekleidung.

Pepita

Gewebe mit kleinen, hell-dunkeln Karos (Blockkaro), die im Gegensatz zu Hahnentritt nicht zackig erscheinen (vgl. Seite 68). Verwendung für Kostüme, Anzüge.

Piqué
franz.: piquer = steppen, anpicken

Doppelgewebe aus Baumwolle mit reliefartiger Musterung, die wie gesteppt aussieht. Die rechte Warenseite ist feinfädig und leinwandbindig. Verwendung für sommerliche Damenbekleidung.

Plüsch

Eine Web- oder Maschenware mit sehr hohem Flor, Florhöhe über 3 mm, meist aus Polyacryl. Wird als Warmfutter und Pelzimitation verwendet.

Plaid
franz.: plaid = Umschlagetuch, Reisedecke

Buntgewebter Karostoff aus Baumwolle, Viskose, Polyacryl, Wolle oder Mischungen, häufig gerauht. Verwendung als Warmfutter für Jacken und Mäntel.

Pocketing

Baumwolltaschenfutter in Leinwandbindung. Durch Appretieren und Kalandern glatt und dicht.

Popeline

Leinwandbindiges Gewebe mit feinen Querrippen, die durch eine sehr feine, dicht eingestellte Kette und ein gröberes Schußgarn entstehen. Verwendung je nach Stärke für Hemden, Blusen, Hosen, Jacken, Mäntel.

Pongé
franz.: Japon = Japanseide

Sehr leichtes, feinfädiges Reinseidengewebe in Leinwandbindung, ganz entbastet und nicht beschwert. Verwendung für Futter, Blusen, Tücher. Pongéfutter ist häufig aus Chemiefilamenten.

5.2 Handelsbezeichnungen (14)

Renforcé
franz.:
renforcer =
verstärken

Baumwollgrundware in mittlerer Stärke in Leinwandbindung, einfarbig oder bedruckt. Verwendung für Blusen, Kleider, Bettwäsche.

Reversible
franz.:
reversible =
umkehrbar

Gewebe mit zwei unterschiedlichen Warenseiten, durch eine Kettverstärkung oder durch eine hohe Kettdichte erreicht. Beidseitig verwendbar, z. B. für Kleider, Kostüme.

Rips

Ein Gewebe mit ausgeprägten Rippen, hauptsächlich in Schußrichtung, aus Wolle, Baumwolle oder Seide. Verwendung für Kleider, Kostüme, Mäntel und Dekostoffe.

Roßhaar-einlage

Sprungelastisches Einlagenmaterial mit Woll- oder Baumwollkette und Roßhaar- bzw. Zwirnroßhaarschuß. Verwendung für Fronteinlagen bei Sakkos, Mänteln.

Sandkrepp

Ein Kleiderstoff in Kreppbindung. Kurze Fadenflottungen ergeben ein unruhiges Oberflächenbild. Verwendung für Kleider, Blusen.

Satin
franz.:
satiné =
seidig, glänzend

Allgemeinbezeichnung für Gewebe in Atlasbindung, mit glatter Oberfläche und geschmeidigem Fall. Verwendung für Kleider und Blusen, Futter und Bettwäsche.

Scherplüsch (Nicki)

Maschenware mit samtartiger Oberfläche. Ein zusätzliches Fadensystem bildet Schlingen, die aufgeschnitten und geschoren werden. Verwendung für Haus- und Freizeitkleidung, Kinderbekleidung.

Samt

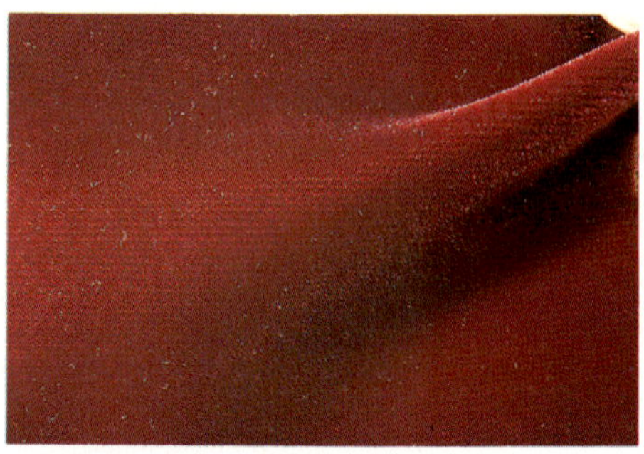

Allgemeinbezeichnung für Florgewebe mit einer Florhöhe bis 3 mm. Der Flor wird durch ein drittes Fadensystem gebildet. Verwendung für elegante Kleidung und Dekorationen.

5.2 Handelsbezeichnungen (15)

Soielaine
franz.: soie = Seide; laine = Wolle

Sehr weiches, fließendes Gewebe mit Filamenten in der Kette und feinen Wollgarnen im Schuß. Verwendung für Blusen, Kleider, Röcke.

Seersucker

Ein Baumwollstoff mit borkigen Längsstreifen. Echter Seersucker entsteht durch unterschiedliche Kettspannung, gleiche Effekte lassen sich in der Ausrüstung erreichen. Verwendung für Blusen, Hemden, Kleider.

Serge

Dichtes, köperbindiges Gewebe. Wollserge, leicht gerauht oder kahl ausgerüstet, verwendet man für Anzüge und Kostüme. Futterserge aus Viskosefilamenten mit hoher Glätte wird in der Haka zum Abfüttern von Sakkos und Mänteln verwendet.

Shantung
Chinesische Provinz

Leinwandbindiges Wildseidengewebe mit Grègegarnen in der Kette und einem Schuß mit flammenartigen Unregelmäßigkeiten. Verwendung für Kleider, Blusen, Dekostoffe.

Shetland
Shetlands, schottische Inseln

Wollstreichgarngewebe in Gleichgratköperbindung. Aus groben, festen Garnen, oft meliert und mit Stichelhaaren durchsetzt. Verwendung für Kostüme, Anzüge, Mäntel.

Surah
Surat, indische Stadt

Köperbindiges Seidengewebe mit deutlichem Mehrgrat. Verwendung für Blusen, Krawatten, Kleider, Dekorationen.

Single Jersey
engl.: single = einzeln; jersey = Pullover, Trikot

Feine, einflächige Maschenware in Rechts-Links-Bindung, meist aus Baumwolle. Verwendung für Hemden, Blusen, Nachtwäsche, T-Shirts.

Taft

Allgemeinbezeichnung für dichtgewebte leinwandbindige Gewebe aus Filamentgarnen, leicht querrippig durch dickeren Schuß und fest bis steif, je nach Material. Verwendung für Futter, Abendbekleidung.

5.2 Handelsbezeichnungen (16)

Toile
franz.:
toile =
Leinwand,
Tuch

Weichfließender Seidenstoff in Leinwandbindung. Die Garne sind wenig gedreht und lose eingestellt. Verwendung für Blusen, Kleider, feine Nacht-, Unter- und Bettwäsche.

Trikotine

Strapazierfähiger, elastischer Wollstoff in Steilköperbindung. Die rechte Seite zeigt schmale, diagonale Rippen und ist kahlappretiert. Verwendung für Hosen und Uniformen.

Tropical
engl.:
tropical =
tropisch

Kammgarngewebe in Leinwandbindung aus hart gedrehten Zwirnen. Sehr leicht, knitterunempfindlich und luftdurchlässig. Verwendung für Sommeranzüge. Wollstoffe mit diesen Eigenschaften werden auch als „Cool Wool" bezeichnet.

Tuch

Wollgewebe mit mattem Glanz, kurzem Strichflor, stark gewalkt, gerauht. Verwendung für Kostüme, Anzüge und Mäntel.

Tüll

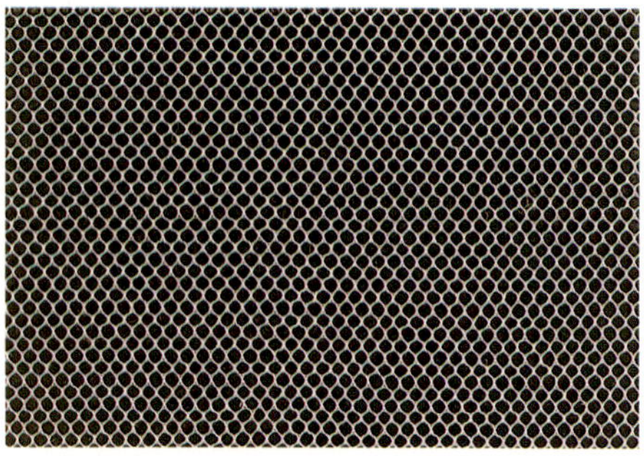

Auf Wirk- oder Bobinetmaschinen hergestellte durchbrochene Ware, meist mit wabenförmiger Struktur, glatt oder evtl. bestickt. Verwendung für elegante Blusen und Kleider, Ausputz, Schleier.

Tweed

Streichgarngewebe im Handwebcharakter. Aus groben, melierten, noppigen Garnen, Kette und Schuß sind meist verschiedenfarbig. Verwendung für Kostüme, Anzüge, Mäntel.

Twill
engl.:
twill =
Köper

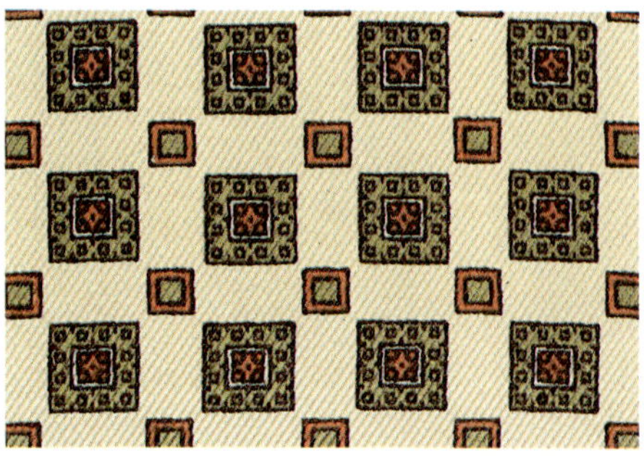

Leichtes, weiches köperbindiges Gewebe, meist bedruckt, häufig aus Filamentgarnen. Verwendung für Kleider, Blusen, Krawatten, Schals.

Velours
franz.:
velours =
Samt

Weicher, gerauhter Wollstoff mit dichtem, kurzem Flor (Stehvelours) oder niedergepreßtem Strichflor (Strichvelours). Verwendung für Mäntel, Jacken.

5.2 Handelsbezeichnungen (17)

Vichy
französische Stadt

Leinwandbindiges Baumwollgewebe mit einem kontrastreichen, zweifarbigen Blockkaro. Verwendung für Hemden, Dirndlkleider, Dekostoffe.

Vlieseinlage

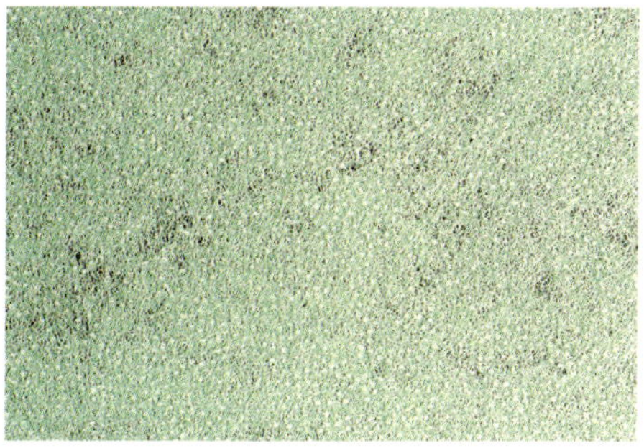

Leichte bis schwere Faserverbundware, evtl. mit Wirkkette verstärkt. Als Fixiereinlage mit Flächenbeschichtung zur steifen Verfestigung, mit Punktbeschichtung zur weichen Verfestigung.

Voile
franz.: voile = Schleier, Vorhang

Gewebe in Leinwandbindung mit hart gedrehten Garnen in Kette und Schuß oder nur in der Kette. Die Ware ist durchscheinend und im Griff rauh. Verwendung für Kleider und Blusen.

Waffelpikee

Baumwollgewebe mit waffelähnlichem Aussehen durch quadratisch angeordnete Fadenflottungen. Feine Qualitäten werden für Garnituren und Blusen verwendet, stärkere Qualitäten für Handtücher, Bademäntel.

Watteline

Sehr lockere und weiche Kettenwirkware in Trikotlegung, linksseitig aufgerauht. Verwendung für Wattierungen und Zwischenfutter.

Webstrickware

Schwere, formbeständige Maschenware, die sich wie eine Webware verarbeiten läßt. Verwendung für Kleider, Kostüme, Hosen, Sakkos.

Whipcord
engl.: whipcord = Peitschenschnur

Kammgarngewebe in Steilgratköperbindung. Die rechte Warenseite zeigt plastische, erhabene Diagonalen und ist kahlappretiert. Verwendung für Hosen, Anzüge.

Zefir

Buntgewebter Batist, z. B. gestreift, evtl. mit kleinen Bindungsmustern durchsetzt. Verwendung für Hemden, Blusen.

5.3.1 Einlagen und Futter

Einlagen

Die Einlagen werden auf die linke Seite des Oberstoffes gearbeitet und sorgen in erster Linie dafür, daß die Form des Kleidungsstückes erhalten bleibt. Durch sorgfältige Verarbeitung wie Pikieren, Fixieren und Unterlegen wird eine Stabilisierung erreicht. In Verbindung mit Dressieren und Dämpfen ist eine Formgebung möglich.

Es gibt eine große Vielfalt von Einlagestoffen, um den unterschiedlichsten Ansprüchen wie Elastizität, Volumen, Versteifung, Dressierfähigkeit und Dauerhaftigkeit bei der Verarbeitung, im Tragen und Pflegen gerecht zu werden. Ihre Herstellung kann als Web-, Vlies- oder Wirkware erfolgen. Fast alle Typen werden als Fixier- oder Näheinlage angeboten.

1: Verstärkte Vlieseinlage

2: Wirkeinlage (Franse mit Schuß)

Zu den **Webeinlagen** zählen die Roßhaareinlagen. Sie haben durch ihre rauhe Oberfläche genügend Haftfähigkeit und zeichnen sich durch Querelastizität aus. Man verwendet Haareinlagen und die etwas leichteren Wolleinlagen zur Vorderteilverarbeitung an Sakkos, Jacken und Mänteln aus mittelschweren und schweren Stoffen.

Einlagestoffe aus Baumwolle eignen sich für leichtere Oberstoffe. Sie werden häufig leicht angerauht und sind dadurch weich und geschmeidig und für besonders weiche Verarbeitung geeignet.

Versteifungsgewebe sind mehr oder weniger stark appretiert. Steifeinlage aus Baumwolle, z.B. Bougram, verwendet man hauptsächlich für Kragen und Manschetten bei der Hemdenfertigung. Leineneinlagen wie Steifleinen und Klötzelleinen werden in der Herrenschneiderei eingesetzt. Eine leichte Steifeinlage für die DOB ist Organza.

Vlieseinlagen sind in den verschiedensten Stärken erhältlich. Ausführungen und Typen mit faseriger Oberfläche sind besonders weich. Verstärkte Vlieseinlagen sind durch Längsfäden formstabiler.

Kettenwirkeinlage ist glatt und elastisch, z.B. Charmeuse, oder locker und weich, z.B. Watteline. Durch weitere Bindungsvariationen z.B. Franse mit Schuß, können schmiegsame und doch formstabile Einlagen erreicht werden.

Futter

Das Futter soll den Gebrauchswert der Kleidungsstücke erhöhen und auch optisch die Qualität steigern. Es sorgt für einen guten Fall des Oberstoffes und schützt ihn vor Schweiß, Reibung und Schmutz. Gefütterte Kleidungsstücke sind formbeständig, beim An- und Ausziehen gleitfähiger und auch warmhaltender. Durch das Einfüttern wird die Innenverarbeitung abgedeckt, bei dünnem Oberstoff wird ein Durchscheinen vermieden.

Futterstoffe dienen auch zur Herstellung nicht sichtbarer Teile am Bekleidungsstück wie Taschenbeutel und Innentaschen, zum Verstürzen von Patten und Kleinteilen, in der Herrenschneiderei zur Bundverarbeitung und für Westenrücken.

Anforderungen an Futterstoffe sind gute bekleidungsphysiologische Eigenschaften, Haltbarkeit im Gebrauch, bei der Reinigung und Wäsche. Sie werden gewährleistet durch geeignete Wahl des Faserstoffes, der Bindung, der Fadendichte und der Ausrüstung. Für Futterstoffe werden Filamentgarne aus Viskose, Polyester, Acetat, Polyamid, Cupro und Seide verwendet.

3: Futterserge

Das **Leibfutter** dient zum Abfüttern von Jacken und Mänteln, Kleidern, Röcken, Hosen usw. Handelsbezeichnungen sind z.B. Taft, Serge, Satin, Duchesse, Croisé, Pongé, Changeant.

Für **Ärmelfutter** sind hellgrundige Streifenmuster beliebt.

Westenfutter weisen Farb- und Bindungsmuster auf wie z.B. der Faconné.

Kettenwirkfutter aus Polyamid oder Viskose z.B. Charmeuse, ist dehn- und anpassungsfähig.

Taschenfutter müssen strapazierfähig und dicht sein. Baumwollwaren wie Moleskin und Pocketing sind stark appretiert. Aufgerauhte Gewebe sind warmhaltend, Gewebe aus synthetischen Chemiefasern sind besonders haltbar.

Warmfutter dienen zur Innenausstattung von Jacken und Mänteln, z.B. Steppfutter, Plaidfutter, Plüsch.

5.3.2 Bänder und Posamenten[1]

Zur Bekleidungsherstellung sind außer dem Oberstoff entsprechende Zutaten erforderlich. Sie sollten so gewählt werden, daß sie dem Material des Oberstoffes entsprechen, dessen Gebrauchsanforderungen erfüllen und gegebenenfalls einen Artikel wirkungsvoll verzieren.

Die Herstellung von Bändern und Posamenten erfolgt ähnlich der textilen Flächen als Gewebe, Maschenware, Flechtware oder Vlies. Vielfach wirken mehrere Musterungselemente in einem Erzeugnis zusammen, z.B. Material- und Farbkombinationen, Bindungstechnik und Veredlungsarbeiten.

Die Handelsbezeichnungen der Bänder können nach anwendungs- oder bindungstechnischen Gesichtspunkten erfolgen, z.B. Lisierband, Samtband. Zierbänder (z.B. Borten) werden auch den Posamenten zugeordnet.

Bänder

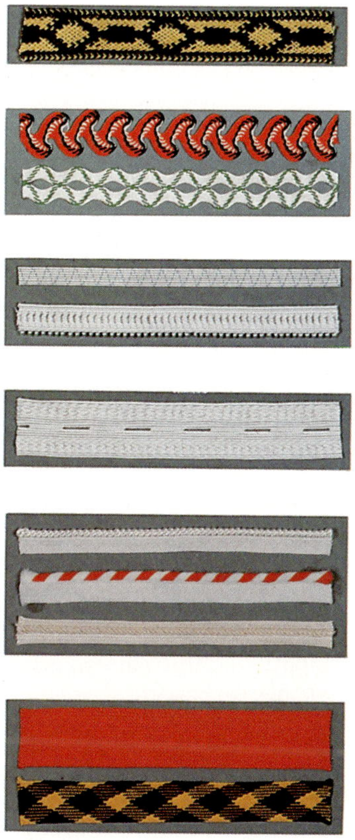

1: Bänder

Name	Merkmale, Eigenschaften, Verwendung
Borte	Allgemeinbezeichnung für ein gemustertes Band aus Baumwolle, Seide, Wolle oder Chemiefasern, Gewebe oder Maschenware.
Fassonlitze	Schmales Bogen- oder Zackenband, ein- oder mehrfarbig, aus Baumwolle oder Chemiefasern. Besatz für Dirndl, Trachten- und Kinderbekleidung.
Gummilitze	Durch Einflechten von Gummifäden oder Elastomeren stark dehnfähiges Band.
Knopflochlitze	Breite Gummilitze mit Knopflochbildung in der Mitte des Bandes.
Lisierband	Leinwandbindiges, 1 cm breites Band aus Baumwolle und Leinen. Zur schneidertechnischen Verarbeitung von Kanten, Revers und Kragen.
Moiréband	Hut- oder Schleifenband mit wellenartiger Maserung, aus Baumwolle, Seide oder Chemiefasern.
Nahtband	Köperbindiges Band aus Baumwolle oder Viskose, Verwendung zur Saumverarbeitung.
Paspelband	Ein Band mit einer schmalen Wulst an der Kante. Aus Baumwolle oder Viskose.
Ripsband	Baumwoll-, Seiden- oder Viskoseband mit ausgeprägten Rippen. Verwendung als Verzierung oder Bundeinlage.
Schrägband	Diagonal geschnittenes Band in verschiedenen Breiten und Materialien, uni oder gemustert, flach oder zur Einfaßtechnik vorgefalzt.
Samtband	Aus Baumwolle, Seide oder Viskose, hergestellt wie Samtgewebe, empfindlich in der Verarbeitung.
Stanzband	Einlageband mit vorgestanzten Breiten und Nahtzugaben. Durch die Stanzlinien ist eine rationelle Verarbeitung möglich.
Taftband	Ein Band aus Filamentgarnen, uni oder kariert. Verwendung als Schleifenband.
Tresse	Ein besonders geschmeidiges, gemustertes oder ungemustertes Flechtband. Als Besatz oder zum Einfassen in der Oberbekleidung.

Posamenten

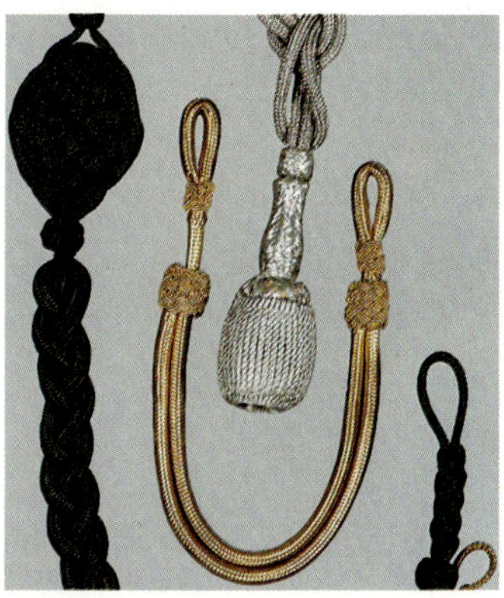

2: Posamenten

Fransen	Bezeichnung für unverwebte Kettfäden an einer schmalen Kante. Aus Viskose, Wolle oder Seide.
Kordeln	Rundgeflechte in verschiedenen Stärken, aus Viskose, Baumwolle, Synthetiks. Verwendung für Bekleidungszubehör, im Heimtextilienbereich und für Sportartikel.
Quasten	Handgefertigte, hochwertige Artikel aus Seide, Viskose. Fransen, Kordeln und Litzen werden kombiniert.
Rosetten	Verzierungsartikel, die als Einzelelement angebracht werden und aus einer Kombination von Schmucktextilien bestehen.
Soutache	Eine formbare Flachlitze mit zwei Graten, aus Seide oder Viskose. Verwendung für Festkleidung.
Pompons	Büschel aus Wolle, Seide oder Synthetiks, die einzeln oder zusammenhängend als Borte angebracht werden.

[1] Posamenten = schmückende Besatzartikel

5.3.3 Verschlußmittel

Verschlußmittel sind Knöpfe, Haken, Druckknöpfe, Reißverschlüsse usw. Sie können auch zur Verzierung dienen.

Knöpfe

Die Größe der Knöpfe wird nach dem Durchmesser in Millimeter angegeben. Die Knopfformen sind rund, länglich, oval, gewölbt, eckig, kugelig, flach usw. Knöpfe werden durch angeschliffene oder angesetzte Ösen, vertiefte Fadenlöcher oder durch Zwei-, Drei- oder Vierlochbohrungen befestigt.

1: Knöpfe

Der **Polyesterknopf** ist hitze- und reinigungsbeständig, er wird u.a. als Perlmutt- und Hornimitat in allen Bereichen der Bekleidungsindustrie, besonders bei Hemden, Blusen, Wäsche, eingesetzt.

Der **Polyamidknopf** wird in einer großen Farb- und Formenvielfalt angeboten. Es lassen sich alle Naturmaterialien imitieren. Verwendung für DOB, HAKA, Sport- und Freizeitkleidung.

Polyester- und Polyamidknöpfe aus thermoplastischen Kunststoffen decken die Hälfte des Gesamtknopfverbrauches ab.

Der **Metallknopf** aus Messing, Nickel oder Aluminium mit einer gravierten oder gestanzten Oberfläche wird für Blazer, Jeans, Strickwesten und Trachtenbekleidung verwendet.

Leder- oder **Lederimitationsknöpfe** sind empfindlich gegen Feuchtigkeit und wenig scheuerfest. Verwendung finden sie für Leder- und Sportbekleidung, sowie für Strickjacken.

Holzknöpfe, aus den verschiedensten Holzarten gefertigt, sind leicht und empfindlich gegen Hitze und Feuchtigkeit. Geeignete Einsatzgebiete sind Strickwaren und sportliche Oberbekleidung.

Der **Perlmuttknopf**, aus der Muschelschale, mit seiner unebenen, schillernden Oberfläche, ist ein wertvoller Schmuckknopf. Er ist hitze- und glanzbeständig und wird im Bereich DOB und Wäsche verwendet.

An Bedeutung verlieren der **Steinnuß-, Horn-, Galalith-, Porzellan-, Plexiglas-, Jett-, Schildpatt-** und **Büffelhornknopf**. Sie werden durch synthetische Materialien ersetzt.

Weitere Verschlußmittel

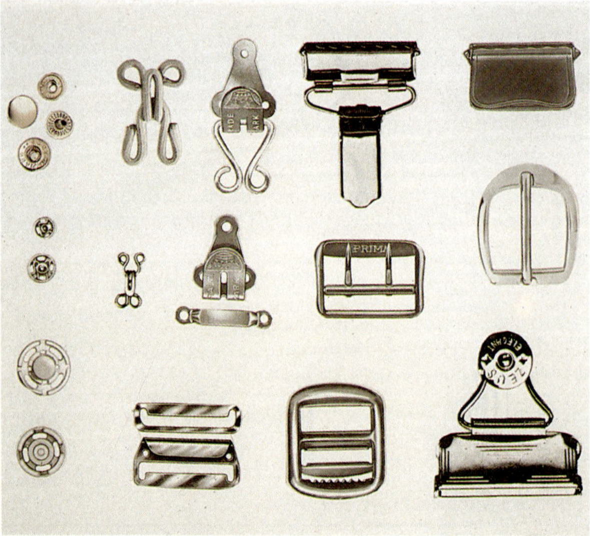

2: Weitere Verschlußmittel

Der **Reißverschluß** ist neben dem Knopf das wichtigste Verschlußmittel. Für leichte und feine Stoffe sind Kunststoffschließketten geeignet. Für Hosen gibt es Reißverschlüsse mit einer Sperre im Schieber. Sportreißverschlüsse sind aus Metall, breit und stabil. Ein- und beidseitig teilbare Reißverschlüsse finden bei Sport- und Freizeitkleidung Verwendung.

Ein **Haftverschluß** mit einem Nylonhakenband und einem Gegenstück mit Nylonschlingen wird als Klettverschluß bezeichnet.

Haken und Ösen in verschiedenen Größen und Ausführungen sind Verschlußmittel für Hosen, Röcke, Kleider, Miederwaren.

Druckknöpfe werden aus Metall oder Kunststoff hergestellt und sind in verschiedenen Größen erhältlich. Nähfreidruckknöpfe sind praktisch und rationell.

Schließen und **Schnallen** werden aus Metall, Leder oder Kunststoff gefertigt. Man verwendet sie bei schmalen Kleinteilen wie Hosenträgern, Gürteln, Bündchen.

6 Leder und Pelze

6.1 Ledergewinnung (1)

Eine der ältesten handwerklichen Künste des Menschen ist das Umwandeln von Häuten und Fellen zu Leder. Häute und Felle konnten im Rohzustand nicht verwendet werden, da sie naß schnell faulen und getrocknet brechen. Darum waren die Menschen gezwungen, durch geeignete Gerbstoffe und -verfahren Häute und Felle haltbar zu machen. In den einzelnen Ländern gab es verschiedene Techniken des Gerbens. Dazu gehörte die Konservierung durch Rauch, das Kauen der Häute bei den Eskimos (auch bei Pelzen angewandt), das Gerben durch Fette, oder das Haltbarmachen mit Hilfe verschiedener Rindensubstanzen, unter Verwendung von Wasser.

Erst im 19. Jahrhundert wurde die Gerbtechnik verfeinert. Durch die Entwicklung von Gerbextrakten, -techniken und -fässern wurden Fortschritte erzielt. Zu Beginn des 20. Jahrhunderts wurden die ersten synthetischen Gerbstoffe eingesetzt.

Die Rohhaut

Die Häute kommen aus den verschiedensten Gebieten der Welt nach Deutschland.

Für Bekleidungsleder werden hauptsächlich die Häute von Rind, Lamm, Schaf, Ziege, Schwein, Hirsch und Reh verarbeitet. Je nach Herkunft unterscheidet man

- **Zahmhäute,** die von Zuchttieren stammen, die in Herden leben oder aus der Stallhaltung kommen und
- **Wildhäute,** die von frei- oder wildlebenden Tieren aus dem außereuropäischen Raum stammen.

Hautaufbau

Oberhaut (Epidermis)	trockene Hornschicht Schleimschicht	ca. 1% der Haut
Lederhaut (Corium)	Papillarschicht Retikularschicht	
Unterhaut (Subcutis)	wird vor dem Gerben entfernt	

Aus dem Hautaufbau ergeben sich folgende Bezeichnungen

- **Narbenseite,** die der äußeren Fellseite beim Tier entspricht. Sie wird auch als Nappaseite bezeichnet und
- **Fleischseite,** an der sich das Unterhautbindegewebe befand. Sie wird als Veloursseite bezeichnet.

Hautqualitäten

An der gespannten Haut kann man die Beschaffenheit eines Felles deutlich machen. Das Zurechtschneiden einer Haut nach den körperbedingten Qualitäten nennt man Crouponieren[1].

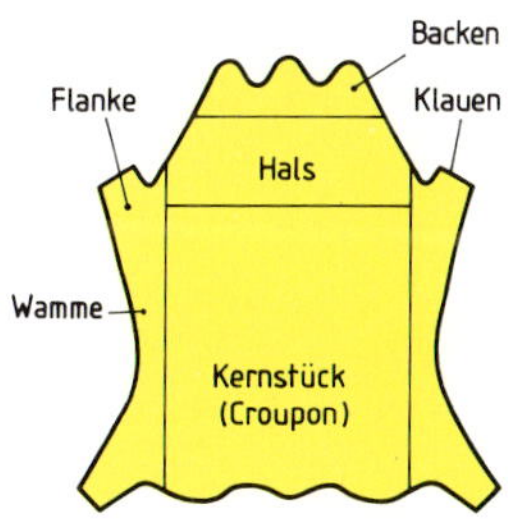

1: Einteilung der Haut

Kernstück (Croupon)	beste Qualität
Hals	zweitbeste Qualität
Flanke und Wamme	drittbeste Qualität
Backen und Klauen	viertbeste Qualität

Die Gerberei

Die Ledergewinnung wird in drei Stufen eingeteilt:

- Gerbereivorbereitung, auch Wasserwerkstatt genannt
- Gerbprozeß in der eigentlichen Gerberei
- Zurichtung

Die Wasserwerkstatt

Falls die Felle nicht schon konserviert angeliefert wurden, müssen sie zunächst konserviert werden. Dies kann durch Trocknen oder Salzen geschehen. Danach können die Felle gelagert werden.

Die getrockneten oder gesalzenen Felle werden bei der Verarbeitung zunächst eingeweicht. Dies geschieht in Wasser mit Zusätzen wie Waschmittel, Salze, Bakterien usw. Nach dem Einweichen bewirkt man durch Feuchtigkeit und Wärme eine Haarlockerung und einen Hautaufschluß. Anschließend werden mit Spezialmaschinen an der Oberseite die Haare und an der Unterseite die Fleischreste entfernt. Die so vorbereiteten Häute werden entsprechend ihrer Dicke und Größe gespalten und crouponiert.

Um eine gerbfertige Haut (Blöße) zu erhalten, werden die Häute noch gestrichen, geglättet und ggf. geschrumpft.

2: Einweichen in Fässern

[1] Crouponieren = aus einer gegerbten Haut herausschneiden

6.1 Ledergewinnung (2)

Der Gerbprozeß in der Gerberei

In der Gerberei nimmt die Haut in Gerbfässern **(Bild 1)** aus der Gerbflotte den Gerbstoff auf. Er dringt in die Zwischenräume zwischen den Eiweißfasern ein und wandelt sie in Lederfasern um. Damit ist ein neuer Stoff mit neuen Eigenschaften wie größerer Elastizität und Geschmeidigkeit sowie Wasser- und Fäulnisbeständigkeit entstanden.

Die Gerbung wird nach verschiedenen Methoden vorgenommen:

Pflanzliche Gerbung Die Gerbstoffe werden aus Rinden, Gerbhölzern, gerbstoffhaltigen Früchten, Gerbblättern und Gerbwurzeln gewonnen.

Die gegerbten Felle haben eine helle bis dunkel-rotbraune Färbung und lassen sich schlecht in helle Farben färben. Außerdem sind die Leder relativ schwer.

Mineralische Gerbung Die Gerbung erfolgt meistens mit Chromsalzen (Chromgerbung = 80% aller Bekleidungsleder). Der Rest wird mit anderen Mineralsalzen, z. B. Aluminiumsalzen, gegerbt. Mineralisch gegerbte Leder haben eine grün-gräuliche Färbung, lassen sich gut färben, sind sehr reißfest, leicht und haben eine gute Lichtechtheit.

Fettgerbung (Sämischgerbung) Sie ist eine organische, jedoch nicht pflanzliche Gerbung. In der Regel verwendet man Dorschtran. Die Gerbung erfolgt über eine Verbindung von Fettsäure mit Sauerstoff.

Hauptsächlich werden Wildhäute (Hirsch, Elch) sämisch gegerbt.

Kombinationsgerbung Die Kombination verschiedener Methoden ist möglich, wird jedoch nicht sehr häufig angewandt.

Die Zurichtung

In der Zurichtung werden die gegerbten Felle in den nachfolgend kurz beschriebenen Arbeitsgängen zu Bekleidungsledern fertiggestellt.

Entwässern Den gegerbten Ledern wird das Wasser zunächst durch Pressen und anschließend durch stumpfe, mit Filz überzogene Spiralwalzen entzogen.

Trocknen Weiterer Feuchtigkeitsentzug erfolgt in Trocknungsanlagen durch Warmluft.

Falzen Das Leder wird auf der Fleischseite abgehobelt und erhält somit eine gleichmäßige Dicke.

Färben Leder kann nach verschiedenen Methoden gefärbt werden.

Bei der Faßfärbung werden Anilinfarbstoffe eingesetzt **(Bild 2)**.

Üblich ist auch die Bürstenfärbung, wobei der Farbstoff nur auf der Narbenseite aufgetragen wird.

Bei der Spritzfärbung werden Deckfarben und Kollodiumdeckfarben aufgespritzt. Die Spritzfärbung wird häufig zum Ausgleich von Farbabweichungen bei der Faßfärbung angewandt.

Fetten Die zuvor durch die verschiedenen Arbeitsgänge entzogenen Fette werden wieder zugegeben, um das Leder geschmeidig zu machen.

Trocknen Die Leder werden in temperaturgeregelten Klimakammern auf einen gleichmäßigen Trockengrad gebracht.

Stollen Die Hautfasern werden durch Dehnen und Strecken wieder weich und elastisch gemacht.

Abbuffen Bei Nubukleder wird die Narbenseite angeschliffen und die Fleischseite aufgerauht.

Appretieren Auf der Narben- oder Fleischseite werden Glanz- und Schutzschichten aufgetragen, um ein schöneres Aussehen und eine größere Geschmeidigkeit zu erhalten.

Glanzstoßen Mit der Glanzstoßmaschine wird eine Glanzappretur aufgebracht **(Bild 3)**.

Bügeln (Bürsten) Narbenseitige Leder erhalten eine mattglatte Oberfläche durch Bürsten mit einer Wachsappretur (wichtig bei der Deckfarbenzurichtung)

1: Gerbfässer

2: Lederfärberei

3: Glanzstoßen

6.2 Ledersorten

Jede Tierart liefert ihren eigenen individuellen Hauttyp. Je nach Art des Bewuchses, z. B. Wolle, Haare oder Borsten, entstehen unterschiedliche Porenbilder, d. h. eine feine Lederstruktur (wie beim Lamm) oder eine markante Lederstruktur (wie beim Porc).

Jede Haut hat zwei Seiten. Die äußere Seite, die den Bewuchs trug, ist die Haar- bzw. die Narbenseite. Aus ihr wird das glatte Nappaleder gearbeitet. Wird die glatte Nappaseite angeschliffen, so entsteht **Nubuk** mit feinstem Schliff.

Die zweite, dem Tierkörper zugewandte Hautseite ist nach dem Abzug rauh. Sie wird zu seidigem, kurzfaserigem **Velours** geschliffen.

Dicke Häute werden gespalten und zwar Rindsleder in drei und Kalbsleder in zwei Schichten. **Spaltleder** sind von beiden Seiten rauh. Sie haben ein hohes Gewicht und einen kräftigen Griff.

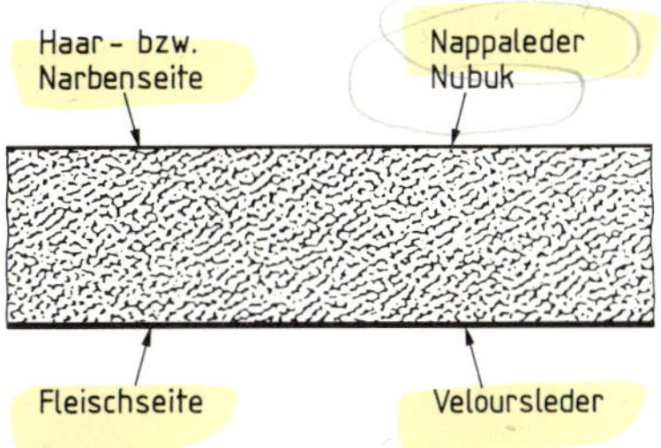

1: Lederquerschnitt

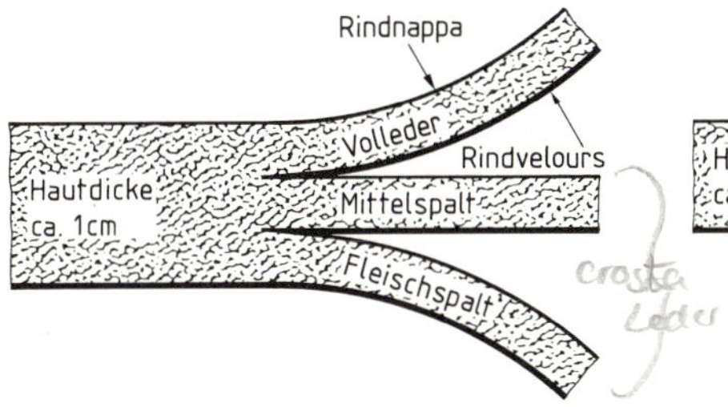

2: Rindleder gespalten

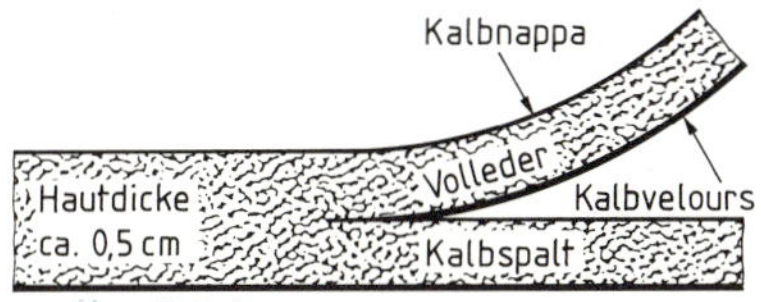

3: Kalbleder gespalten

4: Kalbleder[1]

Kalbnappa ist ein sehr hochwertiges Leder, dessen Porenbild über die ganze Fläche fein und gleichmäßig ist.

Kalbvelours ist ein Spitzenleder, bedingt durch den eleganten, seidigen Schliff.

5: Rindleder[1]

Rindnappa ist ein reißfestes, formtreues und sehr strapazierfähiges Leder. Die feinen Hautporen sind regelmäßig angeordnet.

Rindvelours wird für Bekleidungszwecke nicht eingesetzt.

6: Ziegenleder[1]

Ziegennappa mit seinen groben Poren wird nur selten als Bekleidungsleder eingesetzt.

Ziegenvelours bietet einen seidigen Schliff und „softigen" (weichen) Griff, außerdem Formtreue und Eleganz.

7: Lammleder[1]

Lammnappa ist, bedingt durch feinstes Porenbild, geringes Gewicht und weichen Griff, ein edles und elegantes Bekleidungsleder. Im Wammenbereich kann es doppelhäutig und damit runzelig sein.

Lammvelours hat einen kurzen Schliff. Bei Tragebeginn kann sich Schleifstaub absondern.

8: Schweinsleder (Porc)[1]

Porc oder Schweinsleder ist ein preiswertes Strapazierleder. Die kräftigen Schweineborsten hinterlassen ein markantes, sportliches Nappabild und eine typische Perforation auf der Veloursseite.

9: Hirschleder (Wildleder)[1]

Hirschnappa, ein echtes Wildleder, zeigt ein rustikales Porenbild mit vielen zusätzlichen Vernarbungen und auch Farbschwankungen.

Der Ausdruck Wildleder wird oft fälschlicherweise für alle Arten von Rauhleder verwendet.

[1] vergrößerte Darstellung

RAL-Bestimmung
Materialechtkennung / Warenübliche Bezeichnung

6.3 Lederkonfektion

1: Lederhaut

Bedingt durch die begrenzte Ledergröße werden zwischen 6 (z.B. für eine Jacke) und 15 (z.B. für einen Mantel) verschiedene Felle zu einem Bekleidungsstück verarbeitet.

Der Flächeninhalt einer Haut wird mit modernen Geräten ausgemessen und mit Hilfe eines Computers berechnet. Er wird in Quadratfuß angegeben. 1 Quadratfuß = 30,48 cm × 30,48 cm = 929 cm^2.

Die Konfektionierung individueller Fellgrößen mit zusätzlichen naturbedingten Unregelmäßigkeiten erfordert großes Fachwissen. Wichtig sind rationelle Produktionstechniken, um eine kostengünstige Herstellung zu erreichen.

Die einzelnen Fertigungsabläufe der Lederkonfektion sind:

Sortieren

Die Leder werden nach Farbe, Dicke und Struktur sortiert. 3000 bis 4000 Felle werden im gleichen Farbfaß gefärbt. Trotzdem ist es naturbedingt, daß die Farbe vom einzelnen Fell unterschiedlich aufgenommen wird. Die unterschiedlichen Farbnuancen müssen erkannt und zusammensortiert werden. Das Auge des Farbsortierers muß präzise Feinarbeit leisten, denn die verschiedenen Felle eines Lederbekleidungsstückes müssen farblich optimal zusammenpassen.

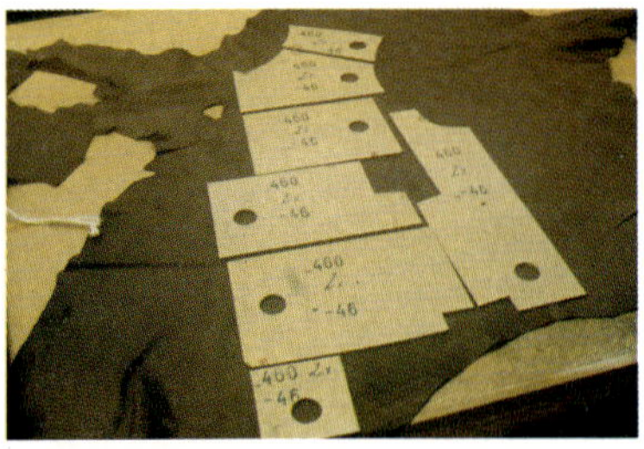
2: Schnitte auf Leder plazieren

Zuschnitt

Lederbekleidung kann nicht in rationellen Lagen zugeschnitten werden, wie das bei textilen Stoffen möglich ist. Lederzuschnitt ist ein manuell aufwendiger Einzelzuschnitt mit dem Messer.

Da jedes Leder ein anderes Format bzw. eine andere Form hat, müssen beim Zuschnitt folgende Eigenarten beachtet werden:

- Unterschiedliche Größen
- Hautunregelmäßigkeiten, wie z.B. Vernarbungen, Wammen
- Farbschwankungen, Veloursstrich
- Löcher, Einrisse

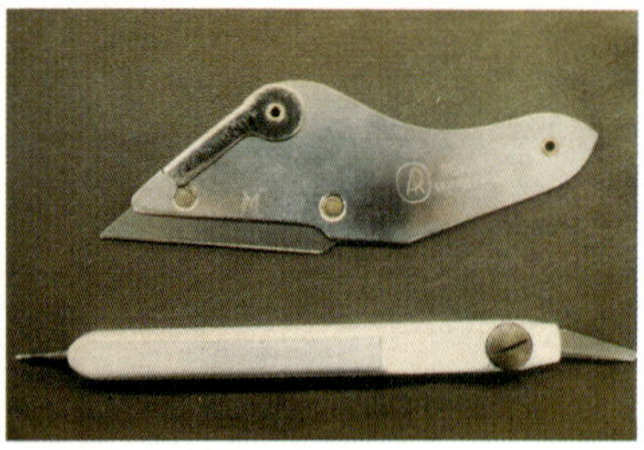
3: Schneidwerkzeuge

Der Lederzuschneider plaziert die verschiedenen Teile des Schnittmusters möglichst materialsparend, unter Umgehung aller Hautunregelmäßigkeiten. Mit einem rasiermesserscharfen Messer werden die Lederschnitteile ausgeschnitten.

Fixieren

Kanten, Kragen, Revers usw. werden mit Klebbändern, punktbeschichteten Vliesstoffen oder Geweben verstärkt. Das Fixieren kann mit dem Bügeleisen oder der Fixierpresse erfolgen.

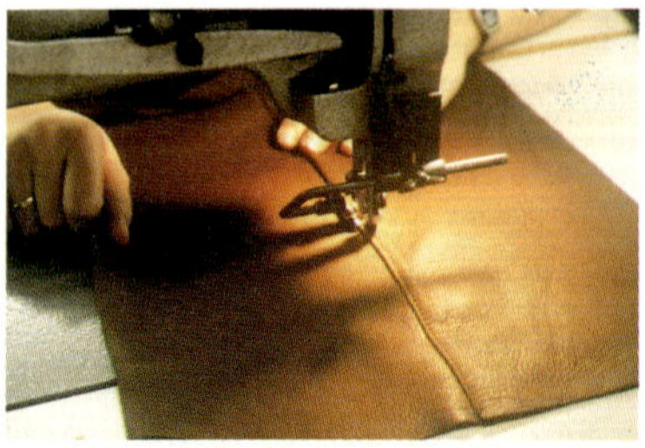
4: Absteppen der Ledernaht

Nähen (Konfektionieren)

Der Lederkonfektion stehen Schnellnäher, Spezialmaschinen, Automaten, Bügelanlagen zur Verfügung, die ein problemloses Verarbeiten aller Lederqualitäten vom Nappa bis zum Pelzvelours ermöglichen. Der Transport des Leders durch die Maschine für die verschiedensten Näharbeitsgänge erfolgt manuell durch die Näherin. Hierbei werden höchste Ansprüche an die Qualität gestellt. Nähte, die aufgetrennt werden müssen, hinterlassen sichtbare Einstichlöcher. Besonders Zierstepplinien müssen auf Anhieb richtig sein. Entscheidend für das saubere und haltbare Nähen von Leder sind die folgenden Bedingungen:

Nadelstärke:	Nm 80 bis Nm 130
Transport:	Alternierender Obertransport, Nadeltransport
Nähfuß:	Rollenfuß, Teflonfuß
Garnstärke:	Nm 50 bis Nm 70

5: Lederbekleidung

Kleben

Nach dem Nähen werden Nähte, Säume und Belege mit Spezialleim eingestrichen und angepreßt. Damit liegen die Nähte flach, und Säume und Belege bekommen den nötigen Halt.

6.4 Pelztierarten

Pelze wurden schon immer als wärmende Kleidungsstücke getragen. Pelzwaren werden auch häufig mit der mißverständlichen Bezeichnung Rauchwaren versehen. Das Wort Rauch ist hier von mittelhochdeutsch ruoch = rauh abgeleitet und soll die rauhe, haarige Oberfläche charakterisieren. Von Haarhöhe und -dichte ausgehend wird das Haarkleid entweder als rauch oder als flach bezeichnet.

Pelze werden aus Fellen von Pelztieren gewonnen, die z. Zt. zu ca. 8% bis 10% aus der freien Wildbahn und zu ca. 90% aus Zucht und Hege stammen. Der Handel mit Wildtieren unterliegt je nach der Fellart den Bestimmungen des Washingtoner Artenschutzübereinkommens (WA), dem heute freiwillig mehr als 90 Staaten beigetreten sind. Es wird alle zwei Jahre von den Vertragsstaaten überarbeitet. In Anhang I werden die Pelztiere aufgeführt, die einem totalen Handelsverbot unterliegen, in Anhang II sind die Tierarten verzeichnet, die mit einer Ausfuhrbewilligung des exportierenden Landes gehandelt werden dürfen.

Zucht und Handel sind seit einigen Jahren immer wieder Gegenstand heftiger Diskussionen hinsichtlich des Tierschutzes. Darum sollten bei der Überwachung des Artenschutzübereinkommens und bei der Kontrolle der Pelztierzucht höchste Maßstäbe angelegt werden.

PELZTIERARTEN

- **Tiere aus freier Wildbahn**
  - **Handelsverbot** (Anhang I WA)
  - **Beschränkter Handel** (Anhang II WA)
  - **Freier Handel**
- **Zuchttiere**
- **Produkte aus Schlachthäusern und Tierverwertung**

Handelsverbot (Anhang I WA)	Beschränkter Handel (Anhang II WA)	Freier Handel		Zuchttiere	Produkte aus Schlachthäusern und Tierverwertung
Leopard	Ozelot	Nordamerik. Biber	Schakal	Nerz	Lamm- und Schaffelle
Jaguar	Langschwanzkatzen	Nutria	Seebär (Nördl.)	Iltis	Ziegen
Tiger	Tigerkatzen	Bisam	Seehund	Nutria	Kalb
Schneeleopard	Otter (Nordamerika und Afrika)	Rotfuchs	Hamster[1)]	Zobel	Fohlen
Gepard	Nordluchs	Waschbär	Maulwurf[1)]	Blau- und Weißfuchs	
Otter (Südamerika und Eurasien)	Seebär (Südl.)	Iltis	Eichhörnchen[1)]	Chinchilla	
Unterarten von Ozelot	Wolf	Cojote	u. a.	Persianer	
Langschwanzkatzen	Pampafuchs	Marder		u. a.	
u. a.	u. a.	Wiesel			
		Grisfuchs			

1) unterliegen besonderen Bestimmungen der Bundesartenschutzverordnung

Aufbau des Felles:
Felle bestehen aus der Haut, die zu Leder gegerbt wird und aus den Haaren.

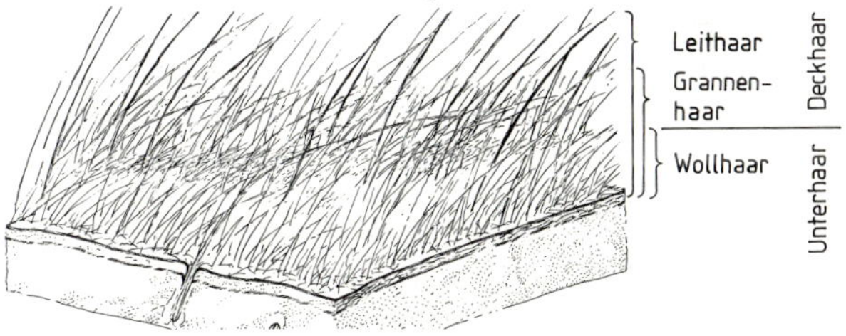

Je nach Pelztierart und Klimazone können die einzelnen Haarschichten unterschiedlich stark ausgeprägt sein oder ganz fehlen.

1: Geschützte Tierart: Tiger

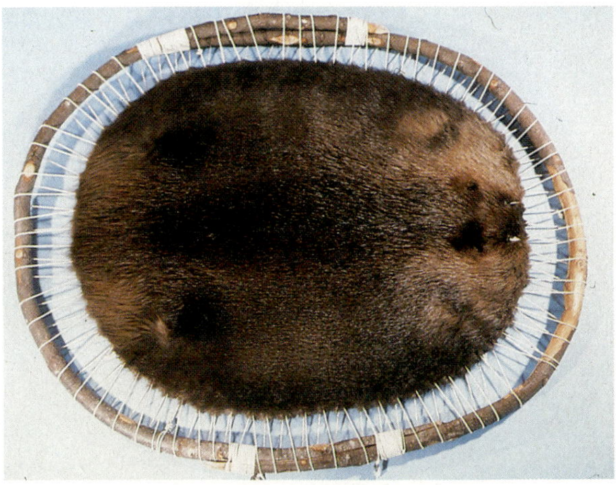

2: Kanadischer Biber (gespannt)

6.5 Pelzzurichtung

Während beim Leder die Felle vor dem Gerben enthaart werden, sollen bei Pelzen die Felle so zugerichtet werden, daß die Lederhaut den Haaren einen guten Halt gewährleistet. Dies wird durch mechanische oder chemische Verfahren in bis zu 140 verschiedenen Arbeitsgängen erreicht, von denen einige wichtige beschrieben werden.

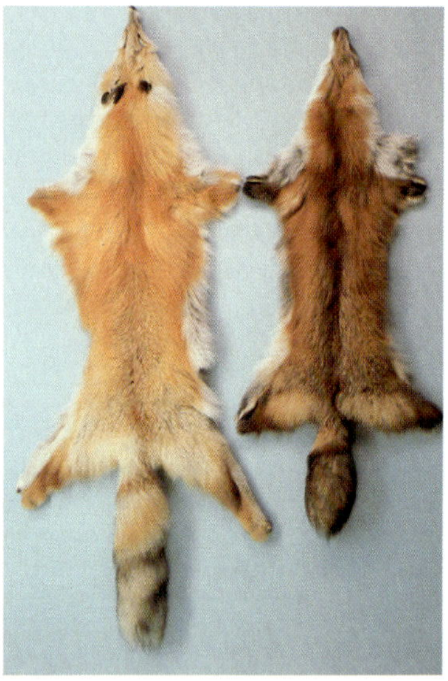

1: Rotfuchs, westlich (links), östlich (rechts)

Weichen (Bild 2)

Die Rohfelle wurden durch Trocknung konserviert und dadurch hart und brüchig. In der Weiche, die ruhend oder bewegt durchgeführt werden kann, nimmt das Fell Feuchtigkeit auf und erhält wieder den Zustand, den es beim Abziehen vom Tier hatte.

Waschen

Stark verschmutzte Felle wie z.B. von Lamm und Schaf und stark fetthaltige Felle werden mit neutralen Waschmitteln gewaschen.

Entfleischen (Bild 3)

Die Felle werden manuell oder maschinell an der Unterseite entfleischt, d.h. das Unterhautbindegewebe wird entfernt, damit bei weiteren Arbeitsgängen die Chemikalien besser eindringen können.

Pickeln

Durch eine Lösung aus Säure und Kochsalz wird das Hautfasergefüge gelockert und der nachfolgende Gerbprozeß begünstigt.

Gerben (Konservieren)

Mineralsalze oder synthetische Gerbstoffe wandeln die Haut in Leder um. Die Dosierung muß sehr vorsichtig erfolgen, damit das Hautgefüge möglichst wenig angegriffen wird, um den Haaren weiterhin guten Halt zu bieten.

Fetten

Um eine dauerhafte Elastizität zu erreichen, setzt man dem gegerbten Pelzleder tierische, pflanzliche oder synthetische Fette zu.

2: Weiche

Entwässern und Trocknen

Durch Zentrifugieren und Pressen wird zunächst das Wasser entfernt. Auf Trockenböden oder in Trockenapparaturen wird dann die restliche überflüssige Feuchtigkeit entzogen.

Läutern

In langsam sich drehenden Trommeln, die mit trockenen oder feuchten Sägespänen (Buche) gefüllt sind, wird bei gleichzeitiger Zufuhr von Warmluft das überschüssige Fett entzogen und das Haarkleid aufgelockert. Gleichzeitig soll der optimale Feuchtigkeitsgrad erreicht werden.

Dünnschneiden (Bild 4)

Auf der Lederseite werden überflüssige und zu dicke Teile der Lederhaut weggeschnitten.

Strecken (Bild 5)

Die Pelze werden durch Strecken in Längs- und Querrichtung wieder in ihre ursprüngliche Form gebracht.

Anbrachen

Ein abschließender Arbeitsgang, bei dem Beschädigungen ausgebessert werden.

3: Entfleischen

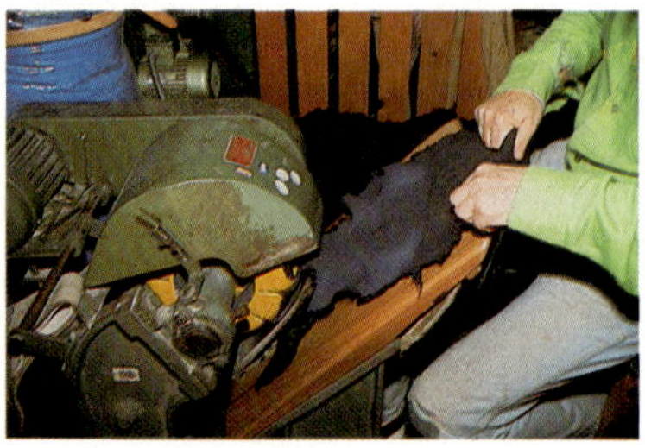

4: Dünnschneiden

5: Strecken

6.6 Pelzveredlung
6.7 Vom Pelzfell zur Pelzbekleidung (1)

Pelzveredlung

In der Pelzveredlung kann das ursprüngliche Aussehen der zugerichteten Pelze verändert und verbessert werden.

Schönen

Der natürliche Haarton wird aufgehellt.

Färben

Es sind zwar viel Farbtöne färbbar, wegen möglicher Qualitätseinbußen sind jedoch enge Grenzen gesetzt. Helle Töne bedingen ein vorheriges Bleichen, was zu einer Schwächung des Haares führen kann. Die geringe Heißwasserbeständigkeit von Pelzledern (ca. 60 °C) ergibt bei den einsetzbaren Farbstoffen oft nur eine geringe Lichtechtheit. Man kann das Fell auch mit Katzenzeichnungen bedrucken. Dieser Vorgang heißt Schablonieren.

1: Persianer-Nappasierung

Scheren und Entgrannen

Das Haar wird über die ganze Fläche oder teilweise geschoren, oder das Deckhaar wird entfernt (gerupft).

Velours- und Nappalederbearbeitung (Bild 1)

Um beidseitig verwendbare Pelze zu erzeugen, kann durch Nachgerbung und weitere Lederzurichtungsvorgänge der Lederseite von Pelzen eine Nappa- oder Veloursoberfläche verliehen werden.

Bügeln

Auf speziellen Pelzbügelmaschinen mit rotierenden, beheizten Walzen werden Druckstellen beseitigt.

Vom Pelzfell zur Pelzbekleidung

Je nach Pelzart sind 25 bis über 45 verschiedene Arbeitsgänge notwendig, um aus den zugerichteten Pelzfellen ein Kleidungsstück zu erstellen. Dabei kann nicht wie von einer textilen Fläche ausgegangen werden, sondern es muß zunächst aus einem Sortiment von relativ kleinen Pelzfellen eine harmonische Fläche gestaltet werden.

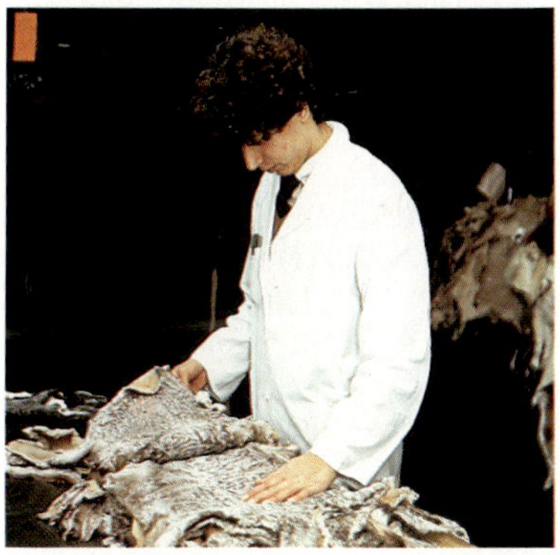

2: Fellauswahl

Fellauswahl und Schnittmuster (Bild 2)

Zunächst muß je nach Fell- und Verarbeitungsart der Materialverbrauch für jedes Schnittmuster genau berechnet werden. Dann werden die Felle ausgewählt. Bei ungenauer Berechnung können Felle fehlen, und das Kleidungsstück kann nicht fertiggestellt werden, oder es bleiben Felle übrig und die Produktion ist unrentabel.

Strecken und Aufschneiden

Falls die Felle nicht schon flach angeliefert wurden, werden sie aufgeschnitten und über die Tischkante gestreckt, damit das Fell flach liegt und seine typische Form erhält. Gegebenenfalls werden die Felle auch in tierspezifische Form geschnitten. Die anfallenden Abfälle, wie Klauen, Schweif usw. können für Ausbesserungsarbeiten und Pelzpatchwork eingesetzt werden.

Anbrachen (Bild 3, Seite 126)

Dies bedeutet, das Fell brauchbar machen. Fehler werden beseitigt und Farbunterschiede, Haarhöhenunterschiede, Fellzeichnungen sowie strukturelle Eigenarten werden auf der Lederseite eingezeichnet.

3: Sortieren eines ganzteiligen Nerzmantels

Sortieren (Bild 3)

Dies ist eine der wichtigsten Tätigkeiten des Kürschners. Durch das Sortieren wird das Gesamtbild eines Pelzbekleidungsstückes im wesentlichen bestimmt. Hier wird festgelegt, welches Fell an welche Stelle des Schnittmusters kommt. Dazu gibt es keine Patentlösung, sondern es muß mit viel Fingerspitzengefühl und Erfahrung gearbeitet werden. Eine Faustregel lautet: die schönsten Fellteile an die ins Auge fallenden Stellen wie Rücken, Kragen, Vorderkante oder Oberärmel. Kriterien für das Sortieren sind Farbe, Glanz, Haarstruktur und Fellgrößen.

Nach den zuvor beschriebenen Arbeitsgängen müssen die Felle zu Flächen zusammengesetzt werden. Je nach Kleidungsstück, Pelzart und gewünschtem Effekt gibt es dafür verschiedene Herstellungsmöglichkeiten. In unterschiedlichen Schneidetechniken werden die Felle auseinandergeschnitten und dann zusammengenäht.

6.7 Vom Pelzfell zur Pelzbekleidung (2)

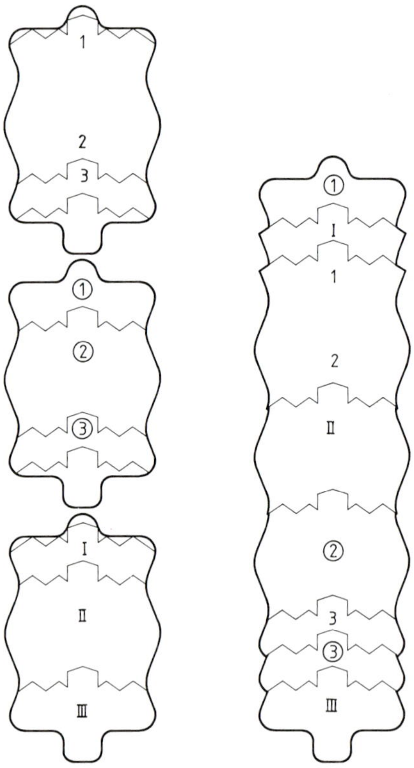

1: Einschneiden am Beispiel Persianer

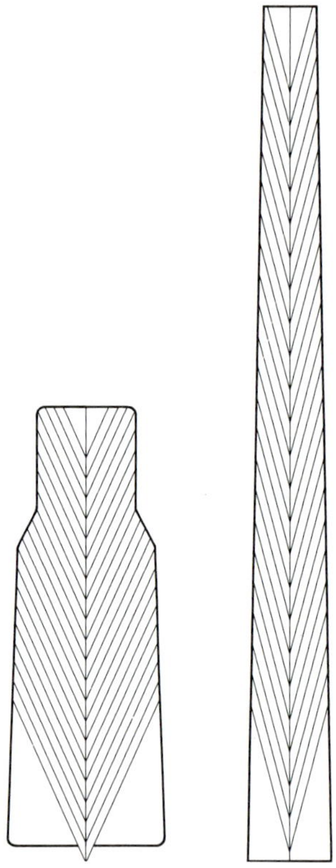

2: Auslassen am Beispiel Nerz

3: Fell reparieren

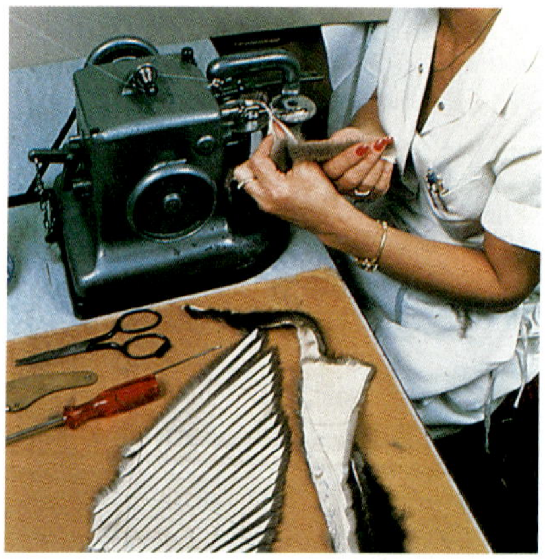

4: Auslassen an der Pelzmaschine

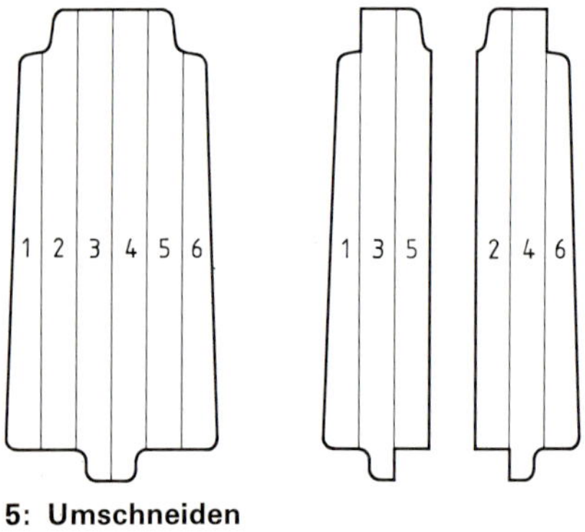

5: Umschneiden

6: Geschnittenes Fell (vorne). Genähter (ausgelassener) Streifen (hinten)

Schneidetechniken

Bei den verschiedenen Schneidetechniken ist wichtig, daß nur die Lederschicht durchgetrennt wird und das Haar unbeschädigt bleibt. Man schneidet entweder mit dem Kürschnermesser oder einer Schneidemaschine. Man unterscheidet folgende Techniken:

Aufsetzen: Diese Technik wird auch ganzfellige Verarbeitung genannt. Hier werden die Felle in ihrer Größe nicht verändert, sondern in ihrer Naturform in Länge und Breite aneinandergesetzt.

Einschneiden (Bild 1): Mit dieser Technik kann man Felle vergrößern oder verkleinern. Zwei oder mehr zueinander passende Felle werden durch einen gezackten Schnitt, der ein späteres unsichtbares Zusammennähen ermöglicht, in Kopf-, Mittel- und Rumpfbereich (hinterer Bereich) geteilt und danach so zusammengefügt, daß der Charakter eines langgezogenen Felles entsteht, das über eine ganze Mantellänge gehen kann. Die einzelnen langen Teile werden dann seitlich zusammengenäht, und es entsteht die Gesamtfläche eines Mantels.

Auslassen (Bilder 2, 4, 6): Bei dieser Technik sollen aus kurzen, breiten Fellen lange Streifen ohne Quernähte entstehen, die von oben bis unten eine gleichmäßige Fellstruktur aufweisen. Das Auslassen ist eine sehr aufwendige Technik, ergibt jedoch z. B. bei Nerzmänteln eine elegante Linienführung.

In Bild 2 wird ein ca. 50 cm langes Nerzfell V-förmig in schmale Streifen geschnitten, die dann auf der Pelznähmaschine zu einem ca. 120 cm langen Streifen zusammengenäht werden. Die so entstandenen Streifen müssen nochmals sortiert werden, da sich Farbe und Struktur verändert haben können, und erst jetzt festgestellt werden kann, wo im Schnittmuster der einzelne Streifen plaziert werden kann. Danach werden die Streifen zusammengenäht und es entsteht eine Fläche.

Umschneiden (Bild 5): Felle mit Unterschieden in Haarstruktur und Farbe werden zum Ausgleich dieser Unterschiede in schmale Streifen geschnitten. Diese Streifen werden durchnumeriert und dann zu zwei oder drei neuen, kleineren Fellen in der Reihenfolge 1, 3, 5 und 2, 4, 6 oder 1, 4, 7; 2, 5, 8 und 3, 6, 9 zusammengenäht.

Galonieren: Bei Fellen mit starker Unterwolle werden Fellstreifen mit Lederstreifen kombiniert, um ein gleichmäßiges Fellbild zu erreichen.

6.7 Vom Pelzfell zur Pelzbekleidung (3)

1: Zwecken

2: Mantel zusammensetzen

3: Ausgelassener Nerzmantel

Zwecken

Die fertig zusammengenähten Einzelteile eines Bekleidungsstückes werden auf der Lederseite angefeuchtet und mit Heftklammern auf das auf eine Holzplatte gezeichnete Schnittmuster geheftet **(Bild 1)**. Durch das Anfeuchten sind die Lederhäute mehr oder weniger elastisch und können so in die gewünschte Form gezweckt werden, die dann nach einem ca. zwölfstündigen Trocknen auch nach dem Lösen von der Holzplatte bestehen bleibt. Die Nahterhebungen, besonders bei Auslaßarbeiten, werden durch Zweckhölzer mit abgerundeten Kanten oder durch Nahtroller ausgeglichen.

Abgleichen

Nach dem Lösen von der Holzplatte werden die einzelnen Teile nochmals geläutert (vgl. Seite 124) und dann exakt nach dem Schnittmuster zugeschnitten.

Finish-Arbeiten

Da das Haarkleid bei den bisherigen Arbeitsgängen durch hohe Beanspruchungen mehr oder weniger stark zusammengedrückt sein kann, wird durch Bügeln, Klopfen, Läutern, Einstreichen mit Feuchtigkeit und Kämmen die ursprüngliche Form der Fellseite wieder hergestellt.

Zusammenstellen des Kleidungsstückes

Die einzelnen Teile werden zunächst zur Verstärkung pikiert, dann an der Pelznähmaschine zum fertigen Kleidungsstück montiert und schließlich gefüttert.

Gestaltung von Pelzbekleidung im Vergleich zu textiler Bekleidung

Der schnittechnische Unterschied von Pelzbekleidung und textiler Bekleidung liegt im wesentlichen in Eigenschaft und Verhaltensweise des Pelzes und der dadurch bedingten andersartigen Arbeitstechnik.

- Ein wesentlicher Unterschied liegt im Nähen des Materials Pelz. Anders als bei Textilien, die mit Nahtzugaben verbunden werden, werden Pelzteile Kante an Kante, ohne jede Nahtzugabe genäht. Aus diesem Grunde müssen alle Eigenarten einer Figur genau vermessen und schnittechnisch umgesetzt werden, da keine Möglichkeit besteht, durch „herauslassen" oder „wegnehmen" der Nahtzugabe zu korrigieren.

- Pelze haben im Gegensatz zu Textilien keine Dehnungsbereiche, denn ein gedehntes Fell springt nicht in die ursprüngliche Form zurück. Darum wird die Dehnung durch Pikieren (Verstärken mit Stoff) verhindert. Jede Formgebung muß schnittechnisch gelöst werden, da eine Formänderung durch Dampfbügeln nicht möglich ist. Die Abnäher müssen immer Bezug nehmen auf Fellform, Fellgröße und auf die Plazierung des Felles im Kleidungsstück.

- Der weiche Fall von Textilien ist kaum übertragbar auf Pelze, da innerhalb eines Modells das Naturprodukt Pelz keine gleichmäßige Struktur besitzt (Stärke, Gewicht, Rauche). Bei sehr großen Modellen muß man bei Pelz auch mit dem sich negativ auswirkenden größeren Gewicht rechnen, das von Trägerinnen ungern akzeptiert wird. Auch bedingt eine große Fläche hochwertigen Pelzes einen sehr hohen Preis.

- Durch Bedrucken, Scheren und Patchworktechnik lassen sich ständig neue modische Effekte erzielen.

7 Funktionen der Bekleidung

7.1 Grundfunktionen und Anforderungen

Grundfunktionen der Bekleidung

Die Bekleidung gehört neben Nahrung und Wohnung zu den Grundbedürfnissen eines Menschen und hat vielfältige Aufgaben:

1: Schutzfunktion der Bekleidung

2: Schmuckfunktion der Bekleidung

3: Kennzeichnungsfunktion der Bekleidung

Schutzfunktion

Die Bekleidung soll Schutz vor Umwelteinflüssen bieten, z. B. gegen Hitze, Kälte, Wind, Regen und Schnee, vor Verletzungen, z. B. am Arbeitsplatz, im Verkehr, beim Sport. Außerdem muß sie die Klimaregelung des menschlichen Körpers unterstützen. In Gegenden, in denen klimabedingt keine Kleidung getragen wird, soll sie die Blöße bedecken **(Bild 1)**.

Schmuckfunktion

Zu jeder Zeit hatte die Kleidung neben der Schutzfunktion auch eine schmückende Funktion. Kleidung gibt dem Träger einen persönlichen Charakter. „Kleider machen Leute", sagt ein altes Sprichwort.

Kennzeichnungsfunktion

An der Kleidung läßt sich die Zugehörigkeit zu einer bestimmten Volksgemeinschaft oder einer bestimmten Gruppe erkennen. Beispiele dafür sind die Trachten bestimmter Volksgruppen, die Uniform von Soldaten, Polizei, Feuerwehr usw. und die gleichartige Kleidung der Punker oder Fußballfans usw. **(Bild 2)**.

Aus diesen Aufgaben der Bekleidung ergeben sich die Anforderungen, die an sie gestellt werden.

Anforderungen an die Bekleidung

Allgemeine Anforderungen

Zweckmäßigkeit
Sie soll der Schutz-, Schmuck- und Kennzeichnungsfunktion gerecht werden.

Gutes Aussehen
Sie soll eine gute Paßform haben und dem Träger das gewünschte Aussehen geben.

Haltbarkeit
Sie soll haltbar und strapazierfähig sein.

Physiologische Eignung
Sie soll Wohlbefinden bei unterschiedlichen Umgebungseinflüssen gewährleisten.

Pflegbarkeit
Sie soll möglichst waschbar, reinigungs- und formbeständig sein.

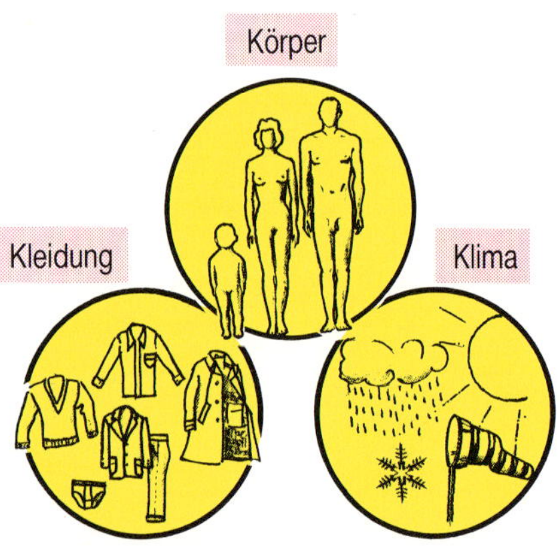

4: Zusammenwirken von Körper und Kleidung bei unterschiedlichem Klima

Tätigkeit	Wärmeproduktion
ruhig sitzender Mensch	ca. 100 Watt
Spaziergänger	ca. 350 Watt
Leistungssportler	ca. 1000 Watt

5: Wärmeleistung des Menschen

Bekleidungsphysiologische Anforderungen

Bekleidungsphysiologie nennt man die Wissenschaft, die sich mit dem Zusammenwirken von Körper und Kleidung bei unterschiedlichem Klima befaßt **(Bild 3)**. Das Wohlbefinden eines Menschen hängt entscheidend vom Funktionieren dieses Systemes ab.

Der Mensch ist verschiedenen klimatischen Einflüssen ausgesetzt und seine körperliche Beanspruchung kann sehr unterschiedlich sein **(Bild 4)**. Von einem Regelmechanismus im Gehirn wird die Körpertemperatur auf ca. 37 °C gehalten. Bei starker Bewegung produziert der Körper sehr viel Wärme. Überschüssige Wärme muß durch die Haut und die Atmung abgegeben werden. Die Haut führt etwa 90% der im Körper produzierten Wärme durch die Kleidung ab, etwa 10% werden durch die Atmung abgegeben.

Wenn die Wärmeproduktion größer ist als die Wärmeabgabe, baut sich im Körper ein Wärmestau auf und es muß eine verstärkte Schweißabgabe einsetzen. Durch Verdampfen dieser Feuchtigkeit auf der Haut wird eine verstärkte Kühlwirkung erreicht. Fließt mehr Wärme ab als laufend nachproduziert wird, so beginnt der Mensch zu frieren.

Damit der Mensch sich wohlfühlt, greift die Kleidung durch **Wärmeisolation, Luftaustausch, Feuchtigkeitsaufnahme** und **Feuchtigkeitstransport** in die Wechselwirkung zwischen Körper und Klima regulierend ein. Durch die richtige Wahl der Kleidung können selbst extreme Klimabedingungen ausgeglichen werden. Die Wärmebilanz ist ausgeglichen, wenn Wärmeproduktion und Wärmeabgabe übereinstimmen. Man fühlt sich dann behaglich und wohl.

Ökologie in der textilen Kette (1)

Ökologie ist die Wissenschaft von den Beziehungen der Lebewesen zu ihrer Umwelt bzw. der ungestörte Haushalt der Natur.

Umweltverträglichkeit und Verantwortung sollten das menschliche Handeln prägen, denn der Schutz des Menschen und der Umwelt sind Aufgaben, die jede Generation in der Verantwortung für die kommenden Generationen zu übernehmen hat. Das gilt auch für Textilien, denn sie werden „hautnah" getragen. Deshalb sollten sowohl bei ihrer Gewinnung als auch beim Umgang mit ihnen ökologische Gesichtspunkte verpflichtend sein.

Allgemeine Maßnahmen zur Umweltentlastung

- **Vermeiden** von umweltbelastenden Stoffen
- **Verringern** des Verbrauches durch Sparkonzepte
- **Wiederverwerten** von Materialien (Recycling)

Gefordert ist die Zusammenarbeit von Herstellern, Lieferanten, Verbrauchern und dem Gesetzgeber. Vorschriften des Gesetzgebers bezüglich wichtiger Umweltbereiche sollen die Lebensqualität erhalten und verbessern. Gesetzliche Grundlagen hierfür sind unter anderem die Gefahrstoffverordnung, die Gewerbeordnung, das Immissionsschutzgesetz, das Wasserhaushaltsgesetz und das Abfallgesetz.

Die Wechselbeziehungen zwischen dem Menschen, den Textilien und der Umwelt können verdeutlicht werden, wenn der vollständige Weg eines textilen Produktes innerhalb der textilen Kette **(Bild 1)** aufgezeigt wird:

Fasergewinnung	Garnherstellung	Flächenherstellung	Veredlung	Bekleidungsherstellung	Tragen (auf der Haut) Pflege durch Waschen, Reinigen	Wiederverwerten Verbrennen, Deponieren
Produktionsphase					**Nutzungsphase**	**Entsorgungsphase**

1: Die textile Kette von Bekleidungstextilien

Ökobilanz **Input**		**Output**
Umlaufgüter	P R O Z E S S	**Produkte**
Rohstoffe Fasern, Garne, Flächen		**Unterwäsche** **Strümpfe** **Damenoberbekleidung** **Herrenoberbekleidung** usw.
Hilfs- und Betriebsstoffe Farbstoffe, Lösemittel, Öle, Fette, Schmiermittel, sonstige Chemikalien		
Verpackungsmaterial **Büromaterial** **Sonstige Materialien**	V E R B R A U C H	**Abfall** **Sonderabfall** **Wertstoffe** **Reststoffe**
Anlagegüter (Betriebsstätte)		**Bodenverbrauch**
Wasser		**Abwasser**
Luft		**Abluft**
Energieerzeugung, Transporte Gas, Öl, Kohle Strom	B E S T A N D	**Abgase, Staub, Lärm** Energieverbrauch Energieverlust Energierückgewinnung
Boden		**Bodenbelastung**

2: In der Ökobilanz werden die für den Prozeß erforderlichen Stoffe (Input) den aus dem Prozeß ausgegebenen Stoffen (Output) gegenübergestellt (Quelle: Kunert Öko-Bilanz)

Ökobilanzen

Ökobilanzen vergleichen die Umweltauswirkung über den gesamten Lebensweg eines Produkts **(Bild 2)**. Sie betrachten den Rohstoff-, Energie-, Chemikalien-, Wasserverbrauch usw. bei der Produktion und Nutzung eines Produktes und auch die Entsorgung. Die Betriebe wenden diese Ökobilanzen immer häufiger an, denn sie haben auch den positiven Nebeneffekt, daß Kosten durch Material- und Energieeinsparung gesenkt werden.

Ökologie in der Produktionsphase

Für die Gewinnung von Pflanzenfasern werden landwirtschaftliche Flächen gedüngt und mit Pflanzenschutzmitteln behandelt. Böden und Grundwasser können belastet werden. Tierische Fasern können zur Schädlingsbekämpfung mit Chemikalien behandelt werden. Zur Herstellung von Chemiefasern aus nachwachsenden Rohstoffen und aus fossilen Rohstoffen sind aufwendige chemische Prozesse erforderlich. Für das Spinnen, Weben und die Maschenwarenherstellung sind oft umhüllende und schützende sowie gleitfähig machende Chemikalien notwendig. Unumgänglich ist der Einsatz von Chemikalien in der Textilveredlung zur Farbgebung, zur Veränderung des Aussehens, der Trage- und der Gebrauchseigenschaften. Bei vielen Produktionsvorgängen wird die Umwelt durch Luftverunreinigung, Wasserverbrauch, Abfälle und durch Lärm belastet. Es wird viel Energie benötigt. Täglich werden textile Warenströme weltweit mit dem Lkw, Flugzeug usw. bewegt. Zum Transport und für die Bereitstellung im Handel wird Verpackungsmaterial in großen Mengen eingesetzt.

Ökologie in der textilen Kette (2)

Ökologische Maßnahmen zur Umweltentlastung in der Produktionsphase können z. B. sein:

- **Umstellung beim Anbau und der Gewinnung von Textilfasern**, z. B. durch Neuzüchtung, Entwicklung biologischer Schädlingsbekämpfung, Vermeidung von Monokulturen, Verwendung biologisch abbaubarer Schädlingsbekämpfungsmittel.
- **Umstellung bei Weiterverarbeitung und Veredlung**, z. B. durch Reduzierung des Wasser-, Energie- und Chemikalienverbrauchs (Sparkonzepte); mehr Mechanik statt Chemie; Ersatz von belastenden Chemikalien durch wenig belastende, biologisch abbaubare Chemikalien; Einhaltung strenger Umweltauflagen und deren Kontrolle; Investitionen in umweltfreundliche Anlagen. Nachteile dieser Maßnahmen sind jedoch die enormen Kosten, durch die die Stoffe teurer werden. Betriebe, die keine oder weniger Umweltauflagen erfüllen, haben geringere Produktionskosten.

Ökologie in der Nutzungsphase

Ökologie beim Tragen von Bekleidungstextilien

Hautunverträglichkeitsreaktionen entstehen vor allem beim Tragen von zu enger, scheuernder Kleidung oder durch vernickelte Oberflächen bei Knöpfen, Modeschmuck, usw. In seltenen Fällen werden Allergien ausgelöst durch bestimmte Textilfarbstoffe (Benzidinfarbstoffe) und Formaldehydverbindungen (Pflegeleichtausrüstung), Naturlatex bei Gummiprodukten und Serizin (Seidenbast) bei nicht entbasteter Seide. In schadstoffgeprüften Textilien (s. u.) sind Höchstmengen für möglicherweise gesundheitsgefährdende Schadstoffe festgelegt. Durch Waschen vor dem Tragen können Restchemikalien aus neuen Textilien entfernt werden.

Ökologie beim Pflegen von Bekleidungstextilien

Zum Pflegen von Textilien werden Energie, Wasser und Chemikalien benötigt. Waschmittel enthalten vor allem waschaktive Substanzen (Tenside) und Wasserenthärter (z. B. Phosphate). Phosphate verursachen eine Überdüngung der Gewässer, was zum überdurchschnittlichen Pflanzenwuchs (Algen) führt. Moderne Waschmittel enthalten dafür Ersatzstoffe, die meist biologisch abbaubar sind. Die Chemischreinigung erfolgt mit fettlösenden Kohlenwasserstoffen. Sie wird heute in geschlossenen Kreisläufen durchgeführt. Sicherheitsvorschriften für die Chemischreinigungsanlagen wurden verschärft.

Markenzeichen für schadstoffgeprüfte Textilien (Ökolabel)

Die Textilindustrie will durch die Schaffung von Markenzeichen (Labels) dem Verbraucher eine Information über die Schadstoffe geben.

Mit diesen Markenzeichen können alle textilen Erzeugnisse aus den Bereichen der Bekleidung sowie Haus- und Heimtextilien versehen werden. Sie garantieren zum Beispiel, daß

- im textilen Erzeugnis keine krebserregenden Farbstoffe enthalten sind
- die durch Schweißeinwirkung ablösbaren Schwermetalle den Grenzwerten für das Trinkwasser entsprechen
- die maximal erlaubten Grenzwerte für Pestizide den Grenzwerten für Lebensmittel entsprechen
- die Grenzwerte für freies Formaldehyd nicht überschritten werden
- der pH-Wert-Bereich, neutral bis schwach sauer (entspricht dem pH-Wert der menschlichen Haut) eingehalten wird
- Textilien für Säuglinge und Kleinkinder beim Kontakt mit Speichel keinerlei Farbstoffe abgeben

1: Markenzeichen Öko-Tex Standard 100

Auf Antrag der Produzenten oder der Vertreiber der textilen Erzeugnisse wird die Kennzeichnungsberechtigung für Markenzeichen nach Prüfung auf Einhaltung festgelegter Kriterien in einem Prüflabor erworben.

Eines dieser Markenzeichen ist der Öko-Tex Standard 100, der vom Forschungsinstitut Hohenstein und vom Österreichischen Textilforschungsinstitut vergeben wird. Hier wird garantiert, daß bestimmte Grenzwerte hautbedenklicher Substanzen nicht überschritten werden **(Bild 1)**.

Ökologie in der Entsorgungsphase

Durch Altkleidersammlungen und weitere Verwendung läßt sich die Gebrauchszeit von Textilien verlängern. Alttextilien können auch durch Recyclingprozesse zu Putzwolle, Dämm- und Schallschutzmaterial usw., verarbeitet werden. Die Frage der endgültigen Entsorgung ist weitgehend vom Faserstoff abhängig. Zellulose und Eiweißfasern verrotten, sie können also deponiert werden. Synthetische Chemiefasern verrotten nicht oder nur sehr langsam. Sie können z. B. durch entsprechende Prozesse in ihre Ausgangsstoffe zurückgeführt oder verbrannt werden. Voraussetzung für das Zurückführen in die Ausgangsstoffe ist Sortenreinheit der Materialien. Für Textilien aus unterschiedlichen Materialien, z. B. Gore-Tex®-Wetterschutzjacken und -mäntel mit Polytetrafluorethylen-Membranen, wird eine Rücknahme angeboten.

7.2 Bekleidungsphysiologische Funktionen

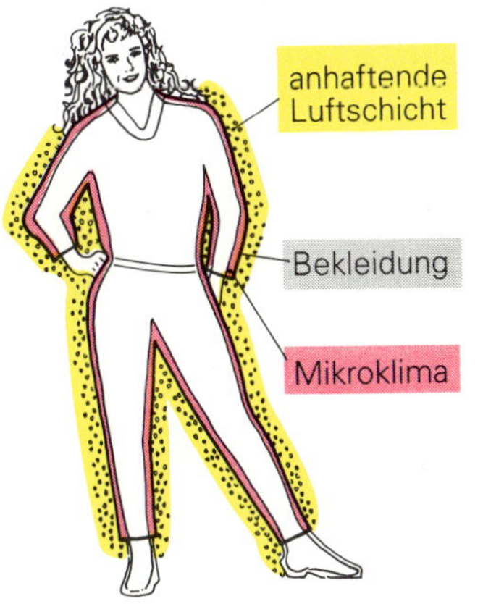

1: Wärmeisolation der Bekleidung

Wärmeisolation und Luftaustausch

Zur Vermeidung zu starker Abkühlung des Körpers ist im kühleren europäischen Klima die Unterstützung der körperlichen Klimaregelung durch **Isolation** erforderlich. Diese wird etwa zu 50% durch die in der Bekleidung eingeschlossenen Luft, zu 30% durch die an der Bekleidung anhaftenden Luftschichten und zu 20% durch die Wärmeleitfähigkeit des Faserstoffes bewirkt. Die in den Poren der Textilschichten eingeschlossene Luft ist folglich der wichtigste Wärmeisolator **(Bild 1)**. Voluminöse Konstruktionen mit viel Lufteinschluß (großes Porenvolumen) haben eine hohe Wärmeisolation und eignen sich besonders für Winterbekleidung, dünne, glatte Textilien sind gut geeignet für warmes Umgebungsklima.

Luftaustausch ist erforderlich, um ein Wärme- und Feuchtigkeitsgleichgewicht im **Mikroklima** zwischen Haut und Bekleidung aufrecht zu halten. Der Luftaustausch ist im wesentlichen von drei Faktoren abhängig:

Zum ersten hängt er von der **Flächenkonstruktion**, also Faserart, Garnart, Flächenart, Bindung und Veredlung ab.

Der zweite Einflußfaktor ist die **Schnittkonstruktion**. Bei zu enger Kleidung kann kein Luftaustausch stattfinden, der Träger empfindet unangenehme Wärme- und Feuchtestaus. Weite Bekleidung mit großen Öffnungen weist einen **Kamineffekt** auf.

2: Luftbewegung greift in das Mikroklima ein

Der dritte Einfluß ist die **Ventilation**, also die Luftbewegung z.B. durch Wind, Radfahren und durch pumpende Körperbewegungen bei weiter Bekleidung **(Bild 2)**. Sie greift in die Poren der Textilien und damit direkt in das Mikroklima (Klima der körpernahen Luftschicht) ein und setzt die Wärmeisolation stark herab.

Sogenannte **„funktionelle Bekleidung"**, Berufs-, Schutz- und Sportbekleidung, erlaubt eine Regulierung des Luftaustauschs durch Verschlüsse. Durch An- und Ablegen einzelner Bekleidungsstücke **(„Zwiebelschalenprinzip")** kann die Klimaregelung des Körpers wirkungsvoll unterstützt werden.

Feuchtigkeitsaufnahme und Feuchtigkeitstransport

Zur Klimaregelung gibt der Körper trockene Wärme und je nach körperlicher Belastung mehr oder weniger Feuchtigkeit ab, die durch die Kleidung aufgenommen und abgeführt werden muß. Dies kann zum einen durch die **Saugfähigkeit** der Fasern geschehen, zum anderen durch die **Kapillarwirkung** zwischen den Fasern. **Hygroskopische**, d.h. wasserdampfanziehende Fasern werden bei mäßiger körperlicher Belastung und geringem Schwitzen bevorzugt (vgl. Tabelle Seite 45). Ihre Saugfähigkeit reicht aus, um die dampfförmig anfallende Feuchtigkeit aufzunehmen. Bei starkem Schwitzen wird die Feuchtigkeit von manchen Fasern nicht schnell genug von der Haut weggeführt, da ihre Speicherfähigkeit begrenzt ist. Nasse Textilien kleben auf der Haut und können den Transport von dampfförmiger Feuchtigkeit verhindern. Die entstehende Nässe bewirkt außerdem ein unangenehmes Kältegefühl. Deshalb ist es bei starker Schweißabgabe wichtig, daß der flüssige Schweiß so rasch wie möglich von der Haut an die Außenseite der Bekleidung abgeführt wird, dort von einer **hydrophilen** (wasseraufsaugenden) Faser aufgesaugt wird und dann langsam verdampfen kann. Diese Aufgabe wird bei richtiger Flächenkonstruktion besonders gut von Fasern erfüllt, die selbst kaum Feuchtigkeit aufnehmen, aber durch Kapillarwirkung einen guten Feuchtigkeitstransport ermöglichen.

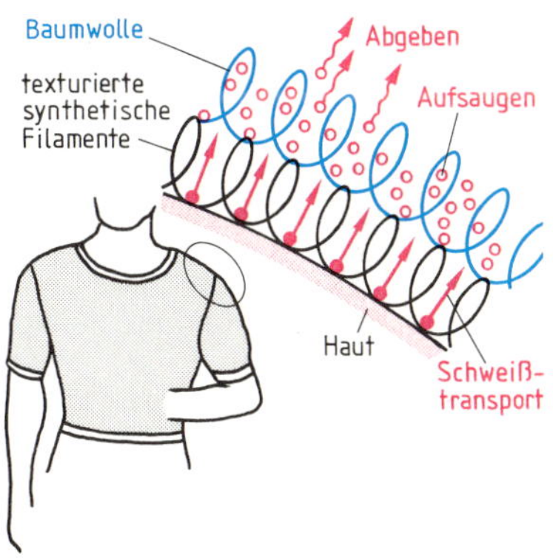

3: Funktionsweise von Zweischichttextilien für Sportbekleidung

Für Sportbekleidung setzen sich immer mehr sogenannte **Zweischichtkonstruktionen** durch, bei denen auf der Haut eine durch Kapillarwirkung feuchtigkeitstransportierende synthetische Chemiefaser getragen wird, welche die Feuchtigkeit schnell von der Haut wegtransportiert. Außen verwendet man eine feuchtigkeitsspeichernde Faser, z.B. Baumwolle, welche die Feuchtigkeit langsam abgibt. Der Effekt ist der gleiche wie bei Windeln mit „Nässeschutz" **(Bild 3)**. Gut bewährt haben sich außerdem auch Mischungen von Faserstoffen mit unterschiedlichem Feuchtigkeitsverhalten (Tabelle Seite 45).

Hautfreundlichkeit

Empfindungen durch den Berührungskontakt der Bekleidung mit der Haut können angenehm sein (Weichheit, Schmiegsamkeit). Sie können, besonders auf nasser Haut, auch sehr unangenehm wirken (Kratzen, Beißen und Kleben). Diese Empfindungen hängen vor allem von der Feinheit der Fasern und ihrem Feuchtigkeitsgrad ab.

Auf einer glatten Fläche kann sich ein Schweißfilm ausbilden, der zu einem unangenehmen Kleben führt. Flächenkonstruktionen, die „Abstandhalter", z.B. durch Faserkräuselung usw. aufweisen, haben eine kleine Auflagefläche auf der Haut. Zwischen Haut und Bekleidung sind Luftbewegungen möglich.

7.3 Schutzfunktion (1)

Anforderungen an Schutzbekleidung

Schutzbekleidung soll den Träger vor schädlichen Einwirkungen schützen, die z. B. am Arbeitsplatz, durch klimatische Einflüsse oder bei der Sportausübung entstehen. Durch entsprechende Materialien und Konstruktionen soll eine ausreichende Schutzwirkung erreicht werden, ohne die Bewegungsfreiheit des Trägers zu behindern; Pflege und Erhaltung sind ebenso wesentliche Kriterien für die Gebrauchstauglichkeit. Es ist jedoch nicht möglich, alle Anforderungen an die Schutzbekleidung optimal zu erfüllen.

Einsatz von Schutzbekleidung

Einflüsse, Gefahren	Betroffene Personengruppe	Schutzmöglichkeiten
Regen **Schnee** **Wind**	Wanderer, Bauarbeiter, Landwirte, Hilfsdienste, Katastrophendienste, Militär	**Wind- und Nässeschutzbekleidung** aus imprägnierten, beschichteten Geweben, Mikrofasergeweben, Membransysteme, z. B. Gore-Tex®, Sympatex®
Extreme Kälte **Schnee, Eis**	Wintersportler, Arbeiter in Kühlhäusern, Polarforscher, Astronauten	**Kälteschutzbekleidung** aus mehreren textilen Schichten, wattierte Bekleidung
Extreme Hitze **Flammen** **Funken**	Hochofen- und Gießereiarbeiter, Schweißer, Schmiede, Arbeiter in der Glas- und Keramikindustrie, Feuerwehr, Rennfahrer, Astronauten	**Hitze- und Flammenschutzbekleidung** aus flammfest ausgerüsteten Wolle- oder Chemiefasern, speziellen Chemiefasern, Bekleidung mit Aluminiumbeschichtung
Mechanische Einwirkungen	Bergleute, Schweißer, Gießereiarbeiter, Motorradfahrer, Fechter, Polizisten, Militär	**Verletzungsschutzbekleidung** aus Leder oder Gewebe aus Spezialfasern, z. B. aus Kevlar®
Rauch **Giftige Chemikalien** **Säuren, Laugen**	Chemiearbeiter, Katastrophenschutz	**Chemikalienschutzbekleidung**: flüssigkeitsdichte, gasdichte Bekleidung, z. B. mit Gummibeschichtung, spezielle Vliesstoffe
Staub	Arbeiter in der Mikrochipherstellung, Herstellung optischer Geräte, Lackierer	**Reinraumanzüge** aus speziellen Vliesstoffen
Wasser **Unterkühlung**	Surfer, Taucher	**Surfer- und Taucheranzüge** aus Elastomerkunststoffen, z. B. Neopren® oder aus Gummi
Strahlung	Arbeiter in Kernenergieanlagen, Schweißer	**Strahlenschutzbekleidung** aus speziellen Chemiefasern, Schweißerschürzen aus Leder
Bakterien	Ärzte, Krankenhauspersonal	**Bakterienschutzbekleidung** mit glatter Oberfläche, geringer Keimhaftung und problemloser Reinigungsmöglichkeit
Elektrostatische Aufladung **Elektrischer Strom**	Chirurgen, Starkstromarbeiter	**Elektrisch leitfähige Bekleidung** mit spezieller Ausrüstung, Gewebe mit Stahlfasern

1: Feuerwehrschutzbekleidung

2: Hitzeschutzbekleidung

3: Kälteschutzbekleidung

7.3 Schutzfunktion (2)

Eine besondere Bedeutung kommt der Wetterschutzbekleidung zu, sowohl bei der Berufs-, als auch bei der Sportausübung und Freizeitgestaltung.

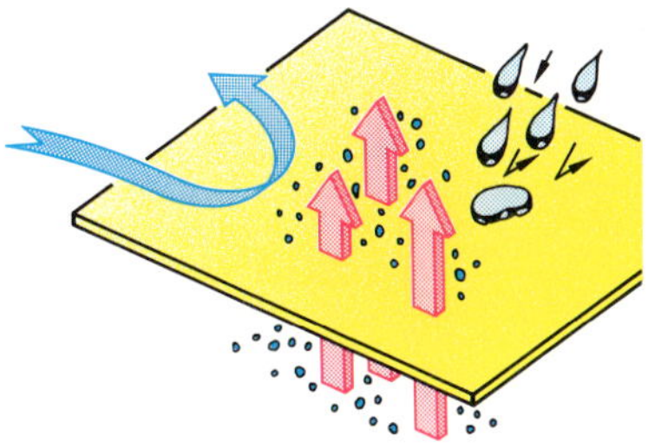

1: Forderung an Wetterschutzbekleidung: Wasser- und Windschutz, dampfdurchlässig

Funktion von Wetterschutzbekleidung

Wetterschutzbekleidung soll vor allem Wind und Nässe, aber auch Kälte vom Körper abhalten. Dabei soll die auf der Haut entstehende Körperfeuchtigkeit jedoch nach außen entweichen können. Erfüllt die Kleidung diese Anforderung nicht, so ist der Träger bereits nach mäßiger körperlicher Anstrengung in kürzester Zeit schweißgebadet oder die nasse Kleidung führt zu Unterkühlung.

Es gibt verschiedene Textilkonstruktionen, die diese Funktion mehr oder weniger gut erfüllen. Sie haben alle dieselbe Aufgabe, nämlich von außen kommende Wassertropfen abzuhalten und den Körperschweiß nach außen abfließen zu lassen. Dies ist einerseits durch die unterschiedliche Teilchengröße von Wassertropfen und Wasserdampfteilchen und andererseits durch den von der Körperwärme verursachten Dampfdruck möglich **(Bild 1)**.

2: Imprägniertes Gewebe

Herkömmlicher Wetterschutz

Loden (gewalktes, gerauhtes Wollgewebe) oder dicht gewebte, hydrophob[1] imprägnierte Baumwoll-, Polyamid- oder Polyestergewebe herkömmlicher Feinheit erfüllen die oben genannten Forderungen nur eine gewisse Zeit. Nach längerer Einwirkungszeit der von außen kommenden Feuchtigkeit wird aus solchem Material hergestellte Wetterschutzbekleidung wasserdurchlässig **(Bild 2)**.

Absolut dauerhaft wind-, wasser-, jedoch dampfundurchlässig können beschichtete Materialien sein **(Bild 3)**.

3: Beschichtetes Gewebe

Moderner Wetterschutz

Moderne Textilkonstruktionen sind dampfdurchlässig und langanhaltend oder dauerhaft wasserundurchlässig. In Verbindung mit synthetischen Chemiefasern sind sie außerdem pflegeleicht. Vom Funktionsprinzip lassen sich grundsätzlich vier Systeme unterscheiden:

- **Mikroporöse Beschichtungen**
  Sie sind wasserdampfdurchlässig durch mikroskopisch feine Öffnungen in der Beschichtung, welche Wasserdampf, aber keine Tropfen hindurchlassen.

- **Mikroporöse Membrane**
  Dies sind hauchdünne Folien mit mikroskopisch feinen Poren und einer Stärke von ca. 0,02 mm (etwa wie Haushalts-Frischhaltefolie). Sie werden entweder auf ein Trägermaterial laminiert[2] oder liegen zwischen anderen textilen Schichten als Liner[3]. Bei Gore-Tex® besteht die Membran aus hydrophobem Polytetrafluorethylen mit mikroskopisch feinen Poren **(Bild 4)**.

4: Gewebe mit Membran als Liner

- **Hygroskopische Membrane**[4]
  Sie nehmen den dampfförmigen Schweiß auf und reichen die Wasserdampfmoleküle durch die geschlossene Folie nach außen weiter, Sympatex® ist eine solche Membran aus Polyester **(Bild 5)**.

- **Hydrophob ausgerüstete Mikrofasergewebe**
  Sie sind dicht gewebt. Die Mikrofasern gewährleisten mikroskopisch kleine Öffnungen im Gewebe, die die feinen Wasserdampfmoleküle hindurchlassen, während die groben Wassertropfen nicht eindringen können. Dieser Effekt wird durch die wasserabweisende Ausrüstung verstärkt. Tactel® ist z. B. ein Mikrofasergewebe aus Polyamid, Trevira-Finesse® ist ein solches aus Polyester.

5: Gewebe mit aufkaschierter Membran

[1] hydrophob = wasserabweisend
[2] Laminat = feste Verbindung von mindestens zwei Flächengebilden
[3] Liner (engl.) = Zwischenlage
[4] hygroskopisch = wasserdampfanziehend

8 Bekleidungsherstellung

8.1 Übersicht

Organisation ist ein Hilfsmittel der Unternehmensführung. Für einen Betrieb bedeutet daher Organisation, durch Ordnung bestimmte Aufgaben zu erreichen. Den betrieblichen Aufgaben und den betrieblichen Stellen werden Menschen zugeordnet. Umgekehrt werden auch Menschen bestimmten betrieblichen Stellen zugeordnet.

Das folgende Organisationsschema (Organigramm) soll Leitfaden für das folgende Kapitel „Bekleidungsherstellung" sein und einen Überblick geben wie die einzelnen betrieblichen Stellen zusammenhängen.

Organisation eines bekleidungstechnischen Betriebes

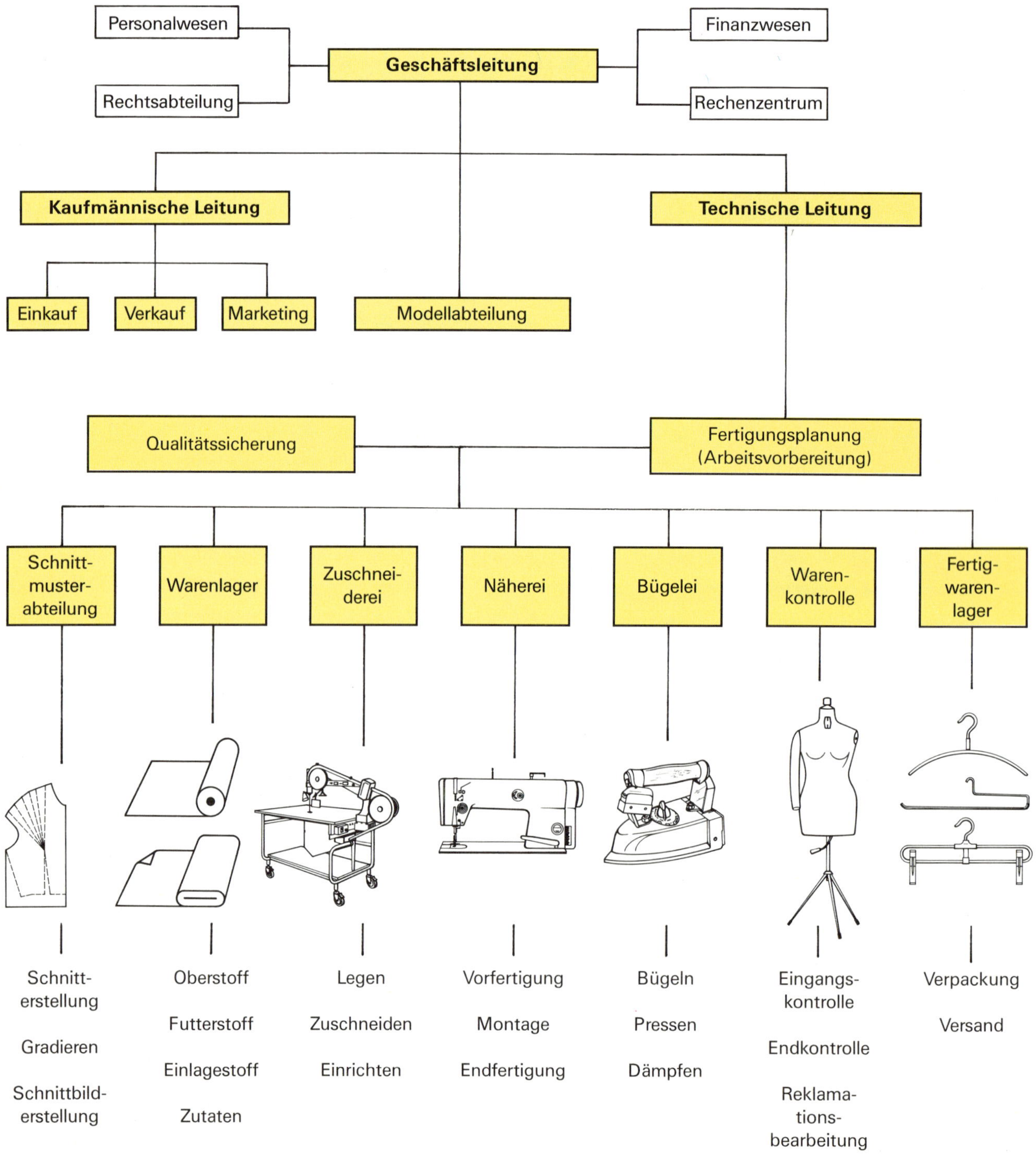

8.2.1 Entwurf, Schnittkonstruktion

Entwurf

1: **Modellzeichnung**

2: **Modellieren**

3: **CAD-System**[1)]

Design ist in der Bekleidungsherstellung die Form- und Schnittgestaltung eines Kleidungsstückes. Bei der klassischen Methode wird eine Modellzeichnung entworfen oder an der Puppe modelliert (Haute Couture). Die moderne Technologie bietet Systeme an, mit denen man auf Farbbildschirmen Modezeichnungen entwerfen kann. Einzelne Bereiche der Bildschirmfigurine lassen sich nach Belieben ausmalen, wobei eine große Farbvielfalt zur Verfügung steht.

Schnittkonstruktion

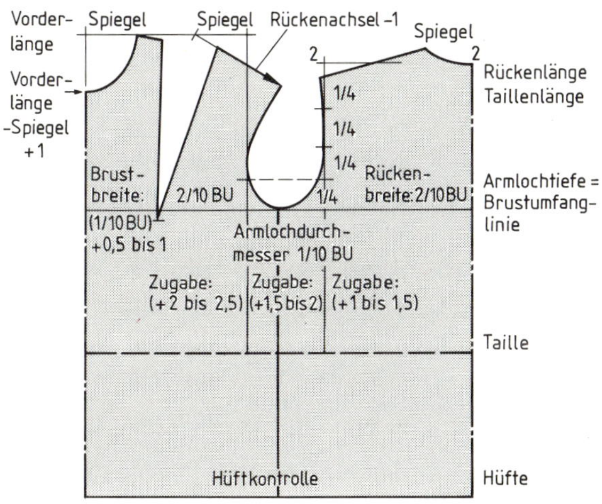

4: **Schnittkonstruktion durch manuelles Zeichnen**

Die Schnittkonstruktion ist die zeichnerische Darstellung vom Aufbau eines Kleidungsstückes. Sie ist Grundlage zur Bekleidungsherstellung. Ziel der Konstruktionstechnik ist es, eine Vorlage zum Zuschneiden zu entwickeln.

Die Schnittkonstruktion erfolgt durch Berechnung nach verschiedenen Systemen. Als Grundlage dienen folgende Maßarten:

- **Körpermaße** werden am Körper gemessen.
- **Proportionsmaße** werden mit Hilfe von Konstruktionsformeln von Körpermaßen abgeleitet.
- **Tabellenmaße** sind betriebsinterne Maße, die sich auf Reihenmessungen bestimmter Zielgruppen beziehen.
- **Warenmaße** sind Fertigmaße am Kleidungsstück (vgl. Seite 191).

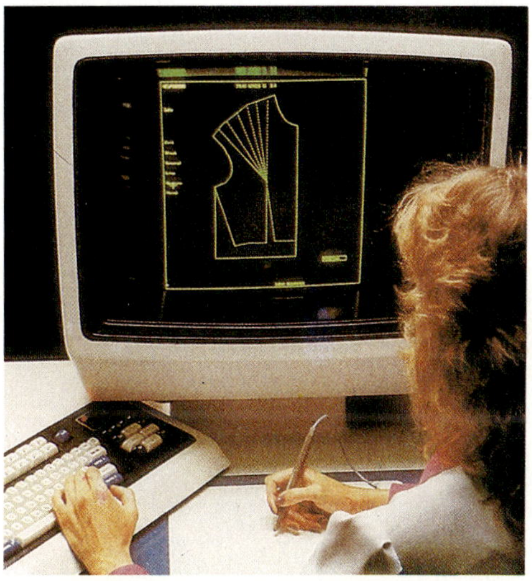

5: **Computergestützte Schnittkonstruktion**

In der betrieblichen Praxis der Kollektionsgestaltung werden beim überwiegenden Teil der neuen Modelle „alte Schnitte" (Grundschnitte) verwendet und abgewandelt. Diese zeitaufwendige Arbeit wird durch das CAD-System erheblich erleichtert.

Die vorhandenen Grundschnitte werden einmal digitalisiert[2)] und können dann jederzeit aus dem Speicher abgerufen werden. Auf den Bildschirm projiziert, können jetzt Veränderungen vorgenommen werden. Geändert werden kann z. B. die gesamte Kontur, es kann gestrichen oder hinzugefügt werden, Linien und Punkte können ausgeglichen werden.

Abnäher können verlegt werden, Teile können bewegt und verdreht werden. Das Ergebnis wird anschließend gleich in allen Größen gespeichert und steht sofort für die Schnittbilderstellung zur Verfügung.

Dieses Verfahren wird in Zukunft die Betriebspraxis bestimmen.

1) CAD = Computer Aided Design (computerunterstützte Konstruktion)
2) digitalisieren = für den Rechner in Ziffern umsetzen.

8.2.2 Gradieren

Gradieren ist das schrittweise Ableiten kleinerer und größerer Größen von einer bestimmten Ausgangsgröße. Die Ausgangsgröße kann die Grund- oder Mittelgröße sein. Durch das Gradieren ändern sich die Größenverhältnisse, nicht aber das Gesamtbild des Modells. Aus den Differenzen der einzelnen Größen ergeben sich die erforderlichen **Sprungbeträge**. Für die rechnerische Ermittlung werden die Berechnungsformeln der Schnittkonstruktion angewendet.

Manuelles Gradieren

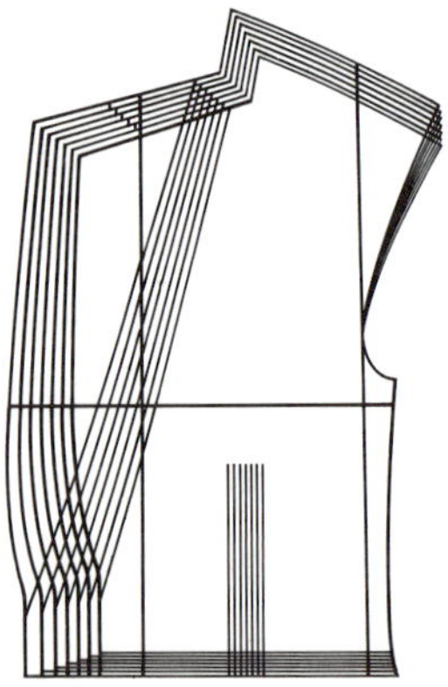

1: Gradierung eines Vorderteils

Mit Hilfe einer Schablone (Stichschablone) wird schrittweise von Größe zu Größe gradiert. Die jeweiligen Sprungbeträge werden punktuell in ein Schablonenmaterial eingestochen. Die so erhaltenen Punkte werden miteinander verbunden.

Auf diese Weise erhält man für jede Größe einen Satz Schablonen, den sogenannten „Größensatz".

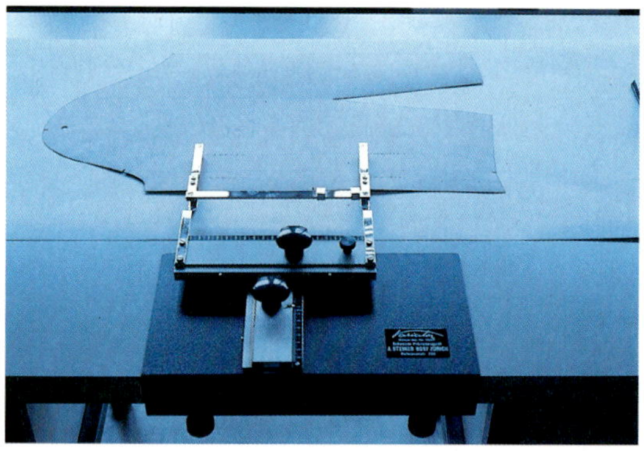

2: Variator

Eine Erleichterung bringt der Variator. Durch Drehen in senkrechter und waagrechter Richtung wird hierbei die Grundschablone um den jeweiligen Sprungbetrag verschoben. Die Konturen der neuen Größe erhält man durch Nachzeichnen der Schablone.

Rechnergesteuertes Gradieren

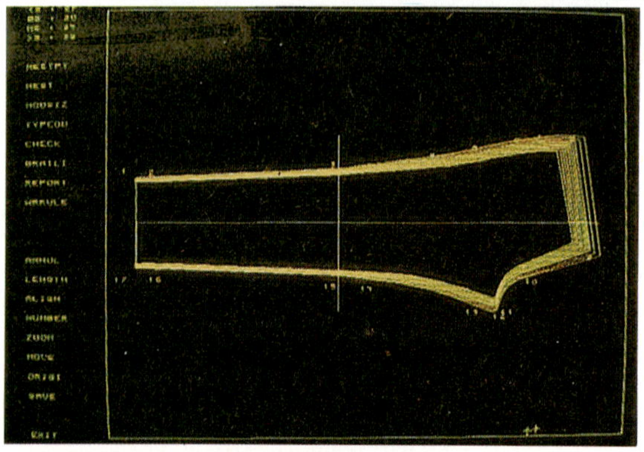

3: Gradierung am Bildschirm

4: Plotterausdruck der Gradierung

Beim Gradieren mit Hilfe der elektronischen Datenverarbeitung gibt es zwei Möglichkeiten:

1. Die Sprungwerte werden in den Rechner eingegeben und nach dem gleichen System wie beim manuellen Gradieren werden automatisch die verschiedenen Größen berechnet.
2. Mit den Tabellenmaßen wird nach Berechnungsformeln der Grundschnitt für jede einzelne Größe neu berechnet.

   Das Ergebnis der vom Rechner ermittelten Gradierung aller Einzelteile kann verkleinert in einer Ineinanderzeichnung aller Größen auf dem Bildschirm dargestellt werden. Eine Überprüfung und Korrektur ist auf diese Weise möglich.

Die weiteren möglichen Verfahrensschritte richten sich nach dem jeweiligen technischen Stand des einzelnen Betriebes.

Die Teile werden am Bildschirm zu einem Schnittbild verschachtelt. Das Ergebnis wird im Rechner gespeichert und dient dann als Steuerungsprogramm für den vollautomatischen Zuschnitt. Das Ergebnis kann auch automatisch im Maßstab 1 : 1 von einem Plotter gezeichnet werden und dient dann als Unterlage für den manuellen Zuschnitt. Zusätzlich können die Schablonen aus Schablonenmaterial vollautomatisch ausgeschnitten werden.

8.2.3 Schnittbilderstellung (1)

Werden die für ein Bekleidungsstück notwendigen Schnittschablonen nach technischen Vorschriften aneinandergereiht, so erhält man das **Schnittbild**. Ziel ist es, den geringstmöglichen Materialverbrauch bei möglichst geringem Ausschnittverlust (Abfall innerhalb des Schnittbildes) zu erreichen.

Richtlinien zur Schnittbilderstellung

Beim Auslegen der Schablonen sind die Richtungsorientierung (Fadenlauf und Strichrichtung) sowie die Musterabstimmung (z. B. bei Karos, Streifen, Kopfmuster) zu beachten.

Richtungsorientierung

Der Aufbau der textilen Fläche und die Musterung bestimmen die Richtung, in der die Schablonen ausgelegt werden. Man unterscheidet folgende Arten:

Textile Flächen, bei denen die Schablonen in **beliebige Richtung** ausgelegt werden können, z. B. Faserverbundware ohne Richtungsorientierung.

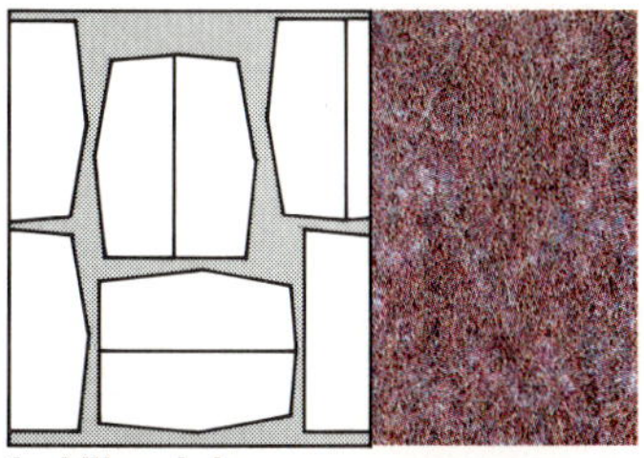

1: Vlieseinlage

Textile Flächen, bei denen die Schablonen nur in **zwei Richtungen** ausgelegt werden können, z. B. Futterstoffe und beschichtete Ware.

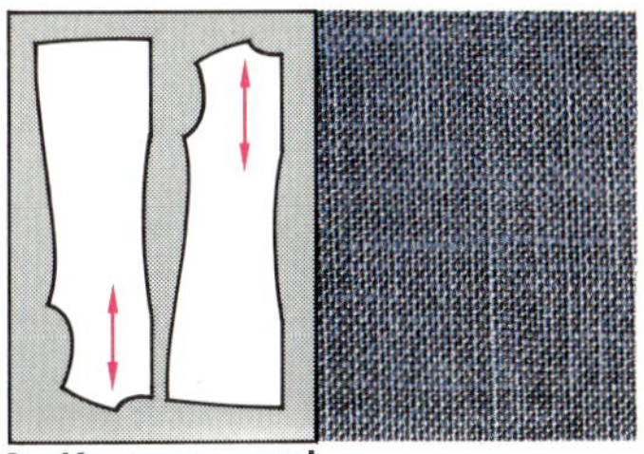

2: Kretonne, uni

Textile Flächen, bei denen die Schablonen nur in **eine Richtung** ausgelegt werden können, z. B. Gewebe mit Kopfmuster oder Strichflor, Maschenstoffe.

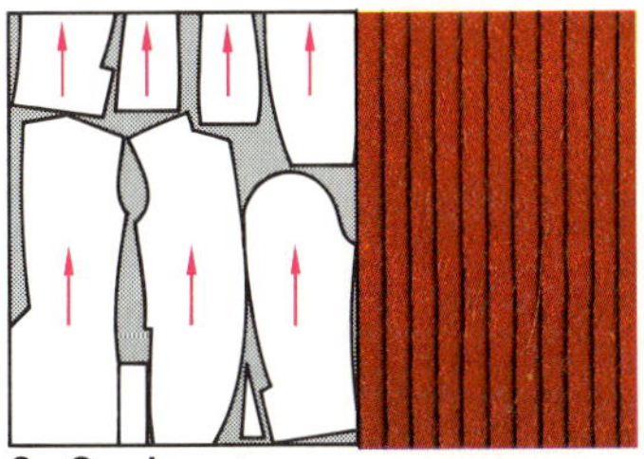

3: Cordsamt

4: Streifenverarbeitung

5: Karoverarbeitung

Musterabstimmung

Die Qualität eines Produktes ist insbesondere abhängig von einer mustergerechten Verarbeitung. Ein einwandfreies optisches Erscheinungsbild, vor allem bei Karos und Streifen, erfordert immer einen höheren Stoffverbrauch und Zeitaufwand. Farbe, Größe und Auffälligkeit des Musters sowie die gewünschte Abstimmungsgenauigkeit bei den einzelnen Schnitteilen sind ausschlaggebend für den Umfang des Mehraufwandes bei der Schnittbilderstellung, beim Legen der Lagen und beim Zuschneiden:

Beim **Legen der Lagen** ist mustergerechtes Ausrichten und Abschneiden der Ware notwendig.

Beim **Zuschneiden** werden die Stoffteile zunächst nur grob ausgeschnitten. Vor dem Feinausschnitt ist in einem zusätzlichen Arbeitsgang die Musterabstimmung (Abpassen, Abrichten) erforderlich.

Im **Schnittbild** können deshalb die Schablonen nicht materialsparend direkt aneinandergelegt werden. Außerdem müssen die Schnitteile nach den geforderten Abstimmungsmerkmalen plaziert werden.

Abstimmungsmerkmale für mustergerechte Verarbeitung sind:

Mustersymmetrie: Schnitteile, die symmetrisch zur Mittelachse verlaufen, sind im Rapport deckungsgleich. Beispiele: Rechtes und linkes Vorderteil **(Bild 4)**, Kragen und Rücken.

Abgestimmte Längsmusterung: Die Musterung verläuft längs ohne Versetzung weiter bei Querteilungsnähten, aufgesetzten und nebeneinanderliegenden Schnittteilen. Beispiel: Taschen bei Längsstreifen **(Bild 4)**.

Abgestimmte Quermusterung: Die Musterung verläuft waagrecht ohne Versetzung weiter bei Längsteilungsnähten, aufgesetzten und nebeneinanderliegenden Schnitteilen. Beispiel: Armkugel und Vorderteile **(Bild 5)**.

Abstimmung im Rapport: Die Musterung verläuft waagrecht und senkrecht ohne Versetzung fort bei Teilungsnähten, eingesetzten und aufgesetzten Schnittteilen. Beispiele: Aufgesetzte Taschen, Patten, Leisten bei Karos **(Bild 5)**.

8.2.3 Schnittbilderstellung (2)

Verfahren zur Schnittbilderstellung

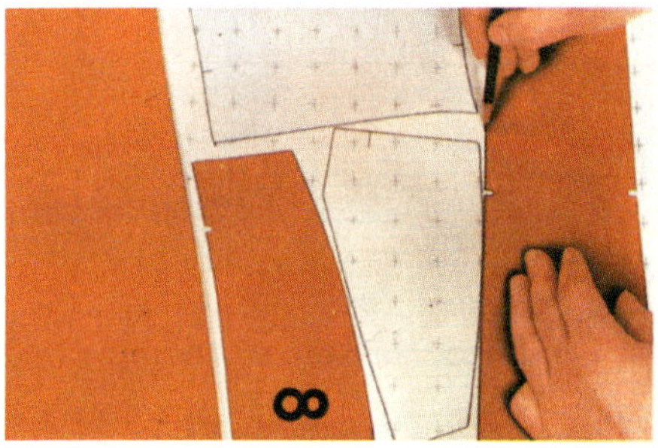

1: Schablonen umzeichnen

Manuelles Auslegeverfahren

Die einfachste Methode, Schnittbilder herzustellen, ist das manuelle Aneinanderlegen der Schnittschablonen.

Die Schablonen werden umzeichnet und somit wird das Schnittbild direkt auf die Stofflage oder auf spezielles Schnittpapier übertragen.

Bei diesem Verfahren werden die Schablonen entweder nach Erfahrung und Können oder nach einer Vorlage, auf der die Schnittbilder in verkleinertem Maßstab dargestellt sind, ausgelegt.

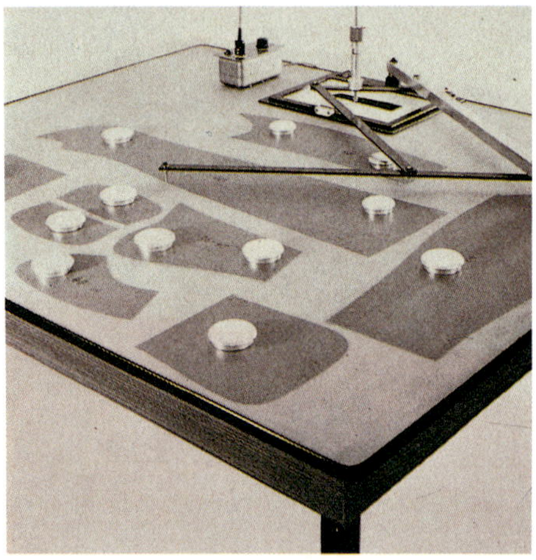

2: Texograph

Kleinschablonenverfahren (Texographie)

Die Schnitteile eines Modells werden im Maßstab 1 : 5 verkleinert und ausgeschnitten (Bild 2). Die verkleinerten Schnitteile ermöglichen eine bessere Übersicht beim Auslegen, so daß sich Materialverbrauch und Ausschnittverlust einfach optimieren lassen.

Die Schnittbilder werden danach fotografiert oder fotokopiert und sind so leicht archivierbar. Für den Zuschnitt werden diese Kleinschnittbilder anschließend in den Maßstab 1 : 1 zurückvergrößert.

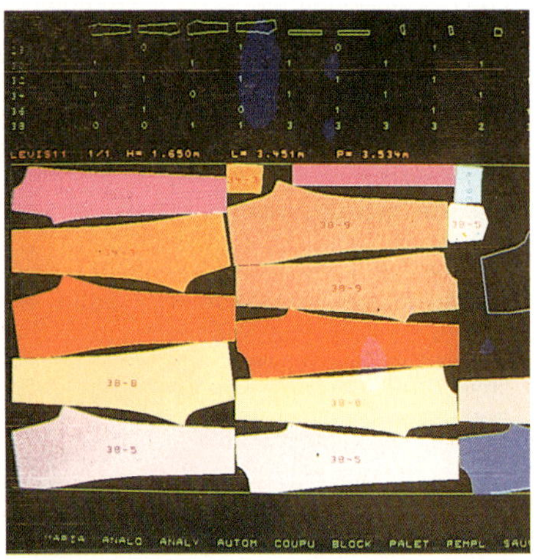

3: Schnittbilderstellung am Bildschirm

Schnittbilderstellung mit EDV

Computerprogramme ermöglichen nach dem Gradieren das Planen und Legen von Schnittbildern. Bei einfachen Systemen werden die Schnitteile abgerufen und nach den technischen Vorschriften auf dem Bildschirm zu einem Schnittbild ausgelegt. Mit einem Lichtgriffel können die einzelnen Schnitteile am Bildschirm optimal „gelegt" werden. Bei fortschrittlichen Programmerweiterungen werden die Schnitteile nach bestimmten vorgegebenen Kriterien automatisch gelegt und optimal verschachtelt.

Bei diesem Lagenoptimierungssystem wird automatisch berechnet, welches Schnittbild den höchsten Materialausnutzungsgrad bringt.

Das fertige Schnittbild wird gespeichert und kann jederzeit als Kleinschnittbild ausgezeichnet werden. In der weiteren Fertigungsstufe wird das Schnittbild im Maßstab 1 : 1 durch den Plotter[1] ausgedruckt.

In der modernen Zuschneidetechnik kann auch diese Fertigungsstufe entfallen. Es wird direkt (on line), ohne ein sichtbares Schnittbild, vollautomatisch ausgeschnitten (vgl. Seite 140).

[1] Plotter = Rechnergesteuerte Zeichenmaschine

8.2.4 Schnittbildarten

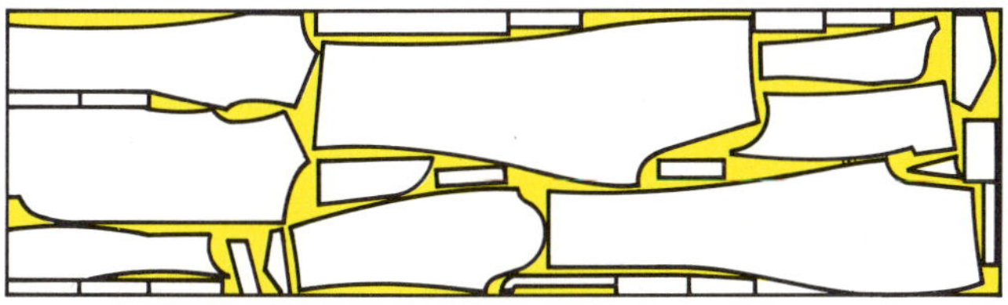

1: Halbbild

Halbbild

Das **Halbbild** enthält nur eine Hälfte (z. B. nur rechte Teile) aller Schnitteile eines Modells.

Halbbilder können bei gedoppelter und rechts auf rechts gelegter Ware eingesetzt werden.

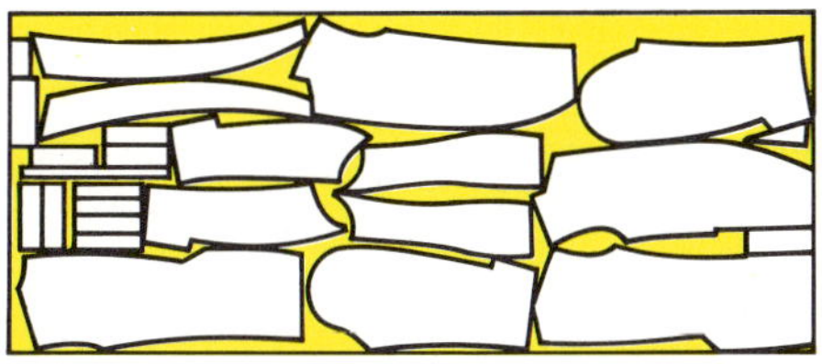

2: Ganzbild

Ganzbild

Das **Ganzbild** besteht aus allen rechten und linken Schnitteilen eines Modells.

Das Ganzbild wird bei breiter Ware eingesetzt.

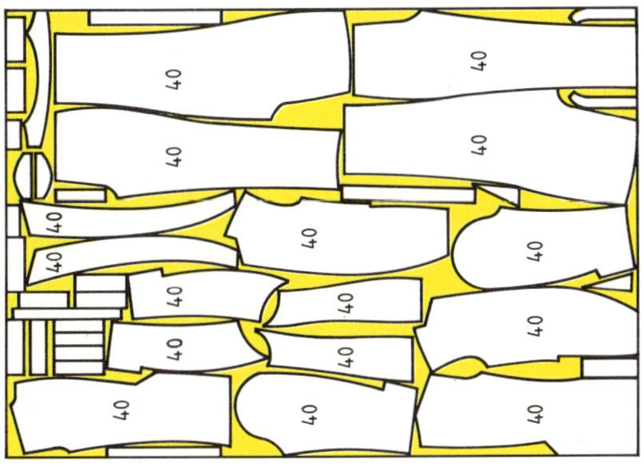

3: Eingrößenbild

Eingrößenbild

Das **Eingrößenbild** besteht aus den Schnitteilen einer Größe eines Modells.

Bei der Auftragsbearbeitung und der Planung der Lagenstapel ist das Eingrößenbild vorteilhaft. Nachteilig ist der höhere Materialverbrauch im Vergleich zum Mehrgrößenbild.

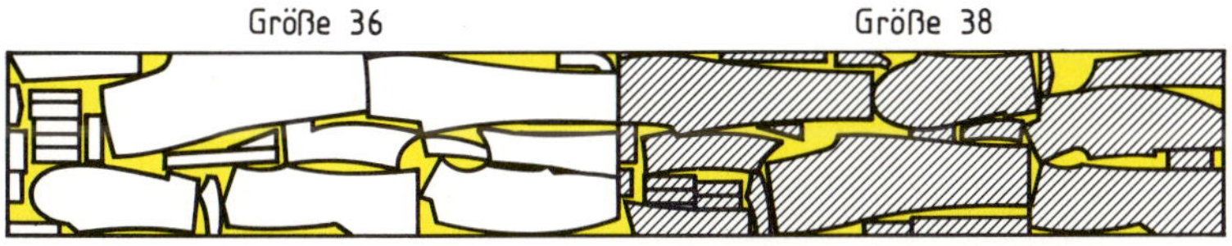

4: Mehrgrößenbildkette, bestehend aus 2 unterschiedlichen Größen

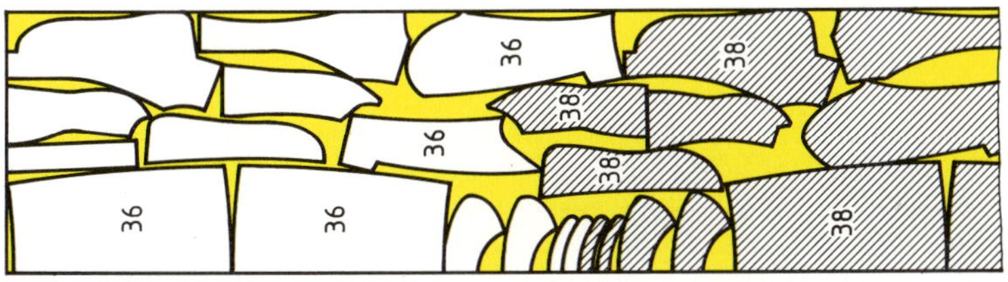

5: Verzahntes Mehrgrößenbild, bestehend aus 2 unterschiedlichen Größen

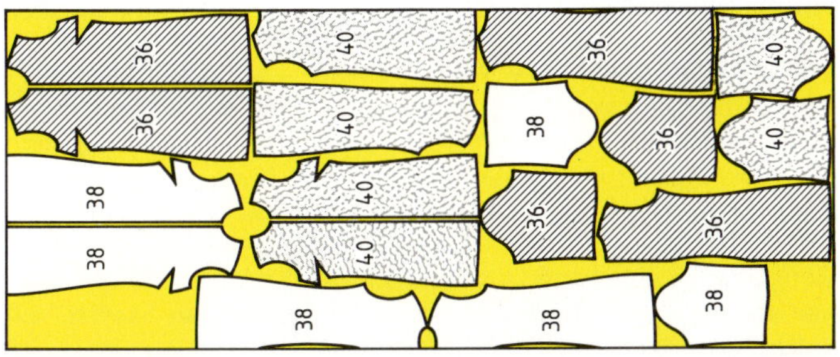

6: Gemischtes Mehrgrößenbild, bestehend aus 3 unterschiedlichen Größen

Mehrgrößenbild

Mehrgrößenbilder unterteilt man in:

- **Mehrgrößenbildkette:**
  Ein Schnittbild mit mindestens zwei hintereinander liegenden unterschiedlichen oder gleichen Größen, deren Schablonen jeweils zu einem in sich abgeschlossenen rechteckigen Schnittbild ausgelegt sind.
- **Verzahntes Mehrgrößenbild:**
  Die hintereinanderliegenden Größen eines Schnittbildes gehen an den Enden ineinander über.
- **Gemischtes Mehrgrößenbild:**
  Die Schablonen für mehrere Größen liegen innerhalb eines Schnittbildes ineinander. Diese Schnittbildzusammenstellung gewährleistet normalerweise die größte Materialausnutzung.

8.2.5 Legen (1)

Beim **Lagenlegen** werden Stoffbahnen ausgebreitet, auf die erforderliche Länge (Vorgabelänge) abgeschnitten und übereinandergestapelt. Auf die oberste Stofflage wird das Schnittbild aufgebracht. Die mögliche Schnittbildbreite ergibt sich aus der Nutzbreite des Stoffes (Nutzbreite = Warenbreite minus nicht nutzbarer Kanten). Unter Materialnutzungsgrad versteht man das Verhältnis in Prozent der genutzten zur ungenutzten Fläche.

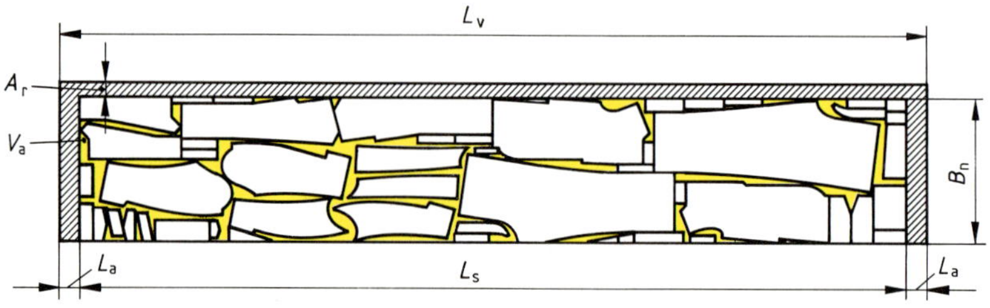

1: Beispiel einer Schnittlage

- L_a Anschnitt = Stoffzugaben am Lagenanfang und am Lagenende
- L_v Vorgabelänge = Schnittbildlänge + Anschnitt
- A_r Randabfall = Schnittabfall in der Lagenbreite
- V_a Ausschnittverlust = Abfall innerhalb des Schnittbildes
- B_n Nutzbreite = Warenbreite − Randabfall
- L_s Schnittbildlänge

Lagenarten

Einzellage

Einzellagen bestehen aus einer gelegten Stoffbahn, z. B. für Modellzuschnitte.

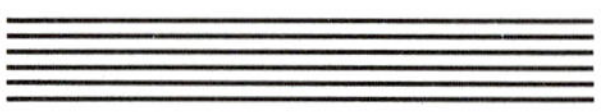

Mehrfachlage

Bei der Mehrfachlage liegen mehrere Lagen übereinander gestapelt.

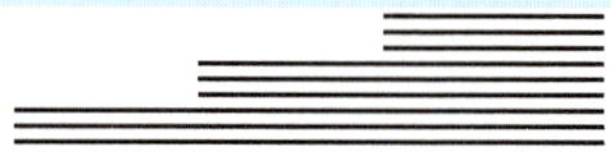

Stufenlage

Die Stufenlage ist ein Lagenstapel aus mehreren Lagen mit unterschiedlicher Länge, z. B. für Mehrgrößenbildketten.

Aufmachung von Stoffen

Unter Aufmachung von Stoffen versteht man die Art der Anlieferung des Materials.

Entscheidend für die Art der Aufmachung sind Material (z. B. Samt), Verwendungszweck (z. B. Mustercoupon, Verkauf im Einzelhandel) und das innerbetriebliche Transportwesen (z. B. Abrollständer, Plattformwagen, Gabelstapler mit Paletten). Die Art der Aufmachung wird bei der Schnittbilderstellung und bei der Legeart berücksichtigt. Es gelten folgende Aufmachungssymbole:

breit: 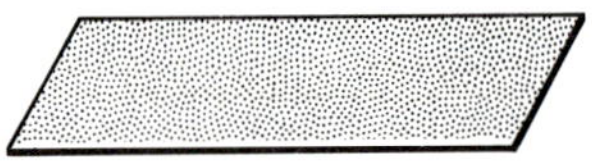

gedoppelt: 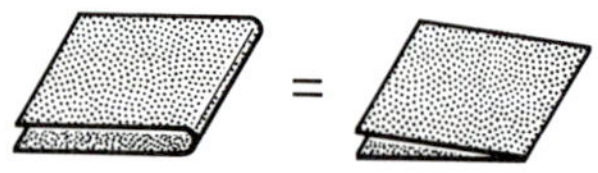

schlauchförmig: 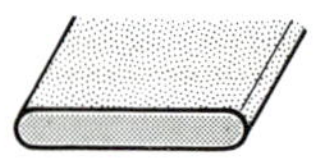

gerollt: 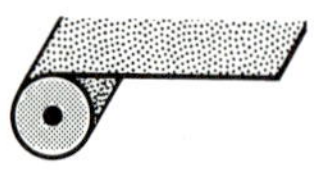

gewickelt: 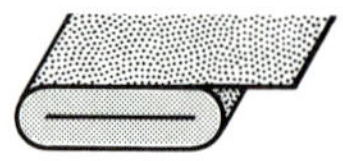

getafelt: 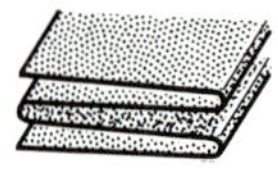

Legearten

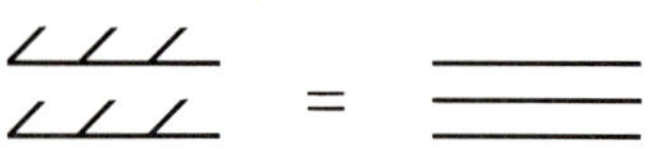 **Links auf Rechts gelegt**	Die rechte Warenseite liegt im Stapel auf der linken Warenseite. Der „Strich" liegt immer in gleicher Richtung. Jede Lage muß nach dem Legen abgeschnitten werden. Beim Einsatz von Legemaschinen ist ein Leerlauf nach jeder Lage notwendig, da immer am gleichen Ende der Lage begonnen wird. Stoffe mit Strich und andere richtungsorientierte Stoffe werden so gelegt.
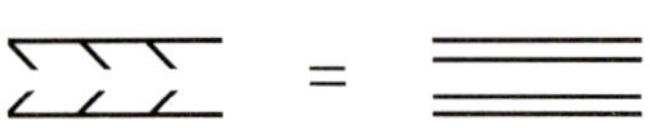 **Rechts auf Rechts gelegt**	Die rechte Warenseite liegt im Stapel auf der rechten Warenseite. Der „Strich" liegt immer in einer Richtung. Nach dem Abschneiden muß die Ware gewendet werden, bevor die neue Lage gelegt werden kann. Beim Einsatz von Legemaschinen sind Leerläufe notwendig. Diese Legeart wird bei ähnlichen Stoffen wie beim Links-auf-Rechts-Verfahren eingesetzt.
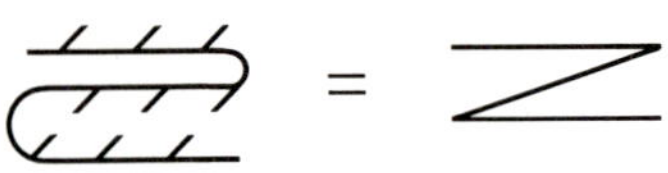 **Zick-Zack gelegt**	Einer Lage „Rechts auf Rechts" folgt eine Lage „Links auf Links". Die Lagen werden zickzack-förmig endlos übereinander gelegt. Diese rationellste Legeart ist bei Stoffen mit „Strichrichtung" und bei richtungsorientierten Stoffen nicht geeignet.

8.2.5 Legen (2)

Beim Legen wird der Stoff nach vorgegebenem Plan als Einzel- oder Mehrfachlage auf den Legetisch aufgezogen und so für den Zuschnitt vorbereitet.

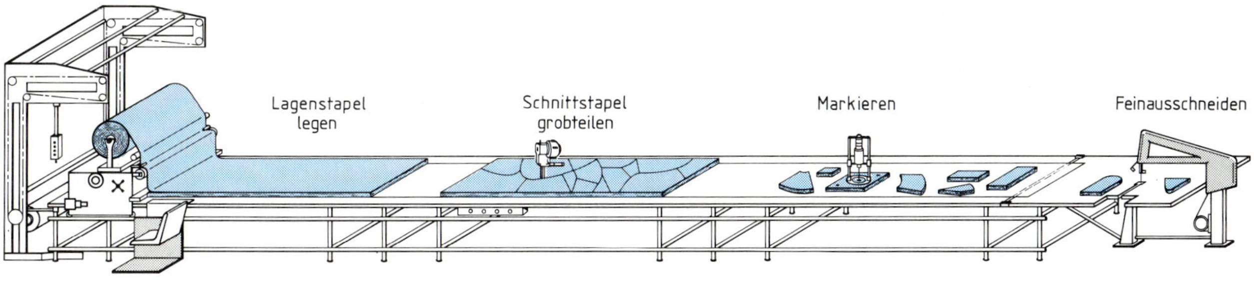

1: Arbeitsablauf in der Zuschneiderei

Im ersten Abschnitt werden die Lagenstapel gelegt.

Ein **Lagenstapel** ist eine Mehrfachlage. Wird ein Schnittbild aufgebracht, dann spricht man von einem **Schnittstapel**.

Im zweiten Abschnitt können alle Teile mit dem Stoßmesser grob oder fein ausgeschnitten werden.

Markiert werden z. B. Taschenlagen oder die Abnäherspitzen.

Der **Feinausschnitt** wird mit Hilfe von Schablonen mit dem Bandmesser durchgeführt. Durch dieses Verfahren wird eine optimale Schnittgenauigkeit erreicht.

Legeverfahren

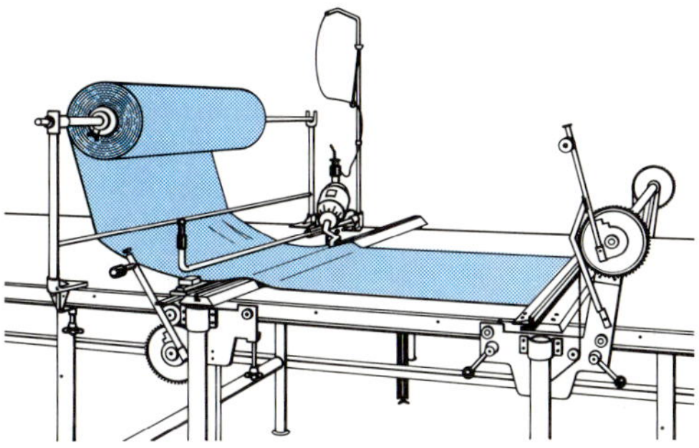

Legen von Hand

Die Stoffbahnen werden von Hand auf den Lagenstapel gezogen und auf die erforderliche Länge abgeschnitten. Abroll- und Abschneidevorrichtungen mit verstellbaren Abschneideschienen erleichtern dieses Verfahren. Die Kantengleichheit muß von Hand gerichtet werden.

Dieses Legeverfahren ist bei kurzen Lagen und bei sehr häufigem Waren- und Farbwechsel geeignet. Es wird häufig in Kleinbetrieben eingesetzt.

Legen mit Legewagen

Die Stoffbahnen werden von einem handgeführten Legewagen abgerollt.

Der Wagen wird hin- und hergeführt. Das Einrichten der Kanten und ein Nachglätten der einzelnen Lagen ist in der Regel nicht erforderlich. Bei breiten und langen Lagen und wenn die Stoffrollen aufgrund der Auftragsgröße wenig gewechselt werden, ist der Einsatz von Legewagen vorteilhaft.

Diese Methode ist rationell und für Kleinbetriebe geeignet.

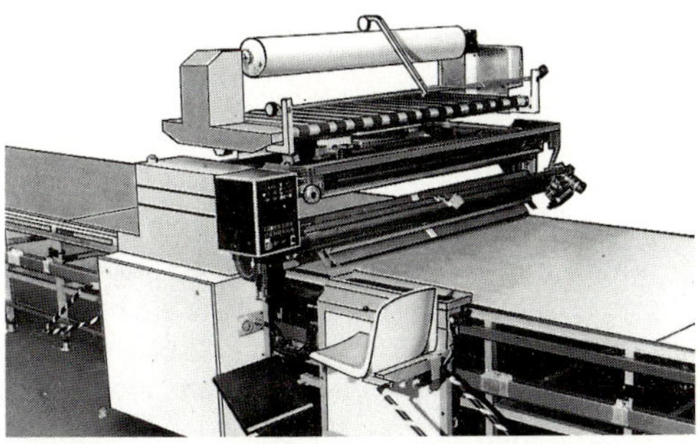

Legen mit Legemaschinen und Legeautomaten

Die Stoffbahnen werden ebenfalls von einem Wagen abgezogen.

Zusatzgeräte wie Fotozellen für die Kantenführung, Einhebehilfen für die Stoffrollen, Stoffeinfädelvorrichtungen, Abschneidevorrichtungen am Lagenende, Mitfahreinrichtung für das Bedienungspersonal sind technische Entwicklungen, die der Industrie eine wirtschaftlichere Produktion bei Großserien ermöglichen.

8.2.6 Zuschneiden

Unter dem Fachbegriff Zuschneiden versteht man das Ausschneiden der Schnitteile aus Stofflagen nach Schnittschablonen. Zuvor wird in der Regel auf die oberste Stofflage das Schnittbild aufgebracht (gezeichnet, gepaust, gesprüht, geklebt, geklammert, genadelt).

Man unterscheidet das **Grobausschneiden** (Teilen eines Lagenstapels) sowie das **Feinausschneiden** (exaktes Herausschneiden der einzelnen Schnitteile). Die Schnittgenauigkeit hängt dabei wesentlich von der verwendeten Zuschneidemaschine ab.

Kreismessermaschinen

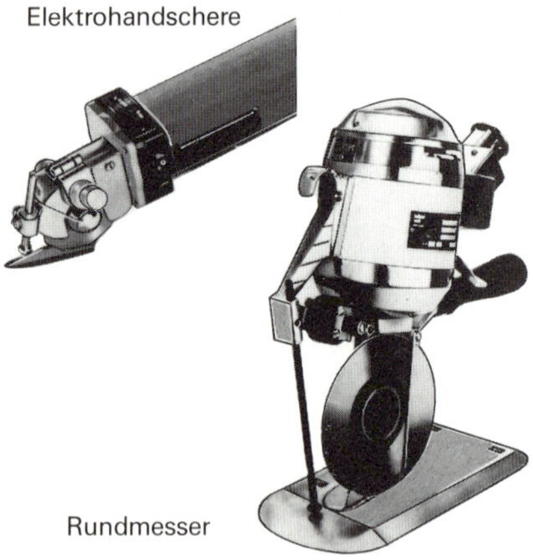

Kreismessermaschinen arbeiten mit einem rotierenden Messer.

Die kleine Kreismessermaschine („Elektrohandschere") ist für den Einzellagenzuschnitt und zum Abschneiden der Lagen beim Legen geeignet. Je nach Größe des Gerätes sind Schnitthöhen bis etwa 10 mm möglich.

Die große Kreismessermaschine (Rundmesser) eignet sich vor allem zum Teilen von Stofflagen bzw. für geradlinige oder nur schwach gerundete Konturen. Es sind Schnitthöhen bis etwa 150 mm möglich.

Stoßmessermaschine, Vertikalmesser

Die Stoßmessermaschine (Vertikalmesser) arbeitet mit einem senkrecht auf und ab gleitenden Messer und ermöglicht Grob- und Feinausschnitte bis 300 mm Lagenhöhe. Ecken und Rundungen werden sauber ausgeschnitten. Die Schnitteile im Stapel sind deckungsgleich, da alle Lagen gleichzeitig erfaßt werden, im Gegensatz zur Kreismessermaschine.

Stoß- und Kreismessermaschinen werden von Hand durch das ruhende Schneidegut geschoben.

Bandmessermaschine

Bei der Bandmessermaschine läuft ein dünnes, angeschärftes, endloses Stahlband senkrecht durch den Lagenstapel. Der Lagenstapel wird von Hand geführt. Das Führen des Schneidgutes kann durch ein Luftkissen zwischen Tisch und Schneidegut erleichtert werden. Um ein Verrutschen der Stofflagen zu verhindern, werden die Stapel geklammert. Bandmessermaschinen werden zum Feinausschnitt eingesetzt, Schnitthöhen bis 300 mm sind möglich. Ecken, enge Rundungen und spitze Einschnitte werden exakt ausgeschnitten.

Stanzmaschine

Bei einer Stanzmaschine drücken vorgefertigte Schneidwerkzeuge in der Form der Schnitteile (Stanzmesser) das Schneidegut auf eine Unterlage (Stanzplatte), die als Gegenschneide wirkt. Stanzen werden vor allem bei Leder, beschichteten und kaschierten Materialien und in den Bereichen eingesetzt, in denen längere Zeit nach gleichen Formen zugeschnitten wird, z. B. bei der Produktion von Berufskleidung. Die Herstellung der Messer ist teuer.

Zuschneideautomat

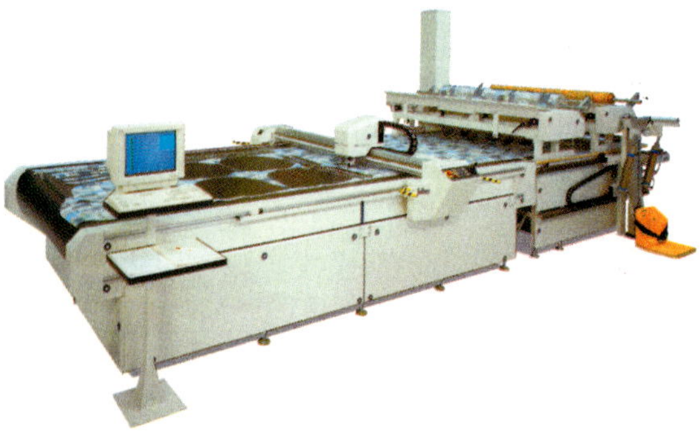

Bei Zuschneideautomaten werden die Schnitteile vollautomatisch ausgeschnitten, die Steuerung der Zuschneidemaschine erfolgt durch Computer.

Außer einem speziellen Vertikalmesser können zum Ausschneiden der Stofflagen Laserstrahlen, Plasmastrahlen (heiße Strahlen aus ionisiertem Gas mit hoher Energiedichte) und Hydrocutter (Wasser wird unter sehr hohem Druck aus einer Düse gepreßt), eingesetzt werden.

8.2.7 Markieren, Einrichten

Markieren

Markierungen sind Kennzeichen an oder in Schnitteilen. Sie gewährleisten eine genauere und einfachere Verarbeitung in der Näherei. Die Einschnitte oder Punktmarkierungen sollen am fertigen Kleidungsstück nicht mehr sichtbar sein.

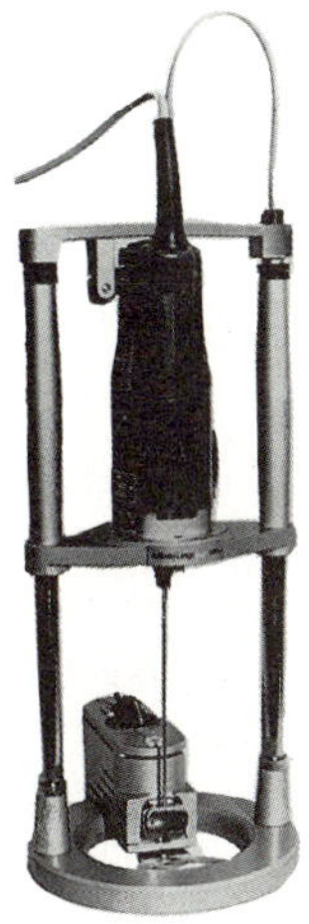

1: Bohrmarkiergerät

2: Signalunterlegplatte

Kaltbohrmarkiergerät
Eine Bohrnadel wird durch die Stofflage gepreßt. Durch die Gewebeverdrängung ist das Einstichloch längere Zeit sichtbar.

Heißbohrmarkiergerät
Durch Beheizung der Nadel werden die Einstichlöcher nachhaltiger sichtbar.

Farbmarkiermaschine
Die Einstichlöcher werden zusätzlich durch Farbe, die über die Hohlnadel kommt, markiert. Alle Stoffarten können gut sichtbar innerhalb einer Fläche „punktmarkiert" werden. Markiert werden z. B. Taschenlagen und Abnäherspitzen.

Die **Signalunterlegplatte** wird in Verbindung mit den Markiergeräten eingesetzt. Ein Summton zeigt das Ende des Markierungsvorganges an. Beschädigungen der Tischplatte sollen so vermieden werden.

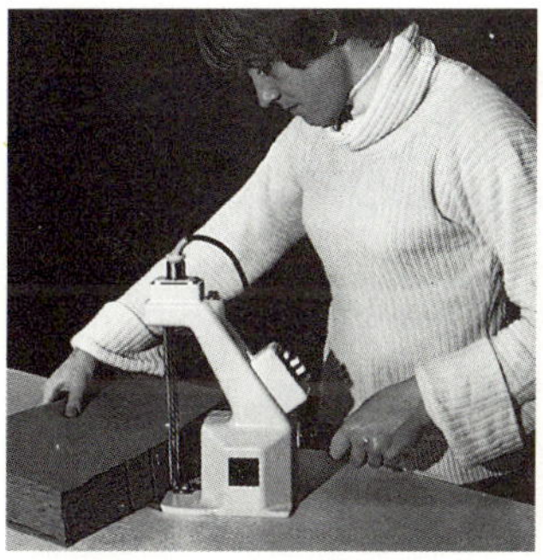

3: Heißkerbmaschine

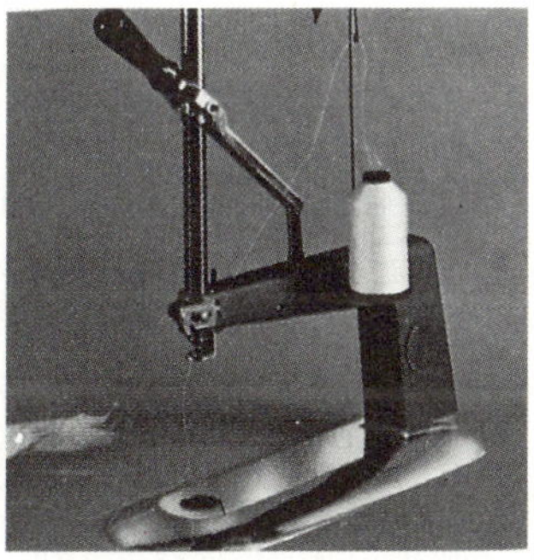

4: Fadenmarkiermaschine

Die **Heißkerbmaschine** wird eingesetzt zur Anbringung von Markierungspunkten an der Kante von Stofflagen. Die Temperatur und die Kerbtiefe sind einstellbar.

Das Gerät wird vor allem bei Maschenwaren aus Naturfasern eingesetzt. Synthetische Stoffe können an den Kanten verschmelzen.

Bei der **Fadenmarkiermaschine** wird durch eine senkrecht stehende Nadel ein Heftfaden senkrecht durch den Lagenstapel gestochen und unterhalb der unteren Schnittlage abgeschnitten. Der Faden wird anschließend zwischen den Einzellagen mit der Schere durchgeschnitten. Für das bloße Auge „unsichtbare" Punktmarkierungen für Schwarzglaslampen werden durch einen fluoreszierenden Faden angebracht. Die Maschine wird bei allen Stoffen eingesetzt, die durch Bohrmarkierungen beschädigt werden können.

Einrichten

5: Etikettierter Lagenstapel

Unter Einrichten versteht man alle vorbereitenden Arbeiten für die Näherei wie Numerieren, Etikettieren, Aufzeichnen von Taschenlagen, Zusortieren von Zutaten und das Sortieren von Schnitteilen. Schnitteile werden numeriert, um Farbabweichungen innerhalb eines Kleidungsstückes zu vermeiden. Die Etiketten enthalten fortlaufende Nummern, die Größennummer und sonstige betriebliche Daten. Die Numerierung soll so angebracht werden, daß sie bei der Weiterverarbeitung (Nähen, Fixieren) sichtbar, aber nicht hinderlich ist. In der Bekleidungsindustrie hat sich von den vielen Möglichkeiten, Etiketten für die Produktionssteuerung anzubringen, das einfache Handgerät durchgesetzt. Es ist äußerst variabel bei der Dateneingabe und kostengünstig in der Anwendung.

8.2.8 Geräte zum Messen und Zeichnen

Bezeichnung	Merkmale und Einsatz
Zeichendreiecke 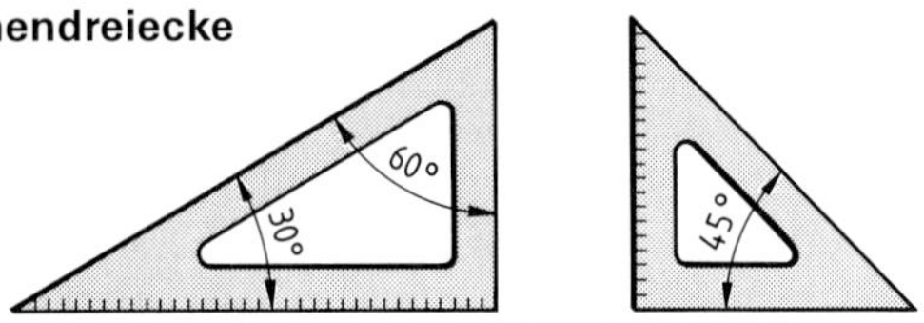	Zeichendreiecke werden aus schwer zerbrechlichem, glasklarem Kunststoff, aus Metall oder aus Holz hergestellt. Sie werden in Konstruktions- und Schnittabteilungen verwendet.
Schneiderwinkel 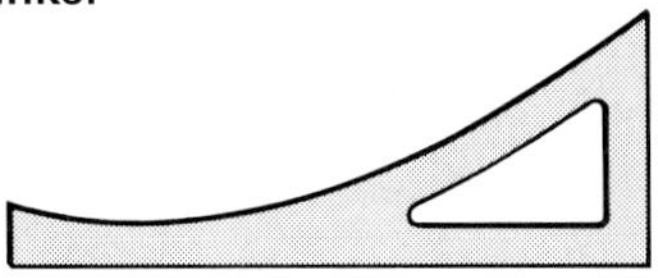	Zuschneidewinkel bestehen meist aus Leichtmetall oder Kunststoff. Die Besonderheit ist die gebogene Kante. Der Zuschneidewinkel wird als Zeichenhilfe in der Schnittabteilung für gebogene Linien (z. B. Hüftrundung) benötigt.
Handmaß 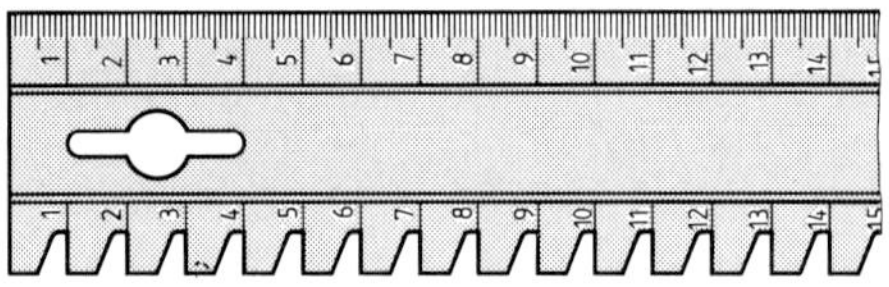	Das Handmaß ist eine 20 cm bis 30 cm lange Meßleiste aus elastischem Kunststoff mit einer gekerbten Kante mit cm-Teilung. Sie eignet sich besonders zum Messen kurzer Strecken und zur Anbringung von Markierungen, z. B. Faltenabstände, Knopfabstände.
Maßband 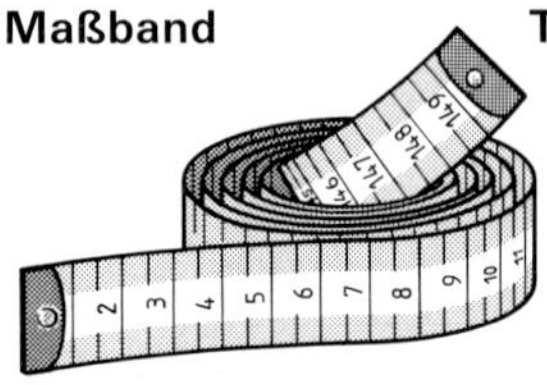 **Taillenmaßband** 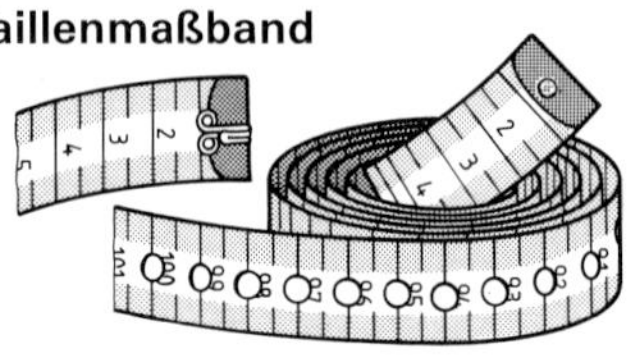	Maßbänder sind 1,5 cm bis 2 cm breite und 1,5 m bis 2 m lange Webbänder mit Kunststoffüberzug. Gemessen werden Körpermaße und Rundungen. Zum Befestigen in der Taille sind am Taillenmaßband zusätzlich ein Haken und mehrere Ösen angebracht.
Kopierrädchen 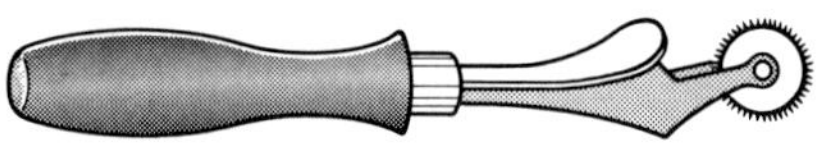	Kopierrädchen sind gezahnte oder mit Nadeln versehene Metallrädchen. Sie dienen zur Übertragung von Schnitt- und Konstruktionslinien auf Papier.
Schneiderkreide 	Schneiderkreide wird aus verschiedenen Materialien hergestellt. Auf Tonbasis gefertigte Kreide läßt sich leicht ausbürsten. Wachskreide schmilzt durch Bügelhitze. Synthetische Kreide verflüchtigt nach einiger Zeit. Schneiderkreide wird zum Anzeichnen von Schnittlinien und Markierungen auf Oberstoffen eingesetzt.
Anzeichenstifte 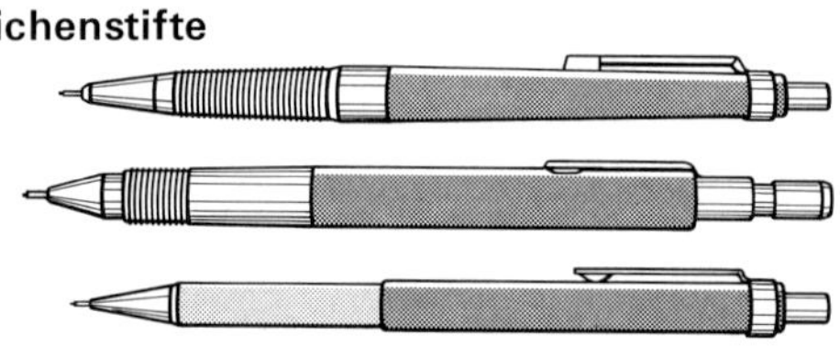	Markierungen, die mit Anzeichenstiften angebracht werden, sind entweder nach 2 bis 8 Tagen selbstlöschend oder je nach Stoffart mit Wasser oder durch Bügelhitze sofort entfernbar. Sie eignen sich besonders zum Anzeichnen auf der rechten Warenseite, z. B. Taschenlage.
Rockabrunder  **Fadomat** 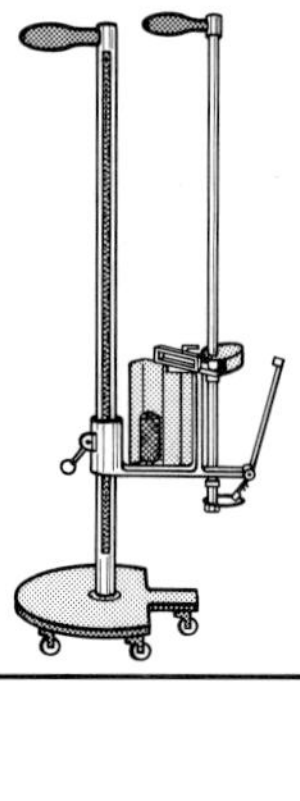	Beim Rockabrunden werden Kreidestriche durch Druckluft aufgetragen. Beim Fadomat wird die Rocksaumlänge mit Fadenschlingen markiert. Die Geräte werden zum Markieren von Rocklängen mit gleichmäßigem Bodenabstand eingesetzt.

8.2.9 Geräte zum Handnähen

Nähnadeln und Fingerschutz

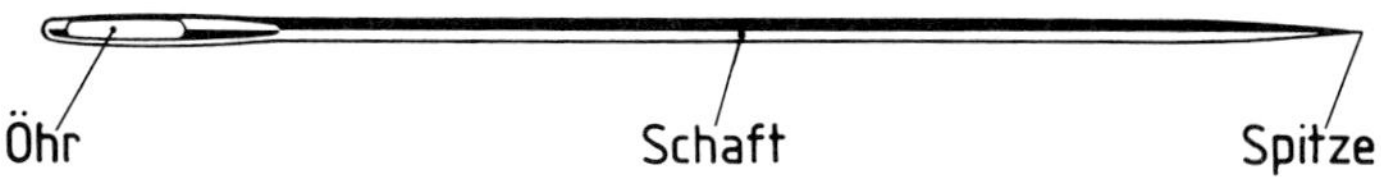

1: Aufbau der Nähnadel

Bezeichnung	Merkmale und Einsatz
Nähnadeln	

Nähnadeln

halblang: 3 5 7 9 — lang: 1 3 5 7 9

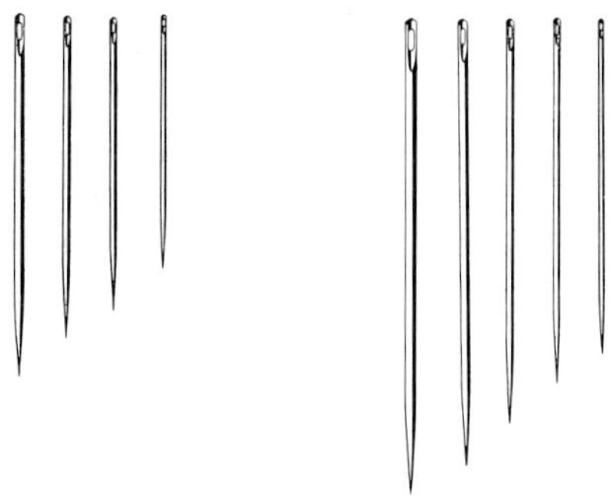

Die Nähnadeln werden nach Länge und Dicke unterteilt. Gebräuchliche Längen sind „halblang und lang".

Die Numerierungen dienen der Unterscheidung und lassen keine direkten Schlüsse auf die Länge und Dicke der Nadeln zu.

Das Nähgut, das Nähgarn und die Nähtechnik entscheiden über die Länge und die Dicke der Nadel.

Nähnadeln werden aus Stahl hergestellt und vernickelt. Sie sollen elastisch, glatt und spitz sein.

Sticknadeln

mit Spitze: 14 16 18 20 22 24 — ohne Spitze: 14 16 18 20 22 24

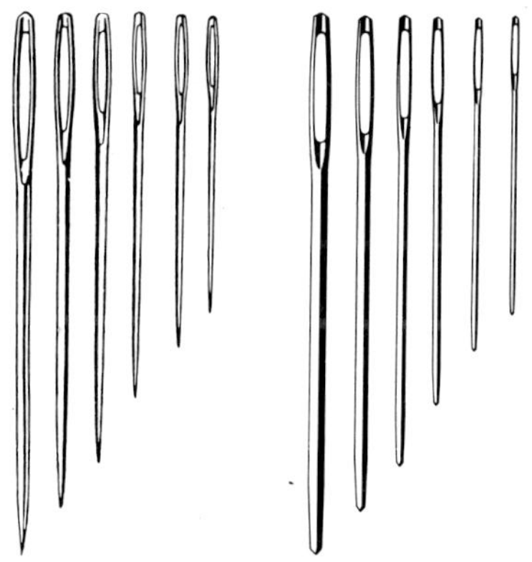

Stopfnadeln

3/0 1/0 1 3 5 7 9

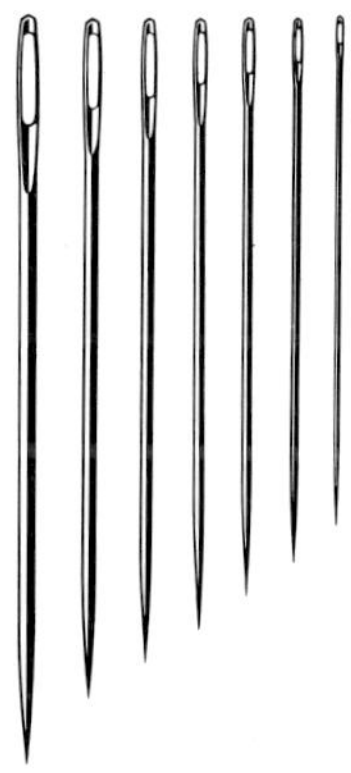

Stick- und Stopfnadeln sind besonders dicke Nähnadeln. Das Nähgut und die Garnstärke entscheiden über die Länge und die Dicke der Nadeln.

Die Numerierungen dienen der Unterscheidung und lassen keine direkten Schlüsse auf die Länge und Dicke der Nadeln zu.

Nadeln ohne Spitze (Straminnadeln) werden bei grobfädigem Nähgut, Nadeln mit Spitze bei feinfädigem Nähgut eingesetzt.

Stahl-Stecknadeln

Länge in mm	Dicke ∅ in mm
30	0,60 extrafein
34	0,60 extrafein
30	0,70 fein
34	0,70 fein
40	0,85 fein

Glaskopf-Stecknadeln

Länge in mm	Dicke ∅ in mm	Kopffarbe
30	0,60	weiß
30	0,60	schwarz
30	0,60	bunt
40	0,70	bunt
48	0,80	weiß
48	0,80	bunt

Stecknadeln werden aus Stahl, Messing oder aus Kunststoff hergestellt.

Das jeweilige Einsatzgebiet (Bekleidungsfertigung, Dekoration, Verpackung) und das Material bestimmen Länge, Dicke und Nadeltyp.

Fingerhüte

Durchmesser in mm ca.
18,0
17,0
16,5
16,0
15,0
14,0

Nähringe

Durchmesser in mm ca.
20
19
18
17
16
15
14

Fingerhüte werden aus Stahl oder Messing hergestellt und haben typische Vertiefungen, die ein Abgleiten der Nähnadeln verhindern sollen.

Der Mittelfinger wird geschützt und dadurch wird eine rationelle Arbeitsweise ermöglicht.

8.2.10 Werkzeuge zum Schneiden (1)

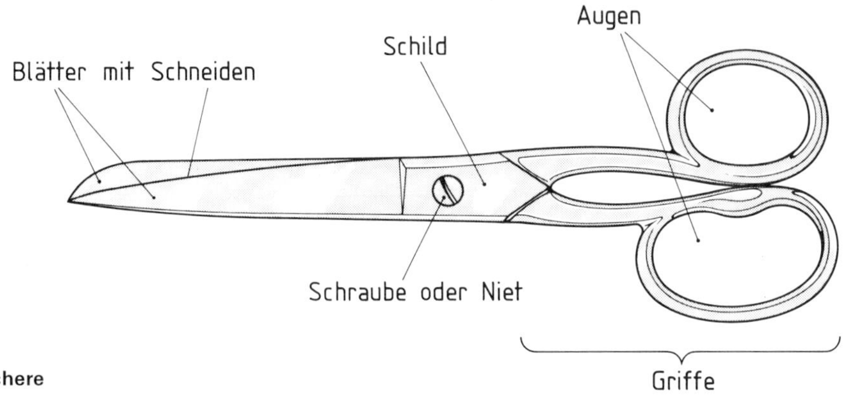

1: Bauteile der Schere

Scherenarten	Merkmale und Einsatz
Papierschere 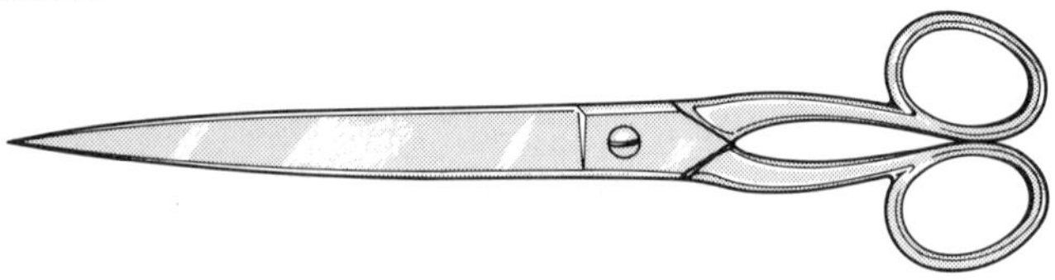	Bei der Papierschere sind die spitz auslaufenden Blätter länger als die Griffe. Sie eignet sich zum geraden Schneiden von dünnem Papier.
Handschere 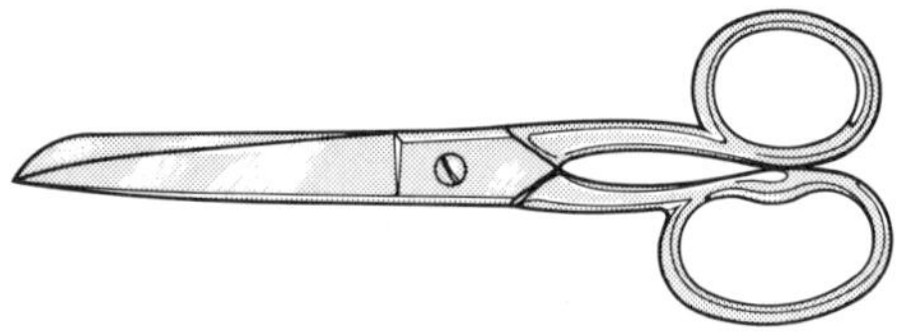	Die Handschere hat unterschiedliche Blätter. Ihre Handhabung wird durch ungleich große Augen erleichtert. Durch ihre Handlichkeit ist sie vielseitig einsetzbar.
Zuschneideschere 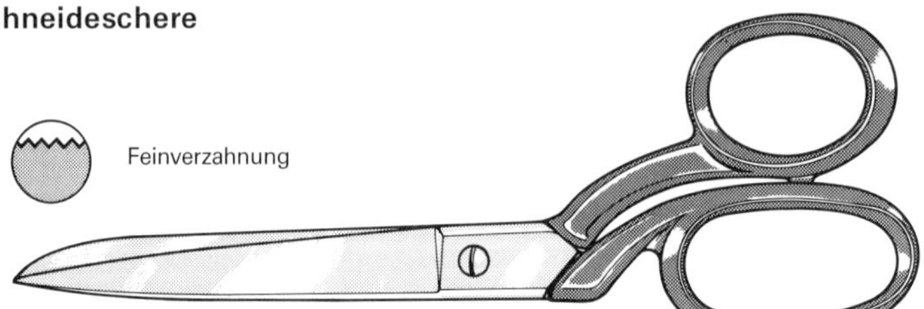	Die Zuschneideschere ist eine große und stabile Schere. Versetzte, ungleich große und geformte Griffe erleichtern das Schneiden dicker Stoffe. Eine Schneide mit Feinverzahnung verhindert beim Schneiden glatter Stoffe das Verrutschen des Schneidgutes. Die Zuschneideschere ist geeignet zum Zuschneiden von Einzellagen.
Schablonenschere 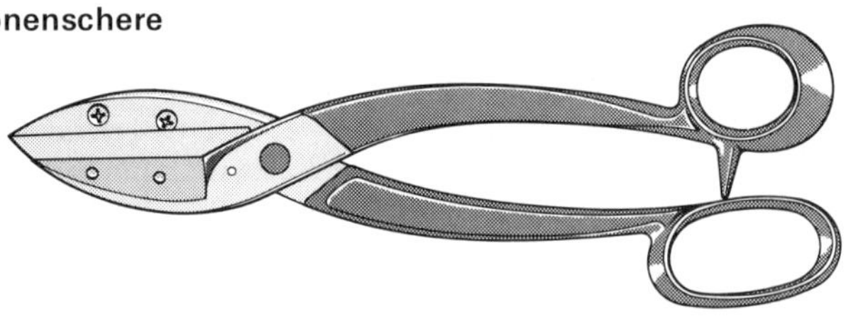	Die ungleich großen und geformten Griffe sind wesentlich länger als die kurzen Schneideblätter, welche bei schwerer Ausführung auswechselbar sind und aufgeschraubt werden. Sie wird benutzt zum Ausschneiden von Schnitt- und Nähschablonen aus dicker Pappe, Karton und Plastik.
Zackenschere 	Sie ist wie die Zuschneideschere aufgebaut, hat jedoch zwei gezackte Schneiden. Die gezackten Schnittkanten vermindern das Ausfransen des Stoffes oder dienen zur Verzierung.

8.2.10 Werkzeuge zum Schneiden (2)

Scherenarten (Fortsetzung)	**Merkmale und Einsatz**
Knopflochschere 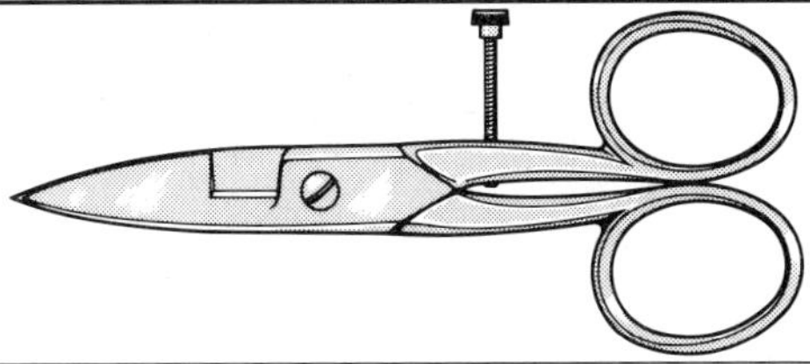	Die typische Aussparung an den Schneiden erlaubt kurze Einschnitte hinter Stoffkanten. Die Schnittlänge kann durch eine Schraube reguliert werden.
Stickschere 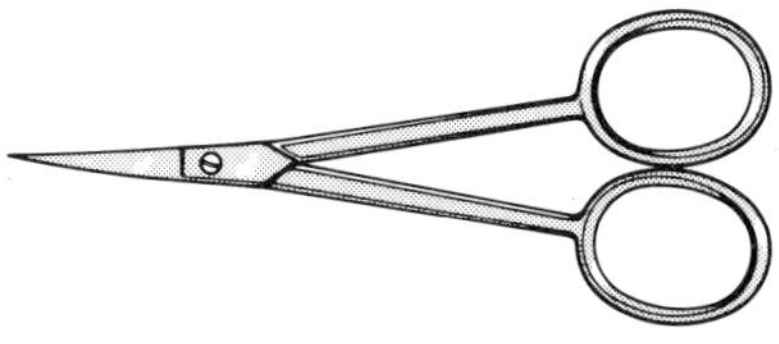	Die Griffe sind länger als die schmalen, spitz auslaufenden Blätter. Das Erfassen von kurzen, feinen Fäden wird dadurch begünstigt.
Zwicker-Ringschere 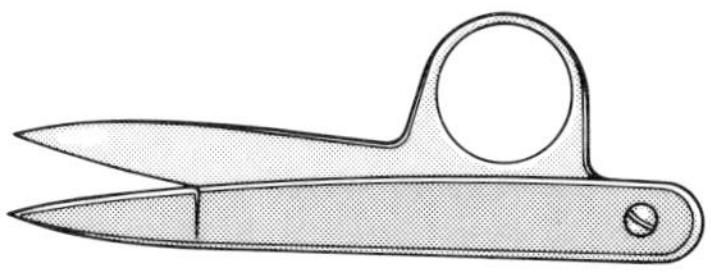	Diese Spezialschere besteht aus zwei Schneiden, die sich selbständig durch Federdruck öffnen. Der Vorteil dieser Schere ist die rationelle Handhabung beim Abschneiden von Fäden, z. B. bei Anproben, Endkontrollen und Auftrennarbeiten.
Sonstige Werkzeuge	
Pfeiltrenner 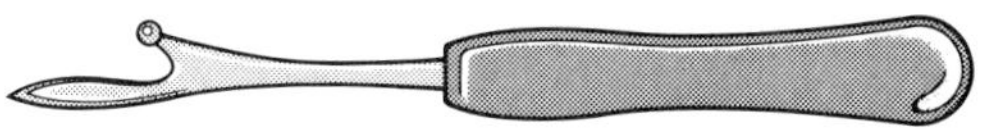	Der Pfeiltrenner besitzt ein hakenartiges Schneidteil mit Pfeilspitze. Er ist besonders geeignet zum Aufschneiden von Maschinenknopflöchern.
Pfriem 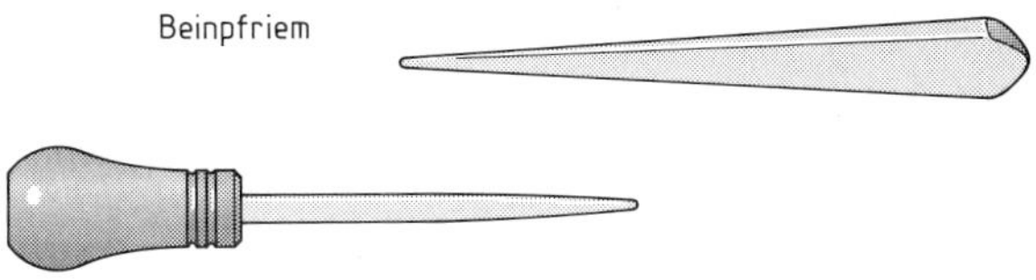	Der Pfriem aus Bein, Plastik oder Metall ist spitz zulaufend und hat eine glatte Oberfläche. Er dient zum Nachrunden von Augenknopf- und Schnürlöchern sowie zum Herausziehen von Fäden.
Locheisen 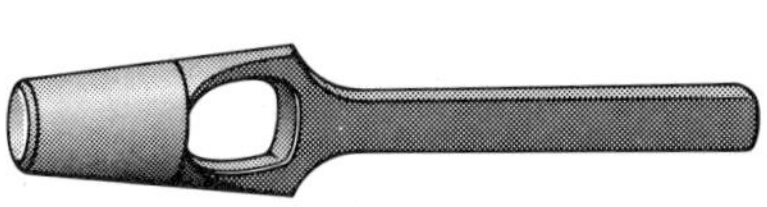	Locheisen gibt es in den Größen von 2 mm Durchmesser bis 25 mm Durchmesser. Mit Locheisen wird überwiegend innerhalb großer Flächen gelocht.
Lochzange 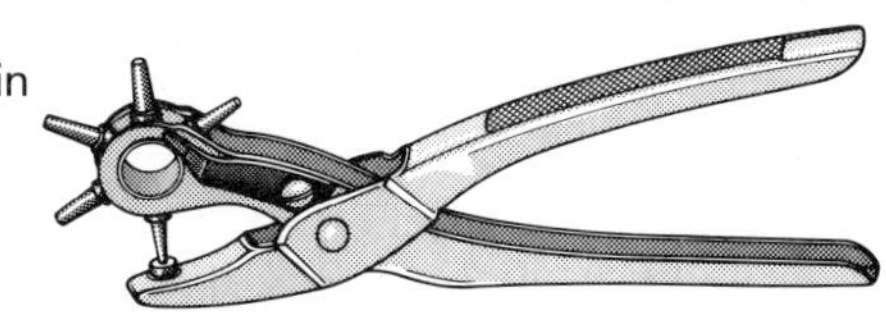	Die Revolverlochzange hat ein Magazin von Lochpfeifen mit unterschiedlichem Durchmesser. Mit der Lochzange wird bei geringen Abständen zur Kante gelocht.
Kerbschnittzange  Kerbformen verschiedener Zangen 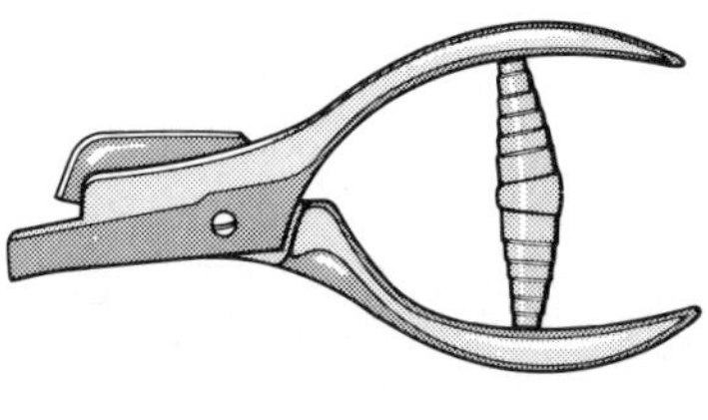	Kerbschnittzangen besitzen je nach Zweck unterschiedlich geformte Einkerbungen. Sie werden eingesetzt zur Anbringung von Markierungspunkten an Schnittschablonen, z. B. Querzeichen und Nahtzugaben.

8.3.1 Bauformen der Nähmaschine

Die Nähmaschinen-Grundform ist die Flachbettnähmaschine mit den folgenden Grundbauteilen:

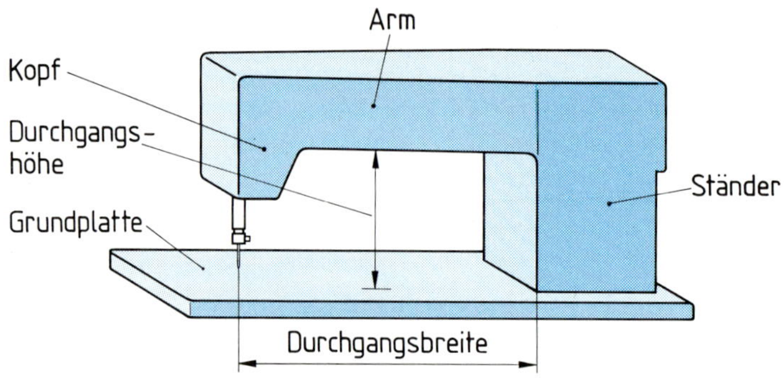

Für besondere Arbeitsgänge sind entsprechende Nähmaschinenformen entwickelt worden.

Maschinenbauformen	Stichart	Merkmale und Einsatz
Flachbett-Nähmaschine (Grundform) 	Doppelsteppstich Kettenstich	Der Durchgangsraum ist so gestaltet, daß eine möglichst vielseitige Verwendung erreicht wird und das Nähgut möglichst einfach um die Nadel und das Füßchen herumgeführt werden kann. Die Grundform wird bei allgemeinen Näharbeiten eingesetzt.
Sockel-Nähmaschine 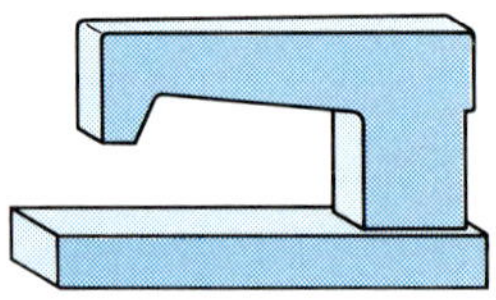	Doppelsteppstich Kettenstich	Die Nähgutauflage ist als Sockel ausgebildet. Diese Bauform begünstigt die Weiterverarbeitung von bereits montierten Teilen. Sie ist besonders geeignet bei der Verwendung von Führungen und Apparaten und ist die Grundform für verschiedene Spezialmaschinen wie z. B. Knopflochmaschinen.
Säulen-Nähmaschine 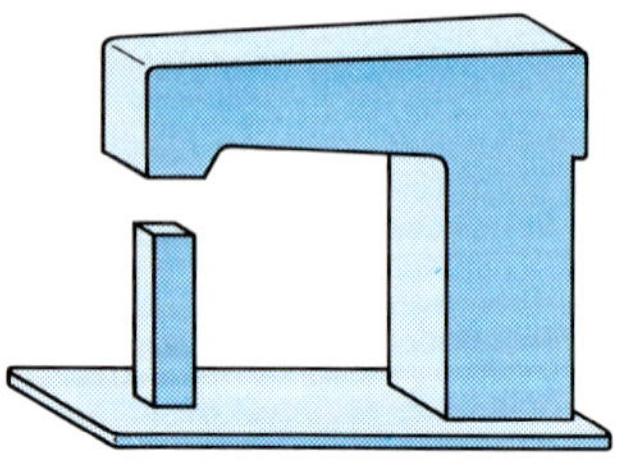	Doppelsteppstich Kettenstich	Diese Bauform hat einen erhöhten Ständer und einen vertikalen Greifer (vgl. Seite 156) in einer Säule. Besondere Einsatzgebiete sind die Verarbeitung dreidimensionaler Artikel z. B. Schuhe und Taschen. Die Bearbeitung enger Kurven und Ecken, das Einnähen von Ärmeln und die Weiterverarbeitung von voluminösen Halbfertigfabrikaten wird besonders erleichtert.
Arm-Nähmaschinen 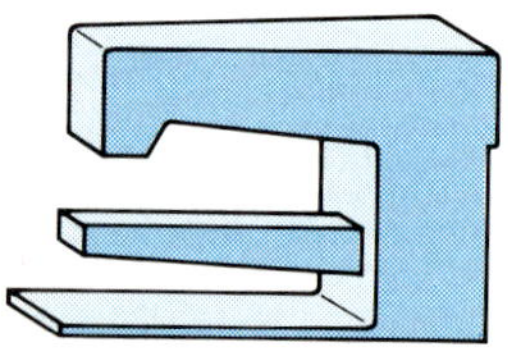 Freiarm-Nähmaschine 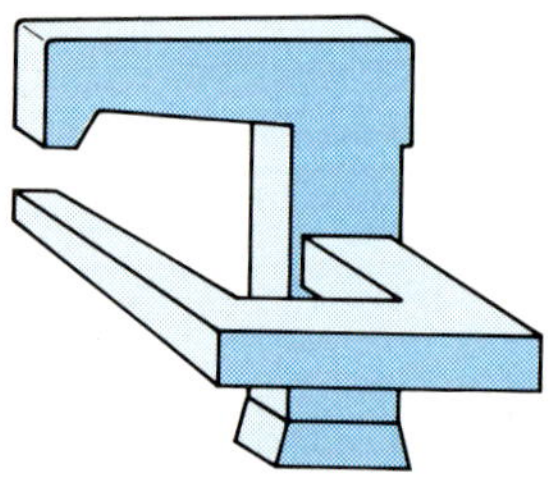 Armabwärts-Nähmaschine	Doppelsteppstich Kettenstich	Die Maschinen haben einen erhöhten Ständer und einen zusätzlichen unteren Arm. Diese Bauformen sind besonders geeignet für die Bearbeitung von schlauchförmigem Nähgut, z. B. Einfaßarbeiten bei Säumen, Ärmeln, Hosen und bei Riegel- und Knopfannähmaschinen. Die Armabwärts-Nähmaschine wird vor allem in der Maschenwarenkonfektion eingesetzt.
Block-Nähmaschine 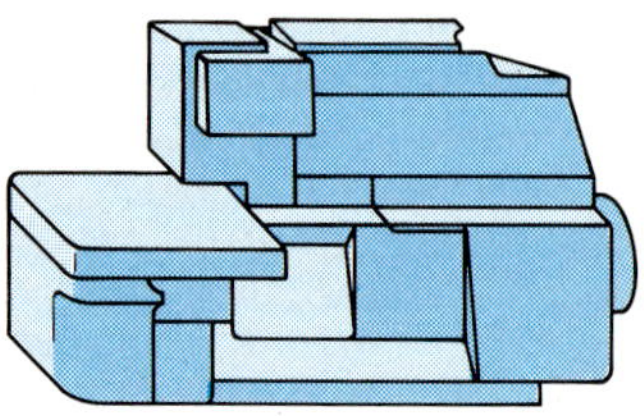	Kettenstich und Überwendlichkettenstich	Die Maschine hat ein blockförmiges Gehäuse. Diese Bauform hat nur einen kleinen Durchgangsraum und wurde speziell für Arbeiten an Kanten, z. B. Überwendlich- und Sicherheitsnähte, entwickelt.

8.3.2 Nähstichtypen (Stichtypen)[1]

Man unterscheidet nach einem internationalen Katalog sechs Stichtypenklassen, die in der DIN 61 400 aufgeführt sind. Die Darstellung der Stichfolgen gehen von rechts nach links. Nadelfäden sind gelb, Schiffchen- und Greiferfäden sind rot und alle Legefäden der Klasse 600 sind blau dargestellt. Wird um eine Kante genäht, so ist das Nähgut durch schmale Vollinien angedeutet.

Bezeichnung	Merkmale und Einsatz
Klasse 100 Einfachkettenstichtypen 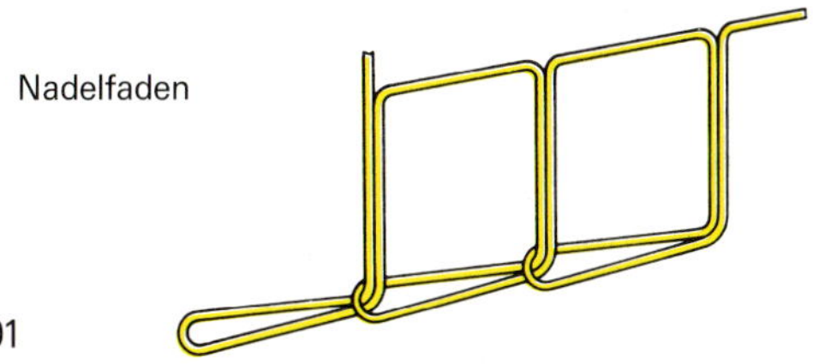 Stichtype 101	Jede Fadenschlinge wird von der nachfolgenden Fadenschlinge desselben Fadens verkettet. Ober- und Unterseite der Nähnaht (Naht)[1] haben unterschiedliches Aussehen. Die Stichart läßt sich leicht vom letzten zum ersten Stich der Naht lösen. Die Naht ist im allgemeinen elastisch. Reih- und Heftnähte sind besondere Einsatzgebiete.
Klasse 200 Einfachsteppstichtypen 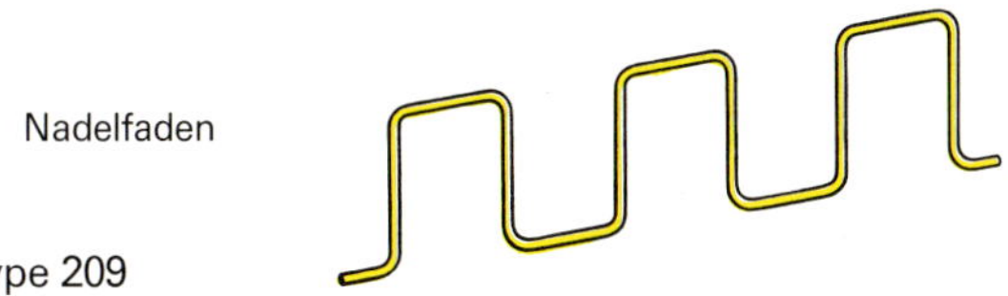 Stichtype 209	Bei jedem Einfachsteppstich muß der gesamte Fadenvorrat durch das Nähgut hindurchgeführt werden. Der Faden wird durch das Nähgut gehalten. Die Bewegung der Nadel kann von Hand oder von einer Maschine ausgeführt werden. Dieser Stichtyp ist besonders zum Kantendurchnähen geeignet.
Klasse 300 Doppelsteppstichtypen 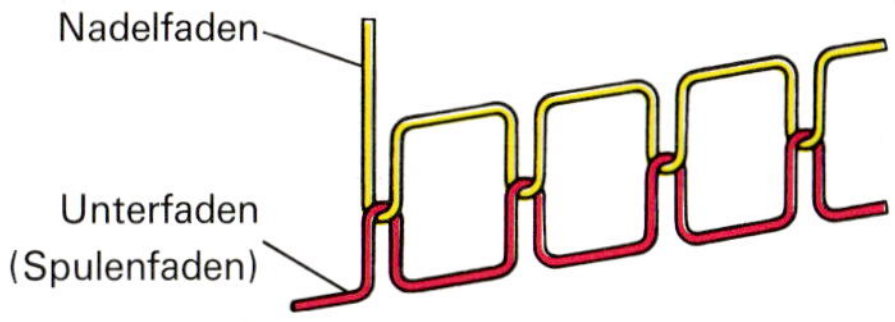 Stichtype 301	Diese Stichtypen werden aus zwei Fadensystemen hergestellt. Die von der Nadel in das Nähgut eingebrachte Fadenschlinge wird mit einem zweiten Faden verbunden. Ober- und Unterseite der Naht haben gleiches Aussehen. Die Naht ist schwer lösbar und hat im allgemeinen geringere Elastizität als Kettenstichnähte. Sie ist die universellste Nahtart.
Klasse 400 Doppelkettenstichtypen 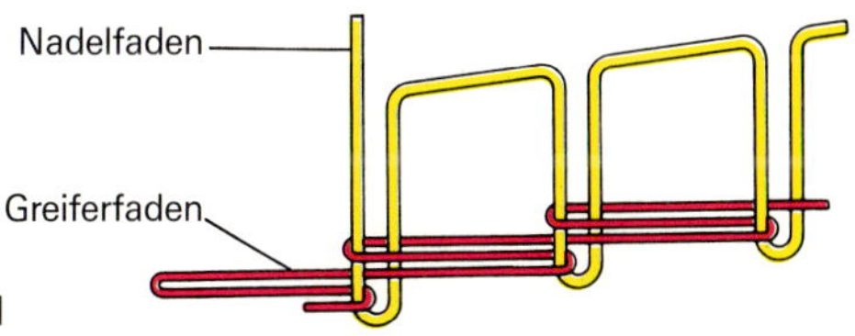 Stichtype 401	Diese Stichtypen werden auch aus zwei Fadensystemen hergestellt. Schlingen des ersten Fadensystems werden mit Hilfe der Nadel durch das Nähgut geführt und durch einen Greifer mit den Schlingen eines zweiten Fadensystems verkettet. Ober- und Unterseite der Naht haben unterschiedliches Aussehen. Die Naht ist leicht lösbar und im allgemeinen elastisch. Besondere Einsatzgebiete sind elastische Verbindungsnähte, Gesäßnähte, Nähte in Maschenwaren und glatt zu verarbeitende Nähte, z. B. Seitennähte.
Klasse 500 Überwendlichkettenstichtypen 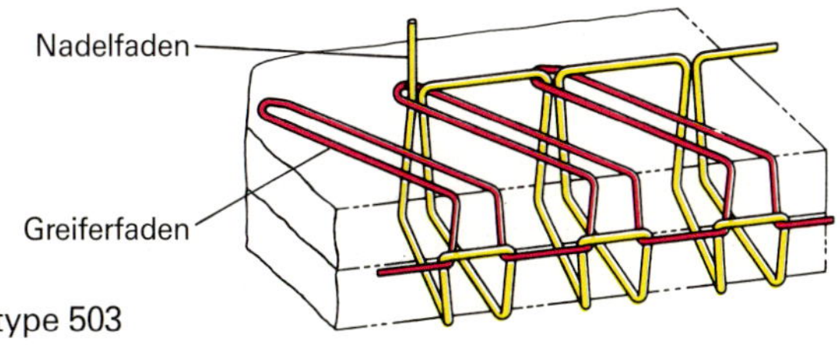 Stichtype 503	Diese Stichtypen werden aus einem oder mehreren Fadensystemen hergestellt. Schlingen eines Fadensystems werden durch das Nähgut geführt und durch Verketten mit sich selbst oder einem anderen Fadensystem befestigt. Mindestens ein Fadensystem wird dabei um die Kante des Nähgutes geführt. Überwendlichstiche haben je nach Stichtype die Aufgabe, offene Schnittkanten von Web- und Maschenwaren durch Umlegen zu versäubern und/oder zu verbinden.
Klasse 600 Überdeckkettenstichtypen 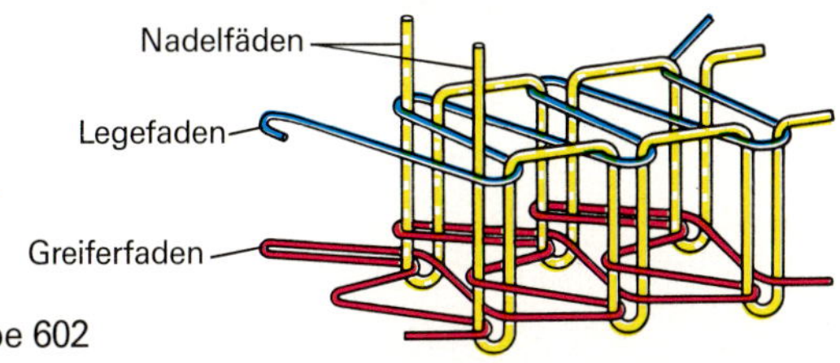 Stichtype 602	Diese Stichtypen werden aus drei Fadensystemen hergestellt. Mehrere Schlingen des ersten Systems werden durch Schlingen des dritten Systems, das bereits über das Nähgut gelegt ist, geführt. Die Schlingen des ersten Systems werden dann durch das Nähgut geführt und mit den Schlingen des zweiten Systems an der Unterseite des Nähgutes verkettet. Spezielle Flachnähte, vor allem an Maschenwaren, sind besondere Einsatzgebiete.

[1] Zur fachlichen Abgrenzung werden die Begriffe „Nähstichtyp" und „Nähnaht" definiert. Zur Vereinfachung können im allgemeinen Sprachgebrauch die Begriffe „Stichtyp" und „Naht" verwendet werden.

8.3.3 Nähmaschinenaufbau

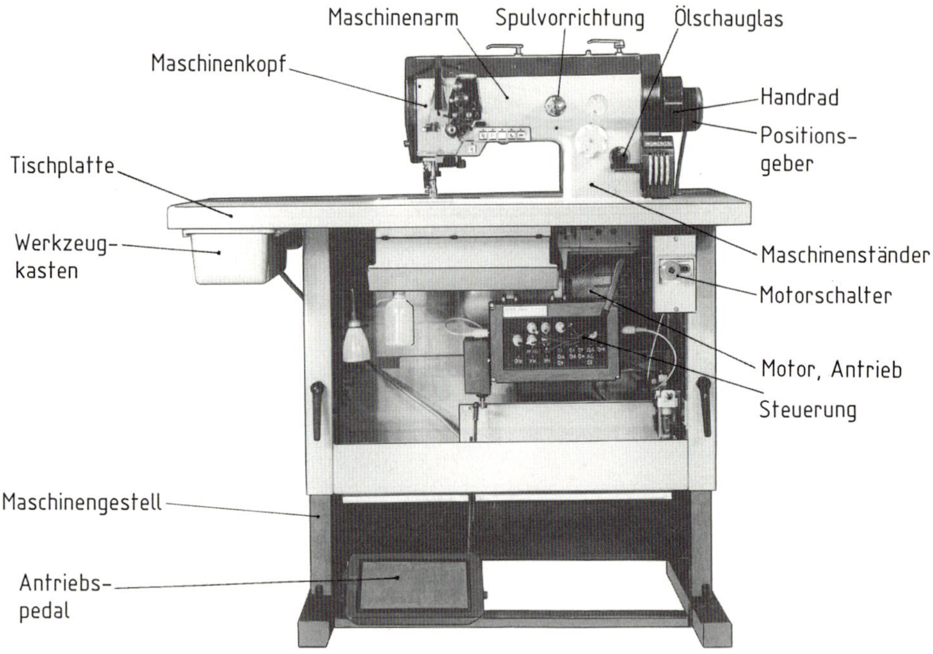

1: Gesamtansicht einer Nähmaschine (Doppelsteppstichmaschine)

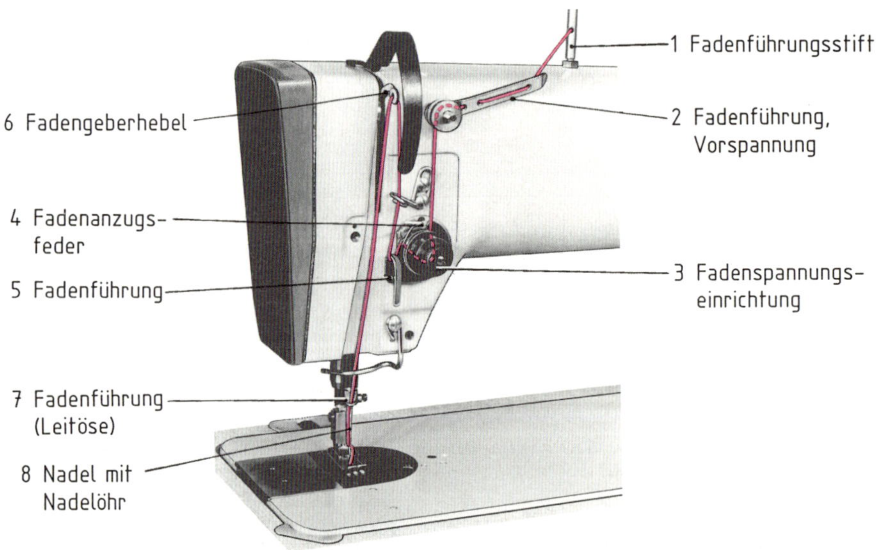

2: Nähmaschinenkopf mit Oberfadenführung (Doppelsteppstichmaschine)

Fadenführende Teile — Nadelfaden

Nr.	Benennung	Funktion
1	**Fadenführungsstift**	Ermöglicht gleichmäßigen Fadenabzug (Entzwirbelung).
2	**Fadenführung und Vorspanneinrichtung**	Ermöglicht gleichmäßigen Fadenabzug.
3	**Fadenspanneinrichtung**	Bewirkt, daß die Verschlingung der Fäden anforderungsgerecht erfolgt.
4	**Fadenanzugsfeder**	Dämpft den Fadenanzug.
5	**Fadenführung**	Dient zur Fadenumlenkung.
6	**Fadengeberhebel**	Gibt die zur Stichbildung erforderliche Fadenmenge frei. Zieht den Stich an. Zieht den Nadelfaden von der Garnrolle.
7	**Fadenführungen**	Halten den Faden in seiner funktionsgerechten Bahn.
8	**Nadel mit Nadelöhr**	Bringt den Faden durch das Nähgut und bildet die Fadenschlinge.

8.3.4 Bewegungselemente der Nähmaschine

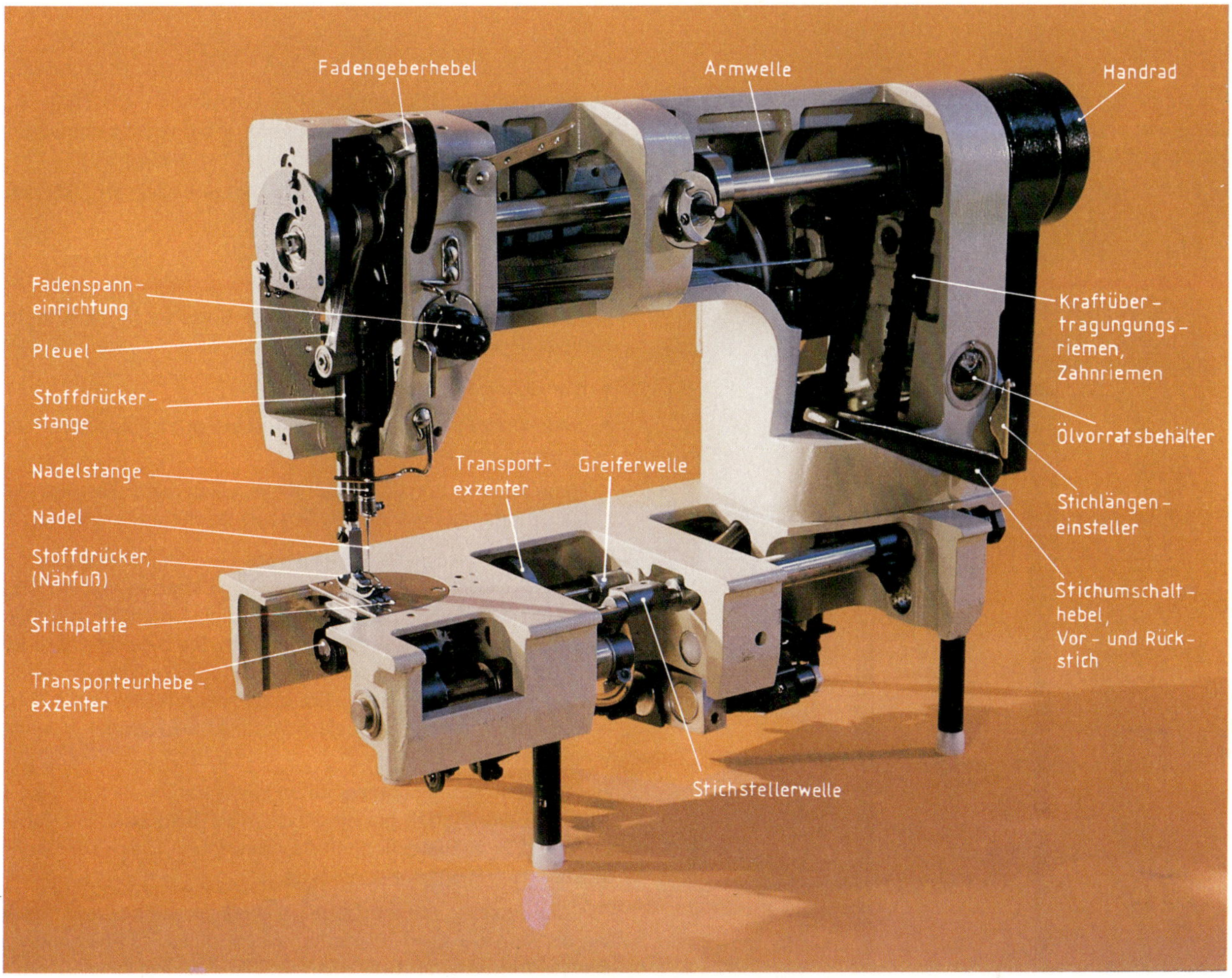

1: Schnittmodell (Doppelsteppstichmaschine)

Stichbildende Teile

Benennung	Funktion	Benennung	Funktion
Nadel	Führt den Nadelfaden durch das Nähgut und bildet eine Fadenschlinge.	**Fadenspann-einrichtung**	Bewirkt, daß die Stichbildung funktionsgerecht erfolgt.
Greifer	Fängt die Fadenschlinge und führt sie um den Unterfaden herum.	**Stoffdrücker, (Nähfuß)**	Preßt das Nähgut auf den Transporteur und die Stichplatte und ermöglicht die Schlingenbildung.
Fadengeber-hebel	Gibt die zur Stichbildung erforderliche Fadenmenge frei. Zieht den Stich an. Zieht den Nadelfaden von der Garnrolle.	**Stichplatte**	Sie enthält das Stichloch und den Ausschnitt für den Transporteur.
		Transporteur	Schiebt das Nähgut nach der Stichbildung um eine Stichlänge weiter.

Bewegungsabläufe in der Nähmaschine (Nähkinematik)

Die Beschreibung bezieht sich auf das dargestellte Schnittmodell einer Doppelsteppstich-Nähmaschine.

Die Drehbewegung des Motors wird durch den Antriebsriemen auf die Armwelle übertragen. Die Armwelle überträgt die Drehbewegung durch den Zahnriemen und die Zahnräder auch auf die untere Hauptwelle.

Der Greifer wird über die Greiferwelle angetrieben.

Der Transporteurhebeexzenter erzeugt die Hubbewegung und der Transporteurschiebeexzenter die Schubbewegung des Transporteurs.

Die Länge des Vorschubs wird über die Stichstellvorrichtung, die Stichstellerwelle und die Transporteurschiebewelle bestimmt.

Auf der Armwelle sitzt die Armwellenkurbel. Über das Pleuel wird die Drehbewegung der Armwelle in die geradlinige Bewegung der Nadelstange umgewandelt.

8.3.5 Nähmaschinennadeln (1)

Aufgabe

Die Nadel hat die Aufgaben, das Nähgut mit dem Nadelfaden zu durchdringen und eine Schlinge auszubilden. Die Fäden des Nähgutes werden verdrängt, homogenes Material wie Leder oder Kunststoff wird durchschnitten. Für die verschiedenen Einsatzbereiche gibt es Nähmaschinennadeln in verschiedenen Ausführungen, die nach DIN 5330 zusammengestellt sind.

Ihr Einsatz richtet sich nach der Beschaffenheit des Nähgutes, nach der Nähfadendicke, nach der Nahtart und nach dem Stichtyp.

1: Kolbenquerschnitte

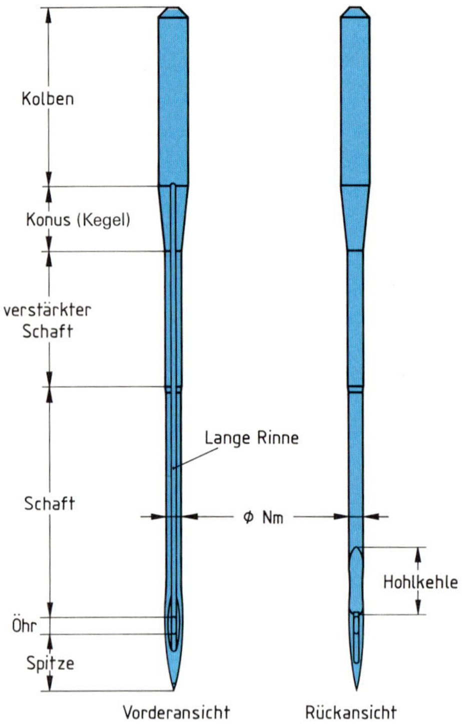

2: Doppelsteppstichnadel

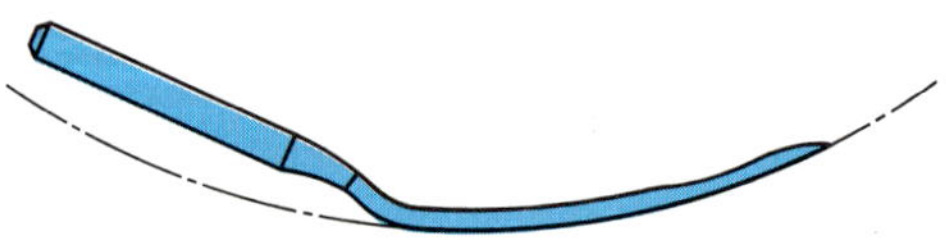

3: Gebogener Nadelschaft (Blindstichnadel)

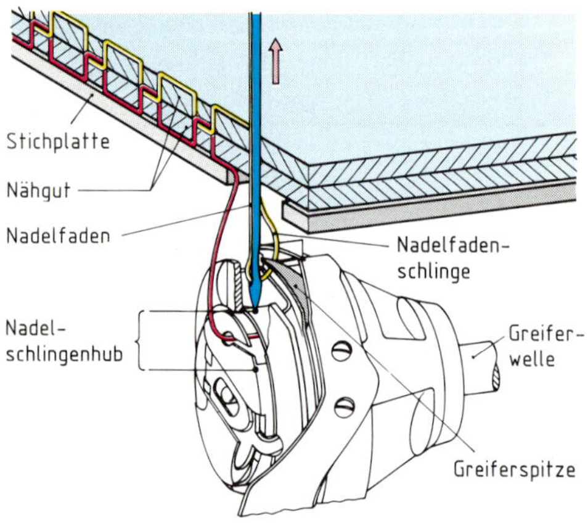

4: Bildung der Nadelfadenschlinge (Querschnitt)

Aufbau und Benennungen

Der **Kolben** dient zur Befestigung der Nadel im Nadelhalter der Nadelstange. Man unterscheidet:

- Nadeln mit Rundkolben
- Nadeln mit Flachkolben. Die Nadel erhält im Nadelhalter eine vorgegebene Position.
- Nadeln, bei denen die Kolbendicke gleich der Schaftdicke ist; sie werden bei bestimmten Spezialmaschinen verwendet.

Der Nadelschaft ist die Strecke vom Ende des Konus bis zum Anfang des Öhrs. Der Durchmesser des Schaftes wird häufig in Richtung des Kolbens stufenweise dicker. Durch diese Schaftverstärkung wird die Nadel biegesteifer. Sie bewirkt außerdem ein Erweitern des Einstichloches, wodurch bei der Aufwärtsbewegung der Nadel die Reibung zwischen Nadel und Nähgut verringert wird. Die Nadelerwärmung wird dadurch etwas vermindert.

Neben den Nähmaschinennadeln mit geradem Schaft gibt es Nadeln, deren Schaft gezielt gebogen ist **(Bild 3)**. Diese Nadeln werden z. B. in Blindstichnähmaschinen (vgl. Seite 165) eingesetzt.

Auf der Einfädelseite der Nadel liegt die lange **Fadenrinne**. Sie hat die Aufgabe, den Nadelfaden während des Stichbildungsvorganges zu führen und vor übermäßiger Reibung zu schützen.

Oberhalb des Nadelöhrs befindet sich im allgemeinen eine **Hohlkehle**. Sie ermöglicht dem Greifer eine sichere Schlingenerfassung und vermindert damit die Gefahr von Fehlstichen.

Das **Nadelöhr** ist immer länglich ausgebildet, weil die Nadelfadenbewegung in Längsrichtung schräg durch die Nadel verläuft. Die Öhrbreite entspricht der Breite der langen Rinne.

Dickenbezeichnung

Die metrische Dickenbezeichnung „Nm" (Numerierung metrisch) entspricht dem Durchmesser (in 1/100 mm) im Schaftbereich oberhalb der Hohlkehle **(Bild 2)**.

Feine Nadeln haben z. B. die Dickenbezeichnung Nm 60, Nm 70, mittlere Nadeln Nm 80, Nm 90, und dicke Nadeln Nm 110, Nm 120.

Bildung der Nadelfadenschlinge

Nachdem die Nadel das Nähgut durchstochen und den Nadelfaden durch das Nähgut geführt hat, entsteht bei der Aufwärtsbewegung der Nadel in Verbindung mit der Reibung des Fadens am Nähgut eine Schlinge. Sie wird von der Spitze des Schlingenfängers (Greifer) im Bereich der Hohlkehle erfaßt und erweitert. Bei diesem Vorgang und bei dem anschließenden Anziehen des Fadens durch den Fadengeberhebel hat die lange Rinne die Aufgabe, ein möglichst reibungsarmes Bewegen des in beiden Fällen stark beschleunigten Nadelfadens zu gewährleisten.

8.3.5 Nähmaschinennadeln (2)

Nadelspitzen

Die unterschiedliche Beschaffenheit der zu nähenden Materialien verlangt eine Vielzahl von Nadelspitzen. Die Lage der Nadelspitze kann zentrisch oder exzentrisch sein.

Die Nadelspitzen lassen sich in zwei Gruppen einteilen: Rundspitzen (Verdrängerspitzen) und Schneidspitzen.

Rundspitzen

Rundspitzen unterteilt man ihrer Form nach in Kegelspitzen und Kugelspitzen. Der Einsatz richtet sich nach dem Nähgut.

Spitzensymbol		
	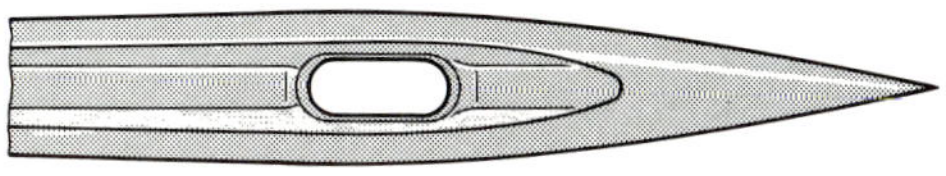 Scharfe = Schlanke Kegelspitze	**Kegelspitzen** **Scharfe** Kegelspitzen durchstechen Nähgutfäden. Sie werden bei Blindstichen und bei der Verarbeitung feinfädiger, dichter Gewebe eingesetzt. Für Maschenwaren sind sie wenig geeignet.
	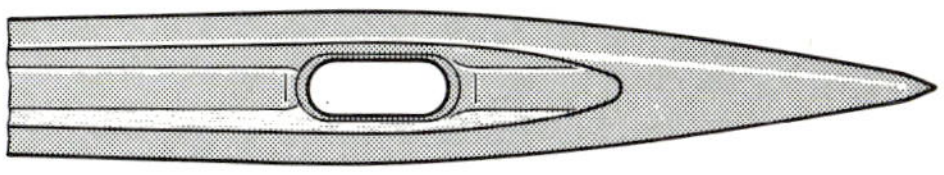 Normale Kegelspitze	Die **normale** Kegelspitze verdrängt die Nähgutfäden, ohne sie zu verletzen. Die Spitze ist leicht abgerundet. Diese Spitzenform ist am vielseitigsten einsetzbar.
	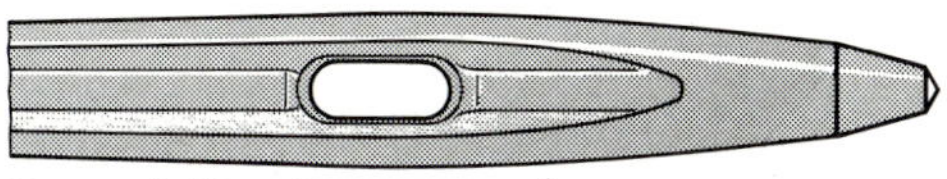 Stumpfe Kegelspitze	Die **stumpfe** Kegelspitze ist stark abgerundet und wird speziell bei Knopfannähmaschinen eingesetzt.
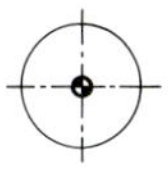	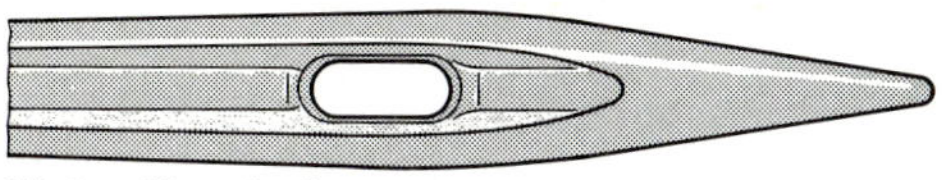 Kleine Kugelspitze	**Kugelspitzen** **Kleine** Kugelspitzen werden besonders bei empfindlichem Nähgut eingesetzt, z. B. bei Maschenware, um Maschenbeschädigungen zu vermeiden.
	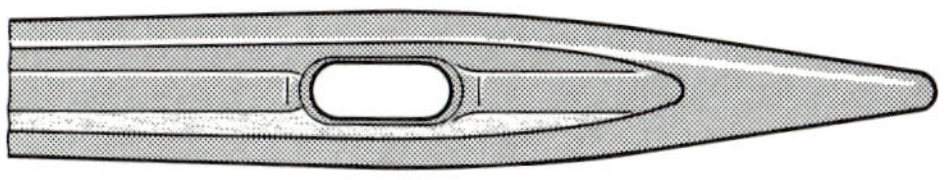 Mittlere Kugelspitze	Mit der **mittleren** oder der **großen** Kugelspitze werden Elastikmaterialien mit eingearbeiteten Gummi- oder Elastomerfäden bearbeitet. Die Fäden werden nicht durchstochen, sondern beiseite gedrückt.
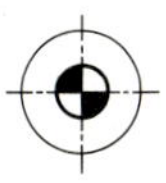	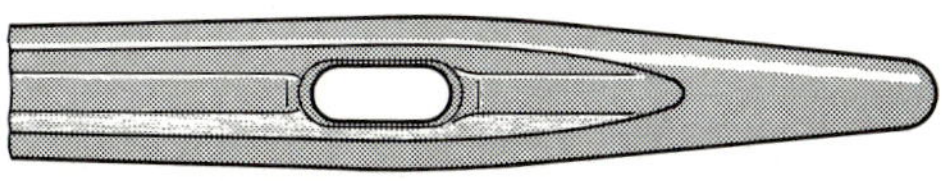 Große Kugelspitze	

Schneidspitzen

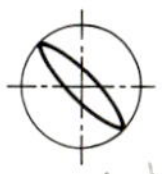	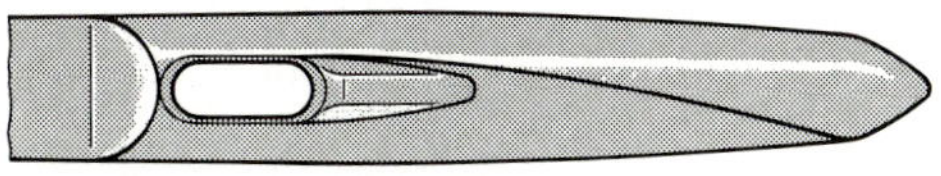 Lage: Schneidspitze links	Bei der Verarbeitung von Leder, Folien sowie kaschierten und beschichteten textilen Flächen werden Schneidspitzen verwendet. Sie werden nach der Lage der Schneide und nach der Form eingeteilt und benannt.
	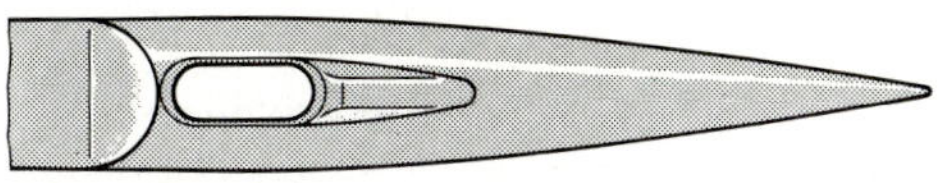 Form: Perlspitze	Spitzenformen sind nach der Stellung der Schneide z. B. Leder rechts und nach der Form z. B. Perlspitze, Dreikantspitze und Spatenspitze benannt.

8.3.6 Nähguttransport (1)

Der Transport (Vorschub) ist die gerichtete Bewegung des Nähguts zwischen zwei Nadeleinstichen, durch ihn wird eine Folge von Nähstichen zu einer Naht. Der Transport ist grundsätzlich in allen Richtungen der Nähebene möglich, in den meisten Fällen erfolgt er nur vorwärts oder rückwärts. Der Transport des Nähgutes geschieht im allgemeinen, wenn sich die Nadel außerhalb des Nähgutes befindet, und er soll gerade beendet sein, wenn die Nadelspitze wieder in das Nähgut einsticht.

Funktion des Nähguttransportes

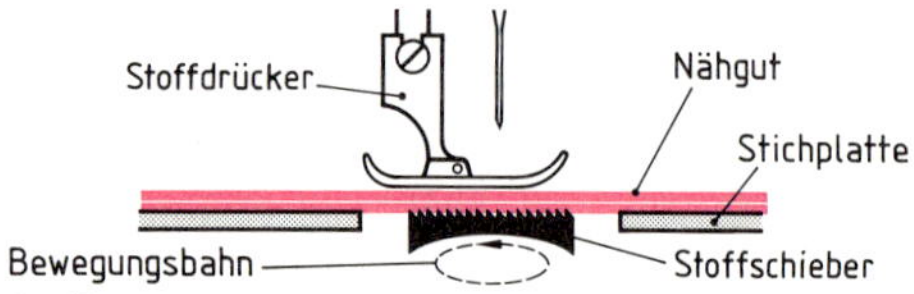

1: Untertransport

Der Nähguttransport wird durch Zusammenwirken von Stoffschieber und Stoffdrücker erreicht. Dazu tritt der Stoffschieber durch die Stichplatte hindurch, drückt das Nähgut gegen den Stoffdrücker und verschiebt es um eine Stichlänge. Danach geht der Stoffschieber unter die Stichplatte und wieder zurück in die Ausgangsstellung.

Nähgut und Arbeitsgang bestimmen die Ausführung des Stoffschiebers, des Stoffdrückers und der Stichplatte. Stoffschieber können unterschiedliche Verzahnung und Formen haben.

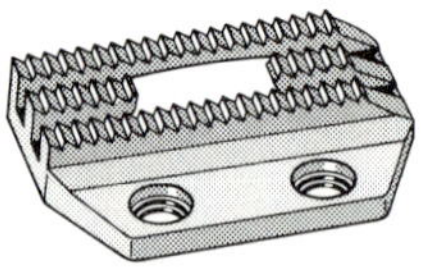

Stoffschieber

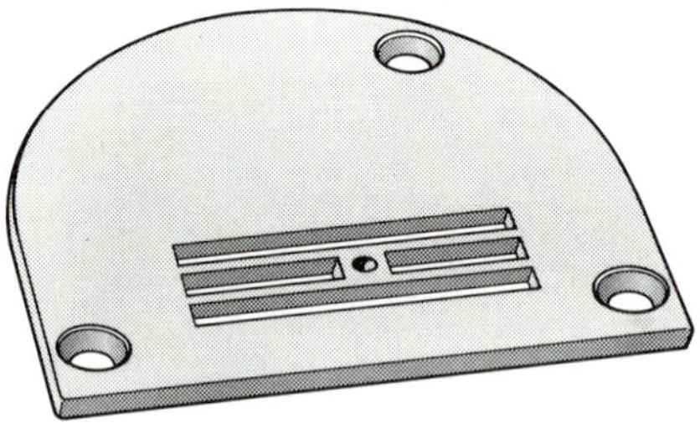

Stichplatte

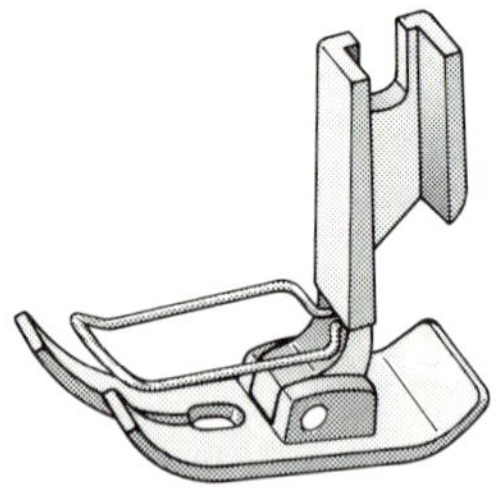

Stoffdrücker (Nähfuß)

2: Transportelemente (Teilesatz)

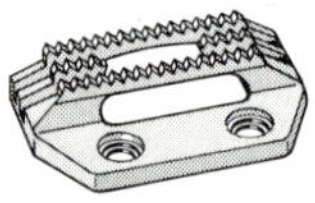

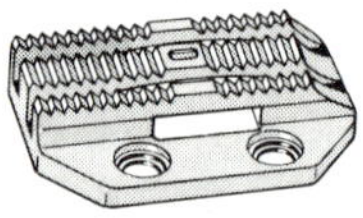

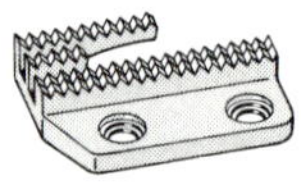

3: Transporteurarten

Verzahnungsarten

Art der Verzahnung	Sägeverzahnung	Dachverzahnung	Rautenverzahnung
Anwendung	Transport vorwiegend in eine Richtung	gleichmäßiger Transport vorwärts oder rückwärts	geeignet für den Transport von dünnen Stoffen

Transportarten

Der Transport des Nähgutes erfolgt im allgemeinen von unten. Je nach nähtechnischer Anforderung kann er aber auch von oben oder von unten und oben gleichzeitig erfolgen. Mit den verschiedenen Transportarten werden viele nähtechnische Probleme gelöst (vgl. Seite 170).

Untertransport

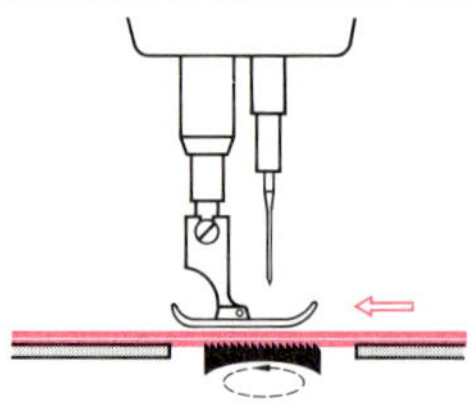

Diese Transportart eignet sich für Nähgut mit unkompliziertem Nähverhalten.

Der Transport erfolgt durch die „hüpfende" Bewegung des Stoffschiebers, deshalb wird er auch Hüpfertransport genannt.

Differential-Untertransport

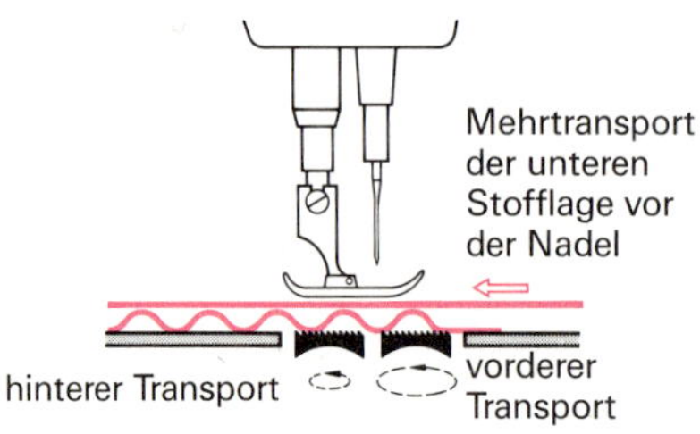

Der Differential-Untertransport erfolgt durch zwei voneinander unabhängig angetriebenen Stoffschiebern. Der Vorschub jedes Stoffschiebers ist unabhängig voneinander einstellbar.

Bei größerem Vorschub des vorderen Stoffschiebers wird Mehrweite bei der unteren Stofflage eingearbeitet.

8.3.6 Nähguttransport (2)

Kombinierte Transportarten

Unter- und Nadeltransport

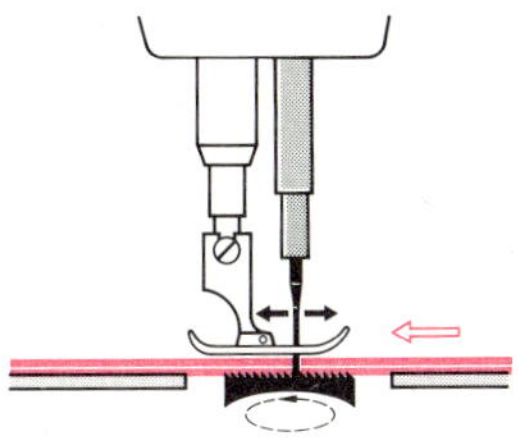

Der Nähguttransport erfolgt, während sich die Nadel im Nähgut befindet. Die Nadelstange führt bei eingestochener Nadel, synchron mit dem Untertransport, die Schubbewegung aus.

Der Nadeltransport verhindert Stofflagenverschiebungen und wird vor allem bei Abstepparbeiten, Karos und Streifen eingesetzt.

Unter- und veränderlicher Obertransport ... (vor der Nadel arbeitend)

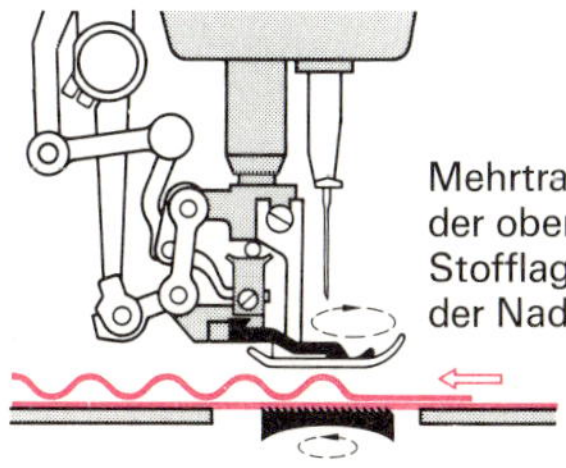

Mehrtransport der oberen Stofflage vor der Nadel

Der obere Transportfuß ist ähnlich wie ein Nähfuß ausgebildet und kann z. B. mit zwei Zahnreihen beidseitig neben dem Stoffdrücker von oben auf das Nähgut aufsetzen.

Der Vorschub des Ober- und Untertransportes kann unterschiedlich eingestellt werden.

Einsatzbeispiel:

Einarbeiten von Mehrweite bei der oberen Stofflage.

Unter- und veränderlicher Obertransport ... (hinter der Nadel arbeitend)

Transport hinter der Nadel

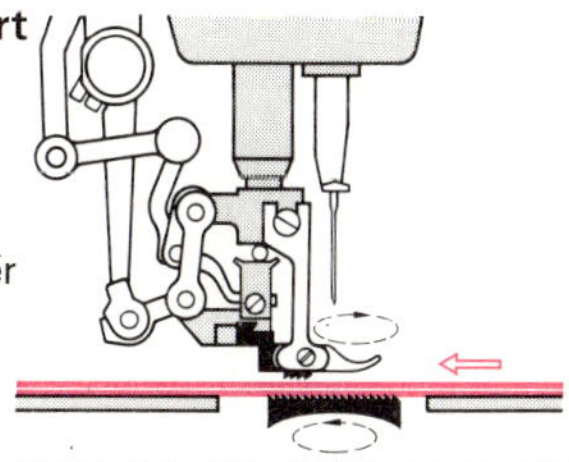

Bei dieser Transportart erfolgt die Schubbewegung des oberen Transportfußes hinter der Nadel. Man erreicht dadurch besonders glatte Nähte.

Diese Konstruktion erleichtert das Anbringen von Apparaten.

Unter-, Nadel- und alternierender[1] Obertransport

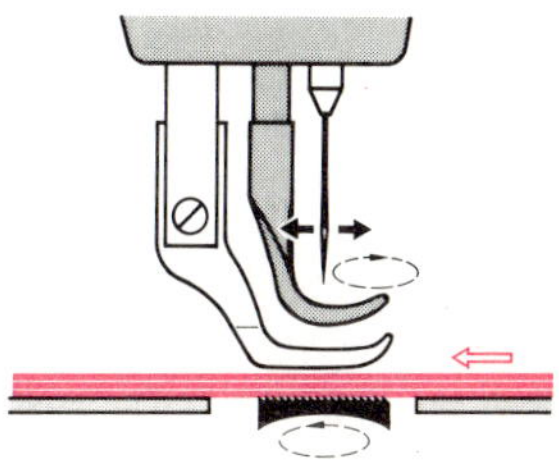

Diese Transportkombination beinhaltet drei Transportarten. Das Einarbeiten von Mehrweite in der oberen Stofflage ist nicht möglich, weil sich die Nadel während des Transportes im Nähgut befindet.

Einsatzgebiete:

- Nähgut aus mehreren Stofflagen (läuft völlig gleichmäßig durch).
- Verarbeitung von schwerem Nähgut.

Pullertransport (Walzentransport) und Untertransport

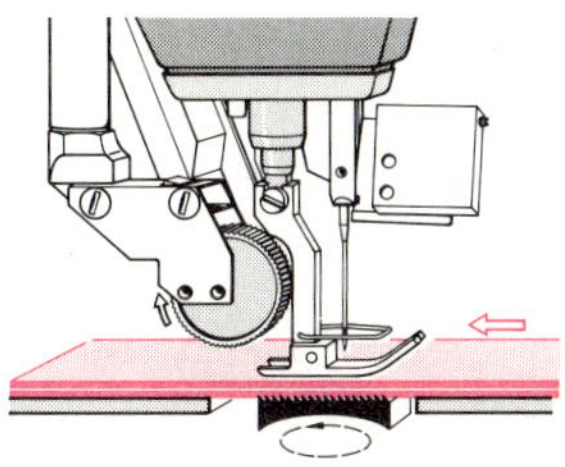

Der einfache Untertransport wird durch eine Walze (Puller) beim Nähguttransport unterstützt. Die Walze befindet sich hinter der Nadel. Die Transportbewegung kann kontinuierlich oder intermittierend (schubweise) erfolgen.

Dieser Transport eignet sich für lange, gerade Nähte, z. B. bei Bettwäsche. Diese können kräuselfrei verarbeitet werden.

Besondere Transporteinrichtungen

Stoffdrückerrahmen

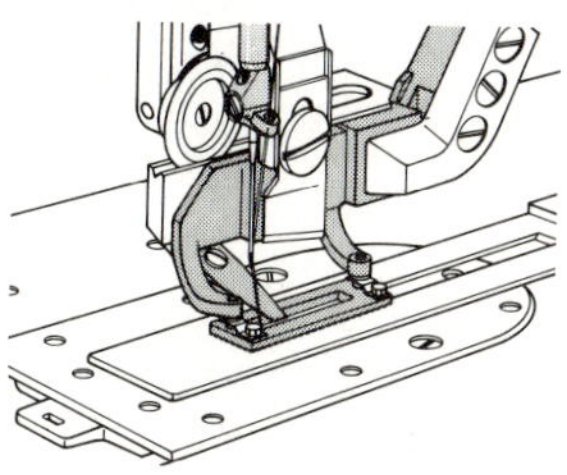

Bei Nähautomaten wie z. B. Knopfloch-, Riegel-, Kleinteilautomaten, wird das Nähgut mit einem speziellen Stoffdrücker (vgl. Seite 168 Knopflochautomaten) eingespannt. Diese bewegliche Vorrichtung übernimmt den Nähguttransport und führt das Nähgut in vorbestimmte Richtungen.

[1] alternierend = wechselweise

8.3.7 Stoffdrücker und Nähgutführungen (1)

Stoffdrücker (Nähfuß)

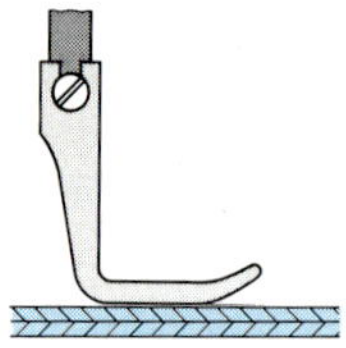

1: Starrer Nähfuß für glatte Nähte ohne Übergang

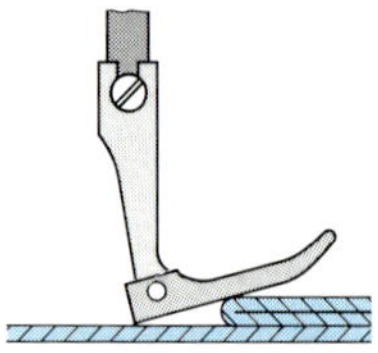

2: Gelenknähfuß für Übergänge

Der Stoffdrücker ist an der Stoffdrückerstange befestigt und wird durch eine einstellbare Federkraft auf das Nähgut gedrückt, um die Bewegung des Nähgutes durch den Stoffschieber zu ermöglichen. Form und Ausstattung richten sich nach der Nähaufgabe und dem Material.

3: Gelenknähfuß

4: Zweiteiliger Ausgleichsfuß zum Absteppen von Kanten

5: Zweiteiliger Kantensteppfuß für 2 mm Absteppbreite

6: Linksseitiger Reißverschlußfuß

7: Rollfuß und hochschwenkbarer Kantenschlag

8: Nähfuß mit Führungstülle für Paspelstreifen

8.3.7 Stoffdrücker und Nähgutführungen (2)

Nähgutführungen

Mit Nähgutführungen können Näharbeiten wirtschaftlicher durchgeführt werden. Säumer und Lineale erleichtern z. B. die Zuführung des Nähgutes in der richtigen Lage zur Nadel und sichern einen gleichmäßigen Nahtverlauf.

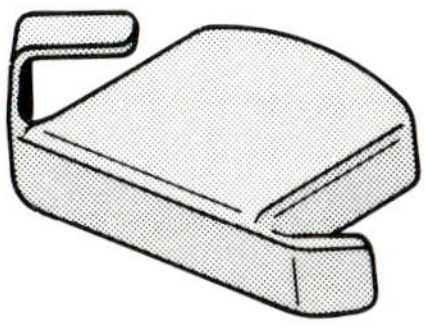

1: Magnetisches Kantenlineal

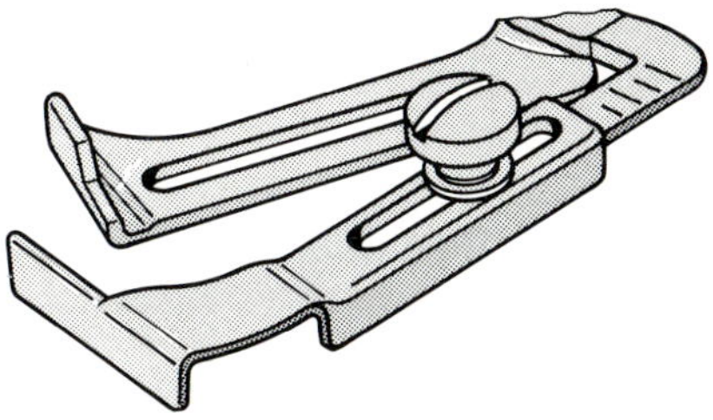

2: Verstellbares Kantenlineal

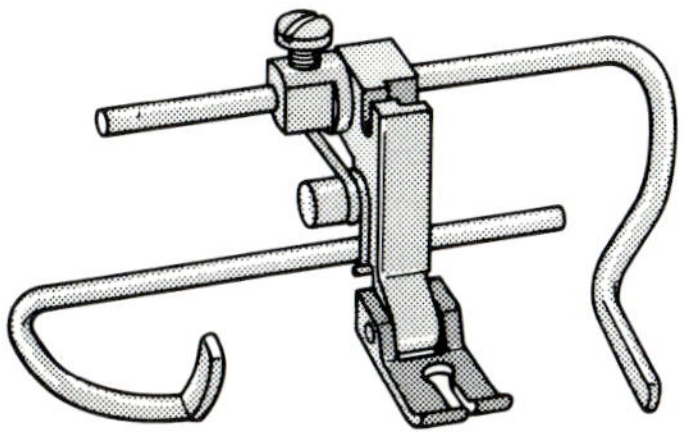

3: Kantenlineal zum Führen entlang einer Linie

4: Schrägbandeinfasser

5: Tütensäumer

6: Bandaufnähfuß

7: Teflonbeschichteter Nähfuß

8: Führungsapparat für Einfachkappnähte

9: Ausgleichshebelfuß und Kantenführung

8.3.8 Schiffchen und Greifer

Schiffchen und Greifer haben die Aufgabe, die Verschlingung von Nadel- und Unterfaden beim Doppelsteppstich herbeizuführen.

Schiffchen für Doppelsteppstiche

Das Schiffchen ist ein Transportbehältnis für den Unterfaden. Es wird im Gegensatz zum Greifer selbst durch die erweiterte Nadelfadenschlinge hindurchgeführt oder umführt die Nadelfadenschlinge um sich selbst.
Schiffchen werden vor allem bei Haushaltnähmaschinen und bei der Verarbeitung von hartem Nähgut und dicken Nähfäden eingesetzt, weil bei der Verschlingung gegenüber dem Greifer der Nähfaden weniger beansprucht wird. Diese Maschinen arbeiten mit einer Nähgeschwindigkeit von bis zu 2000 Stichen/Minute. Von den Schiffchen findet hauptsächlich das Zentralspulen-Schiffchen = **CB-Schiffchen** (CB = abgeleitet von der engl. Bezeichnung „Central Bobbin Shuttle) Verwendung.

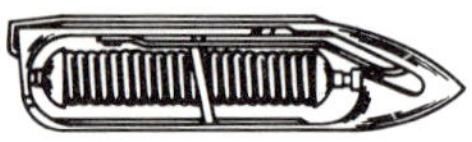

1: Langschiffchen

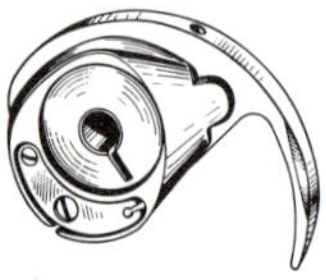

2: Ringschiffchen

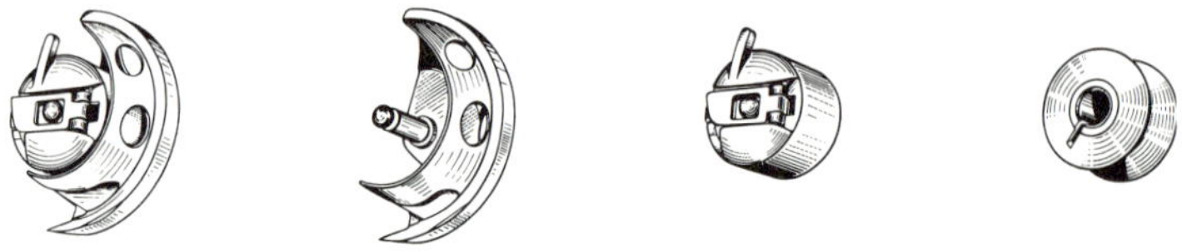

Vollständiges Schiffchen Schiffchenkörper Spulenkapsel Spule

3: CB-Schiffchen

Greifer für Doppelsteppstiche

Der Greifer umführt die Nadelfadenschlinge um das stillstehende Spulenbehältnis. Das wesentliche Teil für die Stichbildung ist die Unterfadenspule und das sie umgebende Gehäuse, das aus dem Spulenkapseloberteil und dem Spulenkapselunterteil besteht. Von der Funktion her ist das Spulenkapseloberteil mit dem Spulenkapselunterteil einem Schiffchen ohne Greiffunktion gleichzusetzen (vgl. Seite 158).

Doppelumlaufgreifer an horizontaler Welle

Vollständiger Greifer — Greiferkörper — Greiferbügel — Spulenkapsel-Unterteil — Spulenkapsel-Oberteil — Spule

4: Doppelumlaufgreifer

Charakteristisch für seine Arbeitsweise ist, daß er sich bei jeder Stichbildung zweimal dreht. Je nach Ausführung der Maschine und des Greifers kann dieser bis zu 7000 Stiche in der Minute bilden, wobei er natürlich jeweils doppelt so viele Umdrehungen machen muß.

Doppelumlaufgreifer an vertikaler Welle

Die Arbeitsweise dieser Greiferart ist dieselbe wie beim Umlaufgreifer an horizontaler Welle. Sie werden in erster Linie für die Zweinadel-Doppelsteppstich-Nähmaschinen und bei Säulennähmaschinen benötigt.
Wegen ihrer relativen Schmutzunempfindlichkeit sind aber auch eine ganze Reihe von Einnadel-Spezialnähmaschinen mit solchen Greifern ausgestattet. Die maximale Stichzahl pro Minute (fälschlich als Nähgeschwindigkeit bezeichnet) beträgt bei dieser Greiferart etwa 5000/min.

Greifer für Kettenstiche

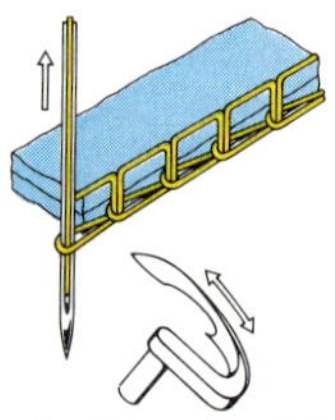

5: Einfachkettenstichgreifer (schwingend)

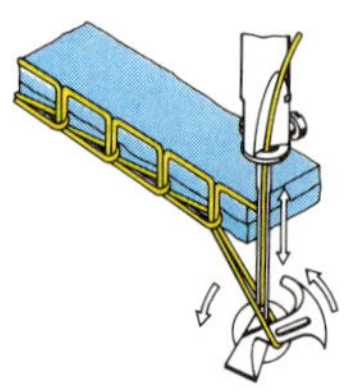

6: Einfachkettenstichgreifer (umlaufend)

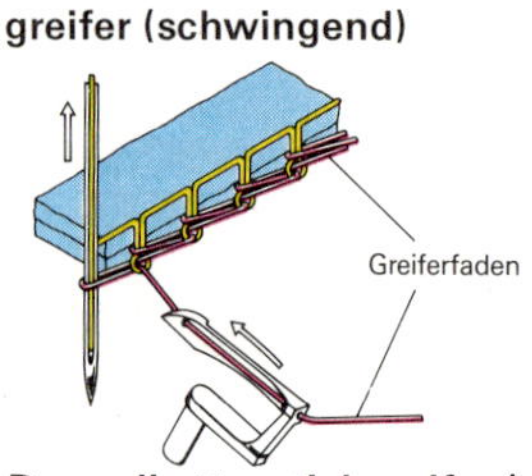

7: Doppelkettenstichgreifer (schwingend)

Die Aufgaben der Kettenstichgreifer sind:

- Ergreifen der Nadelfadenschlinge
- Halten und Führen dieser Schlinge, so daß die Nadel beim nächsten Stich durch die noch auf dem Greifer befindliche Nadelfadenschlinge, hindurchsticht.

Einfachkettenstichgreifer (vgl. Seite 160) sind hakenförmig. Man unterscheidet schwingende und umlaufende Greifer.

Der Antrieb beim schwingenden Greifer ist technisch aufwendiger als beim umlaufenden Greifer. Der umlaufende Greifer hat einen geringen Platzbedarf und wird im allgemeinen bei Knopfannähmaschinen verwendet.

Den **Doppelkettenstichgreifer** (vgl. Seite 161) erkennt man an dem Greiferfaden. Er hat gegenüber dem Einfachkettenstichgreifer die zusätzliche Aufgabe, eine Greiferfadenschlinge zu bilden und in die Nadelfadenschlinge einzuführen.

8.3.9 Nähmaschinen, Übersicht

Maschinenarten	Anwendung
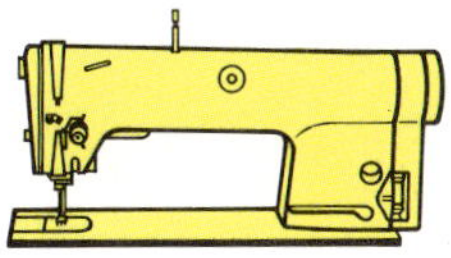 1: Doppelsteppstichmaschine 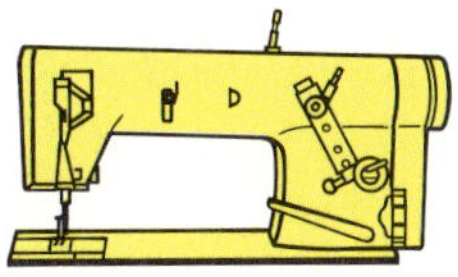 2: Einfachkettenstichmaschine 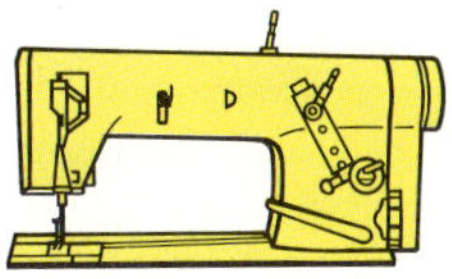 3: Doppelkettenstichmaschine	Gerade Nähte, Zickzacknähte (vgl. Seite 158 bis 161).
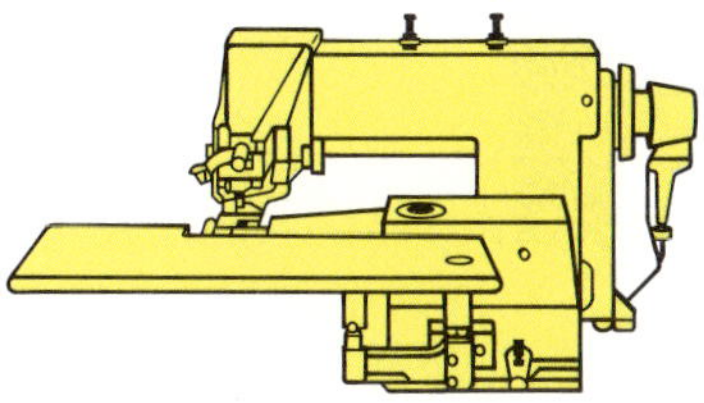 4: Blindstichmaschine  5: Kettelmaschine	Blindstichmaschinen für Blindstich- und Saumnähte. Kettelmaschinen zum Annähen von Borten und Bündchen an Maschenwaren (vgl. Seite 165).
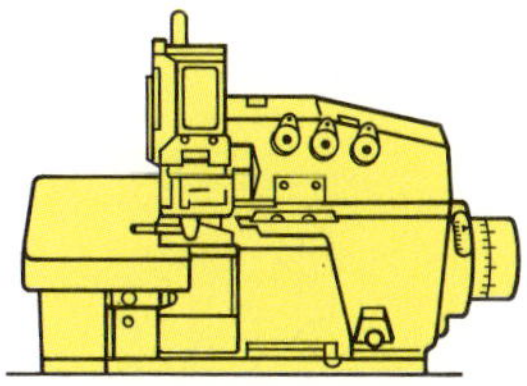 6: Überwendlichmaschine 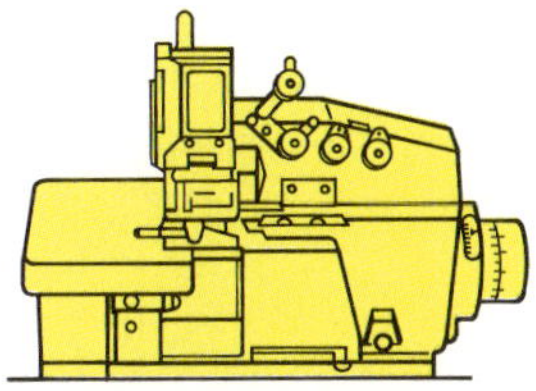 7: Safety-Maschine	Versäuberungsnähte, kombinierte Schließ- und Versäuberungsnähte, Safetynähte (vgl. Seite 162 und Seite 163).
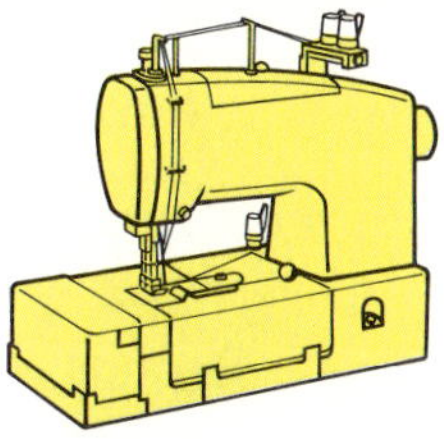 8: Überdeckstichmaschine 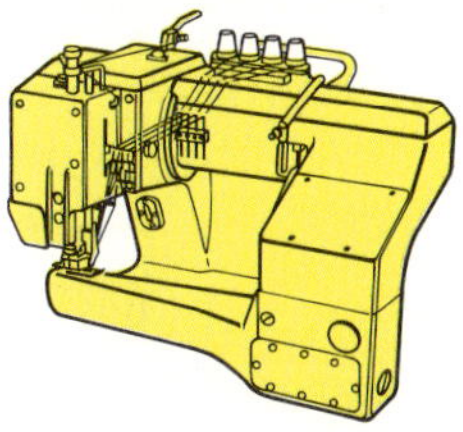 9: Überdeckstichmaschine	Verbindungen von Schnittkanten, Flachnähte bei Maschenwaren (vgl. Seite 164).
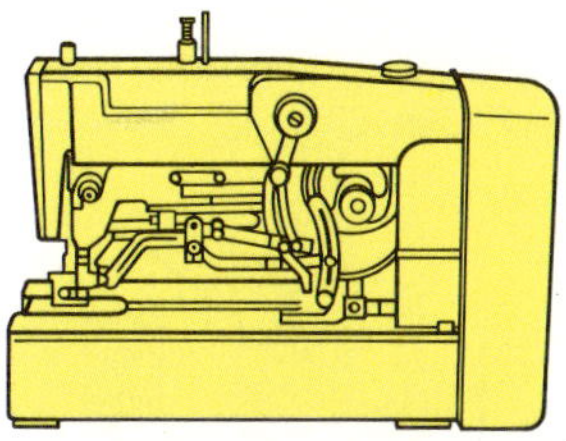 10: Knopflochautomat 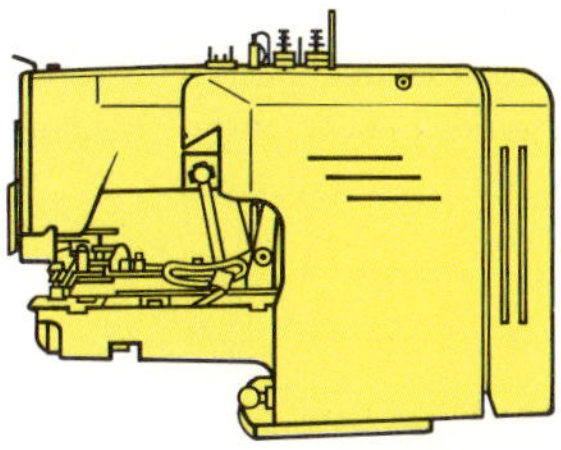 11: Knopfannähautomat 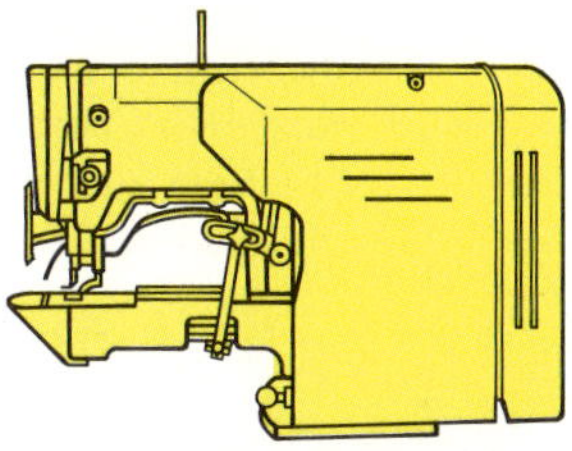 12: Riegelautomat	Spezifische Näharbeitsgänge (vgl. Seite 168).
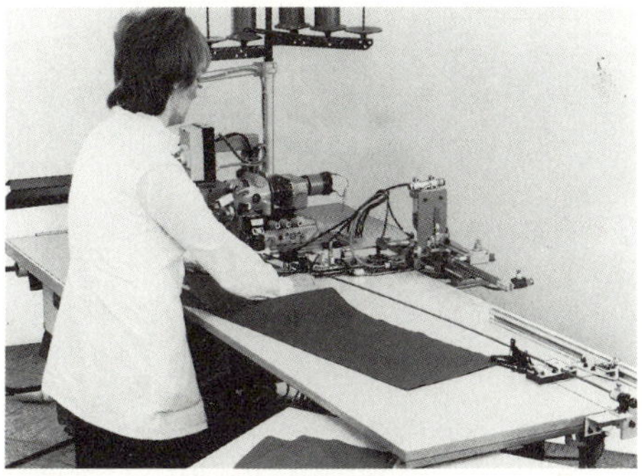 13: Konturennäher 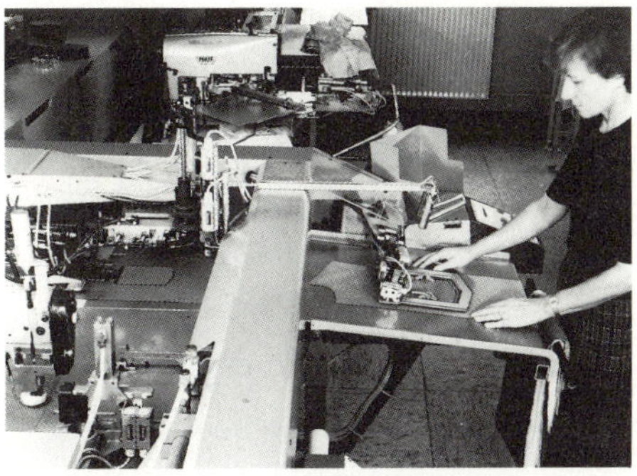 14: Taschenaufnähautomat	Automatische komplexe Nähaufgaben (vgl. Seite 169).

8.3.10 Doppelsteppstich (1)

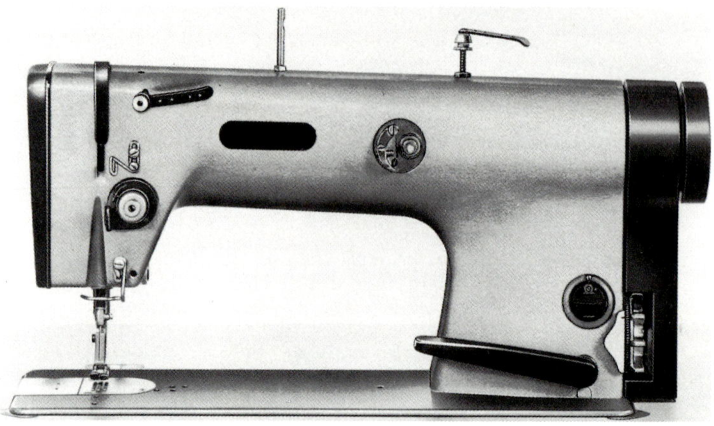

1: Doppelsteppstich-Nähmaschine

Die Stichbildung bei Doppelsteppstich-Nähmaschinen (Horizontalgreifer)

Beim Doppelsteppstich wird die von der Nadel in das Nähgut eingebrachte Fadenschleife von einem zweiten Faden (Unterfaden) verriegelt, der mit Hilfe eines Greifers (Schiffchens) in sie hineingelegt wird.

Die Doppelsteppstichmaschine erkennt man an der Spulvorrichtung für den Unterfaden.

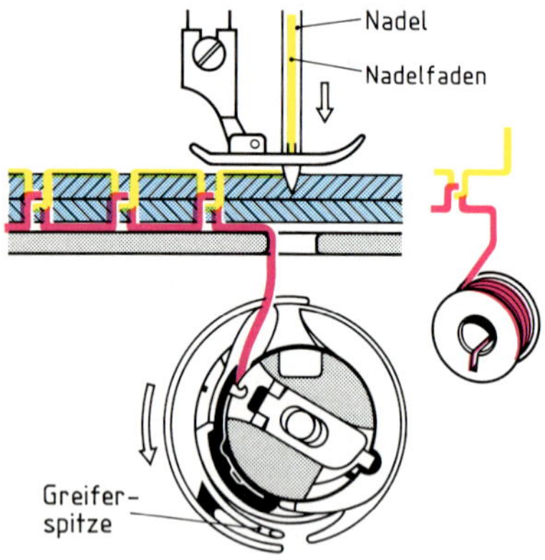

1. Phase

Die Nadel durchdringt das Nähgut.

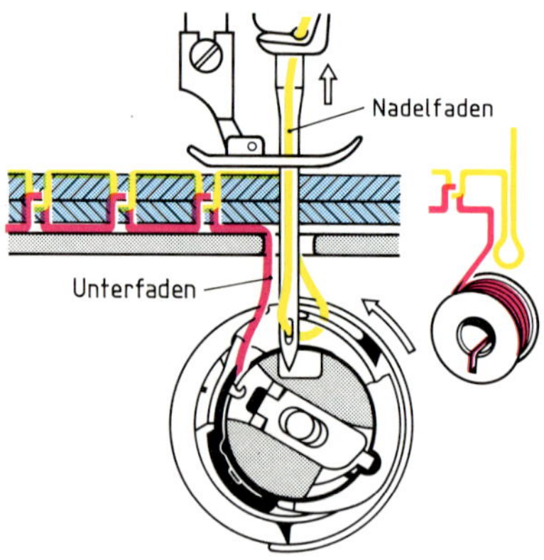

2. Phase

Nach Erreichen der tiefsten Stellung bildet die Nadel mit der Aufwärtsbewegung eine Schlinge, die von der Greiferspitze erfaßt wird.

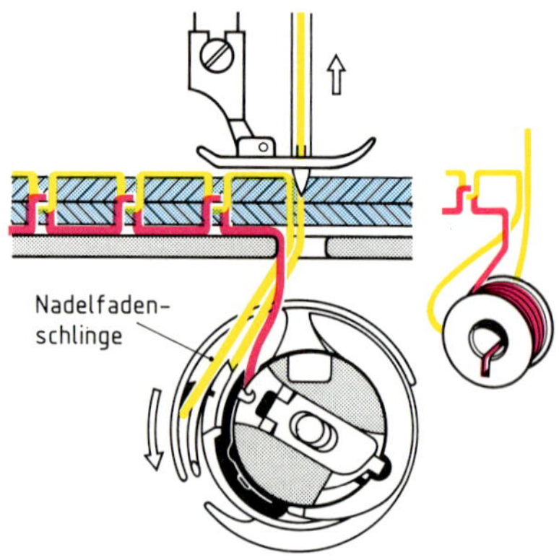

3. Phase

Der Greifer vergrößert durch die Drehbewegung die Fadenschlinge.

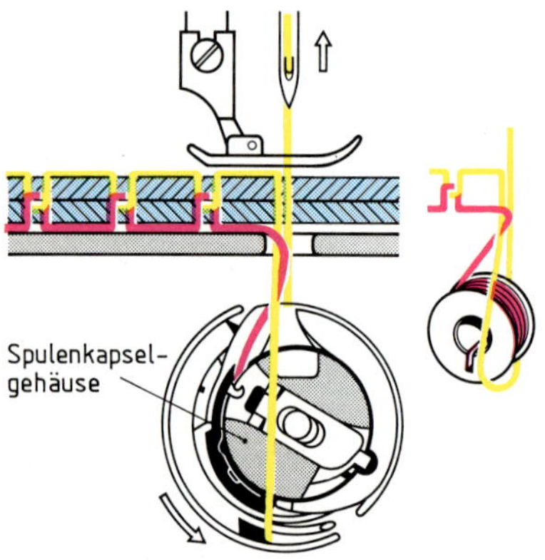

4. Phase

Die Oberfadenschlinge wird um den Unterfadenvorrat herumgeführt.

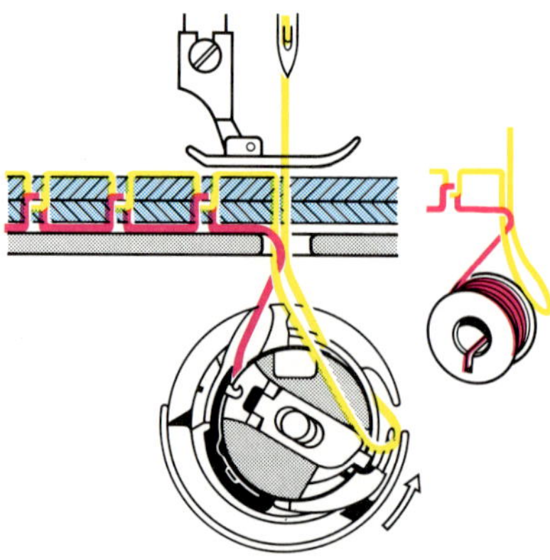

5. Phase

Beginn der Fadenverschlingung

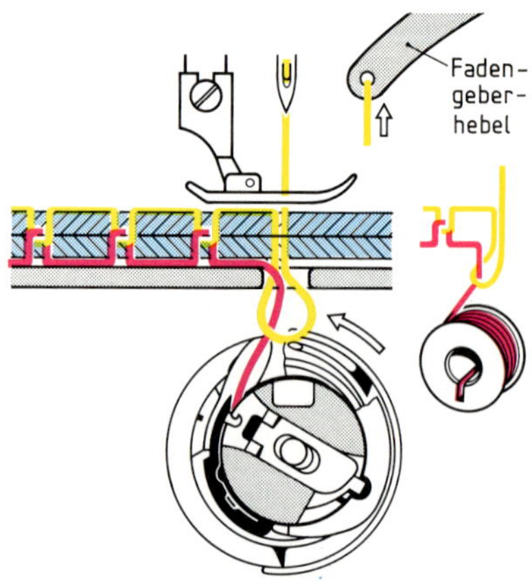

6. Phase

Der Fadengeberhebel zieht die Verschlingung in das Nähgut ein. Es folgt der Nähguttransport.

8.3.10 Doppelsteppstich (2)

Merkmale und Einsatz

Durch den relativ geringen Fadenvorrat des Unterfadens ist die Länge einer ununterbrochenen Naht begrenzt. Im Gegensatz zu Kettenstichnähten läßt sich eine Doppelsteppstichnaht im allgemeinen nicht ohne Zerstören eines der beiden Fäden lösen. Die Fadenverschlingung befindet sich in der Regel in der Mitte des Nähgutes, kann aber auch oben oder unten liegen und wird im Nahtsymbol durch einen Punkt dargestellt.

Die Ober- und Unterseite der Naht haben gleiches Aussehen und können auch auf die Farbe der jeweiligen Nähgutseite abgestimmt werden. Der Fadenverbrauch beträgt je nach Nähgutdicke etwa das 2,5fache der Nahtlänge. Der Doppelsteppstich ist die am häufigsten eingesetzte Stichart.

Die wichtigsten Nähstichtypen der Klasse 300 Doppelsteppstichtypen DIN 61 400

Stichtyp	Bezeichnung, Stichbild	Nahtsymbol	Nahtbild
301	**Doppel-Steppstichnaht** 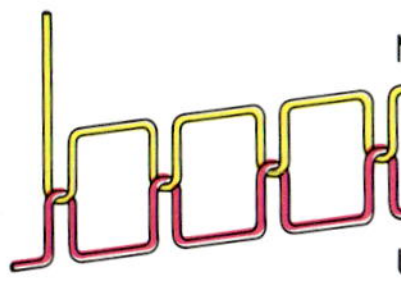	Fadenverschlingung in (an) der:  Nähgutmitte  Nähgutoberseite 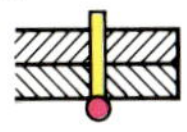 Nähgutunterseite	
304	**Doppel-Steppstichnaht (Zickzack)** 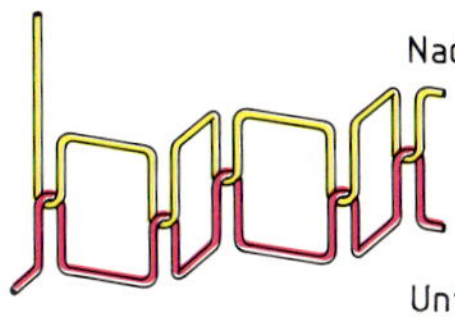		
308	**Doppel-Steppstichnaht (Zickzack mit Zwischenstich)** 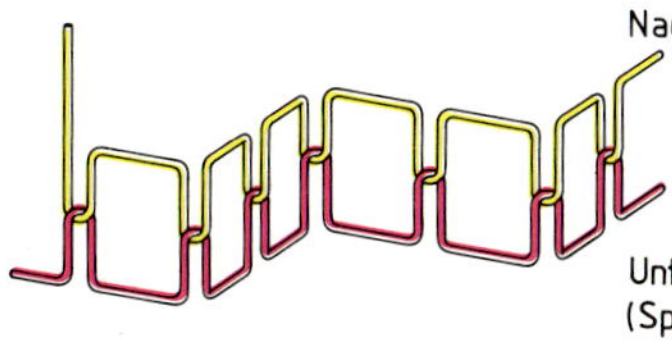	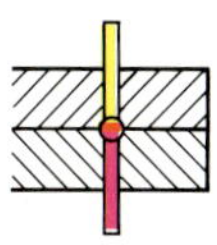	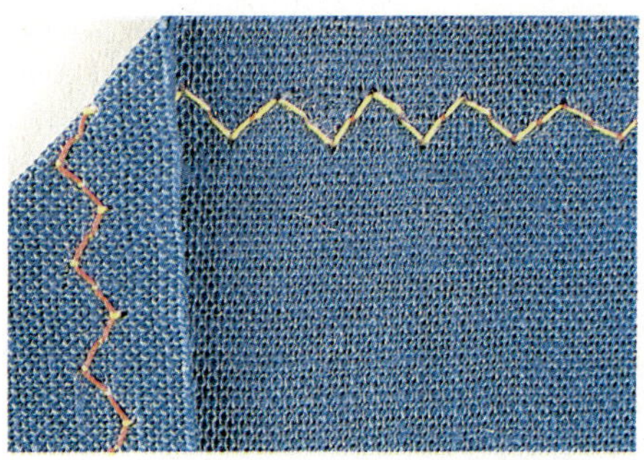
309	**Doppel-Steppstichnaht (Biesennaht)** 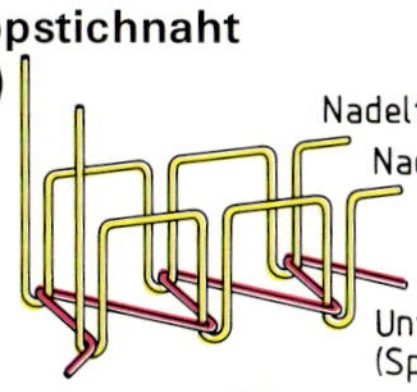 Die Verschlingung von Ober- und Unterfaden erfolgt auf der Nähgutunterseite. Beim Nähen von Biesen wird durch eine hohe Unterfadenspannung das Nähgut zusammengezogen und hochgedrückt.	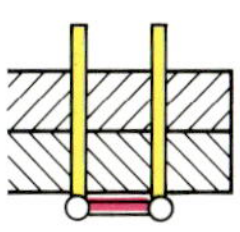	

8.3.11 Einfachkettenstich

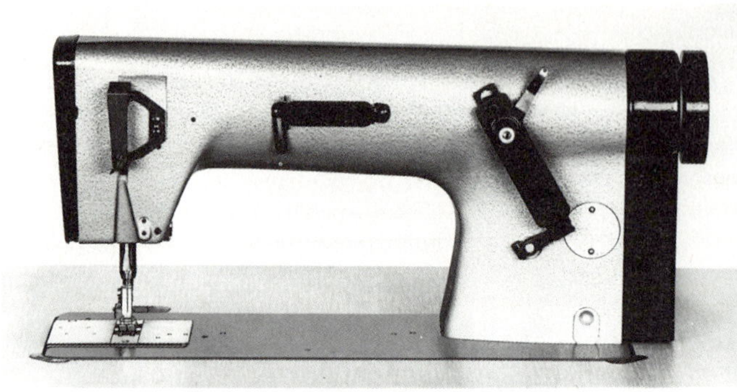

1: Einfachkettenstich-Nähmaschine

Die Stichbildung bei Einfachkettenstich-Nähmaschinen mit schwingendem Greifer

Jede Fadenschlinge wird von der nachfolgenden Fadenschlinge desselben Fadens verriegelt. Die Einfachkettenstichmaschine erkennt man an der Fadenspanneinrichtung, die sich an Arm und Ständer befindet, und an der fehlenden Spuleinrichtung.

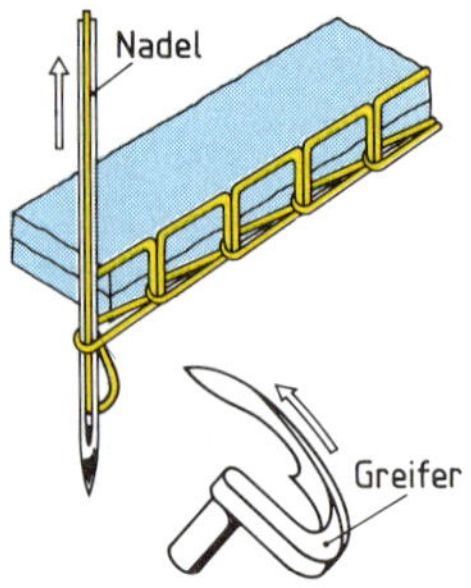

1. Phase

Die Nadel sticht in das Nähgut ein. Bei ihrer Rückbewegung bildet sich gleich nach dem Umkehrpunkt unter dem Nähgut eine zur Seite stehende Fadenschlinge aus.

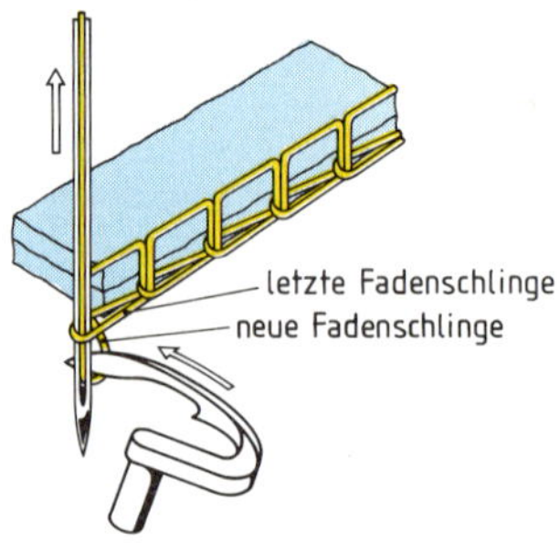

2. Phase

Die Nadelfadenschlinge wird von der Greiferspitze über dem Nadelöhr erfaßt. Die Nadel bewegt sich nach oben.

In diesem Augenblick rutscht die alte Fadenschlinge auf die vom Greifer gehaltene neue Schlinge und bildet eine Fadenverkettung auf der Nähgut-Unterseite.

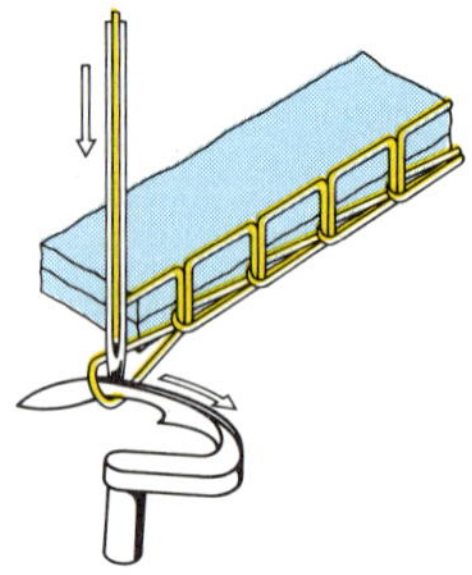

3. Phase

Vor dem neuen Nadeleinstich breitet der Greifer die Fadenschlinge zu einem Dreieck aus, in das die Nadel wieder einsticht.

Merkmale und Einsatz

Diese Stichart läßt sich sehr leicht wieder lösen, allerdings nur in der Richtung vom letzten zum ersten Stich der Naht. Der Einfachkettenstich wird darum besonders für Reih- und Heftnähte verwendet. Aufgrund seiner Elastizität ist der Einfachkettenstich bei elastischem Nähgut, z. B. Maschenware, geeignet. Ober- und Unterseite der Naht haben unterschiedliches Aussehen. Der Fadenverbrauch beträgt je nach Nähgutstärke das 3,5fache der Nahtlänge.

Die wichtigsten Nähstichtypen der Klasse 100 Einfachkettenstichtypen DIN 61400

Stichtyp	Bezeichnung, Stichbild	Nahtsymbol	Nahtbild
101	**Einfach-Kettenstichnaht** 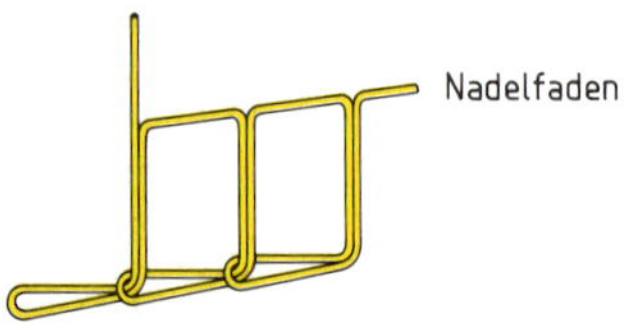	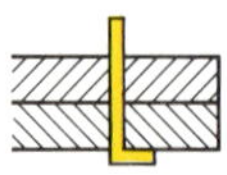	
103	**Blind-Einfachkettenstichnaht** 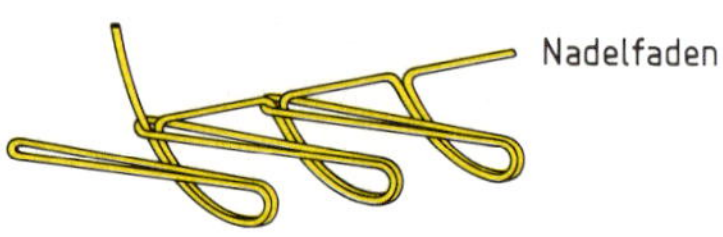		

8.3.12 Doppelkettenstich

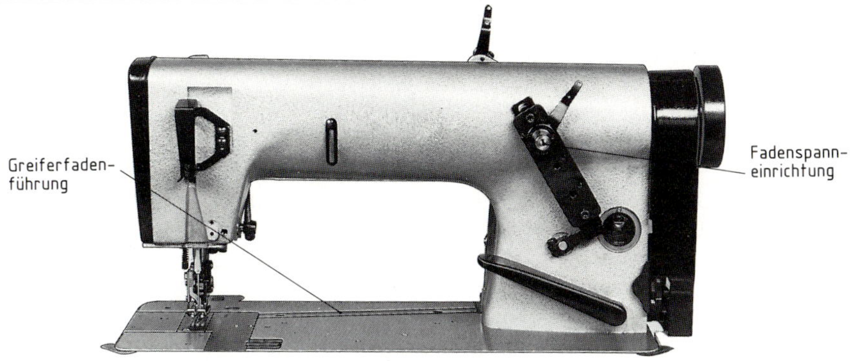

1: Doppelkettenstich-Nähmaschine

Die Stichbildung bei Doppelkettenstich-Nähmaschinen

Je nach Nahtart wird ein Doppelkettenstich aus zwei oder mehr Fäden gebildet. Jede Fadenschlinge wird von der Fadenschlinge eines anderen Fadens verriegelt.

Die Doppelkettenstichmaschine erkennt man an zwei oder mehreren Fadenführungen, an der Fadenspanneinrichtung am Arm und Ständer und an der Abdeckung für den Greiferfaden in der Grundplatte.

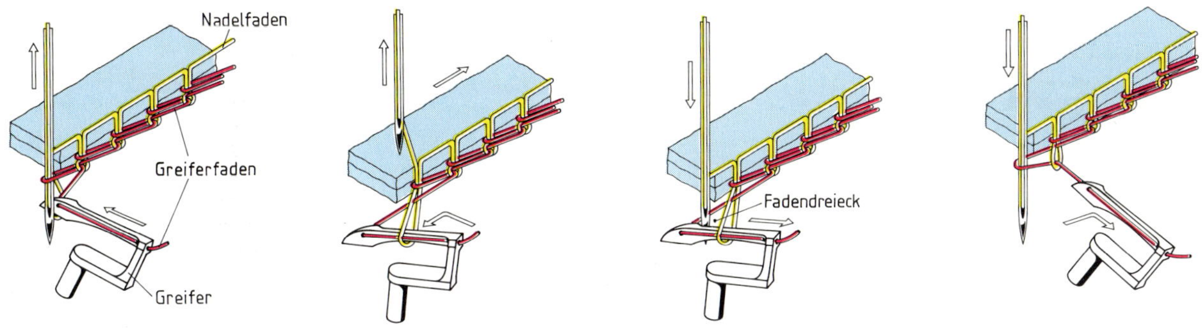

1. Phase

Die Nadel durchdringt das Nähgut und bildet nach Erreichen der tiefsten Stellung mit der Aufwärtsbewegung die Schlinge aus, die von der Greiferspitze erfaßt wird. In diesem Augenblick befindet sich die Nadel vor dem Greifer.

2. Phase

Die Nadel hat das Nähgut verlassen, dabei wird der Greiferfaden als Schlinge in die Nadelfadenschlinge eingeführt.

3. Phase

Die Nadel sticht erneut in das Nähgut und dann in das aus Nadelfadenschlinge und Greiferfadenschlinge gebildete Fadendreieck ein. Die Nadel befindet sich in diesem Augenblick hinter dem Greifer.

4. Phase

Die Nadelfadenschlinge rutscht vom zurücklaufenden Greifer auf die Greiferfadenschlinge. Die Verkettung des vorhergehenden Stiches wird durch die Abwärtsbewegung der Nadel unter das Nähgut gezogen

Merkmale und Einsatz

Ober- und Unterseite der Naht haben unterschiedliches Aussehen. Die Verkettung von Nadel- und Greiferfaden ist immer auf der Nähgutunterseite. Der Doppelkettenstich erzeugt eine elastische und im allgemeinen kräuselfreie Verbindungsnaht und ist besonders für stark beanspruchte Nähte geeignet.

Der Fadenverbrauch beträgt je nach Nahtart das Fünffache und mehr der Nahtlänge.

Stichtyp	Bezeichnung, Stichbild	Nahtsymbol	Nahtbild
401	**Doppel-Kettenstichnaht** 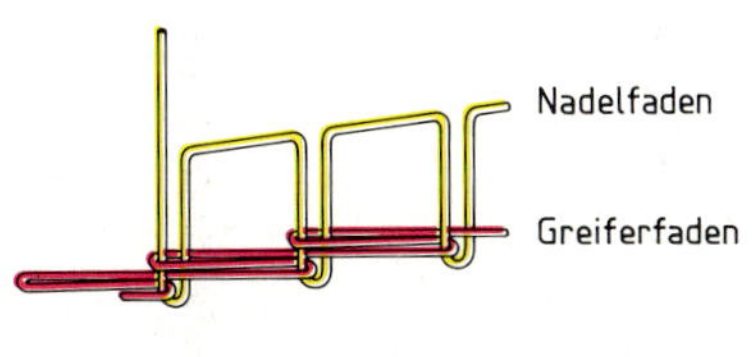	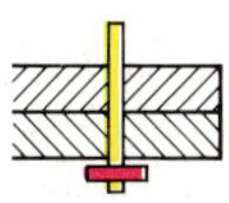	

8.3.13 Überwendlichstich (1)

1: Überwendlichkettenstich-Nähmaschine

Die Stichbildung der 3-Faden-Überwendlich-Kettenstich-Nähmaschine

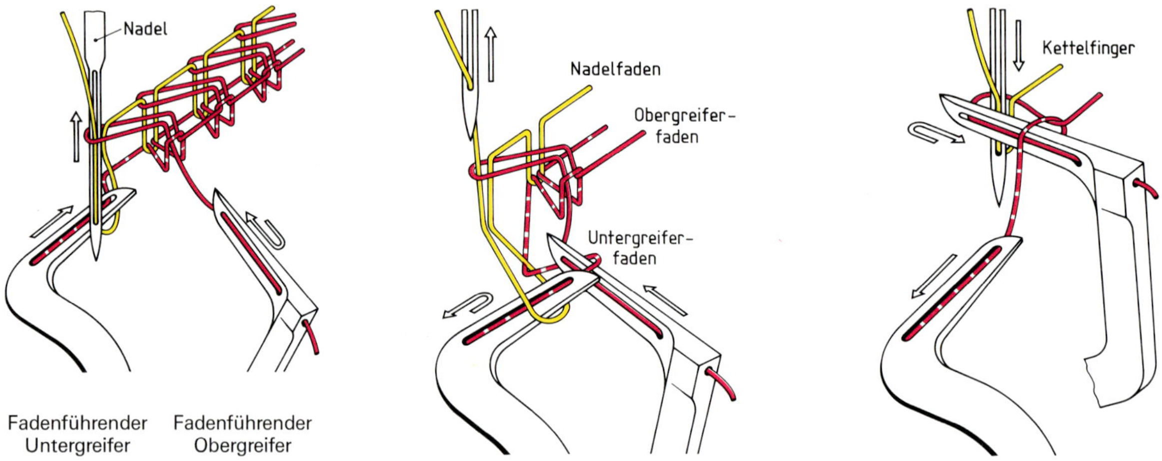

2: Stichbildung von Stichtyp 504

1. Phase

Die Nadel sticht durch das Nähgut und bildet bei der Aufwärtsbewegung die Fadenschlinge aus.

Der Untergreifer erfaßt die Fadenschlinge und legt seinen Unterfaden in die Nadelfadenschleife hinein.

2. Phase

Der Obergreifer erfaßt und hält die Unterfadenschlinge und bringt bei der Weiterbewegung seine Oberfadenschlinge über einen Kettelfinger zur Nadel.

Bei der Rückwärtsbewegung beider Greifer gleitet die Nadelfadenschlinge vom Untergreifer und verschlingt sich mit dessen Faden.

3. Phase

Die Nadel sticht in die Schlinge des Oberfadens ein.

Der Obergreifer legt seine Fadenschlinge über den Kettelfinger des Nähfußes, dadurch wird ein Zusammenziehen des Stiches und des Nähgutes verhindert.

Merkmale und Einsatz

Der Überwendlichstich ist im allgemeinen eine Variante des Kettenstiches. Seine Besonderheit besteht darin, daß ein oder zwei Fäden die Nähgutkante umschließen und diese vor dem Ausfransen schützen.

Er kann gleichzeitig auch zur Verbindung von Stoffteilen (z. B. bei Trikotagen, Unterwäsche) eingesetzt werden.

Eine aus mehreren Fäden gebildete **Überwendlichnaht** weist eine gute Dehnbarkeit auf. Die Sauberkeit der Schnittkanten kann durch eine selbsttätige Abschneidevorrichtung erreicht werden. Die Nahtfestigkeit ist abhängig von der Stichtype.

Eine größere Festigkeit wird durch die **Sicherheits-Doppelnaht** erreicht (401.503). Hier wird einige Millimeter links neben der Überwendlichnaht eine zusätzliche Doppelkettenstichnaht eingebracht. Diese beiden Nähte werden gleichzeitig hergestellt, wirken aber getrennt voneinander. Dieses Stichprinzip wird besonders bei rationeller Verarbeitung eingesetzt, da es die Stofflagen gleichzeitig verbindet und versäubert.

8.3.13 Überwendlichstich (2)

Merkmale und Einsatz

Überwendlichstiche haben eine sehr gute Dehnbarkeit. Die Nahtfestigkeit und die Befestigung der Schnittkanten ist bei den verschiedenen Stichtypen unterschiedlich. Die Anzahl der eingesetzten Fäden (1 Faden bis 5 Fäden) und ihre Lage am Nähgut bestimmen die Nahtart. Man unterscheidet die Kantenbindung (503) und die Stichlochbindung (504). Sicherheitsnähte (Safetynähte) sind Kombinationsnähte (401.503). Der Fadenverbrauch beträgt bis zu 16 m Faden je Meter Naht.

Die wichtigsten Nähstichtypen der Klasse 500 Überwendlichkettenstichtypen DIN 61 400

Stichtyp	Bezeichnung, Stichbild	Nahtsymbol	Nahtbild
501	**1-Faden-Überwendlichstichnaht** 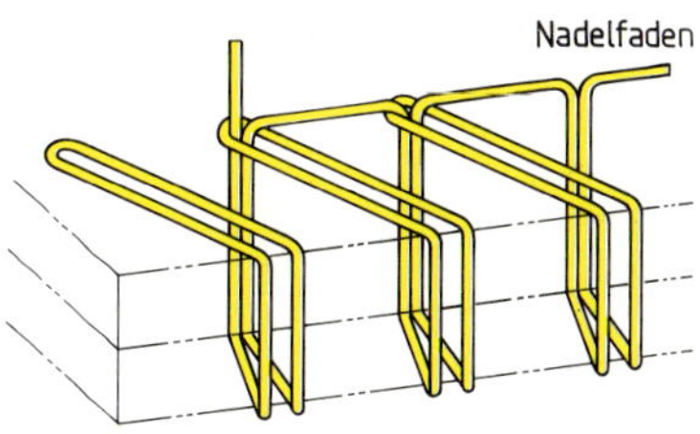	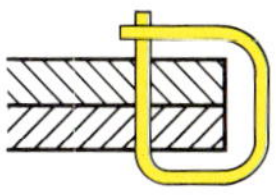	
503	**Überwendlichstichnaht; zweifädig (Kantenbindung)** 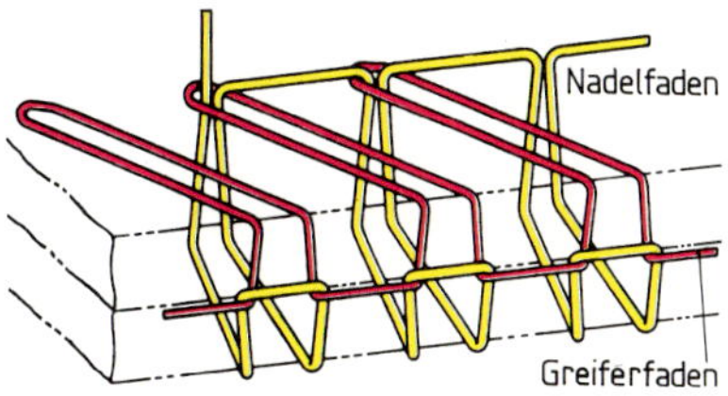	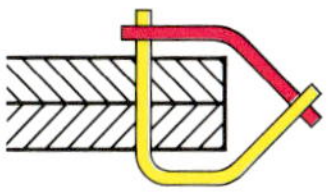	
504	**Überwendlichstichnaht; dreifädig (Stichlochbindung)** 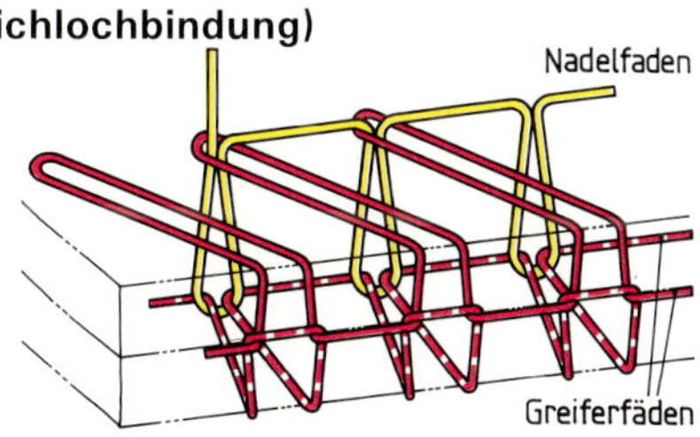	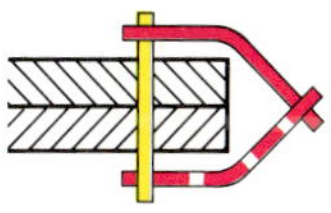	
512	**Überwendlichstichnaht; vierfädig (Imitierte Sicherheitsnaht)** 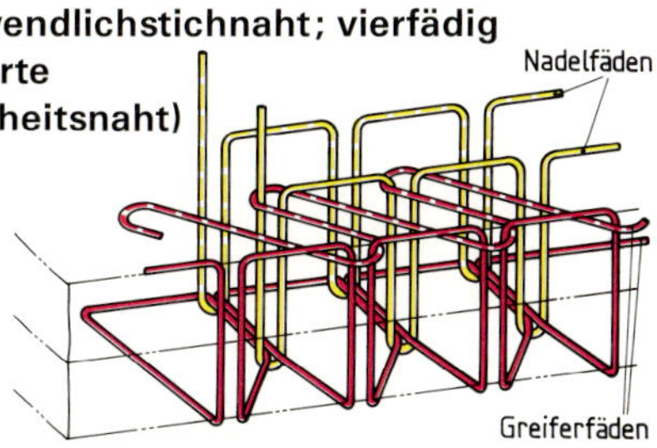	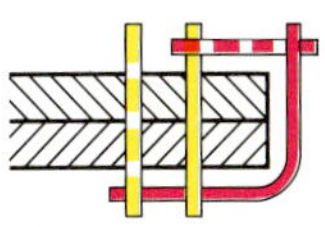	
401.503	**Überwendlichstichnaht; zweifädig und Doppelkettenstichnaht (Sicherheits-Doppelnaht)** 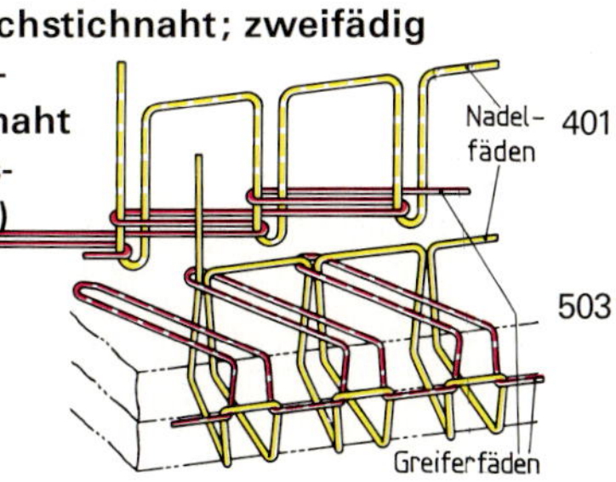	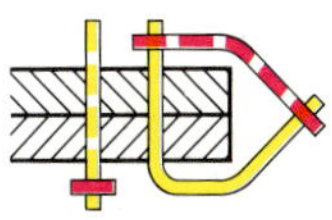	

8.3.14 Überdeckkettenstich

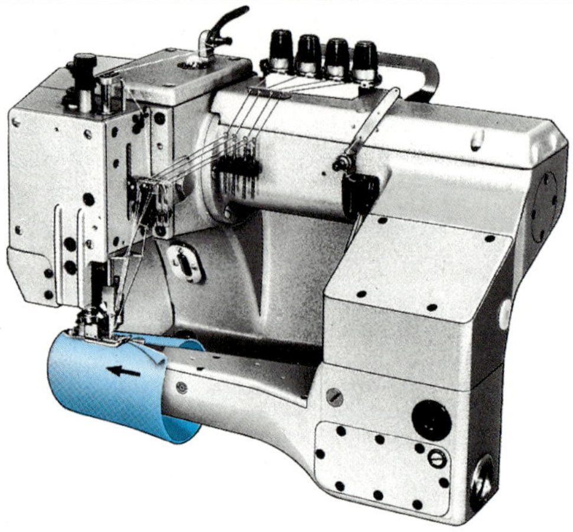

1: Überdeckkettenstich-Nähmaschine

Die Stichbildung bei Überdeckkettenstich-Nähmaschinen

Die DIN-Norm ordnet den Überdeckkettenstich ausschließlich den Stichtypen der Klasse 600 zu. In der Fachwelt werden auch bestimmte Mehrnadel-Doppelkettenstichnähte der Klasse 400 als Über-Unterdeck-Kettenstichnähte bezeichnet.

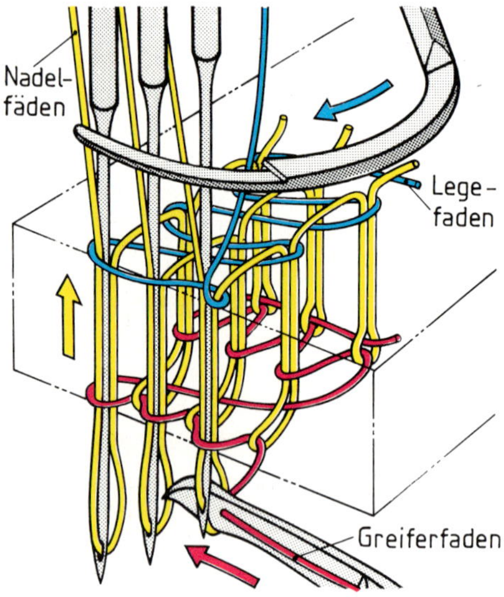

Überdeckkettenstichnähte der Klasse 400

Sie werden aus zwei Fadensystemen hergestellt. Ein Greiferfaden verbindet zwei Nadelfäden an der Unterseite und versäubert dadurch die Unterseite einer Naht. Ein Auftragen und Drücken der Schnittkante wird vermieden.

Typische Einsatzgebiete sind Saumnähte an Maschenwaren und Flachnähte an Trägern oder Gürtelschlaufen (402, 406).

Überdeckkettenstichnähte der Klasse 600

Sie werden aus drei Fadensystemen hergestellt. Zwei oder mehr Nadelfäden werden auf der Unterseite durch einen Greiferfaden und auf der Oberseite durch einen Legefaden miteinander verbunden.

Der Einsatz dieser Stichtypen ist da angebracht, wo sowohl die Unterseite als auch die Oberseite einer Naht versäubert werden und die Naht flach aufliegen soll. Typische Einsatzgebiete sind flache Verbindungs- oder Ziernähte, z. B. an Maschenwaren, Strumpfhosen und Dekorationen (602).

Die wichtigsten Überdeckkettenstichnähte

Stichtyp	Bezeichnung, Stichbild	Nahtsymbol	Nahtbild
406	**Zweinadel-Doppelkettenstichnaht** 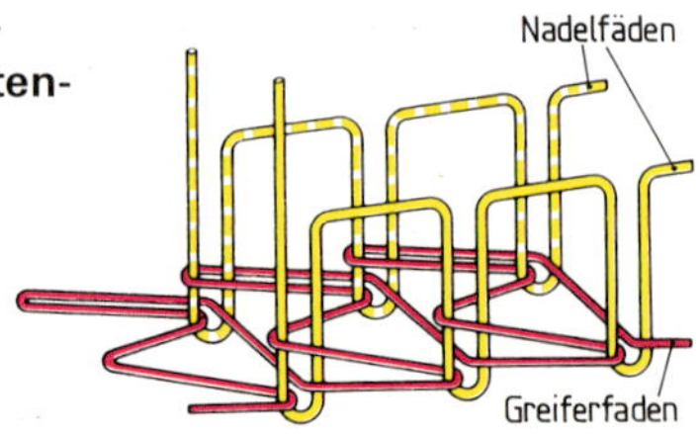	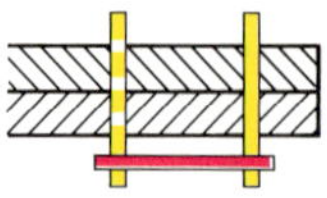	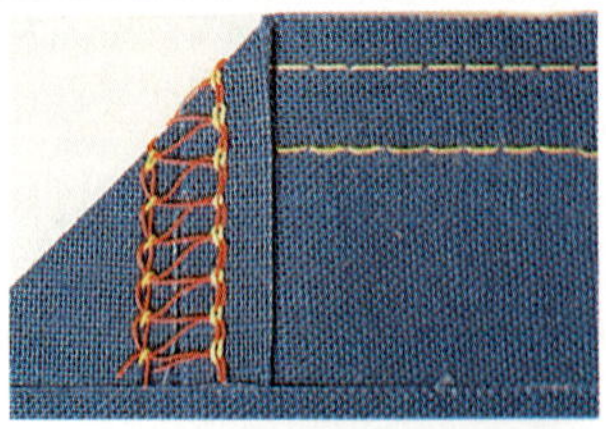
602	**Überdeckkettenstichnaht** 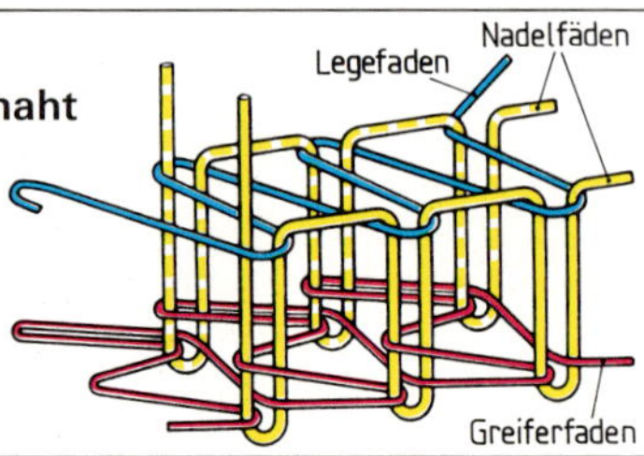	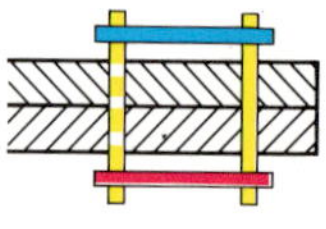	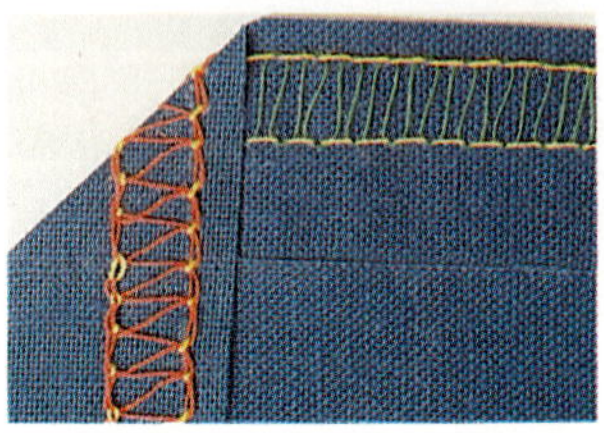

8.3.15 Blindstich

1: Einfaden-Blindstich-Maschine

Bei Blindstichnähten sind die Nadeleinstiche und die Nähfäden an der Außenseite der Bekleidung nicht sichtbar („blind"). Blindstichnähte werden angewandt zum Säumen und zum Pikieren (Befestigen von Einlage auf der Rückseite des Oberstoffes). Blindstichmaschinen arbeiten mit einer gebogenen Nadel (vgl. Seite 150). Ein Taucher (Stoffheber) hebt kurz vor dem Nadeleinstich den Stoff an und geht anschließend wieder nach unten, um den Stofftransport nicht zu behindern. Die Bewegung des Tauchers ist in der Höhe einstellbar. Damit wird die Einstichtiefe für dicke und dünne Stoffe reguliert. Um eine lockere und möglichst markierungsfreie Naht zu erhalten, kann der Taucher nur bei jedem zweiten oder dritten Stich angehoben werden (Intervall-Einstellung).

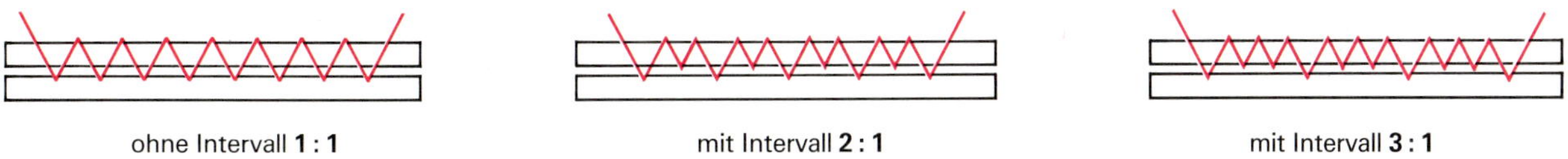

2: Intervalldarstellungen

Die wichtigsten Blindstichnähte

Stichtyp	Bezeichnung, Stichbild	Nahtsymbol	Nahtbild
103	**Blind-Einfachkettenstichnaht** 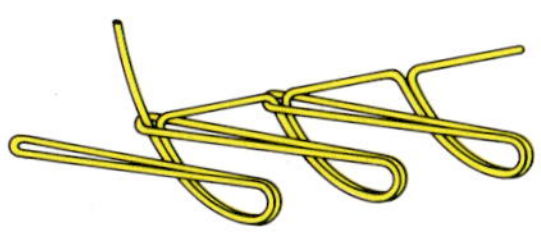	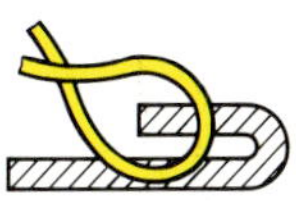	
105	**Blind-Einfachkettenstichnaht** 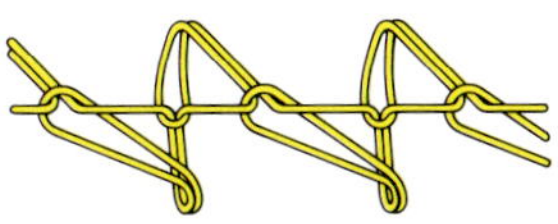		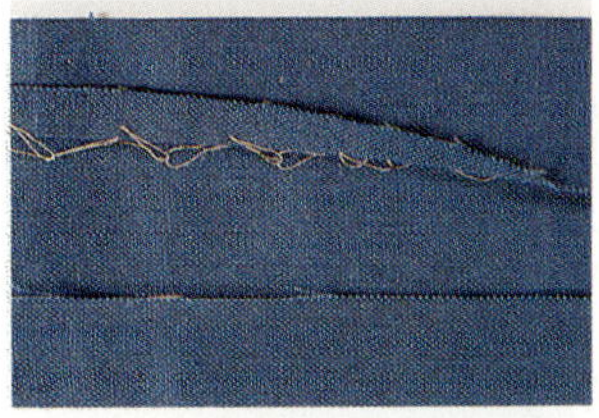
320	**Blind-Doppelsteppstichnaht** 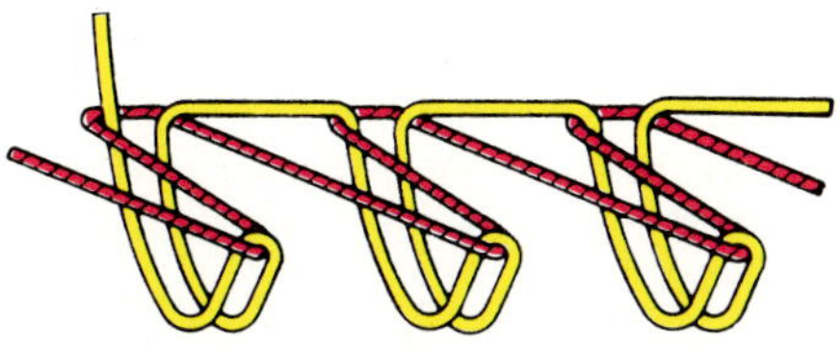	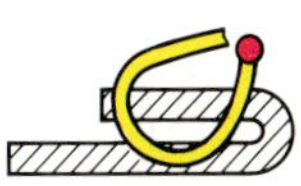	

8.3.16 Nähmaschinenantrieb

Nähmaschinen werden mit Elektromotoren angetrieben. Bei den Nähmaschinenmotoren unterscheidet man grundsätzlich Anlassermotoren, Dauerläufer, Kupplungsmotoren und Positionierantriebe.

Anlassermotor

Er ist die einfachste Antriebsart für Nähmaschinen mit geringer Drehzahl und niedriger Belastung. Die Nähgeschwindigkeit wird durch die Pedalbetätigung bestimmt. Die Stromstärke für den Motor wird durch den Druck auf das Pedal geregelt. Beim Loslassen des Pedals bringt eine mechanische Bremse den Motor zum Stillstand. Anlassermotoren werden bei Haushaltsnähmaschinen **(Bild 1)** eingesetzt.

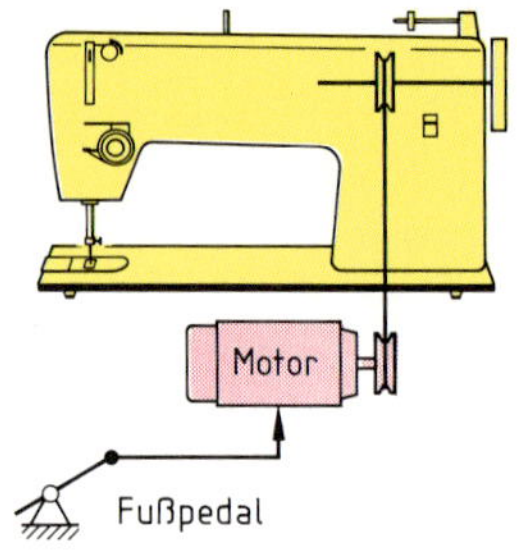

1: Antrieb mit Anlassermotor

Dauerläufer

Der Motor wird vor Nähbeginn eingeschaltet und läuft mit konstanter Drehzahl. Durch Niederdrücken des Pedals wird eine mechanische Kupplung im Maschinenständer betätigt, dadurch wird die Armwelle angetrieben. Das Nähprogramm läuft selbsttätig mit konstanter Nähgeschwindigkeit bis zum Programmende ab, danach wird automatisch ausgekuppelt. Diese Antriebsart ist bei kurvengesteuerten Nähmaschinen anzutreffen, z.B. beim Knopflochautomaten **(Bild 2)**.

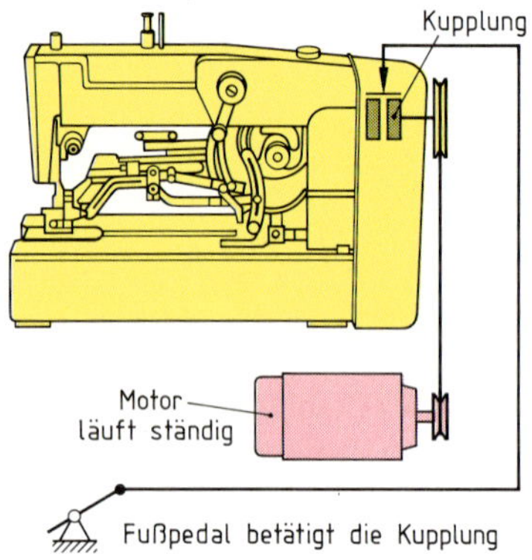

2: Dauerläuferantrieb mit Kupplungsmotor

Kupplungsmotor

Wie beim Dauerläufer wird der Motor vor Nähbeginn eingeschaltet und läuft mit konstanter Drehzahl. Die Steuerung der Nähgeschwindigkeit erfolgt durch unterschiedlich starken mechanischen Andruck der Kupplungsscheibe an die laufende Motorscheibe. Wenn das Fußpedal nicht betätigt wird, liegt die Kupplungsscheibe an der Bremsscheibe an **(Bild 3)**. Dadurch ist das Handrad blockiert. Ein Verstellen der Nadelposition ist nur bei leichtem Niederdrücken des Pedals, also beim Lösen der Bremsstellung, möglich. Einfache Schnellnäher sind mit Kupplungsmotoren ausgestattet.

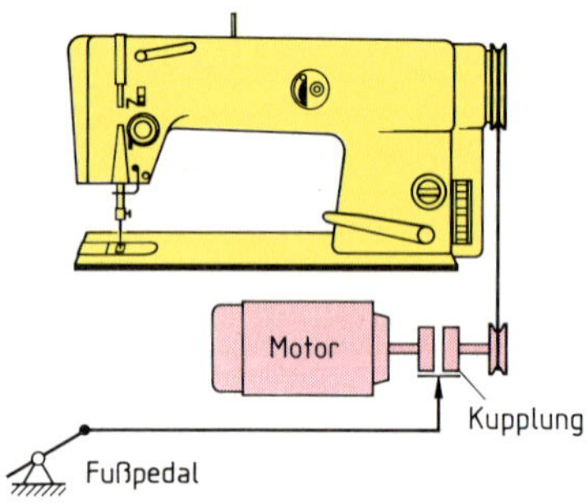

3: Antrieb mit Kupplungsmotor

Positionierantrieb

Eine technische Erweiterung des Kupplungsmotors ist der Positionierantrieb, der z.B. die Nadel in die Anfangsstellung bringt. Es werden Drehstrom- oder Gleichstrommotoren zum Antrieb verwendet. Die Funktionsweise des Positionierantriebs **(Bild 4)** erfolgt in drei Stufen.

Eingabe Der am Handrad angebaute Positionsgeber gibt elektrische Impulse über Nähmaschinendrehzahl und Nadelstellung an das Steuergerät weiter. An einem Programmierfeld, welches sich am Nähmaschinenoberteil oder am Steuergerät befindet, können Nähprogramme eingegeben werden. Durch die Stellung des Pedals wird die Stellgröße für die Nähmaschinendrehzahl eingegeben, durch Pedal, Kniehebel oder mit Handtaster können zusätzliche Vorgänge, wie z.B. Fadenabschneiden, Nähfußlüftung (Presserfußautomatik), Nadelhochstellung, usw., ausgelöst werden.

Verarbeitung Die Auswertung der Eingabebefehle erfolgt im elektronischen Steuergerät der Nähmaschine.

Ausgabe Das Steuergerät gibt Impulse an den Motor ab, wobei Drehzahl und Nadelposition bestimmt und Zusatzfunktionen ausgelöst werden. Bei der neueren Motorengeneration verwendet man Motoren, die nur bei Betätigung des Pedals laufen.

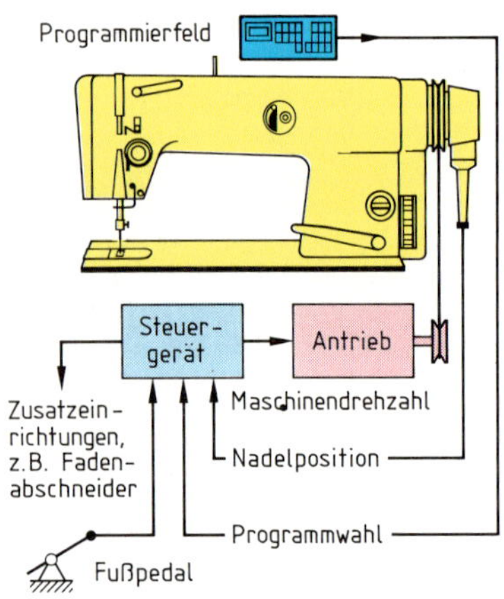

4: Positionierantrieb, elektronisch gesteuert

8.3.17 Zusatzfunktionen des Schnellnähers

Industrienähmaschinen sind aufgrund ihrer robusten Bauweise für Dauerbetrieb und hohe Nähgeschwindigkeiten (über 2000 Stiche pro Minute) geeignet. Sie werden deshalb als **Schnellnäher** bezeichnet. Die Basisnähmaschinen sind in der Regel mit Zusatzeinrichtungen ausgestattet, um die manuellen Nebentätigkeiten zeitlich zu verkürzen. Voraussetzung dafür ist ein Positionierantrieb (vgl. Seite 166).

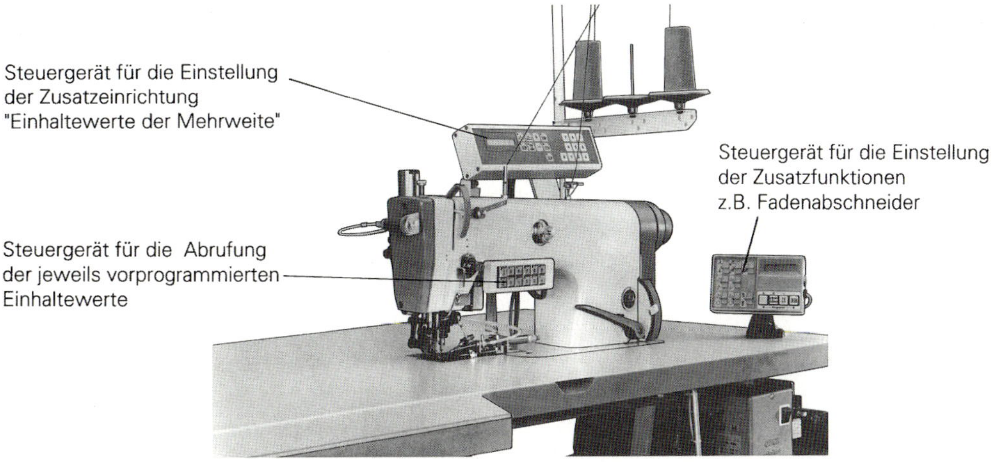

1: Beispiel eines Schnellnähers mit Bedienfeldern für Zusatzfunktionen

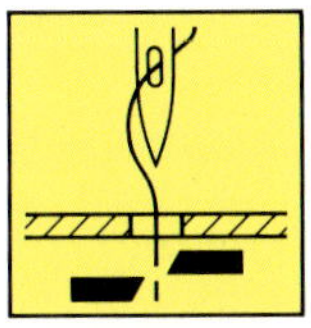

2: Fadenabschneider

3: Fadenwischer

4: Presserfußautomatik

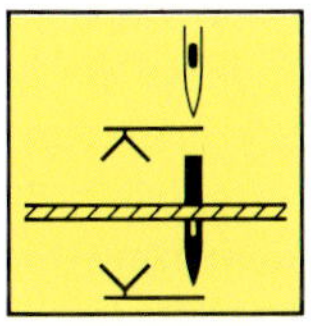

5: Nadelpositionierung

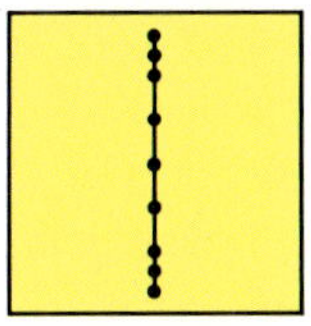

6: Stichverdichtung

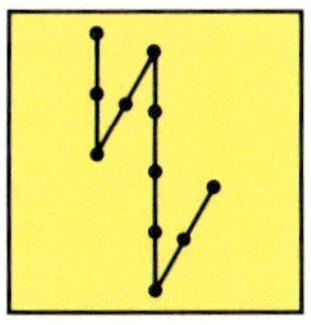

7: Verriegelung

8: Automatischer Nähbeginn am Stoffanfang durch Lichtschranke

9: Automatischer Nähstop am Stoffende durch Lichtschranke

10: Kantenbeschneider

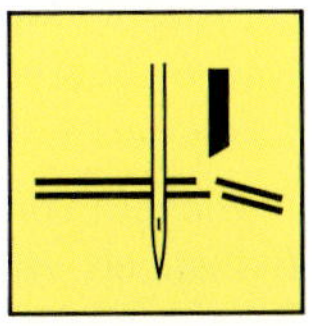

11: Kantenbeschneider (stufiges Beschneiden)

Funktionen und Zusatzeinrichtungen des Industrieschnellnähers

Die **Fadenabschneidautomatik (Bild 2)** schneidet Ober- und Unterfaden auf Anfangslänge ab.

Der **Fadenwischer (Bild 3)** bzw. Fadenabstreifer hat die Aufgabe, nach dem Nähfadenabschneiden und Anheben des Nähfußes den Nadelfaden auf die Oberseite des Nähfußes zu legen. Dadurch wird ein Einklemmen des Nadelfadens vermieden und ein sauberer Nähanfang gewährleistet.

Mit der **Presserfußautomatik (Bild 4)** bzw. Nähfußlüftung, kann bei einer Nähunterbrechung der Nähfuß selbsttätig angehoben werden. Dabei befindet sich die Nadel entweder in Tiefstellung oder z. B. nach dem automatischen Abschneiden oben.

Mit der **Nadelpositionierung (Bild 5)** ist es möglich, z. B. bei jeder Nähunterbrechung die Nadel in Tiefstellung zu bringen. So kann das Nähgut z. B. beim Eckennähen fixiert werden. Es ist auch möglich, z. B. zur Korrektur der Nähgutlagen, den Stoffdrückerfuß und die Nadel hochzustellen.

Die **Stichverdichtung (Bild 6)** gewährleistet bei Doppelsteppstich- und Kettenstichnähten eine ausreichende Sicherheit des Nähendes, wenn Rückwärtsnähen nicht möglich ist.

Im Gegensatz dazu ermöglicht eine **Verriegelungseinrichtung (Bild 7)** Vor- und Rückwärtsnähen. Die Anzahl der auszuführenden Stiche bei Nähbeginn und Nähende kann vorgegeben werden.

Die **Endkantenerkennung** beendet den Nähvorgang. Sensoren, z. B. eine Fotozelle, reagieren auf Helligkeitsunterschiede. Dadurch kann der Stoffanfang **(Bild 8)** bzw. das Nähgutende **(Bild 9)** von der Maschinensteuerung erfaßt werden. Der Sensor gibt ein Signal, und je nach Programmierung werden Endverriegelung, Nadelpositionierung oder Fadenabschneiden ausgelöst. Sensoren können auch innerhalb des Nähgutes arbeiten.

Mit einer **Kantenbeschneideinrichtung (Bild 10)** können z. B. Nahtzugaben bei Verstürzarbeiten während des Steppvorganges zurückgeschnitten werden. Es kann auch stufig geschnitten **(Bild 11)** oder die Schnittkanten können ausgezackt werden.

Automatische Nähgutzuführung und -abnahme sind zusätzliche Einrichtungen, die zur Rationalisierung beitragen.

8.3.18 Nähautomaten

Eine höhere Stufe der Automatisierung als die Nähmaschinen mit Zusatzfunktionen stellen die **kurvengesteuerten Nähautomaten** dar, die die Bewegung des Nähgutes mechanisch steuern. Sie haben folgende Merkmale:

- Die Bedienungsperson muß die Anlage beschicken, d.h. sie legt das Nähgut ein, und löst den automatischen Arbeitsablauf aus, überwacht den Arbeitsablauf und nimmt die fertigen Teile ab.
- Der Arbeitsablauf erfolgt ohne Beeinflussung von außen.
- Überwachungseinrichtungen setzen die Maschine bei Störungen still.

Die Flexibilität solcher Automaten ist begrenzt. Bei modischen Kollektionen mit häufigem Material- und Modellwechsel werden die Grenzen der Automatisation im wirtschaftlichen und technischen Bereich erreicht. Der Vorteil liegt in der einfacheren Bedienung, wobei nur geringe Näherfahrungen notwendig sind, und in der Wirtschaftlichkeit bei großen Stückzahlen. Für die Bedienung dieser Automaten ist nur eine kurze Anlernzeit erforderlich.

Nähguttransport

Bei kurvengesteuerten Maschinen erfolgt der Nähguttransport durch eine Kurvenscheibe über Schiebe- und Zugstangen. Zwei Rollenbolzen laufen in je einer Nutbahn und übertragen über ein Hebelsystem die Bewegungsform.

Die Automaten nähen selbständig mit Zick-Zack-Stichen (Doppelsteppstich, Einfachkettenstich oder Doppelkettenstich) verschiedene Nahtformen. Der Zick-Zack-Stich entsteht durch die zusätzliche seitliche Nadelstangenbewegung.

Typische Arbeitsgänge solcher Automaten sind das Nähen von Knopflöchern, das Annähen von Knöpfen und das Nähen kurzer Nähte, z.B. Riegel.

Nähautomaten mit Kurvensteuerung

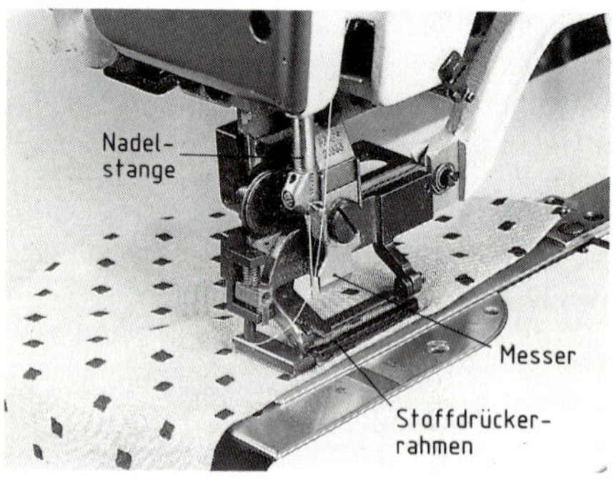

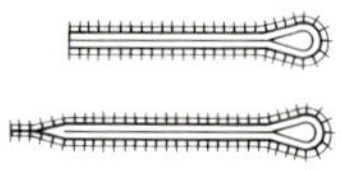
Augenknopflöcher

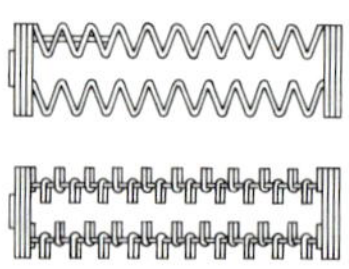
Wäscheknopflöcher

Knopflochautomaten

Sie nähen die Form eines Knopfloches, welches vorher oder anschließend automatisch durch ein Messer eingeschnitten wird. Stichdichte und Knopflochlänge sind an der Steuerscheibe und einem veränderlichen Zahnradantrieb einstellbar. Die Knopflochabstände werden entweder manuell oder über einen Transportschlitten automatisch ausgerichtet.

Knopflochautomaten können mit Doppelsteppstich oder Kettenstich arbeiten.

Wäscheknopflöcher werden vorwiegend bei Hemden und Blusen, Augenknopflöcher in der Oberbekleidung eingesetzt, z.B. bei Sakkos, Mänteln und Hosen.

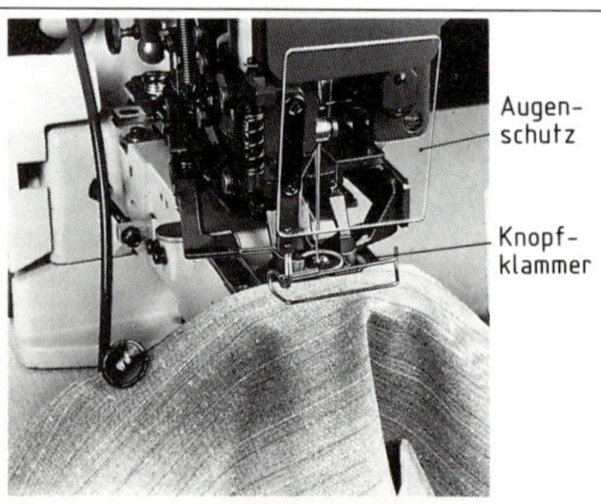

Knopfannähstichbilder

Knopfannähautomaten

Die Knöpfe werden entweder manuell oder über spezielle Knopfmagazine der Knopfklammer zugeführt. Die Nadelstange ist im allgemeinen zusätzlich seitlich beweglich und schwingt zwischen den Lochungen hin und her. Bei Vierlochknöpfen wird auch noch die Knopfklammer zum Wechsel des Lochpaares bewegt.

Knöpfe können mit Doppelsteppstich oder mit Kettenstich angebracht werden. Mit Kettenstich angenähte Knöpfe lassen sich leicht aufziehen, wenn der letzte Stich nicht richtig verriegelt ist.

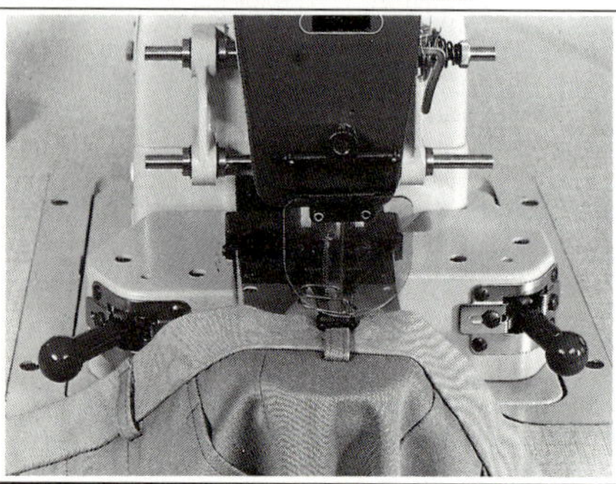

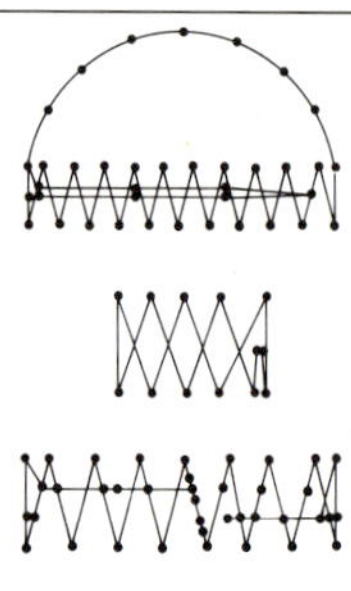
Riegelstichbilder

Riegelautomaten

Riegelmaschinen nähen selbständig kurze Nahtformen.

Das Nähprogramm ist durch die Steuerkurve vorgegeben.

Für verschiedene Nahtformen müssen in der Regel die Steuerkurve und der Nähguthalter ausgewechselt werden.

Riegel werden z.B. zum Sichern von Tascheneingriffen und Schlitzen oder zum Befestigen von Gürtelschlaufen und Etiketten eingesetzt.

8.3.19 Automatisierte Nähanlagen

Neben der Kurvensteuerung gibt es als weitere mechanische Steuerung die Schablonensteuerung. Weitere Entwicklungen sind die CNC[1] -gesteuerten Nähanlagen und Roboter[2].

Schablonengesteuerte Nähanlagen

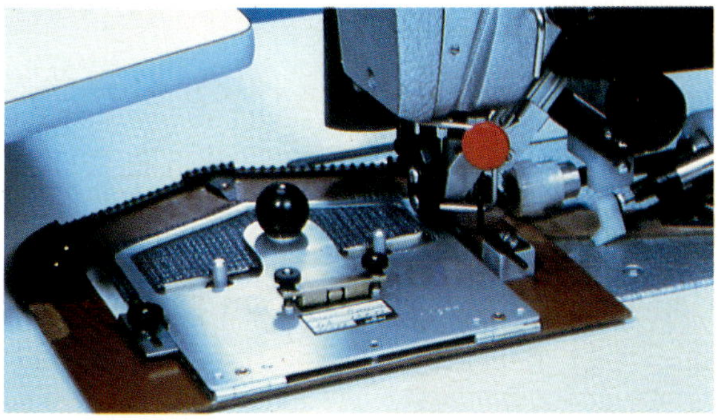

1: Pattenfertigung

Bei schablonengesteuerten Nähanlagen wird das Nähgut mit Hilfe einer Schablone fixiert. Die Konturen der Schablone dienen zur Führung.

Durch Auswechseln der Schablone können unterschiedliche Formen bearbeitet werden. Der Vorschub der Nähschablone erfolgt über einen separaten Antrieb.

Der Einsatz solcher Anlagen ermöglicht maßgenaue Teile mit oder ohne Mehrweite in gleichbleibender Qualität und eine Steigerung der Produktion.

Das Bild zeigt eine schablonengesteuerte Nähanlage für Kleinteile. Schablonengesteuerte Anlagen werden auch für lange Nähte, z. B. Seitennähte, eingesetzt.

CNC gesteuerte Nähanlagen

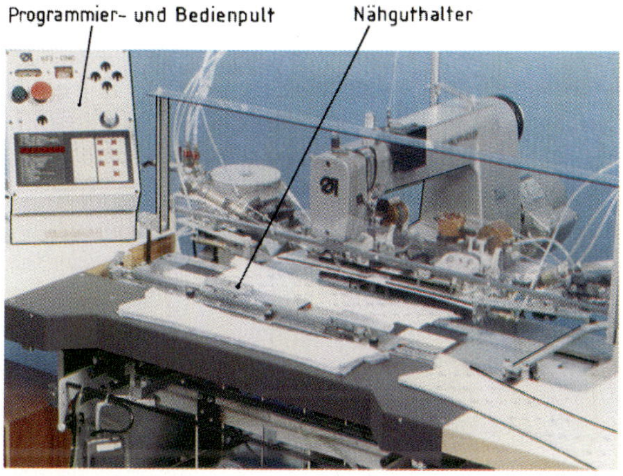

2: Kragenfertigung

CNC-Maschinen werden von einem Computer gesteuert. Die gewünschte Bewegung des Nähgutes wird als Computerprogramm erstellt. Das Nähgut oder der Nähkopf werden durch Computerbefehle von Stellmotoren in der X- und Y-Achse bewegt.

Bei der Eingabe des Programmes unterscheidet man zwei Verfahren:

- Teach-in Verfahren:
  Hier werden die Nahtkonturpunkte nacheinander manuell angefahren und abgespeichert.
- Programmierung:
  Nahtkonturpunkte, Stichabstände und Stichzahlen werden an einem Programmierplatz eingegeben.

In beiden Fällen werden die Programme auf Datenträger gespeichert.

Im Beispiel werden Kragen vorgenäht. Die Kragenteile werden auf einer Zuführeinrichtung vorpositioniert. Eine automatische Nähgutzuführung ermöglicht ein überlappendes Arbeiten, d. h., daß während der Nähzeit gleichzeitig ein zweiter Kragen manuell vorgelegt wird. Über ein Bedienfeld können Kragenformen programmiert und Größenverstellungen vorgenommen werden. Eine elektronische Nadelfadenüberwachung und ein programmierbarer Unterfadenstichzähler beim Doppelsteppstich sorgen bei Fadenbruch oder leerer Spule für den sofortigen Stop der Nähanlage.

Roboter

3: Nähen einer Rückennaht

Die Versuche der Automatisierung konzentrieren sich darauf, manuell bediente Geräte durch einen Motor anzutreiben (z. B. Einlegegeräte, Stapler). Ziel der Forschung sind programmierbare Handhabungssysteme (PHS). Die frei programmierbaren Achsenbewegungen des Roboters werden über Sensoren gesteuert. Handhabungs- und Fügeaufgaben können über Greifer durchgeführt werden. Bei dem dargestellten Beispiel führen zwei Roboter eine zu vernähende Rückennaht an der Nähmaschine aus.

Probleme bei der Automatisierung von Nähaufgaben.

- Auf das Produkt bezogen: modische Vielfalt, kleine Losgrößen und kurze Lieferzeiten.
- Auf das Material bezogen: Biegeschlaffheit, Oberflächenstruktur, Dicke, Materialmischung des Nähgutes.
- Auf die Nähtechnik bezogen: manueller Oberfaden- und Unterfadenwechsel, visuelle Überwachung der Arbeitsabläufe.

[1] CNC = computerized numerical control (computergestützte numerische Steuerung)
[2] Roboter = Apparaturen, die manuelle Funktionen eines Menschen ausführen können.

8.4.1 Nahtkräuseln

Nahtkräuseln

Verschiedene Rohstoffe, unterschiedliche Konstruktion und Ausrüstung des Nähgutes und die nähtechnischen Bedingungen können Nahtkräuseln verursachen. Man unterscheidet Transportkräuseln, Verdrängungskräuseln und Spannungskräuseln.

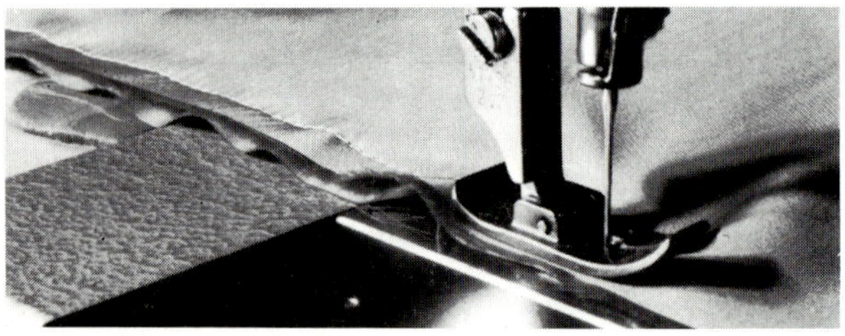

1: Transportkräuseln

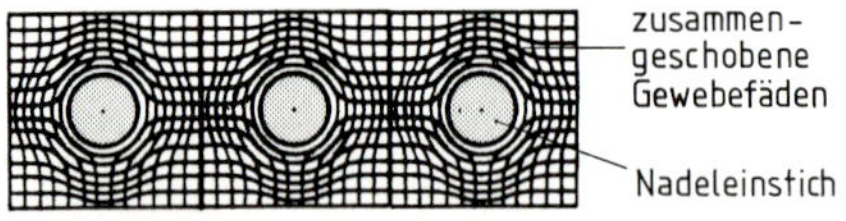

2: Verdrängung der Gewebefäden

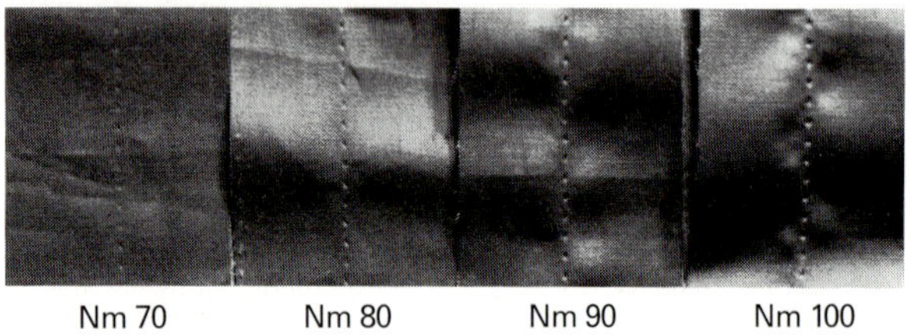

3: Einfluß der Nadeldicke auf das Verdrängungskräuseln

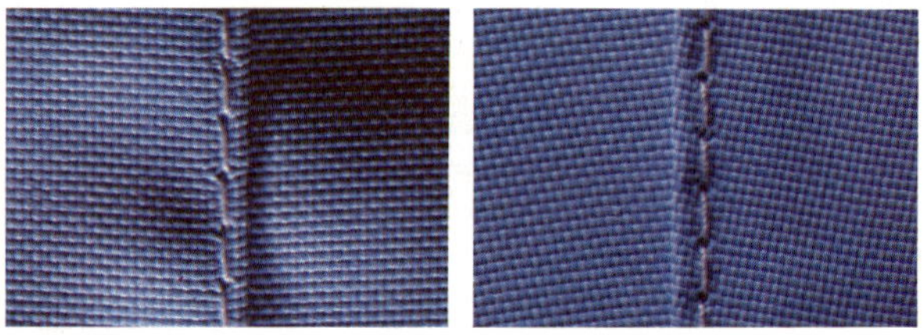

Naht in Kettrichtung

Naht abweichend von der Kettrichtung

4: Einfluß der Nährichtung auf das Verdrängungskräuseln

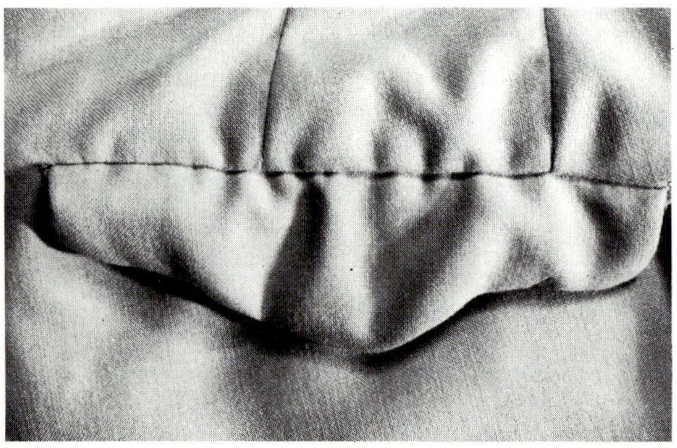

5: Spannungskräuseln

Transportkräuseln

Transportkräuselung ist eine Längenverschiebung zwischen der oberen und unteren Stofflage. Die untere Nähgutlage wird durch den Stoffschieber weitergeschoben, während die obere Nähgutlage vom Stoffdrücker zurückgehalten wird.

Abhilfe kann erreicht werden durch Spezialtransportarten, durch Veränderung der Stoffschiebereinstellung, des Nähfußdruckes, durch Verwendung spezieller Stoffdrücker, z.B. Teflon- oder Rollenfüße, oder durch Reduzierung der Nähgeschwindigkeit.

Verdrängungskräuseln

Beim Einstich der Nadel in das Nähgut sowie durch das Einbringen des Nähfadens in das Nähgut werden Kett- und Schußfäden verdrängt. Im Nahbereich entsteht eine Aufwerfung des Nähgutes, weil der eingebrachte Nähfaden Platz benötigt **(Bild 2)**.

Die Gefahr der Verdrängungskräuselung ist beim Doppelsteppstich größer als beim Doppelkettenstich.

Abhilfe bringt die Verwendung feiner Nadeln, kleine Stichlochbohrung, dünne Nähzwirne, geringe Nähfadenspannung und eine geringere Stichdichte **(Bild 3)**.

Die Dehnung in Kett- oder Schußrichtung ist im allgemeinen unterschiedlich. Nähte in Kettrichtung kräuseln stärker als Nähte in Schußrichtung oder diagonal verlaufende Nähte. Daraus ist zu schließen, daß die Dehnfähigkeit eines Gewebes für das jeweilige Verdrängungskräuseln mit verantwortlich ist.

Eine wirkungsvolle Abhilfe ist eine Nahtverlegung um 15° abweichend von der Kettrichtung **(Bild 4)**.

Spannungskräuseln

Kräuselursachen sind zu hohe Fadenspannung sowie das Dehnungsverhalten der Nähzwirne.

Besonders synthetische Fäden haben ein hohes elastisches Rückbildungsvermögen. Diese Fäden neigen dazu, alle Spannungen, denen sie ausgesetzt waren, zurückzubilden.

Die Rückbildung geschieht unter Verzögerung.

Kräuselerscheinungen zeigen sich deshalb oft erst später.

Zur Vermeidung von Spannungskräuselungen sind folgende Punkte zu beachten:

- Unterfaden spannungsfrei aufspulen.
- Unterfadenspannung und Nadelfadenspannung so gering wie möglich einstellen.
- Umspinnzwirne verwenden.

8.4.2 Nähgutschäden, Nähmaschinenstörungen

Nähgutschäden

Ein Bruch oder eine Beschädigung der Nähgutfäden entsteht durch beim Transport zu stark gepreßtes oder nur schwer transportierbares Nähgut. Beschädigungen entstehen aber auch durch falsch ausgewählte oder beschädigte Nadelspitzen. In Geweben können sie zu Fadenverzügen und in Maschenwaren zu Maschensprengschäden führen **(Bild 1)**. Nadelspitzen prüft man auf dem Fingernagel. Eine einwandfreie Nadelspitze ohne Grat hinterläßt keine Kratzspuren.

Beschädigungen von Fäden in Webwaren haben außer schlechtem Aussehen des Nadeleinstichloches im allgemeinen keine Folgewirkung **(Bild 2)**. Bei Maschenwaren wirkt sich dieses Problem so aus, daß bei einer Beanspruchung des Nähgutes Laufmaschen entstehen können. Hohe Nadelreibung kann zu starker Nadelerwärmung führen und Schmelzschäden verursachen **(Bild 3)**.

Nähgutbeschädigungen lassen sich durch folgende Maßnahmen vermeiden:

- Verbesserung der Nähgutausrüstung.
- Einsatz von möglichst dünnen Nadeln.
- Auswahl spezieller Nadelspitzenformen.
- Anfeuchtung des Nähgutes.
- Einsatz von Spezialnadeln.
- Nadelkühlung durch Druckluft.

1: Maschenbeschädigung durch beschädigte Nadelspitze

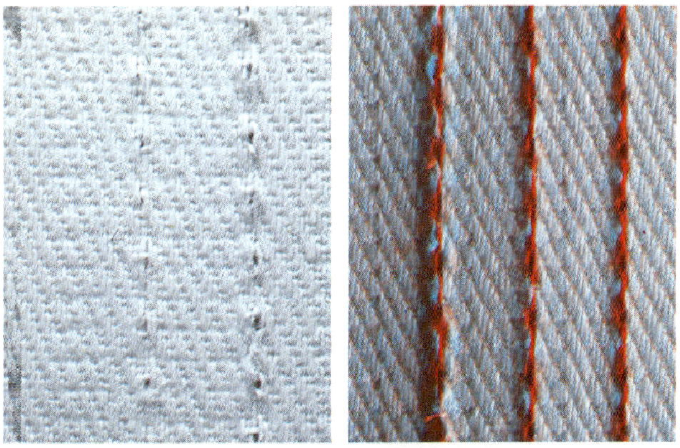

2: Gewebeschäden, rechts Nähte mit Nähfaden, links ohne Nähfaden; Nadeln Nm 80, Nm 90, Nm 100 (jeweils von links nach rechts)

3: Geschmolzene Einstichlöcher in Maschenware aus Synthesefasern

Nähmaschinenstörungen und mögliche Ursachen

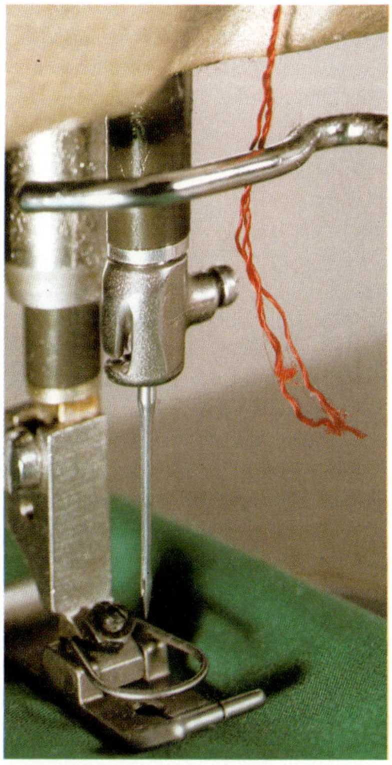

4: Fadenbruch

Störungen	Ursachen
Fadenbruch	• Der Faden ist nicht richtig eingefädelt. • Fadenreste befinden sich in der Greiferbahn. • Das Stichloch in der Stichplatte hat einen schartigen Rand. • Das Garn ist knotig oder hat eine zu geringe Festigkeit. • Die Nadel hat zu scharfe Rinnen oder Öhrkanten.
Nadelbruch	• Das Garn ist im Verhältnis zur Nadel zu stark und zu dick. • Durch Ziehen am Stoff wird die Nadel zur Seite gedrückt und sticht nicht in das Stichloch, sondern auf die Stichplatte. • Die Spulenkapsel sitzt nicht fest. • Die Nadel ist krumm und wird vom Greifer erfaßt. • Schlechte Nadelqualität
Unregelmäßiges Nahtbild	• Die Nadel ist falsch eingesetzt. • Der Unterfaden wurde nicht gleichmäßig aufgespult. • Die Nadel hat sich verbogen. • Die Einstellung des Greifers stimmt nicht mehr. • Ein falsches Nadelsystem wurde verwendet. • Schlechter Stofftransport.
Schlechter Nähguttransport	• Der Nähfußdruck ist zu gering. • Verstaubte oder abgenutzte Zahnreihen. • Der Stoffschieber steht zu tief. Dadurch treten die Zahnreihen nicht weit genug aus der Stichplatte heraus. • Ungeeignete Transportelemente.
Fehlstiche	• Der Greifer erfaßt die Nadelfadenschlinge nicht, z. B. durch falschen Nähfaden, falsche Nadel, verbogene Nadel, falsche Greifereinstellung, falsches Einfädeln, falscher Nadelsitz.

8.5.1 Bügeln

Unter Bügeln versteht man das Umformen von textilen Flächen. Diese Bügelaufgabe kann man unterteilen in:

- **Neuformung**, z. B. einbügeln, Schrägstreifen rund bügeln
- **Nachformung** z. B. eine Wiener Naht formbügeln
- **Rückformung**, z. B. zerknitterte Kleidungsstücke glattbügeln.

Der Bügeleffekt entsteht durch Einwirkung von Wärme und Druck während einer bestimmten Zeit. Zusätzlich können Dampf, Blasluft oder Absaugung einwirken. Dampf beschleunigt die Erwärmung des Bügelgutes und sorgt für die notwendige Befeuchtung, die bei Naturfasern unbedingt erforderlich ist. Durch Absaugen oder Blasen wird das Abkühlen beschleunigt und der Dampf entzogen. Dadurch wird das Bügelgut schneller in seiner neuen Form fixiert.

Bügeln ohne Dampf

Elektrobügeleisen

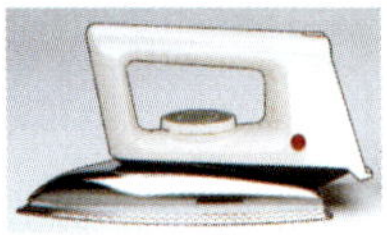

Die Wärme wird durch eine elektrische Heizeinrichtung erzeugt. Die Temperatur ist von 60 °C bis 220 °C einstellbar und kann so der Hitzebeständigkeit des Bügelgutes angepaßt werden. Die notwendige Feuchtigkeit muß auf das Bügelgut aufgesprüht werden.

Bügeln mit Dampf

Dampferzeugung

Dampfdruck in Abhängigkeit von der Temperatur

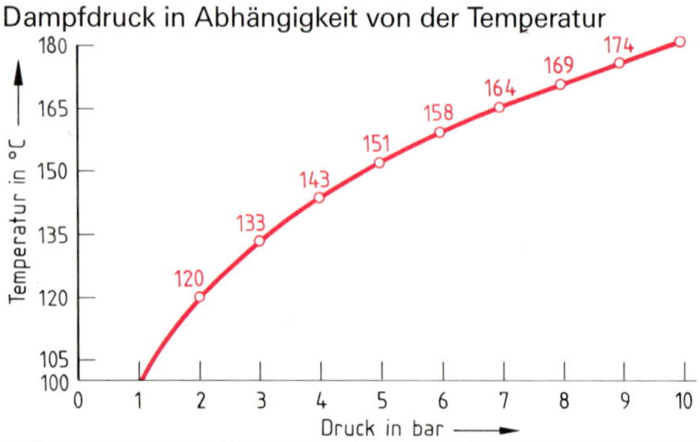

Man unterscheidet zwei Prinzipien der Dampferzeugung:

- Dampferzeugung bei Umgebungsdruck (Normaler Luftdruck).
- Dampferzeugung bei erhöhtem Druck.

Bei normalem Luftdruck siedet Wasser bei 100 °C. In sogenannten Selbstverdampferbügeleisen (z. B. Haushaltsbügeleisen) tropft Wasser auf die heiße Bügelplatte und verdampft. Der entweichende Dampf kann also 100 °C heiß sein.

Wird Wasser in einem Druckgefäß erhitzt, so kann eine höhere Dampftemperatur erreicht werden. Das Diagramm zeigt die Abhängigkeit von Dampftemperatur und Dampfdruck. In der Bekleidungsindustrie wird mit einem Dampfdruck von 5 bar bis 10 bar und einer Temperatur von 150 °C bis 170 °C gearbeitet. Die erhöhte Dampftemperatur beschleunigt den Bügelvorgang.

Elektrodampfbügeleisen Selbstverdampfer

Elektrodampfbügeleisen mit Dampfstation

Der Dampf wird entweder im Bügeleisen **(Bild 1)** oder in einer Dampfstation **(Bild 2)** erzeugt. Der größere Wasservorrat in der Dampfstation ermöglicht eine längere Bügelzeit ohne Nachfüllung.

Das Wasser wird durch elektrische Heizplatten zum Verdampfen gebracht. Der Dampf entweicht durch Löcher in der Bügelsohle. Die Temperatur der Bügelsohle ist stufenlos einstellbar.

Hochdruck-Dampfbügeleisen und Teflon-Bügelschuh

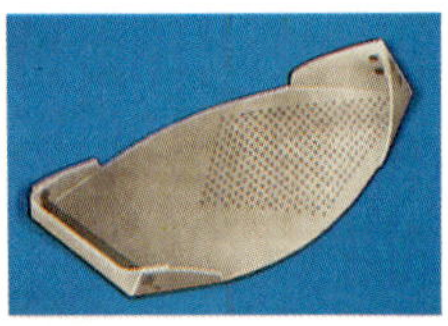

Hochdruckdampf wird dem Bügeleisen über eine Dampfleitung zugeführt. Die Dampfzufuhr wird über ein Ventil gesteuert. Der Dampf entweicht über Löcher in der Bügelsohle.

Die Temperatur der Bügelsohle ist von 100 °C bis 235 °C einstellbar. Leistungsstarke Heizkörper und integrierte Dampfkammern ermöglichen eine kondensfreie Dampfqualität.

Der Teflon-Bügelschuh verhindert das Ansengen und die Glanzbildung. Das Bügeln der rechten Stoffseite wird somit erleichtert.

Bügelarbeitsplatz mit Hochdruckdampfbügeleisen

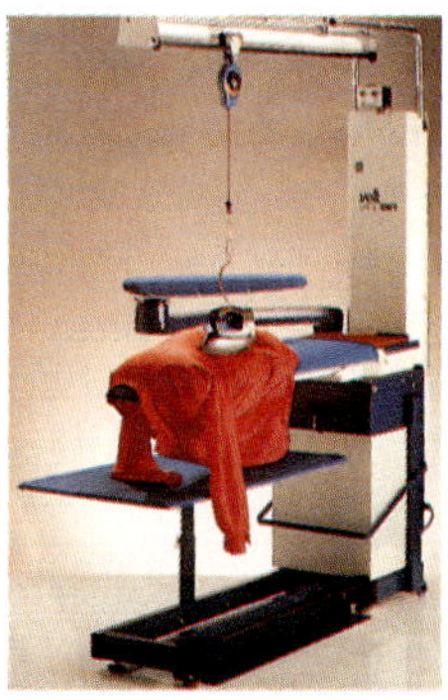

Für Handbügelarbeiten gibt es auf das Bügelteil abgestimmte Arbeitsplätze, z. B. Rockbügelplätze, Flächenbügelplätze. Diese Arbeitsplätze bestehen aus einem Elektrodampfbügeleisen mit einer ergonomischen Haltevorrichtung (Galgen) und einem Absaugbügeltisch. Bei dieser Konstruktion kann über die gesamte Bügelfläche Luft abgesaugt oder eingeblasen werden. Der Bügelprozeß wird durch den schnellen Entzug von Hitze und Feuchtigkeit optimiert. Beim Einblasen von Luft werden im Vergleich zum Absaugen Abdrücke vermieden. Zusätzlich kann ausgerichtetes Bügelgut durch Absaugen, vor und während des Bügelvorganges, auf der Bügelfläche fixiert werden. Auf dem Schwenkarm können für unterschiedliche Bügelvorgänge entsprechende Formen aufgesteckt werden. Die einzelnen Funktionen können über Pedale abgerufen werden.

8.5.2 Bügelhilfsmittel

Hilfsgeräte

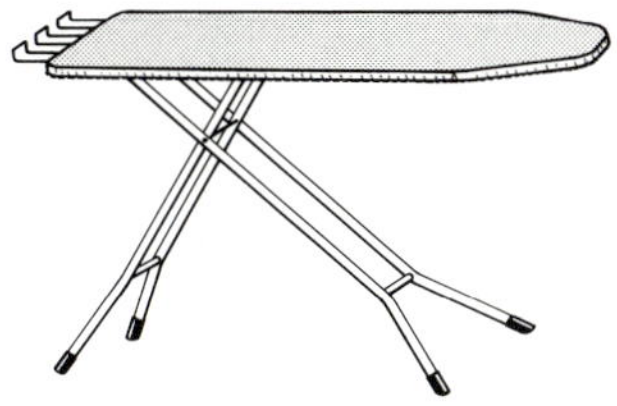

1: Bügelbrett

Das Bügelbrett wird zum Bügeln größerer Flächen eingesetzt. Öffnungen in der Arbeitsplatte fördern den Dampfabzug.

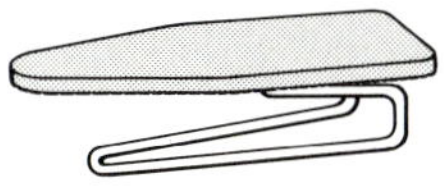

2: Ärmelbrett

Das Ärmelbrett eignet sich besonders zum Bügeln kleiner schlauchförmiger Teile.

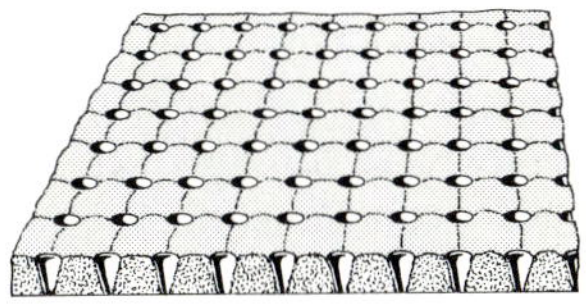

3: Bügelunterlagen

Spezielle hitzereflektierende Bügeldecken oder einfache Filzdecken dienen als Bügelunterlage. Sie wirken druckausgleichend und nehmen die verdampfende Feuchtigkeit auf.

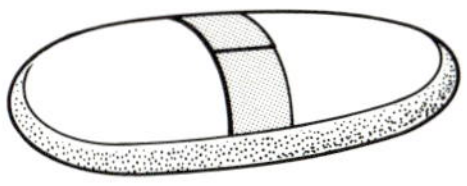

4: Handbügelkissen

Handbügelkissen eignen sich besonders zum Nachbügeln schwer auflegbarer Teile.

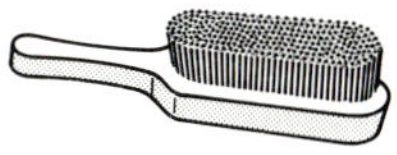

5: Bügelbürste

Bügelbürsten unterstützen das Nachbügeln von Oberflächen mit Strich oder Flor.

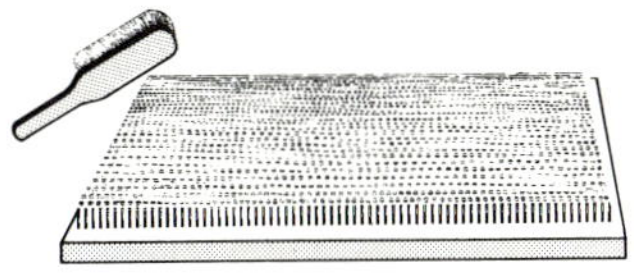

6: Nadelspitzendecke

Nadelspitzendecken begünstigen das Bügeln von Oberflächen mit Flor (Samte).

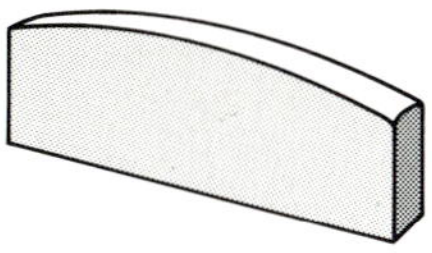

7: Kragenholz

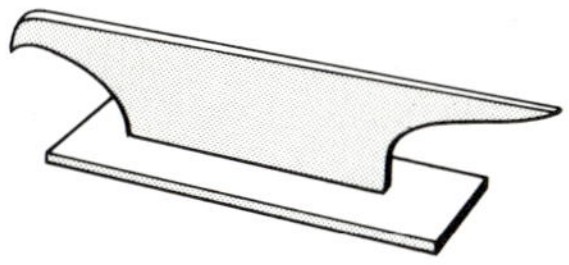

8: Kantenholz

Bügelhölzer als Unterlage ermöglichen ein festeres Pressen des Bügelgutes.

9: Bügelkissen in Eiform

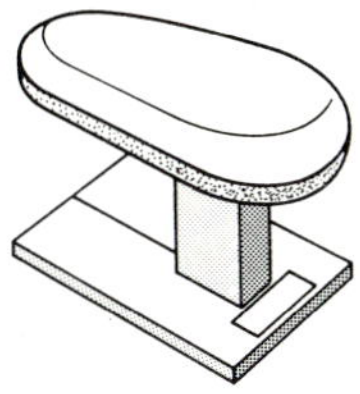

10: Achselkissen

Bügelkissen erleichtern das Bügeln geformter Bekleidungsteile.

Bügeln im Produktionsablauf

Zwischenbügeln	Wenn es die Genauigkeit für die Weiterverarbeitung erfordert, werden halbfertige Teile zwischengebügelt, z. B. Nähte vor Absteppabeiten. Zwischengebügelt wird auch, wenn der Glätteeffekt zu einem späteren Zeitpunkt nicht mehr möglich ist, z. B. Kragen und Manschetten vor dem Ansteppen.
Finishbügeln	Dieser Arbeitsgang umfaßt alle Bügelarbeiten am fertigen Produkt. Das Produkt wird verkaufsfertig gemacht. Das Finishbügeln wird auch mit „Abbügeln" oder „Fertigbügeln" bezeichnet.

Bügeltechniken

Glattbügeln	Das Entfernen von Knitterfalten vor dem Zuschnitt, vor Näharbeiten oder am fertigen Produkt, nennt man Glattbügeln.
Abdämpfen	Stoffe können abgedämpft werden, um ein späteres Einlaufen beim Bügeln zu vermeiden.
Dressieren	Beim Dressieren werden Bekleidungsteile geformt. Die Teile und der Umfang des Formens werden von der Schnittkonstruktion bestimmt. Wollstoffe lassen sich am leichtesten formen. Man unterscheidet: Dehnen — Durch Zug und Fixieren der Dehnung werden Rundungen und Wölbungen geformt, z. B. Schulter-, Brust- und Kragenteile. Einbügeln — Überflüssige Weite wird eingehalten und fixiert, z. B. Rückenachsel, Hintere Mitte und Ärmel.

8.5.3 Bügelmaschinen

Bügelpressen

Bügelpressen werden in vielen speziellen Formen hergestellt um z. B. Kragen, Schulterpartien und Hosenbeinen eine besondere und dauerhafte Form zu geben.

Das Bügelgut wird zwischen die Ober- und Unterplatte gelegt. Die Bügelplatten sind mit einem speziellen Überzug versehen. Die Oberplatte ist beweglich und preßt das Bügelgut auf die Unterplatte. Nach dem Schließen wird Dampf durch den Bügelbezug gepreßt. Absaugeinrichtungen beschleunigen und verstärken den Bügeleffekt. Druck, Temperatur und Bearbeitungszeit sind einstellbar.

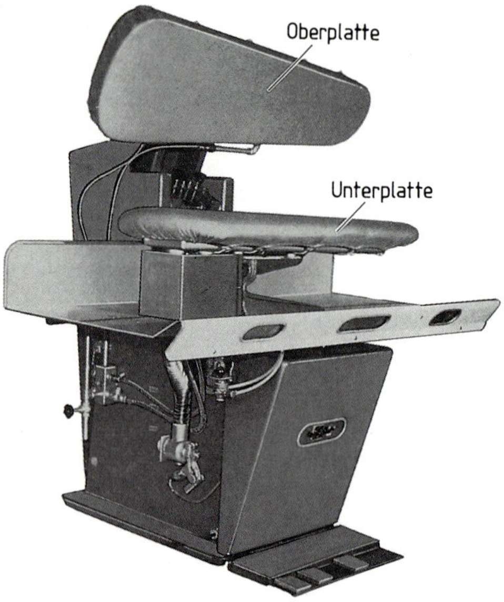

1: Flachpresse

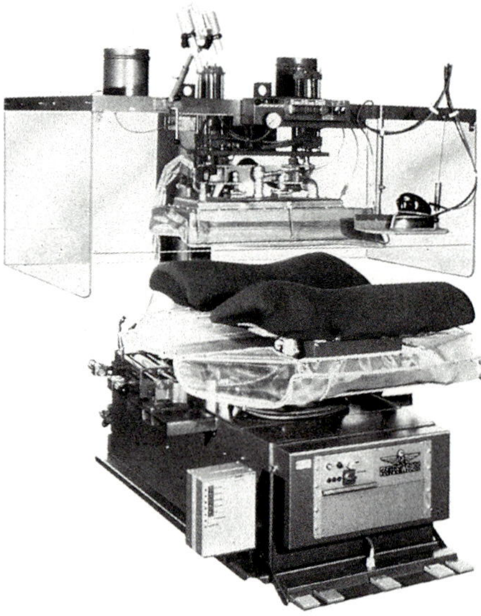

2: Formpresse

Formfinisher und Tunnelfinisher

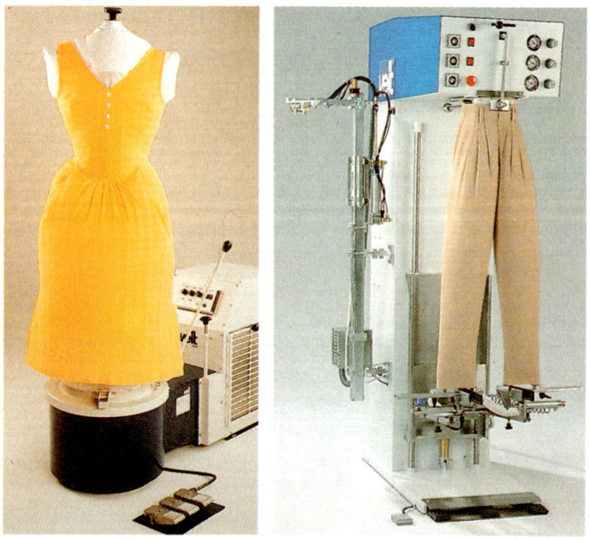

3: Formfinisher

Mit Formfinishern können komplette Kleidungsstücke rationell geglättet werden. Kleinteile wie z. B. Manschetten und Kragen müssen vorgebügelt werden. Das Kleidungsstück wird über die Form gezogen, aufgeblasen und 5 s bis 20 s mit Dampf behandelt. Danach wird mit Luft gekühlt. Das Kleidungsstück kann von der Form genommen werden.

4: Tunnelfinisher

Die kompletten Kleidungsstücke werden auf Bügel oder über Rahmen gezogen. Sie werden anschließend durch eine Dampfkammer geführt und danach abgekühlt.

Je nach gewünschter Bügelqualität müssen die Kleinteile nachgebügelt werden.

Durchlaufgeschwindigkeit, Temperatur, Dampfmenge und Trockenzeit können eingestellt und somit auf das Bügelgut abgestimmt werden.

8.5.4 Fixieren

Im engeren Sinne versteht man in der Bekleidungsfertigung unter **Fixieren** das Verkleben von Einlagestoff und Oberstoff mittels Schmelzkleber.

Im weiteren Sinne versteht man unter Fixieren festmachen und dauerhaft formen. Durch Bügeln kann man z. B. eine Falte „fixieren". Bekleidungstextilien aus Synthetiks können „thermofixiert" werden.

Die Fixiertechnologie beinhaltet Verfahren, mit denen Einlagestoffe und Oberstoffe verbunden werden. Als Einlagestoffe setzt man je nach Verwendungszweck Gewebe, Gewirke und Vliesstoffe ein.

Bei den **Klebemassen (Haftmassen)** handelt es sich im allgemeinen um Schmelzkleber. Die Qualität der Haftfestigkeit in bezug auf Wasch-, Reinigungs- und Bügelbeständigkeit ist abhängig von der Temperatur, dem Druck, der Beschaffenheit der Klebemasse und der Einwirkzeit beim Fixieren. Die Schwierigkeit, eine Verbindung herzustellen, wird durch die unterschiedlichen Materialeigenschaften begründet. Die Klebeverbindung soll ohne Beeinträchtigung von Aussehen, Struktur und Trageverhalten erreicht werden.

Um diesen Anforderungen gerecht zu werden, hat man verschiedene Klebemassen und Granulate entwickelt. Bei der Aufbringung dieser Massen unterscheidet man verschiedene **Beschichtungen:** Streubeschichtung, geometrische Rasterbeschichtung, Reihenpunktbeschichtung, Wirrpunktbeschichtung und Flächenbeschichtung.

Geräte und Maschinen zum Fixieren

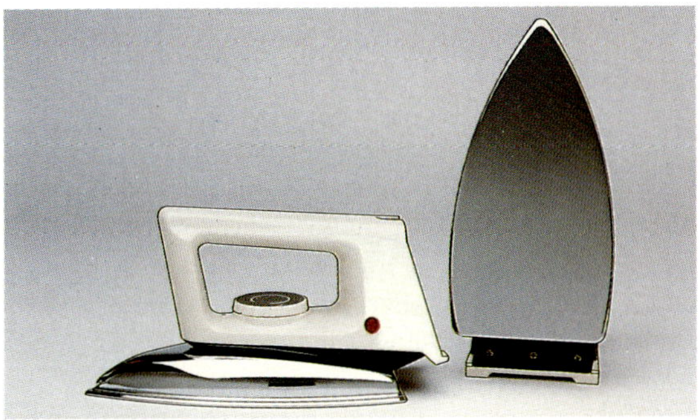

1: Elektrobügeleisen

Beim Fixieren mit einem **Bügeleisen** sind Druck und Zeit abhängig von der Bedienungsperson.

Die Temperatur schwankt in einem großen Bereich.

Bei Polyamid-Haftmassen kann die Haftung durch Dampfzugabe verbessert werden. Das Ergebnis ist bei der Anwendung eines feuchten Tuches besser als bei einem Dampfbügeleisen, weil die Dampfverteilung gleichmäßiger erfolgt.

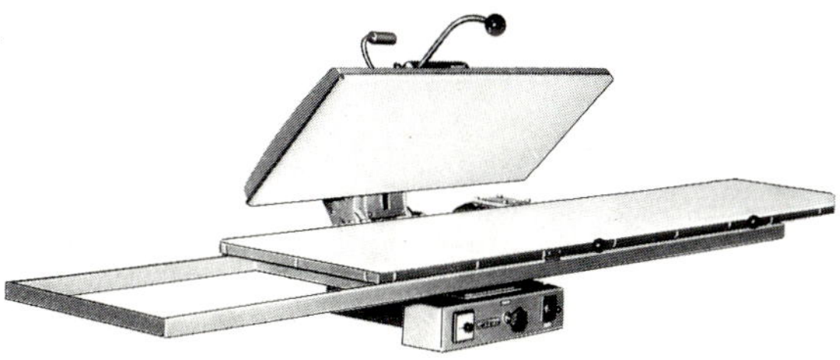

2: Tischfixiermaschine mit Schieberahmen

Druck, Temperatur und Zeit sind bei **Fixiermaschinen** einstellbar. Es kann sitzend gearbeitet werden. Fortschrittliche Modelle sind mit Schieberahmen ausgestattet, so daß überlappt gearbeitet werden kann, d.h. während des Fixiervorganges werden gleichzeitig Teile aufgelegt.

Das Gerät ist für das Fixieren von Kleinteilen geeignet und wird bei kleinen Serien eingesetzt.

Der Druck wird pneumatisch oder hydraulisch erzeugt. Bügelpressen mit zu schwachem Federdruck sind zum Fixieren schlecht geeignet.

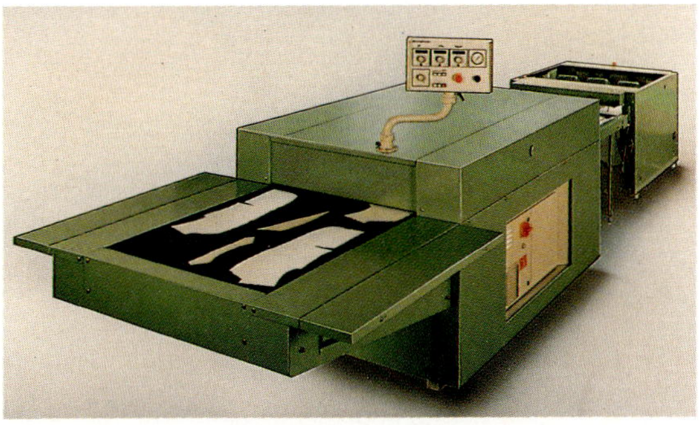

3: Durchlauffixiermaschine (Fixierautomat)

Fixierautomaten arbeiten entweder in Etappen oder kontinuierlich. Temperatur, Druck und Durchlaufzeit werden stufenlos geregelt. Die geschlossene Bauweise verhindert das Austreten von Schmelzklebedämpfen. Moderne Pressen heizen das Fixiergut durch Infrarotstrahlen oder Hochfrequenzströme auf. Durch die kurzzeitige Druckeinwirkung wird das Fixiergut schonend behandelt.

Beim **Hochfrequenzfixieren** wird zwischen Metallplatten ein elektrisches Wechselspannungsfeld aufgebaut. Im Fixiergut wird dadurch die erforderliche Wärmemenge zum Schmelzen des Klebers erzeugt. Die Arbeitstemperatur liegt bei 120 °C, das bedeutet eine geringe Wärmebelastung des Fixiergutes bei optimaler Verklebung. Der Fixiervorgang läuft vollautomatisch ab. Es kann im Vielfach-Sandwichverfahren (Fixieren im Schnittstapel) gearbeitet werden. Die Maschine ist sehr leistungsfähig und nur für Großserien und Großbetriebe geeignet.

8.6 Unfallverhütung

Im vorbeugenden **Arbeitsschutz** hat jeder Vorgesetzte mit der Übertragung von Führungsaufgaben auch Verpflichtungen im Bereich der Arbeitssicherheit. Gefahrenquellen müssen beseitigt oder zumindest erkannt und als solche gekennzeichnet werden. Auf ein unfallsicheres Arbeiten muß hingewirkt werden.

Alle Betriebe der gewerblichen Wirtschaft gehören einer **Berufsgenossenschaft** an. Sie ist Träger der betrieblichen Unfallversicherung und alle Beschäftigten sind in ihr pflichtversichert. Für das Bekleidungsgewerbe ist die Berufsgenossenschaft Textil und Bekleidung, Sitz Augsburg, zuständig. Ihre Aufgaben erstrecken sich einerseits auf Unfallverhütungsmaßnahmen, andererseits auf Versicherungsleistungen bei Betriebs- und Wegeunfällen sowie bei Berufskrankheiten. **Unfallverhütungsvorschriften** sind verbindlich für Unternehmungsleitung, verantwortliche Vorgesetzte und alle Mitarbeiter. Die Einhaltung der Vorschriften kontrollieren die technischen Aufsichtsbeamten der Berufsgenossenschaft. Eine Nichtbeachtung ist grobe Fahrlässigkeit und wird mit Ordnungsstrafen geahndet.

Zur Vermeidung von Arbeitsunfällen sind sicherheitstechnische Maßnahmen des Betriebes und sicherheitsgerechtes Verhalten der Mitarbeiter notwendig.

Gefahren und Verletzungsmöglichkeiten	Unfallverhütungsmaßnahmen
Beim Nähen Finger- und Handverletzungen bei Reparatur- und Reinigungsarbeiten	Maschinen erst rüsten, warten und reinigen, wenn sie ausgeschaltet und völlig zum Stillstand gekommen sind, gegebenenfalls Netzstecker ziehen.
Augenverletzungen durch splitternde Teile	Darauf achten, daß der Augenschutz richtig eingestellt ist, evtl. Schutzbrillen benutzen.
Fingerverletzungen durch die Nadel	Auf richtige und funktionsgerechte Stellung des Fingerabweisers (Fingerschutz) achten.
Verletzungen durch Nähhilfsmittel	Scheren und Nadeln nach Gebrauch ordnungsgemäß weglegen.
Beim Legen und Zuschneiden Finger- und Handverletzungen an den Legemaschinen	Legewagenantrieb bei Korrekturarbeiten abschalten.
Schnittverletzungen an Fingern und Händen durch rotierende oder stillstehende Messer der Schneidegeräte	Verstellbaren Fingerschutz vor Arbeitsbeginn stets der Stofflagenhöhe entsprechend einstellen, richtige Handhaltung und Grifftechnik beim Schneiden beachten.
Finger- und Handquetschungen an der Schwenkarmstanze oder Flächenstanze	Nicht in den Gefahrenbereich greifen. Eine Zweihandschaltung schützt die Bedienungsperson. Die berührungslos wirkende Schutzeinrichtung (Lichtgitter) stoppt die Maschine beim Überschreiten einer Gefahrengrenze.
Beim Fixieren Finger- und Handquetschungen zwischen Fixiertisch und bewegter Preßplatte	Schutzbügel oder Schaltstange, die den Zugriff zur Gefahrenstelle verhindern, täglich auf ihre Wirksamkeit hin überprüfen.
Verbrennungen an beheizten Preßplatten	Zur Korrektur der aufgelegten Teile nicht in den Einlaufspalt und nicht an die Preßplatten greifen.
Quetschungen im Bereich der Beschickung und bei der Entnahme des Fixiergutes	Bei Zweihandschaltung darf die Presse nur von einer Person bedient werden. Richtiges Auflegen der Teile auf das Einlaufband üben.
Beim Bügeln Verbrennungsgefahr durch austretenden Dampf bei Bügelmaschinen	Dampf erst zuführen, wenn die Arbeitsflächen geschlossen sind.
Finger- und Handquetschungen durch schließende Maschinenteile bei Bügelpressen	Bei Zweihandschaltung sich niemals von einer zweiten Person helfen lassen. Nicht nachgreifen. Nach Einleiten des Schließvorganges nicht mehr korrigieren. Ein Schutzrahmen unterbricht bei Berührung die Schließbewegung.
Beim Flecken entfernen Gesundheitsschäden durch Einatmen von Dämpfen	Auf Wirksamkeit der Absaugung achten. Spritzpistolen immer in Verbindung mit der Absaugvorrichtung benutzen.
Im Arbeitsumfeld Sturzverletzungen	Auf Ordnung und Sauberkeit im Arbeitsraum achten.
Innere Verletzungen durch Verschlucken von Nadeln	Nadeln in dafür bereitstehende Behälter ablegen.
Verletzungen durch elektrischen Strom	Schäden an Schutzabdeckungen, Kabeln, Schaltern usw. sofort melden, niemals selbst reparieren.
Gefahren beim innerbetrieblichen Transport	Nie zuviel auf einmal tragen und auf freie Sicht achten. Lasten aus der Hocke heben, nach Möglichkeit Hilfsmittel benutzen.

8.7 Qualitätssicherung

Unter Qualität versteht man den Wert, die Beschaffenheit und Güte eines Produktes. Eine Wertstufung bei der Bekleidungsproduktion ergibt sich durch Material, Schnitt, Verarbeitung und Zutaten.

Man unterscheidet folgende Qualitätsstufen (Genre[1]):

- hochwertiger Genre
- gehobener Mittel-Genre
- Mittel-Genre
- unterer Mittel-Genre
- Niedrig-Genre

Um die Qualität eines Erzeugnisses zu sichern, müssen Qualitätsmerkmale, Verarbeitungsvorschriften und Toleranzen, Prüfverfahren und -durchführung ausgearbeitet und vorgeschrieben werden.

Die **Qualitätssicherung** ist vor allem Aufgabe der Arbeitsvorbereitung und wird sowie an Teil-, als auch an Fertigerzeugnissen durchgeführt.

1: Zwischenkontrolle

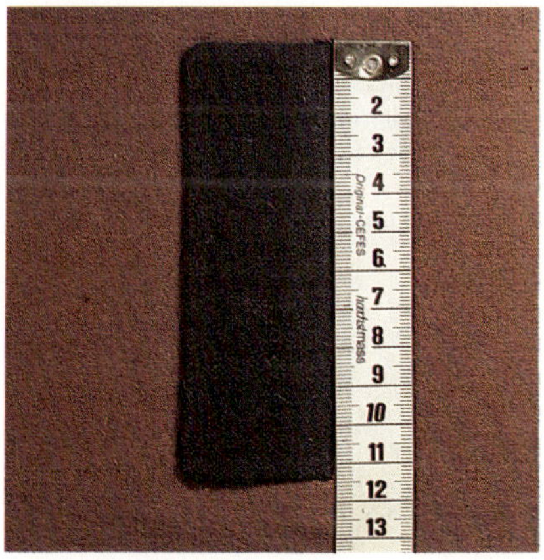

2: Endkontrolle

Nach dem **Wareneingang** erfolgt eine optische Kontrolle von Oberstoff und Futter bezüglich Webfehler, Warenbreite und Querverzug. Auch Einlagen, Knöpfe, Reißverschlüsse, Bänder usw. werden auf Funktionsfähigkeit und Verarbeitbarkeit hin geprüft. Zur Feststellung der Pflege-, Trage- und Gebrauchseigenschaften werden Versuche durchgeführt und Pflegeetiketten festgelegt. Das Materialverhalten bezüglich Hitze, Druck und Feuchtigkeit wird getestet, Fixier- und Bügelschrumpfwerte werden ermittelt (vgl. Seite 98).

In der **Modellabteilung** werden bei der Kollektionserstellung in der Zusammenarbeit mit der Arbeitsvorbereitung Verarbeitungsrichtlinien, Naht- und Saumzugaben, Absteppbreiten, mustermäßiges Verarbeiten, Schlitzlängen usw. im Fertigungsplan verbindlich vorgeschrieben. Gleichzeitig werden Toleranzen der vorgegebenen Richtwerte festgelegt.

Die **Arbeitsvorbereitung** erarbeitet Qualitätskontrollunterlagen für die Durchführung der Paßform- und Endkontrolle sowie Formulare für Tages- und Wochenfehlererfassung.

Die **Schnittabteilung** bereitet die Zuschneidevorlagen so vor, daß für den Zuschnitt klare Angaben vorliegen, z.B. Schablonenbeschriftung: „Beleg zweimal zuschneiden", „Oberstoff", „Futter".

Um Verwechslungen der Schnitteile bzw. Warenseiten zu verhindern, wird in der **Einrichterei** jedes Teil etikettiert.

In der **Näherei** werden qualitätsfördernde Betriebsmittel eingesetzt. Die Mitarbeiter führt man durch Arbeitsunterweisung und Methodentraining zu Qualitätsarbeit hin.

Besonders in der Näherei, aber auch in anderen Abteilungen, werden Zwischenkontrollen durchgeführt. Bei der Endkontrolle werden Fertigmaß, Paßform und Gesamteindruck überprüft.

Der Aufwand der **Qualitätssicherung** richtet sich nach der Qualitätsstufe (dem Genre) der hergestellten Bekleidung. Je wirksamer und intensiver die Qualitätssicherung ausgeführt wird, desto höher ist der finanzielle Aufwand. Die Kontrolle selbst bringt am Arbeitsstück keinen Arbeitsfortschritt, im Gegenteil, es entstehen dem Betrieb zusätzliche Kosten. Doppelte Arbeitsgänge sind nötig, sie verursachen zusätzliche Lohnkosten. Schwerwiegende Fehler führen zu einer Wertminderung, der sogenannten 2. Wahl, oder die Erzeugnisse sind Ausschuß, d.h. eine Reparatur ist unwirtschaftlich und wird deshalb nicht durchgeführt.

Eine weitere Aufgabe der Qualitätssicherung ist auch die Erfassung und Auswertung der Fehler zur gezielten Fehlervermeidung. Hierbei wird die elektronische Datenverarbeitung (EDV) häufig eingesetzt.

[1] Genre (franz.) = Art, Sorte, Gattung

9 Organisation der Bekleidungsherstellung

9.1 Fertigungsbereiche und Produktgruppen

Das Bekleidungsgewerbe ist ein Wirtschaftszweig, der die handwerkliche Herstellung der Bekleidung sowie die industrielle Bekleidungsproduktion (Konfektion) umfaßt.

Die Gliederung der **Bekleidungsindustrie** richtet sich nach der Produktgruppe (Damenoberbekleidung, Herren- und Knabenbekleidung, Kinderbekleidung), nach dem Verwendungszweck (Wäsche, Miederwaren, Berufs- und Sportbekleidung) oder nach dem Material (Strickwaren, Trikotagen).

Das **Bekleidungshandwerk** gliedert sich in die Fachbereiche Herrenschneiderei, Damenschneiderei und Wäscheschneiderei. Die Erzeugnisse entsprechen den Produktgruppen Herren- und Knabenbekleidung, Damenoberbekleidung und Wäsche.

Vergleich zwischen handwerklicher und industrieller Bekleidungsherstellung

Handwerkliche Bekleidungsfertigung

Anfertigung für einen bestimmten Kunden, nach Maß und individuellen Wünschen.

Bei der Schnitterstellung können Abweichungen z. B. Hohlkreuz, Rundrücken, durch günstige Schnittführungen berücksichtigt, ausgeglichen und abgemildert werden.

Der Käufer sucht sich vor der Anfertigung das Material aus vorgelegten Stoffcoupons oder Stoffkollektionen aus. Die Verarbeitung und die Form werden in einer Beratung mit dem Meister vereinbart.

Die handwerklich erstellten Einzelanfertigungen sind durch den wesentlich höheren Zeitaufwand teurer als vergleichbare Industrieerzeugnisse. Sie zeichnen sich jedoch durch die individuelle Note und durch eine hohe Qualität von Material und Verarbeitung aus.

Industrielle Bekleidungsproduktion

Produktion für einen anonymen Personenkreis. Während der Herstellung ist nicht die einzelne Person, sondern lediglich die Zielgruppe bekannt.

Grundlage für die Schnittkonstruktion sind Größentabellen, die durch Reihenmessungen ermittelt werden. Die Anfertigung erfolgt nach Einheitsgrößen.

Aufgrund der Zuschneide- und Verarbeitungsgrundsätze ist eine Berücksichtigung von außergewöhnlichen Abweichungen nicht möglich.

Der Käufer hat zwischen einer Vielzahl von fertigen Kleidungsstücken die Wahl. Auf die Form und die Verarbeitung ist eine Einflußnahme nicht möglich.

Durch rationelle Fertigung bei hohen Stückzahlen werden die Erzeugnisse in einem Bruchteil der Zeit hergestellt, die für Einzelfertigung in einem Handwerksbetrieb nötig wäre.

Produktgruppen mit einer Auswahl von Erzeugnissen (Bekleidungstextilien)

Herren- und Knabenbekleidung (HAKA)	Damenoberbekleidung (DOB)	Wäsche	Berufs- und Sportbekleidung (Bespo)
Sakkos Hosen Anzüge Gesellschaftskleidung Uniformen Westen Mäntel Trachtenanzüge	Blusen Kleider Röcke Jacken Kostüme Hosen, -anzüge Abendkleider Brautkleider Trachtenbekleidung Mäntel	Oberhemden Sportblusen Babywäsche Nachtwäsche Unterwäsche	Arbeitskleidung Sportbekleidung Freizeitkleidung Skibekleidung Jeanskleidung
Trikotagen (Wirkwaren)	**Strickwaren**	**Miederwaren und Badeartikel**	**Kinderbekleidung**
Unterkleider Babykleidung T-Shirts Bodystockings[1] Leggings[2] Sweatshirts	Pullover Pullunder Strickwesten, -jacken Strickkleider Strümpfe Socken Schals, Mützen	Büstenhalter Miederhosen Stützstrümpfe Badeanzüge Bikinis Badehosen	Mädchenkleider Kinderjacken Kinderhosen Kindermäntel Anoraks Overalls Kinderblusen

[1] enganliegende, einteilige Unterkleidung; [2] engl. leg = Bein

9.2 Fertigungsarten und Fertigungsverfahren

Die eigentliche Produktion bzw. Fertigung von Textilien kann wie bei allen gewerblichen Gütern durch verschiedene Methoden durchgeführt werden, die sich nach der Menge, Art und Vielfalt der einzelnen Erzeugnisse richten.

Nach der Häufigkeit des Produktionsablaufes bzw. der produzierten Menge unterscheidet man als **Fertigungsarten (Produktionsarten)** Einzel-, Serien- und Massenfertigung.

Die **Fertigungsverfahren**, die den Organisationsablauf der Fertigung betreffen, unterteilt man in Fließ-, Werkstätten- und Gruppenfertigung.

Fertigungsarten

Die **Einzelfertigung** wird dadurch gekennzeichnet, daß jedes Produkt nur einmal, oder in sehr geringer Stückzahl, gefertigt wird. Diese Fertigungsart verlangt umfangreich ausgebildete Arbeitskräfte. Die verwendeten Maschinen sind universell einsetzbar.

Bei der **Serienfertigung** wird eine größere, aber begrenzte Stückzahl gleichartiger Produkte hergestellt, auf Vorrat oder auf Bestellung.

Unter **Massenfertigung** versteht man eine Produktionsart bei der, zeitlich nicht begrenzt, Produkte in größerer Stückzahl hergestellt werden. Da der Maschinen- und Personaleinsatz dabei unverändert ist, wird ein hoher Grad an Automatisierung und Spezialisierung erreicht.

Fertigungsverfahren

Fließfertigung

Die Fließfertigung eignet sich bei hohen Stückzahlen (Massenfertigung bzw. Großserien). Sie hat den höchsten Grad der Arbeitsteilung, da alle Arbeitsplätze nach dem Arbeitsablauf geordnet werden (Flußprinzip). Sie erfolgt im Arbeitstakt. An einem Arbeitsplatz werden immer die gleichen Arbeitsgänge ausgeführt. Da die verschiedenen Arbeitsgänge eines Produktes meist unterschiedliche Arbeitszeiten erfordern, müssen sie z. B. auf mehrere Arbeitsplätze aufgeteilt sowie der Maschinenkapazität und dem Leistungsgrad der Arbeitskräfte angepaßt werden. Die Arbeitsverteilungspläne werden nach diesen Gesichtspunkten ausgearbeitet (vgl. Seite 183).

Die **Vorteile** der Fließfertigung sind kurze Transportwege, geringer Warenvorrat, übersichtliche Terminplanung, übersichtlicher Fertigungsablauf und eine vorherbestimmbare Produktionsmenge.

Die **Nachteile** der Fließfertigung sind die aufwendige Vorarbeit, die hohen Kosten bei Modellumstellungen, die Störungsanfälligkeit bei Personalausfall und die Bindung der menschlichen Leistung an einen Arbeitstakt.

1: Hängende Fließfertigung

2: Bündelfertigung in der Bekleidungsindustrie

Werkstättenfertigung

Die Werkstattfertigung wird in Betrieben mit häufigem Modellwechsel und geringen Auftragszahlen je Modell durchgeführt. Die Betriebsmittel werden nach ihrer Arbeitsaufgabe räumlich zusammenhängend angeordnet zu einer Einheit (Verrichtungsprinzip). Ein Produkt durchläuft während der Fertigung mehrere Werkstätten.

Die **Vorteile** dieser Fertigung sind die geringe Anfälligkeit bei Personalschwankungen und ein geringerer Aufwand bei Modellumstellungen. Die **Nachteile** sind der größere Platzbedarf, die unübersichtliche Terminplanung und die längere Durchlaufzeit.

Gruppenfertigung

Für die Bekleidungsindustrie hat sich eine Mischform aus der fließenden Fertigung und der Werkstättenfertigung, die Gruppenfertigung, entwickelt. Man nützt die Vorteile jeder Organisationsform aus. Maschinen und Arbeitskräfte werden zu Fertigungseinheiten (Funktionsgruppen) zusammengefaßt, die Teilprodukte herstellen, z. B. Vorarbeiten, Ärmel, Taschen, Montage. Die Anordnung innerhalb der Gruppe erfolgt nach dem zeitlichen Ablauf. In Verbindung mit der Fließfertigung und Kleinbündeln **(Bild 2)** werden die Probleme des häufigen Modellwechsels, der kleinen Auftragszahlen und kurzen Liefertermine am besten bewältigt.

9.3 Materialfluß

Unter Materialfluß versteht man das Transportwesen von Rohstoffen, Betriebsmitteln, Halb- und Fertigfabrikaten, um die einzelnen Fertigungsabteilungen zu verbinden. Er ist entscheidend für einen reibungslosen, kostengünstigen Fertigungsablauf.

Innerbetrieblicher Material- und Informationsfluß

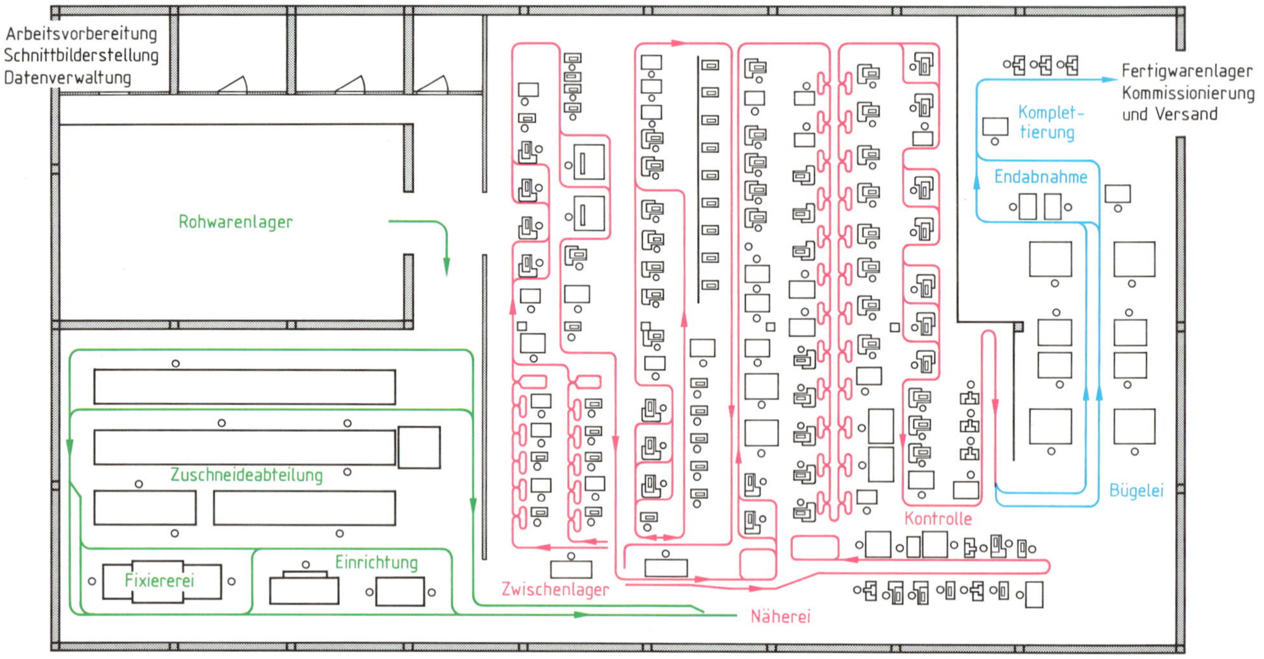

Fördereinrichtungen

In der Bekleidungsindustrie werden je nach Anforderung verschiedene **Fördermittel** eingesetzt **(Bilder 1 bis 5)**.

1: Stoffwagen im Warenlager

2: Balleneinhebevorrichtung am Legetisch

3: Hängender Transport der Schnittstapel in der Zuschneiderei

4: Automatisches Steuersystem für hängende Fertigung in der Näherei

5: Hängender Transport in der Bügelei

6: Elektronisch gesteuertes hängendes Fertigwarenlager

9.4 Aufbauorganisation

Organisieren ist planmäßiges Aufbauen, Ordnen, Gestalten und Einrichten. Unter der Organisation eines Betriebes versteht man die Regelung der Arbeitsverteilung, Zuständigkeit und Verantwortung, um das gesetzte unternehmerische Ziel zu erreichen. Man unterscheidet hierbei zwischen der Aufbau- und der Ablauforganisation.

Die **Aufbauorganisation** legt fest, in welcher Form die betrieblichen Aufgaben gegliedert sind und welche Führungs- bzw. Weisungssysteme vorliegen. Die **Ablauforganisation** soll für eine reibungslose, rationelle Fertigungsfolge sorgen.

Aufbauorganisation

Mit Hilfe der Aufbauorganisation werden Aufgaben formuliert, gegliedert und zugeordnet. Die Gesamtaufgabe eines Betriebes wird in Einzelaufgaben gegliedert. Einzelaufgaben werden zu Stellen zusammengefaßt und mit Personen besetzt. Stellen mit Anordnungs- und Entscheidungsbefugnis nennt man Instanzen.

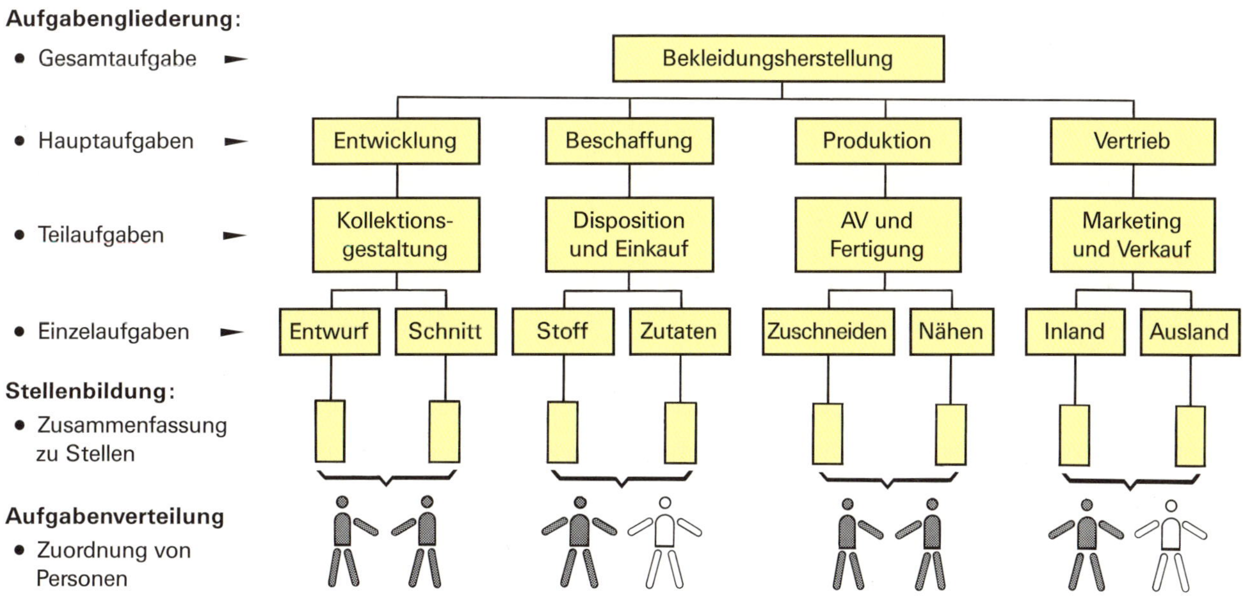

1: Schemadarstellung einer Aufbauorganisation

Bei der Regelung der Zusammenarbeit der einzelnen Stellen unterscheidet man verschiedene **Weisungssysteme**. Aus ihnen geht hervor, auf welchem Wege Informationen erfolgen, Anordnungen erteilt werden und die Zuständigkeiten (Kompetenzen) festgelegt sind.

Weisungssysteme

System	Autoritäres, patriarchalisches System = strenges Liniensystem	Liniensystem	Stabliniensystem	Mehrliniensystem, Funktionssystem	Kooperatives System, Teamwork
Anwendung	Kleinbetriebe	Kleinbetriebe	Großbetriebe	Bekleidungsindustrie	„Idealform" . . .
Prinzipdarstellung	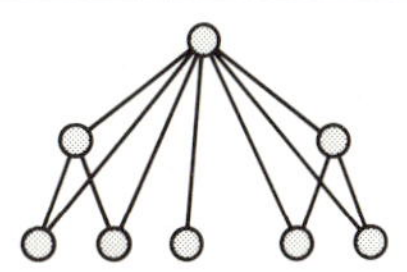	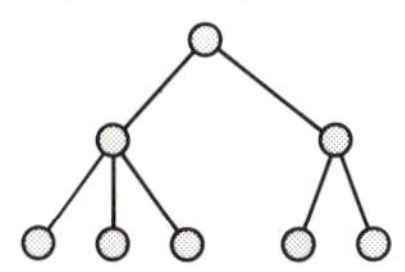	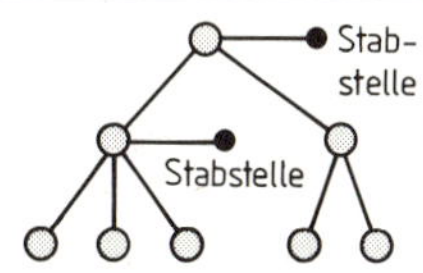	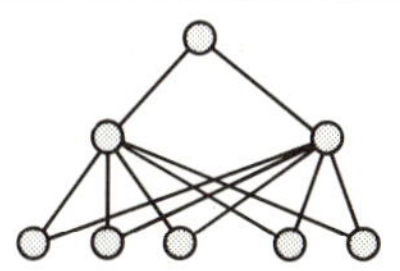	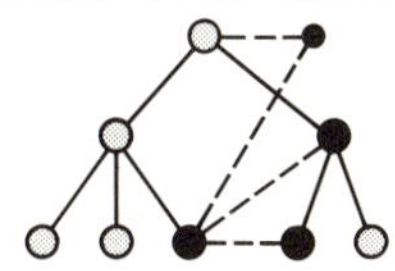
Vorteile	klare Anweisungen	einheitliche Auftragserteilung	Beratung der Instanzen bei einheitlicher Auftragserteilung	Spezialisten für jedes Gebiet	Lösung von schwierigen Spezialproblemen
Nachteile	unbeweglich, undemokratisch	starr, langsam	Für Klein- und Mittelbetriebe zu teuer	Probleme der Zuständigkeit und übermäßigen Spezialisierung	Zeitverlust durch zu lange Diskussionen
Beweglichkeit	gering	gering	mittelgroß	mittel	groß

In der Bekleidungsindustrie wird häufig das Funktionssystem praktiziert. Hier werden die Zuständigkeiten nach Funktionen aufgeteilt (vgl. Seite 132). Die Verantwortung und die Handlungsfreiheit der Abteilungen wird erhöht, die Leitung wird entlastet.

9.5 Ablauforganisation

Ablauforganisation

Durch die Ablauforganisation[1] wird die zeitliche Reihenfolge der Arbeitsgänge festgelegt und die Bereitstellung von Material und Betriebsmitteln sichergestellt. Arbeitsanweisungen sorgen für einen reibungslosen Ablauf. Mit betrieblichen Formularen werden die fertigungstechnischen Informationen weitergegeben (vgl. Seite 183).

Eine wichtige planerische und steuernde Funktion hat die Abteilung **Fertigungsorganisation**, die meist Arbeitsvorbereitung genannt wird. Sie hat die Aufgaben, die Arbeitsverfahren und die Betriebsmittel für die Fertigung festzulegen und die Auftragszeit zu ermitteln. Fertigungspläne, Stücklisten, Arbeitsablaufpläne und Laufkarten helfen bei der Durchführung dieser Aufgaben.

Die **Fertigung** muß den Auftrag ausführen. Fertigungssysteme, Maschinenanordnungen, Zusatzeinrichtungen an Maschinen und Materialflußsysteme, tragen dazu bei, den Ablauf rationell zu gestalten.

Festgelegte Arbeitstechniken, niedrige Fehlerquoten, pünktliche Bearbeitung und eingearbeitete Mitarbeiter helfen, die Kosten zu senken.

Produktionsplanung, Produktionssteuerung und -überwachung

Als Grundlage für die Planung, Steuerung und Überwachung der Produktion dienen betriebliche Daten, z. B. die Arbeitsplandaten für die Teile, die gefertigt werden, die Produktionsmitteldaten und die Kundendaten. Eine Verknüpfung all dieser Daten durch die EDV ermöglicht eine rationelle Arbeitsweise, weil die erforderlichen Informationen an jeder Stelle im Betrieb zur Verfügung stehen. PPS ist hierfür die geläufige Abkürzung (vgl. Seite 188).

Mit PPS können folgende betriebliche Aufgaben unterstützt werden:
Produktionsprogrammplanung, Termin- und Kapazitätsplanung, Auftragsveranlassung und Auftragsüberwachung.

Produktionsprogrammplanung Durch Marketing, das sind Maßnahmen zur Förderung des Absatzes, werden Käuferwünsche ermittelt, Zielgruppen (bestimmte Käufertypen) festgelegt. Das Unternehmen legt in einer Produktionsprogrammplanung fest, welche Produkte gefertigt werden sollen. In Bekleidungsbetrieben werden Bekleidungsstücke (Produkte) entsprechend einer Idee entworfen und entwickelt (Produktentwicklung). Mehrere Modelle einer Saison werden zu einer Kollektion zusammengestellt.

Mengenplanung Mit der Vorstellung der Kollektion beginnt der Verkauf. Damit in dieser Phase die Produktion schon beginnen kann, erfolgen Prognoseberechnungen für Artikel (Größen, Farben) und Mengen. Der Bedarf an Stoffen, Zutaten, usw. wird ermittelt, fehlendes Material muß beschafft werden.

Termin- und Kapazitätsplanung Die Prognoseberechnungen sind auch Grundlage für die Lieferterminbestimmung. Dabei müssen Kapazitäten des Betriebes (vorhandene Maschinen, Mitarbeiter, usw.) und die Durchlaufzeiten berücksichtigt werden. Es wird festgelegt, in welchem Werk die Bekleidung gefertigt wird.

Auftragsveranlassung Nach Auftragseingang erfolgt die Auftragsveranlassung, der Fertigungsauftrag wird freigegeben, Belege für die Fertigung (Fertigungspläne, Stücklisten, Arbeitsablaufpläne) werden erstellt und das Material wird bereitgestellt.

Auftragsüberwachung Arbeitsfortschritt, Termine und Kapazitäten werden während der gesamten Fertigung überwacht. Dadurch ist es zum Beispiel möglich, einen eiligen Auftrag durch die Produktion zu schleusen. Eingekaufte Waren werden überprüft (Wareneingangskontrolle). Ständige Qualitätskontrollen, während der gesamten Fertigung, sollen möglichst fehlerfreie Produkte garantieren.

BEKLEIDUNGSBETRIEB

PRODUKTIONS-ENTWICKLUNG
Entwurf (Design)
Schnittkonstruktion
Gradieren
Schnittbild

FERTIGUNGSORGANISATION
Material-disposition, Auftrags-zeitermittlung
Stücklisten, Arbeitspläne, Kalkulation, Laufzettel
Eigenfertigung, Fremdfertigung, Maschinenbelegung, Personalplanung

VERKAUF, VERTRIEB
Kundendaten,
Auftragsbearbeitung
Preislisten,
Marketing

Auftrag →
FERTIGUNG
Stofflager ▶ Zuschnitt ▶ Zutatenlager ▶ Näherei ▶ Bügelei ▶ Endfertigung ▶ Fertiglager
Qualitätssicherung, Terminüberwachung, EDV-Einsatz während der gesamten Fertigung
→ Kunde

1: Zusammenwirken der Betriebsabteilungen bei der Bekleidungsherstellung

[1] Im engeren Sinne bezieht sich die Ablauforganisation auf die Teilbereiche Arbeitsvorbereitung und Fertigung. Im weiteren Sinne umfaßt sie auch Entwicklung, Beschaffung und Vertrieb.

9.5 Ablauforganisation

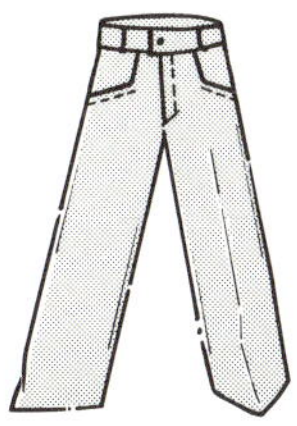

Form 357

Fertigungsplan:	4/357
zu Arbeitsplan Nr.:	5/357
zu Arbeitsverteilungsplan Nr.:	6/357
zu Schnittmustersatz Nr.:	7/357
Erzeugnis:	Knabenhose
Einzelteile:	
Modellbeschreibung:	modische Knabenhose mit abgesteppten Flügeltaschen, Rundbund mit Bundverlängerung und Hakenverschluß, Vorderhose gefüttert
ausgestellt vom:	am:

Einzelteile

Oberstoff:
1 Paar Vorderhosen
1 Paar Hinterhosen
1 Paar Taschenbesetzen
1 Paar Hosenbunde

Futter:
1 Paar Vorderhosenfutter
1 Paar Taschenbeutel, groß
1 Paar Taschenbeutel, klein

Zutaten:
80 cm Bundfutter
1 Reißverschluß, 18 cm
1 Haken und Öse
1 Qualitätsetikett
1 Pflegeetikett

Materialzusammenstellung					
Oberstoff	Futter	Bund futter	Haken		
2371	71	14	2		
2398	74	14	2		
2415	79	15	4		
2552	81	15	2		

sonstige Zutaten: 1 Größen-Etikett
(6) Nähgarn: 20/2 für Umstecharbeiten
Nähgarn: 100/3 für übrige Näharbeiten

Materialverbrauch									
		Größen							
Artikel	Breite	116	122	128	134	140	146	152	158
2371	148								
2398	148								

1: Fertigungsplan

Arbeitsplan: 5/357

zu Fertigungsplan Nr. 4/357
zu Arbeitsverteilungsplan Nr. 6/357
Erzeugnis: Knabenhose
Gesamtzeit: 18,50 Minuten

Lfd.-Nr.	Teilvorgang	Betriebsmittel	Einzelzeit min
1	1 Paar Vorderhosen mit Futter umstechen	Übw	2,15
2	1 Paar Hinterhosen umstechen	Übw	1,75
3	1 Paar Taschen besetzen auf T-Beutel nähen	Dst	0,35
4	1 Paar Taschenbeutel rundum zusammennähen	Übw	0,40

2: Arbeitsplan (Arbeitsablaufplan)

Qualitätssicherung	Form: 357				Kontrolleur: Maier			
					Ursache			
Tag	Kontrollierte Stck-Zahl	davon schlecht (zu trennen)	davon mittel (zu bügeln)	davon leicht (Beanstandungen)	persönliches Verschulden	Material	mangelnde Übung	Maschine
Mo	10	2	–	1	3	–	–	–
Di	10	–	1	–	–	1	–	–
Mi	10	–	–	–	–	–	–	–

3: Qualitätssicherungsformular

Fertigungsorganisation (Arbeitsvorbereitung)

Im Organisationsgefüge eines Bekleidungsbetriebes ist die **Fertigungsorganisation** dem Bereich Produktion zugeordnet. Die Hauptaufgabe der AV ist es, die Anforderungen des Verkaufes mit den technischen Möglichkeiten des Betriebes abzustimmen und mit einem Minimum an Aufwand ein optimales Produktionsergebnis zu erreichen.

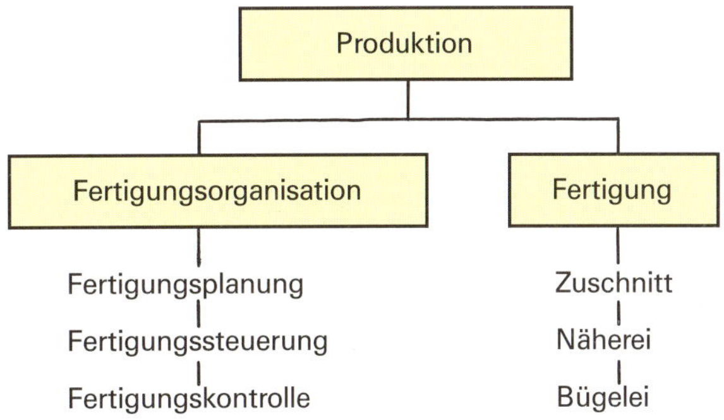

Die Arbeitsvorbereitung plant, steuert und kontrolliert den Fertigungsablauf. Zur Durchführung dieser Aufgaben benötigt man eine Vielzahl von Fertigungsunterlagen. Dies sind z. B. Fertigungspläne, Arbeitspläne und Arbeitsverteilungspläne. Bei der Erstellung dieser Pläne leistet die Elektronische Datenverarbeitung (EDV) wertvolle Hilfe.

Der **Fertigungsplan** für ein bestimmtes Erzeugnis enthält eine Modellbeschreibung, die Auflistung aller Einzelteile (Schnitteil-Liste), Angaben über die Materialzusammenstellung und den Materialverbrauch (Materialbedarfs-Liste) **(Bild 1)**.

Die einzelnen Listen (sog. **Stücklisten**) dienen als Grundlage für die Erstellung des Arbeitsplanes, für die Bedarfsermittlung von Oberstoff und Zutaten sowie für die Kostenrechnung (Kalkulation).

Der **Arbeitsplan** (Arbeitsablaufplan) enthält alle Arbeitsvorgänge in der entsprechenden Reihenfolge mit den erforderlichen Betriebsmitteln und den jeweiligen Einzelzeiten (Vorgabezeiten), evtl. auch die Lohngruppen **(Bild 2)**.

Im **Arbeitsverteilungsplan** werden alle Arbeitsvorgänge bestimmten Arbeitsplätzen und Mitarbeitern zugeordnet unter Berücksichtigung von Leistungsgrad und Arbeitstakt.

Arbeits- und Arbeitsverteilungspläne erleichtern die Fertigungssteuerung und die Kapazitätsüberwachung, sind beim Fertigungsablauf und bei der Lohnabrechnung dienlich.

Die **Fertigungskontrolle** umfaßt alle Soll-Ist-Vergleiche mit dem Ziel, Abweichungen festzustellen und ihre Ursachen zu beseitigen **(Bild 3)**.

In allen Bereichen der Produktion werden Kontrollen bezüglich der Qualität, der Kosten und der Termineinhaltung durchgeführt.

9.6 Auftragszeitermittlung (1)

Die Ermittlung der Zeitdaten ist ein Teilgebiet des Arbeitsstudiums mit dem Ziel, durch eine Verbesserung der Betriebsorganisation und des Arbeitsablaufes die Wirtschaftlichkeit des Betriebes zu optimieren. Dabei müssen die Leistungsfähigkeit und die Bedürfnisse des arbeitenden Menschen besonders beachtet werden. Der „Verband für Arbeitsstudien REFA e. V." hat sich seit 1924 mit Arbeitsstudien befaßt und entsprechende Richtlinien und Methoden ausgearbeitet.

Neben der Datenermittlung sind wesentliche Inhalte des Arbeitsstudiums: Kostenrechnen, Arbeitsgestaltung, Anforderungsermittlung, anforderungs- und leistungsabhängige Lohndifferenzierung und Arbeitsunterweisung.

Auftragszeit nach REFA

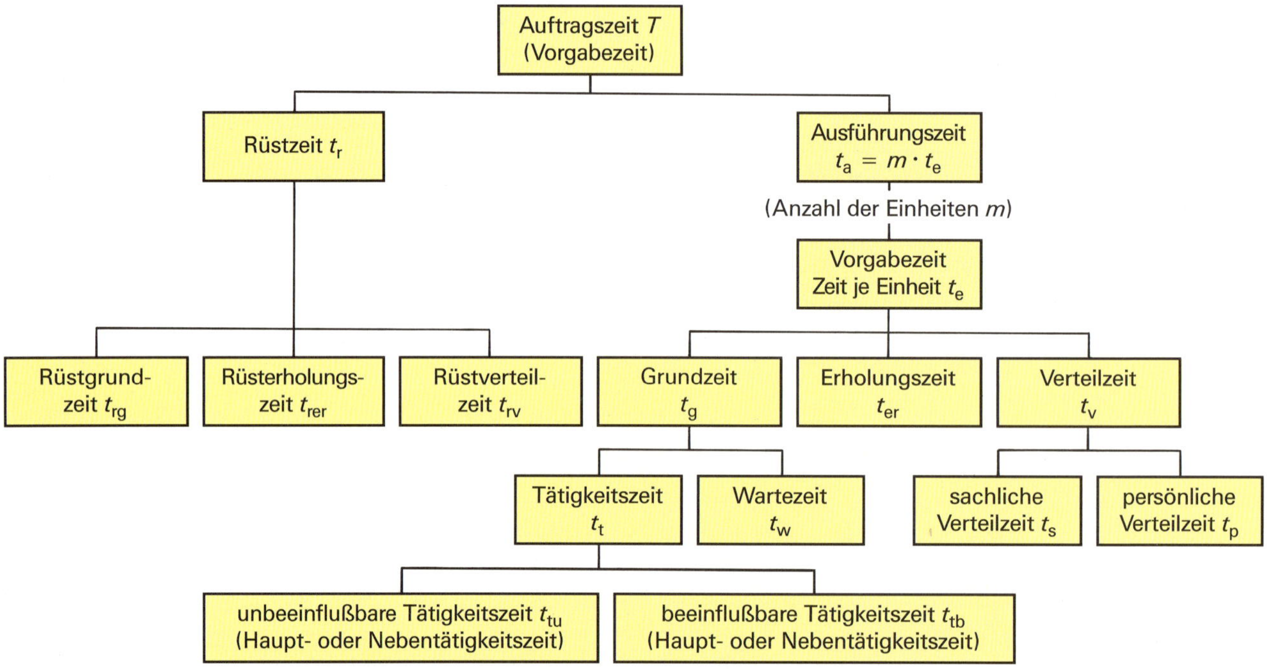

Zeitarten		Definition	Beispiele
T	**Auftragszeit** (Vorgabezeit)	Zeit, die für die Erledigung einer Arbeitsaufgabe insgesamt vorgegeben wird. Sie gliedert sich in Rüstzeit (Vorbereitung der Auftragsausführung) und in Ausführungszeit.	An 100 Teilen je 5 Knopflöcher nähen, vorher die Maschine auf die neue Knopflochlänge umrüsten.
t_a	**Ausführungszeit**	Die Zeit für die Ausführungsarbeit an allen Einheiten m des Auftrags. In der Regel ist $t_a = m \cdot t_e$.	500 Knopflöcher nähen.
t_e	**Vorgabezeit** (Zeit je Einheit)	„Soll-Zeit" für die Ausführung eines bestimmten Arbeitsablaufes.	In ein Teil 5 Knopflöcher nähen.
t_g	**Grundzeit**	Grundzeit = Sollzeit für die planmäßige Ausführung eines Ablaufes durch den Menschen.	Teil nehmen und unter Nähfuß legen, Teil nähen, Teil weglegen.
t_{er}	**Erholungszeit**	Während der Erholungszeiten wird die Tätigkeit unterbrochen, um die Arbeitsermüdung abzubauen.	Ausruhen nach körperlicher Belastung, Erholen nach längerer Kontrollaufgabe.
t_v	**Verteilzeit**	Unregelmäßig auftretende Zeiten, die zusätzlich zur planmäßigen Ausführung eines Auftrages durch den Menschen notwendig sind. Sie werden meist mit einem bestimmten Prozentsatz der zugehörigen Grundzeit berücksichtigt.	Beispiele für **sachliche Verteilzeiten:** Spulenwechsel, Fadenwechsel Für **persönliche Verteilzeiten:** zur Toilette gehen.
t_{rg}	**Rüstgrundzeit**	Rüstgrundzeit = Sollzeit für die planmäßige Ausführung des Rüstens durch den Menschen.	Auftrag lesen, Nähmaschine einstellen, Stückzahl in Arbeitskarte eintragen.
t_{rer}	**Rüsterholungszeit**	Während der Erholungszeiten wird die Tätigkeit unterbrochen, um die Arbeitsermüdung abzubauen.	Ausruhen, Erholen.
t_{rv}	**Rüstverteilzeit**	Unregelmäßig auftretende Zeiten, die zusätzlich zur planmäßigen Ausführung eines Auftrages durch den Menschen notwendig sind.	Gespräch mit Mechaniker.
t_t	**Tätigkeitszeit**	In der Haupttätigkeitszeit erfolgt am Produkt unmittelbar ein Arbeitsfortschritt. In der Nebentätigkeitszeit tritt kein direkter Fortschritt im Sinne des Auftrags ein. Tätigkeitszeiten können von der Arbeitsperson teils beeinflußt, teils nicht beeinflußt werden.	Zeit, in der Seitennähte geschlossen werden. Teile aufnehmen oder ablegen. Unbeeinflußbare Tätigkeit: z. B. Automatenlaufzeit Beeinflußbare Tätigkeit: z. B. Nähgut einlegen.
t_w	**Wartezeit**	In der Wartezeit wartet der Arbeiter auf das Ende von Arbeitsabschnitten, die seiner eigentlichen Tätigkeit vorangehen.	Warten auf das nächste Teil in der Fließfertigung oder auf das Ende eines selbsttätig ablaufenden Vorganges, der nicht überwacht werden muß.

9.6 Auftragszeitermittlung (2)

Um die **Auftragszeit** zu ermitteln, können Zeitaufnahmen durchgeführt werden.

Vor der Durchführung einer **Zeitaufnahme** muß der Zeitstudien-Sachbearbeiter sämtliche Daten über Mensch, Betriebsmittel und Arbeitsaufgabe auf der Vorderseite des REFA-Zeitaufnahmebogens eintragen. Auf der Rückseite wird die Arbeitsaufgabe in Ablaufabschnitte mit Meßpunkten aufgeteilt. Die gemessenen Daten werden notiert und ausgewertet. Die ermittelte Zeit (Istzeit) wird mit dem während der Zeitaufnahme beurteilten **Leistungsgrad** verrechnet. Mit dem Begriff **Leistungsgrad** wird das Verhältnis der tatsächlich erbrachten Istleistung zur zu erbringenden Normalleistung (100%) prozentual ausgedrückt.

Beispiel: Istzeit $t_i = 3{,}5$ min, Leistungsgrad $L = 120\%$

$$\text{Grundzeit } t_g = \frac{L \cdot t_i}{100} = \frac{120\% \cdot 3{,}5 \text{ min}}{100\%} = 4{,}2 \text{ min}$$

Die so errechnete Grundzeit (t_g) wird auf die Vorderseite des Zeitaufnahmebogens übertragen. Zuschläge für Erholungszeit und Verteilzeit werden prozentual errechnet und addiert. Das Ergebnis ist die **Vorgabezeit (t_e)**. Die Vorgabezeit dient der Betriebsführung und liefert Daten für Vorkalkulation, Fertigungsplanung, Entlohnung und für die Ermittlung der Produktionskapazität und Durchlaufzeit.

Z2 neu	REFA-Zeitaufnahmebogen (Auszug) für Abläufe mit Wiederholungen	Ablage-Nr. / Blatt von Blättern

Arbeitsaufgabe			
Auftrag Nr.	Menge m des Arbeitsauftrages	Abteilung	Kostenstelle
Datum der Zeitaufnahme	Beginn Uhrzeit Menge	Ende Uhrzeit Menge	Dauer

Zusammenstellung der Zeit je Einheit	Zeit in	Herkunft
Grundzeit t_g		
Erholungszeit t_{er} bei z_{er} = %		
Verteilzeit t_v bei z_v = %		
sonstige Zuschläge		
Zeit je Einheit t_{e1}		
$t_{e1}/t_{e100}/t_{e1000}$ in min/h		
Rüstzeit t_r in min/h		

Arbeitsverfahren und Arbeitsmethode

Arbeitsgegenstand (Eingabe)	Benennung	Werkstoff	Zustand bei Eingabe	Zeichn.-Nr.	Werkstoff Nr.	Maße, Formen, Gewichte

Mensch	Name	Personalnummer	m	w	Alter	Dauer der Ausübung ähnlicher Aufgaben	Dauer der Ausübung der untersuchten Aufgabe

Betriebsmittel	Benennung, Type	Anzahl	Betriebsmittel-Nr.	Baujahr	technische Daten, Zustand

Umgebungseinflüsse			Entlohnung	
Bemerkungen				
Qualität des Arbeitsergebnisses				
Bearbeiter	geprüft	Datum	gültig ab	bis

1: Vorderseite eines Zeitaufnahmebogens

Nr.	Ablaufabschnitt und Meßpunkt	Bez.-menge	Einflußgröße	Meßwert, Klasse	Zy / mz	1	2	3	4	5	6	7	8	9	10	11	12	13	14	15	ΣL/n / Σt_i/n	$\bar{L}$ / $\bar{t_i}$	$t = \frac{\bar{L}}{100}\bar{t_i}$	Zeitart
					L																			
					t_i																			
					F																			
					L																			
					t_i																			
					F																			
					L																			
					t_i																			
					F																			

n =	k =	Summe der Zeiten je Zyklus t_z	Σt
$\bar{t_z} = \Sigma t_z/n$ = / =		Spannweite je Zyklus R_z	
$\bar{R_z} = \Sigma R_z/k$ = / =		$z = (\bar{R_z}/\bar{t_z})$ 100 % = (/) 100 % = % ; ε = % ; ε' = % ; n' =	t_g

Nr/Zy	von	bis	Dauer	zusätzliche Ablaufabschnitte

2: Rückseite eines Zeitaufnahmebogens (Querformat)

Neben der Zeitermittlung nach REFA werden Zeiten nach dem System vorbestimmter Zeiten (SvZ) ermittelt. Das „MTM-(Method Time Measurement) Verfahren" und das „WF-(Work Factor) Verfahren" bestehen grundsätzlich aus einem kurzgefaßten Verzeichnis von kleinsten, nicht mehr unterteilbaren Arbeitsbewegungen und deren Zeitaufwand. Arbeitsabläufe werden in Bewegungselemente unterteilt und so wird „am Schreibtisch" nach Methodenfixierung ohne Zeitaufnahme der Zeitbedarf bestimmt. Die problematische Leistungsgradbeurteilung entfällt. Die SvZ-Systeme sind sehr zeitaufwendig und personalintensiv. Dieser Nachteil kann durch den Einsatz moderner Datenverarbeitungssysteme ausgeglichen werden.

9.7 Arbeitsgestaltung (1)

Arbeitsgestaltung ist das Schaffen eines aufgabengerechten optimalen Zusammenwirkens von arbeitenden Menschen, Betriebsmitteln und Arbeitsgegenständen. Sie dient dem Zweck, den Wirkungsgrad von Arbeitssystemen zu erhöhen und gleichzeitig die Belange des arbeitenden Menschen zu berücksichtigen. Man bezeichnet dies als ökonomische und humane Arbeitsgestaltung.

6-Stufen-Methode

Bei Untersuchungen und Maßnahmen zur Lösung von Problemen wird häufig die 6-Stufen-Methode angewandt.

1. Genaues Ziel setzen
2. Aufgabe abgrenzen
3. Ideale Lösung suchen
4. Daten sammeln und mehrere praktikable Lösungen ermitteln
5. Bestmögliche Lösung auswählen
6. Neue Lösung einführen und kontrollieren

Aufgaben der Arbeitsgestaltung

Die Arbeitsgestaltung befaßt sich mit der Verbesserung sowie der Neu- und Weiterentwicklung von Arbeitsabläufen, Betriebsmitteln, Produkten und Arbeitsplätzen.

Die **Arbeitsablaufgestaltung** hat zum Ziel, den Durchlauf der Produkte zu optimieren, eine übersichtliche Fertigung zu schaffen und die Betriebsmittel gut zu nutzen, z. B. hängende Fertigung bei der Hosenherstellung.

Mit der **Betriebsmittelgestaltung** werden Geräte und Maschinen der Arbeitsaufgabe und dem Arbeitsablauf angepaßt, z. B. erfordern größere Kleidungsstücke größere Arbeitsflächen.

Die **Produktgestaltung** erfolgt in Zusammenarbeit von Modellabteilung und Arbeitsvorbereitung, z. B. wird festgelegt, ob die Schablonen des Konturennähers verwendet werden können, neue Schablonen angefertigt werden müssen bzw. der Nahtverlauf am Modell gemäß der vorhandenen Schablone geändert wird.

Die **Arbeitsplatzgestaltung** ist der Teil der Arbeitsgestaltung, der den arbeitenden Menschen direkt betrifft. Durch optimale Gestaltung wird die Erfüllung der Arbeitsaufgabe erleichtert.

Arbeitsplatzgestaltung

Arbeitsmethode	Arbeitsverfahren	Arbeitsbedingungen
Gestaltung des Bewegungsablaufes	Verbesserung der Betriebsmittelnutzung	Ergonomische Arbeitsplatzgestaltung

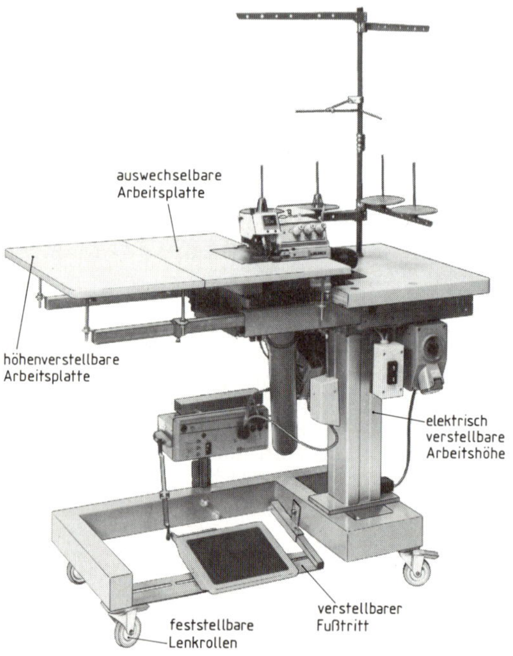

1: Gestalteter variabler Näharbeitsplatz

Die **Arbeitsmethode** ist der geplante Arbeitsablauf. Das Greifen und Ablegen der Nähteile wird im Bewegungsablauf vereinfacht und verkürzt. Durch Beidhandarbeit oder überlappende Arbeitsmethoden werden Bewegungsverdichtungen erreicht, z. B. werden die nächsten Teile vorgelegt, während der Automat arbeitet. Unproduktive Handgriffe lassen sich durch den Einsatz von Hilfsgeräten und Teilmechanisierung vermeiden, z. B. Fadenabschneidautomatik.

Bei immer teurer werdenden Betriebsmitteln muß ein möglichst hoher Nutzungsgrad angestrebt werden, z. B. werden automatische Zuschneideanlagen im Schichtbetrieb genutzt.

Unter **Arbeitsverfahren** versteht man die angewandte Technologie zur Durchführung einer Arbeitsaufgabe. Mögliche Arbeitsverfahren beim Schließen von Seitennähten: Verschweißen, Schließen mit Langnahtautomat, Nähen und anschließend Verschweißen oder Verkleben.

Die **Arbeitsbedingungen** ergeben sich aus der Leistungsfähigkeit und Leistungsbereitschaft des Arbeitenden (innere Arbeitsbedingungen) und den Gegebenheiten am Arbeitsplatz (äußere Arbeitsbedingungen). Sie sind für die Arbeitsleistung von großer Bedeutung (vgl. Seite 187).

9.7 Arbeitsgestaltung (2)

Ergonomie

Ergonomie ist die Lehre von den Leistungsmöglichkeiten und Leistungsgrenzen des arbeitenden Menschen sowie den optimalen Arbeitsbedingungen. Durch Erforschung der Fähigkeiten und Eigenarten des menschlichen Organismus werden die Voraussetzungen zur Anpassung des Menschen an die Arbeit oder aber auch der Arbeit an den Menschen geschaffen.

Zur Anpassung der Arbeit an den Menschen gehören:
- Gestaltung des Arbeitsplatzes und der Arbeitsmittel
- Gestaltung der Arbeitsumgebung
- Gestaltung der Arbeitsorganisation

Zur Anpassung des Menschen an die Arbeit gehören:
- Personalplanung und Personaleinsatz nach individueller Eignung, wie Alter, Konstitution, Geschlecht
- Unterweisung und Einarbeitung in eine Arbeitsaufgabe

Die Aufgabe der Ergonomie ist es dabei, die Belastbarkeit festzustellen, und zu untersuchen, wie die speziellen Fähigkeiten des Menschen am besten bei möglichst geringer Belastung genutzt werden können. Abgesehen von der moralischen Aufgabe, menschengerechte Fertigungs- und Arbeitsmittel zu entwickeln, führt der Abbau der physischen und physiologischen Belastung zu Mehrleistung, höherer Zufriedenheit, Erhaltung der Arbeitskraft und geringerer Fluktuation. Man spricht in diesem Zusammenhang von der Humanisierung der Arbeitswelt.

Die menschliche Leistung

Die Leistung des Menschen ist von seiner Beanspruchbarkeit und seiner Motivation abhängig. Wie stark ein Mensch beansprucht werden kann, wird durch seine Fähigkeiten bestimmt. Hierzu gehören beispielsweise Ausbildung, Erfahrung, Anlagen und Übung. Außerdem hängt die Leistung von der Disposition ab, also vom körperlichen Befinden und dem Grad der Ermüdung.

Die biologische Ermüdung und die Arbeitsermüdung müssen durch ausreichende Erholung ausgeglichen werden. Für den Abbau arbeitsbedingter Ermüdung sind Kurzpausen vorgesehen. Die Vorgabezeiten enthalten Zuschläge, um Arbeitsermüdung abzubauen, sogenannte Erholungszeiten.

Belastung und Beanspruchung

Belastung ist ein sachbezogener Begriff, der die Arbeitsschwere beschreibt. Beanspruchung ist ein personenbezogener Begriff, der die individuelle Auswirkung der Arbeitsbelastung angibt.

Bei der Beanspruchung des arbeitenden Menschen werden die Arbeitsaufgaben nach den überwiegend beanspruchten Organsystemen eingeteilt. Man unterscheidet folgende Belastungen:

1. Belastung des Muskelsystems, z. B. bei der Montage von Futter in Wintermäntel
2. Belastung der Sinnesorgane, z. B. Entwurf und Gradieren am Bildschirm
3. Belastung durch Umgebungseinflüsse, z. B. Dampf- und Geruchsentwicklung

Ergonomische Arbeitsplatzgestaltung

1: Falsche Sitzhaltung

2: Richtige Sitzhaltung durch Wirbelsäulen-Funktionsstuhl

Ergonomisch gestaltete Näharbeitsplätze erhöhen die Konzentrationsfähigkeit, schieben die Ermüdungsschwelle hinaus und vermindern Erkrankungen.

Körpergerechte (anthropometrische) Arbeitsplatzgestaltung ist die Gestaltung des Arbeitsplatzes unter Beachtung der Körpermaße des Menschen. Dies gilt für Arbeitshöhen an Tischen und Gestaltung von Bewegungsräumen. Der allgemeine Raumbedarf richtet sich nach Arbeitsaufgabe und Fertigungsprinzip. Die Sitzhaltung während des Nähens sollte je nach Arbeitsgang nicht mehr als 20 cm aus der Senkrechten verlagert sein, der Augenabstand zum Nähfuß sollte ungefähr 40 cm betragen. Die Größe der Arbeitsflächen ist von der Arbeitsmethode und der Nähgutgröße abhängig.

Die **physiologische Arbeitsplatzgestaltung** beachtet Dauer und Schwere der Arbeit. Hierzu gehören die Vermeidung und Verminderung ungünstiger Umgebungseinflüsse wie Lärm, Schall, Schadstoffe. In diesem Zusammenhang sind auch Beleuchtung und Klima von Bedeutung.

Die **psychologische Arbeitsplatzgestaltung** befaßt sich mit der Schaffung einer angenehmen Umwelt. Hierzu gehören Farben, Musik, Blumen usw.

Zur **sicherheitstechnischen Arbeitsplatzgestaltung** gehören Maßnahmen zur Verhinderung von Berufskrankheiten und Betriebsunfällen.

Die **informationstechnische Gestaltung von Arbeitsplätzen** umfaßt z. B. die Bereitstellung von Tabellen, Skalen, usw.

9.8 Einsatz der EDV (1)

Die elektronische Datenverarbeitung (EDV) soll Rationalisierungsmaßnahmen unterstützen, so daß durch rechtzeitige Information die richtige Ware zum richtigen Zeitpunkt an den richtigen Ort kommt. Durch schnelle gegenseitige Information inner- und außerbetrieblicher Abteilungen sollen Liegezeiten verringert werden. Zur Lösung dieser Aufgaben wird ein Datenverbundsystem erforderlich. Die EDV ist das zeitgemäße Mittel, um den umfangreichen Informationsaustausch zwischen den betrieblichen Stellen zu bewältigen.

Die Verknüpfung unterschiedlicher Informationsströme beschränkt sich zur Zeit meist auf abteilungsinterne Systeme. Die Daten fließen nicht in andere Teilsysteme ein. Je nach Größe und technischer Ausstattung des jeweiligen Betriebes können kaufmännische und technische Daten miteinander verknüpft werden.

Eine Verbesserung bringen teilintegrierte Systeme. Hier werden abteilungsübergreifend Einzelfunktionen verkettet.

Voll integrierte Systeme (CIM) sind unternehmensumfassend organisiert. Sie werden angestrebt, sind zur Zeit noch nicht realisierbar.

Betriebliche Informationsverknüpfungen

CIM = Computer Integrated Manufacturing (Rechnerintegrierte automatisierte Fabrikation)
CAO = Computer Aided Organization (Rechnergestützte kaufmännische Verwaltung)
CAD = Computer Aided Design (Rechnergestützte Entwicklung und Konstruktion)
PPS = Production Planning and Scheduling (Produktionsplanung, Produktionssteuerung und -überwachung)
CAM = Computer Aided Manufacturing (Rechnergestützte Fertigung)

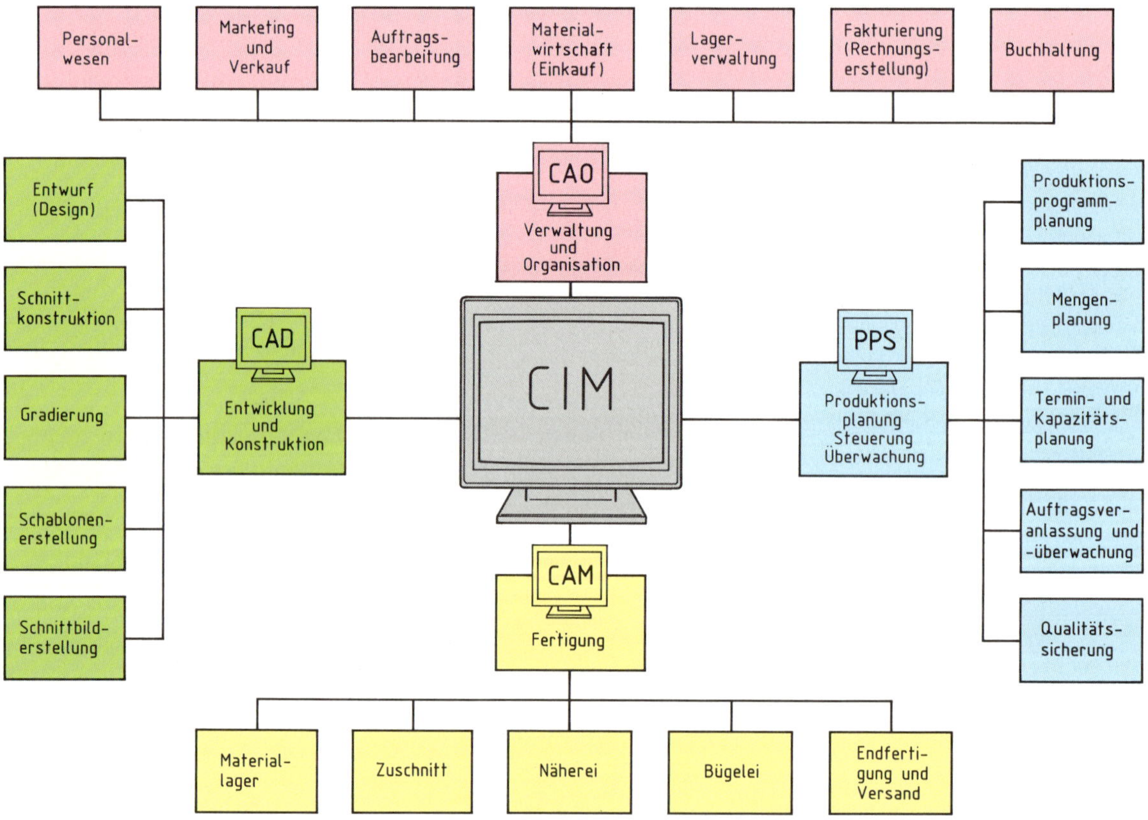

CIM – Rechnerintegrierte automatische Fabrikation

CIM ist die optimale datenmäßige Vernetzung eines Produktionssystemes. Sachbearbeiter aus allen Bereichen eines Unternehmens können über CIM technische Daten und organisatorische Anweisungen gegenseitig austauschen. CIM soll z. B. eine automatische Fertigungsfortschrittsmeldung und einen Austausch aller Daten (z. B. Aufträge, Kalkulation, Konstruktion, Maschinensteuerung) ermöglichen.

CAO – Rechnergestützte Verwaltung und Organisation

Die Verwaltung des Betriebes wird mit Computern unterstützt. Dies ist der Bereich, in dem die EDV in der Bekleidungsindustrie am längsten angewendet wird (z. B. Lagerverwaltung, Buchführung, Lohnabrechnung usw.).

9.8 Einsatz der EDV (2)

CAD – Rechnergestützte Entwicklung und Konstruktion

Der Begriff CAD umfaßt den kreativen Bereich Entwurf und den technischen Bereich Konstruktion mit den Folgearbeiten Gradieren, Schablonenerstellung und Schnittbilderstellung.

Entwurf (Design)

Mit Computer, Farbbildschirm und Kontaktstift werden Modezeichnungen erstellt **(Bild 1)**. Beliebige Stoffmuster und Farbstellungen können hinterlegt, verändert und abgespeichert werden **(Bild 2)**. Üblicherweise wird zweidimensional entworfen. Ein Grund dafür ist die Herstellung textiler Materialien als Flächengebilde. Auch die auf anatomischen Erkenntnissen beruhenden Größentabellen erbringen Werte im flächigen zweidimensionalen Bereich (vgl. Seite 133).

1: Farbig unterlegte Modellzeichnung

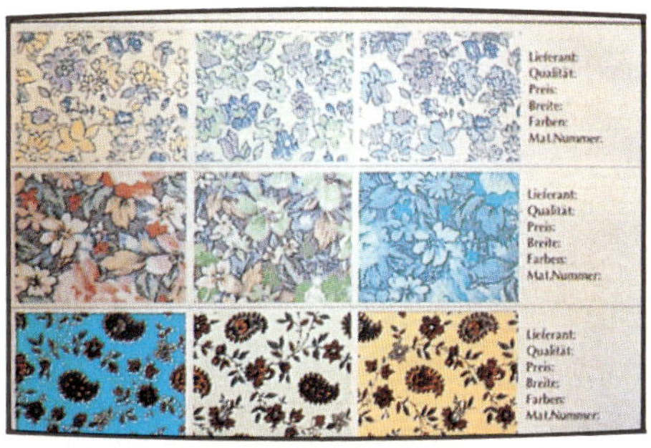

2: Abgespeicherte Stoffmuster

Ein Gitternetz in Körperform **(Bild 3)** ermöglicht dreidimensionale Darstellungen, die am Bildschirm vergrößert, verkleinert, gedreht, gestaucht und gestreckt werden können. Die Einzelteile des Kleidungsstückes werden zu zweidimensionalen Schnitteilen abgewickelt **(Bild 3)**. Auch Struktur und Fall des Stoffes können anschaulich dargestellt werden **(Bild 4)**. Die dreidimensionale Darstellung ist in der Bekleidungsindustrie noch nicht vollständig realisiert, im Gegensatz zur Automobil-, Metall- und Schuhbranche.

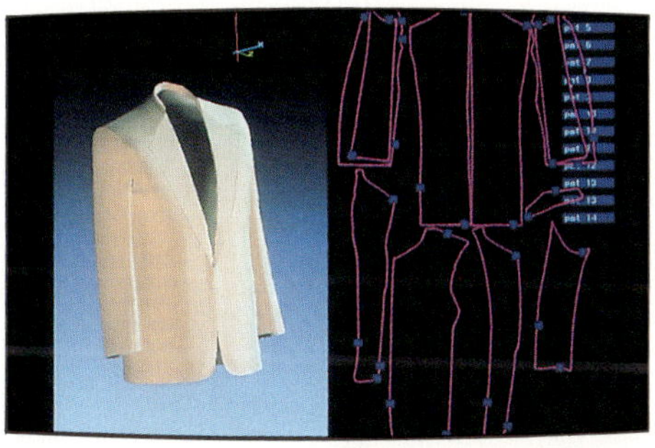

3: Abwickeln vom dreidimensionalen Entwurf zum zweidimensionalen Schnitteil

4: Dreidimensionale Stoffallsimulation

Schnittkonstruktion

Erstschnitte werden entweder konstruiert oder es werden vorgegebene Grundschnitte digitalisiert[1] **(Bild 5)**. Beim anschließenden Gradieren werden alle Schnitteile nach vorgegebenen Regeln automatisch vergrößert und verkleinert **(Bild 6)**. Alle erarbeiteten Daten werden abgespeichert und sind so jederzeit wieder abrufbar. Produktentwicklungskosten und Schnittarchivierung werden wirtschaftlicher und die Lieferfristen werden verkürzt (vgl. Seite 133 und 134).

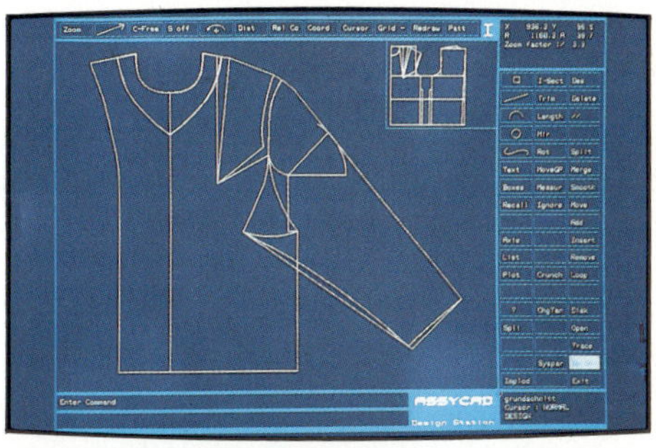

5: Schnittkonstruktion

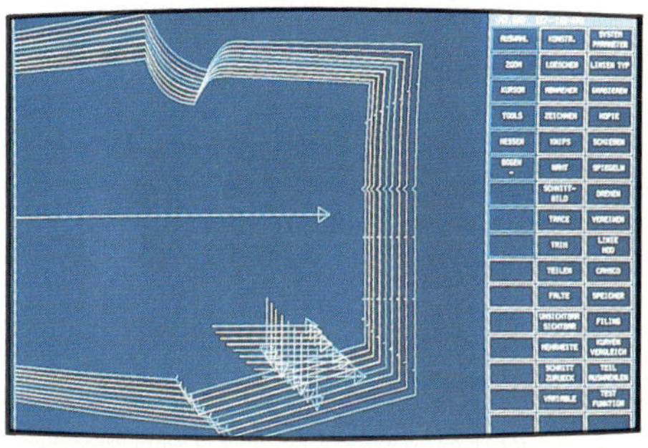

6: Gradierung

[1] Digitalisieren = Für den Rechner in Ziffern umsetzen

9.8 Einsatz der EDV (3)

PPS – Produktionsplanung, -steuerung, -überwachung

Die Planung, Steuerung und Überwachung der Produktion wird über Computer durchgeführt. Dies soll den Betrieben ermöglichen, auf veränderte Marktwünsche rasch zu reagieren. Außerdem sollen die einzelnen betrieblichen Abteilungen durch Datenverbund schneller miteinander Informationen austauschen können (vgl. Seite 182).

CAM – Rechnergestützte Fertigung

Schnittbilderstellung am Bildschirm

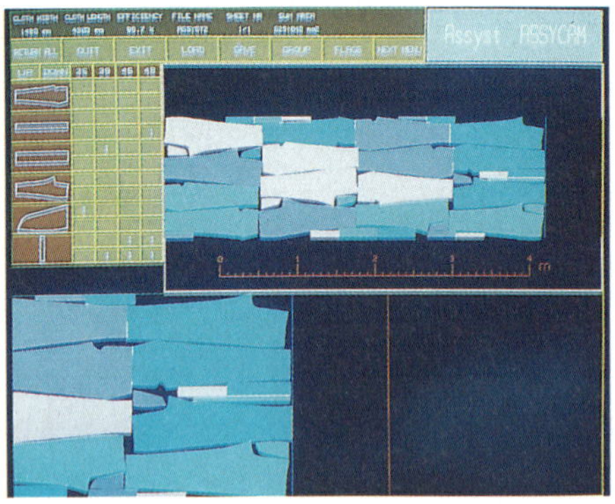

Nach dem Gradieren werden Schnittbilder mit optimaler Stoffausnutzung erstellt.
Mit dem Plotter werden die Schnittbilder im Maßstab 1 : 1 ausgezeichnet. Sie werden auf die Lagenstapel ausgelegt, danach wird manuell ausgeschnitten (vgl. Seite 136).

Rechnergesteuertes Zuschneiden

Die Lagenstapel werden direkt (on line) über eine CNC gesteuerte Schneidvorrichtung ausgeschnitten (vgl. Seite 140).

Das Zeichnen der Schnittbilder entfällt.

Rechnergesteuertes Nähen

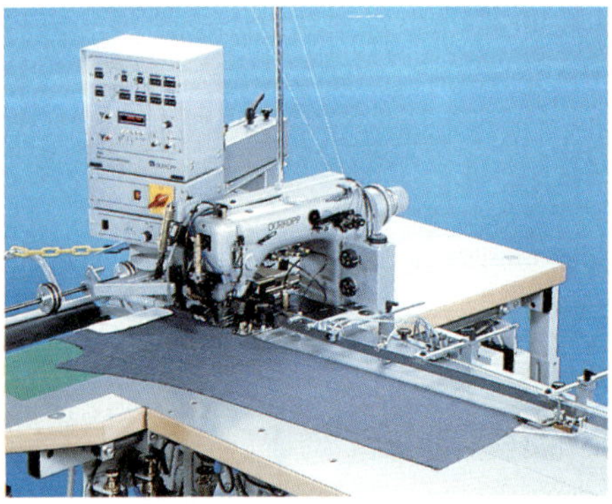

Mit dieser Nähanlage werden Seiten- und Schrittnähte an Hosen verarbeitet. Über die programmierbare Steuerung können 30 verschiedene Arbeitsgänge gespeichert und abgerufen werden.

Rechnergesteuertes Bügeln

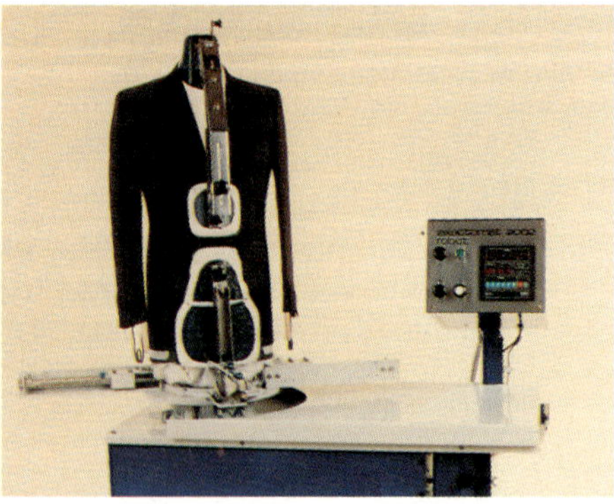

Die Abbildung zeigt einen Formfinisher für Sakkos und Jacken. Es können 15 verschiedene Arbeitsabläufe für entsprechende Warenarten und Schnittformen programmiert und per Knopfdruck abgerufen werden.

Rechnergesteuerter Materialtransport

Im Bereich des Materialtransportes, der die einzelnen Fertigungsabteilungen vom Stoffballen über Zuschnitteile, Halb- und Fertigfabrikate verbindet, übernimmt die EDV die Steuerung. Der Materialfluß wird gleichmäßiger und Wartezeiten werden vermieden. Meldungen über den Fertigungsfortschritt können jederzeit automatisch abgerufen werden (vgl. Seite 180).

10 Bekleidungsgrößen

10.1 Proportionslehre

Unter der Proportionslehre versteht man die Lehre von der Teilung von Strecken. Die Proportionslehre ist Grundlage bei der Darstellung des menschlichen Körpers und damit auch bei der Bekleidungsherstellung.

Neben dem Prinzip des Goldenen Schnittes hat sich die Achtelteilung zur Konstruktion des menschlichen Körpers bewährt.

Goldener Schnitt

Mit Hilfe des Goldenen Schnittes können harmonische Proportionen konstruiert werden. Man teilt eine Strecke so, daß die ungleichen Teile harmonisch zueinander stehen.

Prinzip:

Die kleinere Strecke (a) verhält sich zur größeren Strecke (b) wie die größere Strecke (b) zur gesamten Strecke (a+b).

$$\frac{\overline{BE}}{\overline{AE}} = \frac{\overline{AE}}{\overline{AB}}$$

Konstruktion nach dem Goldenen Schnitt:

1. In Punkt B wird die Senkrechte, $\overline{BC} = 1/2\ \overline{AB}$ errichtet.
2. Punkt C wird mit Punkt A verbunden.
3. Die Strecke $\overline{BC}$ wird auf die Gerade $\overline{AC}$ übertragen: $\overline{BC} = \overline{CD} = 1/2\ \overline{AB}$.
4. Die Strecke $\overline{AD}$ wird auf die Gerade $\overline{AB}$ übertragen: $\overline{AD} = \overline{AE}$.
5. E teilt die Strecke $\overline{AB}$ im Verhältnis des Goldenen Schnitts.

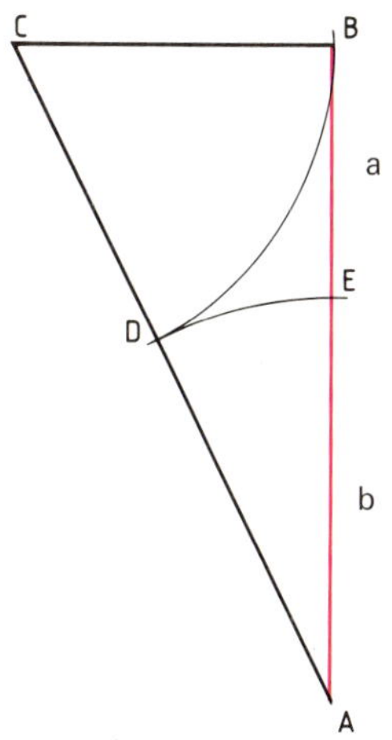

1: **Teilung einer Strecke nach dem Goldenen Schnitt**

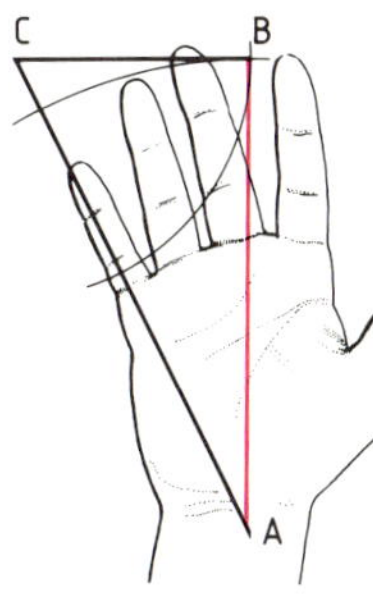

2: **Proportionen einer Hand**

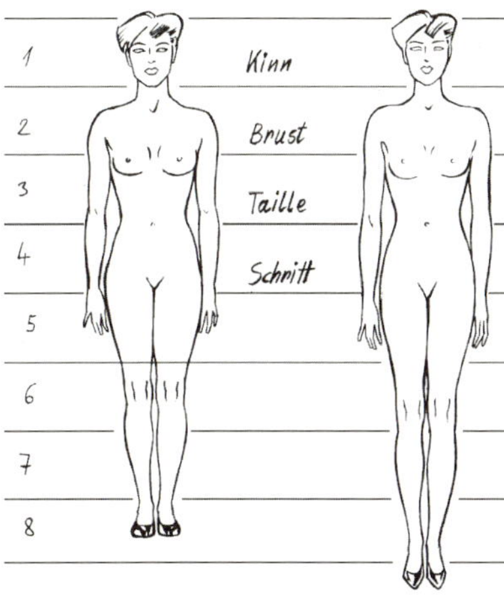

3: **Weibliche Proportionsfiguren**

4: **Ideale Kleidproportionen**

Die Achtelteilung

Der menschliche Körper läßt sich in den richtigen Proportionen annähernd genau darstellen, wenn man ihn in acht gleich große Teile aufteilt. Als Grundmaß wird dabei die Kopfhöhe verwendet. Bei Erwachsenen beträgt die durchschnittliche Körpergröße etwa das Siebeneinhalbfache der Kopfhöhe. Bei Modezeichnungen wird sie üblicherweise auf das Acht- bis Achteinhalbfache der Kopfhöhe ausgedehnt; die Verlängerung wird an den Beinen vorgenommen **(Bild 3)**.

Abweichungen von der idealen Figur

Jeder Mensch hat eine individuelle Körperform und Körpergröße. Große, kleine, dicke oder untersetzte Figuren entsprechen nicht immer den idealen Proportionen.

Aufgabe der Bekleidungsfertigung ist es, das Kleidungsstück der Körperform und -größe möglichst genau anzupassen. In der modernen Serienfertigung läßt sich dies kostengünstig erreichen, indem man die Kleidungsstücke in verschiedenen Größen fertigt. Bekleidungsgrößen basieren auf Mittelwerten von Reihenmessungen. Bestimmte Maßgruppen werden zusammengefaßt und in Tabellen geordnet. Die Größen werden so abgestuft, daß fast jeder Figur eine Größe zugeordnet werden kann.

Größentabellen enthalten Körpermaße, Proportionsmaße und Warenmaße.

Körpermaße werden individuell an vorgegebenen anatomischen Meßstrecken ermittelt (z. B. Hüftumfang).

Proportionsmaße werden für die Schnittkonstruktion berechnet (z. B. Rückenbreite = 1/4 Körperhöhe).

Warenmaße sind die Fertigmaße am Kleidungsstück und enthalten Bequemlichkeitszugaben (z. B. Bundweite = Taillenumfang + 1 cm).

Als Normalgröße bezeichnet man die Größe, die der Mehrzahl der Menschen paßt. Hiervon abweichende Körperformen werden in andere Größen eingeteilt, z. B. Kurze Größe, Schlanke Größe, Lange Größe.

10.2 Größen der DOB

Das Größensystem der Damenoberbekleidung ist auf den Kenn- oder Schlüsselmaßen **Körperhöhe, Hüftumfang** und **Brustumfang** aufgebaut. Von ihnen sind die Größenbezeichnungen abgeleitet. Man unterscheidet bezüglich der Körperhöhe Normale Größen, Kurze Größen und Lange Größen. Diese werden jeweils unterteilt in Normalhüftige, Schmalhüftige und Starkhüftige Größen.

Normalgrößen basieren auf einer Körperhöhe von 168 cm. Die Größennummer ist beispielsweise 38.

Kurze Größen basieren auf 160 cm Körperhöhe und werden mit der halben Normalgrößen-Nummer gekennzeichnet, z. B. 19.

Lange Größen basieren auf 176 cm Körperhöhe und werden mit der doppelten Normalgrößen-Nummer versehen, z. B. 76.

Schmalhüftige Größen unterscheiden sich von den Normalhüftigen Größen durch einen 6 cm kleineren Hüftumfang. Die Größennummer erhält die Vorziffer 0, z. B. 038, 019, 076.

Starkhüftige Größen unterscheiden sich von den Normalhüftigen Größen durch einen 6 cm größeren Hüftumfang. Die Größennummer erhält die Vorziffer 5, z. B. 519, 538, 576.

Größentabelle für normalhüftige kurze, normale und lange Größen[1]

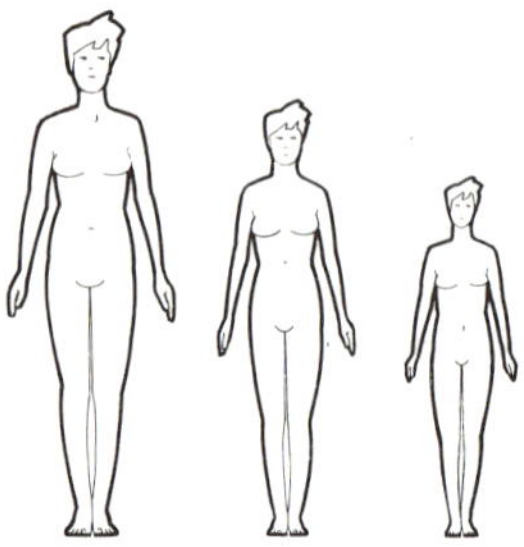

Anteil	Größenbezeichnung	Körperhöhe	Hüftumfang in cm Brustumfang in cm	86 76	90 80	94 84	97 88	100 92	103 96	106 100	109 104	114 110	119 116	124 122
15%	Kurze Größe normalhüftig	160 cm	Größennummer 16–30	16	17	18	19	20	21	22	23	24	25	26
21%	Normale Größe normalhüftig	168 cm	Größennummer 32–60	32	34	36	38	40	42	44	46	48	50	52
6%	Lange Größe normalhüftig	176 cm	Größennummer 64–120	64	68	72	76	80	84	88	92	96	100	104

Größentabelle für schmalhüftige kurze, normale und lange Größen[1]

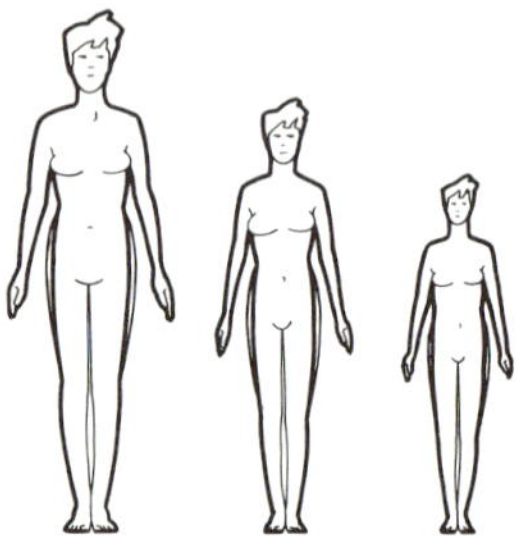

Anteil	Größenbezeichnung	Körperhöhe	Hüftumfang in cm Brustumfang in cm	88 84	91 88	94 92	97 96	100 100	103 104	108 110	113 116	118 122	123 128
14%	Kurze Größe schmalhüftig	160 cm	Größennummer 016–030	018	019	020	021	022	023	024	025	026	027
17%	Normale Größe schmalhüftig	168 cm	Größennummer 032–060	036	038	040	042	044	046	048	050	052	054
5%	Lange Größe schmalhüftig	176 cm	Größennummer 064–0120	072	076	080	084	088	092	096	0100	0104	0108

Größentabelle für starkhüftige kurze, normale und lange Größen[1]

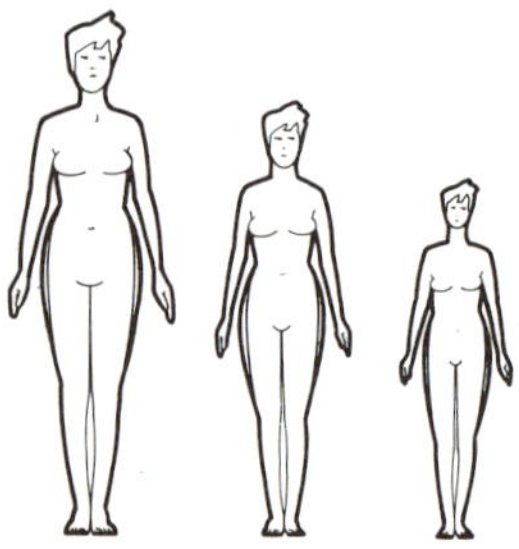

Anteil	Größenbezeichnung	Körperhöhe	Hüftumfang in cm Brustumfang in cm	100 84	103 88	106 92	109 96	112 100	115 104	120 110	125 116	130 122	135 128
8%	Kurze Größe starkhüftig	160 cm	Größennummer 516–530	518	519	520	521	522	523	524	525	526	527
11%	Normale Größe starkhüftig	168 cm	Größennummer 532–560	536	538	540	542	544	546	548	550	552	554
3%	Lange Größe starkhüftig	176 cm	Größennummer 564–5120	572	576	580	584	588	592	596	5100	5104	5108

[1] Den Größentabellen sind die Reihenmessungen von 1993 zugrunde gelegt.

10.3 Größen der HAKA

Das Größensystem der Herren- und Knabenoberbekleidung ist auf den Kennmaßen **Brustumfang, Bundumfang** und **Körperhöhe** aufgebaut. Man unterscheidet: Normale Größen, Untersetzte Größen, Schlanke Größen, Starke Größen, Sportgrößen, Kurze untersetzte Größen, Bauchgrößen und Kurze Bauchgrößen.

Deutsche Größenbezeichnungen bestehen aus einer Kennzahl, die vom Brustumfang abgeleitet ist.

Beispiel: Brustumfang = 96 cm, Normalgröße 48 (Nummer ≙ 1/2 Brustumfang), Untersetzte Größe 24 (Nummer ≙ 1/4 Brustumfang)

Europäische Größenbezeichnungen bestehen aus drei Kennzahlen, die sich aus den Kennmaßen ergeben.

Beispiel: Brustumfang = 96 cm, Bundumfang = 84 cm, Körperhöhe = 174 cm

Europagröße $\frac{48\ -6}{174}$

48 ≙ halber Brustumfang
−6 ≙ halbe Differenz von Brust- zu Bundumfang
174 ≙ Körperhöhe

Größentabellen der HAKA

1. Normale Männergrößen

Deutsche Größe	44	46	48	50	52	54	56	58
Europagröße	44-6/168	46-6/171	48-6/174	50-6/177	52-6/180	54-6/182	56-6/184	58-6/186
Körpergröße in cm	168	171	174	177	180	182	184	186
Brustumfang in cm	88	92	96	100	104	108	112	116
Bundumfang in cm	76	80	84	88	92	98	102	108

Bei **Normalgrößen** ist der Bundumfang 12 cm kleiner als der Brustumfang.

2. Untersetzte Größen

Deutsche Größe	22	23	24	25	26	27	28	29
Europagröße	44-4/162	46-4/165	48-4/168	50-4/171	52-4/174	54-4/176	56-3/178	58-3/180
Körpergröße in cm	162	165	168	171	174	176	178	180
Brustumfang in cm	88	92	96	100	104	108	112	116
Bundumfang in cm	80	84	88	92	96	100	106	110

Bei **Untersetzten Größen** ist der Bundumfang 8 cm kleiner als der Brustumfang; die Körperhöhe ist 6 cm geringer als bei Normalgrößen.

3. Schlanke Größen

Deutsche Größe	90	94	98	102	106	110		
Europagröße	44-6/177	46-6/180	48-6/183	50-6/186	52-6/188	54-6/190		
Körpergröße in cm	177	180	183	186	188	190		
Brustumfang in cm	88	92	96	100	104	108		
Bundumfang in cm	76	80	84	88	92	96		

Bei **Schlanken Größen** ist das Verhältnis Bundumfang zu Brustumfang gleich wie bei den Normalgrößen, die Körperhöhe jedoch um 9 cm größer.

4. Starke Größen

Deutsche Größe	144	146	148	150	152	154	156	
Europagröße	44-4/168	46-4/171	48-4/174	50-4/177	52-4/180	54-3/182	56-3/184	

Bei **Starken Größen** ist der Bundumfang 8 cm kleiner als der Brustumfang. Die Körperhöhe ist gleich wie bei den Normalgrößen.

5. Sportgrößen

Deutsche Größe	440	460	480	500	520	540	900	940	980	1020	1060
Europagröße	44-8/168	46-8/171	48-8/174	50-8/177	52-8/180	54-8/182	44-8/180	46-8/183	48-8/186	50-8/188	52-8/190

Bei **Sportgrößen** ist der Bundumfang 16 cm kleiner als der Brustumfang. Bis zur Größe 540 ist die Körperhöhe wie bei den Normalgrößen, ab Größe 900 12 cm größer.

6. Kurze untersetzte Größen

Deutsche Größe	225	235	245	255	265	275	285	295
Europagröße	44-3/156	46-3/159	48-3/162	50-3/165	52-3/168	54-3/170	56-2/172	58-2/174

Bei **Kurzen untersetzten Größen** ist der Bundumfang 6 cm kleiner als der Brustumfang, die Körperhöhe ist 12 cm kleiner als bei Normalgrößen.

7. Bauchgrößen

Deutsche Größe	47	49	51	53	55	57	59	
Europagröße	46+2/166	48+2/168	50+2/170	52+3/172	54+3/174	56+4/176	58+4/178	

Bei **Bauchgrößen** beträgt der Bundumfang 4 cm, 6 cm und 8 cm mehr als der Brustumfang. Die Körperhöhe ist 6 cm kleiner als bei Normalgrößen und steigt nur um 2 cm.

8. Kurze Bauchgrößen

Deutsche Größe	495	515	535	555	575			
Europagröße	48+2/162	50+2/164	52+3/166	54+3/168	56+4/170			

Bei **Kurzen Bauchgrößen** beträgt der Bundumfang 4 cm, 6 cm und 8 cm mehr als der Brustumfang. Die Körperhöhe ist 12 cm kleiner als bei Normalgrößen und steigt nur um 2 cm.

10.4 Sonstige Bekleidungsgrößen

Größen für Kinderbekleidung

Die Größenkennzeichnung von Kinderbekleidungsartikeln erfolgt nach dem Kennmaß **Körperhöhe**. Sie beginnt bei 50 cm und wird in Stufen von 6 cm zu 6 cm angegeben, z.B. 50, 56, 62, 68, 74, 80 bis 180.

Man unterteilt Kinderbekleidung in Knaben-, Mädchen- und Kleinkinderbekleidung.

Kleidungsstücke für Kleinkinder sind: Strampelanzüge, Jäckchen, Anoraks, lange Hosen, kurze Höschen, Mäntel, Kleidchen, Kleidungsstücke aus Maschenwaren.

Kleidungsstücke für Mädchen sind: Mäntel, Jacken, Kleider, Blusen, Badebekleidung, Hosen, Shorts, Pullover, Strickjacken, Unterwäsche, Nachtwäsche, Strumpfhosen.

Kleidungsstücke für Knaben sind: Mäntel, Jacken, Hosen, Maschenwaren, Badebekleidung, Unterwäsche, Hemden, Nachtwäsche.

Größen für Herrenhemden

Die Größenbezeichnung für Hemden mit Kragen, bei denen eine gute Paßform am Hals wichtig ist, erfolgt nach dem Kennmaß **Halsumfang**.

Durch die Schnittformen normal, tailliert und körpernah werden Figurentypen berücksichtigt.

Schnittform \ Größe		36	37–38	39–40	41–42	43–44	45–46
normal	Brustumfang in cm	108	114	120	128	134	142
	Taillenumfang in cm	96	106	114	124	134	142
tailliert	Brustumfang in cm	104	110	116	124	130	–
	Taillenumfang in cm	92	96	104	114	124	–
körpernah	Brustumfang in cm	98	104	112	120	–	–
	Taillenumfang in cm	84	88	94	104	–	–

Größen für Miederwaren

Kennmaße für Büstenhalter und elastische Corselets sind **Brustumfang, Unterbrustumfang** und **Taillenumfang**. Die in den Tabellen angegebenen Abmessungen gelten für die Körpermaße, nicht für die Warenmaße.

Größen-bezeich-nung	Unter-brust-umfang in cm	Brustumfang für Brustschale klein A	normal B	groß C	sehr groß D
65	63 bis 67	77 bis 79	79 bis 81	81 bis 83	83 bis 85
70	68 bis 72	82 bis 84	84 bis 86	86 bis 88	88 bis 90

Größen-bezeich-nung	Unter-brust-umfang in cm	Brustumfang für Brustschale klein A	normal B	groß C	sehr groß D
75	73 bis 77	87 bis 89	89 bis 91	91 bis 93	93 bis 95
80	78 bis 82	92 bis 94	94 bis 96	96 bis 98	98 bis 100

Größen-bezeich-nung	Unter-brust-umfang in cm	Brustumfang für Brustschale klein A	normal B	groß C	sehr groß D
85	83 bis 87	97 bis 99	99 bis 101	101 bis 103	103 bis 105
90	88 bis 92	102 bis 104	104 bis 106	106 bis 108	108 bis 110

Amerikanische Größen

Das amerikanische Universalgrößensystem mit den Bezeichnungen XS, S, M, L und XL entspricht im wesentlichen den deutschen Normalgrößen. Es ist aber gröber und kennt nicht so viele Unterteilungen. Das Kleidungsstück erfüllt die Paßform im wesentlichen, d.h. die Ärmel dürfen nicht zu kurz sein, die Schulterpartie darf nicht zu eng sein.

Universalgrößen werden für Blousons, T-Shirts, Hemden, Trainingsanzüge und Sweatshirts verwendet.

US-Universalgrößen für Blousons etc.	**XS** (extra small)		**S** (small)				**M** (medium)		**L** (large)			**XL** (extra large)	
Deutsche Männergrößen (Normal)	38	40	42		44		46	48		50	52	54	56
Deutsche Frauengrößen (Normal)	34		36	38		40		42	44		46	48	50
US-Jeansgrößen	26/32	27/32	28/32	29/32	30/34	31/34	32/34	33/34	34/34	35/34	36/34	38/34	40/34

Die amerikanischen Jeansgrößen unterscheiden sich von den deutschen Größen durch die Maßeinheit, in der Anzahl der Kennmaße und in der Größenbezeichnung.

Als Maßeinheit werden „Foot" und „Inches" verwendet. 1 Foot = 12 inches, 1 inch = 2,54 cm. Kennmaße sind Bundumfang, Gesäßumfang und Schrittlänge. Die Größenbezeichnung beinhaltet Bundumfang und Schrittlänge und wird durch zwei Zahlen im Inchmaß angegeben, z.B. 30/34.

11 Gestaltung der Bekleidung

11.1 Kollektionsgestaltung

Als Kollektion bezeichnet man die Zusammenstellung von Modellen, die den Erwartungen des Marktes gerecht werden.

Zur Kollektionserstellung ist es wichtig, daß u.a. folgende Gesichtspunkte mit einbezogen werden.

- Erfassung des **Modetrends**
- Analyse des **Käuferverhaltens**
- Festlegung der **Zielgruppen**
- wirtschaftliche **Bedarfsermittlung** für das Produkt.

Die Summe dieser unternehmerischen Aktivitäten im Bereich der Marktanalyse, Marktbeobachtung und Verkaufsforschung bezeichnet man als **Marketing**. Aus diesen Informationen wird der Produktionsplan entwickelt und die Produktwerbung setzt ein. Das unternehmerische Ziel ist, bei möglichst geringem Risiko einen möglichst großen Geschäftserfolg zu erwirtschaften.

Beispiel für den Ablauf einer Kollektionserstellung

Informationsfahrten, Modemessen, Fachzeitschriften	**Ideen suchen** ↓	Filme, Musik, Zeitgeist
Zielgruppen, Stammkunden	**Ideen auswählen** ↓	Modetrends, Farben, Silhouetten, Materialien
Stoff- und Accessoires-angebote	**Modelle entwerfen Erstskizzen** ↓	Formen, Details, Ausstattung, Ausschmückung
Kaufmännische Überprüfung	**1. Kollektionsberatung** ↓	Technische Überprüfung
Fertigungsplan, Arbeitsplan, Kalkulation	**Nullserie Erstkollektion** ↓	Schnitt, Musterstücke
Vertretertagung	**Kollektion testen** ↓	Vorstellen beim Fachhandel
Kundenerwartungen	**2. Kollektionsberatung** ↓	Trend-ergänzungen
	Kollektionsverabschiedung ↓	
Messen	**Verkauf**	Vertreter
	PRODUKTION	

Grundlage zur Kollektionserstellung ist eine umfassende **Informations- und Ideensammlung**. Dazu geben Haute Couture, Prêt-à-porter und Textilhersteller richtungweisende Informationen über Farben, Silhouetten und Materialien. Der Ideenfindung dienen außerdem das Zeitgeschehen, historische Vorlagen sowie Fachzeitschriften. Bei der Auswahl der Ideen stehen die Wünsche der Stammkunden und Zielgruppen im Vordergrund (Zielgruppen: Avantgarde, Jung, Sportiv, Anspruchsvoll, Klassisch, Solide).

Erstskizzen werden angefertigt und mit Angaben zu Material und modischem Styling zu **Modellentwürfen** ausgearbeitet.

Aus einer Vielzahl von Entwürfen werden in einem **Kollektionsberatungsgespräch** Umfang und Zusammenstellung der Kollektion beschlossen, damit wird auch der Qualitätsstandard festgelegt. Bei der Auswahl der Modelle wirken neben der Geschäftsleitung Fachleute aus dem technischen und kaufmännischen Bereich mit.

Für die Erstellung der Kollektion werden **Musterschnitte** gezeichnet und die Musternäherei fertigt die **Erstmodelle**. Zur Ermittlung der Materialeinzelkosten und der Fertigungslohnkosten wird eine Kalkulation erstellt. Zur Produktionsplanung wird für jedes Modell ein Fertigungs- und Arbeitsplan angelegt.

Die fertiggestellte **Erstkollektion** (Nullserie) wird im Verkauf getestet, gegebenenfalls werden noch Änderungen vorgenommen (2. Kollektionsberatungsgespräch).

Modelle, die nicht in der gewünschten Weise am Markt ankommen, werden geändert oder durch andere Vorschläge ergänzt. Die Kollektion wird dadurch dem Verbraucherverhalten ständig angepaßt.

Normalerweise wird für die Saisonabschnitte Herbst/Winter und Frühjahr/Sommer eine Kollektion vorgelegt. Durch die ständige Marktbeobachtung werden aber laufend Ergänzungen vorgenommen. Diese **Kollektionsanpassung** ist als Nachmusterung zu verstehen.

Für Vertreter, Messen, Ausstellungen und Öffentlichkeitsarbeit wird die Kollektion vervielfältigt.

Auftragseingänge führen zur Produktion.

11.2 Die Mode

Begriffe der Kleidermode

Mit dem Wort **Mode**[1] umschreibt man den Ausdruck des vorherrschenden Zeitgeschmacks einer Gesellschaft, z. B. in Bezug auf eine bestimmte Bekleidungsweise, Lebensgestaltung, Denkweise, Kunstentwicklung.

Im engeren Sinne versteht man unter Mode die sich wandelnde Form der Kleidung, die im Schmuck- und Geltungsbedürfnis des Menschen ihren Ursprung hat und ihm die Möglichkeit bietet, seinen persönlichen Stil hervorzuheben oder seine Stellung in der Gesellschaft bzw. die Zugehörigkeit zu einer Gruppe zu dokumentieren.

Ursprünglich gebrauchte man den Begiff Mode für einen recht kurzlebigen Zeitgeschmack, während die eine längere Zeit herrschende und auf kultureller und künstlerischer Ebene entwickelte Gestaltungsweise mit Stil bezeichnet wurde. Heutzutage sind für die Kennzeichnung der vielfältigen Bekleidungsformen mehrere Begiffe gleichbedeutend üblich wie z. B. **Mode, Stil, Look**[2], **Linie**.

Die einheitliche Kleidung einer bestimmten Gemeinschaft bzw. Gruppe, deren Formen sich wenig verändern, die traditionsgebunden ist und eine Zugehörigkeit zum Ausdruck bringt, wird mit **Tracht** bzw. **Uniform** bezeichnet, z. B. Bauerntracht, Volkstracht, Berufstracht, Ordenstracht.

Entwicklung und Bedeutung der Mode

In früheren Zeiten wurden Macht und Reichtum, Rangunterschiede und Standeszugehörigkeit durch die Kleidung herausgestellt. Oftmals trat die Zweckmäßigkeit in den Hintergrund, prägten Sitte und Moral die Bekleidungsformen. Andererseits konnten ästhetische[3] Vorstellungen verwirklicht oder eine erotische[4] Ausstrahlung erreicht werden.

Bis Mitte des 19. Jhdts. bestimmen der Adel und die Höfe oder das gehobene Bürgertum die Kleidermode **(Feudalmode)**. Danach übernahm die **Haute Couture**[5] die Führungsrolle. Modeschöpfer bzw. Modesalons schufen exklusive[6] Modelle für eine auserwählte Schicht **(Prestigemode)**. Paris war die Metropole für die Damenmode, während sich bei den Herren der englische Stil durchsetzte.

Die Industrialisierung und das Aufkommen der **Konfektion**[7] sowie die Entwicklung der **Chemiefasern** ermöglichten allmählich allen Bevölkerungsschichten die Teilnahme am Modegeschehen. Aber noch in den fünfziger Jahren unseres Jahrhunderts herrschte das Modediktat der Haute Couture, an dem sich auch die Maßschneider und Konfektionäre orientierten. Neben Paris entstanden weitere **Modezentren**. Vor allem die italienische Haute Couture, die Alta Moda, trat in Konkurrenz zur französischen Damenmode bzw. zur englischen Herrenmode.

Als sich in den sechziger Jahren der unkonventionelle[8] Bekleidungsstil durchsetzte und die Kleidung weniger als Statussymbol gesehen wurde, sondern als Mittel zur Selbstdarstellung diente, begann sich auch die Modebranche der veränderten Situation anzupassen. Die Konfektionsmode, das **Prêt-à-porter**[9], rückte in den Vordergrund und berücksichtigte nun auch die Verbraucherwünsche **(Konsummode)**. Der Haute Couture kam die Aufgabe der Weiterentwicklung und Verfeinerung des Prêt-à-porter zu.

Modewechsel

Der Modewechsel beruht auf dem Wunsch nach Veränderung, Abwechslung oder Nachahmung und wird beeinflußt durch die Gesellschaftsstruktur, durch die technische und kulturelle Entwicklung sowie durch politische und wirtschaftliche Vorgänge. Während früher die Kleidermode über einen längeren Zeitraum hinweg beständig blieb, geht der modische Wechsel heute sehr rasch vonstatten.

Modemacher (Couturiers, Designer, Stylisten)[10] lassen sich inspirieren, greifen Trends[11] auf und machen Vorschläge für eine bevorstehende Modesaison. Werden diese Vorschläge von einem großen Teil der Bevölkerung angenommen, sind sie zur Mode geworden. Es gelten keine Modevorschriften mehr, sondern jeder kann seine individuelle Linie finden nach dem Motto: „Erlaubt ist, was gefällt".

In den Zentren der europäischen Mode, vor allem in Paris, Mailand, Rom, München, Düsseldorf, Berlin, werden auf Modemessen internationale **Trendschauen** durchgeführt; Modehäuser, Designer und Konfektionäre präsentieren ihre Modellkollektionen. Diese finden jeweils für die Frühjahr/Sommer-Saison bzw. Herbst/Winter-Saison statt und zwar für die Haute-Couture-Mode unmittelbar vor Saisonbeginn, für die Prêt-à-porter-Mode ein halbes Jahr früher.

Die **Kennzeichen (Themen)** für eine Modesaison umfassen die Silhouette[12], Schnittformen und Details[13], Materialien, Farben und Dessins[14] sowie das modische Beiwerk, die Accessoires[15]. Durch die Medien und Publikationen wird die interessierte Öffentlichkeit über das Modegeschehen informiert.

Eine Mode erscheint, setzt sich durch und verschwindet wieder **(Modezyklus)**. Oft erneuert sie sich bzw. orientiert sich an Vergangenem. Bekleidungsformen, die eine Beständigkeit erreichen, bezeichnet man mit klassisch (zeitlos).

Für die Bekleidungsbranche ist jedes Eingehen auf einen Modewechsel mit einem Risiko verbunden, da sich etwas Neues immer erst gegen das Vorherrschende durchsetzen muß. Die richtige Einschätzung des **Modetrends** ist deshalb von entscheidender Bedeutung. Eine gewisse Leitfunktion kann der **Avantgarde**[16] zugesprochen werden, die ausgefallene Neuheiten rasch übernimmt. An ihrem Verhalten kann abgeschätzt werden, wie sich der allgemeine Trend entwickeln wird.

[1] Mode (franz.) = Art und Weise, Sitte; [2] Look (engl.) = Aussehen; [3] ästhetisch = geschmackvoll, ausgewogen, ansprechend; [4] erotisch = sinnlich
[5] Haute Couture (franz.) = Hohe Schneiderkunst; [6] exklusiv = ausschließend; [7] Konfektion = serienmäßige Herstellung von Kleidungsstücken
[8] konventionell = herkömmlich; [9] prêt-à-porter (franz.) = fertig zum Tragen; [10] Couturier (franz.) = Modeschöpfer; Designer (engl.) = Entwerfer; Stylist (engl.) = Gestalter; [11] Trend (engl.) = Richtung, Strömung; [12] Silhouette (franz.) = Schattenriß; [13] Detail (franz.) = Einzelheit
[14] Dessin (franz.) = Muster; [15] Accessoires (franz.) = Zubehör; [16] Avantgarde (franz.) = Vorkämpfer

11.3 Modisches Zubehör

Das schmückende Beiwerk, das ein modisches Gesamtbild abrundet, ergänzt und vervollständigt, bezeichnet man mit **Accessoires**, dem französischen Wort für Zubehör. In allen Modeepochen spielte es eine wichtige Rolle und war oft ebenso charakteristisch wie die Silhouette oder die Farbe.

Früher legte man unbedingt Wert darauf, das Zubehör harmonisch auf den Kleidstil abzustimmen. Die heutige Mode erlaubt das Kombinieren unterschiedlichster Stilrichtungen und kontrastierender Elemente. Die Modeindustrie bietet zu jeder Saison für die einzelnen Modethemen passende Accessoires in aktuellen Farben und Materialien an.

Nur wenige Accessoires dienen allein der **Ausschmückung** wie z.B. der Schmuck. Vor allem Schuhe, aber auch Kopfbedeckungen und Handtaschen haben eine bestimmte **Funktion** zu erfüllen. Häufig ist Modisches jedoch nicht unbedingt zweckmäßig. Ein Beispiel dafür sind die Pfennigabsätze.

Accessoires sind heute:

- Kopfbedeckungen
- Tücher, Schals, Krawatten
- Strümpfe und Schuhe
- Handtaschen, Schirme
- Gürtel, Schärpen
- Ansteckblumen
- Modeschmuck
- Brillen, Uhren

1: **Accessoires der Damenmode**

2: **Accessoires der Gesellschaftskleidung für den Herrn**

Kopfbedeckungen

Form, Material und Garnitur richten sich nach der Tragegelegenheit bzw. Stilrichtung. Kopfteil und Krempe (Hutrand) können bei Hüten variationsreich geformt werden.

Kappen und Mützen sind meistens unversteift und krempenlos, haben dafür manchmal einen Schirm.

Materialien können sein:	Filz, Strohgeflecht, Leder, Pelz, Webstoff, Strickware
Mögliche Garnituren:	Bänder, Federn, Schleier, Kordeln, Blumen, Leder- und Filzstreifen

3: **Baskenmütze**

4: **Schleierhut**

5: **Herrenhutform**

6: **Chasseur**[1]

7: **Turban**

8: **Matelot**[2]

[1] Chasseur (franz.) = Jäger; [2] Matelot (franz.) = Matrose

11.4 Elemente der Gestaltung

Um Kleidung marktgerecht zu gestalten, müssen neben der Mode Gesichtspunkte beachtet werden, die sowohl das Gesamtbild (Design) prägen als auch dem Gebrauchswert (z. B. Verwendungszweck, Pflege) entsprechen sollen. Wesentliche Gestaltungselemente sind die Form (das Styling[1]), Ausschmückung, Material, Ausstattung und Verarbeitung.

Form (Styling)

Die modische Linie, Paßform und Tragekomfort ergeben sich vor allem durch die Formgestaltung. Diese umfaßt z. B.:

- Lage und Verlauf von Längs- und Querteilungen
- Längen- und Weitenverhältnisse
- Taillierung
- Details, z. B. Ärmel, Kragen, Verschluß, Taschen

Durch eine entsprechende Formgestaltung werden bestimmte **Silhouetten**[2] erreicht. Man bezeichnet sie mit Buchstaben **(Bild 1 bis 7)**, nach Formen **(Bild 8 bis 11)** oder auch nach Modestilen **(Bild 12, 13)**.
Durch die Linienführung (Verlauf der Nähte und Kanten) erreicht man eine bestimmte **Flächenaufteilung (Bild 15 bis 18)**.

1: A-Linie **2: H-Linie** **3: I-Linie** **4: T-Linie** **5: V-Linie** **6: X-Linie** **7: Y-Linie** **8: Trapez-Linie** **9: Zelt-Linie**

10: Kuppel-Linie **11: Ballon-Linie** **12: Empire-[3] Linie** **13: Charleston[4]-Linie** **14: Prinzeß-Linie** **15; 16: Symmetrische Flächenaufteilung** **17; 18: Asymmetrische Flächenaufteilung**

Ausschmückung

Durch die Ausschmückung kann man die **Stilrichtung** eines Kleidungsstückes unterstreichen und beispielsweise eine elegante, sportliche, sachlich-strenge oder romantisch-verspielte Note erreichen.

Ausschmückungsmöglichkeiten sind z. B.:

- Ziersteppereien und Stickereien
- Falten und Biesen
- Rüschen und Volants[5]
- Paspelierungen[6] und Kanteneinfassungen
- Blenden und Bortenbesatz
- Applikationen[7] und Inkrustationen[8]

Material

Das Material beeinflußt weitgehend den **Charakter** eines Bekleidungsstücks und bestimmt auch die **Verwendungsmöglichkeiten.**

Bei der Materialauswahl spielen einerseits optische Gesichtspunkte eine Rolle wie Fall, Farbe, Musterung (Dessin) und Oberflächenstruktur. Andererseits wird man die Trage-, Gebrauchs- und Pflegeeigenschaften beachten, die sich aus dem Faserstoff, der Garnart, dem Flächenaufbau und der Ausrüstung ergeben.

Ausstattung und Verarbeitung

Auch Ausstattung und Verarbeitung beeinflussen im wesentlichen den **Gebrauchswert** bzw. die Funktionalität der Bekleidung. Neben dem Material sind sie auch mitentscheidend für die **Qualitätsstufe** (das **Genre**[9]).

Zur Ausstattung zählt man die Einlagen-Verarbeitung, die Abfütterung sowie die Verschlußmittel.

Der Verarbeitung zugerechnet werden nähtechnische Gesichtspunkte wie Naht- und Versäuberungsqualität, Kantenbefestigung, Sicherung von Tascheneingriffen und Schlitzen.

[1] Styling (engl.) = Formgebung; [2] Silhouette (franz.) = Schattenriß; [3] Empire (franz.) = Kunststil, Französisches Kaiserreich unter Napoleon I.
[4] Charleston = Tanz, beliebt in den 20er Jahren; [5] Volant (franz.) = glockig fallender Besatz; [6] Paspelierung = schmaler Nahtbesatz
[7] Applikation = aufgearbeitete Verzierung; [8] Inkrustation = untergearbeitete Verzierung; [9] Genre (franz.) = Art, Gattung

11.5 Einflüsse auf die Gestaltung

Für die Ausgestaltung der Kleidung, z. B. bei der Festlegung von Schnittform, Details und Material, sind viele Faktoren maßgebend. Es sind dies hauptsächlich die Mode und Stilrichtung, Anlaß und Funktion sowie die Trägerpersönlichkeit.

Mode

Die Mode setzt **Akzente**. Kennzeichen des modischen Einflusses sind vor allem:

- Silhouette und Betonungen
- Länge und Weite
- Details und Ausschmückung
- Farbe, Dessin und Struktur des Materials

Stilrichtung

Kleidung ist **Ausdruck der Persönlichkeit**. Man wird sich in ihr nur wohlfühlen, wenn sie den eigenen Vorstellungen entspricht. Die Vielfalt der Stilrichtungen, die in der heutigen Kleidermode nebeneinander bestehen, ermöglicht diesen individuellen Spielraum. Tragegelegenheit und Wesensart sind ausschlaggebend dafür, welchen Stil man bevorzugt. Stilrichtungen können sein:

- sportlich-lässig, leger[1]
- klassisch, zeitlos
- sachlich-streng, maskulin[2]
- konservativ[3], formell[4]
- romantisch-verspielt
- folkloristisch
- sportlich-elegant
- elegant
- feminin[5]
- extravagant[6]
- avantgardistisch[7]
- poppig[8]

1: Legere Freizeitkleidung

2: Feminine Damenmode

3: Sportlich-elegante Herrenmode

4: Junge Mode

5: Wintermode

6: Formeller Gesellschaftsanzug (Cut)

7: Partykleid im Folklorestil

Anlaß und Funktion

Je nach Tragegelegenheit werden an die Bekleidung unterschiedliche **Anforderungen** gestellt.
Von Sport-, Freizeit- und Berufskleidung erwartet man, daß sie vor allem zweckmäßig (funktionell) ist. Gesellschaftskleidung soll sich von der Tageskleidung abheben und elegant bzw. festlich wirken.
Für Sommer-, Winter- und Übergangskleidung sind bekleidungsphysiologische Gesichtspunkte wie Luftaustausch- und Isolationsvermögen, Feuchtigkeitsaufnahme und -transport maßgebend (vgl. Seite 129).

Trägerpersönlichkeit

Figur, Alter und Typ bzw. Wesensart lassen insgesamt eine Trägerpersönlichkeit entstehen.
Um eine **harmonische Gesamtwirkung** der Bekleidung zu erreichen, wird man bemüht sein, sie sowohl auf die körperlichen Maßverhältnisse, als auch auf die unterschiedlichen Ansprüche der einzelnen Altersgruppen abzustimmen. Die Maßschneiderei kann auf diese Gegebenheiten individuell eingehen; die Konfektion ist bemüht, sie durch die Differenzierung bestimmter Zielgruppen zu berücksichtigen (vgl. Seite 195).

[1] leger (franz.) = ungezwungen; [2] maskulin = männlich; [3] konservativ = am Alten festhaltend; [4] formell = förmlich; [5] feminin = weiblich
[6] extravagant = überspannt; [7] avantgardistisch = vorkämpferisch; [8] poppig = lustig, bunt

Die Bezeichnung Rock ist heute üblich für ein taillenabwärts getragenes Kleidungsstück, welches Grundbestandteil der Damen- und Mädchenbekleidung ist.
Mit einer Jacke wird der Rock zum Kostüm ergänzt.

Viele Rockformen unterliegen dem modischen Wandel, manche sind als klassisch bzw. zeitlos anzusehen. Die einzelnen Formen unterscheiden sich hinsichtlich der Länge, der Weite und Silhouette, dem Schnitt und den Details.

1: Rocklängen

supermini[1] oberschenkellang | **mini** kniefrei | **ladymini**[2] knieumspielt | **mezzo**[3] kniebedeckt | **midi**[4] wadenlang | **maxi**[5] wadenbedeckt | **fußlang** knöchelbedeckt | **bodenlang** schuhbedeckt

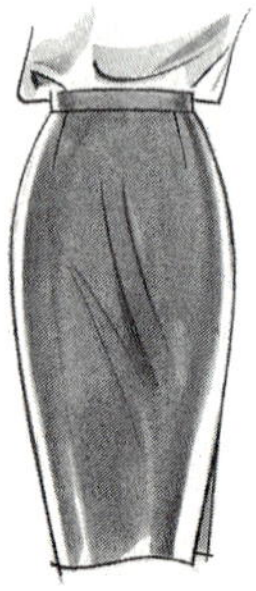

2: Enger Rock

Beim engen Rock ist die Saumweite geringer als der Hüftumfang.

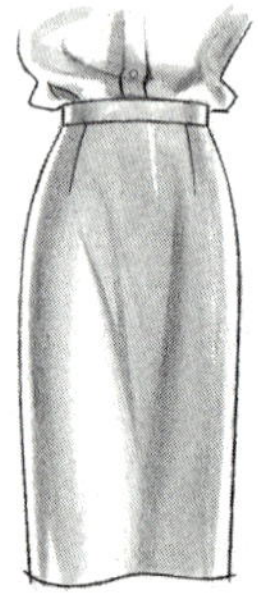

3: Gerader Rock

Die schmale Silhouette ergibt sich durch gerade verlaufende Seitennähte.

4: Ausgestellter Rock

Bequeme Gehweite erreicht man mit einem ausgestellten Verlauf der Seitennähte.

5: Swingrock[6]

Die hüftnahe Form mit Saumerweiterung erhält man durch entsprechende Längsbahnen.

6: Glockenrock

Bei kreis- oder halbkreisförmigem Zuschnitt entsteht eine beschwingte Saumweite.

7: Weiter Rock

Durch die in der Taille eingezogene Stofffülle ist er mehr oder weniger stark aufbauschend.

8: Bahnenrock

Die symmetrischen Längsbahnen verlaufen zum Saum hin breiter werdend.

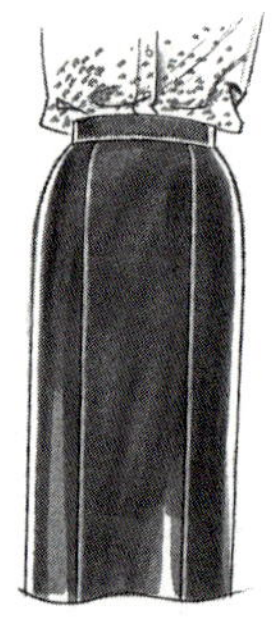

9: Kastenrock

Mit markanten Teilungsnähten wirkt ein gerader Rock kastenförmig.

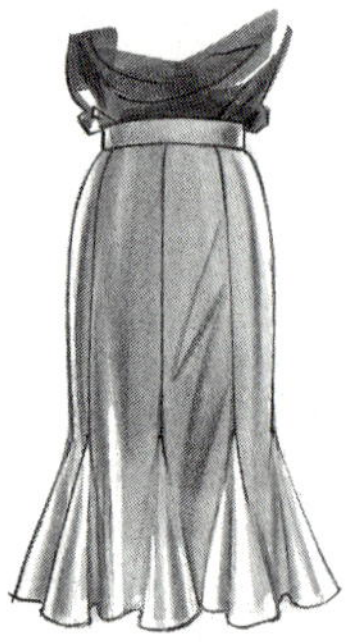

10: Godetrock[7]

Eingesetzte oder angeschnittene Glockenteile lassen den Saum ausschwingen.

11: Stufenrock

Stoffbahnen mit nach unten zunehmender Weite werden aneinandergesetzt.

12: Volantrock[8]

Rundgeschnittene Stoffteile werden lose fallend auf einen Rock aufgenäht.

13: Rock mit Saumrüsche

Der gekräuselte Saumbesatz kann gerade oder rund geschnitten werden.

[1] mini = klein; [2] Lady (engl.) = Dame; [3] mezzo (ital.) = mittel, halb; [4] midi (franz.) = mittel; [5] maxi = groß; [6] swing (engl.) = schwingen
[7] Godet (franz.) = falsche Falte; [8] Volant (franz.) = glockiger Schmuckbesatz

12.1 Röcke (2)

14: Sattelrock

Bis etwa in Hüfthöhe wird ein glattes Taillenteil angesetzt.

15: Torsorock[1)]

Ein hüftschmaler Rock erhält ein tief angesetztes Glockenteil.

16: Tunika-Rock

Die Tunika, ein Überrock, ist in der Regel kürzer und weiter als der untere Rock.

17: Ballonrock

Die Rockweite wird in der Taille und am Rocksaum eingezogen und bauscht auf.

18: Zipfelrock

Asymmetrische oder zipfelige Rocksäume wirken elegant oder folkloristisch.

19: Drapierter Rock

Damenhaft eleganter Rock mit weicher Faltenraffung. Hier mit Wickeleffekt.

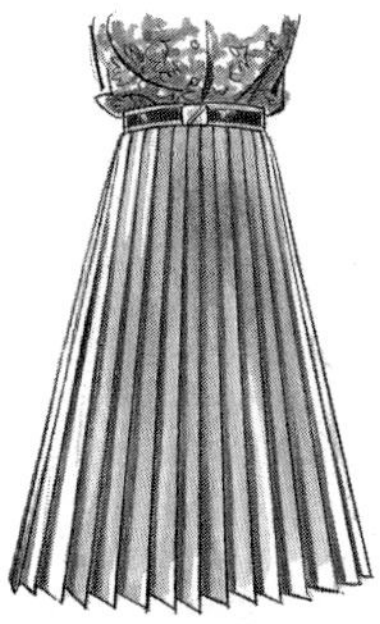

20: Rundumfaltenrock

Die Rockweite wird durch fortlaufende Liegefalten schmal gehalten.

21: Sonnenplisseerock

Glockenrock mit eingepreßten Stehfalten, die sich zum Saum hin verbreitern.

22: Schirmfaltenrock

Mäßig weiter Glockenrock mit schirmartig aufspringenden Falten oder Biesen.

23: Rock mit Kellerfalten

Einzelne Falten ermöglichen bequeme Gehweite, die Silhouette bleibt schmal.

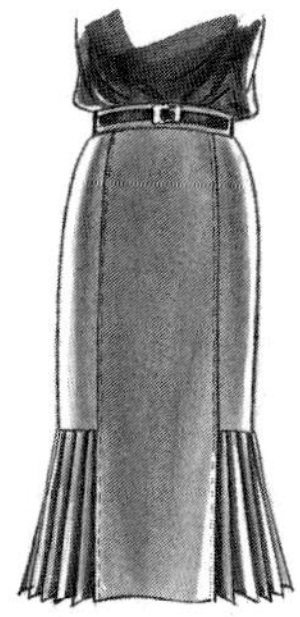

24: Rock mit Faltensaum

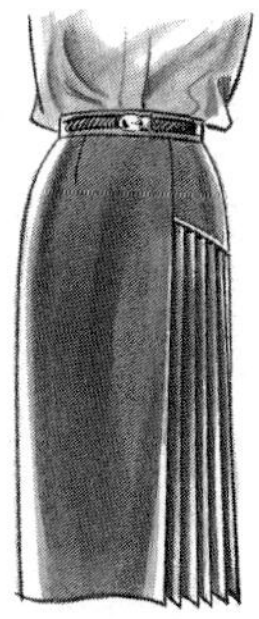

25: Rock mit Faltengruppe

Falten geben Bewegungsfreiheit und sind außerdem attraktive Details. Schmale Röcke kann man vielseitig, z. B. mit einem Faltensaum oder einer Faltengruppe ausgestalten.

26: Golfrock

Die hohe Mittelfalte und seitliche Eingriffstaschen kennzeichnen den sportlichen Golfrock.

27: Rock mit Rollfalte

Mit ungebügelten Rollfalten erreicht man eine weiche, bequeme Rockform.

28: Wickelrock

Die offenen Verschlußkanten werden breit übereinandergeführt und sind oft nur im Bund festgehalten.

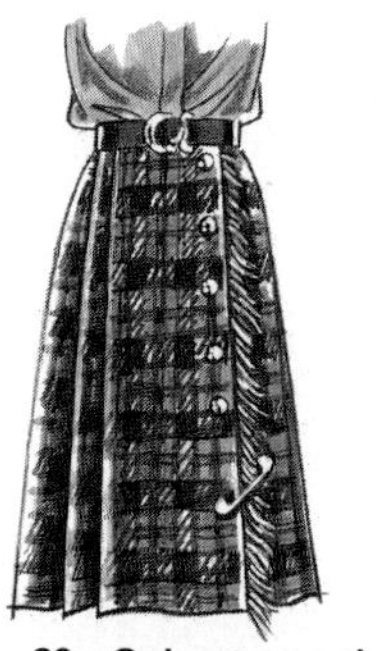

29: Schottenrock (Kilt)

Charakteristisch sind einseitige Liegefalten, Wickelform und gedeckte Karomusterung.

30: Sportrock

Große Taschen und Knopfleiste sind typische Details für einen sportlichen Rock.

31: Hosenrock

Vorder- und Hinterhose passen an der Schrittnaht genau aufeinander und sind rockähnlich weit.

[1)] Torso (lat.-ital.) = Bruchstück, Rumpf

12.2 Blusen

Die Bluse ist ein weich und locker verarbeitetes Oberbekleidungsstück für Damen und Mädchen und wird zu Röcken und Hosen getragen. Eine Vielzahl von Blusenformen ist für die heutige Mode kennzeichnend.

Die Unterscheidungsmerkmale der einzelnen Formen, z.B. Ausschnitt und Kragen, Länge, Schnitt, Details und Ausschmückung, ergeben zusammen mit dem Material eine bestimmte Stilrichtung.

1: Hemdbluse

Gerader Schnitt, Manschettenärmel und Knopfleiste kennzeichnen den Herrenhemdstil.

2: Reverskragenbluse

3: Stehkragenbluse

Blusen in durchgeknöpfter Form können mit den verschiedensten Kragen- und Ausschnittlösungen gestaltet werden. Die Knopfleiste kann sichtbar oder verdeckt gearbeitet sein.

4: Polobluse[1]

Sportliche Bluse aus Maschenstoff mit Auslegekragen und halber Knopfleiste.

5: Schluppenbluse

Die Bänder des Halsabschlusses werden locker geknotet oder zur Schleife gebunden.

6: Schlupfbluse

Ein Schlitz erleichtert bei Blusen in Schlupfform das Anziehen über den Kopf.

7: Long-Bluse[2]

Die sehr lange und lässig-weite Bluse trägt man lose oder gegürtet.

8: Top[3]

Bezeichnung für kleine Oberteile. Vielfach haben sie Trägerform.

9: Kasack[4]

Die lange, gerade Bluse hat häufig Seitenschlitze und wird meistens gegürtet.

10: Blouson-Bluse[5]

Durchgeknöpftes Oberteil mit blusiger Weite und anliegendem Bundabschluß.

11: Schößchenbluse

Oberteil mit einem angesetzten oder angeschnittenen Hüftteil.

12: Wickelbluse

Die Vorderteile werden lose übereinandergeführt und seitlich gehalten.

13: Folklore-Bluse

Kräuselweite an Ausschnitt und Ärmeln, Stickereien und Bordüren sind kennzeichnend.

14: Romantik-Bluse

Spitzeneinsätze, Biesen, Fältchen, Rüschen und Volants wirken romantisch-verspielt.

15: Carmen-Bluse[6]

Charakteristisch für den Carmen-Stil ist das schulterfreie Dekolleté[7] mit Rüschen- oder Volantbesatz.

16: Sportbluse

Brusttaschen, Schulterklappen und Krempelärmel unterstreichen die sportliche Stilrichtung.

17: Jumper[8]

Lässiges Oberteil in Schlupfform mit Bundabschluß, meistens aus Maschenstoff.

18: Shirt-Bluse[9]

Bequeme Schlupfbluse aus leichter Trikotware im Hemdschnitt, ärmellos oder kurzärmelig.

[1] Polo = Pferdesport; [2] long (engl.) = lang; [3] Top (engl.) = Oberteil; [4] Casaque (franz.) = lange Bluse; [5] Blouson (franz.) = Oberteil mit engem Abschluß
[6] Carmen = span. Vorname; [7] Décolleté (franz.) = ausgeschnitten; [8] Jumper (engl.) = Springer; [9] Shirt (engl.) = Hemd

12.3 Kleider

Das Kleid ist wesentlicher Bestandteil der weiblichen Oberbekleidung. In seiner Urform, der Hülle bzw. dem Hemd, wurde es bereits im Altertum getragen.

Im engeren Sinne gebraucht man die Bezeichnung für ein einteiliges Bekleidungsstück, bestehend aus Rumpfteil und angeschnittenem oder angenähtem Rockteil. Bei zweiteiligen Kleidern werden Oberteil und Rock für sich gearbeitet (vgl. Seite 208 „Deux-pièces").

Die einzelnen Kleidformen unterscheiden sich hinsichtlich Weite und Silhouette, Schnitt, Details und Ausschmückung.

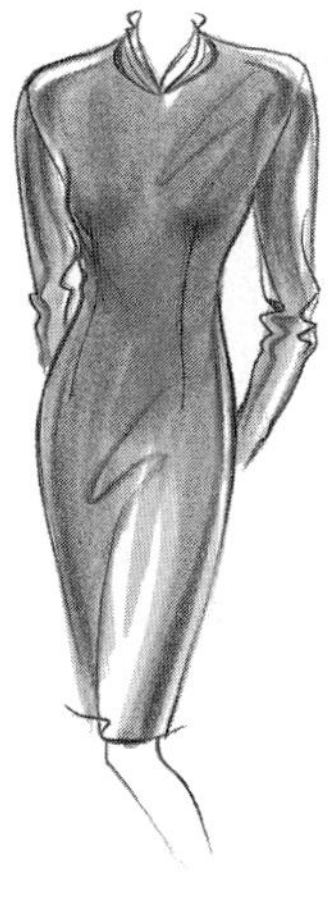

1: Etuikleid[1]
Es schmiegt sich figurzeichnend um den Körper, ohne ihn einzuengen.

2: Shiftkleid[2]
Kennzeichnend ist der hemdartige, gerade Schnitt ohne Taillierung.

3: Hängerkleid
Lose fallendes Kleid mit ausschwingender Saumweite.

4: Prinzeßkleid
Längsteilungsnähte formen das Oberteil körpernah und lassen den Rock ausschwingen.

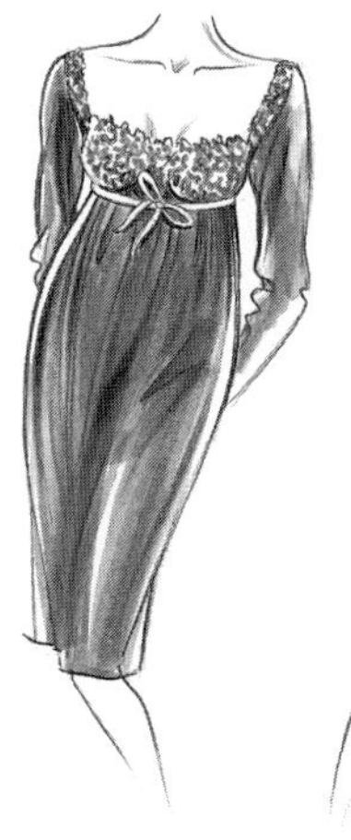

5: Empirekleid[3]
Charakteristisch für den Empire-Stil ist die hochgerückte Taillennaht.

6: Torsokleid[4]
An ein verlängertes Oberteil wird ein glockiges oder gefälteltes Rockteil angesetzt.

7: Hemdblusenkleid
Es hat eine lockere Schnittform, Manschettenärmel und Hemdkragen, ist am Oberteil oder durchgehend geknöpft und wird gegürtet.

8: Mantelkleid
In der Regel wird es aus festerem Material gearbeitet, ist immer durchgeknöpft und wird meistens mit einem Gürtel getragen.

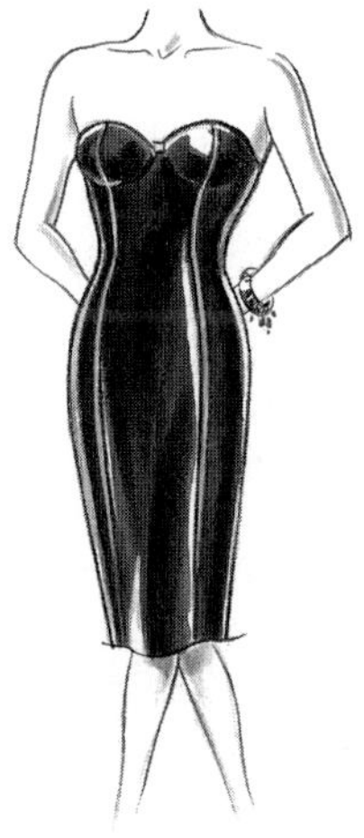

9: Corsagenkleid[5]
Das enganliegende, schulterfreie Oberteil wird mit Stäbchen geformt und gestützt, manchmal hat es auch schmale Träger.

10: Dinnerkleid[6]
Elegantes, wenig dekolletiertes Kleid mit längeren Ärmeln. Man trägt es tagsüber oder auch abends bei kleineren Festlichkeiten.

11: Folklorekleid
Kennzeichnend sind großzügige Weite am Oberteil, Rock und Ärmel, Stickereien, Rüschen und Volants sowie ein Miedergürtel zur Taillenbetonung.

12: Dirndl
Schoßleibchen oder Schnürmieder, Puffärmel, weiter Rock und Schürze sowie Rüschenbesatz sind charakteristisch für das alpenländische Trachtenkleid.

[1] Etui (franz.) = Hülle; [2] Shift (engl.) = Bezeichnung für ein einfaches Hemd; [3] Empire (franz.) = Kaiserreich; [4] Torso (lat.-ital.) = Bruchstück, Rumpf
[5] Corsage (franz.) = Leibchen; [6] Dinner (engl.) = Festmahl, Mittagessen

12.4 Maschenoberbekleidung

Gestrickte oder gewirkte Oberbekleidung ist vor allem aus Gründen der Bequemlichkeit sehr beliebt und aus der Sport- und Freizeitbekleidung nicht mehr wegzudenken.

Durch ihre Isolierfähigkeit ist Maschenware natürlich für wärmende Oberbekleidung besonders gut geeignet. Auch die geringe Knitteranfälligkeit spricht für ihre Verwendung.

1: T-Shirt[1] mit Rundhals **2: T-Shirt mit Knopfleiste** **3: T-Shirt mit überschnittenen Schultern** **4: Polo-Shirt[2]** **5: Sweatshirt[3] mit Rundhals** **6: Sweatshirt mit Reißverschluß und Kragen**

Die Bezeichnung **T-Shirt** ist heute allgemein bei kragenlosen, legeren Oberteilen aus feiner Trikotware üblich. Die ursprüngliche Unterhemdform hat einen engen Halsabschluß und kurze Ärmel.

Das **Polo-Shirt** ist ein hemd- oder blusenähnliches Oberteil aus leichtem Maschenstoff in Schlupfform. Es hat immer einen Kragen und eine kurze Knopfleiste, kurze oder lange Ärmel mit Bundabschluß.

Ein langärmeliges, wärmendes Shirt mit Bundabschluß nennt man **Sweatshirt**. Oftmals ist die Innenseite angerauht. Es sind verschiedenste Kragen- und Ausschnittlösungen möglich.

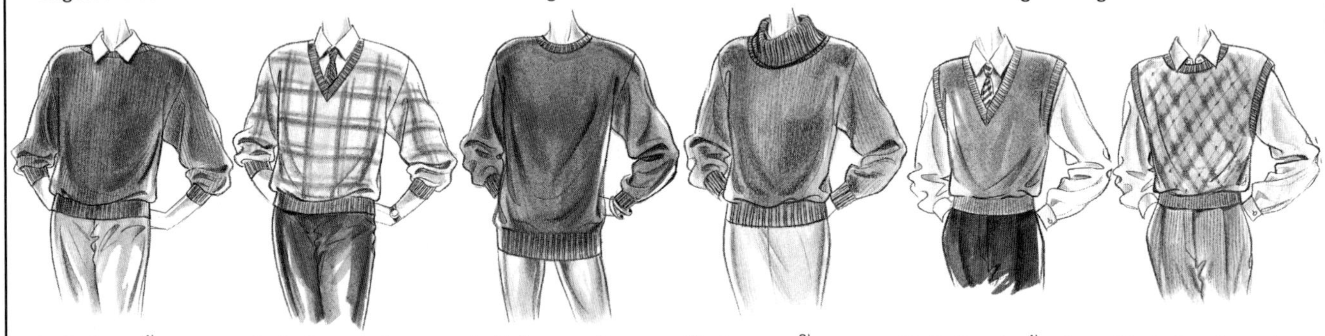

7: Pullover[4] mit U-Boot-Ausschnitt **8: Pullover mit V-Ausschnitt** **9: Pullover mit Rundhals-Ausschnitt** **10: Sweater[3]** **11: Pullunder[4] mit V-Ausschnitt** **12: Pullunder mit Rundhals**

Der **Pullover bzw. Pulli** ist ein gewirktes oder gestricktes Oberteil mit Ärmeln und Bundabschluß, das über den Kopf angezogen wird.

Sweater war die frühere Bezeichnung für Pullover. Heute gebraucht man sie noch für gröbere sportliche Oberteile mit Kragen und langen Ärmeln.

Der **Pullunder**, ein ärmelloser Pullover, ist meistens nur taillenlang und wird als Ergänzung zur Bluse bzw. zum Hemd getragen.

13: Strickjacke mit Cardigan[5]-Ausschnitt **14: Strickjacke mit Reißverschluß** **15: Strickweste in kurzer Form** **16: Strickweste in langer Form** **17: Westover[6]** **18: Twinset[7]**

Strickjacken sind vorne offen und werden mit einem Reißverschluß oder mit Knöpfen geschlossen. Meistens haben sie einen Bundabschluß.

Ärmellose Jacken in langer oder kürzerer Form gelten als **Westen**. Sie können durchgeknöpft oder verschlußlos sein.

Westenähnlicher Pullover in langer Form mit tiefem Ausschnitt.

Kombination von Pullover und Jacke in klassischer Form für Damen.

[1] Shirt (engl.) = Hemd; [2] Polo = Pferdesport; [3] Sweat (engl.) = Schweiß; [4] pull (engl.) = ziehen, under (engl.) = unter; [5] Cardigan (engl.) = Wolljacke
[6] over (engl.) = über; [7] twin (engl.) = doppelt; Set (engl.) = Garnitur, zusammengehörige Dinge

12.5 Hosen

Das Beinkleid, die Hose, war früher ausschließlich ein Oberbekleidungsstück für männliche Personen. Heute ist sie auch Bestandteil der Damen- und Mädchenbekleidung. Die vielfältigen Hosenformen haben sich vor allem aus den unterschiedlichen Tragegelegenheiten heraus entwickelt und sind mehr oder weniger modeabhängig.
Man unterteilt z. B. nach Länge, Weite und Silhouette, Beinabschluß, Schnitt und Details.

1: Röhrenhose

Enge Hose; die Hosenbeine sind unten deutlich schmäler.

2: Gerade Hose

Hüftschmale Form mit einem geraden Verlauf der Hosenbeine.

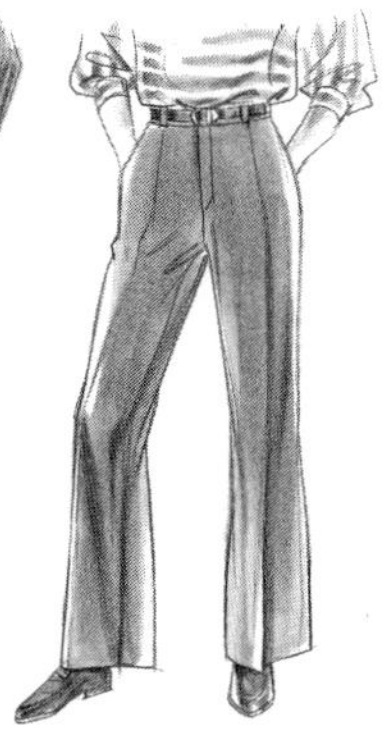

3: Ausgestellte Hose

Gesäßenge Hose, bei der die Fußweite größer ist als die Knieweite.

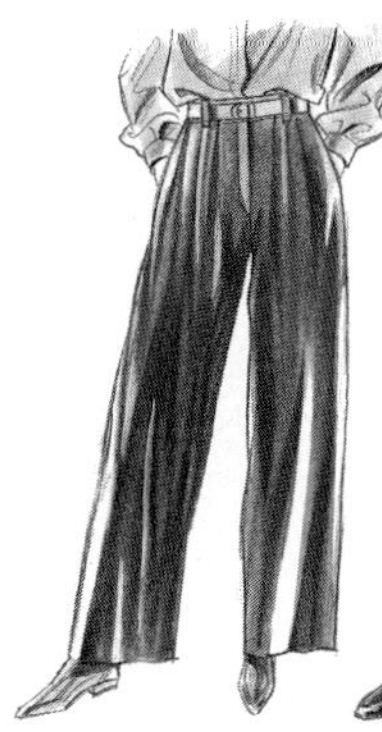

4: Flatterhose

Sie hat einen sehr weiten und geraden Schnitt. (Slacks[1])

5: Karottenhose

Gesäßweite Form; die Hosenbeine verengen sich zum Knöchel hin.

6: Keil- oder Steghose

Fußstege halten die keilförmig verlaufenden Hosenbeine straff.

7: Bundfaltenhose

Eingelegte Falten unterhalb des Bundes geben bequeme Weite.

8: Aufschlaghose

Aufschläge (Stulpen oder Umschläge) am Hosensaum wirken sportlich.

9: Jeans

Markante Steppnähte, Nieten und Lederwappen sind kennzeichnend.

10: Kniebundhose

Schmale Hose mit Bundabschluß, der knapp unterhalb der Knie liegt.

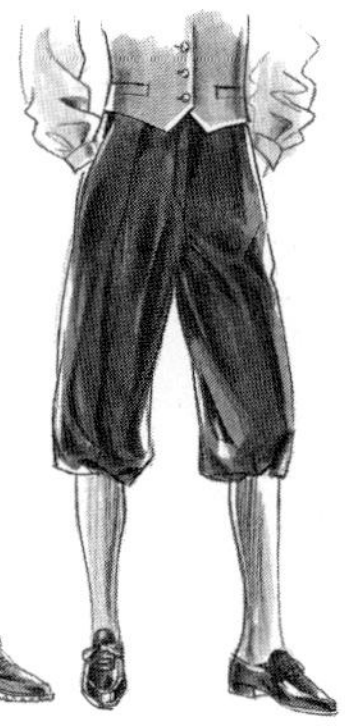

11: Knickerbocker

Wadenlange, weite Hose mit Überfall, der den Bundabschluß bedeckt.

12: Palazzohose[2]

Sehr lange, weite Hose mit engem Beinabschluß. (Pluder-, Haremshose)

13: Shorts[3]

Bezeichnung für kurze Hosen. Hot Pants[4] sind hautenge Damenshorts.

14: Bermuda-Shorts

Die Hosenbeine enden knapp oberhalb der Knie. (Bermudas)

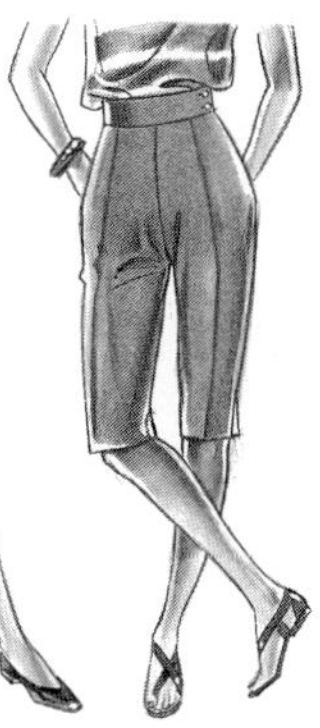

15: Caprihose

Sie ist enganliegend und knapp kniebedeckend. (Piratenhose)

16: Fischerhose

Dreiviertellange Hose mit bequemer Weite. (Kulihose[5])

17: Gauchohose[6]

Sie ist wadenlang, weit geschnitten und wirkt hosenrockähnlich.

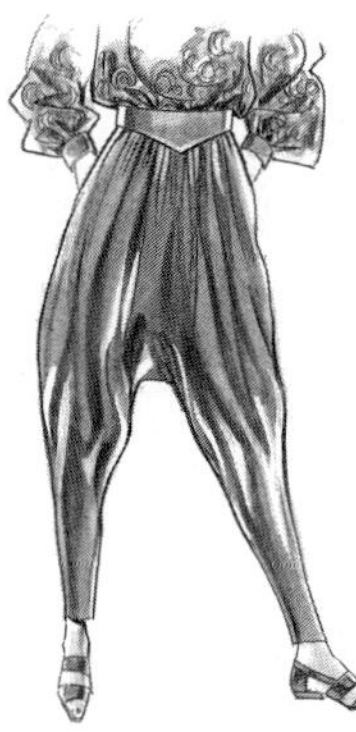

18: Sarouelhose[7]

Rockähnlich weit mit tiefer Schrittnaht und engem Beinabschluß.

[1] slack (engl.) = schlaff, lose, locker; [2] Palazzo (ital.) = Palast; [3] short (engl.) = kurz, knapp; [4] Hot Pants (engl.) = heiße Hosen; [5] Kuli = Tagelöhner
[6] Gaucho = südamerikanischer Viehhirt; [7] Sarouel = orientalische Männerhose

12.6 Jacken

Die Jacke ist Bestandteil der Überbekleidung und wird von Damen, Herren und Kindern getragen. Sie ergänzt die Hose zum Anzug und den Rock zum Kostüm.
Die Unterscheidungsmerkmale der einzelnen Formen, wie z. B. Länge, Weite und Silhouette, Schnitt und Details, werden ebenso wie das Material, die Ausstattung und Verarbeitung vom Verwendungszweck und von der Stilrichtung bestimmt.

1: Bolero[1]

Das knappe, offene Jäckchen ist höchstens taillenlang und meistens kragen- und ärmellos.

2: Weste (Gilet[2])

Sie reicht knapp über die Taille, ist tailliert und ärmellos und hat häufig einen Futterrücken.

3: Kurzjacke

Eine kurze, lose Jacke wird gelegentlich auch als Topper-Jacke bzw. Topper[3] bezeichnet.

4: Spenzer[4]

Er ist taillenkurz und hat einen körpernahen Schnitt. Die vorderen Kanten sind oft abgeschrägt.

5: Blouson[5] (Lumber[6])

Die kürzere Jacke mit bequemer Weite und Bundabschluß hat meistens Manschettenärmel.

6: Janker

Er hat einen geraden Schnitt, ist häufig kragenlos oder hat einen Stehkragen.

7: Chasuble[7]

Die lange, schmale Damenjacke ist ärmellos und wird ungegürtet getragen.

8: Cardigan-Jacke[8]

Die hüftlange, antaillierte Jacke hat einen kragenlosen, langgezogenen Ausschnitt.

9: Kastenjacke

Lange Jacke in gerader Linienführung mit starker Schulterbetonung.

10: Zeltjacke

Sie wird an den Schultern schmal gehalten, schwingt glockig aus. (Swingerjacke)

11: Longblouson[9]

Bei dieser langen Blousonform sitzt der enge Bundabschluß unterhalb der Hüfte.

12: Caban-Jacke[10]

Lange, taillierte Jacke mit breiten Revers, meistens mit zweireihiger Knopffront.

13: Tailleur-Jacke[11]

Zierliche, auf Taille gearbeitete Damenjacke mit klassischer Reversfront.

14: Blazer[12]

Sportlich-elegante Jacke in antaillierter Form, ein- oder zweireihig mit Reverskragen.

15: Hemdjacke

Lose, oft ungefütterte Jacke. Hemdkragen und Manschettenärmel sind typische Details.

16: Safarijacke

Gürteljacke mit großen aufgesetzten Taschen, Falten und Achselklappen.

17: Parka

Voluminöse, lange Wetterjacke mit geräumigen Taschen, Kapuze u. Bandzug an Taille und Saum.

18: Anorak

Die Windbluse mit Kapuze und Bundabschluß hat oft Schlupfform oder einen Reißverschluß.

1) Bolero = span. Tanz; 2) Gilet (franz.) = Weste, Unterjacke; 3) Top (engl.) = Oberteil; 4) Spencer = Engl. Grafengeschlecht
5) Blouse (franz.) = Bluse, Kittel; 6) Lumberjack (engl.) = Holzfällerjacke; 7) Chasuble (franz.) = Meßgewand; 8) Cardigan (engl.) = Wolljacke
9) long (engl.) = lang; 10) Caban (franz.) = Regenmantel; 11) Tailleur (franz.) = Schneider; 12) Blazer (engl.) = Sportjacke.

12.7 Mäntel

Der Mantel dient zur Überbekleidung und ist Bestandteil der Damen-, Herren- und Kinderbekleidung. Er wird länger als eine Jacke und auch fülliger gearbeitet. Je nach Schnittform und Material entstehen unterschiedliche Stilrichtungen, die wiederum für die Tragegelegenheit ausschlaggebend sind. Unterscheidungsmerkmale der einzelnen Formen sind z. B. die Länge, die Weite und Silhouette, der Schnitt und die Details.

1: Hänger

Die Bezeichnung Hänger ist üblich für einen Mantel in gerader oder leicht ausgestellter Schnittform, der lose fällt.

2: Zeltmantel

Die Zelt- oder Windstoßlinie kennzeichnen eine schmal gehaltene Schulterpartie und glockig ausschwingende Saumweite. (Swingermantel)

3: Blazermantel

Die im Stil eines Herrensakkos gehaltene Mantelform hat einen antaillierten Schnitt, Reverskragen und eine ein- oder zweireihige Knopffront.

4: Redingote[1]

Taillierter Damenmantel mit Reverskragen und Längsteilungsnähten, die eine ausgestellte bis ausschwingende Saumweite ermöglichen.

5: Wickelmantel

Er hat in der Regel bequeme Weite und wird lediglich mit einem Bindegürtel zusammengehalten. Beliebte Details sind Raglanärmel und Schalkragen.

6: Cape[2]

Das Cape ist ein weiter, ärmelloser Umhang mit unterschiedlicher Länge. Die mantelähnliche lange Form hat meistens Durchgriffsöffnungen für die Arme.

7: Trenchcoat[3]

Allwettermantel in loser Schnittform, meistens zweireihig mit breitem Reverskragen. Man trägt ihn gegürtet. Schultersattel, Achselklappen und Ärmelriegel sind typische Details.

8: Sportcoat

Knielanger Wettermantel in kastiger Schnittform mit markanten Steppnähten. Meistens ist er einreihig, oft mit verdecktem Verschluß. Man kann ihn lose oder gegürtet tragen.

9: Dufflecoat[4]

Sportlicher Kurzmantel in Kastenform mit großen, aufgesetzten Taschen, Knebelverschluß und Kapuze.

10: Slipon[5]

Loser Herrenmantel mit Raglanärmeln oder überschnittenen Schultern, oft mit verdeckter Knopfleiste. Kennzeichnend sind der breite Kragen und die kurzen Revers.

11: Ulster

Schwerer, wuchtiger Herrenmantel mit breiter, fallender Reversfasson. Meistens hat er eine zweireihige Knopffront.

12: Paletot

Eleganter, antaillierter Mantel mit sakkoähnlichen steigenden Revers, hauptsächlich in zweireihiger Form. Pattentaschen und Gehschlitz sind weitere Details.

[1] Riding-coat (engl.) = Reitmantel; [2] Cape (engl.) = Umhang; [3] Trenchcoat (engl.) = Schützengrabenmantel; [4] Duffle (engl.) = Stoffbezeichnung; Coat (engl.) = Mantel; [5] slip (engl.) = hineinschlüpfen

12.8 Kombinationen der DOB

Zusammenstellungen von mehreren Kleidungsstücken zu einer Einheit gehören seit Ende des 19. Jhdts. zu einer anspruchsvollen Damengarderobe. Während die klassischen Kombinationen wie Ensemble und Complet früher immer ein Ganzes bildeten und auch überwiegend aus einheitlichem Material bestanden, erlaubt die heutige unkonventionelle[1] Kombinationsmode die Zusammenstellung nach individuellem Geschmack.

Das **Kostüm** besteht aus Rock und Jacke und wird eventuell mit einer Weste ergänzt.

Strenge herrenmäßige Verarbeitung sowie hochwertiges, zeitloses Material kennzeichnen das **Schneiderkostüm** bzw. Tailleur[2]. Die Jacke in antaillierter Form mit Reverskragen ist ein oder zweireihig geknöpft, hat Zweinahtärmel und eingearbeitete Taschen. Der Rock in schmaler Schnittform ist immer aus dem gleichen Stoff wie die Jacke.

1: Schneiderkostüm

2: Chanelkostüm[3]

3: Trachtenkostüm

4: Deux-pièces[4]

Bezeichnung für zweiteilige Kleider. Das Jackenkleid besteht aus Rock und weichem Jackenoberteil.

5: Hosenanzug

Die Kombination von Hose u. Jacke bzw. Oberteil ist zum festen Bestandteil der Damengarderobe geworden.

Modische Kostüme weisen in der Regel eine weniger strenge Verarbeitung auf sowie beliebige schnittechnische Details. Häufig werden Materialkombinationen und Schmuckelemente angewandt. Die Bezeichnungen richten sich meistens nach der Jackenform oder nach der Stilrichtung.

Die Bezeichnung **Coordinates** ist gebräuchlich für Kombinationen, die aus sogenannten Partnerstoffen gearbeitet werden.

Partnerstoffe können gleiches Dessin (Muster), jedoch verschiedenes Fasermaterial aufweisen.

Es kann auch das gleiche Dessin in unterschiedlicher Farbe oder Größe vorhanden sein.

Schließlich können Stoffe auch unterschiedlich gemustert, jedoch in gleicher Farbstellung gehalten werden.

6: Coordinates[5]

7: Separates[6]

Einzelteile der Kombinationsmode bezeichnet man mit Separates. Sie passen zusammen, werden im Handel jedoch nicht als Ganzes angeboten.

8: Ensemble[7]

Das Ensemble ist eine Zusammenstellung von Kleidungsstücken, die in Stil und Material aufeinander abgestimmt sind und ein Ganzes bilden.

9: Complet[8]

Unter einem Complet versteht man die Zusammenstellung von Rock, Kleid, Kostüm oder Hosenanzug mit einem Mantel oder mit einer langen Jacke.

10: Composé[9]

Bei einem Composé bestehen die Einzelteile aus verschiedenen, jedoch aufeinander abgestimmten Stoffen, die das andere Teil auch noch ausschmücken können.

[1] konventionell = herkömmlich; [2] Tailleur (franz.) = Schneider; [3] Coco Chanel: französische Modeschöpferin; [4] deux pièces (franz.) = zwei Stücke; [5] coordinate (engl.) = abstimmen; [6] separate (engl.) = getrennt; [7] ensemble (franz.) = zusammen; [8] complet (franz.) = vollständig; [9] composé (franz.) = zusammengesetzt.

12.9 Anzüge

Der **Anzug** besteht aus Sakko[1] und Hose und ist hauptsächlich Bestandteil der Herren- und Knabenoberbekleidung. Material, Schnittform und Details werden nach der Tragegelegenheit ausgewählt. Es dominieren zwar die konventionellen Formen, der modische Einfluß ist jedoch auch hier erkennbar.

Der zweiteilige Anzug kann mit einer Weste ergänzt werden zum dreiteiligen Anzug.
Beim kombinierten Anzug, der **Kombination**, bestehen die Einzelteile aus unterschiedlichem Oberstoff, sind jedoch in Farbe, Dessin, Schnitt- und Detailgestaltung aufeinander abgestimmt.

1: Einreiher als Einknöpfer

2: Einreiher als Zweiknöpfer

3: Einreiher als Dreiknöpfer

4: Zweireiher mit abfallender Fasson

5: Zweireiher mit Spitzfasson

Als **Einreiher** bezeichnet man einen Sakko mit nur einer Verschlußreihe. Er kann als Einknöpfer, Zweiknöpfer oder Dreiknöpfer gearbeitet werden. Die Revers verlaufen meistens in abfallender Form. Je nach Stilrichtung werden die Taschen eingearbeitet oder aufgesetzt. Mit Weste wirkt der Einreiher eleganter.

Beim **Zweireiher** können die zwei Verschlußreihen des Sakkos 1, 2 oder 3 Knopfpaare aufweisen. Es überwiegen die Revers in steigender und gewölbter Fasson[2] (Spitzfasson), die Taschen werden immer eingearbeitet. Man trägt den Zweireiher in der Regel geschlossen und wählt diese Form, wenn man besonders korrekt und elegant angezogen sein möchte.

6: Blazer-Kombination[3]

Der sportlich-elegante Sakko ist in der Regel unifarben und hat Metallknöpfe. Ein- und zweireihige Form sind möglich.

7: Konferenzanzug

Der Einreiher mit Weste bzw. Zweireiher hat meistens steigende Revers und ist aus dunkleren, eleganten Stoffen.

8: Sport-Kombination

Man bevorzugt rustikale Stoffe und sportliche Details wie markante Steppnähte, Passen, aufgesetzte Taschen, Rückengurt.

9: Freizeitanzug

Für den Sakko wählt man gerne den Blouson-[4] oder Hemdstil mit Knopfleiste und Bündchenärmel. Häufig ist er ungefüttert.

10: Trachtenanzug

Kennzeichnend für den Trachtenstil sind Stehkragen, kontrastierende Besätze, Stickereien, Applikationen[5], Zierknöpfe.

[1] Sacco (ital.) = Männerjacke; [2] Fasson = Form, Schnittform; [3] Blazer (engl.) = Sportjacke; [4] Blouson (franz.) = Oberteil mit engem Abschluß;
[5] Applikation = aufgearbeitete Verzierung.

12.10 Gesellschaftskleidung

Unter Gesellschaftskleidung versteht man die Damen- und Herrenbekleidung zu bestimmten offiziellen bzw. festlichen Gelegenheiten, wobei zwischen Garderobe für den Tag bzw. für den Abend unterschieden wird.

Neben der klassischen bzw. formellen[1] Bekleidungsweise hat sich die modernere oder unkonventionelle[2] Richtung entwickelt, die weniger streng ist, sich jedoch deutlich von der Alltagsmode abhebt.

Als formeller Tagesanzug gilt der **Stresemann (Bonner Anzug)**, bestehend aus einreihigem dunklem Sakko, gestreifter umschlagloser Hose und grauer Weste. Die Krawatte darf dezent gemustert sein.

Die Dame trägt zu offiziellen Anlässen ein elegantes Kostüm oder Deux-pièces.

Der **Cut (Cutaway)** ist der hochoffizielle Tagesanzug. Die Schöße des schwarzen Sakkos verlaufen vom Schließknopf aus bogenförmig nach hinten. Man ergänzt ihn mit einer gestreiften oder dezent karierten Hose, einer grauen Weste und dem silberfarbenen Plastron[5].

1: Stresemann[3] **2: Schößchenkostüm** **3: Cut (Cutaway)[4]** **4: Brautkleid** **5: Spenzer-kombination**

Als unkonventioneller Hochzeitsanzug ist heute vor allem bei der jüngeren Generation der **Spenzeranzug** bzw. die **Spenzer-Kombination** beliebt. Der taillenkurze Spenzer ist körpernah geschnitten.

Ein moderner Gesellschaftsanzug ist die **Party-Kombination**. Für den Sakko verwendet man effektvolle Materialien, die Revers sind oft seidenbelegt. Farblich passend wählt man die Accessoires.

Je nach Anlaß wählt die Dame den Partyanzug, ein Party-, Cocktail- oder Abendkleid.

6: Party-Kombination **7: Party-Overall[6]** **8: Smoking[7]** **9: Frack** **10: Abendkleid**

Ein klassischer Abendanzug ist der schwarze **Smoking**. Es kennzeichnen ihn mit Seide belegte Revers in Schalkragen- oder Spitzfasson und seitliche Seidenstreifen (Galons) an der aufschlaglosen Hose. Man trägt ihn mit dem Kummerbund (Schärpenweste) und der schwarzen Smokingschleife.

Die helle Smoking-Jacke, das **Dinner-Jacket**[8], ergänzt man wie den Party-Sakko mit einer dunklen Hose.

Hochoffizieller Abendanzug ist der schwarze **Frack**, dessen rückwärtige Schöße an der Seitennaht beginnen. Die Vorderteile sind nur taillenlang, die Spitzrevers sind mit Seide belegt, die Hose ist galonbesetzt. Man trägt den Frack offen und ergänzt ihn mit einer weißen Weste, dem Frackhemd mit Eckenkragen und der weißen Frackschleife.

Das große **Abendkleid** der Dame ist immer lang.

[1] formell = förmlich; [2] konventionell = herkömmlich; [3] Gustav Stresemann: deutscher Außenminister (1923–1929); [4] cutaway (engl.) = weggeschnitten; [5] Plastron (franz.) = breite Seidenkrawatte; [6] overall (engl.) = über alles; [7] smoke (engl.) = rauchen; [8] Dinner (engl.) = Festmahl; Jacket (engl.) = Jacke

13.1 Zeitlicher Überblick

Zeitalter	Zeit	Stilepochen und ihre Bekleidungsformen	Bekleidungsformen	Zeitabschnitt
Altertum	3000 v.Chr. – 2000	**Ägyptisches Altertum**	Altägyptische Tracht	
Altertum	1000	**Griechische Antike**	Altgriechische Tracht	
Altertum	0 – 100 n.Chr. – 200 – 300 – 400	**Römische Antike**	Römische Tracht	
Altertum	3000 v.Chr. – 700	**Germanische Vor- und Frühzeit**	Germanische Tracht	Steinzeit, Bronzezeit, Eisenzeit, Völkerwanderungszeit
Mittelalter	400 – 500 – 600 – 700 – 1400	**Byzantinisches Mittelalter**	Byzantinische Tracht	
Mittelalter	800 – 900 – 1000 – 1100 – 1200	**Romanik**	Fränkische Tracht; Kleidung zur	Karolingerzeit; Hochmittelalter
Mittelalter	1300 – 1400 – 1500	**Gotik**	Ritterzeit; Burgundische Mode	Spätgotik
Neuzeit	1500 – 1600	**Renaissance**	Kleidung der Deutschen Renaissance; Landsknechtstracht; Spanische Mode	Reformationszeit; Zeit der Gegenreformation
Neuzeit	1700	**Barock**	Niederländische Mode; Rheingrafenmode; Französische Mode	30jähr. Krieg; Frühbarock; Hochbarock
Neuzeit		**Rokoko**	Rokokomode	Spätbarock
Neuere Zeit	1800	**Klassizismus**	Englische Mode; Mode zur Zeit des Directoire; Empiremode; Biedermeiermode	Franz. Revolution
Neuere Zeit		**Historismus**	Mode des Zweiten Rokoko; Mode zur Zeit der Gründerjahre	
Neuere Zeit	1900 – 1910	**Jugendstil**	Mode zur Zeit der Jahrhundertwende; Reformmode, Jugendstilmode	
Gegenwart	1920 – 1930	**20. Jahrhundert**	Mode der Zwanziger Jahre	
Gegenwart	1930 – 1940		Mode der Dreißiger Jahre	
Gegenwart	1940 – 1950		Mode der Vierziger Jahre	
Gegenwart	1950 – 1960		Mode der Fünfziger Jahre	
Gegenwart	1960 – 1970		Mode der Sechziger Jahre	
Gegenwart	1970 – 1980		Mode der Siebziger Jahre	
Gegenwart	1980 – 1990		Mode der Achtziger Jahre	
Gegenwart	1990 – 2000			

13.2 Ägyptisches Altertum (1)

Etwa 3000 bis 300 v. Chr.

Merkmale der Epoche

1: Ägyptischer Baustil (Sphinx und Pyramide des Chefren, Giseh)

Die alten Ägypter hatten bereits eine erstaunlich entwickelte Kultur. Vor allem ihre Architektur zeugte von technischer Perfektion. Große Tempelanlagen und gewaltige Pyramiden, die Grabmäler der Pharaonen (Könige), sind heute noch erhalten. Kennzeichnend für den ägyptischen **Stil** waren strenge Regelmäßigkeit und rhythmische Wiederholung. Wandmalereien, Reliefs[1], Plastiken[2] und die Hieroglyphen, eine Bilderschrift, geben uns Kenntnis vom Leben und von den Sitten der Ägypter. Religion und Tradition standen im Vordergrund. Dem Weiterleben nach dem Tode in einer anderen Welt galt ihr größtes Interesse.

Durch das milde Klima war nur leichte **Bekleidung** erforderlich. Ursprünglich kleideten sich alle Gesellschaftsschichten gleich, später jedoch war die Kleidung kennzeichnend für soziale Stellung und Reichtum.

Frauen und Männer trugen ähnliche Kleidungsstücke. Bevorzugtes Material war feines weißes Leinen. Beliebt waren aber auch farbig gemusterte oder mit Goldfäden durchsetzte Stoffe. Häufig waren die Gewänder durchsichtig und fein plissiert[3].

2: Kalasiris in plissierter und enger Form

3: Schenti und enge Kalasiris

Frauenkleidung

Ursprünglich bekleidete sich die Ägypterin mit einem einfachen Leinentuch, das sie um den Unterkörper führte und in der Taille zusammenknotete. Der Oberkörper blieb unbedeckt, lediglich Angehörige der Oberschicht trugen einen Umhang, der bis zu den Ellenbogen reichte und durch Raffung Querfalten erhielt.

Später kam die **Kalasiris** auf, die in vielfältiger Weise getragen wurde. Als waden- oder knöchellange Hülle schmiegte sie sich figurzeichnend um den Körper, ließ die Brust unbedeckt und wurde mit einem Schulterband oder breiten Trägern gehalten. Oftmals war sie reich mit Ornamenten verziert.

In Hemdform reichte die Kalasiris bis zum Hals oder hatte verschiedene Ausschnitte, war ärmellos oder mit Ärmeln versehen. Man trug sie lose oder gegürtet, meistens war sie durchsichtig und fein plissiert.

Unter asiatischem Einfluß entwickelte sich eine Art Mantel. Ein breites Stoffstück in doppelter Gewandlänge erhielt ein Kopfloch und seitlich von der Taille bis zum Saum Nähte. Unter der Brust wurde es zusammengerafft, so daß das Oberteil capeähnlich[4] wirkte. Häufig wurden Bindeschärpen angelegt.

[1] Relief: plastisches Bildwerk; [2] Plastik: Bildhauerkunst; [3] plissiert = gefältelt; [4] Cape = Umhang

13.2 Ägyptisches Altertum (2)

Etwa 3000 bis 300 v. Chr.

1: Enge Frauenkalasiris und verschiedene Formen des Schenti (dargestellt an Gottheiten, den Mischwesen zwischen Mensch, Tier, Pflanzen und Naturkräften)

2: Plissierte Männerkalasiris, enge Frauenkalasiris

Männerkleidung

Die Männer trugen einen Lenden- oder Hüftschurz, das **Schenti**. Das Tuch wurde um den Unterkörper geschlungen und vorne geknotet oder mit einem Gürtel gehalten. Bei Königen und Würdenträgern war es vielfältig drapiert[1], gefältelt und verziert. Oftmals wurden mehrere Schurze übereinander getragen, wobei der oberste der längste war und eine rockähnliche Form annahm.

Ursprünglich war das Schenti das einzige Bekleidungsstück, der Oberkörper blieb entblößt. Später trugen auch die Männer eine hemdförmige **Kalasiris**, meistens über, selten unter dem Schurz.

Der weite, mantelähnliche Umhang, den man über den Kopf anlegte, wurde in der Taille mit einem Knoten zusammengehalten. Den Herrschern vorbehalten war der transparente, um den Körper gewickelte Mantel, der **Haik**.

3: Männer- und Frauenperücke

4: Kegelförmige Haube

5: Ägyptische Sandale

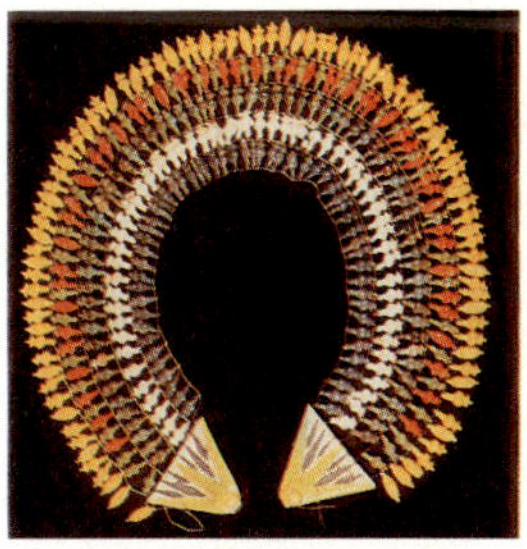

6: Schulterkragen

Zubehör

Das natürliche Haar bzw. die große **Perücke** fiel halblang in geradem Schnitt, glatt, oder in viele kleine Zöpfe geflochten.

Die Herrscher trugen als Symbol der Macht **Stirnbänder, Kronen** und kegelförmige **Hauben**, z. B. das Uräusdiadem[2], die Sphinxhaube[3], die Geierhaube.

Im allgemeinen ging man barfuß, lediglich die Oberschicht trug **Sandalen** mit Zehenriemen und langen Spitzen.

Als Schmuck und zum Schutz gegen die Sonne wurde ein **Ring- oder Schulterkragen** angelegt, der als fester Bestandteil zur ägyptischen Kleidung gehörte. Er war aus Leder, Metall oder Stoff und vielfach bunt bemalt oder mit Edelsteinen besetzt.

Männer und Frauen trugen reichen Schmuck aus Gold und Edelsteinen, aus Email und Elfenbein: Armreifen, Halsketten, Fußspangen, Ohrgehänge, Fingerringe, Gürtel. Man legte großen Wert auf Schönheitspflege.

[1] drapieren = raffen; [2] Uräus: heilige Schlange der Ägypter; [3] Sphinx: ägypt. Steinbild in Löwengestalt, meistens mit Männerkopf.

13.3 Griechische Antike (1)

Etwa 1600 bis 100 v. Chr.

Merkmale der Epoche

1: Griechischer Baustil (Erechtheion, Akropolis, Athen)

Die Griechen des Altertums standen bereits auf einer hohen Kulturstufe. Sie vollbrachten bedeutende Leistungen auf dem Gebiet der Architektur, der Kunst und des Kunsthandwerks. Ihre Philosophen[1] gelten als Begründer des wissenschaftlichen Denkens. Die Harmonie von Körper, Geist und Lebensführung galt als oberstes Ziel.

Den griechischen **Baustil** kennzeichneten Ruhe, Klarheit, ausgewogene Proportionen und strenge Ordnung. Senkrechte Bauteile standen in harmonischem Verhältnis zu den waagrechten Bauteilen.

Die **Kleidung** war luftig und weit und bestand aus kunstvoll um den Körper drapierten Stoffteilen. Hauptzierde waren der individuelle Faltenwurf und die Anordnung der Gürtung. Männer und Frauen trugen gleichartige Kleidung.

Die gewebten Stoffe waren aus Leinen und Wolle, später auch aus Baumwolle. Man schätzte satte kräftige Farben und mit Borten verzierte Kanten.

2: Vornehme Griechinnen, im Hintergrund Priesterin

3: Gegürteter Peplos

4: Chiton

5: Chiton und Himation

Frauenkleidung

Der **Peplos** bestand aus einem rechteckigen Wolltuch, das unter den Armen um den Körper gelegt, zu den Schultern hochgezogen und dort mit Nadeln, Gewandspangen (Fibeln), Knöpfen oder Knoten gehalten wurde. Den oberen Stoffrand schlug man bis zur Taille oder Hüfte um, die rechte Seite blieb offen. Man trug das lange, geradlinige Gewand häufig ungegürtet, manchmal erhielt es in der Taille über oder unter dem Umschlag eine Gürtung.

Den leichteren **Chiton** aus Leinen nähte man seitlich meistens zusammen. In der engeren Form, von Ellbogen bis Ellbogen der ausgestreckten Arme reichend, wurde er lediglich auf den Schultern gehalten und war somit ärmellos. Der weite Chiton reichte von den Fingerspitzen bis zu den Fingerspitzen und hatte Scheinärmel. Sie entstanden durch seitliche Aussparungen in den Schulternähten (Armschlitze), oder es wurde die obere Kante über den Armen geknotet. Der obere Umschlag konnte vielfältig variiert werden, z. B. zipfelig oder rund geschnitten. Charakteristisch für den Chiton waren bauschige Faltenüberhänge, die sich durch ein- oder mehrmalige Gürtung in der Taille, Hüfte oder unter der Brust ergaben.

In späterer Zeit erfolgte eine Vermischung der beiden Gewandtypen. Manchmal wurden sie auch zusammen getragen, der Chiton als Untergewand, der Peplos als Obergewand.

Als Mantel wurde das **Himation**, ein großes Wolltuch in Rechteckform um den Körper gewickelt. Manchmal bedeckte es auch den Kopf.

[1] Philosoph: Denkerpersönlichkeit, die nach ursprünglicher Klarheit und Wahrheit forscht.

13.3 Griechische Antike (2)

Etwa 1600 bis 100 v. Chr.

1: Männerchiton 2: Exomis 3: Himation 4: Himation 5: Chlamys

6: Langer Männerchiton

Männerkleidung

Dem Frauenpeplos entsprach bei den Männern die **Chlaina**. Sie legten das rechteckige Wolltuch über Rücken und Schulter und hielten es vorne oder auf der rechten Schulter mit einer Fibel zusammen.

Der **Männerchiton** endete wie die Chlaina oberhalb der Knie und wurde in der Taille gegürtet. Der knöchellange und unter der Brust gegürtete Chiton wurde nur zu feierlichen Anlässen angelegt bzw. war älteren, vornehmen Männern und Priestern vorbehalten.

Das kurze, eine Schulter freilassende Gewand nannte man **Exomis**. Es gab mehr Bewegungsfreiheit.

Das **Himation** wurde kunstvoll um den Körper drapiert und manchmal auch nur als einziges Kleidungsstück getragen.

Reiter, Reisende und Soldaten bevorzugten als Mantel die **Chlamys**. Der kürzere, wollene Umhang wurde über die linke Schulter gelegt und auf der rechten Schulter gefibelt, so daß der rechte Arm frei blieb.

7: Scheibenförmiger Hut mit Kegelaufsatz

8: Petasos

9: Pilos

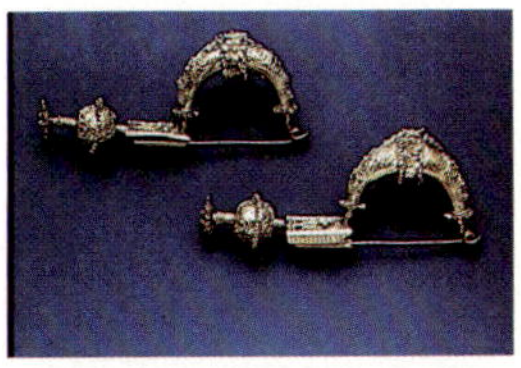

10: Griechische Gewandspangen

11: Griechischer Halsschmuck

Zubehör

Kopfbedeckungen wurden bei den Griechen nur auf Reisen getragen. Allgemein beliebt war der flache runde Filzhut mit Krempe, der **Petasos**. Die Männer trugen auch eine enganliegende Kappe aus Leder oder Filz, den **Pilos**. Das kunstvoll gewellte und häufig geknotete Haar der Frauen wurde mit **Haarbinden, Reifen** und **Bändern** gehalten. Gelegentlich wurden auch Kopftücher getragen. Vermutlich als Sonnenschutz diente der scheibenförmige Hut mit Kegelaufsatz.

Im Hause ging man barfuß, auf der Straße trug man **Sandalen**. Sie wurden häufig hochgeschnürt; bei den Frauen waren sie verziert.

Der geschmackvolle Schmuck wurde aus Edelmetallen gefertigt. Halsketten, Ringe, Ohrgehänge, Diademe[1], Ziernadeln und Spangen entstanden oft in feinster Filigrantechnik (aus Golddraht gewirkt).

[1] Diadem: Stirnreif, Krone

13.4 Römische Antike (1)

Etwa 500 v. bis 400 n. Chr.

Merkmale der Epoche

1: Römischer Baustil (Colosseum, Rom)

Die Römer waren bedeutend im Staatsaufbau und in der Städteplanung. Ihre Vormachtstellung und das hohe Selbstbewußtsein spiegelten sich auch in dem aufwendigen Lebensstil und den pompösen Bauten wider.

Der **Baustil** war gekennzeichnet durch den Zusammenklang von Repräsentation und Zweckbestimmung. Die Monumental- und Nutzbauten entstanden in Bogen- und Gewölbekonstruktionen (Paläste, Theater, Äquadukte[1], Viadukte[2]).

Der Einfluß der griechischen Kultur machte sich besonders bei der **Kleidung** bemerkbar, die jedoch weniger individuell und mehr der Tradition unterworfen war. Sie wirkte manchmal etwas steif und unpersönlich, war jedoch sehr aufwendig und repräsentativ, oft sogar luxuriös und raffiniert. Form, Farbe und Verzierungen gaben Aufschluß über Rang und Stand.

Anfangs waren die Gewänder aus naturfarbener Wolle und hatten farbige Kanten. Später liebte man sie farbenprächtig und prunkvoll. Die Frauen bevorzugten insgesamt leichtere Materialien wie Baumwolle und die kostbare Seide.

2: Vornehme Römerinnen und Sklavin (rechts)

3: Römerin in Stola und Palla

4: Römerin in Stola und Palla

5: Römerin in Stola und Palla

Frauenkleidung

Die **Tunika**, das hemdartige, bodenlange Unter- und Hauskleid, wurde aus zwei Stoffstücken zusammengenäht und hatte einen Kopfschlitz sowie Öffnungen für die Arme. Gelegentlich wurden auch Ärmel angenäht oder angeschnitten. Die Tunika wurde meistens unter der Brust gegürtet und auf den Schultern mit Knöpfen oder Broschen verziert. Anfänglich war sie aus Wolle, später aus feinem Leinen, Baumwolle oder gar aus Seide.

Das Obergewand, die **Stola**, hatte den gleichen Schnitt wie die Tunika und ähnelte dem griechischen Chiton. Sie war weit und oft schleppend. Bevor man sie anzog, legte man ein Brustband, das **Strophium** an. Die Gürtung erfolgte unter der Brust, an der Taille oder Hüfte, gelegentlich trug man sie auch ungegürtet. Zur Stola wurden kostbare Materialien verwendet und Verzierungen wie Perlen, Fransen, Goldflitter und Stickereien angebracht.

Beim Verlassen des Hauses wurde die **Palla**, ein rechteckiges Wolltuch, um den Körper drapiert. Meistens bedeckte sie auch den Kopf, ab und zu wurde sie auch nur um die Hüften geschlungen.

Als Schlechtwettermantel diente die **Paenula**, ein kreis- oder rautenförmiger Umhang aus dichtem Wollstoff oder feinem Leder. Sie konnte vorne offen oder ringsum geschlossen sein, häufig hatte sie eine Kapuze.

[1] Äquadukt: über eine Brücke geführte Wasserleitung
[2] Viadukt: über ein Tal führende Brücke

13.4 Römische Antike (2)

Etwa 500 v. bis 400 n. Chr.

1: Römischer Kaiser (Mitte) und vornehmer Römer (rechts)

2: Römer in Tunika und Toga

3: Redner in Tunika und ältester Form der Toga

Männerkleidung

Die **Tunika** der Männer reichte bis unter die Knie und wurde an der Hüfte gegürtet. In späterer Zeit und bei feierlichen Anlässen war sie auch fußlang. Oft wurden mehrere Tuniken übereinander angelegt. Vielfach wurden auch Rangabzeichen, z. B. Pupurstreifen[1] angebracht. In diesem Falle trug man die Tunika ungegürtet.

Die **Toga**, das eindrucksvolle Staats- und Ehrenkleid des römischen Bürgers, wurde in kunstvollen Falten um den Körper gelegt, bedeckte ab und zu auch den Kopf. Sie bestand aus einem ovalen Wolltuch, das der Länge nach gefaltet wurde. Die Länge entsprach etwa der dreifachen Manneshöhe, die Breite etwa der zweifachen.

Das **Pallium** war praktischer und bequemer als die Toga. Der rechteckige Umhang wurde um den Körper gewickelt, später nur über die linke Schulter gelegt und auf der rechten Schulter befestigt.

Auf Reisen bzw. bei schlechtem Wetter trugen auch die Männer die **Paenula**.

4: Römische Sandale

5: Römische Stiefel

Zubehör

Die Frauen legten außer Haus einen **Schleier** an. Die kunstvoll gelockten Haare wurden in ein **Netz** aus Gold- und Silbergeflecht gelegt und durch Spangen und Diademe gehalten. Bei den Männern war eine Kopfbedeckung selten und zweckgebunden. Bauern, Jäger und Arbeiter trugen eine enganliegende **Kappe**. Die freien Bürger bevorzugten einen **Hut** mit schmaler Krempe, die vornehmen Bürger bedeckten ihr Haupt mit der **Toga**.

Auch die Fußbekleidung gab bei den Römern Aufschluß über die Standeszugehörigkeit; sie wurde für die jeweiligen Tragegelegenheiten vorgeschrieben. Es gab **Sandalen** in vielen Variationen, geschlossene und pantoffelähnliche Schuhe und für die Männer auch **Stiefel**. Die Damenschuhe aus feinem Leder waren reich verziert.

Als Schmuck liebte man Diademe, Ringe, Armreifen, Fußspangen, Halsbänder und Ohrgehänge. Man fertigte ihn aus Edelmetallen, Email, Elfenbein und Perlen.

[1] Purpur: hochroter Farbstoff

13.5 Germanische Vor- und Frühzeit (1)

Etwa 2000 v. bis 600 n. Chr.

Merkmale der Epoche

1: Bauweise der Bronzezeit (Pfahlbauten, Unteruhldingen am Bodensee)

Die germanischen Stämme besiedelten im Altertum ursprünglich den mittel- und nordeuropäischen Raum. Durch ihr Vordringen bis zu den Alpen, etwa ab 800 v. Chr., kamen sie mit den antiken Mittelmeervölkern und deren hochentwickelter Kultur in Berührung. Während der Völkerwanderungszeit im 2. bis 6. Jh. n. Chr. trugen die Germanen zur Beseitigung der römischen Herrschaft in Süd- und Westeuropa bei.

Bauten aus dieser Zeit sind kaum erhalten. Sie waren zweckentsprechend aus Holz in Blockbauweise gefertigt.

Bereits während der **Steinzeit**, der ältesten Stufe menschlicher Kulturentwicklung (etwa bis 1800 v. Chr.), waren die Techniken des Spinnens, Webens und Flechtens bekannt. Die Kleidung wurde mit Hilfe von Werkzeugen aus Feuerstein und Knochen gefertigt.

Aus der **Bronzezeit** (etwa 1800 bis 800 v. Chr.) sind durch Gräberfunde noch Überreste der Kleidung erhalten. Sie hatte ihren eigenen Charakter, während sich in der nachfolgenden **Eisenzeit** (etwa 800 v. bis 600 n. Chr.) vor allem bei der Frauenkleidung ein antiker Einfluß bemerkbar machte. Die Kleidung dieser Zeit ist uns durch Moorfunde bekannt.

Die **Kleidung** der Germanen war dem kalten nordischen Klima angepaßt. Man verwendete Wolle, Leinen und vor allem auch Tierfelle. Webmuster, farbige Kanten und Besätze sowie Fransen belebten die einfachen Gewänder.

2: Germanen zur Bronzezeit

3: Mädchenkleidung zur Bronzezeit Kittelbluse, Schnurrock

4: Germanen zur Eisenzeit, 3. bis 4. Jhdt. n. Chr.

Frauenkleidung

Das Gewand der Frau während der Bronzezeit bestand aus **Rock** und **Bluse**. Der weite Rock war knöchellang und reichte bis unter die Brust. In der Taille wurde er in Falten gelegt und mit einem geflochtenen Fransengürtel oder einer Schnur festgehalten sowie mit einer dekorativen Gürtelscheibe verziert. Die Bluse hatte kimonoähnlich angeschnittene Ärmel, war aus einem Stück gearbeitet und mit Kopfloch und Halsschlitz versehen. Sie wurde im Rock getragen und mit einer verzierten Brosche geschlossen.

Jungen Mädchen war der kniekurze **Schnurrock** vorbehalten, der aus dicht nebeneinanderliegenden Schnüren bestand, die in einem Bund fest zusammengefügt waren.

In der Eisenzeit kam das faltenreiche **Hemdkleid** auf, welches man über den Kopf anlegte, auf beiden Schultern mit Nadeln oder Spangen zusammenhielt und ein- oder zweimal gürtete. Man trug es ärmellos, manchmal aber auch unter oder über einer Ärmelbluse. In späterer Zeit erhielt es kurze oder lange Ärmel.

Unter dem Kleid wurden Brust-, Bein- und Schenkelbinden angelegt.

Ein großes Tuch diente als Übergewand. Es wurde mantelähnlich umgelegt und bedeckte auch den Kopf. Gewandnadeln bzw. -spangen, sogenannte Fibeln, hielten es zusammen.

13.5 Germanische Vor- und Frühzeit (2)

Etwa 2000 v. bis 600 n. Chr.

1: Männerkleidung zur Bronzezeit

2: Hose zur Eisenzeit

3: Kittel zur Eisenzeit

4: Männerkleidung zur Eisenzeit

Männerkleidung

Während der Bronzezeit trugen die Männer einen um den Körper gewickelten und in der Taille gegürteten **Leibrock**. Er reichte von den Achselhöhlen bis zu den Knien und bekam Halt durch einen Träger, der über die linke Schulter geführt und im Rücken mit einem Knopf befestigt wurde. Neben dem Leibrock war auch ein rechteckiger gegürteter Lendenschurz gebräuchlich.

In der Eisenzeit kam das Beinkleid, die **Hose** auf. In langer Form wurde sie an den Unterschenkeln geschnürt.

Die kurze Hose verlängerte man mit Beinlingen oder Wickelbinden. Gehalten wurde die Hose von einem Gürtel, den man durch Schlaufen führte.

Zur Hose wurde ein knielanger, ringsum geschlossener **Kittel** angezogen. Er war ärmellos, später auch mit kurzen oder langen Ärmeln versehen. Meistens gürtete man ihn, gelegentlich hatte er eine Kapuze.

Über dem Kittel trug man einen **Mantelumhang**, unter dem Kittel ein leinenes **Hemd**.

5: Bundschuh

6: Bernsteinkette

Zubehör

Die Frauen legten ihre aufgesteckten oder geknoteten Haare in **Netze**; das offene Haar der Mädchen wurde mit einem Reif gehalten. Als Kopfbedeckung dienten Tücher, Schleier und Hauben. Die Männer trugen das meist lange Haar frei herabfallend, geknotet oder zu einem Schopf gebunden. Im Kampf waren Helme mit Tierköpfen üblich, ansonsten hohe oder halbkugelförmige **Mützen** aus Fell oder geknüpfter Wolle.

Als Fußbekleidung dienten im allgemeinen **Bundschuhe**. Man arbeitete sie aus einem Stück Fell mit der Haarseite nach innen. Das Riemengeflecht am Oberteil wurde mit einem Schnürriemen zusammengehalten.

Der reich ornamentierte Schmuck galt gleichzeitig als Bestandteil der Kleidung. Die prunkvollen Gürtelscheiben, Gewandfibeln, Halskragen, Arm- und Beinspangen, Ohr- und Fingerringe waren aus Bronze oder Edelmetallen gefertigt und mit Edelsteinen, Glasperlen, Email oder Bernstein verziert.

13.6 Byzantinisches Mittelalter (1)

Etwa 300 bis 1400 n. Chr.

Merkmale der Epoche

1: Byzantinischer Baustil (Hagia Sophia, Istanbul, früher: Konstantinopel bzw. Byzanz)

Nach der Teilung des Römischen Weltreiches um 300 n. Chr. wurde **Byzanz**, die Hauptstadt des oströmischen Reiches, kulturelles und wirtschaftliches Zentrum. Das Christentum wurde zur Staatsreligion. Die griechisch-römische Kultur entwickelte sich durch christliche und orientalische Einflüsse zu einer neuen Form. Nicht nur das kulturelle, sondern auch das gesellschaftliche Leben wurde nun entscheidend durch die Kirche geprägt. Weltliches und zugleich geistliches Oberhaupt war der Kaiser.

Der byzantinische **Baustil** repräsentierte Reichtum und Macht. Kennzeichnend waren Rundbögen und Kuppeln sowie farbenprächtige Mosaiken, mit denen man das Innere der mächtigen Kirchen ausstattete.

Die **Kleidung** entwickelte sich zu einer prunkvollen, steifen Tracht, die den Körper vollständig umhüllte und die natürlichen Körperformen verdeckte. Die herrschende Schicht bevorzugte schwere bunte Seidenstoffe und Brokate, die reich mit Edelsteinen und Perlen bestickt wurden. Rangabzeichen spielten eine große Rolle. Das einfache Volk jedoch trug unauffällige Woll- und Leinenstoffe.

Noch heute gehen die geistlichen Ornate[1] auf die byzantinische Kleidung zurück. Auch der Krönungsornat weltlicher Herrscher richtete sich lange Zeit nach byzantinischem Vorbild.

2: Byzantinische Hoftracht, 6. Jhdt. Kaiserin und Gefolge

3: Byzantinische Kaiserin und Prinzessin, im Hintergrund: Dienerin

4: Vornehme Byzantiner, 6. Jhdt.

Frauenkleidung

Als Untergewand diente eine knöchellange weiße **Tunika**. Sie wurde gegürtet, hatte lange Ärmel und war häufig aus Seide.

Das Obergewand, die lang- oder kurzärmelige **Stola**, war zunächst bodenlang, verkürzte sich jedoch später und ließ das Untergewand hervorschauen. Man trug sie gegürtet oder lose fallend, je nach Schwere des Materials.

Die **Paenula** diente als Übergewand. Der rundgeschnittene geschlossene Umhang wurde häufig an der Vorderkante hochgenommen und über die Schultern gelegt.

Angehörige des Herrscherhauses legten einen **Schultermantel** um, den sie mit einer dekorativen Gewandspange auf der rechten Schulter schlossen.

[1] Ornat = Amtstracht

13.6 Byzantinisches Mittelalter (2)

Etwa 300 bis 1400 n. Chr.

1: Byzantinischer Kaiser und Kaiserin

2: Byzantinische Hoftracht, 6. Jhdt.

3: Byzantinischer Kaiser und Edelknabe

Männerkleidung

Die langärmelige **Tunika** war knie- oder knöchellang und wurde meistens gegürtet. Länge, Weite, Farbe und Material richteten sich nach Rang und Stand. Meistens trug man sie über engen Beinkleidern.

Die **Dalmatika**, die lange, ungegürtete Tunika mit weiten Ärmeln, war als Obergewand den Herrschern und hohen Würdenträgern vorbehalten. Farbige Längsstreifen, die sog. **Clavi**, zierten Vorder- und Rückseite sowie den Ärmelsaum.

Der **Mantelumhang** hatte eine rechteckige bzw. abgerundete Form und wurde vorne oder auf der rechten Schulter gefibelt. Eine in Brusthöhe aufgenähte Stoffapplikation, das **Tablion**, diente als Rangabzeichen. Beim Herrschermantel war es in Gold und reich ornamentiert, bei hohen Beamten war es purpurfarben.

Der geschlossene Umhang, die **Paenula**, ging in den geistlichen Ornat über und wurde zur **Kasel** (Casula).

4: Krönungsschuh des Deutschen Kaisers

5: Kragenförmiger Halsschmuck

Zubehör

Die Frauen kämmten ihr Haar zu einer Art **Wulstfrisur** und zierten es mit einem **Diadem**, an welchem sie einen **Schleier** befestigten. Beliebt waren außer **Hauben** aus silbernen oder goldenen Netzgeflechten auch turbanähnliche Mützen. Die Männer gingen meistens barhäuptig. Angehörige der herrschenden Schicht trugen gelegentlich eine flache **Mütze**, der Kaiser eine **Krone**.

Auch die Fußbekleidung richtete sich nach Rang und Anlaß und wurde immer auf das Gewand abgestimmt. Neben **Sandalen** mit geschlossener Ferse und Spitze waren reich verzierte **Pantoffeln** üblich. Die Männer bevorzugten oftmals hohe Schnürschuhe und **Ledersocken**.

Die mannigfaltigen und luxuriösen Schmuckgegenstände aus verschiedenen Metallen und Email waren reich mit Perlen und Edelsteinen besetzt. Man trug große Ohrgehänge, kragenartige Halsringe, Armspangen, Fingerringe und effektvolle Zierbroschen.

13.7 Romanik (1)

Etwa 700 bis 1250 n. Chr.

Merkmale der Epoche

1: **Romanischer Baustil (St. Michael, Fulda)**

Die Kulturepoche des romanischen Mittelalters wurde geprägt durch die starke Machtentfaltung der herrschenden Adelsschicht und durch den Machtkampf zwischen Kirche und Staat. Die Städtegründungen trugen zur Entwicklung von Handwerk und Handel bei.

Der romanische **Baustil** entwickelte sich durch die Verschmelzung germanischer Elemente mit der Kunst der Römer. Kennzeichnend waren die klare, ruhige Gliederung, der Rundbogen, wuchtiges Mauerwerk, Säulen und Pfeiler als Stützen.

Zur **Zeit der Karolinger** (etwa 700 bis 1000 n. Chr.) erreichte das Frankenreich unter Karl d. Großen die europäische Vormachtstellung. Die Kleidung dieser Zeit, die sog. **Fränkische Tracht**, ging aus der germanischen bzw. römischen Kleidung hervor, wurde jedoch durch die Kirche beeinflußt, die eine Verhüllung des Körpers forderte.

Im 12. und 13. Jhdt. spielte das **Rittertum** eine bedeutsame politische und kulturelle Rolle. Die Lebensformen verfeinerten sich, die Kleidung wurde weltlicher und war weniger verhüllend.

Die höfische Kleidung war farbenfroh; man schätzte feines Leinen, edle Tuche, Samt, Seide und Brokat. Die Gewandränder zierte man mit kostbaren Borten. Kleiderverordnungen schrieben dem einfachen Volk hingegen vor, gröbere Stoffe in dunkleren Farben zu verwenden und auf Besätze und Schmuck zu verzichten.

2: **Vornehme fränkische Frauen 10. Jhdt.**

3: **Vornehme deutsche Frauen und Bürgerin, 12. Jhdt.**

4: **Deutscher Fürst und deutsche Frauen, 13. Jhdt.**

Frauenkleidung

Bis zum 11. Jhdt. hatte das Frauenkleid einen tunikaähnlichen Schnitt, war meistens langärmelig, gegürtet und reich mit Borten verziert. Oftmals kam das hemdartige, faltenreiche Untergewand am Ausschnitt und an den Ärmeln zum Vorschein. Es war bodenlang und hatte lange enge Ärmel. Mit der Zeit verkürzte man das obere Kleid und machte es enger, wodurch eine Betonung der weiblichen Formen erreicht wurde. Die Ärmel jedoch erhielten zum Handgelenk hin starke Erweiterungen.

Als Mantel diente ein um die Schulter gelegtes Stoffstück, welches man seitlich oder vorne mit einer Agraffe[1] schloß.

Im 12. Jhdt. paßte sich das Oberteil des Kleides, welches man nun **Cotte** nannte, ganz der Körperform an. Man erreichte dies durch Formzuschnitt von Vorder- und Rückteil sowie durch Schnürung an der Seite oder im Rücken. Der Rock erhielt durch eingesetzte Keile eine Saumerweiterung und wurde schleppend. Ein Gürtel betonte die tiefsitzende Taille.

Über die Cotte legten die Edelfrauen häufig ein kostbares Obergewand an, den **Surcot** bzw. die **Suckenie**. Meistens war dieses ungegürtet und ärmellos. Im 13. Jhdt. hatte es Überlänge und wurde beim Gehen hochgenommen. Auch die Cotte wurde sehr lang, weniger anliegend und wurde nun auch ohne Gürtel getragen.

Den Schultermantel, nun halbkreisförmig geschnitten, schloß man vorne mit einer Schnur bzw. mit zwei Schmuckplatten (Tasseln) und einer Kette (Fürspan). Man nannte ihn deshalb **Schnurmantel** bzw. **Tasselmantel**.

[1] Agraffe: Schmuckstück zum Zusammenhalten eines Kleidungsstücks

13.7 Romanik (2)

Etwa 700 bis 1250 n. Chr.

1: Fränkische Hoftracht
9. Jhdt.

2: Fränkisches Königspaar
10. Jhdt.

3: Fränkisches Königspaar
11. Jhdt.

Männerkleidung

Die **Fränkische Tracht** der Männer bestand aus Hemd, Hose, Leibrock und Mantel. Der knielange Leibrock hatte lange, gerade Ärmel und einen runden oder viereckigen Ausschnitt. Das darunter getragene Hemd war weit und lang. Die Hose bestand aus zwei langen Beinlingen, über die an den Unterschenkeln Beinbinden gewickelt wurden. Auch die kurze Hose war üblich; die Beinlinge wurden an einem Leibgurt befestigt.

Den meist sehr langen Mantel in Rechteckform legte man um die linke Schulter und fibelte ihn auf der rechten.

Vom 11. bis 13. Jhdt. (Rittertum) unterschied sich die Männerkleidung bei den Edelleuten nur wenig von der Frauenkleidung, sie war lediglich weniger faltenreich und immer fußfrei. Über die **Cotte**, dem langärmeligen gegürteten Rock in Hemdform, wurde der etwas kürzere und ärmellose **Surcot** bzw. die **Suckenie** angelegt. Dieses Obergewand war vorne oder seitlich geschlitzt, oft pelzgefüttert oder mit pelzverbrämten Ausschnitten versehen. Die engen, strumpfartigen Beinlinge dienten nur noch als Unterbekleidung. Der **Schnur-** und **Tasselmantel** war auch das Übergewand der Männer.

4: Schuh aus der Zeit um 1000 n. Chr. (nachkonstruiert)

5: Fränkische Goldblechfibeln

6: Schmuck aus der Völkerwanderungszeit

Zubehör

Die verheirateten Frauen mußten in der Öffentlichkeit ihr Haar bedecken. Sie zogen den Mantel über den Kopf oder trugen **Kopftücher**, Schleier und Kopfbinden. Später kam das **Gebende** auf, das um Kinn und Kopf geschlungene Leinenband, häufig mit der Zackenkrone ergänzt. Junge Mädchen verzierten ihre losen oder zu Zöpfen geflochtenen Haare mit dem **Schapel**, einem Stirn- oder Kopfreifen aus Metall oder Blumen.

Bei den Männern waren zunächst, außer bei der Kriegstracht, Kopfbedeckungen selten. Später trugen sie **Kappen**, turbanähnliche Mützen und einen Hut mit hohem spitzen Kopf. Jünglinge setzten auf das halblange Haar auch das **Schapel**.

Als Fußbekleidung dienten knöchelhohe **Bundschuhe**, pantoffelartige **Schlupfschuhe** und **Ledersocken**. Im 12. Jhdt. kamen absatzlose Schnabelschuhe auf.

Der Schmuck bestand aus Gürteln, Fibeln, Ketten, Schwertgehängen und Stirnreifen. Er war aus Gold oder Email gefertigt und reich mit Edelsteinen, echten Perlen oder Glasperlen besetzt.

13.8 Gotik (1)

Etwa 1250 bis 1500

Merkmale der Epoche

1: Gotischer Baustil (Münster, Ulm)

Im späten Mittelalter waren neben der Kirche auch das aufstrebende Bürgertum sowie die erstarkenden Städte Träger der Kultur. Die deutsche Kaisermacht zerfiel und Frankreich nahm die politische und kulturelle Vorrangstellung in Europa ein. Auch der gotische **Baustil** hatte seinen Ursprung in Frankreich. Die charakteristischen Merkmale waren hochragende Türme, Spitzbogen, eine starke senkrechte Untergliederung und feines Maßwerk[1].

Die **Kleidung** war anmutig und elegant, aber auch kompliziert und aufwendig. Sie wurde nun von „Gewandschneidern" angefertigt. Gestreckte schlanke Formen, Taillenbetonung und leuchtende Farben waren kennzeichnend. Die Männerkleidung verlor die Ähnlichkeit mit dem Gewand der Frau.

Im 14. Jhdt. kam der rasche Modewechsel auf. Durch fahrende Sänger und Kaufleute wurde die Kleidermode verbreitet.

Um 1450 gingen vom Hof des reichen Herzogtums Burgund seltsame **Modeübertreibungen** aus. Die auffälligsten Merkmale dieser Burgundischen Mode waren neben überspitzen Formen von Kopfbedeckungen und Schuhen die ausgezackten Gewandränder, Zaddeln genannt, Glöckchen- und Schellenzierrat, Wülste und Wattierungen. Auch das Mi-parti[2] erfreute sich großer Beliebtheit: man trug verschiedenfarbige Beinlinge bzw. fügte Schnitteile aus verschiedenfarbigen Stoffen zusammen.

2: Fürstin und Edeldame 14. Jhdt.

3: Deutsche Edeldamen Anfang 15. Jhdt.

4: Ritter und Edelfräulein 14. Jhdt.

Frauenkleidung

Im 13. Jhdt. war das Frauenkleid, die **Cotte**, noch durchgehend geschnitten und wurde lose oder gegürtet getragen. Es war wenig tailliert, hatte einen überlangen, faltenreichen Rock und enganliegende Ärmel oder am Handgelenk sehr weite Tütenärmel.

Im 14. Jhdt. wurde das Kleid am Oberteil stark geschnürt, erhielt vorne einen breiten Ausschnitt und einen Knopfverschluß. Der Rock erweiterte sich erst ab der Hüfte, die man oft durch einen Gürtel betonte. Anliegende Ärmel erhielten am Handgelenk eine trichterförmige Erweiterung, die sog. **Muffe**. Auch kurze Ärmel kamen in Mode mit am Rückenteil befestigten, lang herabfallenden Stoffstreifen, Hängeärmel genannt.

Allmählich unterteilte man das Gewand in Rock und Leibchen bzw. Mieder. Das Mieder konnte dadurch sehr eng gearbeitet werden, die Ansatznaht des lang schleppenden Rockes wurde durch einen Gürtel verdeckt.

Als Übergewand liebt man den ärmellosen **Surcot** bzw. die **Suckenie**. Die tiefen Armausschnitte, welche meistens bis zur Hüfte reichten und den Blick auf die Taille freigaben, nannte man **Höllenfenster**. Manchmal reichte der Surcot auch nur bis zur Hüfte und hatte pelzverbrämte Kanten.

Auch die **Houppelande** kam in Mode, ein mantelartiges Übergewand. Sie war vorne offen oder ringsum geschlossen; meistens trug man sie gegürtet. Es gab vielfältige Ärmel, deren Ränder oft ausgezaddelt waren.

Den rundgeschnittenen **Nuschenmantel** hielt man vorne mit einer Spange, der Nusche, zusammen.

[1] Maßwerk: Bauornament, aus Kreisen und Kreisbogen zusammengesetzt; [2] mi-parti = halb geteilt

13.8 Gotik (2)

Etwa 1250 bis 1500

1: **Deutsche Hoftracht Anfang 15. Jhdt.**

2: **Burgundische Mode um 1450**

3: **Burgundische Hoftracht um 1450**

Frauenkleidung zur Zeit der Burgundischen Mode

In der Spätgotik wurde die **Silhouette** der Frauenkleidung **überschlank**. Das knappe Oberteil erhielt einen sehr tiefen spitzen Ausschnitt, Taillennaht und Gürtel rückten dicht unter die Brust, die **Schleppe** am Hinterrock wurde sehr lang. Man versah das Vorderteil des Mieders gerne mit einem Brustlatz und einem Schalkragen. Enganliegende Röhrenärmel mit Muffe waren beliebt, aber auch bauschige Beutelärmel mit Armschlitzen, sehr lange Tüten- und Hängeärmel sowie offene Flügelärmel.

4: **Höfische Kleidung in England um 1400**

5: **Burgundische Männerkleidung um 1450**

6: **Französische Hofmode Ende 15. Jhdt.**

Männerkleidung

Der Rock bzw. das Wams wurde eng und kurz und erhielt vorne einen Verschluß. Vorder- und Rückenteile, die taillenabwärts verlaufenden Schoßteile und auch die langen, engen Ärmel hatten einen formgerechten Zuschnitt.

Der Überrock, anfangs noch wadenlang, entwickelte sich zur Jacke, der **Schecke**, und reichte nur noch bis zur Hüfte. Die Schecke war stark tailliert, vorne eng anliegend und geknöpft oder tief ausgeschnitten. Der Rücken und die Schoßteile wurden in Falten gelegt. Brustpartie und Oberärmel wattierte man stark, der Kragen reichte bis zum Kinn. Offene Ärmel hatten oftmals lang herabfallende Lappen, während man die geschlossenen Ärmel am Handgelenk gerne mit einer Muffe versah. Der Gürtel rückte auf die Hüfte und wurde zum Schmuckstück.

13.8 Gotik (3)

Etwa 1250 bis 1500

1: Höfische Kleidung in England um 1400

2: Höfische Männerkleidung in England im 15. Jhdt.

3: Männerkleidung in Frankreich, Ende 15. Jhdt.

Männerkleidung (Fortsetzung)

Die **strumpfähnlichen Beinlinge** aus Leder oder dehnfähigen Stoffen waren häufig verschiedenfarbig **(mi-parti)**. Man befestigte sie unter dem Rock am Wams. Gegen Ende des 14. Jhdts. wurden sie oben verbunden, so daß eine Hose entstand, die nun auch den Leib bedeckte. Zum Schutz und gleichzeitig als Betonung wurde der Hosenlatz beutelförmig ausgebildet (Schamkapsel).

Die Schecke wurde mit der Zeit sehr kurz; ältere Männer bevorzugten deshalb, vor allem auch für festliche Gelegenheiten, lange Übergewänder. Die **Houppelande** legte man in der Taille in Falten und gürtete sie. Seitlich war sie geschlitzt, meistens hatte sie einen Stehkragen. Die langen weiten Tütenärmel und auch die Beutelärmel versah man oft mit zusätzlichen Armschlitzen. Den rundum geschlossenen, knie- oder knöchellangen **Tappert** trug man meistens ungegürtet.

Die Länge der Mantelumhänge variierte, mal waren sie lang schleppend, mal reichten sie nur bis zur Hüfte.

4: Gugel

5: Schnabelschuh und Trippe

Zubehör

Die verheirateten Frauen trugen die zu Zöpfen geflochtenen und aufgesteckten Haare in der Öffentlichkeit stets bedeckt. Neben Kopftüchern waren Hauben in vielfältigen Formen beliebt. Sie nahmen zur Zeit der Burgundischen Mode gewaltige Ausmaße an. Besonders charakteristisch waren der **Hennin**, ein hoher kegelförmiger Hut mit lang flatterndem Schleier, die wulstige **Hörnerhaube** sowie der **Kruseler**, die gesteifte Rüschenhaube.

Junge Mädchen und Jünglinge trugen zum offenen Haar einen Reif, das **Schapel**[1]. Für die Männer wurde langes Haar im Laufe der Zeit unmodern, jedoch liebte man es, die Haare mit dem Brenneisen zu kräuseln. Die bevorzugte Kopfbedeckung im 14. Jhdt. war die **Gugel**, eine enganliegende Kapuze mit kragenartigem Schulterstück und Schweif. Als Schellen- oder Eulenspiegelkappe ist sie heute noch Bestandteil der Narrenkleidung. Neben Kappen und hohen Filzhüten kam auch der **Turban** in Mode sowie die **Sendelbinde**[2], eine flache Kappe oder Stoffwulst mit herabfallenden Stoffstreifen.

Die typische Fußbekleidung des späten Mittelalters waren die **Schnabelschuhe**. Ihre Spitzen waren oftmals so lang, daß man sie beim Gehen festbinden mußte. Außer Haus trug man außerdem Unterschuhe aus Holz, die sog. Trippen. Für Männer kamen auch stiefelartige Stulpenschuhe auf.

Handschuhe und Fächer vervollständigten die Frauenkleidung. Schmuck und wichtiger Zierrat waren mit Edelsteinen besetzte Goldketten, Agraffen und Gürtel sowie goldene und silberne **Schellen**, Knöpfe und Spangen.

[1] Schapel: Stirn- oder Kopfreif; [2] Sendel: leichter Seidenstoff

13.9 Renaissance[1] (1)

Etwa 1500 bis 1640

Merkmale der Epoche

Mit **Beginn der Neuzeit** trat eine Wende in sämtlichen Lebens- und Kulturbereichen ein. Die humanistische[2] Weltanschauung stellte den Einzelmenschen als Persönlichkeit in den Vordergrund und erstrebte eine freiere Geisteshaltung unter Rückbesinnung auf die griechische und römische Kultur. Gleichzeitig vollzog sich durch die Reformation eine Bewegung zur Erneuerung der Kirche. Auch für den **Baustil** waren antike Vorbilder maßgebend. Griechische Säulen- und römische Bogenkonstruktionen wurden miteinander verbunden; im Gegensatz zur Gotik bevorzugte man nun die Betonung der horizontalen Gliederung.

1: Baustil der Renaissance (Altes Schloß, Stuttgart)

Die **Kleidung der Deutschen Renaissance bzw. zur Reformationszeit** entsprach dem individuellen Geschmack des selbstbewußten und wohlhabenden Bürgertums, welches gesellschaftliche Bedeutung erlangte. Die farbenfrohen Gewänder aus kostbaren Stoffen wie Brokat, Damast und Samt waren reich gemustert und aufwendig verziert mit Bändern, Borten, Stickereien und Spitzen. Die verwegene Landsknechtstracht mit Puffungen und farbig unterlegten Schlitzen übte starken Einfluß aus.

Etwa Mitte des 16. Jhdts., nach der Entdeckung Amerikas und der Errichtung eines Kolonialreiches, war Spanien zur politischen Großmacht aufgestiegen. Der spanische Hof wurde somit auch tonangebend in der Bekleidungsweise.

Die **Spanische Mode** drückte die strenge Geisteshaltung der Gegenreformation aus, schrieb Farben, Formen und Details genauestens vor. Sie war einerseits vornehm und prunkvoll, andererseits steif, unbequem und oft düster in den Farben.

2: Deutsche Patrizier[3] Anfang 16. Jhdt.

3: Deutsche Patrizier Anfang 16. Jhdt.

4: Deutsche Patrizier Anfang 16. Jhdt.

Frauenkleidung zur Zeit der Deutschen Renaissance (Reformationszeit)

Das **miederähnliche enge Leibchen** war vom Rock getrennt, vorne häufig geschnürt bzw. mit einem Brustlatz versehen. Der runde oder eckige Ausschnitt ging in die Breite und wurde meistens mit einem fein gefältelten Hemd ausgefüllt, welches am Hals mit einer Rüsche abschloß. Die **üppigen Ärmel** wurden eingenestelt[4] und waren dadurch austauschbar. Durch Abschnürungen und Zwischenstreifen erhielten sie eine mehrfache Unterteilung sowie Puffungen. Häufig versah man sie auch mit Schlitzen, die man mit andersfarbigem Stoff unterlegte. Der Manschetten- und Rüschenabschluß bedeckte oft die halbe Hand.

Der weite, **schleppende Rock** war in Falten gelegt und durch Borten und Blenden querbetont. Wurde er beim Gehen angehoben, war der faltenreiche untere Rock sichtbar. Gelegentlich wurde eine lange, reich bestickte **Schürze** umgebunden, die später auch als Ersatz für den oberen Rock diente.

Zum ausgeschnittenen Leibchen legte man einen rundgeschnittenen Schulterkragen an, den **Goller**. Er hatte meistens einen Stehkragen, war aus Samt oder Seide und oftmals mit Stickereien verziert.

Schnürmieder, Goller und Schürze sind heute noch Bestandteile der bäuerlichen Tracht.

Als Mantel legte man die lange weite **Schaube** mit Stehkragen und Armschlitzen um.

[1] Renaissance (franz.) = Wiedergeburt; [2] Humanismus: Bildungsideal der alten Griechen; [3] Patrizier: Vornehmer Bürger; [4] Nestel: Schnur.

13.9 Renaissance (2)

Etwa 1500 bis 1640

Etwa 1500 bis 1640

1: Deutsche Landsknechte Anfang 16. Jhdt.

2: Deutsche Magistratsperson[1] und Ritter, Anfang 16. Jhdt.

3: Französische Hoftracht 16. Jhdt.

Männerkleidung zur Zeit der Deutschen Renaissance (Reformationszeit)

Das enganliegende Schoßwams[2] reichte bis knapp an die Hüfte. Darunter trug man ein Hemd mit fein gefältetem Hals- und Ärmelabschluß. Darüber, oder anstelle des Wamses, wurde ein knielanger Rock angelegt, dessen Schöße mit Falten versehen waren. Er hatte entweder einen Ausschnitt, der bis zur Gürtellinie reichte, oder er wurde hochgeschlossen. **Wams und Faltrock** erhielten **breit ausladende Ärmel** zum Auswechseln. Sie hatten farbig unterlegte Schlitze und waren oft mehrfach abgebunden, so daß Bausche und Puffungen entstanden.

Die Beinkleider bestanden aus einer **weit geschnittenen Kniehose** und daran angenestelten oder angenähten Strümpfen. Häufig wurden die engen Beinlinge auch an einem Gürtel befestigt; vielfach waren sie verschiedenfarbig oder mehrfarbig unterteilt **(mi-parti)**. Später übernahm man von den Landsknechten die mit Puffungen und Schlitzen versehene **Pluderhose**.

Das charakteristische Übergewand der Reformationszeit war die **Schaube**, ein dekorativer weiter Mantel mit Schalkragen. Sie war vorne offen und wurde meistens ungegürtet getragen, oft war sie pelzgefüttert bzw. mit Pelz besetzt. Mal war sie knöchellang, mal reichte sie nur bis über die Knie. Häufig hatten die weiten Ärmel zusätzliche Öffnungen zum Durchstecken der Arme. Als Robe bzw. Talar[3] wird die Schaube heute noch z.B. von Richtern und protestantischen Geistlichen getragen.

Zubehör zur Zeit der Deutschen Renaissance (Reformationszeit)

4: Kuhmaulschuh (nachkonstruiert)

Die für die Renaissancezeit typische Kopfbedeckung für Frauen und Männer war das flache **Barett**, welches mit Federn und Schnüren reich verziert wurde. Meistens wurde es an der **Kalotte**, einer enganliegenden Kappe, befestigt. Die Männer bevorzugten als Haartracht die rundgeschnittene und ungescheitelte Kolbe. Die Frauen trugen ihre Haare aufgesteckt. Für die Kalotte verwendeten sie häufig ein Netz aus Gold- und Silberschnüren. Neben dem Barett waren auch weiterhin Hauben in Mode.

Die flachen Schuhe waren sehr weit ausgeschnitten, erhielten jedoch durch die hochgezogene Ferse ihren Halt. Die **Kuhmaulschuhe** waren vorne rund und übertrieben breit, die **Hornschuhe** hatten ausgestopfte seitliche Spitzen.

Als Schmuck waren schwere Ringe, Ketten, Medaillons und Goldreifen beliebt. Während die Männer breite Ledergürtel trugen, waren für die Frauen **Handschuhe** und **spitzenbesetzte Ziertücher** modisches Zubehör.

Frauenkleidung zur Zeit der Spanischen Mode

Das **enge Mieder** war immer hochgeschlossen und wurde mit Fischbeinstäbchen und Drähten versteift, um den Oberkörper flach zu pressen. Es hatte vorne eine spitze oder abgerundete Verlängerung, die **Schneppe**. Mit dem darunter getragenen Korsett wurde die Taille eng geschnürt.

Die Halsrüsche, aus gefälteltem weißem Leinen bzw. aus Spitze, entwickelte sich allmählich zu einer radförmigen Krause, die man **Kröse oder Mühlsteinkragen** nannte. Auch der **Stuartkragen**[4] kam in Mode, bei dem gesteifte Spitzen fächerförmig hochstehend den Kopf umgaben.

[1] Magistrat: Stadtverwaltung; [2] Schoß: taillenabwärts verlaufendes Schnitteil; [3] Robe, Talar: Amtstracht; [4] Maria Stuart: schottische Königin

13.9 Renaissance (3)

Etwa 1500 bis 1640

Frauenkleidung zur Zeit der Spanischen Mode (Fortsetzung)

Eine weiße Krause bildete auch den Abschluß der langen Ärmel. Beliebt waren weite Überärmel und Betonungen der Oberarme durch Puffungen und Wülste.

Den bodenlangen unteren Rock spannte man über ein kegelförmiges Gestell. Diesen ersten **Reifrock** der Kostümgeschichte nannte man Verdugado[1] bzw. Tugendwächter.

Der Oberrock verlor jeglichen Faltenwurf, war vorne meistens geöffnet und an den Kanten mit Borten verziert. Durch umgebundene Polster erreichte man eine Verbreiterung der Hüften.

Gelegentlich wurde auch ein mantelähnliches, durchgehend geschnittenes Oberkleid angelegt, die **Ropa**.

1: Spanische Mode in Frankreich 16. Jhdt.

2: Spanische Edelleute Ende 16. Jhdt.

3: Spanische Mode in England 16. Jhdt.

Männerkleidung zur Zeit der Spanischen Mode

Das **Schoßwams bzw. der Überrock** wurde sehr kurz gehalten, war eng tailliert und stark wattiert. Die Wattierung der Brust bildete in der Mitte nach unten eine Spitze, den sogenannten **Gänsebauch**. Der mit Knöpfen hochgeschlossene Rock erhielt einen hohen steifen Stehkragen, über den die Hemdkrause noch hinausragte. Die Halskrause bzw. Kröse wurde immer größer und steifer und war schließlich ein selbständiger Teil der Bekleidung. Die langen Ärmel waren wattiert, gepufft und geschlitzt sowie mit Schulterwülsten versehen. Auch sie hatten als Abschluß eine steife Krause.

Ärmellose Überröcke versah man oft mit losen Zierärmeln.

Die bauschige, stark gepolsterte und manchmal geschlitzte Hose wurde kurz und reichte nur noch bis zur Mitte des Oberschenkels. Sie hatte in der Taille und an den Beinen einen engen Bundabschluß. Auch der Latz, Braguette bzw. Schamkapsel genannt, wurde wattiert. Zu dieser **Kürbishose bzw. Heerpauke** trug man enganliegende Strumpfhosen oder an Bändern befestigte Beinlinge.

Der sehr kurze, glockig geschnittene Mantel aus Samt oder Seide, das **Spanische Mäntelchen**, wurde nur umgelegt. Er hatte einen hochgestellten Kragen und gelegentlich eine Kapuze.

Zubehör zur Zeit der Spanischen Mode

4: Schuh der Spanischen Mode

Die hohen Halskrausen der Spanischen Mode brachten den kürzeren Haarschnitt für die Männer mit sich; die Frauen kämmten ihre Haare zu strengen Hochfrisuren. Die Kopfbedeckungen wurden steif. Beliebt war die **Toque**, ein kleiner Hut mit schmaler Krempe oder krempemlos sowie der hohe Filzhut mit schmalem Rand, der sog. **Spanische Hut**.

Die weichen, den Fuß eng umschließenden **Lederschuhe** hatten oftmals eine reiche Lochverzierung oder Prägemusterung. Die Damenschuhe waren häufig aus Brokat oder besticktem Samt, manchmal sogar mit einem hohen Sockel versehen. Diese Stelzenschuhe nannte man **Chopinen**.

Der erlesene Schmuck bestand vor allem aus Ringen und Ketten. Beliebt waren auch Fransenschärpen, die über die Brust angelegt wurden, um die Taille getragene Goldketten sowie **feine Handschuhe, Ziertaschentücher und Fächer**.

[1] verdugo (span.) = Gerte

13.10 Barock (1)

Etwa 1640 bis 1720

Merkmale der Epoche

1: Baustil des Barock (Klosterkirche, Ottobeuren)

Während des **Dreißigjährigen Krieges** (1618 bis 1648), der aus konfessionellen Gegensätzen entstanden war, entwickelte sich ein Kampf um die europäische Vormachtstellung. Spanien verlor seine Führungsrolle und die Niederlande wurden vorübergehend zur beherrschenden Wirtschafts- und Handelsmacht.

Unter der absolutistischen Herrschaft Ludwig XIV. (etwa ab 1670) bestimmte Frankreich jedoch das politische und kulturelle Geschehen. Die prunkvolle Hofhaltung des „Sonnenkönigs" am Schloß von Versailles wurde maßgebend. Das starke Repräsentationsbedürfnis zeigte sich vor allem im **Baustil**. Es entstanden prächtige Schlösser, Kirchen und Parkanlagen. Die Bauten wiesen neben geschwungenen und verschnörkelten Fassaden reich ausgeschmückte Innenräume auf. Absolute Symmetrie, gewundene Säulen, Zwiebeltürme und Kuppeln waren weitere Architekturdetails.

Nach der eher bürgerlichen **Niederländischen Mode** des Frühbarocks war die **Französische Mode** des Hochbarocks wieder sehr elegant und luxuriös, die Männerkleidung sogar extravagant und pompös. Man bevorzugte schwere Stoffe wie Damast, Samt und Brokat und versah die Gewänder überreich mit Garnituren und Stickereien. Die Spitze entwickelte sich zu dem wichtigsten modischen Attribut. An allen Höfen galt es nun, sich „à la mode"[1] zu kleiden und sich dem französischen Diktat zu unterwerfen. Puppen, nach der neuesten „Damenmode" und „Herrenmode" gekleidet, sowie die ersten Modezeitschriften informierten über den nun rascher vor sich gehenden Wechsel in der Bekleidungsweise sowie über die neuesten Luxusartikel.

2: Niederländische Mode Mitte 17. Jhdt.

3: Französische Adelige in Hoftracht Ende 17. Jhdt.

4: Hoftracht zur Fontangezeit Ende 17., Anfang 18. Jhdt.

Damenmode

Zur Zeit der **Niederländischen Mode** hatte das Leibchen bequeme Weite. Es wurde kurz gehalten oder hatte geschlitzte Schöße. Den großzügigen Ausschnitt umrahmte bzw. bedeckte man mit einem flachen Spitzenkragen. Die verkürzten bauschigen Ärmel schlossen mit einer Spitzenmanschette ab und konnten mit Bändern verziert sein. Der Rock, unter dem man mehrere Unterröcke trug, fiel in weichen Falten und war schleppend. Die kleine Zierschürze kam in Mode.

Mit dem Aufkommen der **Französischen Mode** wurde die Taille wieder eng geschnürt. Das versteifte Mieder mit verlängerter Spitze, der **Schneppe**, wurde vorne über einem reich verzierten Einsatz, dem **Stecker**, zusammengehalten. Den tiefen Ausschnitt, das **Dekolleté**, verzierte man mit Borten und Spitzen. Auch die halblangen Ärmel erhielten teilweise mehrfache Spitzenvolants, die sog. **Engageantes**. Der lang schleppende Oberrock, aus demselben Material wie das Mieder, bildete mit diesem zusammen ein einheitliches Obergewand, das man **Manteau** oder **Robe** nannte. Der Rock war vorne geöffnet, die Kanten wurden umgeschlagen und seitlich weggerafft. Später nahm man ihn hinten hoch und bauschte ihn über Gesäßauflagen (Bouffanten) zum sog. **Französischen Steiß**. Der sichtbare untere Rock, die **Jupe**, war aus andersfarbigem Material und reich verziert mit Posamenten[2], Bändern und Stickereien.

[1] à la mode (franz.) = modern, nach der Mode; [2] Posamenten = Besatzartikel, Borten, Schnüre.

13.10 Barock (2)

Etwa 1640 bis 1720

1: Deutsche Edelleute Ende 17. Jhdt.

2: Hoftracht und Rheingrafenmode Frankreich, Ende 17. Jhdt.

3: Französische Adelige am Hof Ludwig XIV., Anfang 18. Jhdt.

Herrenmode

Während des Dreißigjährigen Krieges trug man das locker sitzende Schoßwams hochgeschlossen. Die offenen Nähte der weiten Ärmel ließen das reich verzierte Hemd sehen. Man liebte es, einen flachen Spitzenkragen anzulegen und auch die Ärmel mit Spitzenmanschetten zu verzieren. Die wadenlangen Hosen waren zunächst weit und unter dem Knie abgebunden, später verengten sie sich nach unten röhrenförmig. Als Überrock diente gelegentlich der Lederkoller. Er war ärmellos oder hatte eingenestelte[2] Ärmel.

Um 1650 erhielt die Männerkleidung einen weiblichen Charakter. Die **Rheingrafenmode** bestand aus einem kurzen, offenen Jäckchen mit knappen Ärmeln sowie einer weiten Rockhose, die nur knapp auf der Hüfte saß, unterhalb der Knie abgebunden und mit Spitzenmanschetten versehen war. Das bestickte und mit Spitzen verzierte Hemd quoll an Brust, Taille und an den Ärmeln heraus. Alles wurde überreich mit Bandschluppen[2] garniert.

Um 1670 kam der knielange und eng am Körper anliegende Überrock, der **Justaucorps**[3], in Mode. Er war aus Samt, Seide oder Brokat und mit Tressen und Metallknöpfen verziert. Unter den breiten Aufschlägen der glatten Ärmel schauten die üppigen Spitzenmanschetten heraus. Die darunter getragene Weste war nur wenig kürzer und von gleichem Schnitt. Der Rock verdeckte fast ganz die mäßig weite Kniehose, die **Culotte**.

Neben Spitzenkrawatten waren zeitweilig auch locker geschlungene Halsbinden üblich.

Zubehör

4: Damenschuh

5: Herrenschuh

Anfangs trugen Frauen und Männer zum halblangen gelockten Haar den weichen Filzhut mit breiter Krempe und Bänder- bzw. Federschmuck. Später steckten die Damen ihr Haar hoch auf und dekorierten es mit der für diese Zeit charakteristischen **Fontange**. Diese Haube hatte vorne steife, gefältelte Spitzenrüschen, die wie Orgelpfeifen in die Höhe standen.

Als die Perückenmode aufkam, setzten die Herren auf die hoch aufgetürmte und in langen Locken fallende **Allonge-Perücke** den **Dreispitz**.

Nach den weiten Stulpen- und Becherstiefeln, die häufig mit Spitzenmanschetten ausgefüllt waren, kamen für die Herren **Halbschuhe mit Absätzen** in Mode. Sie waren, wie auch die der Damen, oftmals aus Brokat oder Damast, mit Spangen geschlossen und mit auswechselbaren Rosetten[4] bzw. Schleifen verziert. Die farbigen Seidenstrümpfe befestigte man mit Bandschleifen.

Damen und Herren trugen kostbare Armbänder, Kolliers und Ohrringe. **Lange Handschuhe, Muff**[5] **und Stock** gehörten zum modischen Erscheinungsbild. Wichtiger Zierrat für die Damen waren überdies **Fächer** und „Schönheitspflästerchen"[6].

[1] Nestel: Schnur; [2] Schluppe: Schleife; [3] Justaucorps (franz.) = eng am Körper; [4] Rosette: aus Bändern geschlungene oder genähte Verzierung; [5] Muff: Handwärmer aus Pelz; [6] Schönheitspflästerchen: kleine, aus schwarzem Taft geschnittene Formen, die an unterschiedliche Stellen mit verschiedener Bedeutung angebracht wurden.

13.11 Rokoko (1)

Etwa 1720 bis 1785

Merkmale der Epoche

1: Baustil des Rokoko (Haus zum Falken, Würzburg)

Das Rokoko bildete den Ausklang der barocken Stilrichtung im 18. Jahrhundert. Die Lebensformen verfeinerten sich, in der Haltung und in den Gebärden zeigte sich eine heitere, galante und leicht gekünstelte Wesensart. Die aristokratische Gesellschaft ließ sich nur wenig von den großen geistigen Bewegungen dieser Zeit, der Aufklärung, beeinflussen.

Im **Baustil** wurden die geschwungenen barocken Grundformen beibehalten, sie waren jedoch weicher, leichter und eleganter in der Linienführung. Die charakteristischen Merkmale zeigten sich hauptsächlich im zierlichen, spielerisch wuchernden Dekor[1] und in der üppigen Innenarchitektur. Die Prunkfülle steigerte sich zum Überladenen. Beliebt waren Muschelornamente und asiatische Motive.

Auch die **Kleidung** entwickelte sich von der steifen, repräsentativen Barockmode zur leichteren, anmutigen, bisweilen frivolen[2] Rokokomode. Die kostbaren Seidenstoffe waren einfarbig, feingemustert oder aufwendig bestickt und in den für die Zeit typischen Pastelltönen gehalten. Die Damenroben wurden in verschwenderischer Fülle garniert mit Volants, Rüschen, Schleifen, Spitzen und Kunstblumen.

Am Ende der Rokokozeit setzte sich in der Mode der englische Einfluß durch. Die Kleidung erhielt bürgerliche Elemente und wurde praktischer.

2: „Madame Pompadour" von Francois Boucher

3: „Die Liebeserklärung" von Jean-François de Troy

Damenmode

Für die Damen aller Gesellschaftsschichten kam der **Reifrock** auf. Anfangs war er kuppelförmig; die abgestuften Reifen aus Eisen oder Holz wurden mit Wachstuch verbunden. Später flachte man ihn vorne und hinten ab und erreichte so die typische Ellipsenform. Das nun aus Fischbein hergestellte Gerüst, **Panier**[3] genannt, nahm gewaltige Ausmaße an und erlaubte nur seitwärtiges Durchschreiten der Türen.

Der untere Rock, die **Jupe**, lag ziemlich glatt über dem Reifrock und wurde überreich mit Volants, Schleifen, Girlanden und Blumenarrangements ausgeputzt. Der andersfarbige obere Rock war vorne in Dreieckform geöffnet und hatte betonte Kanten. Um 1775, als die Mode fußfrei wurde, raffte man ihn seitlich und rückwärts in die Höhe und bauschte ihn zunächst über ein Reifengestell, später über Gesäßpolster zum sog. **Cul de Paris**[4].

Das miederähnliche Oberteil, vorne in spitzer **Schneppe** auslaufend, hatte einen großzügigen Ausschnitt, der häufig mit Rüschen verziert war. Auch der Einsatz, der sog. **Stecker**, erhielt einen aufwendigen Ausputz. Die ellbogenlangen, engen Ärmel versah man mit mehrfachen Volants, den **Engageantes**, sowie mit Schleifen.

Oberrock und Leibchen waren aus demselben Material und zum **Manteau** verbunden. Die begehrte Wespentaille erhielt man durch das darunter getragenen Schnürleibchen.

Die **Contouche**, das bürgerliche und bequemere Haus-, Straßen- und Reisekleid, war durchgehend geschnitten und fiel lose über den Reifrock. Vorne wurde es mit Schleifen zusammengehalten, im Rücken hatte es tief eingelegte Falten, die sog. **Watteaufalten** (nach dem Maler Watteau benannt). Man nannte die Contouche auch den **Schlender**.

[1] Dekor: Verzierung, Ausschmückung
[2] frivol: leichtfertig, schlüpfrig, eitel
[3] Panier (franz.) = Korb
[4] Cul de Paris (franz.) = Pariser Steiß

13.11 Rokoko (2)

Etwa 1720 bis 1785

1: Dame im Reifrock, Mitte 18. Jhdt.

2: Mode um 1780

3: Französische Mode um 1780

Herrenmode

Der elegante **Justaucorps** mit verzierten Kanten reichte bis zu den Knien und ließ meistens die lange **Schoßweste** sehen. Er war mit Taschen sowie seitlich und am Rücken mit einem Schlitz ausgestattet. Auch das reich verzierte Hemd mit Spitzenjabot[1] und weiten, breiten Spitzenmanschetten war sichtbar. Im Laufe der Zeit versteifte man die Schöße von Rock und Weste mit Fischbein und Roßhaar, so daß sie an den Hüften weit abstanden.

Die halbweite Kniehose, die **Culotte**, war meistens aus Samt. Zunächst trug man dazu weiße Kniestrümpfe, die über der Hose befestigt wurden. Später versah man die Hosenbeine mit seitlichen Knopfschlitzen und schloß sie mit Schnallen über den Strümpfen.

Mäntel waren in dieser Zeit wenig üblich. Man trug allenfalls halblange, ärmellose Umhänge.

4: Damenschuh

5: Herrenschuh

Zubehör

Die Damen trugen auf der zierlichen kleinen Lockenfrisur ein **Spitzenhäubchen** oder einen kleinen **Kopfschmuck** aus Federn, Blumen und Spitzen. Später wurden die Haare über hohe Gestelle frisiert und reich verziert. Die Herren drehten die Seitenhaare ihrer Perücke zu Rollocken, toupierten das Stirnhaar sehr hoch und trugen die Nackenhaare im Haarbeutel oder zu einem Zopf geflochten. Den **Dreispitz** setzte man nur selten auf, meistens trug man ihn unter dem Arm.

Starkes Pudern und Schminken sowie die Männerperücke galten als Standesprivileg. Charakteristisch für die Rokokozeit waren die grau oder weiß gepuderten Haare.

Die Damen bevorzugten stark zugespitzte **Stöckelschuhe** mit geschwungenen Absätzen und hoher Ferse. Meistens waren sie aus bestickten Stoffen und mit auswechselbarem Schnallen- und Schleifenschmuck versehen. Im Hause trug man bestickte Pantoffeln mit Absätzen. Die meist aus Leder gefertigten **Schnallenschuhe** der Herren hatten halbhohe Absätze und waren vorne abgerundet.

Während das Dekolleté[2] der Frauen häufig nur eine Bandrüsche bzw. ein Band mit Medaillon[3] zierte, waren Kleid und Frisur mit Perlen und Edelsteinen besetzt. Beliebt waren auch mehrreihige Perlenarmbänder und diamantenbesetzte Ohrgehänge. Als unentbehrlich galten der **Fächer**, **Handschuhe**, ein Beuteltäschchen sowie der **Muff**. Die Herren schmückten sich mit langen Uhrketten. Der **Degen** wurde zum unerläßlichen Bestandteil der Kavaliersbekleidung.

[1] Jabot (franz.) = Spitzenrüsche an Kragen und Vorderfront, glockiger Besatz; [2] Dekolleté (franz.) = tiefer Ausschnitt; [3] Medaillon: runde oder ovale Bildkapsel

13.12 Klassizismus: Englische Mode, Directoire und Empire (1)

Etwa 1785 bis 1815

Merkmale der Epoche

1: Baustil des Klassizismus (Brandenburger Tor, Berlin)

Mit der **Französischen Revolution** (1789) entstanden die Voraussetzungen für eine bürgerliche Gesellschaft, nachdem die Feudalrechte[1] abgeschafft und die Menschen- und Bürgerrechte verkündet worden waren.

In der Kunst erfolgte die Hinwendung zum Klassizismus; die klaren und einfachen Formen der griechisch-römischen Antike wurden neu belebt. Den **Baustil** kennzeichneten Säulenkonstruktionen und strenge, symmetrisch gegliederte Fassaden. Es entstanden vor allem Museen, Theater, Residenzen und Denkmäler.

Auch in der **Kleidung** drückte sich das Streben nach neuen, freieren Lebensformen aus. Dies wurde durch die Aufhebung der Standes- und damit auch der Kleidervorschriften möglich. Vor und nach der Revolutionszeit setzte sich die bürgerliche und zweckmäßige **Englische Mode** durch, an die sich auch die in Deutschland getragene **Werthertracht**[2] anlehnte.

Zur Zeit des **Directoire**[3] (um 1795) erhielt die Frauenkleidung antike Elemente und wurde exklusiv. Feinste Baumwollstoffe in der Modefarbe Weiß dominierten. Im anschließenden **Empire**[4] wurde die Kleidung wieder sehr prunkvoll. Die Roben aus Samt und schwerer Seide hatten jedoch ebenso die typische, hochgerückte Taille. Auch die Männerkleidung, zunächst unauffällig und aus dunkleren Wollstoffen oder Leder gefertigt, wurde allmählich für die herrschende Schicht wieder anspruchsvoller. Die Uniformmode spielte eine wesentliche Rolle.

2: Englische Mode um 1790

3: Französische Mode um 1800

4: Empiremode Anfang 19. Jhdt.

Damenmode

Zur Zeit der **Englischen Mode** legte man den langen, weiten Rock in weiche Falten und band statt des Reifrocks Gesäßpolster um. Dazu trug man ein Miederoberteil oder den **Caraco**, eine kurze frackähnliche Jacke. Der lange Mantel, die **Redingote**, hatte vorne zurückgeschnittene Rockteile. Den Ausschnitt bedeckte man mit einem Brusttuch, dem **Fichu**.

Im **Directoire** kam das leichte Hemdkleid, die **Chemise** auf. Die Taillenlinie rückte unter die Brust und wurde wie der große Ausschnitt durch einen Zugsaum gehalten. Das durchsichtige, faltenreiche Gewand, ärmellos oder mit kurzen Ärmeln versehen, endete in einer langen Schleppe. Darunter trug man lediglich ein fleischfarbenes Trikot. Bei Kälte und schlechtem Wetter wurden kostbare lange Kaschmirschals um den Körper drapiert.

Später kamen wieder Oberkleider auf. Sie waren über dem andersfarbigen, lang schleppenden Untergewand geöffnet oder endeten in Kniehöhe als Tunika. Die Kanten zierten gestickte Bordüren. Zur Bedeckung des Dekolletés trug man gerne auch ein langärmeliges Jäckchen in kurzer Spenzerform, den **Canezou**.

Zur Zeit des **Empire** trennte man das hochsitzende Leibchen vom Rock und formte es körperanliegend zur Corsage[5]. Den Ausschnitt betonte man häufig mit einem hochstehenden Spitzenkragen. Die meist kurzen Ärmel waren gepufft oder geschlitzt.

Der Rock wurde steifer, enger und kürzer: 1808 war er fußfrei, 1810 sogar knöchelfrei. Am Saum war er häufig verziert. Die Schleppe wurde nur noch bei Hofe getragen und als separates Kleidungsstück am Rücken befestigt.

[1] Feudalismus: mittelalterliches System des Lehnswesens; [2] Werther: Titelheld bei Goethe; [3] Directoire (franz.) bzw. Direktorium: oberste Regierungsbehörde Frankreichs von 1795 bis 1799; [4] Empire (franz.) = Kaiserreich Napoleons I.; [5] Corsage (franz.) = enges, versteiftes Kleidoberteil

13.12 Klassizismus: Englische Mode, Directoire und Empire (2)

Etwa 1785 bis 1815

1: Deutsche Werthertracht
Ende 18. Jhdt.

2: Deutsche Empiremode
um 1800

3: Französische Hoftracht und Carrick
Anfang 19. Jhdt.

Herrenmode

Zur Revolutionszeit erhielt der dunkle Rock einen hohen Kragen, breite Schöße und lange, enge Ärmel. Allmählich entwickelte er sich zum **Frack** und wurde zum Hauptbekleidungsstück des Bürgers. Man trug ihn zweireihig geknöpft oder offen. Mit der Zeit rückte die Taillierung höher.

Für die Hosen bevorzugte man helle Farben. Lange Beinkleider, die **Pantalons**, verdrängten allmählich die eng anliegenden Kniehosen mit seitlichem Verschluß. Sie reichten anfangs bis zur Wade. Später waren sie fußlang und wurden mit Stegen und Hosenträgern straff gehalten.

Man trug die Hosen sehr eng, mit erhöhter Taille und bevorzugt aus Trikotstoffen.

Die enge kurze Weste, das **Gilet**, war ärmellos und wurde gerne mit hochgestelltem Kragen getragen, wie auch das offene Hemd. Große Halstücher wickelte man lose um oder knotete sie unter dem Kinn. Leibschärpen kamen auf.

Als Überrock diente die lange, zweireihig geknöpfte **Redingote** mit vorne übereinandergehenden Schößen sowie der **Carrick** mit mehreren Schulterkragen. Manchmal trug man über dem Frack auch einen kurzen, ärmellosen **Spenzer**.

Zubehör

Zur Zeit der Englischen Mode setzten die Damen auf ihre üppige Lockenpracht bevorzugt den großen **Rundhut** mit extravagantem Federschmuck. Während des Directoire und Empire frisierten sie ihre Haare nach antikem Vorbild: griechisch gewellt, geflochten oder geknotet bzw. römisch gelockt. Sie schmückten sie aufwendig mit Kämmen, Spangen, Diademen, Bänder- und Federschmuck. **Turbane, Spitzenhauben** und antike **Helme** kamen in Mode, später die **Schute**, ein haubenähnlicher Hut mit Krempe und Bindebändern. Windstoßfrisur und antike Lockenköpfe waren bei den Herren zeitgemäß. Der Zweispitz wurde allmählich vom hohen runden Filzhut verdrängt, der sich dann zum **Zylinder** entwickelte.

4: Damenschuh

5: Herrenschuh
Escarpin (Tanzschuh)

Nach den Stöckelschuhen kam für die Damen die absatzlose Schuhmode auf. Zu den fließenden Hemdgewändern waren Sandalen stilgerecht. Bevorzugt trug man aber weiche **Schlupfschuhe** mit großen Ausschnitten. Sie waren mit Stoff überzogen und farblich auf die Kleidung abgestimmt. Später, als die Röcke knöchelfrei wurden, versah man sie mit Kreuzbändern. Die hauptsächliche Fußbekleidung der Herren waren weiche **Stiefel**, mit oder ohne Stulpen. Aber auch flache, ausgeschnittene Schuhe waren üblich. Als Kälteschutz legte man dazu **Gamaschen**[1] an.

Zur kurzärmeligen Damenkleidung waren **lange Handschuhe** unentbehrlich. Wichtiges Zubehör beim Ausgehen waren auch **Muff, Schirm und Ridikül**, ein Utensilienbeutel. Zu den großen Dekolletés wurden mehrreihige Halsketten angelegt. Auch Armbänder, Fingerringe und große Ohrgehänge waren beliebt. Die Herren trugen die Uhr an einer Kette und schätzten verzierte Stockgriffe und Tabakdosen. Auch sie gingen außer Haus nicht ohne **Handschuhe**.

[1] Gamasche: Über Strumpf und Schuh getragene Beinbekleidung aus Stoff oder Leder, meistens knöpfbar.

13.13 Klassizismus: Biedermeier (1)

Etwa 1815 bis 1850

Merkmale der Epoche

1: Biedermeierzimmer (Düsseldorf)

Nach der politischen Niederlage Napoleons versuchte man 1815, mit dem **Wiener Kongreß** eine Neuordnung Europas zu schaffen und die früheren Verhältnisse wieder herzustellen. In dieser Zeit der **Restauration**[1] wuchs auch das Interesse an der eigenen kulturellen Vergangenheit und zeigte sich besonders in der Kunst und Literatur (Romantik).

Im **Baustil** blieb zwar die klassizistische Grundform erhalten, in der Gestaltung der Wohnräume entwickelte sich jedoch ein neuer, bürgerlicher Stil, das Biedermeier. Er strahlte Behaglichkeit und stimmungsvolle Atmosphäre aus, erreicht durch einfache, klare, sanft geschwungene Formen.

Die **Kleidermode** wurde durch die Ideen der **Romantik**[2] geprägt und paßte sich den bürgerlichen Lebensbedingungen an. Sie war phantasievoll und farbenfreudig. Gegenüber der aufwendigen Damenmode war die Herrenbekleidung unauffällig elegant und zweckmäßig. Man unterschied nun zwischen Tages- und Gesellschaftskleidung, Sommer- und Winterkleidung und wählte entsprechende Materialien und Farben. Typisch für die Biedermeierzeit waren Streifen, Karos und Blümchenmuster, kombiniert mit weißer Wäsche.

2: Deutsche Mode um 1820

3: Biedermeiermode um 1830

4: Biedermeiermode um 1830

Damenmode

Anfangs wurde die schlanke Silhouette der Empire-Mode beibehalten, allerdings in abgewandelter Form. Der steife, enge Rock war knöchelfrei, unter der Brust angesetzt und gegürtet und im unteren Bereich vielfach durch Volants, Rüschen, Raffungen und Bänder querbetont. Den kleinen Ausschnitt des knappen Oberteils umrahmte man mit einer hochstehenden Rüsche, die langen, schmalen Ärmel hatten eine gebauschte Armkugel.

Um 1820 rückte die Taille wieder an die natürliche Stelle und wurde mit einem Korsett stark geschnürt. Der weite, fußfreie Rock erhielt durch mehrere Unterröcke eine Stütze. Ein Kragen oder die **Berthe**, ein Besatz, umgab den in die Breite gehenden Ausschnitt des engen Mieders. Die riesigen **Schinken-, Hammelkeulen- oder Elefantenärmel** mußten mit Fischbeingestellen gestützt werden. Sie waren vertieft eingesetzt und verliefen vom Ellenbogen bis zum Handgelenk meistens eng. Später waren sie am Ansatz eng und nach unten weit gebauscht.

Verbreiterte Schultern, bauschige Ärmel, enge Schneppentaille und weiter Rock ergaben die sogenannte **Sanduhr-Silhouette**. Außerdem war das Kleid reich verziert mit Bändern, Schleifen, Stickereien, Volants und Kunstblumen.

Um 1840 nahmen die nun wieder fußlangen, durch Roßhaar verstärkten Röcke an Umfang zu. Zunächst waren sie nur mit einem Saumvolant versehen, allmählich jedoch mit vielen Volantreihen besetzt. Manchmal wurden auch mehrere Röcke in abgestufter Länge übereinandergetragen.

Aus den versteiften Unterröcken entwickelte sich die **Krinoline**[3], der erst mit Roßhaar, später mit Stahlreifen versehene Reifrock. Die Ärmel wurden wieder enger.

Wegen der großen Ärmel bevorzugte man als Übergewänder Schals, Schultertücher und Umhänge. Die **Pelerine** war ein kragenförmiger, die **Mantilla** ein dreieckiger Umhang. Aus dem **Canezou**, dem kurzen, langärmeligen Jäckchen, wurde ein Schulterkragen. Den langen, sehr weiten Mantelumhang nannte man **Rotonde** oder **Wickler**.

[1] Restauration: Wiederherstellung; [2] romantisch: gefühlsschwärmerisch; [3] crin (franz.) = Roßhaar

13.13 Klassizismus: Biedermeier (2)

Etwa 1815 bis 1850

1: Mantelmode um 1830

2: Krinolinenmode 1847

Herrenmode

Der **Leib- oder Gehrock** mit vorne übereinandergehenden Schößen wurde zum Tagesanzug. Als Gesellschafts- und vornehmer Straßenanzug diente der **Frack**, dessen Schöße vorne abgerundet oder eckig ausgeschnitten waren. Gehrock und Frack waren aus dunkleren oder farbigen Wolltuchen. Die knielangen, glockigen Schöße wurden in der Taille angesetzt, Brust und Schultern waren wattiert. Um eine schlanke Taille zu erreichen, trug man manchmal sogar ein **Korsett**. Die Ärmel hatten eine gebauschte Armkugel, später wurden sie glatt eingesetzt.

Für die langen Hosen, **Pantalons** genannt, bevorzugte man stets hellere bzw. andersfarbige Trikotstoffe. Die Hosenbeine waren unten sehr eng, bedeckten teilweise den Fuß und wurden durch einen **Steg** straff gehalten. Auch die buntgemusterte oder bestickte **Weste** war eng tailliert. Vom weißen Hemd waren der hohe, gesteifte **Eckenkragen** (Vatermörder) und die Manschetten sichtbar. Neben individuell geschlungenen Halstüchern kamen auch lose oder zur Schleife gebundene Krawatten in Mode.

Die Mantelmode war vielseitig: der **Carrick** wurde nur lose umgelegt und hatte mehrere Schulterkragen. Die **Redingote** war tailliert im Schnitt des Gehrockes, jedoch etwas länger. Als neue Form kam der gerade geschnittene und hochgeschlossene **Paletot** auf.

3: Damenstiefelette

4: Herrenknöpfstiefel

Zubehör

Der Kopfputz der Damen war phantasievoll und vielseitig. Charakteristisch für die Biedermeierzeit waren einerseits kunstvolle Frisuren mit aufgesteckten Zöpfen, Lockentuffs[1], Ohrenschnecken und Schmachtlocken, andererseits ein haubenähnlicher Hut, die **Schute**. Sie wurde aus Stroh, Filz oder Stoff gefertigt und reich mit Blumen, Früchten und Schleifen verziert. Die breite Krempe ragte oft weit ins Gesicht und wurde unter dem Kinn mit Bindebändern festgehalten. Die typische Kopfbedeckung des Herrn war der hohe **Zylinder**, sowohl zur Tages- als auch zur Gesellschaftskleidung. Gelocktes Haar und Koteletten[2] waren in Mode.

Die dünnsohligen und absatzlosen Damenschuhe waren sehr weich und überwiegend mit Stoff bezogen. **Kreuzbandschuhe** waren beliebt, die gerne bis zur Wade hochgebunden wurden. Später kamen **Stiefeletten**[3] mit flachen Absätzen und Schnürung auf. Die verkürzten Röcke ließen die hellen, oft verzierten Strümpfe sehen. Auch die geschnürten oder geknöpften **Halbstiefel** der Herren hatten niedrige Absätze. Häufig wurden Stoff und Leder kombiniert.

Handschuhe, Ridikül[4]**, Schirm, Fächer und Muff** waren wichtiges Zubehör für die Damen. Sie liebten Halsbänder mit Medaillons, lange Ohrgehänge, Broschen und kostbare Gürtelschließen. Zur kompletten Erscheinung des Herrn gehörten **Handschuhe, Spazierstock oder Regenschirm**. Die Taschenuhr wurde an einer langen Kette getragen. Man schätzte kostbare Krawattennadeln und Siegelringe.

1) Tuff: Büschel; 2) Koteletten: Bartstreifen; 3) Stiefelette: Halbstiefel; 4) Ridikül: Beuteltäschchen

13.14 Historismus: Zweites Rokoko und Gründerjahre (1)

Etwa 1850 bis 1890

Merkmale der Epoche

1: Baustil des Historismus (Textilfabrik, Ochtrup)

Die zweite Hälfte des 19. Jhdts. war vor allem durch die **Industrialisierung** gekennzeichnet. Die Mechanisierung in Spinnerei und Weberei und das Aufkommen der Konfektion, unterstützt durch die Erfindung der Nähmaschine, ermöglichte nun breiteren Bevölkerungsschichten, sich modisch zu kleiden.

Allerdings fand weder in der Mode, noch im **Baustil** eine Weiterentwicklung statt, sondern eher eine Rückorientierung. Das wiedererwachte Interesse für die Ideen und Formen vergangener Epochen bezeichnete man mit Historismus. Stilelemente vor allem von Gotik und Renaissance wurden nachgeahmt bzw. vermischt. Dies galt sowohl für Kirchen und Repräsentativbauten, als auch für Zweckbauten wie Fabriken und Bahnhöfe.

Die **Kleidung** für die Damen der bürgerlichen Gesellschaft diente vor allem der Repräsentation und war aufwendig in Material und Ausputz. Die Herrenkleidung dagegen zeichnete sich aus durch sachliche, zeitlose und zweckmäßige Formen in unauffälligen dunklen Farben.

Von 1860 bis 1870 orientierte sich die Damenmode am französischen Kaiserhof Napoleons III., der den Rokokostil wieder aufgriff **(Zweites Rokoko)**.

1870/71, nach dem deutsch-französischen Krieg und der Gründung des Deutschen Kaiserreiches, entstanden viele wirtschaftliche Unternehmungen. Die Mode der danach benannten **Gründerjahre** orientierte sich an den Formen des Barocks.

2: Krinolinenmode (Zweites Rokoko) 1860

3: Besuchskleider 1879

4: Gesellschaftskleider 1882

Damenmode

Im **Zweiten Rokoko** nahm der kuppelförmige Rock gewaltige Ausmaße an und wurde durch die **Krinoline** gestützt. Überdies erhielt er durch Volants, Rüschen und Stickereien eine Querbetonung. Das Mieder, vorne mit **Schneppe** und meistens durchgeknöpft, war tagsüber hochgeschlossen und mit einem Spitzenkragen versehen, abends ausgeschnitten und reich verziert. Die **Pagodenärmel**, oben eng und ab dem Ellenbogen glockig erweitert, waren mit Rüschen-, Volant- und Spitzenbesatz oftmals überladen. Darunter wurden gerne bauschige Unterärmel getragen.

Als Übergewänder dienten Schals, Umhänge, Mantillen[1] und Jacken im Herrenschnitt.

Ab 1860 flachte der Rock vorne ab, erweiterte sich erst in Kniehöhe und schleppte im Rücken faltenreich. Das Oberteil verlief körperbetont bis zu den Hüften. Auch die Ärmel wurden lang und eng. Schließlich wurde der Oberrock hochgenommen und am Gesäß über ein Gestell gebauscht. Diese **Tournüre** garnierte man verschwenderisch mit Posamenten, Schleifen, Volants und Spitzen.

Diese Mode hielt sich auch noch während der **Gründerjahre** bis etwa 1875. Dann dominierte die ganz **schlanke Linie**: die Röcke wurden sehr eng, die Oberteile stark tailliert und durch Streifen und Nähte längsbetont. Die Länge der Schleppe richtete sich nach dem Anlaß, Tageskleidung wurde mit der Zeit schleppenlos.

Das Kostüm, ergänzt mit der Bluse, kam auf. Beliebt waren Farb- und Materialkombinationen sowie kontrastierender Ausputz.

Um 1880 erhielten die Röcke im Rücken wieder eine Drapierung, den **Cul de Paris** (Pariser Steiß).

[1] Mantilla: Umhang

13.14 Historismus: Zweites Rokoko und Gründerjahre (2)

Etwa 1850 bis 1890

1: Übergewänder zur Krinolinenzeit

2: Herrenmode 1875

Herrenmode

Die Herrenmode richtete sich ganz nach englischem Vorbild und war dem beruflichen bzw. gesellschaftlichen Anlaß angepaßt. Zunächst dominierten noch **Gehrock** und **Frack**. Allmählich setzte sich das bequemere Jackett bzw. der Sakko durch, dessen durchgehend geschnittenen Vorder- und Rückenteile nur noch wenig tailliert waren. Zweireihige Fasson und Kantenbetonung waren beliebt.

Die Steghose wurde unmodern. Die Beinkleider erhielten mehr Weite und eine erhöhte Taille, waren oft gestreift oder kariert. Die Weste war anfangs noch farbig. Um 1860 entstand der **Sakkoanzug**, bei dem Hose, Sakko und Weste nun einheitlich in Farbe und Material waren.

Der schwarze Gehrock, den man mit einer gestreiften Hose kombinierte, wurde nur noch zu bestimmten Anlässen getragen. Auch der schwarze Frack mit weißer Weste wurde ausschließlich zum Gesellschaftsanzug.

Die bevorzugte Mantelform war der gerade geschnittene **Paletot**.

Die Hemden waren nicht selten bestickt. Vatermörder[1] und Umlegekragen wurden mit der Zeit vom steifen Anknöpfkragen verdrängt. Dem Anzug entsprechend trug man eine schmale Krawatte, den breiten Plastron[2] oder einen Querbinder.

3: Damenstiefelette

Zubehör

Nach der Haubenmode kamen für die Damen kleine **Teller- oder Kapotthütchen** auf. Sie wurden üppig garniert und saßen direkt über der Stirn oder auf dem Hinterkopf. Oftmals wurden die manchmal schlichten, dann wieder aufwendigen Frisuren mit edlen Haarnetzen, Perlen und Edelsteinen, Bändern, Federn und Blumen geschmückt. Zu Frack und Gehrock trugen die Herren auf der pomadisierten Scheitelfrisur den hohen steifen **Zylinder**. Zum Straßenanzug kam die **Melone** in Mode, ein Filzhut mit steifem Kopf und kleinem steifem Rand. Zum Sommeranzug gehörte ein flacher Strohhut, der **Canotier**.

Die Damengarderobe vervollständigten wadenhohe **Stiefel** bzw. Stiefeletten mit halbhohen Absätzen, da kein Bein gezeigt werden durfte. Häufig waren sie bestickt oder mit Steppverzierungen versehen. Mit der Verkürzung der Rocklänge kam zu Ballkleidern der **Pumps**[3] auf. Auch für die Herren waren geschnürte oder geknöpfte **Stiefel** zeitgemäß. Lediglich die Gesellschaftsschuhe waren etwas niedriger.

Die Damen liebten **auffälligen Schmuck**: große Medaillons, Ohrgehänge, Broschen und Armbänder, mit Edelsteinen und Perlen besetzt. **Handschuhe, Handtasche und Schirm** durften beim Ausgehen nicht fehlen. Die Herren schätzten effektvolle Krawattennadeln und Manschettenknöpfe; die goldene Uhr trugen sie an einer schweren Kette. **Handschuhe und Stock bzw. Stockschirm** gehörten zu einem korrekt gekleideten Herrn.

[1] Vatermörder: hoher steifer Kragen mit umgelegten Ecken; [2] Plastron: breite Seidenkrawatte bei festlicher Herrenkleidung
[3] Pumps: ausgeschnittener Damenschuh

13.15 Jahrhundertwende, Jugendstil (1)

Etwa 1890 bis 1914

Merkmale der Epoche

1: Jugendstilfassade (Düsseldorf)

Die Zeit vor und nach der Jahrhundertwende brachte einen ungeheueren Fortschritt von Technik und Wissenschaft, wodurch sich auch die Lebensgewohnheiten änderten. Die Damen- und Herrenbekleidung richtete sich nun in Stoff, Farbe und Schnitt nach Zweck und Gelegenheit. Beruf, Sport und Freizeitgestaltung nahmen Einfluß. **Reform- und Emanzipationsbestrebungen**[1], von Ärzten, Künstlern und Frauenvereinen ausgehend, sollten der Frau nicht nur eine körpergerechte und zweckmäßigere Kleidung bringen, sondern auch ihren Stellenwert in der Gesellschaft erhöhen.

Für die Herrenmode war weiterhin der englische Stil ausschlaggebend mit sachlich-korrekten Formen und zurückhaltenden Farben und Dessins.

Die Damenmode zur Zeit vor der Jahrhundertwende, der **Belle Epoque**[2], war luxuriös und verschwenderisch in Material, Verarbeitung und Ausputz, jedoch in dezente Farben gehalten. Die **Reformmode** zu Beginn des 20. Jhdts. brachte vereinfachte Formen, lebhafte Farben und neue dekorative Muster, inspiriert durch den **Jugendstil**. Diese Kunstrichtung (etwa 1895 bis 1914) versuchte, das Funktionelle mit dem Natürlichen und Ästhetischen[3] in Einklang zu bringen und bezog die Architektur und vor allem das Kunsthandwerk mit ein. Weich schwingende Linien, einfache, der Natur nachempfundene Ornamente und materialgerechte Gestaltung kennzeichneten diesen Stil.

2: Damenmode um 1898

3: Damenmode um die Jahrhundertwende

4: Damenmode Anfang d. 20. Jhdts.

5: Tanzkleid 1914

Damenmode

1890 liebte man Röcke in **schlanker Silhouette**: vorne schmal und im Rücken faltig schleppend. Der in Bahnen geschnittene Glockenrock kam auf. An den Hüften lag er eng an und sprang ab den Knien faltenreich auf. Rockfutter und Unterkleid, beides aus Seide und mit Volants besetzt, gaben Fülle und bewirkten das beliebte Rascheln. Das Oberteil, lang und spitz auslaufend, war bei der Tageskleidung stets hochgeschlossen und mit einem hohen Stehkragen versehen. Mit der Zeit wurde es blusig und mit Einsätzen verziert. Üppig gebauschte Ärmel waren beliebt, besonders der Keulenärmel.

Häufig trug man auch Rock und Bluse sowie einen Gürtel zur **Taillenbetonung**. Das **Bolero** ließ den reizvollen Ausputz der Bluse sehen. Auch das **Kostüm** mit Jacken im Herrenstil bekam seinen festen Platz. Gerade oder taillierte Mäntel bzw. längere Jacken verdrängten die Umhänge.

Um 1900 kamen Prinzeßschnitte in Mode und die sehr langen Ärmel wurden enger. Man schnürte Leib und Hüfte mit dem Korsett zu einer geraden Front und betonte die Büste, so daß der Körper von der Seite aus einer **S-Form** glich. Das **Reformkleid**, das weich fließend von den Schultern bzw. der Brust zu Boden fiel, sollte der ungesunden Mode entgegenwirken. Es fand jedoch nur als Gesellschaftskleid Anklang. Allmählich rückte aber auch bei der Tageskleidung die Taille höher und wurde weniger geschnürt. Um 1910 wurden die Röcke so eng, daß man kaum richtig gehen konnte. Dieser **Humpelrock** setzte sich jedoch genausowenig durch wie der Hosenrock.

Um 1914 dominierte bei der Tagesmode der fußfreie gerade Rock, oft mit drapiertem Überrock **(Tunika)**, kombiniert mit einem blusigen Oberteil. Für die extravagante Abendmode bevorzugte man den orientalischen Stil.

[1] Emanzipation: Gleichstellung; [2] Belle époque (franz.) = schöner Zeitabschnitt; [3] ästhetisch: geschmackvoll, ausgewogen, ansprechend

13.15 Jahrhundertwende, Jugendstil (2)

Etwa 1890 bis 1914

1: Reitkostüm und Reitanzug 1890

2: Gesellschaftskleidung 1910

3: Gesellschaftskleidung 1910

Herrenmode

Im Beruf und auf der Straße trug der Herr den **Sakkoanzug** in mäßig taillierter Form und ziemlich hochgeschlossen. Mit der Zeit wurde die Taillierung stärker, die Revers erhielten einen längeren Verlauf. Die knöchellangen Hosen verjüngten sich nach unten, hatten Aufschläge und Bügelfalten.

Bei offiziellen Anlässen am Tage wurde der Gehrock vom **Cutaway** verdrängt, dessen Schöße vorne abgerundet waren. Man trug ihn mit einer aufschlaglosen, gestreiften Hose.

Als Gesellschaftsanzug für den Abend kam der **Smoking** auf. Der Frack blieb fortan den großen, offiziellen Abendgesellschaften vorbehalten.

Dem Anzug entsprechend wurde der Mantel gewählt. Neben dem eleganten **Paletot bzw. Chesterfield** schätzte man den sportlicheren **Ulster**, den bequemen **Raglanmantel** und den kürzeren **Coat**. Mit der aufkommenden Sportmode wurden vor allem die Knickerbocker beliebt.

Zubehör

Die Damen bevorzugten zur strengen Wellenfrisur mit Nackenknoten kleinere Kopfbedeckungen. Als um 1900 ausladende Frisuraufbauten in Mode kamen, entwickelten sich auch die Hüte zu einem **„Wagenrad"** und wurden reich mit Federn, Blumen, Bändern und Schleifen garniert. Je nach Anlaß bzw. Anzug trugen die Herren den weichen Filzhut, die steife **Melone**, den vornehmen **Zylinder** oder den sommerlichen **Canotier**[1].

Mit dem Kürzerwerden der Röcke rückte der Damenschuh ins modische Blickfeld. Die bisher zur Tagesgarderobe übliche Stiefelette wurde allmählich von den ausgeschnittenen Halbschuhen, den **Pumps**, verdrängt. Sie waren von spitzer Form und hatten halbhohe geschweifte Absätze und häufig eine Ristspange. Gesellschaftsschuhe waren oft aus Seide und reich verziert. Neben schwarzen kamen nun auch hellere bzw. farbige Strümpfe in Mode. Die Herren trugen knöchelhohe **Schnür- und Knöpfstiefel** oder auch dunkle Halbschuhe, zu denen sie Stoffgamaschen anlegten. Bei Abendgesellschaften waren Lackschuhe vorgeschrieben.

Hut, Handschuhe und Handtasche waren beim Ausgehen unentbehrlich für die Dame. Im Sommer war dies auch der **Sonnenschirm**, im Winter der **Muff**. Phantasievoller Schmuck, Federboa[2] und Fächer ergänzten die Abendtoilette[3]. **Einstecktuch, Handschuhe und Spazierstock** gehörten zur kompletten Ausstattung für den Herrn. Überdies schätzte er Krawattennadeln und Hemd- und Manschettenknöpfe aus kostbarem Material. Die Armbanduhr kam auf.

4: Damenspangenschuh

5: Herrenstiefelette

[1] Canotier (franz.) = steifer, flacher Strohhut mit gerader Krempe; [2] Boa: Riesenschlange; [3] Toilette (franz.) = aufwendiges Gesellschaftskleid

13.16 Zwanziger Jahre (1)

1920 bis 1929

Merkmale der Epoche

1: Bauhaus (Schule für Gestaltung, Dessau)

Nach dem 1. Weltkrieg (1914 bis 1918) traten insbesondere bei der Frauenkleidung revolutionäre Veränderungen ein. Ausschlaggebend waren die **Gleichstellung der Frau** im Beruf, im privaten und politischen Bereich sowie die zunehmende sportliche Betätigung. Ein neuer, mehr sachlicher Frauentyp entwickelte sich und stellte entsprechende Anforderungen an die **Bekleidung**. Man wollte keine Einengung mehr durch ein Korsett, verzichtete auf die Betonung der weiblichen Formen und verlangte nach Beinfreiheit. Die Folge waren vereinfachte Schnitte und kurze Röcke. Vor allem die Tageskleidung war nun praktisch und bequem; sportliche Stoffe in gedeckten Farben wurden bevorzugt. Für die Gesellschaftsmode liebte man jedoch effektvolle Materialien in leuchtenden Farben sowie extravaganten Ausputz. Stars von Bühne und Film wurden zu modischen Leitbildern.

Die Modeindustrie konnte einen gewaltigen Aufschwung verzeichnen. Auch Kunst, Theater und Musik blühten auf. Abendliche Vergnügungen sollten die Belastungen durch Inflation, politische Unruhen und Arbeitslosigkeit erträglicher machen. Man bezeichnete die Jahre von 1924 bis 1929 auch als die „Goldenen Zwanziger".

Die 1919 gegründete Schule für Gestaltung, das Bauhaus, gab richtungsweisende Impulse für die **Architektur** des 20. Jahrhunderts. Das angestrebte Ziel war die Verbindung von Technik und Kunst. Sachlichkeit und Zweckmäßigkeit standen im Vordergrund; Beton, Metall und Gips waren die Werkstoffe. Daneben zeigten die Phantasieornamente des **Art Déco**[1] bei der Innengestaltung Anklänge an den Jugendstil auf.

2: Sportanzug und Jumpermode 1926

3: Abendkleider 1925

4: Nachmittagskleider 1929

5: Gesellschaftskleidung 1929

Damenmode

Nach der Kriegsmode, dem Kleid mit Taillenbetonung und weitem Rock, entwickelte sich das schmale, lose Hemdkleid, der **Hänger**. Die Rocklänge verkürzte sich; 1920 waren die meist einteiligen Kleider knapp wadenlang. Die locker umspielte und vertiefte Taille wurde mit einem Gürtel oder einer Schärpe betont. Bequeme Maschenstoffe und erschwingliche Kunstseidenstoffe kamen auf. Beliebt waren auch lange **Jumper** bzw. Pullover.

1924 reichte der Rock nur noch bis zum Knie, 1927 war er **kniefrei**. Die verlängerten Oberteile waren von geradem Schnitt, so daß Busen und Taille unbetont blieben. Als modisches Ideal galt die **Garçonne**, die knabenhafte Frau.

Die Gesellschaftskleider hatten den gleichen Schnitt wie die Tageskleider, erhielten jedoch größere **Dekolletés** und feminine Details wie glockig schwingende oder plissierte Rockteile, Perlen-, Pailletten- und Fransenbesatz **(Charleston[2]-Kleid)**.

Am Ende des Jahrzehnts wurde die Kleidung wieder figurbetonter, die Röcke verlängerten sich bis zur Wade. Beliebt waren Schrägschnitte, Drapierungen[3], Volants, asymmetrische und zipfelige Säume.

Für Kostümjacken und Tagesmäntel wählte man gerne den **Herrenschnitt**. Bei den eleganten Formen dominierte der Wickelmantel mit Schalkragen. Pelzmäntel und Pelzbesatz kamen in Mode, ebenso das **Ensemble** (Kleid und Mantel).

[1] Art Déco (franz.) = dekorative Kunst; [2] Charleston: Modetanz der 20er Jahre; [3] Drapierung: weiche Faltenraffung

13.16 Zwanziger Jahre (2)

1920 bis 1929

1: Herrenmode 1920

2: Herrenmode 1925

3: Herrenmode 1928

Herrenmode

Die Tageskleidung der Herren war sachlich-seriös oder sportlich. Die in dezente Farben gehaltenen Stoffe hatten vielfältige Dessins wie Karos, Streifen, Kleinmuster. Zunächst wurde der **Sakko** noch mit versteifter Front, hoher Taille und meistens einreihig mit steigenden Revers gearbeitet. Die **Hose** verlief nach unten enger.

Um 1925 erhielten die Sakkos einen weniger taillierten Schnitt und waren weniger versteift. Die Hosen hatten eine gleichmäßige Beinweite.

Um 1929 wurden die Schultern breit gepolstert. Die Sakkos waren mäßig tailliert und lagen an der Hüfte an. Aufschlaghosen mit weitem, geradem Schnitt kamen auf.

Knickerbocker und Sportsakko wurden nun nicht mehr ausschließlich zu sportlichen Gelegenheiten getragen. Die Weste, unerläßlicher Bestandteil der korrekten Kleidung, wurde tagsüber nun auch durch einen Pullover ersetzt.

Als sportliche Mantelform kam der **Trenchcoat** auf. Den **Paletot** bevorzugte man bei den eleganten Formen.

Die Gesellschaftskleidung blieb formell. Je nach Anlaß wählte man **Cutaway, Smoking oder Frack**. Als kleiner offizieller Anzug für den Tag kam der **Stresemann** auf, die Kombination von dunklem Sakko und gestreifter Hose.

4: Damenschuh

5: Herrenschuh

Zubehör

Zum glatt frisierten oder gewellten Kurzhaarschnitt, dem **Bubikopf**, trugen die Damen den glockigen **Topfhut** tief in die Stirn gezogen. Für gesellschaftliche Anlässe liebte man den **Turban** mit Federschmuck. Die Herren kämmten die kurze Scheitelfrisur glatt und pomadisierten sie. Je nach Gelegenheit wählten sie den weichen **Filzhut** mit Kopfkniff, den eleganten steifen **Homburg** oder sportliche **Mützen und Kappen**.

Die Damenschuhe waren ziemlich spitz, sowohl die eleganten **Pumps** und **Spangenschuhe** mit hohen Absätzen, als auch die sportlichen, flachen **Halbschuhe**. Die Mode der kurzen Röcke rückte das Bein und damit den Strumpf ins Blickfeld. Die hautfarbenen Seiden- oder Kunstseidenstrümpfe waren häufig verziert. Bei den Herren setzten sich neben den knöchelhohen **Stiefeletten** allmählich **Halbschuhe** durch, die man im Winter mit Gamaschen trug.

Handschuhe, Handtasche, Schal, Schirm und Hut gaben Farbtupfer. Auch die **Krawatten**, nun farbig und gemustert, wurden zum modischen Attribut. Die Damen liebten lange, mehrreihige Perlenketten, Armbänder und Ohrringe. Neben dem echten Schmuck kam der Modeschmuck auf. Auch die lange Zigarettenspitze durfte nicht fehlen. Schmuck für den Herrn waren Armbanduhr und Siegelring.

13.17 Dreißiger Jahre

1930 bis 1939

Merkmale der Epoche

Zu Beginn war das Jahrzehnt gekennzeichnet durch die Folgen der Weltwirtschaftskrise (1929). Die Arbeitslosigkeit zwang die Bevölkerung zum Sparen. Danach beeinflußte der **Nationalsozialismus** das gesamte Leben.

Der Kunst blieb wenig Entfaltungsmöglichkeit, die Architektur war sachlich und nüchtern. Öffentliche Bauten entstanden in einem **neoklassizistischen Stil**[1].

Die **Damenmode** war sehr **feminin**. Die Betonung der natürlichen Formen entsprach auch den nationalsozialistischen Vorstellungen. Als Uniformen das Straßenbild beherrschten, wurde die Tageskleidung jedoch strenger und erhielt maskuline Details.

Die **Herrenbekleidung** blieb **konservativ**, lediglich die Alltagsmode wurde mit der Zeit sportlicher.

1: Gesellschaftskleidung 1932

2: Mantel und Ensemble 1933

3: Abendkleid

4: Wintermantel 1936

5: Kostüm 1939

6: Nachmittagskleid, 1939

7: Sportliche Herrenmode

8: Paletot und Ulster

Damenmode

Die Kleider aus fließenden Stoffen waren wadenlang, **taillenbetont**, hüftschmal und hatten glockige Saumweite. Schrägschnitte, Drapierungen, Zipfel und Wickeleffekte unterstrichen die elegante Linie. Durch Polster und gepufft eingesetzte Ärmel wurden die **Schultern betont**. Abendkleider hatten ein Dekolleté und häufig eine kleine Schleppe.

Auch bei Jacken und Mänteln dominierte die körpernahe Linienführung. Ende der Dreißiger Jahre wurden die Schultern extrem breit gepolstert, die Röcke bedeckten gerade noch die Knie. Mäntel hatten oft nur $^{7}/_{8}$ Länge. **Uniformdetails** wie Schulterklappen, große aufgesetzte Taschen und breite Revers waren typisch.

Herrenmode

Der **taillierte Sakko** war an der Hüfte anliegend, hatte betonte Schultern und kurze, breite Revers. Die gerade **Aufschlaghose** hatte bequeme Weite. Für besondere Anlässe am Tage war der **Zweireiher** beliebt.

Norfolk-Jacke[2] **und Knickerbocker** bzw. Gürtelhose und Blazer waren beliebte Sportkombinationen. Außer dem taillierten Paletot und dem geraden Ulster trug man Trenchcoats und Regenmäntel.

Zubehör

Zur halblangen Lockenfrisur liebten die Damen **kleine** garnierte **Hüte** oder enganliegende Kappen. **Hochhackige Pumps** und Schuhe mit Keilabsätzen und dicken Sohlen kamen auf. Weiße Garnituren, Stoffblumen und Ziergürtel dienten als Ausputz.

Weiche oder steife **Filzhüte** sowie sportliche **Mützen** vervollständigten die Herrengarderobe. Die schmalen **Halbschuhe** waren oft zweifarbig.

[1] Neoklassizismus: Wiederaufnahme klarer, klassischer Stilelemente

[2] Norfolk-Jacke: Sportliche Jacke mit Golffalten, aufgesteppetem Gürtel, Blasebalgtaschen und Schultersattel

13.18 Vierziger Jahre

1940 bis 1949

Merkmale der Epoche

Während des **Zweiten Weltkrieges** (1939 bis 1945) und der **Nachkriegszeit** war wenig Weiterentwicklung der Kleidermode möglich. Stoffknappheit und angeordnete Einschränkungen machten häufiges Umarbeiten und Zusammenstückeln nötig. „Alles verwenden – nichts verschwenden" war die Devise. Die **Damenkleidung** war zwar einfach und zweckentsprechend, aber dennoch kleidsam. Man hielt sich an gedecktere Farben und verzichtete auf aufwendigen Ausputz. 1947 startete die Haute Couture in Paris einen Neubeginn und spielte wieder die dominierende Rolle. Mit seiner neuen, betont feminin gehaltenen Damenmode, dem **New Look**[1)], stieg Christian Dior zum „Modekönig" auf.

Damenmode der frühen Vierziger Jahre

1: Tages- und Nachmittagskleid

2: Tageskleider

3: Kostüm

Damenmode 1949

4: Kostüm im New Look

5: Enge Linie

6: Bolero-Kostüm

7: Nachmittagskleid

8: Sportlicher Mantel, 1949

9: Eleganter Tagesmantel, 1949

10: Herrenmode

Damenmode

Schmale Formen mit betonten Schultern und **kniekurze** Röcke waren kennzeichnend für die Kriegszeit. Die Kleider waren taillenbetont, Jacken und Mäntel hatten Uniformdetails.

Im Gegensatz dazu brachte der New Look wadenlange, weite **Glockenröcke** und figurenbetonende Oberteile mit runden Schultern. Alternativ zu dieser jugendlich beschwingten Linie war die damenhaft elegante **Bleistiftlinie** mit eng taillierten Oberteilen und langen, schmalen Röcken.

Gesellschaftskleider erhielten Drapierungen, Tunika- und Schößcheneffekte sowie raffinierte Dekolletés. Die enge **Taillierung** machte wieder das Korsett bzw. eine Versteifung der Oberteile erforderlich.

Jacken und Mäntel arbeitete man auf Figur oder mit glockigem Rücken.

Herrenmode

Sie änderte sich nur wenig und blieb zurückhaltend in Farbe und Dessin. Standardanzug war der **Zweireiher**, der die Weste entbehrlich machte.

In der Nachkriegszeit wurden die **Sakkos** länger, an den Schultern stark verbreitert, an den Hüften schmal gehalten. Die **Hosen** erhielten einen weiten Schnitt und Aufschläge. Der sportliche **Dufflecoat** kam auf.

Zubehör

Zum langlockigen bzw. hochfrisierten Haar trug man **Kappen** oder drapierte **Kopftücher**. Die Schuhe waren häufig dicksohlig und plump. Der New Look brachte kleine Lockenfrisuren und elegante randlose oder breitrandige **Hüte**.

Weicher **Filzhut, Schirm- oder Baskenmütze** waren Kopfbedeckungen der Männer. Die robusten Halbschuhe hatten oftmals Holzsohlen; in der Nachkriegszeit kamen Kreppsohlen auf.

1) New Look (engl.) = neues Aussehen

13.19 Fünfziger Jahre

1950 bis 1959

Merkmale der Epoche

Der wirtschaftliche **Aufschwung** und das Ansteigen des Lebensstandards verhalfen der Bekleidungsindustrie zu einer gewaltigen Entwicklung. Die exklusiven Ideen der Haute Couture wurden in tragbare Mode umgesetzt und allen Bevölkerungsschichten zugänglich gemacht. Mit der Kleidung unterstrich man die gesellschaftliche Stellung. Preiswerte und pflegeleichte Synthesefasern förderten den Konsum.

Während die **Herrenmode** konventionell blieb, wechselten die Modevorschläge für die **Damen** nun von Saison zu Saison.

Die Silhouetten wurden nach Buchstaben und Formen bezeichnet, die Rocklänge verkürzte sich allmählich von wadenlang bis gut kniebedeckt.

Neben der **Sport- und Freizeitkleidung** entwickelte sich eine eigene, unkompliziertere Mode für die jüngere Generation. Strick-, Cord-, Lederbekleidung und vor allem die Jeans kamen auf. Film- und Schlageridole waren die modischen Leitbilder, viele Impulse kamen aus den USA.

1955: Tulpen-, Kuppel-, I-Linie

1957: Trapez-, A-, H-, Sacklinie

1958: Tonnenlinie

1: Modelinien

2: Mäntel in X- und V-Linie, 1951

3: Nachmittagskleid, 1951

4: Blousonkostüm 1959

5: Kuppellinie 1959

6: Schneiderkostüm und Zweireiher

7: Einreiher 1954

8: Sportliche Kleidung 1954

[1] Slipper: Schlupfschuh

Damenmode

Schmale Röcke, enge Taillen und modellierte Hüften kennzeichneten die damenhaft elegante Mode. Typische Beispiele waren die **Enge** bzw. **Bleistiftlinie, Tulpen-, Y-** und **Empire-Linie**. Eine jugendlich beschwingte Note brachten die **X-Linie** mit Prinzeßschnitten, **Kuppel- und Ballonlinie** mit wippenden Röcken und Petticoats, aber auch die **Trapez- und A-Linie** mit ausgestellten Formen. Hüftbetonung, umspielte Taille und blusige Oberteile kennzeichneten **H- und Wellenlinie**. Die **befreite Linie** bot mit sackähnlichen Schnitten einen körperunbetonten Kleidstil, der sich bis zur **Tonnenlinie** steigerte.

Herrenmode

Sakkos und Mäntel hatten einen weiten Schnitt **ohne Taillierung** sowie breit **gepolsterte Schultern**. Die Hosen hatten oben bequeme Weite und verengten sich nach unten.

Um 1955 wurden die Sakkos **figurbetonter** und erhielten rundere Schultern. Beliebt waren Einreiher mit kurzen, breiten Revers und elegante Zweireiher.

Zubehör

Kopfbedeckung, Handtasche und Handschuhe wurden sorgfältig auf die Kleidung abgestimmt. Breitrandige oder zierliche Hüte saßen auf kleinen Lockenfrisuren. Spitze Pumps mit **Pfennigabsätzen** und hauchdünne Nylonstrümpfe waren begehrt. Junge Mädchen bevorzugten Pferdeschwanz-Frisur und **Ballerina-Slipper**[1].

Für den Herrn waren weiche **Filzhüte** oder **Sportmützen**, schmale **Halbschuhe** oder **Slipper** zeitgemäß. Den korrekten Anzug ergänzten das **Einstecktuch** und schmale Krawatten oder Fliegen.

13.20 Sechziger Jahre

1960 bis 1969

Merkmale der Epoche

Kennzeichnend für die Bekleidungsweise der Sechziger Jahre war die Befreiung von Zwängen und Tabus. Der unkonventionelle Kleidstil der Jugend setzte sich durch und die Textilwirtschaft stellte sich darauf ein. **„Jugendlichkeit"** war das Schlagwort für Werbung und Medien. Sie wurde vor allem durch die **Minimode** dokumentiert. Jeans, Pullover und T-Shirt wurden zur selbstverständlichen Alltagskleidung für Teens und Twens, die sich vor allem an Pop-Stars orientierten und mit der Zeit die Langhaarmode bevorzugten.

Aber auch die **Raumfahrt** sowie die **abstrakte Kunst** beeinflußten die Modeszene. Grelle Farben und neuartige Materialien wie Kunststoff-Folie und Lackstoff kamen auf. Nicht zuletzt entwickelten sich aber auch **Antimoden**, die den Protest der Jugend gegenüber gesellschaftlichen und politischen Vorgängen zum Ausdruck brachten. So richtete sich die nostalgisch[1] verspielte Hippiemode[2] gegen die Leistungsgesellschaft, der bewußt nachlässige Gammler-Look gegen den herkömmlichen Kleidstil.

Damenmode der frühen Sechziger Jahre

1: Prinzeßkleid **2: Etuikleid** **3: Chanelkostüm** **4: Hemdblusenkleid**

Mode ab 1964

5: Op-Art **6: Courrèges-Stil[5]** **7: Op-Art** **8: Trapez-Linie**

9: Maximantel und Hosenkombination **10: Minimantel** **11: Freizeitanzug 1964** **12: Einreiher 1964**

Damenmode

Neben der **femininen**, figurbetonenden Linie mit zierlichen Prinzeß- und damenhaften Etuikleidern, behauptete sich der **sportlich-lässige** Stil mit losen Jumper- und Shiftkleidern. Beliebt waren auch Blousons, lange Westen, Trägerröcke und das Chanel-Kostüm, **Minirock und Damenhose** setzten sich endgültig durch.

Op-Art[3] und **Weltraum-Look** brachten eine futuristische Mode mit geometrischen Dessins und Schnittformen in Schwarz-Weiß, Weiß und Silber. Kleider und Mäntel in **Trapez-Linie** betonten kontrastierende Blenden und markante Steppnähte.

Hosen mit extremer Fußweite kamen auf. Hot Pants[4], Maximode und der Transparent-Look waren ausgefallene Modevarianten.

Herrenmode

Sakkos und Mäntel hatten zunächst einen **geraden** und bequemen Schnitt. Ab 1965 wurde die Silhouette jedoch **figurbetonter**, die Sakkos waren bisweilen sogar stark tailliert. Man bevorzugte schmale, aufschlaglose Hosen und kniekurze Mäntel. Freizeitjacken und Pullover kombinierte man mit knappsitzenden Gürtelhosen.

Zubehör

Breites Schuhwerk mit **plumpen Absätzen** kam auf. Zum Minirock, der durch Feinstrumpfhosen tragbarer wurde, bevorzugte man **Stiefel** in allen Höhen. Damenhüte sah man selten, dafür liebte man hochtoupierte Frisuren oder kecke Kurzhaarschnitte, falsche Haarteile und Perücken.

Neben farbigen Hemden kamen feine **Rollkragenpullis** in Mode. Die breiten Krawatten waren bunt gemustert.

[1] Nostalgie: Sehnsucht nach Vergangenem; [2] Hippies: Blumenkinder, hip (engl.) = hinter etwas hertrauern
[3] Op-Art: Optische Kunst, geometrisch-abstrakte Motive; [4] Hot Pants: hautenge Damenshorts; [5] André Courrèges: Französischer Modeschöpfer

13.21 Siebziger Jahre

1970 bis 1979

Merkmale der Epoche

Die vielseitige Mode bot Spielraum für einen **individuellen Kleidstil**. Das **Kombinieren** von Einzelteilen wurde beliebt, ebenso der **Material- und Mustermix**.

Bei der Damenmode pendelte sich die Rocklänge auf **midi** ein. Alternativ zur sportlich-legeren Richtung brachte die **Nostalgie-Welle** wieder einen femininen Stil in Anlehnung an die dreißiger Jahre. Auch **Folklore- und Romantik-Look** setzten Akzente.

In der Herrenmode entwickelte sich neben der konservativen, formellen Kleidung die abwechslungsreiche **Freizeit- bzw. Legerkleidung** (informelle Kleidung).

Die Jugend bevorzugte den **Jeans-Stil**. Turnschuhe wurden zur gängigen Fußbekleidung. Die Disco-Mode kam auf mit grellen Farben und glänzenden Materialien. Durch hautenge Lederkleidung und Schockfrisuren brachten die Punker[1] ihre antibürgerliche Einstellung zum Ausdruck.

1: Blazermode 1972

2: Kombimode 1977

3: Jeansmode 1976

4: Nostalgiemode 1978

5: Folklorestil 1978

6: Exotik-Look 1977

7: T-Linie 1979

8: Partymode 1975

9: Ein- und Zweireiher 1972

Damenmode

Bei der Tagesmode dominierten Faltenröcke und Hemdblusenkleider in **Minilänge**, Hosen mit **großer Fußweite**, Blousons und **stark taillierte** Blazer. Mit der **Kombimode** kam eine Vielzahl von Blusen-, Hosen- und Jackenformen auf; die Röcke bedeckten wieder die Knie.

Kleider der neuen, **femininen Linie** aus fließenden Stoffen hatten figurbetonende Oberteile, längere Röcke und Taillenmarkierung durch einen Gürtel.

Rüschen, Volants und Stickereien kennzeichneten den **Folklore- und Romantik-Look**. Die Abendmode ließ exotischen Einfluß erkennen.

Mit der geraden, schulterbetonten **T-Linie** kam schließlich ein mehr sachlicher Stil auf. **Oversizend**[2]-Schnitte verdeutlichten den Trend zu einer lässigen Mode.

Herrenmode

Stark taillierte Sakkos mit schmalen Schultern und **breiten Revers** sowie gesäßenge Hosen mit **großer Fußweite** prägten zunächst das Modebild. Danach setzte sich eine Linie durch, die zwar **optisch schlank**, aber dennoch bequem war. Breitere Schultern, langgezogene Revers und schmale Hosen waren kennzeichnend.

Zubehör

Mit der **Nostalgie-Welle** kamen Glocken- und Schleierhüte in Mode. Vorübergehend waren Schuhe mit dicken Sohlen und plumpen Absätzen beliebt, ansonsten dominierte die vielseitige **Stiefelmode**.

Die Herrenhemden zeigten nun dezente Kleinmuster, Streifen und Karos. Statt der Krawatte trug man auch Schals und Tücher. **Herrenhandtaschen** kamen auf.

[1] punk (engl.) = nichts wert, mies; [2] Oversize (engl.) = Übergröße, bewußt körperfern und überproportional

13.22 Achtziger Jahre

1980 bis 1989

Merkmale der Epoche

Der eigene, sehr individuelle Lebensstil, die Tragegelegenheiten und -gewohnheiten in Beruf, Alltag und Freizeit bilden die Grundlage für die sehr **differenzierte Kleidermode** der heutigen Zeit. Generell ist das Modebewußtsein groß. Die Kleidung ist Ausdruck gehobener Lebensqualität. Anspruchsvolle Stoffe, aufwendige Verarbeitung, dekorative Details sowie eine große **Formenvielfalt** sind kennzeichnend.

Bei der **Herrenmode** gilt als Devise für den traditionellen Sakkoanzug: noble Eleganz, klassischer Schnitt und dennoch Bequemlichkeit. Leichte Materialien, lässiger Schnitt und aufwendige funktionelle Details kennzeichnen die Legerkleidung.

Das Leitbild für die **Damenmode** ist die aktive, selbstbewußte Frau, die sowohl den klassisch-eleganten, als auch den sportlich-funktionellen Stil bevorzugt. Andererseits behauptet sich aber auch eine betont feminine Mode, die raffiniert, verführerisch und extravagant sein darf. **Nostalgische Einflüsse** erinnern an die Modelinien vergangener Jahrzehnte und bringen den Stil-Mix, das Spiel mit extrem kontrastierenden Silhouetten. Die **Rocklängen variieren** stilbedingt von kniekurz bis knöchellang, der Minirock lebt wieder auf.

Auch bei der **Jugend** wird nach Punk-Mode, Löcher- und Fetzenlook die Neigung zu einem gepflegteren Stil, verbunden mit originellen Ideen deutlich.

1: Feminine Mode

2: Hüllenlook

3: Kostüm in neuer Proportion

4: City-Stil

5: Sportlich-elegante Herrenmode

6: Partymode „After-six"

[1] City (engl.) = Stadt, städtisch

Damenmode

Bei der Tagesmode überwiegt der **sportlich-lässige** Stil mit einfachen, bequemen Schnitten. Die körperumspielende schlanke Silhouette und der voluminöse Hüllenlook mit extremer Überweite konkurrieren miteinander. Für Kostüme und Mäntel hält sich auch der **sportlich-elegante** City-Stil[1] mit maskulinen Details und Formen.

Feminine Eleganz dominiert am Nachmittag und Abend: weichfließend oder figurbetont, mit engem, beschwingtem oder bauschigem Rock.

Die Taille wird markiert bzw. nach oben oder unten verlagert. Großzügige Ärmelschnitte geben Bewegungsfreiheit. Die **Schulterpartie** wird immer **betont**. Durch das Kombinieren von extrem unterschiedlichen Längen und Weiten entstehen **neue Proportionen**.

Herrenmode

Die Anzugsakkos verändern sich nur unwesentlich. Taillierung, Schulterbetonung und Reversbreiten sind gemäßigt. Die **Bundfaltenhose** setzt sich durch. Stepp- und leichte Hüllenmäntel sind beliebt. Eine **vielfältige Partymode** belebt die Gesellschaftskleidung.

Zubehör

Die **Vielfalt der Accessoires** ist so groß wie nie zuvor. Modisches wird mit Funktionellem verbunden. Die Farben, Formen und Materialien, den aktuellen Modethemen zugeordnet, können stilbetonend oder kontrastierend sein.

13.23 Fachbegriffe (1)

Begriff	Erläuterung	Stilepoche
Allongeperücke, die	Hoch aufgetürmte, langlockige Männerperücke	Barock
Barett, das	Flache Kopfbedeckung, mit Federn und Schnüren verziert	Renaissance
Berthe, die	Kragen oder Besatz am Ausschnitt des Frauenkleides	Biedermeier, II. Rokoko
Braguette, die	Schamkapsel; wattierter Hosenlatz in Beutel- oder Kapselform	Spätgotik, Renaissance
Canezou, der	Kurzes Jäckchen in Spenzerform für Damen; später breiter Schulterkragen	Empire, Biedermeier, Zweites Rokoko
Caraco, der	Kurze frackähnliche Schoßjacke der Damen	Englische Mode
Carrick, der	Mantel mit mehreren Schulterkragen in abgestuften Längen	Empire, Biedermeier
Charleston-Kleid, das	Nach einem Modetanz benanntes Gesellschaftskleid ohne Taillenbetonung (Hänger), häufig mit Fransenbesatz	Zwanziger Jahre
Chemise, die	Leichtes Hemdkleid mit hoher Taille, Puffärmel, Dekolleté, Schleppe	Directoire, Empire
Chiton, der	Gegürtetes, hemdartiges Leinengewand für Frauen und Männer mit bauschigen Faltenüberhängen, auf den Schultern zusammengehalten	Griechische Antike
Chlaina, die	Einfaches Wollgewand für Männer, über Rücken und Schulter gelegt und vorne oder auf der rechten Schulter gehalten	Griechische Antike
Chlamys, die	Kurzer, wollener Mantelumhang für Männer, über die linke Schulter gelegt und auf der rechten Schulter gehalten	Griechische Antike
Clavi, die	Zierstreifen als Rangabzeichen, meist purpurfarben	Röm. Antike, Byzant. Zeit
Contouche, die	Haus-, Straßen- und Reisekleid, durchgehend geschnitten mit tiefen Rückenfalten (Watteaufalten); auch „Schlender" genannt	Rokoko
Cotte, die	Frauenkleid bzw. langer Männerrock in Hemdform	Romanik, Gotik
Cul de Paris, der	Gesäßbetonung durch Gestell oder Polster, über das der Oberrock drapiert wurde; auch „Pariser Steiß", „Franz. Steiß", „Tournüre"	Barock, Rokoko, II. Rokoko Gründerjahre
Culotte, die	Kniehose; zunächst mäßig weit, später enganliegend	Barock, Rokoko
Dalmatika, die	Ungegürtetes Hemdgewand mit weiten Ärmeln und farbigen Längsstreifen (Clavi); Obergewand für die herrschende Schicht	Römische Antike, Byzantinische Zeit
Engageantes, die	Mehrfache Spitzenvolants oder Rüschen als Ärmelabschluß	Barock, Rokoko
Exomis, die	Kurzes, die rechte Schulter freilassendes Gewand, hauptsächlich von Männern als Arbeitsgewand getragen	Griechische Antike
Faltrock, der	Knielanger Männerrock mit in Falten gelegten Schoßteilen	Renaissance
Fibel, die	Gewandnadel, -spange, Schnalle zum Zusammenhalten der Kleidung	Antike, Mittelalter
Fichu, das	Brusttuch zur Bedeckung des Ausschnittes der Frauenkleidung	Englische Mode
Fontange, die	Haube mit steifen, gefältelten Spitzenrüschen, vorne wie Orgelpfeifen in die Höhe stehend	Barock
Gänsebauch, der	Wams mit stark wattierter Brust, in der Mitte spitz nach unten verlaufend	Spanische Mode
Gebende, das	Um Kinn und Kopf geschlungenes Leinenband, ergänzt mit einem Stirnreif (Schapel) oder mit der Krone	Romanik
Goller, der	Breiter Schulterkragen zum ausgeschnittenen Leibchen (Mieder)	Renaissance
Gugel, die	Enganliegende Kapuze mit kragenartigem Schulterstück und Schweif	Gotik
Heerpauke, die	Oberschenkelkurze, stark gepolsterte Hose mit engem Bundabschluß, häufig mit farbig unterlegten Schlitzen; auch „Kürbishose"	Spanische Mode
Hennin, der	Hoher kegelförmiger Hut mit lang flatterndem Schleier	Burgundische Mode
Himation, das	Großes, rechteckiges Wolltuch, von Frauen und Männern als Übergewand kunstvoll um den Körper drapiert	Griechische Antike
Houppelande, die	Mantelähnliches Obergewand für Frauen und Männer; lang und faltenreich, meistens vorne offen und gegürtet, mit Zaddeln verziert	Gotik
Humpelrock, der	Langer, sehr enger Rock, in dem man kaum richtig gehen konnte	Jugendstil
Jupe, die	Unterer Rock, durch Wegraffen des oberen Rockes (Manteau) sichtbar; häufig aus andersfarbigem Material und reich verziert	Barock, Rokoko
Justaucorps, der	Eleganter, knielanger, eng am Körper anliegender Männerrock aus Samt oder Brokat und Tressenverzierung; später mit abstehenden Schößen	Barock, Rokoko
Kalasiris, die	Nationalgewand der Frauen und Männer; enge Hülle mit Trägern, reich ornamentiert; in Hemdform durchsichtig und fein plissiert	Ägypt. Altertum
Kapotte, die	Kleiner Hut mit Kinnbändern, üppig garniert (Tellerhütchen)	II. Rokoko, Gründerjahre
Krinoline, die	Erst mit Roßhaar, später mit Stahlreifen versehener Unterrock	Biedermeier, II. Rokoko
Kruseler, der	Gesteifte Rüschenhaube bzw. mit Rüschenreihen besetztes Kopftuch	Burgundische Mode
Manteau, der	Höfisches Frauenobergewand; vorn meist geöffneter Rock und Mieder aus einheitlichem Material, auch „Robe" genannt	Barock, Rokoko

13.23 Fachbegriffe (2)

Begriff	Erläuterung	Stilepoche
Mantille, die	Meist dreieckiger Umhang; die Schultern, evtl. den Kopf bedeckend	Biedermeier, II. Rokoko
Mi-Parti, das	Verschiedenfarbige Beinlinge bzw. aus verschiedenfarbigen Stoffen zusammengesetzte Gewandteile	Gotik, Renaissance
Muffe, die	Trichterförmige Erweiterung der Ärmel am Handgelenk	Gotik
Nuschenmantel, der	Rundgeschnittener Schultermantel, vorne mit einer Spange (Nusche)	Gotik
Paenula, die	Ovaler oder rautenförmiger Mantelumhang mit Kopfloch, ringsum geschlossen oder vorne geschlitzt; manchmal mit Kapuze versehen	Röm. Antike, Byzant. Zeit
Palla, die	Rechteckiges Wolltuch, das die Frauen beim Verlassen des Hauses um den Körper drapierten; häufig auch den Kopf bedeckend	Römische Antike
Pallium, das	Rechteckiges Wolltuch, als Übergewand um den Körper gewickelt, von den Männern über der Tunika getragen	Römische Antike
Panier, der	Bezeichnung für den Reifrock im 18. Jhdt.; die charakteristische Form war vorne und hinten abgeflacht und seitlich stark verbreitert	Rokoko
Pantalons, die	Lange enge Beinkleider; anfangs waden- oder knöchellang, später fußlang und mit Stegen straff gehalten	Directoire, Empire Biedermeier
Pelerine, die	Kragenförmiger Umhang bzw. großer Schulterkragen am Mantel	Biedermeier
Peplos, der	Frauengewand aus Wolle; ein rechteckiges Tuch, unter den Armen um den Körper gelegt und auf den Schultern gehalten	Griechische Antike
Petticoat, der	Steifer, kuppelförmiger Unterrock, meistens gestuft und verziert	50er Jahre
Pluderhose, die	Weite Hose mit Überfall, knie- oder wadenlang, vielfach längsgeschlitzt mit herausquellendem Futter	Renaissance
Redingote, die	Taillierter Mantel mit vollen oder zurückgeschnittenen Schößen, stets zweireihig geknöpft; ursprünglich ein Reitmantel	Engl. Mode, Empire Biedermeier
Reformkleid, das	Loses Kleid mit weichfließendem Fall, ohne Korsett getragen	Jugenstil
Rheingrafenhose, die	Weite Rockhose der Männer, knapp auf der Hüfte sitzend und unterhalb der Knie abgebunden, reich mit Bandschluppen verziert	Frühbarock
Robe, die	Bezeichnung für das Frauenoberkleid, auch „Manteau" genannt	Barock, Rokoko
Ropa, die	Mantelähnlich durchgehend geschnittenes Oberkleid	Spanische Mode
Rotonde, die	Langer, rundgeschnittener Mantelumhang für Frauen, auch „Wickler"	Biedermeier
Schapel, das	Stirn- oder Kopfreifen aus Metall oder Blumen	Romanik, Gotik
Schaube, die	Dekorativer weiter Mantel mit Schalkragen und weiten Ärmeln; oft mit Pelz gefüttert oder besetzt	Renaissance
Schecke, die	Kurzer, stark taillierter Oberrock für jüngere Männer	Gotik
Schenti, das	Lenden- oder Hüftschurz, vielfältig drapiert und verziert	Ägypt. Altertum
Schneppe, die	Spitz zulaufende oder abgerundete Verlängerung der vorderen Taille an Oberteilen	Span. Mode, Barock, Rokoko, Biedermeier, Gründerjahre
Schute, die	Reich verzierter haubenähnlicher Hut mit breiter Krempe, mit Bindebändern unter dem Kinn gehalten	Empire, Biedermeier, II. Rokoko
Spenzer, der	Kurze taillierte Überjacke mit Revers, ärmellos oder kurzärmelig	Empire
Stecker, der	Verzierter Einsatz am Miedervorderteil in Dreieckform	Barock, Rokoko
Stola, die	Obergewand der Frau in Hemdform, über der Tunika getragen, gegürtet	Römische Antike
Suckenie, die oder **Surcot**, der	Obergewand für Frauen und Männer, meistens ärmellos und ungegürtet, oft pelzverbrämt	Romanik, Gotik
Tappert, der	Ringsum geschlossenes, faltenreiches Obergewand der Männer; knie- oder knöchellang, meistens ungegürtet	Gotik
Tasselmantel, der	Halbkreisförmiger Schultermantel, vorne mit zwei Schmuckplatten (Tasseln) und einer Schnur oder Kette geschlossen	Romanik
Toga, die	Staats- und Ehrenkleid des römischen Bürgers; ein ovales Wolltuch wurde längs gefaltet und kunstvoll um den Körper drapiert	Römische Antike
Toque, die	Flacher, kleiner Hut mit schmaler Krempe oder krempenlos	Spanische Mode
Tournüre, die	Gestell aus Stahl- oder Fischbeinstäbchen, über das am Gesäß der Rock bauschig gerafft wurde; auch „Cul de Paris"	Barock, Rokoko, II. Rokoko, Gründerjahre
Tunika, die	Hemdgewand für Frauen und Männer, aus zwei Stoffstücken genäht	Röm. Antike, Byzant. Zeit
Verdugado, der	Erster Reifrock der Kostümgeschichte; Gestell aus biegsamen Gerten in Kegelform, über das der untere Rock gespannt wurde	Spanische Mode
Wams, das	Bezeichnung für den geknöpften Leibrock der Männer; es wurde über dem Hemd und unter dem Oberrock oder als Obergewand getragen	Gotik, Renaissance, Frühbarock
Zaddeln, die	Ausgeschnittene oder angesetzte Stofflappen an den Gewandrändern	Gotik

Überprüfen von Kenntnissen

Der Abschnitt Überprüfen von Kenntnissen ist zum Wiederholen und Festigen des Gelernten gedacht und entsprechend den Buchabschnitten fortlaufend gegliedert. Bei den Formulierungen der Fragen wird das in Tabelle 1 dargestellte Begriffsschema verwendet.

Tabelle 1: Begriffsschema für Wiederholungsfragen

Ansteigender Schwierigkeitsgrad

3. Lernstufe	Begründen Beurteilen Bewerten Darstellen Zeichnen	
2. Lernstufe	Ableiten Aufzeigen Beschreiben Charakterisieren Definieren Erklären, Erläutern	Gegenüberstellen Kennzeichnen Skizzieren Unterscheiden Vergleichen Zuordnen
1. Lernstufe	Angeben Aufzählen Auskunft geben über Beispiele geben Benennen, Nennen	

Die drei Schwierigkeitsgrade sind im folgenden durch die Farbe der Fragenummer gekennzeichnet, wobei die Kenntnisse der 1. Lernstufe schwarz, die Kenntnisse der 2. Lernstufe blau und die Kenntnisse der 3. Lernstufe rot markiert sind. Die Übergänge von einer zur anderen Lernstufe sind fließend.

1 Faserstoffe

001. Nennen Sie die Haupt- und Untergruppen der Naturfasern.

002. Nennen Sie die Haupt- und Untergruppen der Chemiefasern.

003. Nennen Sie fünf zellulosische Chemiefasern.

004. Definieren Sie die Begriffe Egrenieren und Linters.

005. Geben Sie die Stapellänge an, die Baumwollfasern haben müssen, um verspinnbar zu sein.

006. Nennen Sie fünf Merkmale der Baumwolle, nach denen die Faserqualität beurteilt wird.

007. Begründen Sie die Eigenschaft der Baumwolle, Feuchtigkeit aufzunehmen, anhand des Faseraufbaus.

008. Beurteilen Sie das bekleidungsphysiologische Verhalten der Baumwolle: Wärmeisolation, Feuchtigkeitsaufnahme, Hautfreundlichkeit.

009. Bewerten Sie folgende technologische Eigenschaften der Baumwolle bezüglich Trocken- und Naßfestigkeit, Dehnung, Elastizität, Knitterverhalten, elektrostatische Aufladung.

010. Nennen Sie vier Veredlungsverfahren zur Veränderung der Eigenschaften bei Baumwollstoffen.

011. Erklären Sie den Begriff Merzerisieren.

012. Geben Sie an, woran man bei der Brennprobe Baumwolle erkennt.

013. Begründen Sie den Einsatz von Baumwolle für die Verwendung als Unter- und Nachtwäsche.

014. Nennen Sie die Pflegeeigenschaften der Baumwolle.

015. Geben Sie an, welche Garantie mit dem Internationalen Baumwollzeichen verbunden ist.

016. Skizzieren Sie den Aufbau eines Flachsstengelquerschnittes.

017. Nennen Sie die Arbeitsgänge, die erforderlich sind, um die Flachsfaserbündel aus dem Stengel zu gewinnen.

018. Definieren Sie den Begriff Kotonisieren.

019. Beurteilen Sie die bekleidungsphysiologischen Eigenschaften von Leinen.

020. Erklären Sie, warum sich Leinen kühl anfühlt.

021. Bewerten Sie die folgenden technischen Leineneigenschaften in Tabellenform: Festigkeit trocken und naß, Dehnung, Elastizität, Knitterverhalten, elektrostatische Aufladung.

022. Geben Sie an, woran man bei der Brennprobe Leinen erkennt.

023. Vergleichen Sie die Trockenreißprobe von Leinen und Baumwolle, und nennen Sie weitere Methoden, um Leinen von Baumwolle zu unterscheiden.

024. Nennen Sie die Pflegeeigenschaften von Leinen.

025. Unterscheiden Sie die Begriffe Reinleinen und Halbleinen.

026. Geben Sie an, für welche Textilien das Leinensiegel verwendet werden darf.

027. Nennen Sie fünf pflanzliche Fasern, und geben Sie an, aus welchem Teil der Pflanze sie gewonnen werden.

028. Beschreiben Sie die Arbeitsgänge zur Wollgewinnung.

029. Definieren Sie den Begriff Vlies.

030. Zeichnen Sie ein Vlies, und tragen Sie die vier Qualitätszonen ein.

031. Erklären Sie den Begriff Karbonisieren.

032. Nennen Sie die drei bevorzugten Schafrassen, und ordnen Sie ihnen in einer Tabelle die folgenden Eigenschaften zu: Feinheit, Stapellänge, Kräuselung.

033. Ordnen Sie in einer Tabelle Bezeichnungen für Wolle, die abgeleitet sind aus der Schur, der Herkunft, der Gewinnung, der Verspinnung und vom Gebrauch.

034. Erklären Sie die Begriffe Schurwolle, Lammwolle und Reißwolle, und beurteilen Sie jeweils die Qualität.

035. Nennen Sie die Grundsubstanz, aus der Wolle vorwiegend besteht.

036. Beschreiben Sie den Aufbau der Wollfaser.

037. Beschreiben Sie vier Eigenschaften der Wolle, die sich aus dem Faseraufbau ergeben.

038. Nennen Sie die Ursache für das Filzen der Wolle sowie die Faktoren, die einwirken müssen, damit sie filzt.

039. Beschreiben Sie die bekleidungsphysiologischen Eigenschaften der Wolle.

040. Beurteilen Sie die folgenden technologischen Eigenschaften von Wolle in Tabellenform: Festigkeit, Dehnung trocken und naß, Elastizität, Knitterverhalten, elektrostatische Aufladung.

041. Nennen Sie fünf Veredlungsverfahren für Wolle.

042. Geben Sie an, woran man bei der Brennprobe Wolle erkennt.

043. Geben Sie die Pflegeeigenschaften von Wolltextilien an.

044. Begründen Sie, wann nach dem Textilkennzeichnungsgesetz die Bezeichnung Reine Schurwolle, wann die Bezeichnung Schurwolle verwendet werden darf.

045. Geben Sie jeweils die Qualitätsmerkmale an, die das Wollsiegel und das Combiwollsiegel garantieren.

046. Geben Sie an, in welchen Fällen das Wollsiegel bzw. das Combiwollsiegel verwendet werden dürfen.

047. Nennen Sie die besonderen Eigenschaften der nachstehenden feinen Tierhaare: Alpaka, Kamelhaar (Flaumhaar), Kaschmir, Mohair und Angora.

048. Nennen Sie drei grobe Tierhaare und geben Sie deren Verwendungszweck an.

049. Definieren Sie die folgenden Begriffe: Kokon, Fibroin, Serizin, Flockseide.

050. Unterscheiden Sie Haspelseide (Reale Seide), Schappeseide und Bouretteseide.

051. Beschreiben Sie den Aufbau des Seidenfadens.

052. Geben Sie zwei Eigenschaften der Seide an, die sich aus ihrem Faseraufbau ergeben.

053. Bewerten Sie die bekleidungsphysiologischen Eigenschaften der Seide.

054. Bewerten Sie die folgenden technologischen Eigenschaften der Seide in Tabellenform: Festigkeit, Dehnung, Elastizität, Knitterverhalten, elektrostatische Aufladung.

055. Erklären Sie die Begriffe Entbasten und Erschweren.

056. Nennen Sie fünf Eigenschaften entbasteter, unbeschwerter Maulbeerseide.

057. Nennen Sie drei Unterscheidungsmerkmale von Zucht- und Wildseide.

058. Geben Sie an, woran man bei der Brennprobe Seide erkennt.

059. Nennen Sie die Pflegeeigenschaften von Textilien aus Seide.

060. Nennen Sie die gesetzlichen Bestimmungen des Textilkennzeichnungsgesetzes für Seide.

061. Nennen Sie die Garantie, die das Seiden-Signet gibt.

062. Erläutern Sie die Begriffe Atom, Molekül, Synthese und Polymer.

063. Beschreiben Sie den modellhaften Aufbau von textilen Fasern.

064. Zeigen Sie die Bedeutung der amorphen und der kristallinen Bereiche im Faserinneren auf.

065. Erklären Sie, wie aus dem Ausgangsstoff Zellulose eine Spinnmasse entsteht.

066. Beschreiben Sie, wie aus dem Ausgangsstoff Erdöl eine Spinnmasse entsteht.

067. Unterscheiden Sie zwischen Polymerisation, Polykondensation und Polyaddition.

068. Begründen Sie, warum das Verstrecken bei der Herstellung von Chemiefasern so wichtig ist.

069. Nennen Sie die drei Verfahren für die Erspinnung von Chemiefasern und jeweils zwei nach diesem Verfahren hergestellte Chemiefasern.

070. Unterscheiden Sie die drei Spinnverfahren für Chemiefasern.

071. Machen Sie Angaben darüber, wie Feinheit, Glanz und Griff von Chemiefasern beeinflußt werden können.

072. Erklären Sie die folgenden Begriffe: Filament, Monofil, Multifil, Texturieren, Stapelfaser.

073. Erklären Sie die Unterschiede im Faseraufbau zwischen Viskose und Modal.

074. Nennen Sie die besonderen Eigenschaften von Modal und von Cupro.

075. Geben Sie an, aus welcher Fasersubstanz Viskose, Modal, Cupro, Acetat und Triacetat jeweils bestehen.

076. Unterscheiden Sie zwischen Zelluloseregeneratfasern und Zellulosederivatfasern und ordnen Sie die entsprechenden Fasern zu.

077. Bewerten Sie in Tabellenform die folgenden Eigenschaften von Viskose und Acetat: Festigkeit trocken, Festigkeit naß, Feuchtigkeitsaufnahme, Bügeltemperatur (Hitzeverträglichkeit), Formbarkeit, Knitterverhalten.

078. Geben Sie die Pflegeeigenschaften von Viskose und von Acetat an.

079. Geben Sie an, woran man bei der Brennprobe Acetat erkennt.

080. Nennen Sie typische Eigenschaften von Polyacryl.

081. Geben Sie Einsatzgebiete an für Polyamidfilamente, für Polyamidspinnfasern und für Aramide.

- 082. Beurteilen Sie in Tabellenform Wärmeisolation, Feuchtigkeitsaufnahme, Formbarkeit und biologische Beständigkeit von Polyacryl, Polyamid und Polyester.
- 083. Beurteilen Sie in Tabellenform Festigkeit, Dehnung und Feinheit von Polyacryl, Polyamid und Polyester.
- 084 Nennen Sie jeweils die Pflegeeigenschaften von Polyacryl, Polyamid und Polyester.
- 085. Geben Sie an, was man unter Pflegeleichtigkeit bei synthetischen Chemiefasern versteht.
- 086. Definieren Sie die folgenden Begriffe, und geben Sie an, welche Faserstoffgruppe diese Eigenschaften besitzt: thermoplastisch, thermofixierbar, texturierbar.
- 087. Nennen Sie die besonderen Eigenschaften von Elastan, Fluoro und Polypropylen und jeweils mindestens ein Einsatzgebiet.
- 088. Erklären Sie den Begriff Lurex und geben Sie Einsatzgebiete an.
- 089. Nennen Sie fünf Gründe für das Mischen von verschiedenen Faserstoffen.
- 090. Baumwolle wird häufig mit anderen Fasern gemischt. Nennen Sie drei gängige Mischungen und die Gründe, die für diese Mischungen sprechen.
- 091. Ein Bekleidungsartikel besteht aus 55% Schurwolle und 45% Polyester. Beurteilen Sie die Wareneigenschaften, die sich aus dieser Fasermischung ergeben.
- 092. Wolle wird häufig mit anderen Fasern gemischt. Nennen Sie drei gängige Mischungen und die Gründe, die für diese Mischungen sprechen.
- 093. Nennen Sie eine Fasermischung aus Natur- und Chemiefasern, bei der beide Fasergruppen Zellulosefasern sind.
- 094. Zeigen Sie je eine typische Mischungsmöglichkeit mit möglicher Prozentangabe für Oberhemd/Bluse, Stretchjeans, Kostüm-/Anzugstoff auf.
- 095. Nennen Sie die vier Faktoren, die am Wasch- und Reinigungsvorgang beteiligt sind.
- 096. Nennen Sie Gesichtspunkte, die bei Pflegemaßnahmen berücksichtigt werden müssen.
- 097. Unterscheiden Sie zwischen Voll- und Feinwaschmittel.
- 098. Skizzieren und benennen Sie die Grundsymbole für die Pflegekennzeichnung.
- 099. Geben Sie die Bedeutung folgender Pflegesymbole an.
  a) Waschbottich unterstrichen, 60 °C
  b) Dreieck durchgestrichen
  c) Bügeleisen, ein Punkt
  d) Reinigungstrommel, A
  e) Trockentrommel, 2 Punkte
- 100. Nennen Sie jeweils eine Fasermaterialgruppe, für die nachstehende Pflegeeigenschaften zutreffen:
  a) waschbar, kochfest, bügelfähig, nicht bügelfrei
  b) beschränkt waschbar, gut bügelfähig, nicht bügelfrei
  c) gut waschbar, begrenzt bügelfähig, weitgehend bügelfrei
- 101. Nennen Sie Prüfmethoden zur Erkennung textiler Faserstoffe.
- 102. Nennen Sie die Fasersubstanzen von Baumwolle, Wolle, Seide, Viskose, Acetat.
- 103. Vergleichen Sie die Brennproben von Viskose, Modal und Cupro, und begründen Sie die Ergebnisse.
- 104. Vergleichen Sie die Brennproben zellulosischer und tierischer Fasern.
- 105. Vergleichen Sie die Brennproben von Acetat, Viskose und Polyester.
- 106. Vergleichen Sie das Verhalten von Baumwolle und Wolle bei Einwirkung von Natronlauge und Schwefelsäure.
- 107. Definieren Sie den Begriff Mikrofasern, und geben Sie die Einsatzgebiete an.
- 108. Ordnen Sie den Faserstoffen Wolle, Leinen, Polyester und Viskose die jeweils typische Eigenschaft zu:
  a) geringste Dehnung
  b) größte Feuchtigkeitsaufnahme
  c) geringste Naßfestigkeit
  d) höchste Festigkeit
- 109. Nennen Sie jeweils fünf typische Handelsbezeichnungen für Stoffe aus Baumwolle, Wolle, Seide.
- 110. Bewerten Sie für Textilien aus Baumwolle, Viskose, Wolle und Polyester folgende Gesichtspunkte: Elastizität (Knitterfestigkeit), Hitzeverträglichkeit (Bügeltemperatur), Feuchtigkeitsaufnahme, biologische Beständigkeit.
- 111. Nennen Sie drei Bestimmungen aus dem Textilkennzeichnungsgesetz (TKG).
- 112. Geben Sie an, welchen Vorteil die Kennzeichnung von Textilien nach dem TKG für den Verbraucher hat.
- 113. Unterscheiden Sie zwischen Angaben, die nach dem TKG vorgeschrieben, und solchen, welche freiwillig sind.
- 114. Geben Sie an, welche der angegebenen Textilkennzeichnungen zulässig sind.
  a) Reine Schurwolle
  b) 100% Wolle
  c) 65% Baumwolle/35% Synthetic
  d) Kunstseide
  e) 45% Reine Schurwolle/55% Polyester
  f) 60% Viskose, Modal, Baumwolle
  g) 85% Polyamid, 15% sonstige Fasern
  h) 90% Baumwolle Mindestgehalt

2 Garne

- 001. Definieren Sie den Begriff Garn.
- 002. Erklären Sie die Begriffe Filamentgarn, Monofil, Multifil und Zwirn.
- 003. Beschreiben Sie das Herstellungsprinzip von Spinnfasergarnen.
- 004. Nennen Sie die beiden Möglichkeiten der Vorgarnbildung.
- 005. Definieren Sie die zwei Drehrichtungen von Garnen.
- 006. Nennen Sie geeignete Spinnverfahren für Wolle, Baumwolle und Seide.
- 007. Nennen Sie die sechs Verfahrensschritte in der Streichgarnspinnerei.
- 008. Nennen Sie die Arbeitsgänge der Kammgarnspinnerei (Kämmerei und Spinnerei).
- 009. Unterscheiden Sie Kammgarn und Streichgarn hinsichtlich ihres Aussehens.
- 010. Unterscheiden Sie kardierte Baumwollgarne, gekämmte Baumwollgarne und Baumwollgarne, die nach dem Rotorspinnverfahren hergestellt wurden.

011. Unterscheiden Sie zwischen Schappe- und Bourettespinnerei.
012. Nennen Sie Gründe, warum Garne zusammengedreht werden.
013. Unterscheiden Sie einstufige und mehrstufige Zwirne.
014. Skizzieren Sie schematisch folgende Zwirne: Zweifachzwirn, Dreifachzwirn, Vierfachzwirn, zweistufiger Zwirn vierfach, zweistufiger Zwirn sechsfach und dreistufiger Zwirn achtfach.
015. Definieren Sie den Begriff Umspinnungszwirn.
016. Nennen Sie drei Möglichkeiten, Effekte bei Garnen und Zwirnen zu erzielen, und geben Sie Beispiele an.
017. Geben Sie an, welche Eigenschaften durch Texturieren erreicht werden können.
018. Nennen Sie vier wichtige Texturierverfahren.
019. Beschreiben Sie das Falschdrallverfahren.
020. Unterscheiden Sie Massennumerierung und Längennumerierung.
021. Ordnen Sie Tt, Nm, Ne_B und Td der Massen- bzw. der Längennumerierung zu.
022. Erklären Sie die folgenden Garnbezeichnungen:
20 tex, 40 tex x 3, Nm 60/2, Nm 20/2/3, Nm 100/3, 300 dtex x 3.
023. Nennen Sie die vier Garneigenschaften, die wesentlichen Einfluß auf die aus ihnen hergestellten Textilien haben.
024. Nennen Sie die Einsatzgebiete von Kammgarn, Rotorgarn und Bourettegarn.
025. Beschreiben Sie die Merkmale von glatten und von texturierten Multifilgarnen.
026. Nennen Sie die Einsatzgebiete von Monofilgarnen.

3 Textile Flächen

001. Nennen Sie fünf textile Flächen, die nach unterschiedlichen Verfahren hergestellt werden.
002. Erklären Sie die Begriffe Weben, Kette und Schuß.
003. Stellen Sie den wesentlichen Unterschied zwischen dem Schaftweben und dem Jacquardweben dar.
004. Nennen Sie vier mögliche Schußeintragsverfahren.
005. Erklären Sie die Begriffe Bindung, Patrone, Bindungspunkt, Gewebeschnitt, Flottierung, Ketthebung, Kettsenkung.
006. Nennen Sie die drei Gewebegrundbindungen.
007. Erklären Sie die vier Nummernteile des EDV-Bindungskurzzeichens anhand eines Beispiels.
008. Nennen Sie Erkennungsmerkmale und Eigenschaften der Leinwandbindung.
009. Zählen Sie Handelsbezeichnungen für leinwandbindige Gewebe auf.
010. Nennen Sie drei Ableitungen der Leinwandbindung.
011. Vergleichen Sie Querrips und Längsrips hinsichtlich Herstellung und Aussehen.
012. Nennen Sie die Merkmale einer Köperbindung.
013. Zählen Sie Handelsbezeichnungen für köperbindige Gewebe auf.
014. Nennen Sie die drei Erweiterungen der Köpergrundbindung.
015. Zeichnen Sie die Patrone mit dem Rapport und die Gewebeschnitte für einen dreibindigen Schußköper mit Z-Grat.
016. Skizzieren Sie einen köperbindigen Gewebekettschnitt.
017. Nennen Sie fünf Ableitungen der Köperbindung und geben Sie je ein wesentliches Merkmal an.
018. Geben Sie die Merkmale und Eigenschaften der Atlasbindung an.
019. Unterscheiden Sie Kett- und Schußatlas.
020. Zählen Sie sechs atlasbindige Gewebe auf.
021. Definieren Sie den Begriff Buntgewebe und nennen Sie sechs Handelsbezeichnungen.
022. Beschreiben Sie das Aussehen von Changeant, Glencheck, Fil-à-fil.
023. Geben Sie drei Möglichkeiten an, einem Gewebe Kreppcharakter zu verleihen.
024. Unterscheiden Sie zwischen Voll- und Halbkrepp und nennen Sie jeweils zwei Handelsbezeichnungen.
025. Nennen Sie zwei Möglichkeiten der Textilveredlung, einen Kreppeffekt zu erzielen.
026. Erklären Sie die Herstellung eines Gewebes mit der Handelsbezeichnung Seersucker.
027. Nennen Sie fünf Gewebearten, die mit drei Fadensystemen hergestellt werden.
028. Zählen Sie Eigenschaften auf, die Gewebe durch ein drittes Fadensystem erhalten können.
029. Beschreiben Sie die Herstellung von lancierten Geweben.
030. Geben Sie die Merkmale an, die zur Unterscheidung der Handelsbezeichnung Broché und Lancé dienen.
031. Beschreiben Sie die Herstellung von Frottiergeweben.
032. Definieren Sie die Begriffe Samt und Plüsch.
033. Unterscheiden Sie die Herstellung von Kett- und Schußsamt.
034. Erklären Sie den Begriff Rippensamt.
035. Beschreiben Sie die Gewebe mit folgenden Handelsbezeichnungen: Babycord, Manchester, Trenkercord, Fancycord.
036. Geben Sie an, wodurch sich Gewebe mit den Handelsbezeichnungen Velvet und Velveton in der Herstellung unterscheiden.
037. Nennen Sie Eigenschaften, die Gewebe mit vier oder mehr Fadensystemen erhalten können.
038. Beschreiben Sie drei Herstellungsmöglichkeiten für Doppelgewebe.
039. Vergleichen Sie Cloqué und Matelassé hinsichtlich der Herstellung und des Aussehens.
040. Nennen Sie das Merkmal eines Pikeegewebes.
041. Beschreiben Sie die Herstellung von Piqué.
042. Geben Sie an, wie das Oberflächenbild von Waffelpikee entsteht.
043. Vergleichen Sie Streifenpikee und Côtelé hinsichtlich Aussehen und Herstellung.
044. Nennen Sie die beiden Gruppen, in die Maschenwaren eingeteilt werden.
045. Nennen Sie vier Merkmale von Strickware und von Kulierwirkware.
046. Nennen Sie vier Merkmale der Kettenwirkware.

047. Erklären Sie die Begriffe Stricken, Kulierwirken, Kettenwirken.

048. Zeichnen Sie eine Masche und benennen Sie die Teile.

049. Definieren Sie die Begriffe Maschenreihe und Maschenstäbchen.

050. Erläutern Sie die Bindungselemente Henkel und Flottung.

051. Nennen Sie die vier Grundbindungen von Strick- und Kulierwirkware.

052. Zeichnen Sie die linke und die rechte Seite einer einflächigen Strick- und Kulierwirkware.

053. Beschreiben Sie die Maschenbilder von Rechts/Rechts-Ware und Links/Links-Ware.

054. Nennen Sie jeweils die typischen Eigenschaften von Single-Jersey, Feinripp und Interlock.

055. Nennen Sie fünf Ableitungen der Rechts/Links-Bindung.

056. Beschreiben Sie das Aussehen von Henkelplüsch, Scherplüsch und Futterware.

057. Nennen Sie fünf Ableitungen der Rechts/Rechts-Bindung.

058. Beschreiben Sie das Aussehen von Rippware, Fang und Perlfang.

059. Unterscheiden Sie Hinterlegware, Nicki und Henkelplüsch.

060. Erklären Sie die folgenden Begriffe: Reguläre Ware, Halbreguläre Ware, Meterware.

061. Definieren Sie den Begriff Ketteln.

062. Nennen Sie vier wesentliche Ursachen für die Entstehung von Maschensprengschäden beim Nähen von Maschenwaren.

063. Vergleichen Sie die Herstellung von Kettenwirkware und Kulierwirkware.

064. Definieren Sie die Begriffe Schußfaden und Stehfaden bei Kettenwirkware.

065. Nennen Sie vier Legungen der Kettenwirkware.

066. Beschreiben Sie jeweils das Maschenbild von Trikotlegung, Tuchlegung und Atlaslegung.

067. Nennen Sie fünf Kettenwirkwaren, die durch kombinierte Legungen entstanden sind.

068. Nennen Sie Garnart und Bindung von Charmeuse und beschreiben Sie das Aussehen von Vorder- und Rückseite.

069. Nennen Sie die zwei Gruppen der Faserverbundstoffe mit der jeweiligen Untergliederung.

070. Beschreiben Sie den grundsätzlichen Unterschied bei der Herstellung von Filzen und Vliesstoffen.

071. Beschreiben Sie die Herstellung von Walkfilzen.

072. Beschreiben Sie die Herstellung von Nadelfilzen.

073. Nennen Sie Eigenschaften und Einsatzgebiete von Walkfilzen und Nadelfilzen.

074. Nennen Sie die verschiedenen Möglichkeiten der Verfestigung von Vliesstoffen.

075. Erklären Sie die Begriffe Wirrfaservlies und richtungsorientiertes Vlies.

076. Zählen Sie auf, welche Eigenschaften Vliesstoffe in Bekleidungstextilien haben sollen.

077. Definieren Sie den Begriff Nähwirkware.

078. Unterscheiden Sie Klöppel-, Stickerei- und Raschelspitze.

079. Nennen Sie fünf Bezeichnungen für Spitzen, und ordnen Sie diese den Herstellungstechniken zu.

080. Unterscheiden Sie Gewebe und Geflechte hinsichtlich des Fadenverlaufs.

081. Nennen Sie die grundlegenden Eigenschaften von Strickwaren und Kettenwirkwaren.

082. Nennen Sie je drei Einsatzgebiete von Walkfilzen und Vliesstoffen.

4 Textilveredlung

001. Erläutern Sie den Zweck der Textilveredlung.

002. Zählen Sie die Veredlungsstufen auf.

003. Stellen Sie am Beispiel des Färbens dar, in welchen Verarbeitungsstadien Textilien veredelt werden können.

004. Nennen Sie fünf verschiedene Vorbehandlungsverfahren.

005. Beschreiben Sie die Veränderungen, die durch das Merzerisieren erreicht werden.

006. Zählen Sie drei Druckprinzipien auf.

007. Nennen Sie drei besondere Druckarten.

008. Beschreiben Sie den Vorgang des Rouleauxdruckens.

009. Unterscheiden Sie Flachfilmdruck und Rotationsfilmdruck.

010. Erklären Sie den Begriff Farbechtheit und nennen Sie fünf verschiedene Echtheiten.

011. Beschreiben Sie, wie durch Färben mit nur einem Farbstoff ein Melangeeffekt erreicht werden kann.

012. Nennen Sie drei verschiedene Zwischen- und Nachbehandlungsvorgänge.

013. Nennen Sie die wesentlichen Ziele, die durch Appretur erreicht werden sollen.

014. Zählen Sie fünf Verfahren der Trockenappretur auf.

015. Beschreiben Sie die Veredlungsmaßnahmen Dekatieren, Rauhen und Kalandern.

016. Begründen Sie die Notwendigkeit der Naßappretur.

017. Nennen Sie fünf Verfahren der Naßappretur.

018. Erklären Sie den Begriff Transparentieren.

5 Warenkunde

001. Begründen Sie die Notwendigkeit der Warenüberprüfung.

002. Nennen Sie die verschiedenen Bereiche der Wareneingangskontrolle.

003. Zählen Sie mögliche Warenfehler auf.

004. Nennen Sie technische Materialinformationen, die für eine reibungslose Produktion wichtig sind.

005. Erklären Sie die Begriffe Pillresistenz, Farbechtheit, Krumpfechtheit.

006. Nennen Sie vier Handelsbezeichnungen für Stoffe, die Effektgarne enthalten.

- 007. Zählen Sie jeweils fünf Stoffe auf, die für nachfolgende Einsatzgebiete geeignet sind: Kleider und Blusen, Kostüme und Anzüge, Jacken und Mäntel, Dekorationen.
- 008. Nennen Sie fünf Baumwollgewebe, die als Wäschestoff Verwendung finden.
- 009. Beschreiben Sie das Aussehen von Flanell, Tuch, Flausch, Velours.
- 010. Nennen Sie Gewebe, die zur Anfertigung einer Palazzohose geeignet sind.
- 011. Ordnen Sie nachstehend genannten Stoffen geeignete Einsatzgebiete zu: Mousseline, Gabardine, Crêpe de Chine, Piqué, Taft, Twill, Tweed, Batist.
- 012. Ordnen Sie nachfolgende Handelsbezeichnungen den Gewebegrundbindungen zu: Duchesse, Batist, Damast, Donegal, Fresko, Finette, Gabardine, Kattun, Moleskin, Organza, Popeline, Pongé, Serge, Shetland, Taft, Trikotine, Twill, Whipcord.
- 013. Bewerten Sie den Einsatz von Maschenwaren in Sport- und Freizeitkleidung. Nennen Sie fünf Handelsbezeichnungen.
- 014. Nennen Sie vier Handelsbezeichnungen für Baumwollstoffe mit ausgeprägter Oberflächenstruktur.
- 015. Nennen Sie vier Wollstoffe mit Oberflächenstruktur.
- 016. Unterscheiden Sie verschiedene Arten von Einlagen.
- 017. Nennen Sie Anforderungen an Einlagestoffe.
- 018. Nennen Sie Eigenschaften und Einsatzgebiete von Webeinlagen.
- 019. Zählen Sie die Anforderungen an Futterstoffe auf.
- 020. Geben Sie Gründe für das Abfüttern von Kleidungsstücken an.
- 021. Nennen Sie vier Handelsbezeichnungen für Leibfutter.
- 022. Nennen Sie Anforderungen an Taschenfuttergewebe.
- 023. Nennen Sie Merkmale und Verwendung folgender Bänder: Tresse, Nahtband, Schrägband, Stanzband.
- 024. Erklären Sie den Begriff Posamenten.
- 025. Nennen Sie für die Knopfherstellung geeignete Rohstoffe.
- 026. Nennen Sie verschiedene Verschlußmittel.

6 Leder und Pelze

- 001. Zeichnen Sie eine Lederhaut und bezeichnen Sie die einzelnen Teile mit den Fachbegriffen.
- 002. Erklären Sie die Begriffe Narbenseite und Fleischseite.
- 003. Nennen Sie vier verschiedene Ledersorten.
- 004. Zählen Sie die Arbeitsschritte der Lederkonfektion auf.
- 005. Nennen Sie drei Pelztiere aus freier Wildbahn, die frei gehandelt werden dürfen und drei Zuchttiere.
- 006. Nennen Sie vier wichtige Arbeitsgänge der Pelzzurichtung.
- 007. Begründen Sie den Vorgang des Fettens in der Pelzzurichtung.
- 008. Nennen Sie Kriterien, nach denen Felle sortiert werden.
- 009. Unterscheiden Sie zwischen Einschneiden, Umschneiden und Auslassen.
- 010. Begründen Sie die Notwendigkeit des Artenschutzübereinkommens.

7 Funktionen der Bekleidung

- 001. Nennen Sie die Grundfunktionen der Bekleidung.
- 002. Erklären Sie die Schutzfunktion der Bekleidung.
- 003. Beschreiben Sie die Kennzeichnungsfunktion der Bekleidung an drei Beispielen.
- 004. Nennen Sie fünf allgemeine Anforderungen an Bekleidung.
- 005. Erklären Sie den Begriff Bekleidungsphysiologie.
- 006. Nennen Sie vier bekleidungsphysiologische Eigenschaften, die für das Wohlbefinden besonders wichtig sind.
- 007. Beschreiben Sie, durch welche Maßnahmen bei der Textilherstellung und in der Konfektion von Bekleidung eine gute Wärmeisolation erreicht werden kann.
- 008. Erklären Sie den Begriff Mikroklima.
- 009. Geben Sie an, was in der Bekleidungsphysiologie unter dem Begriff Zwiebelschalenprinzip zu verstehen ist.
- 010. Beschreiben Sie drei Maßnahmen, durch die der Luftaustausch zwischen Körper und Bekleidung erhöht werden kann.
- 011. Beschreiben Sie die bekleidungsphysiologische Funktion von körpernah getragener Maschenware, bei der die Innenseite aus texturierten synthetischen Filamenten, die Außenseite aus Baumwolle oder Viskose besteht.
- 012. Geben Sie an, wovon bei Berührungskontakt der Haut mit der Bekleidung Hautempfindungen beeinflußt werden.
- 013. Nennen Sie fünf Personengruppen, deren Tätigkeit eine besondere Schutzbekleidung erfordert, und geben Sie entsprechende Schutzmöglichkeiten durch die Bekleidung an.
- 014. Nennen Sie drei Funktionen, die Wetterschutzbekleidung erfüllen soll.
- 015. Nennen Sie fünf Wetterschutzsysteme und beschreiben Sie drei davon.
- 016. Erklären Sie die folgenden Begriffe: hygroskopisch, hydrophil, hydrophob.
- 017. Erklären Sie moderne Textilkonstruktionen für Wetterschutzbekleidung.

7a Ökologie in der textilen Kette

- 001. Erklären Sie den Begriff Ökologie.
- 002. Stellen Sie dar, welche Verantwortung und welche Aufgaben die Menschen für die Umwelt haben.
- 003. Nennen Sie drei allgemeine Maßnahmen, die zur Umweltentlastung beitragen können.
- 004. Nennen Sie fünf Verordnungen und Gesetze zum Schutze der Umwelt.
- 005. Geben Sie jeweils ein Beispiel für Ökologie in der Produktionsphase, in der Nutzungsphase und in der Entsorgungsphase.
- 006. Erläutern Sie den Begriff Ökobilanz.
- 007. Nennen Sie drei mögliche Garantien, die ein Markenzeichen für schadstoffgeprüfte Textilien geben kann.

8 Bekleidungsherstellung

Geräte und Verfahren für Entwurf und Zuschnitt

- 001. Geben Sie zwei Verfahren an, mit denen Schnitte konstruiert werden.
- 002. Geben Sie die Maße an, die für die Schnittkonstruktion maßgebend sind.
- 003. Erklären Sie die Begriffe Gradieren und Sprungbetrag.
- 004. Nennen Sie die Möglichkeiten der Richtungsorientierung beim Auslegen von Schnittschablonen.
- 005. Beschreiben Sie die vier Abstimmungsmerkmale für mustergerechte Verarbeitung.
- 006. Beschreiben Sie ein Eingrößenbild und nennen Sie Vor- und Nachteile.
- 007. Unterscheiden Sie Halbbild und Ganzbild.
- 008. Erklären Sie die Begriffe Mehrgrößenbildkette und gemischtes Mehrgrößenbild.
- 009. Erklären Sie die Begriffe Materialnutzungsgrad, Vorgabelänge und Ausschnittverlust.
- 010. Nennen Sie die drei Legearten, und geben Sie je ein Anwendungsbeispiel an.
- 011. Nennen Sie die drei Legeverfahren, und geben Sie jeweils ein geeignetes Einsatzbeispiel an.
- 012. Nennen Sie drei Zuschneidemaschinen und ihre Einsatzgebiete.
- 013. Vergleichen Sie die Vertikalmessermaschine und die Bandmessermaschine in Bezug auf Einsatz, Schnittgenauigkeit und Handhabung.
- 014. Nennen Sie drei Markiergeräte und beschreiben Sie deren Funktionsprinzip.
- 015. Definieren Sie den Begriff Einrichten.
- 016. Nennen Sie zwei Geräte, mit denen die Rocklänge markiert werden kann.
- 017. Nennen Sie drei Scherenarten, und geben Sie deren Merkmale und Einsatzgebiete an.
- 018. Geben Sie die Einsatzbeispiele für Pfeiltrenner, Pfriem und Kerbschnittzange an.

Geräte und Verfahren der Näherei

- 019. Nennen Sie drei Nähmaschinenbauformen und geben Sie jeweils ein Einsatzbeispiel an.
- 020. Zählen Sie die sechs Klassen der Nähstichtypen auf.
- 021. Nennen Sie in richtiger Reihenfolge die fadenführenden Teile für den Nadelfaden (Doppelsteppstich).
- 022. Nennen Sie die drei Aufgaben des Fadengeberhebels.
- 023. Beschreiben Sie die Aufgabe von Nadel, Greifer und Transporteur bei der Bildung des Doppelsteppstichs.
- 024. Beschreiben Sie die Bewegungsabläufe in der Nähmaschine.
- 025. Geben Sie die Maschinenteile an, die die Länge des Stoffvorschubs bestimmen.
- 026. Nennen Sie die Einzelteile der Nähmaschinennadel.
- 027. Erklären Sie die Dickenbezeichnung einer Nähmaschinennadel Nm 80.
- 028. Beschreiben Sie die Bildung der Nadelfadenschlinge.
- 029. Ordnen Sie zwei Nadeldicken entsprechendes Nähgut zu.
- 030. Ordnen Sie drei Nadelspitzenformen entsprechende Einsatzgebiete zu.
- 031. Erklären Sie den Bewegungsablauf des einfachen Untertransportes.
- 032. Leiten Sie nähtechnische Probleme aus der Arbeitsweise des einfachen Untertransportes ab.
- 033. Nennen Sie fünf Nähguttransportarten.
- 034. Beschreiben Sie die Funktion des Differentialtransportes.
- 035. Geben Sie für drei Transportarten entsprechende Einsatzgebiete an.
- 036. Vergleichen Sie die Arbeitsweise eines starren Nähfußes mit der eines Gelenknähfußes.
- 037. Nennen Sie fünf verschiedene Stoffdrücker, und geben Sie geeignete Einsatzgebiete an.
- 038. Nennen Sie drei Nähgutführungen und geben Sie deren Vorteile beim Nähen an.
- 039. Nennen Sie die Einzelteile eines umlaufenden Doppelsteppstichgreifers.
- 040. Unterscheiden Sie einen Einfachkettenstichgreifer von einem Doppelkettenstichgreifer.
- 041. Vergleichen Sie Doppelsteppstich und Doppelkettenstich bezüglich Aussehen, Dehnbarkeit und Einsatz.
- 042. Beschreiben Sie die Sicherheitsdoppelnaht.
- 043. Beschreiben Sie zwei Überwendlichstichnähte.
- 044. Ordnen Sie den folgenden Arbeitsgängen geeignete Stichtypen zu: Gesäßnaht schließen, Saumnaht nähen, Ärmel einnähen an Pullovern, Nähen von elastischen Säumen, Nähen von Gürtelschlaufen.
- 045. Erklären Sie die Blind-Einfachkettenstichnaht und geben Sie ein Einsatzbeispiel an.
- 046. Beschreiben Sie die Funktion des Tauchers bei der Blindstichmaschine.
- 047. Vergleichen Sie drei Nähstichtypen in Bezug auf Haltbarkeit, Anwendung und Wirtschaftlichkeit.
- 048. Erklären Sie die Funktionsweise eines Positionierantriebes.
- 049. Nennen Sie den Nähmaschinenantrieb, der Zusatzfunktionen ermöglicht.
- 050. Zeigen Sie fünf technische Besonderheiten auf, die der Positionierantrieb ermöglicht.
- 051. Erklären Sie die folgenden Begriffe: Nadelpositionierung, Fadenwischer, Presserfußautomatik.
- 052. Nennen Sie drei Nähautomaten.
- 053. Erklären Sie die Arbeitsweise eines kurvengesteuerten Nähautomaten.
- 054. Unterscheiden Sie Nähautomaten und automatisierte Nähanlagen.
- 055. Beschreiben Sie die Probleme bei der Automatisierung von Nähaufgaben.

Nähtechnische Probleme

- 056. Nennen Sie drei Arten des Nahtkräuselns und beschreiben Sie die Ursachen.
- 057. Nennen Sie vier Maßnahmen zur Vermeidung von Nähgutbeschädigungen.
- 058. Nennen Sie jeweils zwei Ursachen für Fadenbruch, Nadelbruch, Fehlstiche, unregelmäßiges Nahtbild, schlechten Nähguttransport.

Geräte und Verfahren zum Bügeln und Fixieren

- 059. Erläutern Sie, wie der Bügeleffekt entsteht.
- 060. Unterscheiden Sie zwei Möglichkeiten der Dampferzeugung.
- 061. Erklären Sie die Wirkung des Absaugens auf das Bügelgut.
- 062. Nennen Sie sechs Bügelhilfsmittel.
- 063. Erklären Sie die Begriffe Zwischenbügeln und Finishbügeln.
- 064. Beschreiben Sie den Bügelvorgang Dressieren.
- 065. Nennen Sie drei Möglichkeiten, den Bügelvorgang zu mechanisieren.
- 066. Nennen Sie drei Bügelmaschinen, und geben Sie jeweils ein Einsatzbeispiel an.
- 067. Geben Sie Auskunft über die Arbeitsweise eines Formfinishers.
- 068. Erklären Sie die Arbeitsweise eines Tunnelfinishers.
- 069. Erklären Sie den Begriff Thermofixieren.
- 070. Geben Sie an, wie ein optimaler Fixiereffekt erreicht wird.
- 071. Nennen Sie die Faktoren, nach denen die Qualität der Haftfestigkeit von Granulaten beurteilt wird.
- 072. Beschreiben Sie die Schwierigkeiten beim Fixieren von Einlagestoffen.
- 073. Nennen Sie jeweils zwei Verletzungsmöglichkeiten beim Zuschneiden, Nähen und Bügeln, und geben Sie jeweils eine Unfallverhütungsmaßnahme an.
- 074. Nennen Sie den Träger der gesetzlichen Unfallversicherung.
- 075. Nennen Sie drei Unfallverhütungsmaßnahmen an der Nähmaschine.
- 076. Geben Sie die Faktoren an, nach denen die Qualität der Bekleidung eingestuft wird, und nennen Sie die fünf Klassifizierungen.
- 077. Ordnen Sie drei Fertigungsabteilungen Qualitätssicherungsmaßnahmen zu.

9 Organisation der Bekleidungsherstellung

- 001. Vergleichen Sie handwerkliche und industrielle Bekleidungsfertigung in Bezug auf Schnitterstellung, Zeitaufwand und Verarbeitung.
- 002. Erklären Sie die Bezeichnungen HAKA, DOB, Bespo.
- 003. Nennen Sie fünf Produktgruppen der Bekleidungsindustrie.
- 004. Nennen Sie drei Fertigungsarten und drei Fertigungsverfahren.
- 005. Geben Sie Faktoren an, nach denen die Fertigungsart eines Produktes bestimmt wird.
- 006. Nennen Sie die Vor- und Nachteile der Fließfertigung und der Bündelfertigung.
- 007. Erklären Sie den Begriff Materialfluß.
- 008. Unterscheiden Sie Aufbau- und Ablauforganisation.
- 009. Nennen Sie die vier Hauptaufgaben innerhalb der Bekleidungsherstellung.
- 010. Geben Sie vier Weisungssysteme an.
- 011. Stellen Sie das Stabliniensystem dar.
- 012. Nennen Sie Aufgaben der Fertigungsorganisation.
- 013. Definieren Sie PPS und nennen Sie Aufgaben von PPS.
- 014. Nennen Sie vier Fertigungsunterlagen, die zur Steuerung des Fertigungsablaufes dienen.
- 015. Geben Sie die Inhalte eines Fertigungsplanes an.
- 016. Unterscheiden Sie Arbeitsplan und Arbeitsverteilungsplan.
- 017. Geben Sie die Ziele des Arbeitsstudiums an.
- 018. Erklären Sie die Begriffe Rüstzeit und Ausführungszeit, und geben Sie je ein Beispiel an.
- 019. Erklären Sie die Formel $t_e = t_g + t_{er} + t_v$.
- 020. Beschreiben Sie an einem Beispiel die Berechnung der Grundzeit.
- 021. Erklären Sie den Begriff Arbeitsgestaltung.
- 022. Geben Sie die Aufgabenbereiche der Arbeitsgestaltung an.
- 023. Nennen Sie die drei Teilbereiche der Arbeitsplatzgestaltung.
- 024. Unterscheiden Sie Arbeitsmethode und Arbeitsverfahren.
- 025. Definieren Sie den Begriff Ergonomie.
- 026. Geben Sie die Gesichtspunkte an, nach denen ein Arbeitsplatz ergonomisch gestaltet wird.
- 027. Erklären Sie die Abkürzungen CAD und CAM.
- 028. Geben Sie die Teilbereiche von CAD an.
- 029. Geben Sie die Möglichkeiten einer rechnergestützten Fertigung an.

10 Bekleidungsgrößen

- 001. Erklären Sie das Prinzip des Goldenen Schnittes.
- 002. Definieren Sie die Begriffe Körpermaße, Proportionsmaße, Warenmaße.
- 003. Benennen Sie die Kennmaße, auf denen das Größensystem der DOB aufgebaut ist.
- 004. Nennen Sie mögliche Größenbezeichnungen für Größen der DOB.
- 005. Unterscheiden Sie die Begriffe Normalgröße, Kurze Größe, Lange Größe.
- 006. Erklären Sie folgende Größenangaben: 22, 048, 525, 38, 88.
- 007. Geben Sie die Kennmaße für Herren- und Knabengrößen an.
- 008. Zählen Sie verschiedene Größenbezeichnungen der HAKA auf.
- 009. Erklären Sie die Größenkennzeichnung von Kinderbekleidung.
- 010. Geben Sie die Kennmaße für Miederwaren an.

11 Gestaltung der Bekleidung

- 001. Geben Sie Gesichtspunkte für eine marktgerechte Kollektionserstellung an.
- 002. Beschreiben Sie stichwortartig den Ablauf einer Kollektionserstellung.

- 003. Nennen Sie Möglichkeiten der Ideenfindung zur Kollektionserstellung.
- 004. Definieren Sie Zielgruppe, Nullserie, Nachmusterung.
- 005. Erläutern Sie den Begriff Mode.
- 006. Nennen Sie die Kennzeichen, an denen man die Mode einer Saison erkennt.
- 007. Erklären Sie die folgenden Begriffe: Haute Couture, Konfektion, Trend, Avantgarde.
- 008. Definieren Sie den Begriff Modezyklus.
- 009. Erläutern Sie den Begriff Accessoires.
- 010. Nennen Sie sechs verschiedene Accessoires.
- 011. Geben Sie sechs verschiedene Materialien für Kopfbedeckungen an.
- 012. Nennen Sie fünf mögliche Garnituren für Kopfbedeckungen.
- 013. Erklären Sie die nachfolgenden Begriffe: Dessin, Detail, Design, Silhouette, Genre.
- 014. Nennen Sie die wesentlichen Gestaltungselemente bei der Herstellung von Bekleidung.
- 015. Nennen Sie vier Einzelheiten, mit denen die Form eines Kleidungsstückes gestaltet werden kann.
- 016. Skizzieren Sie sechs Mode-Silhouetten, die nach Buchstaben bezeichnet werden.
- 017. Skizzieren Sie folgende Silhouetten: Trapez-Linie, Kuppel-Linie, Ballon-Linie, Empire-Linie, Prinzeß-Linie.
- 018. Zählen Sie sechs Ausschmückungsmöglichkeiten auf.
- 019. Geben Sie Gesichtspunkte an, die bei der Materialauswahl eine Rolle spielen.
- 020. Zählen Sie die Faktoren auf, die hauptsächlich die Gestaltung der Bekleidung beeinflussen.
- 021. Nennen Sie unterschiedliche Stilrichtungen bei der Ausgestaltung der Bekleidung.
- 022. Geben Sie die deutsche Bezeichnung für die folgenden Begriffe an: leger, konservativ, extravagant, maskulin, poppig.

12 Bekleidungsformen

- 001. Zählen Sie die acht Bezeichnungen für Rocklängen in richtiger Reihenfolge auf.
- 002. Geben Sie Rockformen an, die nach einer bestimmten Silhouette benannt werden.
- 003. Nennen Sie Rockformen, die durch Längsteilungsnähte gestaltet werden.
- 004. Zählen Sie Rockformen auf, die mit Falten gestaltet werden.
- 005. Geben Sie Rockformen an, bei denen schnitttechnisch eine Querbetonung erreicht wird.
- 006. Nennen Sie Rockformen mit ausschwingender Saumweite.
- 007. Zählen Sie zwei elegante, zwei sportliche und zwei folkloristische Rockformen auf.
- 008. Ordnen Sie den nachfolgenden Beschreibungen die entsprechende Blusenform zu:
  - a) Bluse mit anliegendem Bundabschluß
  - b) Bluse mit angeschnittenem oder angesetzten Hüftteil
  - c) lässiges Schlupf-Oberteil mit Bundabschluß
  - d) lange, gerade Schlupfbluse; evtl. gegürtet.
- 009. Nennen Sie elegante Blusenformen.
- 010. Zählen Sie sportliche Blusenformen auf.
- 011. Geben Sie die Merkmale an, die den Folklore-Stil kennzeichnen.
- 012. Geben Sie Möglichkeiten an, eine Bluse romantisch-verspielt auszugestalten.
- 013. Erklären Sie den Begriff Top.
- 014. Beschreiben Sie das Prinzeßkleid.
- 015. Nennen Sie vier elegante Kleidformen.
- 016. Geben Sie die Merkmale für ein Dirndl an.
- 017. Unterscheiden Sie das Shiftkleid von einem Etuikleid.
- 018. Nennen Sie drei Formen für ein T-Shirt.
- 019. Beschreiben Sie ein Polo-Shirt.
- 020. Definieren Sie den Begriff Sweatshirt.
- 021. Ordnen Sie den nachstehenden Beschreibungen die entsprechende Benennung zu:
  - a) Kombination von Pullover und Strickjacke in klassischer Form für Damen
  - b) ärmelloser Pullover als Ergänzung zur Bluse bzw. zum Hemd.
- 022. Nennen Sie sechs Hosen, die ihre Bezeichnung nach ihrer Form erhalten haben.
- 023. Zählen Sie sechs Hosen mit verkürzter Länge auf.
- 024. Ordnen Sie den nachfolgenden Beschreibungen die entsprechende Benennung zu:
  - a) Hose in gesäßweiter Form, deren Hosenbreite sich zum Knöchel hin verengen
  - b) enganliegende und knapp kniebedeckende Hose, evtl. mit Seitenschlitzen.
- 025. Beschreiben Sie die nachstehenden Hosenformen:
  a) Palazzohose b) Kniebundhose.
- 026. Nennen Sie vier sportliche Jackenformen.
- 027. Ordnen Sie den nachfolgenden Beschreibungen die entsprechende Benennung zu:
  - a) knappes, offenes, taillenkurzes Jäckchen
  - b) kürzere Jacke mit bequemer Weite und Bundabschluß
  - c) glockig ausschwingende Jacke
  - d) hüftlange Jacke mit kragenlosem Ausschnitt.
- 028. Definieren Sie den Begriff Chasuble.
- 029. Beschreiben Sie einen Blazer.
- 030. Unterscheiden Sie das Gilet von einem Spenzer.
- 031. Geben Sie Möglichkeiten an, ein Kleidungsstück sportlich auszugestalten.
- 032. Zählen Sie drei elegante und drei sportliche Mantelformen auf.
- 033. Nennen Sie drei Mantelformen für Damen und drei für Herren.

034. Ordnen Sie den nachstehenden Merkmalen die entsprechende Mantelform zu:
a) taillierte Schnittform, Längsteilungsnähte, ausgestellte bis ausschwingende Saumweite
b) lose Schnittform, gegürtet, breiter Reverskragen, Schultersattel, Ärmelriegel, Achselklappen
c) kurze, kastige Schnittform, aufgesetzte Taschen, Kapuze, evtl. Knebelverschluß.

035. Ordnen Sie den nachstehenden Definitionen die entsprechende Mantelform zu:
a) schwerer, wuchtiger Herrenmantel
b) weiter, ärmelloser Umhang
c) Allwettermantel mit Gürtel
d) loser Damenmantel mit glockiger Saumweite
e) antaillierter Herrenmantel mit Reverskragen.

036. Zählen Sie jeweils zwei taillierte, zwei lose und zwei gegürtete Mantelformen auf.

037. Nennen Sie die Merkmale eines klassischen Schneiderkostüms.

038. Zählen Sie fünf mögliche Bezeichnungen für mehrteilige Kombinationen der Damenmode auf.

039. Erläutern Sie den Begriff Complet.

040. Erklären Sie die Bezeichnung Deux-pièces.

041. Definieren Sie den Begriff Kombination aus der Sicht der Haka.

042. Geben Sie drei schnittechnische Details an, die zur Unterscheidung einzelner Sakkoformen dienen.

043. Nennen Sie vier Anzugformen.

044. Erklären Sie den Begriff Zweireiher.

045. Vergleichen Sie den Cut mit einem Frack.

046. Beschreiben Sie einen Smoking.

047. Nennen Sie zwei klassische und zwei moderne Gesellschaftsanzüge bzw. -kombinationen für den Herrn.

048. Geben Sie fünf mögliche Bekleidungsformen der DOB für gesellschaftliche Anlässe an.

13 Geschichte der Bekleidung

001. Geben Sie Stilepochen an, die dem Altertum zugeordnet werden.

002. Ordnen Sie den Stilepochen Romantik, Gotik, Renaissance und Barock die entsprechenden Zeitabschnitte zu.

003. Beschreiben Sie das Material der Ägyptischen Tracht.

004. Kennzeichnen Sie die Kalasiris, das Nationalgewand der Ägyptischen Tracht.

005. Erläutern Sie den Begriff Schenti.

006. Nennen Sie vier typische Beispiele für das Zubehör zur Ägyptischen Bekleidung.

007. Kennzeichnen Sie die Kleidung zur Zeit der Griechischen Antike.

008. Beschreiben Sie die Stoffe, aus denen die Kleidung zur Zeit der Griechischen Antike gefertigt wurde.

009. Nennen Sie jeweils drei Gewandformen für Frauen und Männer zur Zeit der Griechischen Antike.

010. Beschreiben Sie den Peplos.

011. Geben Sie die charakteristischen Merkmale des Chitons an.

012. Unterscheiden Sie die Gewandformen Himation und Chlamys.

013. Kennzeichnen Sie die Kleidung zur Zeit der Römischen Antike.

014. Nennen Sie jeweils drei Gewandformen für Frauen und Männer zur Zeit der Römischen Antike.

015. Beschreiben Sie die Stoffe, aus denen die Kleidung zur Zeit der Römischen Antike gefertigt wurde.

016. Nennen Sie die Merkmale der Tunika.

017. Nennen und beschreiben Sie das Staats- und Ehrenkleid des römischen Bürgers.

018. Erläutern Sie die Begriffe Stola, Palla und Paenula.

019. Vergleichen Sie die Gewandformen Toga und Pallium.

020. Beschreiben Sie die Materialien der Bekleidung zur Zeit der Germanen.

021. Nennen Sie die Bestandteile der Frauenkleidung während der Bronzezeit und während der Eisenzeit.

022. Nennen Sie die Bestandteile der Männerkleidung während der Bronzezeit und während der Eisenzeit.

023. Geben Sie vier typische Beispiele für das Zubehör zur Bekleidung der Germanen.

024. Zählen Sie die charakteristischen Merkmale der byzantinischen Herrschertracht auf.

025. Nennen Sie Unter-, Ober- und Übergewand der byzantinischen Frauenkleidung.

026. Erklären Sie die Begriffe Dalmatika, Clavi und Tablion.

027. Geben Sie den Einfluß der Kirche auf die Kleidung der Romanik an.

028. Beschreiben Sie die Materialien der Kleidung zur Zeit der Romanik.

029. Erläutern Sie die Entwicklung des Frauenkleides während der Romanik.

030. Erklären Sie die Begriffe Surcot (Suckenie) und Tasselmantel.

031. Beschreiben Sie die Fränkische Männertracht.

032. Nennen Sie die Bestandteile der Männerkleidung zur Ritterzeit.

033. Zählen Sie typische Kopfbedeckungen zur Zeit der Romanik auf.

034. Kennzeichnen Sie die Kleidung zur Zeit der Gotik.

035. Geben Sie Beispiele für die Übertreibungen der Burgundischen Mode.

036. Beschreiben Sie die Entwicklung des Frauenkleides im 13. und 14. Jahrhundert.

037. Charakterisieren Sie das Frauenkleid der Spätgotik (Burgundische Mode).

038. Nennen Sie beliebte Ärmelformen zur Zeit der Gotik.

039. Zählen Sie die Bestandteile der Männerkleidung während der Gotik auf.

040. Beschreiben Sie den Überrock der Männer zur Zeit der Gotik.

041. Unterscheiden Sie die Gewandformen Houppelande und Tappert.

042. Erläutern Sie die Begriffe Muffe, Zaddeln, Höllenfenster, Mi-parti.

- 043. Kennzeichnen Sie die typischen Kopfbedeckungen zur Zeit der Gotik.
- 044. Beschreiben Sie die typische Fußbekleidung des späten Mittelalters.
- 045. Geben Sie die Merkmale der Kleidung der Deutschen Renaissance (Reformationszeit) an.
- 046. Beschreiben Sie die Bestandteile der Frauenkleidung zur Zeit der Deutschen Renaissance (Reformationszeit).
- 047. Beschreiben Sie die Bestandteile der Männerkleidung zur Zeit der Deutschen Renaissance (Reformationszeit).
- 048. Nennen Sie die Kennzeichen der Spanischen Mode.
- 049. Kennzeichnen Sie die Frauenkleidung zur Zeit der Spanischen Mode.
- 050. Beschreiben Sie in Stichworten die Männerkleidung zur Zeit der Spanischen Mode.
- 051. Erläutern Sie die Begriffe Schneppe, Kröse, Verdugado, Gänsebauch.
- 052. Unterscheiden Sie Schuhe und Kopfbedeckungen der Deutschen Renaissance und der Spanischen Mode.
- 053. Kennzeichnen Sie die Französische Mode des Hochbarocks.
- 054. Geben Sie die Merkmale des Frauenkleides zur Zeit der Niederländischen Mode an.
- 055. Erläutern Sie die typischen Merkmale des Mieders am Frauengewand zur Zeit des Hochbarocks (Französische Mode).
- 056. Beschreiben Sie den Rock am Frauengewand zur Zeit des Hochbarocks (Französische Mode).
- 057. Erklären Sie den Begriff Manteau bzw. Robe.
- 058. Nennen Sie die wesentlichen Details der Männerbekleidung zur Zeit der Niederländischen Mode.
- 059. Beschreiben Sie die Rheingrafenmode.
- 060. Erklären Sie die Begriffe Justaucorps und Culotte.
- 061. Nennen und beschreiben Sie die typische Kopfbedeckung der Damen zur Zeit des Hochbarocks.
- 062. Zeigen Sie die charakteristischen Merkmale der Rokokomode auf.
- 063. Beschreiben Sie die Entwicklung des Rockes der Damenmode während der Rokokozeit.
- 064. Nennen Sie die Merkmale des Oberteiles der Damenmode zur Zeit des Rokokos.
- 065. Erklären Sie die Begriffe Cul de Paris und Contouche.
- 066. Erläutern Sie die Bestandteile der Herrenmode zur Zeit des Rokokos.
- 067. Beschreiben Sie den Kopfschmuck der Damen während des Rokokos.
- 068. Unterscheiden Sie die Männerperücke zur Barockzeit und zur Rokokozeit.
- 069. Beschreiben Sie die Frauenkleidung zur Zeit der Englischen Mode.
- 070. Nennen Sie das charakteristische Merkmal der Frauenkleidung zur Zeit des Directoires und Empires.
- 071. Erläutern Sie die Entwicklung des Frauengewandes zur Zeit des Directoires und Empires.
- 072. Nennen und beschreiben Sie den Männerrock und die Hose zur Zeit des Empires.
- 073. Erläutern Sie die Begriffe Gilet, Redingote, Carrick, Spenzer.
- 074. Zählen Sie typische Kopfbedeckungen für Damen und Herren zur Zeit des Empires auf.
- 075. Nennen Sie die charakteristischen Merkmale der Damen- und Herrenmode zur Zeit des Biedermeiers.
- 076. Beschreiben Sie das Biedermeierkleid um 1830.
- 077. Nennen und erklären Sie die typische Silhouette des Biedermeierkleides.
- 078. Erklären Sie die Fachbegriffe Krinoline, Pelerine, Mantilla, Rotonde.
- 079. Beschreiben Sie den Männerrock und die Hose zur Biedermeierzeit.
- 080. Unterscheiden Sie zwischen Gehrock und Frack.
- 081. Erläutern Sie Frisuren und Kopfbedeckungen für Damen und Herren zur Zeit des Biedermeiers.
- 082. Kennzeichnen Sie die Damen- und Herrenmode zur Zeit des Historismus.
- 083. Beschreiben Sie die Damenmode während des Zweiten Rokokos.
- 084. Zeigen Sie die Entwicklung des Damenkleides während der Gründerjahre auf.
- 085. Nennen Sie die Bestandteile der Herrenmode zur Zeit des Historismus.
- 086. Beschreiben Sie Sakko und Hose zur Zeit des Historismus.
- 087. Geben Sie Kopfbedeckungen für Damen und Herren zur Zeit des Historismus an.
- 088. Erläutern Sie die Entwicklung der Damen- und Herrenbekleidung vor und nach der Jahrhundertwende.
- 089. Kennzeichnen Sie die Damenmode und die Herrenmode vor der Jahrhundertwende (Belle Epoque).
- 090. Nennen Sie typische Details des Damenkleides vor der Jahrhundertwende.
- 091. Beschreiben Sie den Einfluß des Jugendstiles auf die Damenmode.
- 092. Erklären Sie die Begriffe S-Form, Reformkleid, Humpelrock.
- 093. Beschreiben Sie den Sakkoanzug um die Jahrhundertwende.
- 094. Nennen Sie die Anzugformen für besondere Anlässe zur Zeit der Jahrhundertwende.
- 095. Geben Sie die Kopfbedeckungen für Damen und Herren um die Jahrhundertwende an.
- 096. Zeigen Sie die Veränderungen bei der Frauenkleidung nach dem 1. Weltkrieg auf und begründen Sie diese Entwicklung.
- 097. Beschreiben Sie die Entwicklung der Damenmode während der Zwanziger Jahre.
- 098. Zeigen Sie die schnittechnischen Veränderungen beim Sakkoanzug während der Zwanziger Jahre auf.
- 099. Geben Sie sportliche und formelle Bekleidungsformen der Herrenmode der Zwanziger Jahre an.
- 100. Kennzeichnen Sie die Damenmode und die Herrenmode während der Dreißiger Jahre.

101. Nennen Sie typische Details des Damenkleides der Dreißiger Jahre.

102. Zeigen Sie die Veränderungen der Damenmode Ende der Dreißiger Jahre auf.

103. Beschreiben Sie die Herrenmode der Dreißiger Jahre.

104. Zeigen Sie die Entwicklung der Kleidermode während der Vierziger Jahre auf.

105. Kennzeichnen Sie die Damenmode der frühen Vierziger Jahre.

106. Beschreiben Sie die Damenmode Ende der Vierziger Jahre.

107. Nennen Sie die Details der Herrenmode zur Nachkriegszeit.

108. Zählen Sie Modelinien der Fünfziger Jahre auf.

109. Kennzeichnen Sie die Kuppellinie, H-Linie, Befreite Linie.

110. Beschreiben Sie die Herrenmode der Fünziger Jahre.

111. Kennzeichnen Sie die Bekleidungsweise der Sechziger Jahre.

112. Beschreiben Sie die Damenmode der frühen Sechziger Jahre.

113. Geben Sie Beispiele für futuristische und ausgefallene Modevarianten der Damenmode während der Sechziger Jahre.

114. Zeigen Sie die Entwicklung der Herrenmode in den Sechziger Jahren auf.

115. Erläutern Sie die Merkmale der Kleidermode in den Siebziger Jahren.

116. Kennzeichnen Sie Stil- und Trendrichtungen der Damenmode in den Siebziger Jahren.

117. Beschreiben Sie die Herrenmode der Siebziger Jahre.

118. Charakterisieren Sie die Kleidermode der Achtziger Jahre.

119. Zeigen Sie die Kennzeichen der Herrenmode während der Achtziger Jahre auf.

120. Unterscheiden Sie Stilrichtungen der Damenmode in den Achtziger Jahren.

121. Geben Sie Beispiele für typische Details der Damenmode während der Achtziger Jahre.

122. Ordnen Sie jeweils Gewandformen der Griechischen und Römischen Antike zu und geben Sie an, ob sie von Frauen, Männern oder von beiden Geschlechtern getragen wurden.

123. Erklären Sie den Begriff Schneppe und nennen Sie Stilepochen, in denen eine Schneppe üblich war.

124. Zählen Sie Stilepochen auf, in denen das Frauengewand eine Schleppe hatte.

125. Nennen Sie Stilepochen, in denen der Rock des Frauenkleides eine Stütze erhielt, und geben Sie den Fachbegriff für diese Stütze an.

126. Skizzieren Sie die Silhouette des Frauengewandes zur Zeit der Burgundischen Mode, der Spanischen Mode, des Rokokos, des Empires, des Biedermeiers und der Jahrhundertwende.

127. Vergleichen Sie die Ärmel am Frauengewand zur Zeit der Gotik, der Deutschen Renaissance, des Barocks, des Biedermeiers und der Gründerjahre.

128. Zählen Sie für vier Stilepochen Mantelformen auf.

129. Ordnen Sie den nachstehenden Fachbegriffen die entsprechende(n) Stilepoche(n) zu und geben Sie jeweils eine kurze Beschreibung.
Pluderhose, Heerpauke, Culotte, Pantalons.

130. Definieren Sie die nachstehenden Fachbegriffe und nennen Sie die dazugehörige(n) Stilepoche(n).
Engageantes, Gänsebauch, Goller, Petticoat, Stecker.

131. Zählen Sie Stilepochen auf, in denen das Frauengewand hochgeschlossen war, sowie Stilepochen, in denen es ein Dekolleté hatte.

132. Erläutern Sie die folgenden Fachbegriffe der Herrenmode und geben Sie die dazugehörige(n) Stilepoche(n) an.
Schecke, Surcot, Faltrock, Justaucorps, Spenzer.

133. Stellen Sie in einer Tabelle für nachstehende Stilepochen die typischen Kopfbedeckungen für Frauen und Männer zusammen.
Romanik, Gotik, Deutsche Renaissance, Spanische Mode, Barock, Rokoko, Empire, Biedermeier, Gründerjahre, Jahrhundertwende, Zwanziger Jahre.

134. Ordnen Sie den nachstehenden Moderichtungen das entsprechende Jahrzehnt zu und geben Sie eine kurze Erklärung.
Op Art, Nostalgiemode, Mode à la Garçonne, New Look.

135. Nennen Sie zu den nachstehenden Fachbegriffen die entsprechende Stilepoche und bringen Sie sie zeitlich in die richtige Reihenfolge.
Robe, Reformkleid, Kalasiris, Chemise, Cotte, Peplos.

136. Erläutern Sie folgende Fachbegriffe und nennen Sie die entsprechende(n) Stilepoche(n).
Schapel, Gebende, Hennin, Barett, Fontange, Schute.

137. Ordnen Sie die nachstehenden Fußbekleidungen den entsprechenden Stilepochen zu.
Sandalen, Schnabelschuhe, Kuhmaulschuhe, Stöckelschuhe, Kreuzbandschuhe, Stiefeletten, Pumps.

138. Zeigen Sie an zwei Beispielen Parallelen zwischen Baustil und Bekleidung auf.

139. Stellen Sie an zwei Beispielen dar, wie der Zeitgeist die Bekleidung beeinflußt.

Sachwortverzeichnis

A

B

C

D

E

F

M

N

O

P

Q

R

S

T

U

V

W

Y

Z

Firmenverzeichnis

Autorinnen und Autoren danken den folgenden Firmen, Verbänden, Verlagen und Museen, die sie bei der Bearbeitung der einzelnen Themen durch Beratungen, Druckschriften, Fotos und Retuschen unterstützt haben.

Albi, Strickmaschinenfabrik, Albstadt

Allstar, Fechtartikel, Reutlingen

Alte Pinakothek, München

Arbeitsgemeinschaft Pflegekennzeichen, Frankfurt a. M.

Archäologisches Landesmuseum, Schloß Gottorf, Schleswig

Assyst GmbH, Kirchheim bei München

Bayer AG, Chemiefasern, Leverkusen

Berufsgenossenschaft für das Bekleidungsgewerbe, Augsburg

Bildarchiv Preußischer Kulturbesitz, Berlin

Boss, Hugo Boss AG, Herrenmode, Metzingen

Bullmerwerk, Lege- und Zuschneidemaschinen, Mehrstetten

Bundes-Pelzfachschule, Frankfurt a. M.

Busche, Nähmaschinenhandel, Stuttgart

DOB-Verband, Köln

Deutsches Schuhmuseum, Offenbach a. M.

Dr. Karl Kröner Verlag, Stuttgart

Dürkopp & Adler, Bielefeld

Efka (Frankl & Kirchner), Nähmaschinenmotoren, Schwetzingen

Enka AG, Chemiefasern, Wuppertal

Europäische Seidenkommission, Düsseldorf

Gebrüder Sulzer AG, Webmaschinenfabrik, Rüti, Schweiz

Gerber Scientific Europe S. A.

Gisbert Hennessen-Verlag, Düsseldorf

Gütermann, Nähgarne, Gutach, Breisgau

HAKA-Verband, Köln

Hacoba-Textilmaschinen, Wuppertal

Hoffmann, Bügelmaschinen, Köln

Hoechst AG, Chemiefasern, Frankfurt a. M.

Industrieverband Garne e. V., Frankfurt a. M.

Industrievereinigung Chemiefaser e. V., Frankfurt a. M.

Institut des Deutschen Textileinzelhandels

Institut für Textil- und Verfahrenstechnik, Denkendorf

Internationales Baumwoll-Institut, Frankfurt a. M.

Internationales Woll-Sekretariat, Düsseldorf

Kannengießer, Bügelmaschinen, Vlotho

Kiefel, Hochfrequenz-Fixieranlagen, Freilassing

Kuris (Krauss & Reichert), Zuschneidegeräte, Fellbach

Lectra Systèmes, München

Leinen-Kontaktbüro, Düsseldorf

Lichtbildverlag Dr. Franz Stoedtner, Düsseldorf

Mayer, Strickmaschinenfabrik, Albstadt

Mayer, Wirkmaschinenfabrik, Obertshausen

Meyer, Fixieranlagen, München

Modehaus Renger, Ulm/Donau

Morat, Strickmaschinenfabrik, Bonlanden

Mustang-Werke (Lossen-Foto, Heidelberg)

Nationalmuseum Kopenhagen

Pfaff, Nähmaschinenfabrik, Kaiserslautern

Piraiki, Patraiki, Van Delden Textil AG, Ochtrup

Ploucquet GmbH & Co., Schutzkleidung, Heidenheim

Prym-Werke, Nähnadelfabrik, Stolberg

Rowenta-Werke, Bügeleisenfabrik, Offenbach a. M.

Sandt, Stanzanlagen, Pirmasens

Schmetz, Nähnadelfabrik, Herzogenrath

Schweizerischer Pelz-Fachverband, Zürich

Singer, Nähnadelfabrik, Würselen

Staatliche Antikensammlungen und Glyptothek, München

Staatliche Museen Preußischer Kulturbesitz, Berlin

Stoll, Strickmaschinenfabrik, Reutlingen

Strobel, Nähmaschinenfabrik, München

Sussman, Bügelgeräte, Mörfelden-Walldorf

Tempex GmbH, Schutzausrüstungen, Heidenheim

Terrot, Strickmaschinenfabrik, Stuttgart

Textilmuseum Neumünster

Trevira Institut, Hoechst AG, Frankfurt a. M.

Unternehmensgruppe Montana, Betty Barclay, Gil Bret, Vera Mont, Heidelberg

Veit, Bügelgeräte, Landsberg

Verband der Baden-Württembergischen Textilindustrie e. V.

Verband der Deutschen Lederindustrie e. V., Frankfurt a. M.

Verband der Knopfindustrie, Waldkraiburg

Verlag textil-praxis international, Leinfelden-Echterdingen

Werther International, Werther

Winkelmann Euro-Edition, Frankfurt

Wilvorst, Herrenmoden GmbH, Northeim